U0934813

模具实用技术丛书

最新模具标准应用手册

杨占尧　主编

机　械　工　业　出　版　社

模具设计标准化是提高模具生产能力和效率的关键因素，本书详细介绍了最新版的28个塑料模国家标准、23个冲模模具国家标准、72个行业标准和1995年颁布实施、目前虽已废止（因无替代标准）、但仍在多数企业执行的15个冲模典型组合行业标准，并详细介绍了标准件的选用和相关的设计技巧，引导读者提高模具设计能力。本书将模具相关标准和模具设计知识进行衔接，着重于应用，结合作者多年来从事模具设计、制造方面的生产和研究、教学的实践经验，全面收集整理了模具设计的必备资料。全书文字简明、图表数据翔实，内容简洁全面，实用性强，与生产实际结合密切，可借鉴性强，是读者进行模具设计与制造的必备资料。

本书是从事模具设计与制造的工程技术人员的实用工具书，同时也适用于高等学校模具专业、机械专业、机电专业的师生使用。

图书在版编目（CIP）数据

最新模具标准应用手册/杨占尧主编．—北京：机械工业出版社，2011.4

（模具实用技术丛书）

ISBN 978-7-111-33474-3

Ⅰ.①最… Ⅱ.①杨… Ⅲ.①模具－标准设计－手册 Ⅳ.①TG760.2－62

中国版本图书馆CIP数据核字（2011）第024821号

机械工业出版社（北京市百万庄大街22号 邮政编码100037）
策划编辑：孔 劲 责任编辑：舒 雯 曾 红 版式设计：霍永明
责任校对：李秋荣 封面设计：姚 毅 责任印制：乔 宇
北京机工印刷厂印刷（三河市南杨庄国丰装订厂装订）
2011年5月第1版第1次印刷
184mm×260mm·31印张·766千字
0 001—4 000册
标准书号：ISBN 978-7-111-33474-3
定价：78.00元

凡购本书，如有缺页、倒页、脱页，由本社发行部调换
电话服务 策划编辑：（010）88379772
社服务中心：（010）88361066 网络服务
销售一部：（010）68326294 门户网：http://www.cmpbook.com
销售二部：（010）88379649 教材网：http://www.cmpedu.com
读者购书热线：（010）88379203 **封面无防伪标均为盗版**

前　言

制造业是体现综合国力的基础工业。模具是制造业的核心技术装备，是需要进行专门设计与制造的高新技术产品，在机械、电子、交通、轻工、家电、通信、军事和航空航天等领域的产品生产中获得了广泛应用，作用不可替代。近年来，我国模具市场产需两旺，行业发展渐入佳境，年生产总量已居世界第三，但与世界模具技术先进国家相比，我国模具行业总体落后的面貌仍未得到根本改变，主要差距是标准化、专业化和商品化程度较低，特别是标准化程度低已成为制约模具行业发展的瓶颈。

本书详细介绍了最新版的28个塑料模国家标准、23个冲模模具国家标准、72个行业标准和1995年颁布实施、目前虽已废止（因无替代标准）、但仍在多数企业中执行的15个冲模典型组合行业标准，同时结合作者多年来从事模具设计、制造方面的生产和研究、教学的实践经验，详细介绍了模具标准的应用、标准件的选用和相关的设计技巧，引导读者提高模具设计能力。全书共分12章，分别为概论、塑料模术语与技术条件标准、塑料模零件标准与应用、塑料注射模模架标准、冲模术语与技术条件、冲模工作零部件标准与应用、冲模导向装置标准与应用、冲模定位装置标准与应用、冲模卸料与压料装置标准与应用、冲模模架标准与应用、冲模其他零部件结构与设计、冲模典型组合标准和附录等。在本书编写过程中，特别注重充分利用各种资源，尤其是行业、企业的资源，在学校参与的基础上，着重行业企业的参与，同时聘请模具行业内认可度较高的专家指导，并请外籍专家提供咨询。全书文字简明、图表数据翔实，内容简洁全面，实用性强，与生产实际结合密切，可借鉴性强，是读者进行模具设计与制造的必备资料。

本书是从事模具设计与制造的工程技术人员的实用工具书，同时也适合高等学校模具专业、机械专业、机电专业的师生使用。

本书由第五届国家级教学名师、国家级精品课程主持人、河南机电高等专科学校杨占尧教授担任主编并统稿。参加本书编写的有：苏州市职业大学李耀辉；河南工业大学王高平；沈阳理工大学杨秀英；新乡职业技术学院（新乡技师学院）杨彬彬、张威华、刘俊杰；新乡电视台常保利、郝洪洁；河南机电高等专科学校李敏、原国森、王金利、郭玉峰；郑州大学李银亭、夏伯乾和范建勇等。

由于技术资料收集困难，同时由于编者水平有限，时间仓促，疏漏错误之处难免，恳切希望同行们不吝赐教，提出改进意见，以利我们今后不断改进和完善。我们的联系方式是：yangzhanyaoyzy@126.com。

杨占尧

目　录

第1章　概　　论

1.1　我国模具工业基本现状

材料成形工艺与模具技术的发展奠定了现代工业发展的基础。模具作为重要的生产装备和工艺发展方向，在现代工业的规模生产中日益发挥着重大作用。通过模具进行产品生产具有优质、高效、节能、节材、成本低等显著特点，因而在汽车、机械、电子、轻工、家电、通信、军事和航空航天等领域的产品生产中获得了广泛应用，其中60% ~80%的零件采用模具加工生产，作用不可替代。

1998年在国务院《关于当前产业政策要点的决定》中，模具被列为机械工业技术改造序列的第一位，生产和基本建设序列的第二位。1999年和2002年，在国家计委和科技部发布的《当前国家重点鼓励发展的产业产品和技术目录》、《当前国家优先发展的高技术产品产业化要点（目录）》及《当前国家鼓励外商投资产业目录》中，模具均被重点列入，这充分说明了模具在国民经济中的重要地位。可以预见，随着国民经济的持续发展和产品制造技术水平的不断提高，模具工业作为国民经济的基础工业之一，在我国经济发展中将占据越来越重要的地位。

在国民经济高速增长的拉动和国家产业政策的正确引导下，特别是部分骨干企业享受了增值税先征后返的优惠政策，推动我国模具行业的发展渐入佳境。据不完全统计，目前全国共有模具生产厂3万多家，大多为中小型企业，从业人员约100万。行业发展形势主要表现为：大型、精密、复杂、长寿命等中高档模具和模具标准件获得长足发展；塑料模和压铸模比例增大；专业模具厂数量增加且能力显著提高；“三资”及民营企业发展迅速，已逐步成为行业的主力。

同样值得关注的是，我国模具行业总体落后的面貌尚未得到根本改变，模具的年生产总量虽已位居世界第三，但长期以来，设计制造水平在总体上落后于先进工业国家。主要差距是：基础薄弱，人才不足，工艺装备水平低且配套性不好，专业化、标准化、商品化程度低等。目前国内商品模具只占总量的45%左右，模具企业之间未形成承接大规模成套任务的协作机制。模具标准化水平和标准件使用覆盖率低也对模具质量、成本有较大的影响，特别是对模具制造周期的影响更为突出。

鉴于上述行业现状与发展趋势，我们应清醒地认识到：要跟上国民经济发展的步伐，我国模具行业将面临更加艰巨的工作。总体上要加速培育模具大市场，重视模具生产标准化、专业化和商品化的发展，促进模具标准件上品种、上水平、上规模，提高大型、精密、复杂等中高档模具的比例，逐步建立适应我国国情的模具科研开发、人才培训和产品生产的基本体系。要使我国不但成为模具生产大国，更要发展成为模具生产的强国。

1.2　模具标准化工作基本情况

1.2.1　标准化技术组织机构情况

根据《中华人民共和国标准化法》和《中华人民共和国标准化法实施条例》，对需要在全国或行业范围内统一的技术要求，应当制定国家标准或行业标准。所有国家标准由国务院标准化行政主管部门国家质量监督检验检疫总局组织制定，模具行业标准由国家发展和改革委员会组织制定。根据国务院标准化行政主管部门的统一规划，1983 年组建了全国模具标准化技术委员会，其主要任务是在国家标准化主管部门的领导下，组织模具国家标准与行业标准的制修订、复审和标准草案的技术审查工作。全国模具标准化技术委员会现为第五届，有委员 39 人，顾问 3 人，成员由从事模具科研、生产、应用和教育培训的各方面专家组成。其中，10 名委员为大学和科研单位的专家，29 名委员为模具或模具标准件生产和应用企业的专家。秘书处挂靠单位为桂林电器科学研究所。模具标准化技术组织机构基本情况如表 1-1 所示。

表 1-1　全国模具标准化技术委员会

SAC/TC 编号	技术委员会名称	业务范围	单位数量	委员数量	对口 ISO	秘书处所在单位
SAC/TC33	全国模具标准化技术委员	冲模、塑料模、压铸模、锻模等各类模具	38	39	ISO/TC 29/SC8	桂林电器科学研究所

1.2.2　现行标准情况

全国模具标准化技术委员会现有归口标准：国家标准 104 项，行业标准 233 项。涉及冲模、塑料模、压铸模、锻模、塑封模、橡胶模、玻璃模、陶瓷模等主要模具类型，已基本形成体系。随着标准化工作在国民经济和社会发展中的地位与作用的不断增强，各行各业对标准的需求也在不断增加。我国国家标准中存在的陈旧老化、总体技术水平低、体系结构不合理等一系列问题，已较严重地影响了国家标准的市场适应性。为尽快解决上述问题，加速建立先进、科学、适应社会主义市场经济体制的标准体系，充分发挥国家标准在国民经济战略性结构调整，促进对外贸易和提高人民生活水平方面的技术支撑作用，国家标准化管理委员会于 2004 年决定对现行的国家标准和国家标准制修订计划项目进行全面清理，标准的清理工作于 2005 年底基本结束。模具国家标准经清理整合将压缩为 75 项，其中，压铸模国家标准 22 项、塑料模标准 28 项、冲模标准 19 项及其他模具标准 6 项。

1.2.3　国际标准化（ISO）对口工作情况

全国模具标准化技术委员会自 1983 年组建以来，一直负责国际标准化组织 ISO/TC29/SC8 小工具、冲模和成型模的国内技术对口工作。我国作为该国际标准化组织的 P 成员，积极参与了模具国际标准各阶段的征求意见与投票工作。国际标准草案译文经征求委员和专家意见后提出修订意见并进行投票，投票率达 100%。

ISO/TC29/SC8 现有标准 59 项，主要包括模具零件标准和冲模模架标准。由于模具国际标准的起草主要以欧洲国家为主，与我国模具标准件行业普遍采用的标准体系不大对应，特别是标准的尺寸系列与我国地处亚洲的实际情况相差较远，所以模具国际标准的采标率还比较低。

1.3 我国模具标准体系

模具使用面很广，品种繁多，为了系统地、有计划地制定模具标准，应首先开发和制定模具技术标准项目名称、性质、内容和标准分类，并使之成为体系。图1-1所示为我国模具标准化技术委员会制定的模具标准体系。

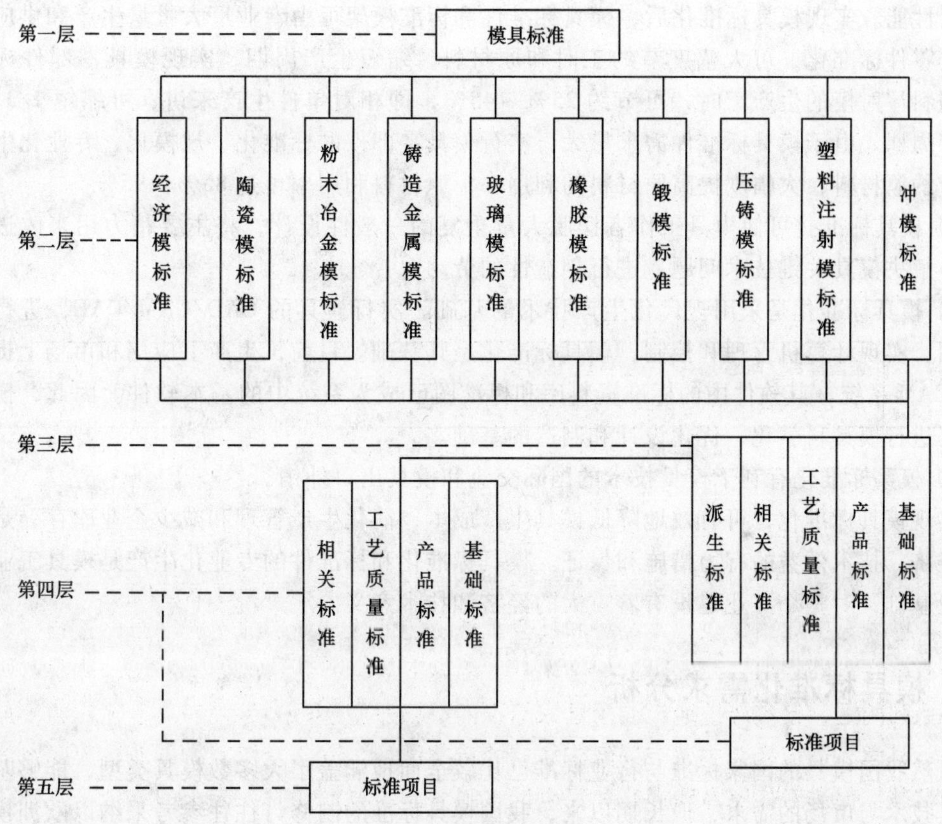

图1-1 模具标准体系

从图1-1可知，我国的模具标准体系分为五层，第一层为模具技术标准体系；第二层为十大类模具技术标准名称；第三层为每大类模具标准的分类标准名称，包括基础标准、产品标准、工艺质量标准、相关标准以及派生标准；第四层为派生模具标准的分类标准名称；第五层为标准项目名称。

1.4 模具标准化的重要意义

模具的加工是属于单件生产，一般都是按照制件的形状和尺寸分别进行模具的设计和加工。如果没有统一的模具规格和标准，每个设计者都按自己的意愿来进行设计，这样即使是同一形状尺寸的制件，也会出现不同结构形式及不同规格尺寸的模具来，使得模具的加工制作变得更加复杂，使得模具的调试冗长无序。

模具标准化工作是模具工业建设的基础，也是模具设计与制造的基础及现代模具生产技术的基础，模具标准化在模具工业中具有十分重要的意义。

1）模具标准化的实施，能有助于稳定、提高和保证模具设计质量和制造中必须达到的质量规范，使工业产品零件的不合格率减少到最低程度。实现模具零件标准化，可使90%左右的模具零部件实现大规模、高水平、高质量的生产。这些零部件相对于单件和小规模生产的零部件质量和精度要高得多。

2）模具标准化可以提高专业化协作生产水平，缩短模具生产周期，提高模具制造质量和使用性能。实现模具标准化后，模具标准件和标准模架可由专业厂大批量生产和供应。实现模具零件标准化，可大幅度节约工时和原材料，缩短生产周期，实现模具零部件标准化后，塑料注射模的生产工时，可节约25%～45%，即相对单件生产来讲，可缩短1/3～2/5的生产周期。由于模具标准件需求量大，实行模具零部件的标准化、规模化、专业化生产可大量节约原材料，大幅度提高原材料的利用率，原材料利用率可达85%～95%。

3）模具标准化可使模具工作者摆脱大量重复的一般性设计，将主要精力用来改进模具设计、解决模具关键技术问题，进行创造性的劳动。

4）模具标准化是采用现代化生产技术的基础。实行模具的CAD/CAM/CAE，进行计算机绘图，实现计算机管理和控制，模具标准化是其基础。目前，生产上应用和市场上提供的CAD/CAM系统，其软件中的标准资料库和标准图已成为系统中的基本软件。因此，模具标准化是进行模具科学化、优化设计和制造的基础。

5）模具标准化有利于模具技术的国际交流和模具出口外销。

实现模具标准化，可有效地降低模具生产成本，简化生产管理和减少企业库存，是提高企业经济、技术效益的有力措施和保证。模具标准化和标准件的专业化生产是模具工业建设的产业基础，对整个工业建设有着重大的经济和技术意义。

1.5 模具标准化需求分析

虽然我国模具的国家标准与行业标准已比较全面地涵盖了大多数模具类型，能够基本满足模具技术与市场的需求，但长期以来，我国模具标准的制修订往往参考采纳以欧洲模具标准为基础的ISO模具标准的尺寸体系。而现实情况是，我国和亚洲模具标准件市场采用的标准体系大多以日本公司的标准为主导，我国模具与模具标准件的进出口业务又主要集中在东南亚和日本，致使模具国家标准和行业标准的推广应用效果并不理想，与生产实际有一定的脱节，市场的适应性和有效性较差，在一定程度上影响了我国模具标准化工作的进展，这一状况应及时改变。

ISO模具标准主要以冲模和型腔模为主。到目前为止，已发布的ISO模具标准仅有59项，标准数量较少，标准体系还不完善。另外，两大先进工业国家日本和美国至今尚未加入ISO模具标准化组织，主要原因是模具标准的尺寸体系问题。目前国外模具标准基本以德国HASCO、美国DME和日本FUTABA三大模具标准件企业的相关标准为主导，这三大标准对我国模具标准件行业具有重要影响。例如，以生产塑料模标准件为主的我国香港龙记集团，除按企业标准（以日本标准为基础）生产外，根据客户要求生产模具时，就是按三大模具标准件企业的标准生产的。

国内外模具标准化发展的趋势是进一步提高标准应用覆盖率，开发新型精密模具标准件。从技术层面看，模具标准件主要以精密、互换为发展方向。塑料模热流道、冲模氮气弹簧也列入标准件发展。

我国制造业的迅速发展要求模具质量越来越高，制造周期越来越短，模具也正在向精密、复杂、大型化方向发展，这对模具标准化工作无疑提出了更高的要求。随着模具工业的发展，如何让模具标准的制修订更加符合市场经济的运行规律，以满足市场对模具标准的需求；如何提高标准与市场的关联性，增强标准的适应性和有效性；如何进一步扩大标准的应用覆盖率等，是模具标准化工作将重点研究解决的问题。

用先进适用的技术提高我国模具标准化技术水平，提高我国模具行业标准件的应用覆盖率，从而缩短模具企业的制造周期并降低生产成本，提高企业的市场竞争力。制订和修订的模具标准要适应模具技术的发展水平和市场对模具标准的需求，并优先发展市场上急需的模具标准。针对我国模具行业标准件应用覆盖率较低的情况，模具行业应大力宣传模具标准化的作用，积极贯彻模具国家标准与行业标准，促进观念转变，大力倡导模具标准与标准件的应用。

1.6　模具工业采用的标准明细

目前，我国模具工业采用的最新冲压模具标准、塑料模具标准、压铸模具标准和锻压模具标准等的代号和名称分别如下：

1.6.1　塑料模技术标准

1. 塑料、塑料件、塑料模、模具钢材、成型设备标准

1）GB/T 1844.1—2008/ISO 1043-1—2001　塑料 符号和缩略语　第1部分：基础聚合物及其特征性能

2）GB/T 14486—2008　塑料模塑件尺寸公差

3）BS 7010—1988　塑料模压件尺寸公差系统的实用规程

4）GB/T 14234—1993　塑料件表面粗糙度

5）BS 7029—1—1993　热塑性塑料注射模制品规定方法．第1部分：一般要求

6）BS 7029—2—1993　热塑性塑料注射模制品规定方法．第2部分：聚碳酸酯，聚酰胺和聚乙烯模制品的附加要求

7）BS ISO 12165—2000　模具．压缩模、注射模和压铸模用零件．术语和符号

8）JB/T 6057—1992　塑料模具成型部分用钢及其热处理　技术条件

9）YB/T 094—1997（2006年确认）　塑料模具用扁钢

10）YB/T 107—1997（2006年确认）　塑料模具用热轧厚钢板

11）YB/T 129—1997（2006年确认）　塑料模具钢模块技术条件

12）JB/T 8698—1998　热固性塑料注射成型机

2. 塑料模零部件标准

1）GB/T 4169.1—2006　塑料注射模零件 第1部分：推杆
2）GB/T 4169.2—2006　塑料注射模零件 第2部分：直导套
3）GB/T 4169.3—2006　塑料注射模零件 第3部分：带头导套
4）GB/T 4169.4—2006　塑料注射模零件 第4部分：带头导柱
5）GB/T 4169.5—2006　塑料注射模零件 第5部分：带肩导柱
6）GB/T 4169.6—2006　塑料注射模零件 第6部分：垫块
7）GB/T 4169.7—2006　塑料注射模零件 第7部分：推板
8）GB/T 4169.8—2006　塑料注射模零件 第8部分：模板
9）GB/T 4169.9—2006　塑料注射模零件 第9部分：限位钉
10）GB/T 4169.10—2006　塑料注射模零件 第10部分：支承柱
11）GB/T 4169.11—2006　塑料注射模零件 第11部分：圆形定位元件
12）GB/T 4169.12—2006　塑料注射模零件 第12部分：推板导套
13）GB/T 4169.13—2006　塑料注射模零件 第13部分：复位杆
14）GB/T 4169.14—2006　塑料注射模零件 第14部分：推板导柱
15）GB/T 4169.15—2006　塑料注射模零件 第15部分：扁推杆
16）GB/T 4169.16—2006　塑料注射模零件 第16部分：带肩推杆
17）GB/T 4169.17—2006　塑料注射模零件 第17部分：推管
18）GB/T 4169.18—2006　塑料注射模零件 第18部分：定位圈
19）GB/T 4169.19—2006　塑料注射模零件 第19部分：浇口套
20）GB/T 4169.20—2006　塑料注射模零件 第20部分：拉杆导柱
21）GB/T 4169.21—2006　塑料注射模零件 第21部分：矩形定位元件
22）GB/T 4169.22—2006　塑料注射模零件 第22部分：圆形拉模扣
23）GB/T 4169.23—2006　塑料注射模零件 第23部分：矩形拉模扣
24）ISO 28238—2010　压缩模具和注射模具．浇注系统部件
25）GB/T 4170—2006　塑料注射模零件技术条件

3. 塑料模模架标准

GB/T 12555—2006　塑料注射模模架

4. 塑料模术语标准

1）GB/T 8846—2005　塑料成型模术语
2）JB/T 8744—2008　塑料挤出模术语

5. 塑料模挤出模标准

1）JB/T 8746.1—2008　塑料异型材挤出模零件 第1部分：矩形模板
2）JB/T 8746.2—2008　塑料异型材挤出模零件 第2部分：圆形模板
3）JB/T 8746.3—2008　塑料异型材挤出模零件 第3部分：矩形机颈
4）JB/T 8746.4—2008　塑料异型材挤出模零件 第4部分：圆形机颈
5）JB/T 8746.5—2008　塑料异型材挤出模零件 第5部分：定型块
6）JB/T 8746.6—2008　塑料异型材挤出模零件 第6部分：型板
7）JB/T 8746.7—2008　塑料异型材挤出模零件 第7部分：定位零件

6. 塑料模技术条件标准

1）GB/T 4170—2006　塑料注射模零件技术条件
2）GB/T 12554—2006　塑料注射模技术条件
3）GB/T 12556—2006　塑料注射模模架技术条件
4）GB/T 14663—2007　塑封模技术条件
5）JB/T 8745—2008　塑料异型材挤出模技术条件

1.6.2 冲压模具技术标准

1. 冲压模具国家标准

（1）冲模术语与技术条件
1）GB/T 8845—2006　冲模术语
2）GB/T 14662—2006　冲模技术条件
（2）模架
1）GB/T 2851—2008　冲模滑动导向模架
2）GB/T 2852—2008　冲模滚动导向模架
（3）模座
1）GB/T 2855.1—2008　冲模滑动导向模座　第 1 部分：上模座
2）GB/T 2855.2—2008　冲模滑动导向模座　第 2 部分：下模座
3）GB/T 2856.1—2008　冲模滚动导向模座　第 1 部分：上模座
4）GB/T 2856.1—2008　冲模滚动导向模座　第 2 部分：下模座
（4）导向装置
1）GB/T 2861.1—2008　冲模导向装置　第 1 部分：滑动导向导柱
2）GB/T 2861.2—2008　冲模导向装置　第 2 部分：滚动导向导柱
3）GB/T 2861.3—2008　冲模导向装置　第 3 部分：滑动导向导套
4）GB/T 2861.4—2008　冲模导向装置　第 4 部分：滚动导向导套
5）GB/T 2861.5—2008　冲模导向装置　第 5 部分：钢球保持圈
6）GB/T 2861.6—2008　冲模导向装置　第 6 部分：圆柱螺旋压缩弹簧
7）GB/T 2861.7—2008　冲模导向装置　第 7 部分：滑动导向可卸导柱
8）GB/T 2861.8—2008　冲模导向装置　第 8 部分：滚动导向可卸导柱
9）GB/T 2861.9—2008　冲模导向装置　第 9 部分：衬套
10）GB/T 2861.10—2008　冲模导向装置　第 10 部分：垫圈
11）GB/T 2861.11—2008　冲模导向装置　第 11 部分：压板
（5）冲模氮气弹簧
1）GB/T 20914.1—2007 /ISO 11901-1：2003　冲模 氮气弹簧　第 1 部分：通用规格
2）GB/T 20914.2—2007 /ISO 11901-2：2004　冲模 氮气弹簧　第 2 部分：附件规格
（6）冲模弹性体压缩弹簧
1）GB/T 20915.1—2007 /ISO 10069-1—2008　冲模 弹性体压缩弹簧　第 1 部分：通用规格
2）GB/T 20915.2—2007 /ISO 10069-2—2008　冲模　弹性体压缩弹簧　第 2 部分：附件规格

2. 冲压模具行业标准

（1）冲模模板

1）JB/T 7643.1—2008　冲模模板　第1部分：矩形凹模板

2）JB/T 7643.2—2008　冲模模板　第2部分：矩形固定板

3）JB/T 7643.3—2008　冲模模板　第3部分：矩形垫板

4）JB/T 7643.4—2008　冲模模板　第4部分：圆形凹模板

5）JB/T 7643.5—2008　冲模模板　第5部分：圆形固定板

6）JB/T 7643.6—2008　冲模模板　第6部分：圆形垫板

（2）冲模单凸模模板

1）JB/T 7644.1—2008　冲模单凸模模板　第1部分：单凸模固定板

2）JB/T 7644.2—2008　冲模单凸模模板　第2部分：单凸模垫板

3）JB/T 7644.3—2008　冲模单凸模模板　第3部分：偏装单凸模固定板

4）JB/T 7644.4—2008　冲模单凸模模板　第4部分：偏装单凸模垫板

5）JB/T 7644.5—2008　冲模单凸模模板　第5部分：球锁紧单凸模固定板

6）JB/T 7644.6—2008　冲模单凸模模板　第6部分：球锁紧单凸模垫板

7）JB/T 7644.7—2008　冲模单凸模模板　第7部分：球锁紧偏装单凸模固定板

8）JB/T 7644.8—2008　冲模单凸模模板　第8部分：球锁紧偏装单凸模垫板

（3）冲模导向装置

1）JB/T 7645.1—2008　冲模导向装置　第1部分：A型小导柱

2）JB/T 7645.2—2008　冲模导向装置　第2部分：B型小导柱

3）JB/T 7645.3—2008　冲模导向装置　第3部分：小导套

4）JB/T 7645.4—2008　冲模导向装置　第4部分：压板固定式导柱

5）JB/T 7645.5—2008　冲模导向装置　第5部分：压板固定式导套

6）JB/T 7645.6—2008　冲模导向装置　第6部分：压板

7）JB/T 7645.7—2008　冲模导向装置　第7部分：导柱座

8）JB/T 7645.8—2008　冲模导向装置　第8部分：导套座

（4）冲模模柄

1）JB/T 7646.1—2008　冲模模柄　第1部分：压入式模柄

2）JB/T 7646.2—2008　冲模模柄　第2部分：旋入式模柄

3）JB/T 7646.3—2008　冲模模柄　第3部分：凸缘模柄

4）JB/T 7646.4—2008　冲模模柄　第4部分：槽形模柄

5）JB/T 7646.5—2008　冲模模柄　第5部分：浮动模柄

6）JB/T 7646.6—2008　冲模模柄　第6部分：推入式活动模柄

（5）冲模导正销

1）JB/T 7647.1—2008　冲模导正销　第1部分：A型导正销

2）JB/T 7647.2—2008　冲模导正销　第2部分：B型导正销

3）JB/T 7647.3—2008　冲模导正销　第3部分：C型导正销

4）JB/T 7647.4—2008　冲模导正销　第4部分：D型导正销

（6）冲模侧刃和导料装置

1）JB/T 7648.1—2008　冲模侧刃和导料装置　第 1 部分：侧刃
2）JB/T 7648.2—2008　冲模侧刃和导料装置　第 2 部分：A 型侧刃挡块
3）JB/T 7648.3—2008　冲模侧刃和导料装置　第 3 部分：B 型侧刃挡块
4）JB/T 7648.4—2008　冲模侧刃和导料装置　第 4 部分：C 型侧刃挡块
5）JB/T 7648.5—2008　冲模侧刃和导料装置　第 5 部分：导料板
6）JB/T 7648.6—2008　冲模侧刃和导料装置　第 6 部分：承料板
7）JB/T 7648.7—2008　冲模侧刃和导料装置　第 7 部分：A 型抬料销
8）JB/T 7648.8—2008　冲模侧刃和导料装置　第 8 部分：B 型抬料销

（7）冲模挡料和弹顶装置

1）JB/T 7649.1—2008　冲模挡料和弹顶装置　第 1 部分：始用挡料装置
2）JB/T 7649.2—2008　冲模挡料和弹顶装置　第 2 部分：弹簧芯柱
3）JB/T 7649.3—2008　冲模挡料和弹顶装置　第 3 部分：弹簧侧压装置
4）JB/T 7649.4—2008　冲模挡料和弹顶装置　第 4 部分：侧压簧片
5）JB/T 7649.5—2008　冲模挡料和弹顶装置　第 5 部分：弹簧弹顶挡料装置
6）JB/T 7649.6—2008　冲模挡料和弹顶装置　第 6 部分：扭簧弹顶挡料装置
7）JB/T 7649.7—2008　冲模挡料和弹顶装置　第 7 部分：回带式挡料装置
8）JB/T 7649.8—2008　冲模挡料和弹顶装置　第 8 部分：钢球弹顶装置
9）JB/T 7649.9—2008　冲模挡料和弹顶装置　第 9 部分：活动挡料销
10）JB/T 7649.10—2008　冲模挡料和弹顶装置　第 10 部分：固定挡料销

（8）冲模卸料装置

1）JB/T 7650.1—2008　冲模卸料装置　第 1 部分：带肩推杆
2）JB/T 7650.2—2008　冲模卸料装置　第 2 部分：带螺纹推杆
3）JB/T 7650.3—2008　冲模卸料装置　第 3 部分：顶杆
4）JB/T 7650.4—2008　冲模卸料装置　第 4 部分：顶板
5）JB/T 7650.5—2008　冲模卸料装置　第 5 部分：圆柱头卸料螺钉
6）JB/T 7650.6—2008　冲模卸料装置　第 6 部分：圆柱头内六角卸料螺钉
7）JB/T 7650.7—2008　冲模卸料装置　第 7 部分：定距套件
8）JB/T 7650.8—2008　冲模卸料装置　第 8 部分：调节垫圈

（9）冲模废料切刀

1）JB/T 7651.1—2008　冲模废料切刀　第 1 部分：圆废料切刀
2）JB/T 7651.2—2008　冲模废料切刀　第 2 部分：方废料切刀

（10）冲模限位支承装置

1）JB/T 7652.1—2008　冲模限位支承装置　第 1 部分：支承套件
2）JB/T 7652.2—2008　冲模限位支承装置　第 2 部分：限位柱

（11）冲模凸模

1）JB/T 5825—2008　冲模　圆柱头直杆圆凸模
2）JB/T 5826—2008　冲模　圆柱头缩杆圆凸模
3）JB/T 5827—2008　冲模　60°锥头直杆圆凸模
4）JB/T 5828—2008　冲模　60°锥头缩杆圆凸模

5） JB/T 5829—2008 冲模 球锁紧圆凸模

6） JB/T 5830—2008 冲模 圆凹模

（12）冲模零件技术条件

1） JB/T 7653—2008 冲模零件 技术条件

2） JB/T 8050—2008 冲模模架 技术条件

3） JB/T 8070—2008 冲模模架零件 技术条件

4） JB/T 8071—2008 冲模模架 精度检查

以上23项冲模国家标准、72项机械行业标准是2008年重新修订、发布和实施的。除此之外，还有1995年制定和实施的，目前已经废止的15项冲模典型组合机械行业标准，由于无替代标准，大部分企业仍在使用。这些标准分别是：

1） JB/T8065.1—1995 冷冲模固定卸料典型组合 无导柱纵向送料典型组合

2） JB/T8065.2—1995 冷冲模固定卸料典型组合 无导柱横向送料典型组合

3） JB/T8065.3—1995 冷冲模固定卸料典型组合 纵向送料典型组合

4） JB/T8065.4—1995 冷冲模固定卸料典型组合 横向送料典型组合

5） JB/T8066.1—1995 冷冲模弹压卸料典型组合 纵向送料典型组合

6） JB/T8066.2—1995 冷冲模弹压卸料典型组合 横向送料典型组合

7） JB/T8067.1—1995 冷冲模复合模典型组合 矩形厚凹模典型组合

8） JB/T8067.2—1995 冷冲模复合模典型组合 矩形薄凹模典型组合

9） JB/T8067.3—1995 冷冲模复合模典型组合 圆形厚凹模典型组合

10） JB/T8067.4—1995 冷冲模复合模典型组合 圆形薄凹模典型组合

11） JB/T8068.1—1995 冷冲模导板模典型组合 纵向送料典型组合

12） JB/T8068.2—1995 冷冲模导板模典型组合 横向送料典型组合

13） JB/T8068.3—1995 冷冲模导板模典型组合 弹压纵向送料典型组合

14） JB/T8068.4—1995 冷冲模导板模典型组合 弹压横向送料典型组合

15） JB/T8069—1995 冷冲模典型组合技术条件

1.6.3 压铸模技术标准

1. 压铸模标准零部件

1） GB/T 4678.1—2003 压铸模零件 第1部分：模板

2） GB/T 4678.2—2003 压铸模零件 第2部分：圆形镶块

3） GB/T 4678.3—2003 压铸模零件 第3部分：矩形镶块

4） GB/T 4678.4—2003 压铸模零件 第4部分：带肩导柱

5） GB/T 4678.5—2003 压铸模零件 第5部分：带头导柱

6） GB/T 4678.6—2003 压铸模零件 第6部分：带头导套

7） GB/T 4678.7—2003 压铸模零件 第7部分：直导套

8） GB/T 4678.8—2003 压铸模零件 第8部分：推板

9） GB/T 4678.9—2003 压铸模零件 第9部分：推板导柱

10） GB/T 4678.10—2003 压铸模零件 第10部分：推板导套

11） GB/T 4678.11—2003 压铸模零件 第11部分：推杆

12）GB/T 4678.12—2003　压铸模零件 第 12 部分：复位杆

13）GB/T 4678.13—2003　压铸模零件 第 13 部分：推板垫圈

14）GB/T 4678.14—2003　压铸模零件 第 14 部分：限位钉

15）GB/T 4678.15—2003　压铸模零件 第 15 部分：垫块

16）GB/T 4678.16—2003　压铸模零件 第 16 部分：扁推杆

17）GB/T 4678.17—2003　压铸模零件 第 17 部分：推管

18）GB/T 4678.18—2003　压铸模零件 第 18 部分：支承柱

19）GB/T 4678.19—2003　压铸模零件 第 19 部分：定位元件

2. 压铸模技术条件、术语标准

1）GB/T 4679—2003　压铸模零件技术条件

2）GB/T 8844—2003　压铸模技术条件

3）GB/T 8847—2003　压铸模术语

1.6.4　锻模标准

1）GB/T 9453—2008　锻模术语

2）GB/T 11880—2008　模锻锤和大型机械锻压机用模块技术条件

1.6.5　其他类模具标准

1）GB/T 15824—2008　热作模具钢热疲劳试验方法

2）GB/T 6110—2008　硬质合金拉制模 型式和尺寸

本书主要介绍塑料模具和冲压模具最新标准的内容与应用，因为这两类模具应用比较广泛，约占全部模具总量的 80% 以上。

第2章 塑料模术语与技术条件标准

2.1 塑料成型模术语标准

GB/T 8846—2005 标准规定了塑料成型模的常用术语，与旧版标准相比较，其主要变化有：将标准名称修改为塑料成型模术语，对术语结构进行了重新分类与编排，增加了部分术语词条，对部分术语词条的定义与注释进行了适当修改，对部分示例图作了规范性修改，增加了中、英文索引。

2.1.1 适用范围

GB/T 8846—2005 标准规定了塑料成形模中的压缩模、压注模和注射模的常用术语，适用于塑料成型模常用术语的理解和使用。

2.1.2 塑料成型模分类

GB/T 8846—2005 标准规定以成型材料、成型工艺、溢料、机内、机外装卸方式以及浇注系统的形式等对塑料成型模进行分类，如表 2-1 所示。

表 2-1 塑料成型模分类（摘自 GB/T 8846—2005）

标准条目	术 语（中、英文）	定 义
2.1 按成型材料分类		
2.1.1	热塑性塑料模 mould for thermoplastics plastics	热塑性塑料成型用的模具
2.1.2	热固性塑料模 mould for thermoset plastics	热固性塑料成型用的模具
2.2 按成型工艺分类		
2.2.1	压缩模 compression mould	使直接放入型腔内的塑料熔融，并固化成型所用的模具，如图 2-1、图 2-2 所示
2.2.2	压注模 transfer mould	通过柱塞，使加料腔内塑化熔融的塑料经浇注系统注入闭合型腔，并固化成型所用的模具，如图 2-3 所示
2.2.3	注射模 injection mould	通过注射机的螺杆或活塞，使料筒内塑化熔融的塑料经喷嘴与浇注系统注入型腔，并固化成型所用的模具，如图 2-4、图 2-5、图 2-6、图 2-7 所示
2.2.3.1	热塑性塑料注射模 injection mould for thermoplastic plastics	成型热塑性塑件用的注射模
2.2.3.2	热固性塑料注射模 injection mould for thermoset plastics	成型热固性塑件用的注射模
2.3 按溢料分类		
2.3.1	溢式压缩模 flash mould	加料腔即型腔。合模加压时允许过量的塑料溢出的压缩模
2.3.2	半溢式压缩模 semi-positive mould	加料腔是型腔向上的扩大部分。合模加压时，允许少量的塑料溢出的压缩模，如图 2-1 所示

（续）

标准条目	术语（中、英文）	定　义
2.3　按溢料分类		
2.3.3	不溢式压缩模 positive mould	加料腔是型腔向上的延续部分。合模加压时，几乎无塑料溢出的压缩模，如图 2-2 所示
2.4　按机外、机内装卸方式分类		
2.4.1	移动式压缩模 portable compression mould	将成型中的辅助作业如开模、卸件、装料、合模等移到压机工作台面外进行的压缩模
2.4.2	移动式压注模 portable transfer mould	将成型中的辅助作业如开模、卸件、装料、合模等移到压机工作台面外进行的压注模
2.4.3	固定式压缩模 fixed compression mould	固定在压机工作台面上，全部成型作业均在机床上进行的压缩模，如图 2-1、图 2-2 所示
2.4.4	固定式压注模 fixed transfer mould	固定在压机工作台面上，全部成型作业均在机床上进行的压注模，如图 2-3 所示
2.5　按浇注系统分类		
2.5.1	无流道模 runnerless mould	连续成型作业中，采用适当的温度控制，使流道内的塑料保持熔融状态，成型塑件的同时，几乎无流道凝料产生的注射模，如采用延伸喷嘴的注射模，如图 2-8 所示
2.5.1.1	热流道模 hot-runner mould	连续成型作业中，借助加热，使流道内的热塑性塑料始终保持熔融状态的注射模，如图 2-9、图 2-10、图 2-11、图 2-12 所示
2.5.1.2	绝热流道模 insulated-runner mould	连续成型作业中，利用塑料与流道壁接触的固体层所起的绝热作用，使流道中心部位的热塑性塑料始终保持熔融状态的注射模，如图 2-13 所示
2.5.1.3	温流道模 warm-runner mould	连续成型作业中，采用适当的温度控制，使流道内的热固性塑料始终保持熔融状态的注射模，如图 2-14 所示

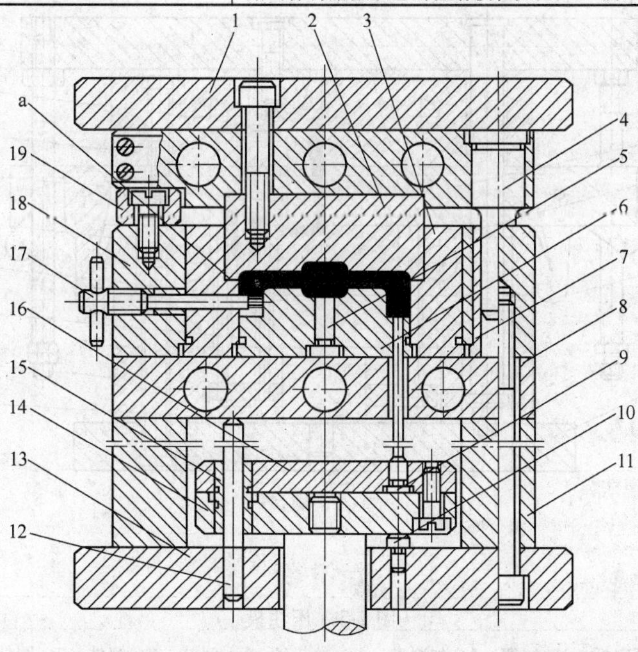

图 2-1　压缩模（一）

1—上模座板　2、6—凸模　3—凹模　4—带肩导柱　5—型芯　7—带头导套　8—支承板　9—带肩推杆　10—限位钉　11—垫块　12—推板导柱　13—下模座板　14—推板　15—推板导套　16—推杆固定板　17—侧型芯　18—模套　19—限位块　a—溢料槽

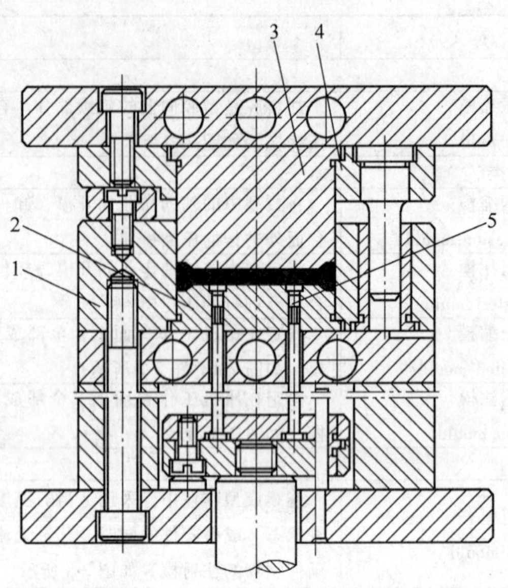

图 2-2　压缩模（二）

1—凹模　2、3—凸模　4—凸模固定板　5—嵌件

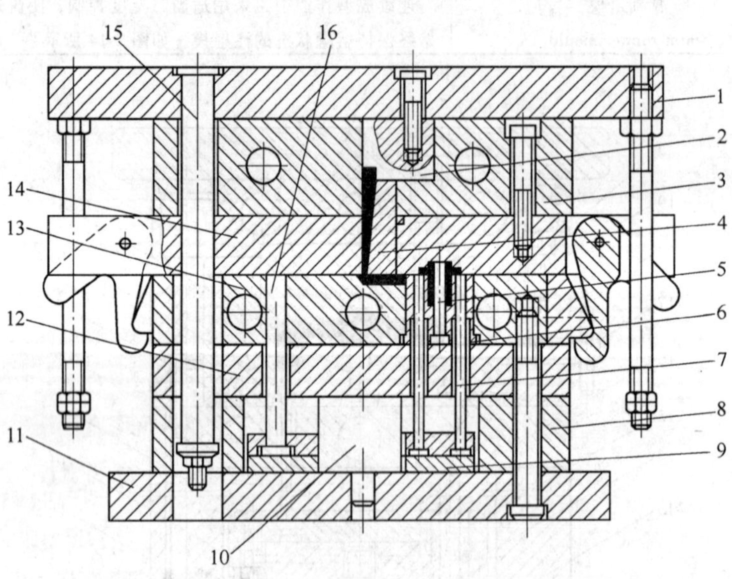

图 2-3　压注模

1—上模座板　2—柱塞　3—加料腔　4—浇口套　5—型芯　6—镶件　7—圆柱头推杆　8—垫块　9—推板　10—支承柱　11—下模座板　12—支承板　13—凹模固定板　14—上模板　15—定距拉杆　16—复位杆

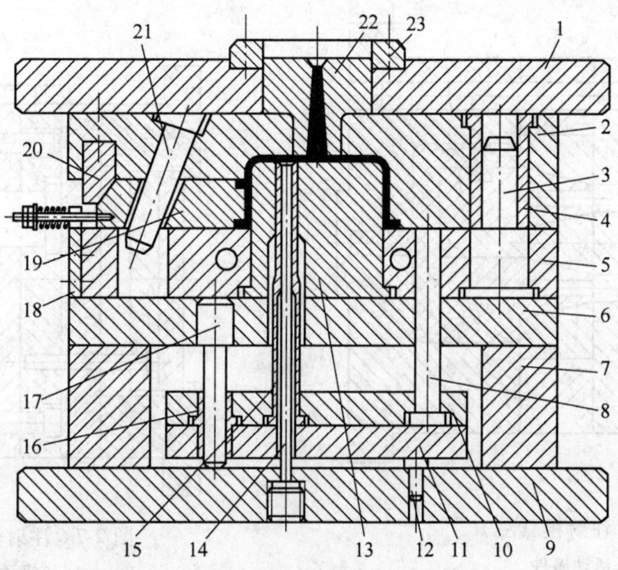

图 2-4　注射模（一）

1—定模座板　2—凹模　3—带肩导柱　4—带头导套　5—型芯固定板　6—支承板　7—垫块　8—复位杆　9—动模座板　10—推杆固定板　11—推板　12—限位钉　13、14—型芯　15—推管　16—推板导套　17—推板导柱　18—限位块　19—侧型芯滑块　20—楔紧块　21—斜导柱　22—浇口套　23—定位圈

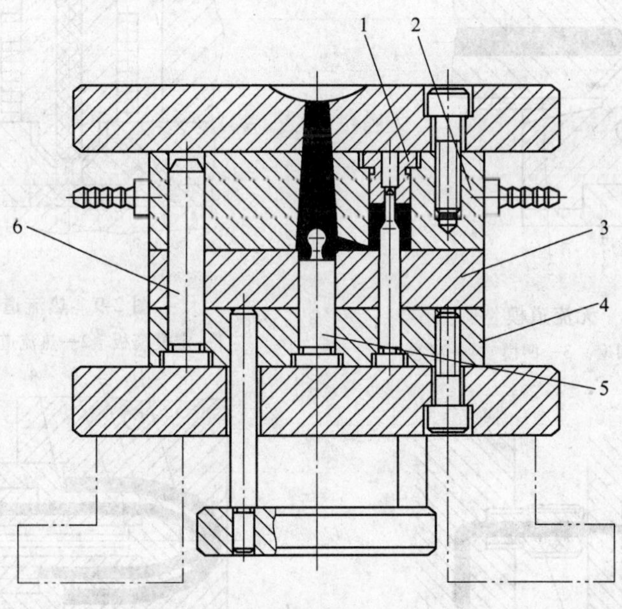

图 2-5　注射模（二）

1—镶件　2—凹模　3—推件板　4—型芯固定板　5—拉料杆　6—带头导柱

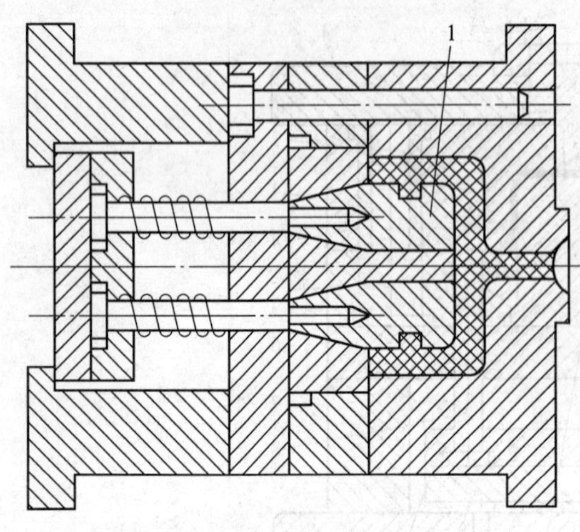

图 2-6　注射模（三）

1—活动镶件

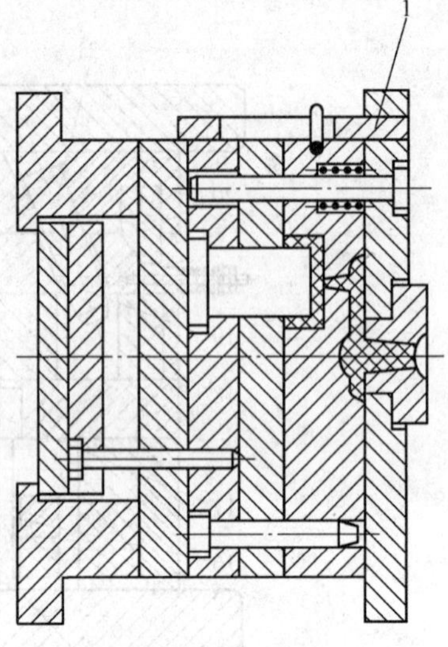

图 2-7　注射模（四）

1—定距拉板

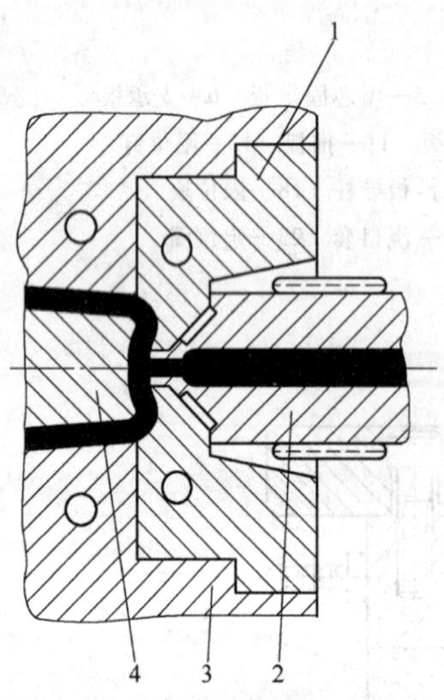

图 2-8　无流道模

1—镶件　2—浇口套　3—凹模　4—型芯

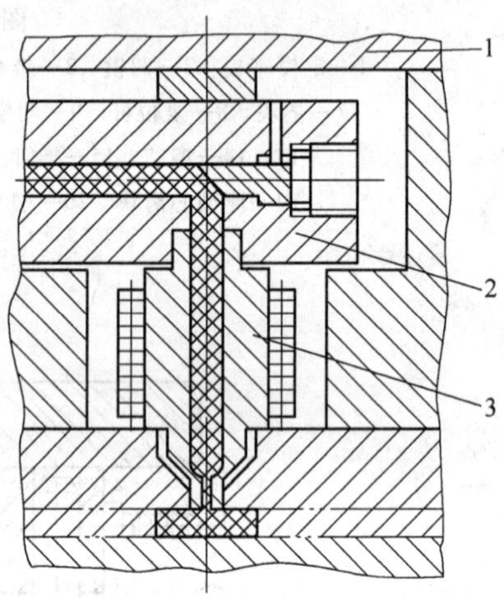

图 2-9　热流道模（一）

1—定模模板　2—热流道板　3—二级喷嘴

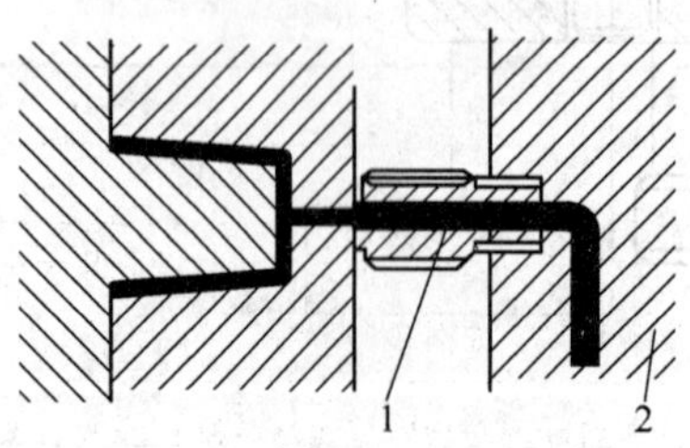

图 2-10　热流道模（二）

1—二级喷嘴　2—热流道板

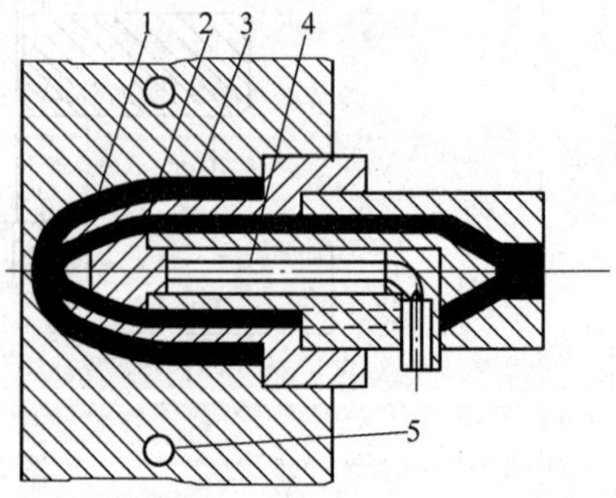

图 2-11　热流道模（三）

1—二级喷嘴　2、3、4—鱼雷形分流梭　5—加热管

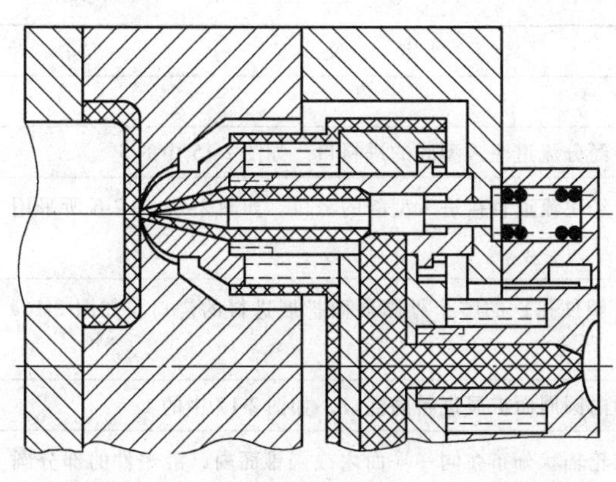

图 2-12 热流道模（四）

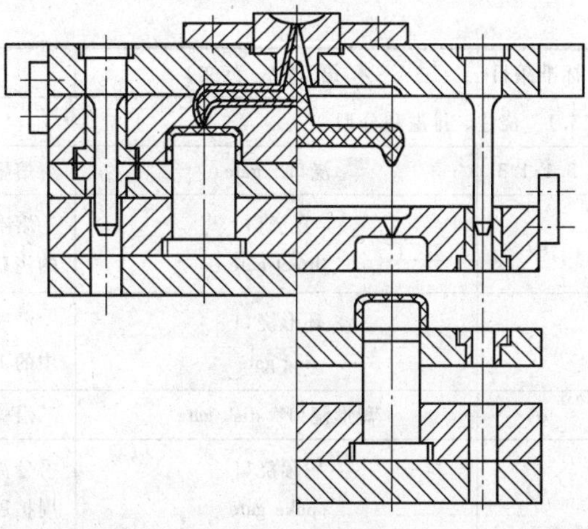

图 2-13 绝热流道模

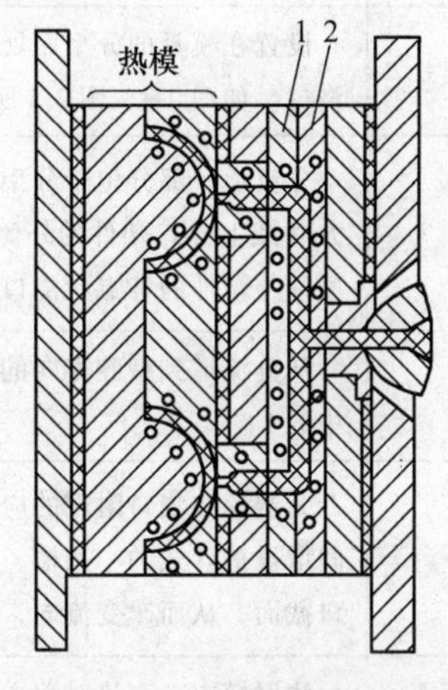

图 2-14 温流道模
1、2—温流道板

2.1.3 塑料成型模结构要素与零部件

塑料成型模结构要素与零部件分为浇注、排溢和分型、模具部件或成型零件、支承固定零件、抽芯零件、导向零件、定位和限位零件、推出零件、冷却和加热零件以及模架等，如表 2-2 所示。

表 2-2 塑料成型模结构要素与零部件（摘自 GB/T8846—2005）

标准条目	术语（中、英文）	定义
3.1 浇注、排溢和分型		
3.1.1	浇注系统 feed system	由注射机喷嘴或压注模加料腔到型腔之间的通道，其中包括主流道、分流道、浇口和冷料穴。如图 2-15 所示
3.1.1.1	主流道 sprue	在注射模中，使注射机喷嘴与型腔（单型腔模）或与分流道连接的这一段进料通道；在压注模中，使加料腔与型腔（单型腔模）或与分流道连接的这一段进料通道。如图 2-15 中的 2
3.1.1.2	分流道 runner	连接主流道和浇口的进料通道。如图 2-15 中的 4

（续）

标准条目	术语（中、英文）	定　义
3.1　浇注、排溢和分型		
3.1.1.3	浇口　gate	熔融塑料经分流道注入型腔的进料口。如图 2-15 中的 5
a)	直浇口 direct gate	熔融塑料经主流道直接进入型腔的浇口。如图 2-4、图 2-6 所采用的浇口
b)	环形浇口 ring gate	沿塑件（塑件孔）的整个外圆周而扩展进料的浇口。如图 2-16a 中的 1
c)	盘形浇口　disk gate	沿塑件的内圆周而扩展进料的浇口。如图 2-17 中的 1
d)	轮辐浇口 spoke gate	分流道像轮辐状分布在同一平面内或圆锥面内，沿塑件的部分圆周扩展进料的浇口。如图 2-18 中的 1
e)	点浇口　pin-point gate	截面形状小如针点的浇口。如图 2-7 所采用的浇口
f)	侧浇口 edge gate	设置在模具的分型面处，从塑件的内或外侧进料，截面为矩形的浇口。如图 2-3、图 2-5 所采用的浇口
g)	潜伏浇口 submarine gate	分流道一部分位于分型面上，另一部分呈倾斜状潜伏在分型面下方（或上方）塑件的外侧面或里面，设置脱模时便于自动切断流道凝件与塑件的针点状浇口。如图 2-19 中的 1
h)	扇形浇口 fan gate	从分流道到型腔方向的宽度逐渐增加呈扇形的侧浇口。如图 2-20 中的 1
i)	护耳浇口 tab gate	为避免在浇口附近的应力集中而影响塑件质量，在浇口和型腔之间增设护耳式的小凹槽，使凹槽进入型腔处的槽口截面充分大于浇口截面，从而改变流向，均匀进料的浇口。如图 2-21 中的 1
3.1.1.4	冷料穴 cold-slug well	注射模中，直接对着主流道的孔或分流道延伸段的槽，用以储存冷料。如图 2-15 中的 3
3.1.1.5	浇口套 sprue　bush	直接与注射机喷嘴或压注模加料腔接触，带有主流道通道的衬套零件。如图 2-3 中的 4；如图 2-4 中的 22；如图 2-15 中的 1
3.1.1.6	浇口镶块 gating insert	为提高浇口的使用寿命，而对浇口采用可更换的耐磨的金属镶块。如图 2-22 中的 1
3.1.1.7	分流锥 spreader	设在主流道内，用以使塑料分流平缓改变流向，一般带有圆锥头的圆柱形零件
3.1.1.8	流道板　runner plate	为开设分流道而专门设置的板件
3.1.1.9	热流道板 hot-runner plate	在热流道模中，为开设分流道，放置加热元件，用以使流道内的热塑性塑料始终保持熔融的流动状态的板状或圆柱零件。如图 2-9 中的 2、如图 2-10 中的 2，如图 2-23 所示
3.1.1.10	温流道板 warm runner plate	在温流道模中，开设有分流道的板均称为温流道板。如图 2-14 中的 1、2
3.1.1.11	二级喷嘴 secondary nozzle	为热流道板（柱）向型腔直接或间接提供进料通道的喷嘴。如图 2-9 中的 3、如图 2-10 中的 1 和如图 2-11 中的 1 所示

（续）

标准条目	术语（中、英文）	定义
3.1 浇注、排溢和分型		
3.1.1.12	鱼雷形分流梭 torpedo	设置在热流道模浇口套或二级喷嘴内。起分流和加热作用的鱼雷形状的组合体。包括鱼雷头、鱼雷体和管式加热器。如图 2-11 中的 2、3、4 所示
3.1.1.13	管式加热器 cartridge heater	设置在热流道板或鱼雷体内的管形加热元件。如图 2-11 中的 5 所示
3.1.1.14	热管 heat pipe	缩小热流道和浇口之间温差的高效导热元件。也可以用于模具的冷却系统。如图 2-24 所示，如图 2-25 中的 1
3.1.1.15	阀式浇口 valve gate	设置在热流道二级喷嘴内，利用阀门控制熔融塑料放流或止流的浇口形式。如图 2-12 所示
3.1.1.16	加料腔 loading chamber	在压缩模中，指（凹模）型腔开口端的延续部分，用来附加装料的空间；在压注模中，指塑料在进入（模具）型腔前，盛放并使之加热的腔体零件。如图 2-3 中的 3
3.1.1.17	柱塞 force plunger	压注模中，传递机床压力、使加料腔内的塑料注入浇注系统和型腔的圆柱形零件。如图 2-3 中的 2
3.1.2	溢料槽 flash groove	在压缩模中，为排除过剩的塑料而在模具上开的槽；在注射模中，为避免在塑件上可能产生熔接痕而在模具上开设排溢用的沟槽。如图 2-1 中的 a
3.1.3	排气槽 air vent	为使型腔内的气体排除模具外而在模具上开设的气流通槽或孔
3.1.4	分型面 parting line	模具上用以取出塑件和（或）浇注系统凝料的可分离的接触表面
3.1.4.1	水平分型面（线） horizontal parting line	与压机或注射机工作台面平行的模具的分型面
3.1.4.2	垂直分型面（线） vertical parting line	与压机或注射机工作台面垂直的模具的分型面
3.2 模具成型零件		
3.2.1	定模 fixed half of a mould	安装在注射机固定工作台面上的模具部分
3.2.2	动模 moving half of a mould	安装在注射机移动工作台上的模具部分，可随注射机做开闭动作
3.2.3	上模 upper half of a mould	在压缩模和压注模中，安装在压机上工作台面上的模具部分
3.2.4	下模 lower half of a mould	在压缩模和压注模中，安装在压机下工作台面上的模具部分
3.2.5	型腔 cavity	合模时，用来填充塑料，成型塑件的空间（即模具型腔）；有时也指凹模中成型塑件的内腔（即凹模型腔）
3.2.6	凹模 impression，cavity block，cavity plate	成型塑件外表面的凹状零件（包括零件的内腔与实体两部分）。如图 2-1 中的 3、如图 2-2 中的 1、图 2-4 中的 2、图 2-5 中的 2 和图 2-8 中的 3
3.2.7	镶件 mould insert	当成型零件（凹模、凸模或型芯）有易损或难以整体加工的部位时，与主体件分离制造并镶嵌在主体件上的局部成型零件。如图 2-5 中的 1、如图 2-8 中的 1

（续）

标准条目	术 语（中、英文）	定 义
3.2 模具成型零件		
3.2.8	活动镶件 movable insert	根据工艺和结构要求，须随塑件一起出模，方能从塑件中分离取出的镶件。如图 2-6 中的 1
3.2.9	拼块 split	按设计和工艺要求，用以拼合成凹模或型芯的若干分离制造的零件
3.2.9.1	凹模拼块 cavity split	用于拼合成凹模的若干分离制造的零件
3.2.9.2	型芯拼块 core split	用于拼合成型芯的若干分离制造的零件
3.2.10	型芯 core	成型塑件内表面的凸状零件。如图 2-1 中的 5，如图 2-3 中的 5 和图 2-4 中的 13、14
3.2.11	侧型芯 side core	成型塑件侧孔、侧凹或侧台，可手动或随滑块在模内做抽拔、复位运动的型芯。如图 2-1 中的 17
3.2.12	螺纹型芯 threaded core	直接成型塑件内螺纹的零件。如图 2-1 中的 17
3.2.13	螺纹型环 threaded ring cavity	直接成型塑件外螺纹的零件
3.2.14	凸模 punch	压缩模中，承受或传递压机压力，与凹模有配合段，直接接触塑料，成型塑件内表面或上下端面（注：溢式压缩模的凸模与凹模无配合段）。如图 2-1 中的 2、6 和图 2-2 中的 2、3
3.2.15	嵌件 insert (for moulding)	成型过程中，埋入或随后压入塑件中的金属或其他材质的零件。如图 2-2 中的 5
3.3 支承固定零件		
3.3.1	定模座板 clamping plate of the fixed half	使定模固定在注射机的固定工作台面上的板件。如图 2-4 中的 1
3.3.2	动模座板 clamping plate of the moving half	使动模固定在注射机的移动工作台面上的板件。如图 2-4 中的 9
3.3.3	上模座板 upper clamping plate	使上模固定在压机上工作台面上的板件。如图 2-1 中的 1 和图 2-3 中的 1
3.3.4	下模座板 lower lamping plate	使下模固定在压机下工作台面上的板件。如图 2-1 中的 13 和图 2-3 中的 11
3.3.5	凹模固定板 cavity-retainer plate	用于固定凹模的板状零件。如图 2-3 中的 13
3.3.6	型芯固定板 core-retainer plate	用于固定型芯的板状零件。如图 2-4 中的 5 和图 2-5 中的 4
3.3.7	凸模固定板 punch-retainer plate	用于固定凸模的板状零件。如图 2-2 中的 4
3.3.8	模套 chase bolster	使镶件或拼块定位并紧固在一起的框套形结构零件；固定凹模或型芯的框套形结构零件的统称。如图 2-1 中的 18 和图 2-26 中的 2
3.3.9	支承板 support plate	防止成型零件（凹模、凸模，型芯或镶件）和导向零件轴向移动并承受成型压力的板件。如图 2-1 中的 8、图 2-3 中的 12 和图 2-4 中的 6

（续）

标准条目	术 语（中、英文）	定　义
3.3　支承固定零件		
3.3.10	垫块 spacer	调节模具闭合高度，形成推出机构所需的推出空间的块状零件。如图 2-1 中的 11、图 2-3 中的 8 和图 2-4 中的 7
3.3.11	支架　mould base leg	使动模能固定在压机或注射机上的 L 形垫块
3.3.12	支承柱 support pillar	为增强动模的刚度而设置在动模支承板和动模座板之间，起支承作用的圆柱形零件。如图 2-3 中的 10
3.3.13	模板　mould plate	组成模具的板类零件的统称
3.4　抽芯零件		
3.4.1	斜导柱 angle pin	倾斜与分型面装配，随着模具的开闭，使滑块在模内产生相对运动的圆柱形零件。如图 2-4 中的 21
3.4.2	滑块　slide	沿导向结构滑动，带动侧型芯完成抽芯和复位动作的零件
3.4.3	侧型芯滑块 side core-slide	由整体材料制成的侧型芯和滑块。如图 2-4 中的 19
3.4.4	滑块导板 slide guide strip	与滑块的导滑面配合，起导滑作用的板件
3.4.5	楔紧块 wedge block	带有楔角，用于合模时楔紧滑块的零件。如图 2-4 中的 20
3.4.6	斜槽导板 finger guide pate	具有斜导槽，用以使滑块随槽做抽芯和复位运动的零件。如图 2-27 中的 1
3.4.7	弯销 angular cam	矩形或方形截面的弯杆零件。随着模具的开闭，使滑块做抽芯复位动作。如图 2-28 中的 1
3.4.8	斜滑块 angled sliding split	利用与斜面的配合而产生的滑动，往往兼有成型，推出和抽芯作用的拼块。如图 2-26a 和 b 中的 1
3.5　导向零件		
3.5.1	导柱 guide pillar	与安装在另一半模具上的导套（或孔）相配合，用以确定动模、定模的相对位置，保证模具运动导向精度的圆柱形零件
3.5.1.1	带头导柱 headed guide pillar	带有轴向定位台阶、固定段与导向段具有同一公称尺寸，不同公差带的导柱。如图 2-5 中的 6
3.5.1.2	带肩导柱 shoulder guide pillar	带有轴向定位台阶，固定段公称尺寸大于导向段的导柱。如图 2-4 中的 3
3.5.2	推板导柱 ejector guide pillar	与推板导套滑配合，用于推出机构导向的圆柱形零件。如图 2-1 中的 12 和图 2-4 中的 17
3.5.3	拉杆导柱 limit guide pillar	开模分型时，导向并限制某一模板仅在规定的距离内移动的导柱。如图 2-29 中的 4
3.5.4	导套 guide bush	与安装在另一半模上的导柱相配合，用以确定动、定模的相对位置，保证模具运动导向精度的圆套形零件

（续）

标准条目	术 语（中、英文）	定 义
3.5 导向零件		
3.5.4.1	直导套 straight guide bush	不带轴向定位台阶的导套
3.5.4.2	带头导套 headed guide bush	带有轴向定位台阶的导套。如图 2-1 中的 7 和图 2-4 中的 4
3.5.5	推板导套 ejector guide bush	与推板导柱滑配合，用于推出机构导向的圆套形零件。如图 2-1 中的 15 和图 2-4 中的 16
3.6 定位和限位零件		
3.6.1	定位圈 locating ring	确定模具在注射机上的安装位置，保证注射机喷嘴与模具浇口套对中的定位零件。如图 2-4 中的 23
3.6.2	定位元件 locating element	利用相互配合的锥面或直面，使动模、定模精确合模定位的组件。如图 2-30 所示
3.6.3	复位杆 return pin pin	借助模具的闭合动作，使推出机构复位的杆件。如图 2-4 中的 8
3.6.4	限位钉 stop pin	对推出机构起支承和调整作用并防止其在复位时受异物障碍的零件。如图 2-1 中的 10 和图 2-4 中的 12
3.6.5	限位块 stop block	起承压作用并调整、限制凸模行程的块状零件；限制滑块抽芯后最终位置的块状零件。如图 2-1 中的 19 和图 2-4 中的 18
3.6.6	定距拉杆 limit bolt	在开模分型时，用来限制某一模板，仅在限定的距离内作拉开和停止动作的杆件。如图 2-3 中的 15、图 2-29 中的 1
3.6.7	定距拉板 limit plate	在开模分型时，用来限制某一模板，仅在限定的模具内作拉开和停止动作的板件。如图 2-7 中的 1
3.7 推出零件		
3.7.1	推杆 ejector pin	用于推出塑件或浇注系统凝料的杆件
3.7.1.1	圆柱头推杆 ejector pin with a cylindrical head	头部带有圆柱形轴向定位台阶的推杆。如图 2-3 中的 7
3.7.1.2	带肩推杆 shouldered ejector pin	带有圆柱形轴向定位台阶，固定段直径大于工作段直径的推杆。如图 2-1 中的 9
3.7.1.3	扁推杆 flat ejector pin	工作截面为矩形的推杆
3.7.2	推管 ejector sleeve	用于推出塑件的管状零件。如图 2-4 中的 15
3.7.3	推块 ejector pad	在型腔内起部分成型作用并在开模时把塑件从型腔内推出的块状零件。如图 2-31 中的 1
3.7.4	推件板 stripper plate	直接推出塑件的板状零件，如图 2-5 中的 3 和图 2-29 中的 5
3.7.5	推件环 stripper ring	起局部或整体推出塑件作用的环形或盘形零件
3.7.6	推杆固定板 ejector retainer plate	用以固定推出和复位零件以及推板导套的板件。如图 2-1 中的 16 和图 2-4 中的 10
3.7.7	推板 ejector plate	支承推出和复位零件，直接传递机床推出力的板件。如图 2-1 中的 14、图 2-3 中的 9 和图 2-4 中的 11

（续）

标准条目	术 语（中、英文）	定　义
3.7　推出零件		
3.7.8	连接推杆　ejector tie rod	连接推件板与推杆固定板，传递推出力的杆件
3.7.9	拉料杆 sprue puller pin	开模分型时，拉住浇注系统凝料，头部带有侧凹形状的杆件。如图 2-5 中的 5
3.7.9.1	钩形拉料杆　z-shaped sprue puller	头部形状为钩形的拉料杆
3.7.9.2	球头拉料杆 sprue puller with a ball head	头部形状为球形的拉料杆
3.7.9.3	圆锥头拉料杆 sprue puller with a conical head	头部形状为倒圆锥形的拉料杆
3.7.10	分流道拉料杆 runner puller	将埋入分流道的一端制成某种侧凹形状，用以保证开模时拉住分流道凝料的杆件。如图 2-29 中的 3
3.7.11	推料板　runner stripper plate	随着开模运动，推出浇注系统凝料的板件。如图 2-29 中的 2
3.8　冷却和加热零件		
3.8.1	冷却通道 cooling channel	模具内通过冷却循环水或其他介质的通道，用以控制所要求的温度。如图 2-24 和图 2-25 中的 2
3.8.2	隔板 plug baffle	为改变蒸汽或冷却水的流向而在模具冷却通道内设置的金属条或板
3.8.3	加热板 heating plate	为保证模具内塑件成型的温度要求而设置有热水、蒸汽或电等加热结构的板件。如图 2-1 中的 8
3.8.4	隔热板 thermal insulation board	防止热量散失的板件
3.9　模架		
3.9.1	注射模模架 injection mould base	注射模中，由模板和导向件等基础零件组成，但未加工型腔的组合体
3.9.2	标准模架 standard mould base	结构、形式和尺寸都标准化、系列化并具有一定互换性的零件成套组合而成的模架

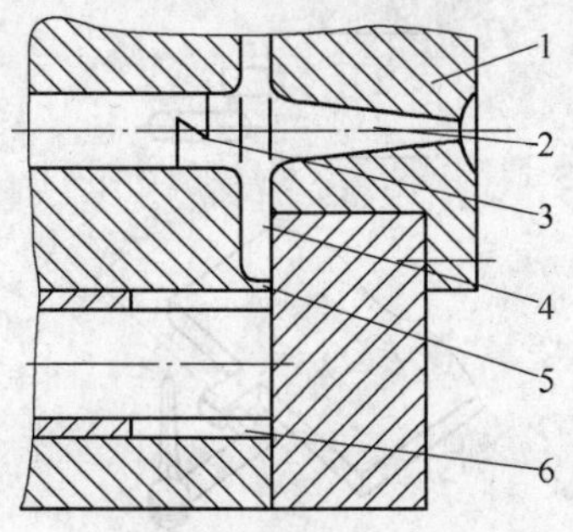

图 2-15　浇注系统

1—浇口套　2—主流道　3—冷料穴
4—分流道　5—浇口　6—型腔

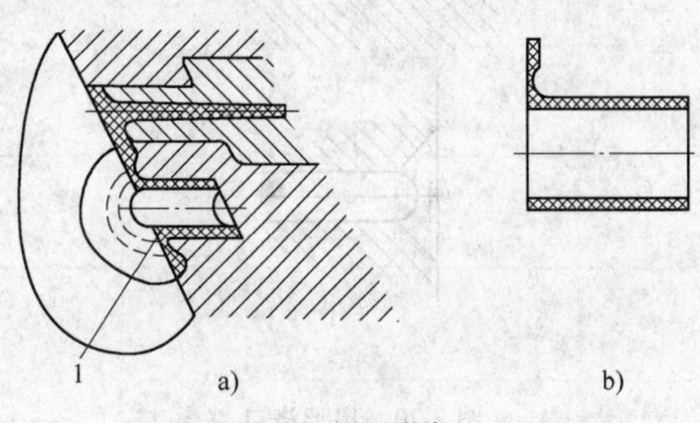

图 2-16　环形浇口

1—环形浇口

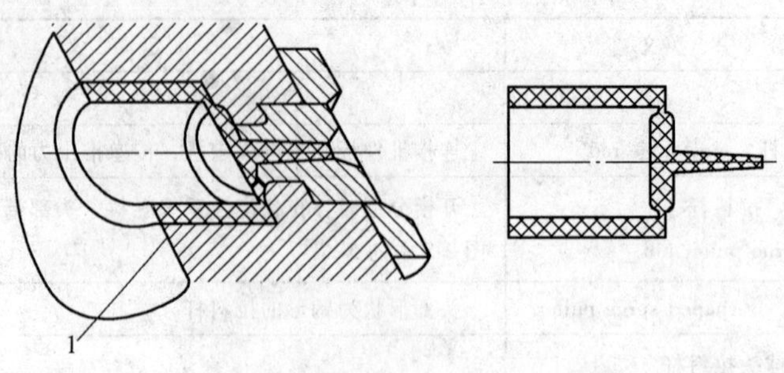

图 2-17　盘形浇口
1—盘形浇口

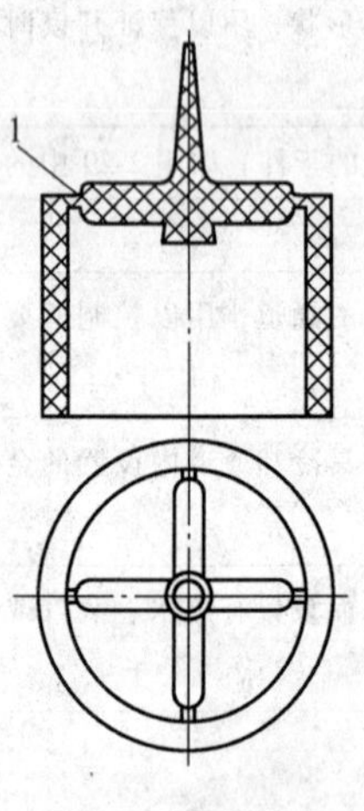

图 2-18　轮辐浇口
1—轮辐浇口

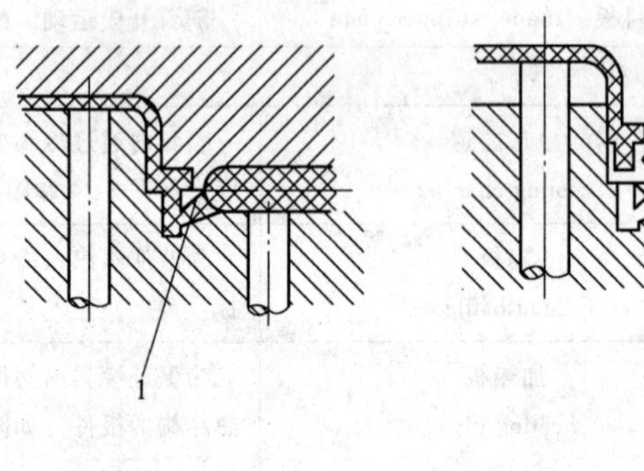

图 2-19　潜伏浇口
1—潜伏浇口

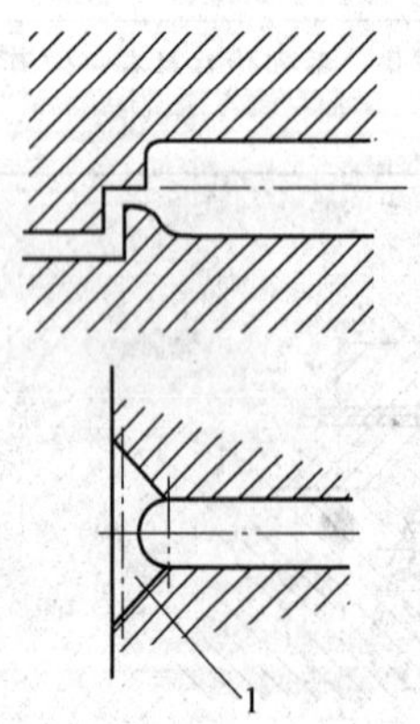

图 2-20　扇形浇口
1—扇形浇口

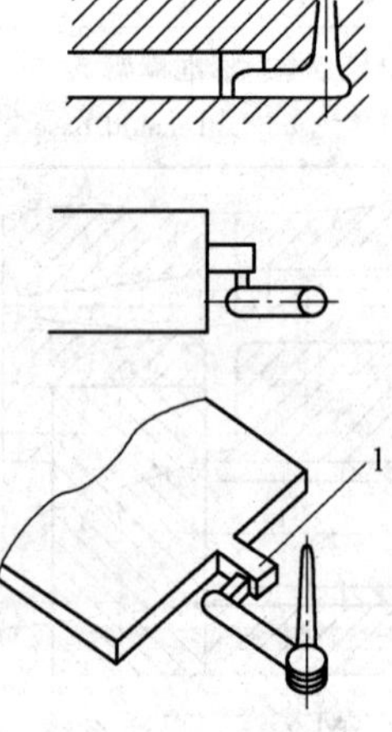

图 2-21　护耳浇口
1—护耳浇口

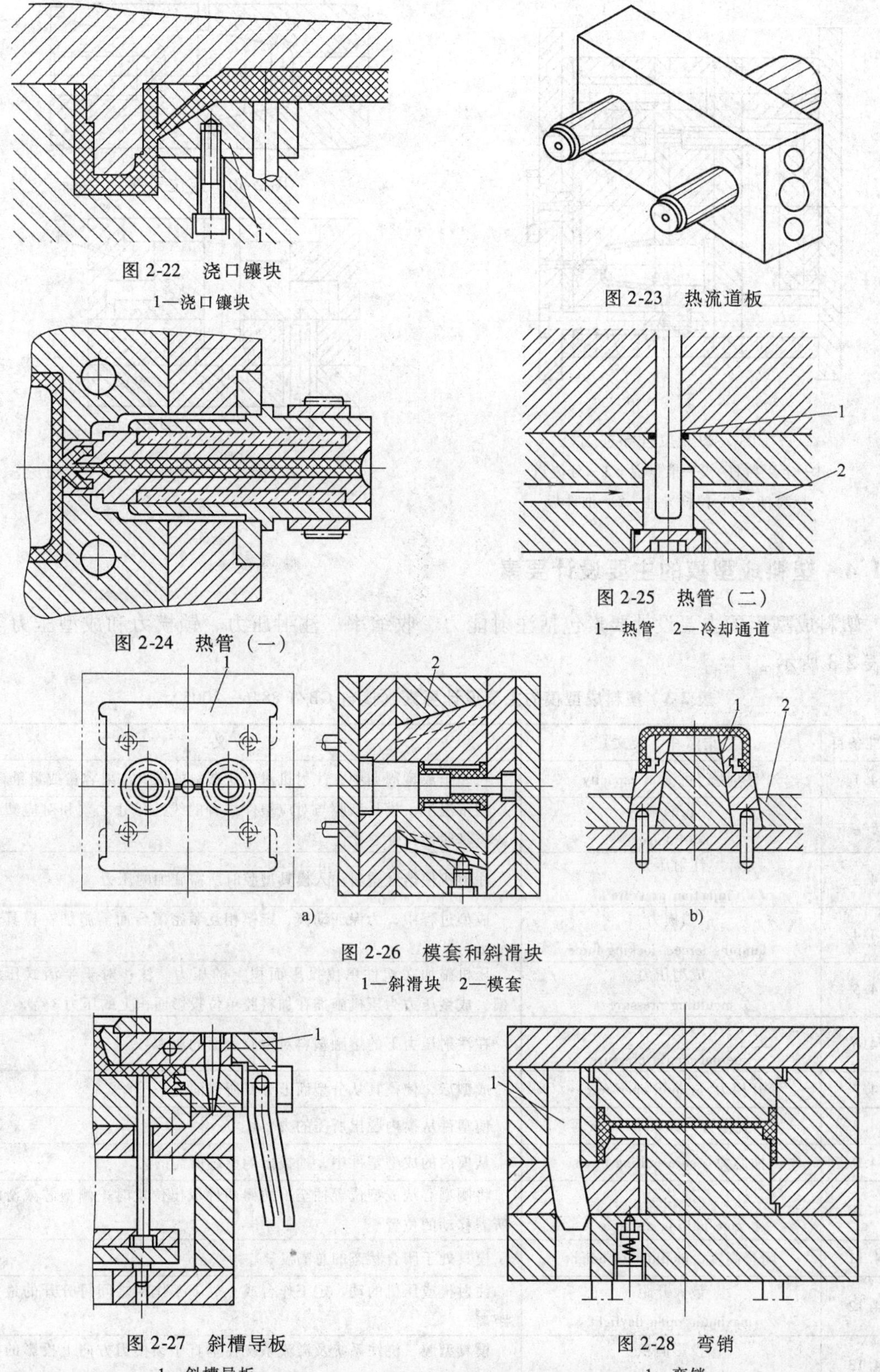

图 2-22　浇口镶块

1—浇口镶块

图 2-23　热流道板

图 2-24　热管（一）

图 2-25　热管（二）

1—热管　2—冷却通道

图 2-26　模套和斜滑块

1—斜滑块　2—模套

图 2-27　斜槽导板

1—斜槽导板

图 2-28　弯销

1—弯销

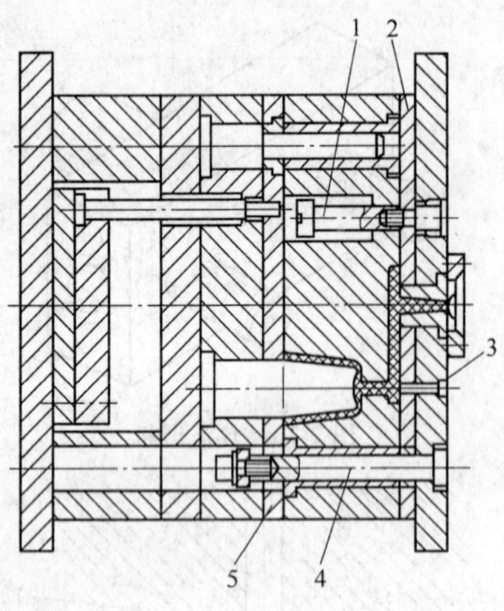

图 2-29 拉杆导柱

1—定距拉杆 2—推料板 3—分流道拉料杆 4—拉杆导柱 5—推件板

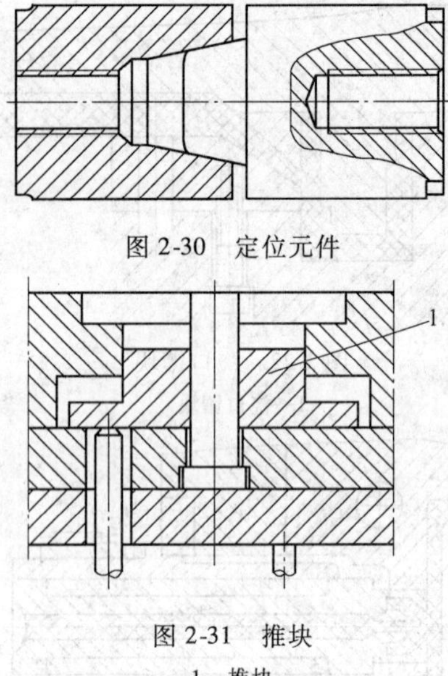

图 2-30 定位元件

图 2-31 推块

1—推块

2.1.4 塑料成型模的主要设计要素

塑料成型模的主要设计要素包括注射能力、收缩率、注射压力、锁模力和成型压力等，如表 2-3 所示。

表 2-3 塑料成型模的主要设计要素（摘自 GB/T 8846—2005）

标准条目	术 语（中、英文）	定 义
4.1	注射能力 shot capacity	在一个成型周期中，注射机对给定塑料的最大注射容量或重量
4.2	收缩率 shrinkage	在室温下，模具型腔与对应塑件二者的线性尺寸之差和对应塑件或模具线性尺寸之比
4.3	注射压力 injection pressure	注射机使熔融塑料注入模具型腔时所需施加的压力
4.4	锁模力 clamping force，locking force	成型过程中，为保证动模、定模相互紧密闭合而需施加在模具上的力
4.5	成型压力 moulding pressure	压机施加在塑件单位投影面积上的压力。注：对于半溢式压缩模，成型压力为压机施加在加料腔单位投影面积上的压力
4.6	型腔压力 internal mould pressure	在注射压力下的熔融塑料对型腔表面的压力
4.7	开模力 mould open force	成型后，使模具从分型面上分开所需的力
4.8	脱模力 ejection force	使塑件从模内脱出所需的力
4.9	抽芯力 core-pulling force	从模内的成型塑件中，抽拔出侧型芯所需的力
4.10	抽芯距 core-pulling distance	将侧型心从成型位置抽至不妨碍塑件取出位置时，侧型芯或滑块所需移动的位置
4.11	闭合高度 mould shut height	模具处于闭合状态的总高度
4.12	最大开距 maximum open daylight	注射机或压机的动、定工作台或上、下工作台之间可分开的最大距离
4.13	投影面积 projected area	模具型腔、浇注系统及溢流系统在垂直于锁模力方向上投影的面积总和

（续）

标准条目	术语（中、英文）	定　义
4.14	脱模斜度 draft	为使塑件顺利脱模，在凹模、型芯等成型零件与开模或抽拔方向一致的侧壁上设置的斜度
4.15	脱模距　stripper distance	分模后，取出塑件和主、分流道凝料所需的距离

2.2　塑料挤出模术语标准

GB/T 8744—2008 标准规定了塑料挤出模具的常用术语，与旧版标准相比较，其主要变化有：将标准名称修改为《塑料挤出模 术语》，对术语结构进行了重新分类与编排，增加了部分术语词条，对部分术语词条的定义与注释进行了适当修改，删除了部分术语词条，对示例图作了更换和规范性修改。

2.2.1　适用范围

GB/T 8744—2008 标准规定了塑料挤出模的常用术语，适用于塑料挤出模常用术语的常用理解和使用。

2.2.2　塑料挤出模分类

GB/T 8744—2008 标准对塑料挤出模进行了分类，如表 2-4 所示。

表 2-4　塑料挤出模分类（摘自 GB/T 8744—2008）

标准条目	术语（中、英文）	定　义
2.1	塑料挤出模 plastic extrusion tooling	采用挤出成型工艺，连续成型塑件（制品）用模具
2.2	异型材挤出模 profile extrusion tooling	成型塑料异型材的挤出模
2.3	管材挤出模 pipe extrusion tooling	成型塑料管材的挤出模
2.4	片材挤出模 sheet extrusion tooling	成型塑料片材的挤出模
2.5	板材挤出模 panel extrusion tooling	成型塑料板材的挤出模
2.6	共挤挤出模 coextrusion tooling	采用两台或两台以上挤出机成型同一塑件的挤出模
2.6.1	前共挤挤出模 front coextrusion extrusion tooling（FCE）	共挤流道置于模头内的挤出模
2.6.2	后共挤挤出模 post coextrusion extrusion tooling（PCE）	共挤流道置于定型装置之后的挤出模
2.7	多腔挤出模 multi strand extrusion tooling	在同一模具中，同时成型两件或两件以上塑件的挤出模
2.8	挤出压花模 surface embossment extrusion tooling	成型外表面有花纹塑件的挤出模
2.9	低发泡挤出模 low foam extrusion tooling	成型发泡倍率在 1.3 ~ 2.5 以内的塑件用的挤出模

（续）

标准条目	术语（中、英文）	定义
2.10	自由发泡挤出模 free foam extrusion tooling	采用自由发泡工艺，成型发泡塑件的挤出模
2.11	结皮发泡挤出模 hard surface foam extrusion tooling	采用可控发泡工艺，成型表面具有结皮层发泡塑件的挤出模
2.12	复合挤出模 compound extrusion tooling	塑料与非塑料制品在同一模具中复合成型制品的挤出模
2.13	木塑共混挤出模 WPC （wood plastic composites）extrusion tooling	塑料与植物粉料混合后在同一模具中成型制品的挤出模

2.2.3 挤出模部件

GB/T 8744—2008 标准规定了塑料挤出模的部件，如表 2-5 所示。

表 2-5 塑料挤出模部件（摘自 GB/T 8744—2008）

标准条目	术语（中、英文）	定义
3.1	模头 die	安装在挤出机出口端，对挤出机供给的塑料进一步加热和塑化，挤出塑件型坯的装置。如图 2-32 所示
3.2	定型模 calibrator	对模头挤出的塑件型坯进行冷却定型的装置。如图 2-33 所示
3.3	水箱 water tank	采用冷却水进一步冷却塑件的定型装置。如图 2-34 所示

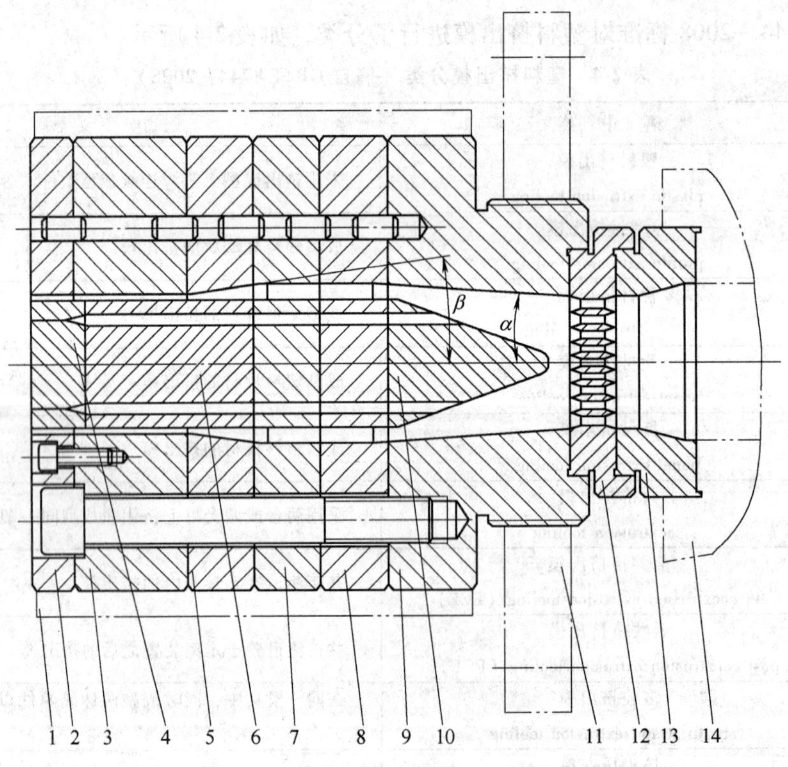

图 2-32 模头

1—加热板 2—成型板 3—预成型板 4—镶件 5—压缩板 6—型芯 7、8—支架板 9—机颈 10—分流锥 11—模具法兰 12—多孔板 13—定位套 14—挤出机

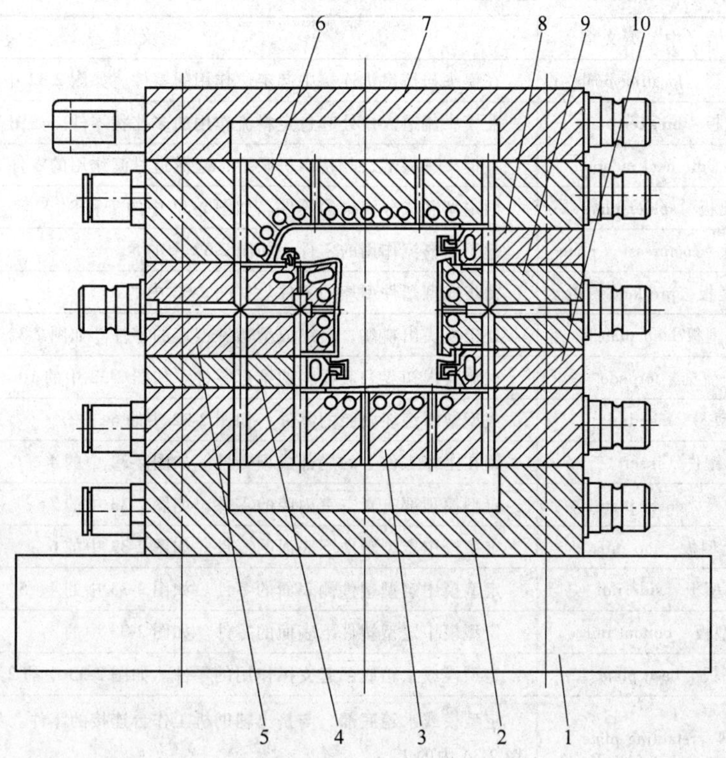

图 2-33　定型模

1—底脚　2—底板　3—下型板　4、5、8 ~ 10—侧型板　6—上型板　7—盖板

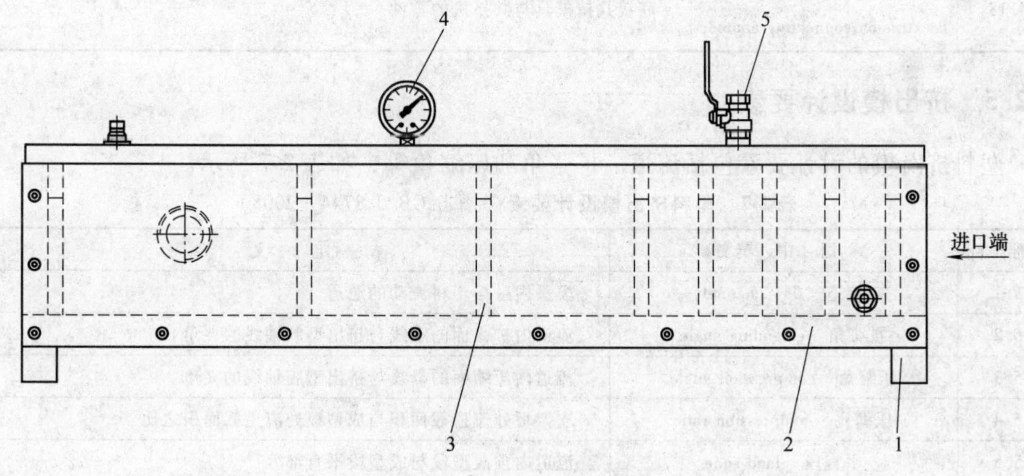

图 2-34　水箱

1—底脚　2—底板　3—定型块　4—真空表　5—调节阀

2.2.4　挤出模零件

GB/T 8744—2008 标准规定了塑料挤出模的压缩板、多孔板和定位套等各种零件术语，如表 2-6 所示。

表 2-6 塑料挤出模零件（摘自 GB/T 8744—2008）

标准条目	术语（中、英文）	定义
4.1	定位套 locating bush	在模头与挤出机连接中起定位作用的零件。如图 2-32 中的 13
4.2	多孔板 breaker plate	在模头流道入口处起稳定料流作用的多孔状零件。如图 2-32 中的 12
4.3	机颈 die neck adapter	在模头进料端，与挤出机联接，起流道过渡作用的零件。如图 2-32 中的 9
4.4	支架板 spider plate	固定型芯或分流锥的零件。如图 2-32 中的 7 和 8
4.5	压缩板 compression plate	起压缩料流作用的零件。如图 2-32 中的 5
4.6	预成型板 pre land plate	初步成型塑件型坯的零件。如图 2-32 中的 3
4.7	成型板 land plate	处于模头出料端，最终成型塑件型坯的零件。如图 2-32 中的 2
4.8	分流锥 torpedo	在流道内初步分流物料的锥形零件。如图 2-32 中的 10
4.9	型芯 mandrel	成型塑料型坯内腔的零件。如图 2-32 中的 6
4.10	镶件 insert	镶在主体零件上的局部成型零件。如图 2-32 中的 4
4.11	盖板 cover plate	定型模顶部有真空室内腔的零件。如图 2-33 中的 7
4.12	上型板 top rail	定型模中定型塑件下表面的零件。如图 2-33 中的 6
4.13	侧型板 side rail	定型模中定型塑件侧表面的零件。如图 2-33 中的 4、5、8、9、10
4.14	下型板 bottom rail	定型模中定型塑件下表面的零件。如图 2-33 中的 3
4.15	底板 base plate	定型模或水箱底部起支撑作用的零件。如图 2-33 中的 2 和图 2-34 中的 2
4.16	底脚 retaining plate	定型模或水箱底部，与挤出辅助机工作台连接的零件。如图 2-33 中的 1 和图 2-34 中的 1
4.17	定型板 tank plate	水箱内定型塑件的零件。如图 2-34 中的 3
4.18	共挤联接件 coextrusion connecting adapter	联接共挤模具与共挤机的零件

2.2.5 挤出模设计要素

塑料挤出模的设计要素包括流道、扩张角和压缩角等，如表 2-7 所示。

表 2-7 塑料挤出模设计要素（摘自 GB/T 8744—2008）

标准条目	术语（中、英文）	定义
5.1	流道 flow channel	模头内融熔塑料流动的通道
5.2	扩张角 extending angle	流道内扩张面的素线与挤出型腔轴线的夹角
5.3	压缩角 compression angle	流道内压缩面的母线与挤出型腔轴线的夹角
5.4	压缩比 compression ratio	支架板处流道截面积与成型板处流道截面积之比
5.5	平直段 land zone	流道内预成型段与成型段平直部分
5.6	预成型缝隙 pre land gap	预成型板处流道的缝隙
5.7	成型缝隙 land gap	成型板处流道的缝隙
5.8	真空室 vacuum room	定型模中开设在非成型面上的真空气室
5.9	真空槽 vacuum slot	定型模中开设在型板成型面上的真空气槽
5.10	真空孔 vacuum hole	定型模真空系统中的孔状通道
5.11	冷却通道 cooling channel	模头或定型模内通过冷却介质的通道

（续）

标准条目	术语（中、英文）	定　义
5.12	定型型腔　calibrator cavity	定型模和定型块与塑件接触起冷却和定型作用的型腔
5.13	定型型腔轴线 axis of calibrator cavity	定型型腔的几何中心线
5.14	挤出速度　haul-off speed	单位时间内挤出成型塑件的长度

2.3 塑料注射模技术条件标准

GB/T 12554—2006《塑料注射模技术条件》标准规定了塑料注射模的要求、验收、标志、包装、运输和贮存，适用于塑料注射模的设计、制造和验收。与旧版标准相比主要变化有：在标准的编排上作了修改，并增加了“前言”和“规范性引用文件”；增加了3.2“模具成型零件和浇注系统零件所选用的材料应符合相应牌号的技术标准”；对模具成型零件和浇注系统零件的热处理硬度作了调整；“制造单位、制造方”统一为“供方”，“订购方”改为“顾客”；对复位杆的合模位置重新进行了界定，使其更加确切；对5.6“模具质量稳定性检验”的内容作了调整。

2.3.1 零件要求

GB/T 12554—2006《塑料注射模技术条件》标准规定塑料注射模零件要求如表2-8所示。

表 2-8　塑料注射模的零件要求（摘自 GB/T 12554—2006）

标准条目编号	内　容
3.1	设计塑料注射模宜选用 GB/T 12555—2006、GB/T 4169.1 ~ 4169.23 规定的塑料注射模标准模架和塑料注射模零件
3.2	模具成型零件和浇注系统零件所选用材料应符合相应牌号的技术标准
3.3	模具成型零件和浇注系统零件推荐材料和热处理硬度如表2-9所示，允许使用质量和性能高于表2-9推荐的材料
3.4	成型对模具易腐蚀的塑料时，成型零件应采用耐腐蚀材料制作，或其成型面应采取防腐蚀措施
3.5	成型对模具易磨损的塑料时，成型零件硬度应不低于50HRC，否则成型表面应做表面硬化处理，硬度应高于600HV
3.6	模具零件的几何形状、尺寸、表面粗糙度应符合图样要求
3.7	模具零件不允许有裂纹，成型表面不允许有划痕、压伤、锈蚀等缺陷
3.8	成型部位未注公差尺寸的极限偏差应符合 GB/T 1804—2000 中 f 的规定
3.9	成型部位转接圆弧未注公差尺寸的极限偏差应符合表2-10的规定
3.10	成型部位未注角度和锥度公差尺寸的极限偏差应符合表2-11的规定。锥度公差按锥体母线长度决定值，角度公差按角度短边长度决定

（续）

标准条目编号	内　容
3. 11	当成型部位未注脱模斜度时，除本条1）、2）、3）、4）、5）要求外，单边脱模斜度应不大于表2-12的规定值，当图中未注脱模斜度方向时，按减小塑件壁厚并符合脱模要求的方向制造 1）文字、符号的单边脱模斜度应为10°~15° 2）成型部位有装饰纹时，单边脱模斜度允许大于表2-12的规定值 3）塑件上凸起或加强肋单边脱模斜度应大于2° 4）塑件上有数个并列圆孔或格状栅孔时，其单边脱模斜度应大于表2-12的规定值 5）对于表2-12中所列的塑料若填充玻璃纤维等增强材质后，其脱模斜度应增加1°
3. 12	非成型部位未注公差尺寸的极限偏差应符合GB/T 1804—2000中m的规定
3. 13	成型零件表面应避免有焊接熔痕
3. 14	螺钉安装孔、推杆孔、复位杆孔等未注孔距公差的极限偏差应符合GB/T 1804中f的规定
3. 15	模具零件图中螺纹的基本尺寸应符合GB/T 196—2003的规定，选用的公差与配合应符合GB/T 197—2007的规定
3. 16	模具零件图中未注形位公差应符合GB/T 1184—1996中H的规定
3. 17	非成型零件外形棱边均应倒角或倒圆。与型芯、推杆相配合的孔在成型面和分型面的交接边缘不允许倒角或倒圆

表2-9　模具成型零件和浇注系统零件推荐材料和热处理硬度

零件名称	材料	硬度/HRC
型芯、定模镶块、动模镶块、活动镶块、分流锥、推杆、浇口套	45、40Cr	40~45
	CrWMn、9Mn2V	48~52
	Cr12、Cr12MoV	52~58
	3Cr2Mo	预硬态35~45
	4Cr5MoSiV1	45~55
	30Cr13	45~55

表2-10　成型部位转接圆弧未注公差尺寸的极限偏差　（单位：mm）

转接圆弧半径		≤6	>6~18	>18~30	>30~120	>120
极限偏差值	凸圆弧	0 -0.15	0 -0.20	0 -0.30	0 -0.45	0 -0.60
	凹圆弧	+0.15 0	+0.20 0	+0.30 0	+0.45 0	+0.60 0

表2-11　成型部位未注角度和锥度公差尺寸的极限偏差

锥体母线或角度短边长度/mm	≤6	>6~18	>18~30	>30~120	>120
极限偏差值	±1°	±30′	±20′	±10′	±5′

表 2-12　成型部位未注脱模斜度时的单边脱模斜度

脱模高度/mm		≤6	>6~10	>10~18	>18~30	>30~50	>50~80	>80~120	>120~180	>180~250
塑料类别	自润性好的塑料（聚甲醛、聚酰胺等）	1°45′	1°30′	1°15′	1°	45′	30′	20′	15′	10′
	软质塑料（例：聚乙烯、聚丙烯等）	2°	1°45′	1°30′	1°15′	1°	45′	30′	20′	15′
	硬质塑料（例：聚乙烯、聚甲基丙烯酸甲酯、丙烯腈-丁二烯-苯乙烯共聚物、聚碳酸酯、注射型酚醛塑料等）	2°30′	2°15′	2°	1°45′	1°30′	1°15′	1°	45′	30′

2.3.2　装配要求

GB/T 12554—2006《塑料注射模技术条件》标准规定的对塑料注射模的装配要求如表 2-13 所示。

表 2-13　塑料注射模的装配要求（摘自 GB/T 12554—2006）

标准条目编号	内　容
4.1	定模座板与动模座板安装平面的平行度应符合 GB/T 12556—2006 中的规定
4.2	导柱、导套对模板的垂直度应符合 GB/T 12556—2006 的规定
4.3	在合模位置，复位杆端面应与其接触面贴合，允许有不大于 0.05mm 的间隙
4.4	模具所有活动部分应保证位置准确，动作可靠，不得有歪斜和卡滞现象，要求固定的零件，不得相对窜动
4.5	塑件的嵌件或机外脱模的成型零件在模具上安装位置应定位准确、安放可靠，应有防错位措施
4.6	流道转接处圆弧连接应平滑，镶接处应密合，未注脱模斜度不小于 5°，表面粗糙度 $Ra \leqslant 0.8\mu m$
4.7	热流道模具，其浇注系统不允许有塑料渗漏现象
4.8	滑块运动应平稳，合模后滑块与楔块应压紧，接触面积不小于设计值的 75%，开模后限位应准确可靠
4.9	合模后分型面应紧密贴合。排气槽除外，成型部分固定镶件的拼合间隙应小于塑料的溢料间隙，详见表 2-14 的规定
4.10	通介质的冷却或加热系统应通畅，不应有介质渗漏现象
4.11	气动或液压系统应畅通，不应有介质渗漏现象
4.12	电气系统应绝缘可靠，不允许有漏电或短路现象
4.13	模具应设吊环螺钉，确保安全吊装。起吊时模具应平稳，便于装模。吊环螺钉应符合 GB/T 825—1988 的规定
4.14	分型面上应尽可能避免有螺钉或销钉的通孔，以免积存溢料

表 2-14　塑料的溢料间隙　（单位：mm）

塑料流动性	好	一般	较差
溢料间隙	<0.03	<0.05	<0.08

2.3.3 验收

GB/T 12554—2006《塑料注射模技术条件》标准规定的对塑料注射模的验收要求如表2-15 所示。

表 2-15 塑料注射模的验收要求（摘自 GB/T 12554—2006）

标准条目编号	内容
5.1	验收应包括以下内容： 1）外观检查 2）尺寸检查 3）模具材质和热处理要求检查 4）冷却或加热系统、气动或液压系统、电气系统检查 5）试模和塑件检查 6）质量稳定性检查
5.2	模具供方应按模具图和本技术条件对模具零件和整套模具进行外观与尺寸检查
5.3	模具供方应对冷却或加热系统、气动或液压系统、电气系统进行检查 1）对冷却或加热系统加 0.5MPa 的压力试压，保压时间不少于 5min，不得有渗漏现象 2）对气动或液压系统按设计额定压力值的 1.2 倍试压，保压时间不少于 5min，不得有渗漏现象 3）对电气系统应先用 500V 绝缘电阻表检查其绝缘电阻，应不低于 10MΩ，然后按设计额定参数通电检查
5.4	完成 3.4.5 第 2、3 项目检查并确认合格后，可进行试模。试模应严格遵守如下要求： 1）试模应严格遵守注塑工艺规程，按正常生产条件试模 2）试模所用材质应符合图样的规定，采用代用塑料时应经顾客同意 3）所用注塑机及附件应符合技术要求，模具装机后应空载运行，确认模具活动部分动作灵活、稳定、准确、可靠
5.5	试模工艺稳定后，应连续提取 5～15 模塑件进行检查。模具供方和顾客确认塑件合格后，由供方开具模具合格证并随模具交付顾客
5.6	模具质量稳定性检验方法为在正常生产条件下连续生产不少于 8h，或由模具供方与顾客协商确定
5.7	模具顾客在验收期间，应按图样和技术条件对模具主要零件的材质、热处理、表面处理情况进行检查或抽查

2.3.4 标志、包装、运输及贮存

GB/T 12554—2006《塑料注射模技术条件》标准规定的对塑料注射模的标志、包装、运输及贮存要求如表 2-16 所示。

表 2-16 塑料注射模的标志、包装、运输及贮存（摘自 GB/T 12554—2006）

标准条目编号	内容
6.1	在模具外表面的明显处应做出标志。标志一般包括以下内容：模具号、出厂日期、供方名称
6.2	对冷却或加热系统应标记进口和出口。对气动或液压系统应标记进口和出口，并在进口处标记额定压力值。对电气系统接口处应标记额定电气参数值
6.3	交付模具应干净整洁，表面应涂覆缓蚀剂

（续）

标准条目编号	内　容
6.4	动模、定模尽可能整体包装。对于水嘴、油嘴、油缸，气缸、电器零件允许分体包装。水、液、气进出口处和电路接口应采用封口措施防止异物进入
6.5	模具应根据运输要求进行包装，应防潮、防止磕碰，保证在正常运输中模具完好无损

2.4 塑封模技术条件标准

GB/T 14663—2007《塑封模技术条件》标准规定了塑封模的要求、验收、标志、包装和运输，适用于集成电路和（半导体）分立元器件等塑料封装模具的设计、制造和验收。与旧版标准 GB/T 14663—1993 和 GB/T 14664—1993 相比较，其主要变化有：将合并后的标准名称改为“塑封模技术条件”；GB/T 14664—1993 中只保留了塑封模尺寸公差要求；增加了“前言”和“规范性引用文件”；将 GB/T 14663—1993 第 3 章“基本性能”改为“零件技术要求”，内容做了调整；删除了 GB/T 14663—1993 中 4.1、4.2，并对装配技术要求进行了调整；将 GB/T 14663—1993 第 5 章“检测及验收规定”改为“验收”，对验收内容进行了调整；将 GB/T 14663—1993 第 6 章“标志、包装、运输和贮存”改为“标志、包装和运输”，内容进行了简化；将原标准中“制造者和制造单位”统一改为“供方”，“订购方”改为“顾客”。

2.4.1 零件要求

GB/T 14663—2007《塑封模技术条件》标准规定的塑封模零件要求如表 2-17 所示。

表 2-17　塑封模零件要求（摘自 GB/T 14663—2007）

标准条目编号	内　容
3.1	成型零件和浇注系统零件所选用的材料应符合相应牌号的技术标准
3.2	成型零件和浇注系统零件推荐材料和热处理硬度如表 2-18 所示。允许采用质量和性能高于表 2-18 推荐的材料
3.3	若成型塑料对模具有腐蚀性，成型零件应采用耐腐蚀材料制作，或其成型面应采取防腐蚀措施
3.4	若成型塑料对模具易产生磨损，成型零件硬度应不低于 54HRC，否则成型表面应做表面硬化处理，硬度应不低于 600HV
3.5	零件的几何形状、尺寸、表面粗糙度应符合图样要求
3.6	零件不允许有裂纹，成型表面不允许有划痕、压伤、锈蚀等缺陷
3.7	成型部位未注公差尺寸的极限偏差应符合 GB/T 1804—2000 中 f 级的规定
3.8	成型部分和浇注系统工作面的表面粗糙度应符合表 2-19 的规定
3.9	非成型部位未注公差尺寸的极限偏差应符合 GB/T 1804—2000 中 m 级的规定
3.10	螺钉安装孔、推杆孔、复位杆孔等未注孔距公差的极限偏差应符合 GB/T 1804—2000 中 f 级的规定
3.11	螺纹的基本尺寸应符合 GB/T 196—2003 的规定，选用的公差与配合应符合 GB/T 197—2003 中 6 级的规定
3.12	未注形位公差应符合 GB/T 1184—1996 中 H 级的规定
3.13	非成型零件外形棱边均应倒角或倒圆。与型芯、推杆相配合的孔在成型面和分型面的交接边缘不允许倒角或倒圆

表 2-18 推荐材料及硬度

零件名称	零件材料	硬 度
成型镶件、镶件座	90Cr18Mo1V1	54~58HRC
	Cr12MoV	58~61HRC
	Cr12Mo1V1	58~61HRC
中心流道板、流道镶件、浇口镶件	YG15	85~89HRA
	90Cr18Mo1V1	54~58HRC
	Cr12MoV	58~61HRC
	Cr12Mo1V1	58~61HRC
料筒	Cr12MoV	58~61HRC
	YG15	85~89HRA
	Cr12Mo1V1	58~61HRC
注射头	Cr12MoV	58~61HRC
	Cr12Mo1V1	58~61HRC
	YG15	85~89HRA
	SFB-1（聚四氟乙烯）	—

表 2-19 成型部分和浇注系统工作面的表面粗糙度 （单位：μm）

名 称		*Ra*
流道	抛研面	≤0.2
	电加工面	≤2.0
浇口	抛研面	≤0.8
	电加工面	≤1.6
排气槽	抛研面	≤0.1
	电加工面	≤0.8
型腔	抛研面	≤0.1
	电加工面	≤3.2
料筒	抛研面	≤0.1
注射头		
分型面		

注：1. 抛研面亦称光面，电加工面亦称亚光面。

2. 注射头工作部分用 SFB-1 时不受本表限制。

2.4.2 装配要求

GB/T 14663—2007《塑封模技术条件》标准规定的塑封模装配要求如表 2-20 所示。

表 2-20 塑封模装配要求（摘自 GB/T 14663—2007）

标准条目编号	内 容
4.1	模具分型面应平整、密合，表面应无锈蚀、锤纹、拉毛和碰伤等缺陷
4.2	型腔尺寸公差应符合表 2-21 的规定
4.3	型腔位置偏差应小于等于 0.015mm
4.4	上下型腔错位偏差应小于等于 0.015mm
4.5	型腔与引线框架错位偏差应小于等于 0.015mm
4.6	型腔顶杆高出型腔底面一致性的偏差允许值应符合表 2-22 的规定
4.7	顶杆直径和顶杆孔直径偏差应符合表 2-23 的规定
4.8	合模后，模具上下表面的平行度应符合表 2-24 的规定
4.9	料筒轴线与上分型面的垂直度应符合表 2-25 的规定

（续）

标准条目编号	内 容
4.10	料筒与注射头的配合应符合表 2-26 的规定
4.11	导柱、导套的配合为 H6/f6。导柱、导套对上、下模板平面的装配垂直度应符合表 2-27 的规定
4.12	在合模位置，下复位杆端面与其接触面之间允许有不大于 0.05 mm 的间隙
4.13	模具所有活动部分应保证位置准确，动作可靠，不应有歪斜和卡滞现象。要求固定的零件，不应相对窜动
4.14	引线框架在模具上安放位置应定位准确、安放可靠，应有防错位措施
4.15	多注射头塑封模的投料装置投料应准确可靠
4.16	流道转接处圆弧连接应平滑，镶拼处应密合
4.17	模具浇注系统不允许有塑料渗漏现象
4.18	合模后分型面应紧密贴合，间隙应小于塑料的溢料间隙，塑料的溢料间隙应符合表 2-28 的规定
4.19	气动或液压系统应畅通，不应有介质渗漏现象
4.20	电气系统应绝缘可靠，不得有短路现象
4.21	模具应设吊环螺钉，确保安全吊装。起吊时模具应平稳，便于装模。吊环螺钉应符合 GB/T 825 的规定
4.22	模具各辅助机构、装置应稳定可靠
4.23	模具中所有紧固螺钉应涂高温润滑剂，保证装拆方便
4.24	加热棒与孔的配合双面间隙为 0.10 ~ 0.15mm，且加热棒孔位旁应有加热功率标识，以防加热棒误插
4.25	模具外表面应进行防蚀处理，如发黑、电镀等
4.26	模具交付前应擦洗干净，并进行防锈处理
4.27	互换性 1）同类顶杆应互换 2）同类镶件应互换 3）对应镶件组件成组应互换 4）易损件及其备件应互换

表 2-21 型腔尺寸公差 （单位：mm）

基本尺寸 S	$S<10$	$10 \leqslant S<18$	$18 \leqslant S<30$	$30 \leqslant S<50$	$50 \leqslant S<80$
公差	0.022	0.026	0.032	0.039	0.046

表 2-22 顶杆高出型腔底面一致性的偏差允许值 （单位：mm）

模具结构	偏 差
单注射头塑封模	±0.05
多注射头塑封模	±0.04

表 2-23 顶杆直径和顶杆孔直径偏差 （单位：mm）

名 称	偏 差
顶 杆	-0.002 -0.006
顶杆孔	+0.005 0

表 2-24 合模后上下表面的平行度 （单位：mm）

基本尺寸 S	$160 \leqslant S < 250$	$250 \leqslant S < 400$	$400 \leqslant S < 630$	$630 \leqslant S < 1000$
平行度	≤0.025	≤0.030	≤0.040	≤0.050

表 2-25 料筒轴线与上分型面的垂直度 （单位：mm）

轴线长度 L	<100	$100 \leqslant L < 160$	$160 \leqslant L < 250$
垂直度	≤0.010	≤0.012	≤0.015

表 2-26 料筒与注射头的配合 （单位：mm）

名称	基本尺寸（直径）	偏差
料筒	10～20	$^{+0.005}_{+0.002}$
	35～60	$^{+0.01}_{0}$
注射头	10～20	$^{-0.003}_{-0.007}$
	35～60	$^{-0.02}_{-0.03}$

注：注射头工作部位的材料为 SFB-1 时，不受本表限制。

表 2-27 导柱、导套的装配垂直度 （单位：mm）

有效长度 L	$L < 40$	$40 \leqslant L < 63$	$63 \leqslant L < 100$	$L \geqslant 100$
垂直度	≤0.010	≤0.012	≤0.015	≤0.020

表 2-28 塑料溢料间隙 （单位：mm）

塑料流动性	好	一般	较差
溢料间隙	≤0.01	≤0.03	≤0.06

2.4.3 验收要求

GB/T 14663—2007《塑封模技术条件》标准规定的塑封模验收要求如表 2-29 所示。

表 2-29 塑封模验收要求（摘自 GB/T 14663—2007）

标准条目编号	内容
5.1	验收应包括以下内容： 1）外观检查 2）尺寸检查 3）模具材质和热处理要求检查 4）加热系统、气动或液压系统、电气系统检查 5）模具总装检查 6）试模检查 7）塑封件检查 8）质量稳定性检查
5.2	模具供方应按模具图样和本标准对模具零件和整套模具进行外观与尺寸检查
5.3	模具供方应对加热系统、气动或液压系统、电气系统进行逐项检查
5.4	完成 5.2 和 5.3 项目检查并确认合格后，可进行试模

（续）

标准条目编号	内　　容
5.4.1	试模所用压机应符合技术要求，严格遵守塑封工艺规程
5.4.2	试模所用塑料材质应符合设计图样的规定，采用代用塑料时应经顾客同意
5.4.3	模具装机后应空载运行，确认模具活动部分动作灵活、稳定、准确、可靠
5.4.4	试模工艺稳定后，应连续提取 2～3 模塑封产品件进行检验。模具供方和顾客确认产品合格后，由供方开具模具合格证，并随模具交付顾客
5.5	模具质量稳定性检验的生产批量为 4 000 模（次）。或由模具供方与顾客协商确定
5.6	模具顾客在稳定性检验期间，应按图样和本标准对模具主要零件的材质、热处理和表面处理情况进行检查或抽查，发现的质量问题应由供方解决

2.4.4 标志、包装和运输

GB/T 14663—2007《塑封模技术条件》标准规定的塑封模标志、包装和运输要求如表 2-30 所示。

表 2-30　塑封模标志、包装和运输要求（摘自 GB/T 14663—2007）

标准条目编号	内　　容
6.1	在模具非工作面的明显处应做出标志。标志内容一般包含 1）产品名称和供方企业名称 2）模具编号 3）出厂日期 4）安全标志 5）产品执行标准
6.2	上模、下模合模后整体包装。对于油嘴、油缸、气缸、电器零件允许分体包装。液、气进出口处和电路接口应采取防止异物进入措施。出厂模具根据运输要求进行包装，应防潮、防止磕碰，在正常运输中应保证模具完好无损

2.5 塑料异型材挤出模技术条件标准

JB/T 8745—2008《塑料异型材挤出模技术条件》标准规定了塑料异型材挤出模的要求、验收、标志、包装、运输和贮存，适用于塑料异型材挤出模的设计、制造和验收。与旧版标准相比较，主要变化有：将标准名称改为《塑料异型材挤出模　技术条件》；将原技术要求调整为零件技术要求和装配技术要求。

2.5.1 零件要求

JB/T 8745—2008《塑料异型材挤出模技术条件》标准规定的塑料异型材挤出模零件要求如表 2-31 所示。

表 2-31　塑料异型材挤出模零件要求（摘自 JB/T 8745—2008）

标准条目编号	内　容
3.1	模头零件要求： 1）模头设计宜选用 JB/T 8746.1、JB/T 8746.2、JB/T 8746.3、JB/T 8746.4、JB/T 8746.7 推荐的标准零件 2）各零件均应有明确标识 3）流道表面应防腐、耐磨，硬度大于等于 28HRC 4）流道表面粗糙度 $Ra \leqslant 0.2\mu m$ 5）模头各模板外棱均应倒角 6）流道中沿挤出方向的棱角均应倒圆角 $R0.3 \sim R0.5$ 7）电热元件应符合 JB/T 2379，其功率大于等于 $2.5W/cm^2$，冷态绝缘电阻大于等于 $50M\Omega$
3.2	定型模零件要求： 1）定型模设计宜选用 JB/T 8746.6 、JB/T 8746.7 推荐的标准零件尺寸系列 2）各型板均应有明确标识 3）型腔应防腐、耐磨，硬度大于等于 28HRC 4）型腔表面粗糙度 $Ra \leqslant 0.2mm$ 5）真空槽口应倒圆角 $R0.2 \sim R0.5$，表面粗糙度 $Ra \leqslant 1.6\mu m$ 6）经表面处理的零件应色泽均匀
3.3	水箱零件要求： 1）定型块设计宜选用 JB/T 8746.5 推荐的标准零件尺寸系列 2）定型块及其拼块均应有明确标识 3）定型块型腔应防腐、耐磨，硬度大于等于 28HRC 4）定型块型腔表面粗糙度 $Ra \leqslant 0.4\mu m$

2.5.2　装配要求

JB/T 8745—2008《塑料异型材挤出模技术条件》标准规定的塑料异型材挤出模装配要求如表 2-32 所示。

表 2-32　塑料异型材挤出模装配要求（摘自 JB/T 8745—2008）

标准条目编号	内　容
4.1	模头装配要求： 1）成型缝隙的公差 $\leqslant 0.05mm$ 2）流道接合处光滑过渡，错位 $\leqslant 0.03mm$ 3）流道出口应倒圆角 $R0.2 \sim R0.3$ 4）模头型板各接合面和拼合面应密合，其间隙 $\leqslant 0.02mm$ 5）模头各定位销应保证各模板拆装方便，定位可靠 6）模头中所有紧固螺钉应装拆方便，应涂高温润滑脂。M16 以上的紧固螺钉应符合 GB/T 70.1 要求，其力学性能应符合 GB/T 3098.1—2000 中 10.9 级或以上 7）模头与加热板等连接部位的结构，尺寸应与所选用的挤出机相匹配

（续）

标准条目编号	内　容
4.2	定型模装配要求： 1）各定型模入口应倒圆角 $R0.5 \sim R2$ 2）第一节定型模入口端面应齐平，必要时入口处可修进料斜面 3）各节定型模型腔轴线同轴度误差小于等于 0.01mm 4）各型板接合面应密合，真空室（孔）与真空槽应畅通。真空室应密封良好 5）冷却水道应畅通，密封处在 0.2 ~ 0.3MPa 水压下不漏水。第一节定型模进料端应不漏水 6）铰链应灵活可靠，不干涉合模 7）冷却水道应采用字母“I”表示进水口，字母“O”表示出水口；也可同时使用蓝色表示进水口，红色表示出水口 8）真空接口处应采用字母“V”表示，也可同时使用黄色表示真空接口 9）选用偏心的方键时，应在相关的键槽一侧作标示 10）定型模中所有紧固螺钉应符合 GB/T 3098.6 的要求，其力学性能应符合 GB/T 3098.6—2000 中 A2-70 的要求 11）定型模真空接口，进水口的数量及连接方式应与所选用的挤出设备相匹配 12）定型模安装部位的结构、尺寸应与所选用的挤出设备相匹配
4.3	水箱装配要求： 1）水箱外观不得有明显的划痕、裂纹等缺陷 2）工作状态下水箱真空度应能达到 0.2MPa 3）水箱中所有紧固螺钉应符合 GB/T 3098.6 的要求，其力学性能应符合 GB/T3098.6—2000 中 A2-70 的要求 4）水箱真空接口，进出水口的数量及连接方式应与所选用的挤出设备相匹配 5）水箱安装部位的结构、尺寸应与所选用的挤出设备相匹配

2.5.3　验收要求

JB/T 8745—2008《塑料异型材挤出模技术条件》标准规定的塑料异型材挤出模验收要求如表 2-33 所示。

表 2-33　塑料异型材挤出模验收要求（摘自 JB/T 8745—2008）

标准条目编号	内　容
5.1	验收应包括以下内容： 1）外观检查 2）尺寸检查 3）模具材质和硬度检查 4）齐套性检查 5）试模和挤出制品检查 6）质量稳定性检查
5.2	模具供方应按模具图和本技术条件对模具零件和整套模具进行外观、尺寸、材质及硬度检查
5.3	模具供方和顾客应进行齐套性检查

（续）

标准条目编号	内　容
5.4	完成5.2和5.3项目检查并确认合格后，可进行试模。试模应严格遵守如下要求 1）试模应遵守挤出工艺规程和双方商定的生产工艺参数，按正常生产条件试模 2）试模与生产用料应一致，配方成熟、稳定 3）试模所用挤出机、辅机及其辅助设备应符合挤出生产工艺要求 4）模头、定型模、水箱成线装配时，其直线度应控制在成型工艺所允许的范围。定型模、水箱接合处不得漏气
5.5	试模工艺稳定后，截取样件进行检验，确认样件合格后，方可进行模具质量稳定性检验
5.6	质量稳定性检验方法为：在正常生产条件下模具连续生产不少于8h，或由模具供方与顾客协商确定
5.7	质量稳定性检验通过后，视该模具验收合格

2.5.4 标志、包装、运输及贮存

JB/T 8745—2008《塑料异型材挤出模技术条件》标准规定的塑料异型材挤出模标志、包装、运输及贮存要求如表2-34所示。

表2-34　塑料异型材挤出模标志、包装、运输及贮存要求（摘自JB/T 8745—2008）

标准条目编号	内　容
6.1	在模具非工作面的明显处应作出标志。标志一般包括以下内容：模具号、出厂日期、供方名称
6.2	模具交付前应擦洗干净，表面应做防护处理。其进出口应油封
6.3	出厂模具根据运输要求进行包装和标识，应防潮、防止磕碰，保证在正常运输中模具完好无损
6.4	模具应贮存在干燥、清洁、通风的库房，严禁与化学品、潮湿物品同库存放

第3章　塑料模零件标准与应用

3.1　概述

为了采用先进适用技术提高我国模具标准化技术水平，提高我国模具行业标准件的应用覆盖率，缩短模具企业的制造周期与生产成本，提高企业的市场竞争力，由全国模具标准化技术委员会归口，桂林电器科学研究所等单位对塑料模零件标准进行了修订，包括塑料注射模零件标准23个、塑料异型材挤出模零件标准7个和塑料注射模零件技术标准1个，标准代号和名称分别是：

GB/T 4169—2006《塑料注射模零件》之：

第1部分：塑料注射模零件　推杆

第2部分：塑料注射模零件　直导套

第3部分：塑料注射模零件　带头导套

第4部分：塑料注射模零件　带头导柱

第5部分：塑料注射模零件　带肩导柱

第6部分：塑料注射模零件　垫块

第7部分：塑料注射模零件　推板

第8部分：塑料注射模零件　模板

第9部分：塑料注射模零件　限位钉

第10部分：塑料注射模零件　支承柱

第11部分：塑料注射模零件　圆形定位元件

第12部分：塑料注射模零件　推板导套

第13部分：塑料注射模零件　复位杆

第14部分：塑料注射模零件　推板导柱

第15部分：塑料注射模零件　扁推杆

第16部分：塑料注射模零件　带肩推杆

第17部分：塑料注射模零件　推管

第18部分：塑料注射模零件　定位圈

第19部分：塑料注射模零件　浇口套

第20部分：塑料注射模零件　推杆导柱

第21部分：塑料注射模零件　矩形定位元件

第22部分：塑料注射模零件　圆形拉模扣

第23部分：塑料注射模零件　矩形拉模扣

JB/T 8746—2008《塑料异型材挤出模零件》之：

第1部分：矩形模板

第2部分：圆形模板

第 3 部分：矩形机颈

第 4 部分：圆形机颈

第 5 部分：定型板

第 6 部分：型板

第 7 部分：定位零件

GB/T 4170—2006《塑料注射模零件技术条件》

本章将对以上标准及其应用进行详细介绍。

3.2 塑料注射模零件的标准及应用

3.2.1 推杆标准

GB/T 4169.1—2006 标准规定了塑料注射模用推杆的尺寸规格和公差，适用于塑料注射模所用的推杆，标准同时还给出了材料指南和硬度要求，并规定了推杆的标记。

推杆为直杆式，它可改制成拉杆或直接用作复位杆，也可作为推管的芯杆使用等。

1. 推杆的结构与尺寸规格

GB/T 4169.1—2006 标准规定的推杆的结构与尺寸规格如表 3-1 所示。

表 3-1　标准推杆标准（摘自 GB/T 4169.1—2006）　　（单位：mm）

表面粗糙度以 μm 为单位

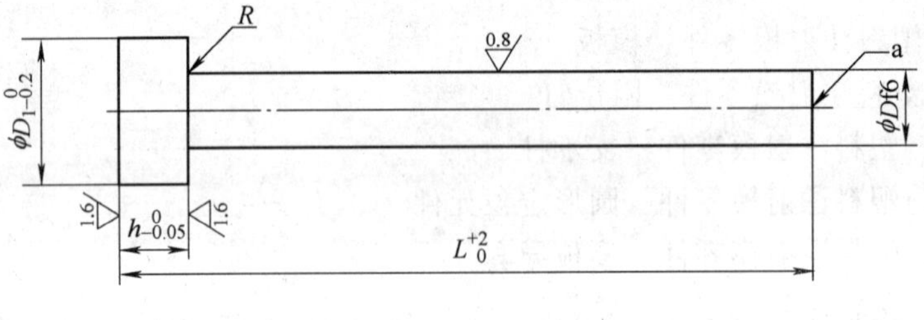

未注表面粗糙度 $Ra = 6.3\mu m$。

a. 断面不允许留有中心孔。棱边不允许倒钝。

标记示例：直径 $D = 1$mm、长度 $L = 80$mm 的推杆：推杆　1×80　GB/T 4169.1—2006。

D	D_1	h	R	L												
				80	100	125	150	200	250	300	350	400	500	600	700	800
1	4	2	0.3	×	×	×	×	×								
1.2				×	×	×	×	×								
1.5				×	×	×	×	×								
2				×	×	×	×	×	×	×	×					
2.5	5			×	×	×	×	×	×	×	×	×				
3	6	3	0.5	×	×	×	×	×	×	×	×	×	×			
4	8			×	×	×	×	×	×	×	×	×	×	×		
5	10			×	×	×	×	×	×	×	×	×	×	×		

（续）

D	D_1	h	R	L												
				80	100	125	150	200	250	300	350	400	500	600	700	800
6	12	5	0.8		×	×	×	×	×	×	×	×	×	×		
7	12				×	×	×	×	×	×	×	×	×	×		
8	14				×	×	×	×	×	×	×	×	×	×	×	
10	16				×	×	×	×	×	×	×	×	×	×	×	
12	18	7			×	×	×	×	×	×	×	×	×	×	×	×
14					×	×	×	×	×	×	×	×	×	×	×	×
16	22						×	×	×	×	×	×	×	×	×	×
18	24	8					×	×	×	×	×	×	×	×	×	×
20	26						×	×	×	×	×	×	×	×	×	×
25	32	10	1				×	×	×	×	×	×	×	×	×	×

注：1. 材料由制造者选定，推荐采用 4Cr5MoSiV1、3Cr2W8V。

2. 硬度 50～55HRC，其中固定端 30mm 范围内硬度 35～45HRC。

3. 淬火后表面可进行渗氮处理，渗氮层深度为 0.08～0.15mm，心部硬度 40～44HRC，表面硬度≥900HV。

4. 其余应符合 GB/T4170—2006 的规定。

5. 标记应有以下内容：1）推杆；2）推杆直径 D，以 mm 为单位；3）推杆长度 L，以 mm 为单位；4）本部分代号，即 GB/T 4169.1—2006。

2. 推杆的固定方法

推杆的固定方法，如图 3-1 所示。图 3-1a 为轴肩垫板连接，是最常用的固定方式。推杆与固定孔间应留一定的间隙，装配时推杆轴线可作少许移动，以保证推杆与型芯固定板上的推杆孔之间的同心度，并建议钻孔时采用配加工的方法。图 3-1b 是采用等厚垫圈垫在顶出固定板与垫板之间，这样可免去在固定板上加工凹坑。图 3-1c 的特点是推杆高度可以调节，螺母起固定锁紧作用。图 3-1d、f 是采用顶丝和螺钉固定。以上三种固定方法均可省去垫板。图 3-1e 用于较细的推杆，以铆接的方法固定。

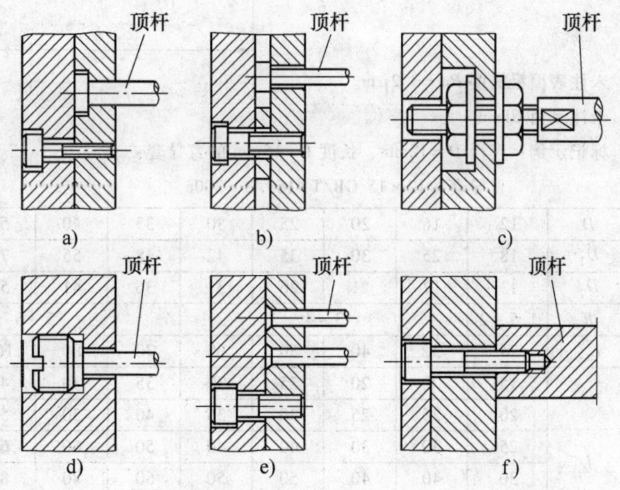

图 3-1　推杆的固定形式

3. 推杆与推杆孔的配合

推杆与推杆孔间为滑动配合，一般选 H8/f8，其配合间隙兼有排气作用，但不应大于所用塑料的排气间隙（视所用塑料的熔融粘度而定），以防漏料。配合长度一般为推杆直径的 2～3 倍。推杆端面应精细抛光，因其已构成型腔的一部分。为了不影响塑件的装配和使用，推杆端面应高出型腔表面 0.1mm。

推杆顶出是应用最广的一种顶出形式，它几乎可以适用于各种形状塑件的脱模。但其顶出力作用面积较小，如设计不当，易发生塑件被顶坏的情况，而且还会在塑件上留下明显的顶出痕迹。

3.2.2　直导套标准

GB/T 4169.2—2006 规定了塑料注射模用直导套的尺寸规格和公差，适用于塑料注射模所用的直导套，标准同时还给出了材料指南和硬度要求，并规定了直导套的标记。

直导套主要用于厚模板中，可缩短模板的镗孔深度，在浮动模板中使用较多。导套内孔的直径系列与导柱直径相同，标准中规定的直径范围 $d=12\sim100$mm。其长度的名义尺寸与模板厚度相同，实际尺寸比模板薄 1mm。

1. 直导套的结构与尺寸规格

GB/T 4169.2—2006 规定的直导套的结构与尺寸规格如表 3-2 所示。

表 3-2　标准直导套的结构与尺寸规格（摘自 GB/T 4169.2—2006）　（单位：mm）

表面粗糙度以 μm 为单位

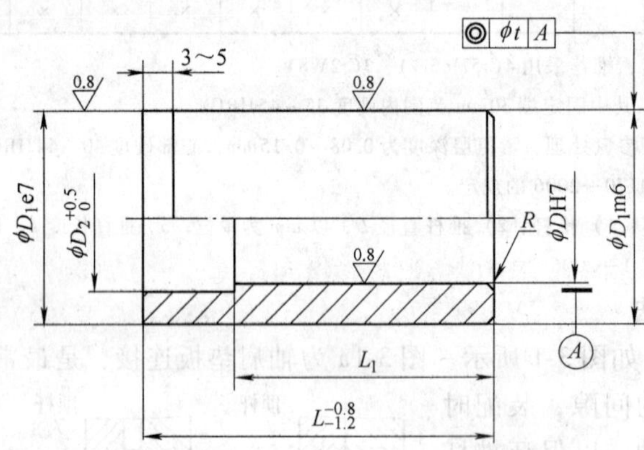

未注表面粗糙度 $Ra=3.2\mu m$。

未注倒角 C1mm

标记示例：直径 $D=12$mm、长度 $L=15$mm 的直导套：

直导套　12×15 GB/T 4169.2—2006。

D	12	16	20	25	30	35	40	50	60	70	80	90	100
D_1	18	25	30	35	42	48	55	70	80	90	105	115	125
D_2	13	17	21	26	31	36	41	51	61	71	81	91	101
R	1.5~2		3~4				5~6					7~8	
$L_1$①	24	32	40	50	60	70	80	100	120	140	160	180	200
L	15	20	20	25	30	35	40	40	50	60	70	80	80
	20	25	25	30	35	40	50	50	60	70	80	100	100
	25	30	30	40	40	50	60	60	80	80	100	120	150
	30	40	40	50	50	60	80	80	100	100	120	150	200
	35	50	50	60	60	80	100	100	120	120	150	200	
	40	60	60	80	80	100	120	120	150	150	200		

注：1. 材料由制造者选定，推荐采用 T10A、GCr15、20Cr。

2. 硬度 52~56HRC。20Cr 渗碳 0.5~0.8mm，硬度 56~60HRC。

3. 标注的形位公差应符合 GB/T 1184—1996 的规定，t 为 6 级精度。

4. 其余应符合 GB/T 4170—2006 的规定。

5. 标记应有以下内容：1）直导套；2）直导套直径 D，单位为 mm；3）直导套长度 L，单位为 mm；4）本部分代号，即 GB/T 4169.2—2006。

① 当 $L_1>L$ 时，取 $L_1=L$。

2. 安装方法

导套安装时模板上与之配合的孔径公差按 H7 确定。导套长度取决于含导套的模板厚度，其余尺寸随导套导向孔直径而定。直导套用于模板后面不带垫板的结构，可以采用如下几种方法固定到模板中。

1）导套外圆柱面加工出一凹槽，用螺钉固定，如图 3-2a 所示。

2）导套外圆柱面局部磨出一小平面，用螺钉固定，如图 3-2b 所示。

3）导套侧向开一小孔，用螺钉固定，如图 3-2c 所示。

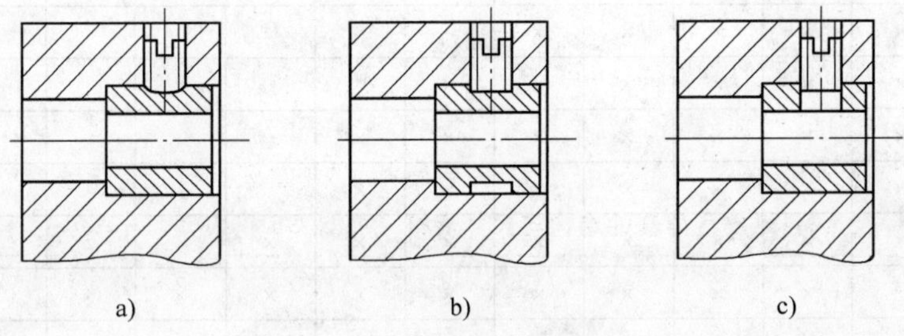

图 3-2　直导套安装方法

3.2.3　带头导套标准

GB/T 4169.3—2006 规定了塑料注射模用带头导套的尺寸规格和公差，适用于塑料注射模所用的带头导套，标准同时还给出了材料指南和硬度要求，并规定了带头导套的标记。

导套内孔的直径系列与导柱直径相同，标准中规定的直径范围 d 为 12 ~ 100mm。其长度的名义尺寸与模板厚度相同，实际尺寸比模板薄 1mm。

1. 带头导套的结构与尺寸规格

GB/T 4169.3—2006 规定的带头导套的结构与尺寸规格如表 3-3 所示。

表 3-3　标准带头导套的结构与尺寸规格（摘自 GB/T 4169.3—2006）（单位：mm）

表面粗糙度以 μm 为单位

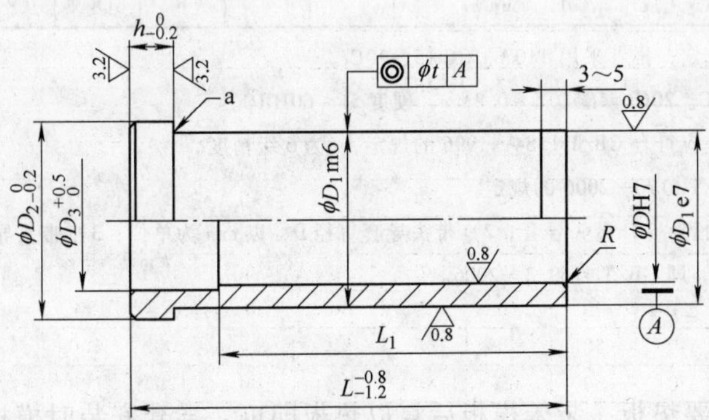

未注表面粗糙度 $Ra=6.3\mu m$。未注倒角为 $C1$mm。a 可选砂轮越程槽或 $R0.5\sim1$mm 圆角。

标记示例：直径 $D=12$mm，长度 $L=20$mm 的带头导套：带头导套 12×20 GB/T 4169.3—2006

D	12	16	20	25	30	35	40	50	60	70	80	90	100
D_1	18	25	30	35	42	48	55	70	80	90	105	115	125
D_2	22	30	35	40	47	54	61	76	86	96	111	121	131

（续）

D_3		13	17	21	26	31	36	41	51	61	71	81	91	101
h		5	6	8			10		12		15		20	
R		1.5 ~2		3 ~4				5 ~6				7 ~8		
$L_1$①		24	32	40	50	60	70	80	100	120	140	160	180	200
L	20	×	×	×										
	25	×	×	×	×									
	30	×	×	×	×	×								
	35	×	×	×	×	×	×							
	40	×	×	×	×	×	×	×						
	45	×	×	×	×	×	×	×						
	50	×	×	×	×	×	×	×	×					
	60		×	×	×	×	×	×	×	×				
	70			×	×	×	×	×	×	×	×			
	80			×	×	×	×	×	×	×	×	×		
	90				×	×	×	×	×	×	×	×	×	
	100				×	×	×	×	×	×	×	×	×	×
	110					×	×	×	×	×	×	×	×	×
	120					×	×	×	×	×	×	×	×	×
	130						×	×	×	×	×	×	×	×
	140						×	×	×	×	×	×	×	×
	150							×	×	×	×	×	×	×
	160							×	×	×	×	×	×	×
	180								×	×	×	×	×	×
	200								×	×	×	×	×	×

注：1. 材料由制造者选定，推荐采用 T10A、GCr15、20Cr。

2. 硬度 52 ~56HRC。20Cr 渗碳 0.5 ~0.8mm，硬度 56 ~60HRC。

3. 标注的形位公差应符合 GB/T 1184—1996 的规定，t 为 6 级精度。

4. 其余应符合 GB/T 4170—2006 的规定。

5. 标记应有以下内容：1）带头导套；2）带头导套直径 D，以 mm 为单位；3）带头导套长度 L，以 mm 为单位；4）本部分代号，即 GB/T 4169.3—2006。

① 当 $L_1 > L$ 时，取 $L_1 = L$。

2. 安装方法

带头导套安装需要垫板，装入模板后复以垫板即可，导套安装时模板上与之配合的孔径公差按 H7 确定，安装沉孔视带头导套直径可取为 D_2 +（1 ~2）mm。带头导套长度取决于含导套的模板厚度，其余尺寸随导套导向孔直径而定。

3.2.4 带头导柱标准

GB/T 4169.4—2006 标准规定了塑料注射模用带头导柱的尺寸规格和公差，适用于塑料注射模所用的带头导柱，可兼作推板导柱。标准同时还给出了材料指南和硬度要求，并规定了带头导柱的标记。

带头导柱的功能为与导套配合使用，使模具在工作时的开模和闭合时，起导向作用，使定模和动模相对处于正确位置，同时承受由于在塑料注射时，注射机运动误差所引起的侧压力，以保证塑件精度。

带头导柱的常用结构分为两段。近头段为在模板中的安装段，标准采用 H7/m6 配合；另一段为滑动部分，其与导套的配合为 H7/f6。

1. 带头导柱的结构与尺寸规格

GB/T 4169.4—2006 标准规定的带头导柱的结构与尺寸规格如表 3-4 所示。

表 3-4　标准带头导柱的结构与尺寸规格（摘自 GB/T 4169.4—2006）（单位：mm）

表面粗糙度以 μm 为单位

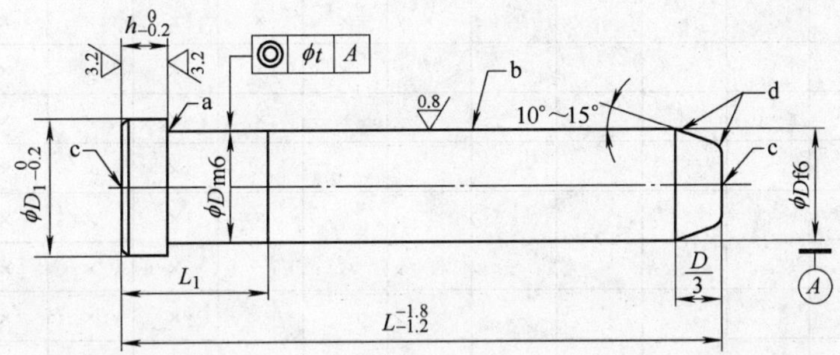

未注表面粗糙度 $Ra=6.3\mu m$。

未注倒角 $C1$mm

a. 可选砂轮越程槽或 $R0.5\sim R1$mm 圆角。

b. 允许开油槽

c. 允许保留两端的中心孔

d. 圆弧连接，$R2\sim R5$mm。

标记示例：直径 $D=12$mm，长度 $L=50$mm，与模板配合长度 $L_1=20$mm 的带头导柱：带头导柱　12×50×20 GB/T 4169.4—2006。

D		12	16	20	25	30	35	40	50	60	70	80	90	100
D_1		17	21	25	30	35	40	45	56	66	76	86	96	106
h		5	6		8			10	12	15			20	
L	50	×	×	×	×	×								
	60	×	×	×	×	×								
	70	×	×	×	×	×	×	×						
	80	×	×	×	×	×	×	×						
	90	×	×	×	×	×	×	×						
	100	×	×	×	×	×	×	×	×	×				
	110	×	×	×	×	×	×	×	×	×				
	120	×	×	×	×	×	×	×	×	×				
	130	×	×	×	×	×	×	×	×	×				

（续）

	140	×	×	×	×	×	×	×	×	×				
	150		×	×	×	×	×	×	×	×	×			
	160		×	×	×	×	×	×	×	×	×			
	180			×	×	×	×	×	×	×	×			
	200			×	×	×	×	×	×	×	×			
	220				×	×	×	×	×	×	×	×	×	×
	250				×	×	×	×	×	×	×	×	×	×
	280					×	×	×	×	×	×	×	×	×
	300					×	×	×	×	×	×	×	×	×
	320						×	×	×	×	×	×	×	×
L	350						×	×	×	×	×	×	×	×
	380							×	×	×	×	×	×	×
	400							×	×	×	×	×	×	×
	450								×	×	×	×	×	×
	500								×	×	×	×	×	×
	550									×	×	×	×	×
	600									×	×	×	×	×
	650										×	×	×	×
	700										×	×	×	×
	750											×	×	×
	800											×	×	×
L_1		20，25，30，35，40，45，50，60，70，80，100，110，120，130，140，160，180，200												

注：1. 材料由制造者选定，推荐采用 T10A、GCr15、20Cr。

2. 硬度 56～60HRC。20Cr 渗碳 0.5～0.8mm，硬度 56～60HRC。

3. 标注的形位公差应符合 GB/T 1184—1996 的规定，t 为 6 级精度。

4. 其余应符合 GB/T 4170—2006 的规定。

5. 标记应有以下内容：1）带头导柱；2）带头导柱直径 D，以 mm 为单位；3）带头导柱长度 L，以 mm 为单位；4）带头导柱与模板配合长度 L_1，以 mm 为单位；5）本部分代号，即 GB/T 4169.4—2006。

2. 带头导柱尺寸的确定

导柱直径尺寸随模具分型面处模板外形尺寸而定，模板尺寸愈大，导柱间的中心距应愈大，所选导柱直径也应愈大。除了导柱长度按模具具体结构确定外，导柱其余尺寸随导柱直径而定。表 3-5 列出导柱直径推荐尺寸与模板外形尺寸关系数据。

表 3-5　导柱直径 D 与模板外形尺寸关系　　（单位：mm）

模板外形尺寸	≤150	>150～200	>200～250	>250～300	>300～400
导柱直径 D	≤16	16～18	18～20	20～25	25～30
模板外形尺寸	>400～500	>500～600	>600～800	>800～1000	>1000
导柱直径 D	30～35	35～40	40～50	60	≥60

3. 带头导柱尺寸的安装

导柱可以安装在动模一侧，也可以安装在定模一侧，但更多的是安装在动模一侧。因为作为成型零件的主型芯多装在动模一侧，导柱与主型芯安装在同一侧，在合模时可起保护作用。

导柱安装时模板上与之配合的孔径公差按 H7 确定，安装沉孔直径视导柱直径可取 D_1 + （1 ~ 2） mm。

导柱长度尺寸应能保证位于动、定模两侧的型腔和型芯开始闭合前，导柱已经进入导孔的长度不小于导柱直径，如图 3-3 所示。

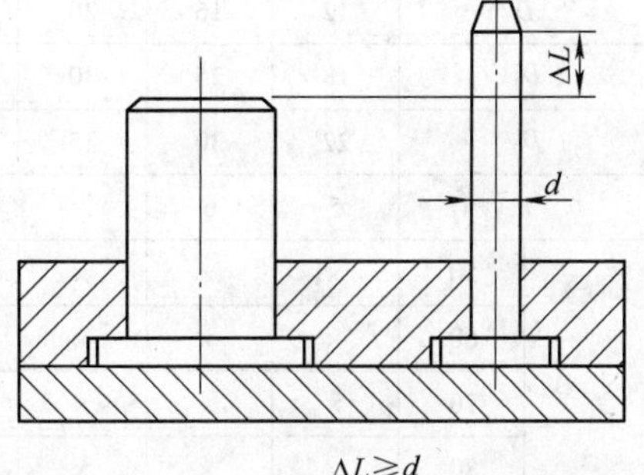

图 3-3　导柱长度

3.2.5　带肩导柱标准

GB/T 4169.5—2006 标准规定了塑料注射模用带肩导柱的尺寸规格和公差，适用于塑料注射模所用的带肩导柱。标准同时还给出了材料指南和硬度要求，并规定了带肩导柱的标记。

带肩导柱的功能与带头导柱的功能相同，在工作时的开模和闭合时，起导向作用，以保证塑件精度。带头导柱用于塑件生产批量不大的模具，可以不用导套。带肩导柱用于塑件中、大批量生产的精密模具，或导向精度要求高、必须采用导套的模具。

带肩导柱分为三段。近头段为在模板中的安装段，标准采用 H7/m6 配合；远头段为滑动部分，其与导套的配合为 H7/f6。

1. 带肩导柱的结构与尺寸规格

GB/T 4169.5—2006 标准规定的带肩导柱的结构与尺寸规格如表 3-6 所示。

表 3-6　标准带肩导柱的结构与尺寸规格（摘自 GB/T 4169.5—2006）（单位：mm）

表面粗糙度以 μm 为单位

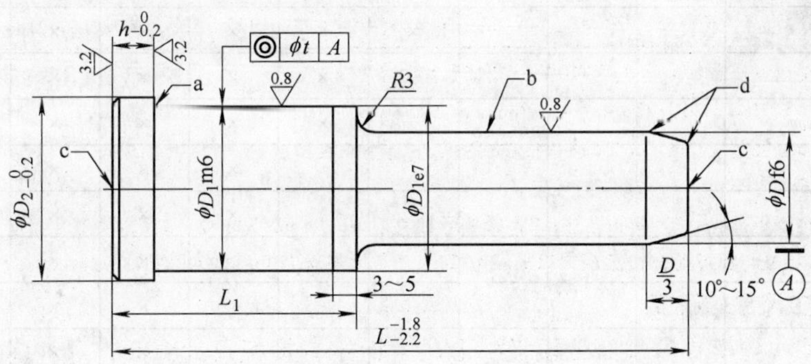

未注表面粗糙度 Ra = 6.3μm。

未注倒角 C1mm

a. 可选砂轮越程槽或 R0.5 ~ 1mm 圆角。

b. 允许开油槽

c. 允许保留两端的中心孔

d. 圆弧连接，R2 ~ R5mm。

标记示例：直径 D = 16mm，长度 L = 50mm，与模板配合长度 L_1 = 20mm 的带肩导柱：带肩导柱　16 × 50 × 20 GB/T 4169.5—2006。

（续）

D		12	16	20	25	30	35	40	50	60	70	80
D_1		18	25	30	35	42	48	55	70	80	90	105
D_2		22	30	35	40	47	54	61	76	86	96	111
h		5	6	8			10		12		15	
L	50	×	×	×	×	×						
	60	×	×	×	×	×						
	70	×	×	×	×	×	×	×				
	80	×	×	×	×	×	×	×				
	90	×	×	×	×	×	×	×				
	100	×	×	×	×	×	×	×	×	×		
	110	×	×	×	×	×	×	×	×	×		
	120	×	×	×	×	×	×	×	×	×		
	130	×	×	×	×	×	×	×	×	×		
	140	×	×	×	×	×	×	×	×	×		
	150		×	×	×	×	×	×	×	×	×	×
	160		×	×	×	×	×	×	×	×	×	×
	180			×	×	×	×	×	×	×	×	×
	200			×	×	×	×	×	×	×		×
	220				×	×	×	×	×	×	×	×
	250				×	×	×	×	×	×	×	×
	280					×	×	×	×	×	×	×
	300					×	×	×	×	×	×	×
	320						×	×	×	×	×	×
	350						×	×	×	×	×	×
	380							×	×	×	×	×
	400							×	×	×	×	×
	450								×	×	×	×
	500								×	×	×	×
	550								×	×	×	×
	600								×	×	×	×
	650								×	×	×	×
	700									×	×	×
L_1		20，25，30，35，40，45，50，60，70，80，100，110，120，130，140，150，160，180，200										

注：1. 材料由制造者选定，推荐采用 T10A、GCr15、20Cr。

2. 硬度 56～60HRC。20Cr 渗碳 0.5～0.8mm，硬度 56～60HRC。

3. 标注的形位公差应符合 GB/T 1184—1996 的规定，t 为 6 级精度。

4. 其余应符合 GB/T 4170—2006 的规定。

5. 标记应有以下内容：1）带肩导柱；2）带肩导柱直径 D，以 mm 为单位；3）带肩导柱长度 L，以 mm 为单位；4）带肩导柱与模板配合长度 L_1，以 mm 为单位；5）本部分代号，即 GB/T 4169.5—2006。

2. 带肩导柱尺寸的安装

带头导柱和带肩导柱的前端都设计为锥形，便于导向。两种导柱都可以在工作部分带有贮油槽。带贮油槽的导柱可以贮存润滑油，延长润滑时间。

带肩导柱与装在模具另一侧的导套安装孔可以和导柱安装孔采用同一尺寸，一次加工而成，保证了严格的同轴，如图 3-4 所示。带肩导柱的另一优点是当导柱工作部分因某种原因挠曲时，容易从模板中卸下更换，带头导柱则比较困难。

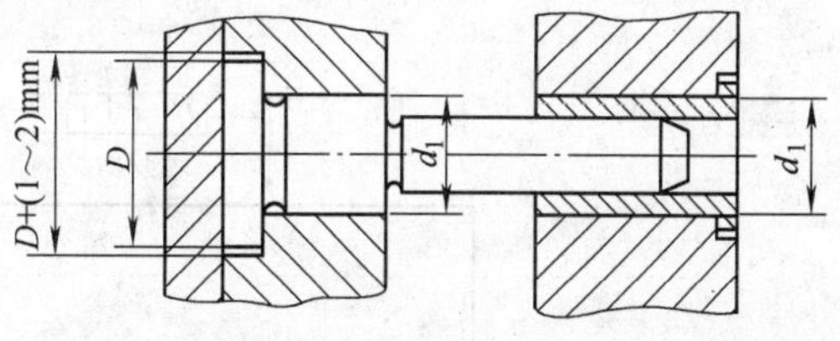

图 3-4　带肩导柱与导套的安装尺寸一致

3. 导柱布置

一副模具最少要用两根导柱，模板外形尺寸大的模具，可最多用四根导柱。为了使模具在使用、维修时的拆装过程中不会发生动、定模认错方向，导柱的布置可采取如下几种方案：

1）两根直径相同的导柱对称布置，如图 3-5a 所示。

2）两根直径不同的导柱对称布置，如图 3-5b 所示。

3）三根直径相同的导柱不对称布置，如图 3-5c 所示。

4）四根直径相同的导柱不对称布置，如图 3-5d 所示。

5）两组直径不同的导柱各两根，对称布置，如图 3-5e 所示。

五种布置方案可根据模具大小和总体结构选用。

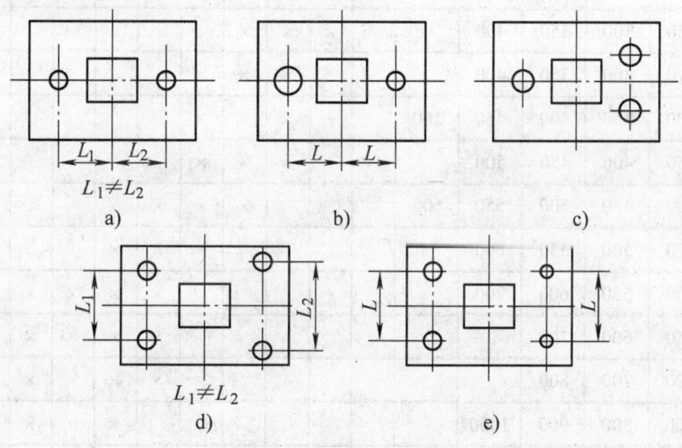

图 3-5　导柱布置方案

3.2.6 垫块标准

GB/T 4169.6—2006 标准规定了塑料注射模用垫块的尺寸规格和公差，适用于塑料注射模所用的垫块。标准同时还给出了材料指南，并规定了垫块的标记。

垫块的用途决定于推件的距离和调节模具的高度，选用时，其长度 L 方向，一般应与模板长度方向一致。垫块的宽度 W 按同方向的模板宽度的 1/6 ~ 1/5 取值，经圆整后按优先数列取值分级。其范围为：$W=28 \sim 220$mm，宽度 W 的选用取决于模板名义尺寸。垫块的宽度 H 主要取决于注射机行程和必须的推（顶）出距离，其高度值 H 每垫块宽度 W 规定有 3 ~ 4

档供选用。

GB/T 4169.6—2006 标准规定的垫块的结构与尺寸规格如表 3-7 所示。

表 3-7　标准垫块的结构与尺寸规格（摘自 GB/T 4169.6—2006）　（单位：mm）

表面粗糙度以 μm 为单位

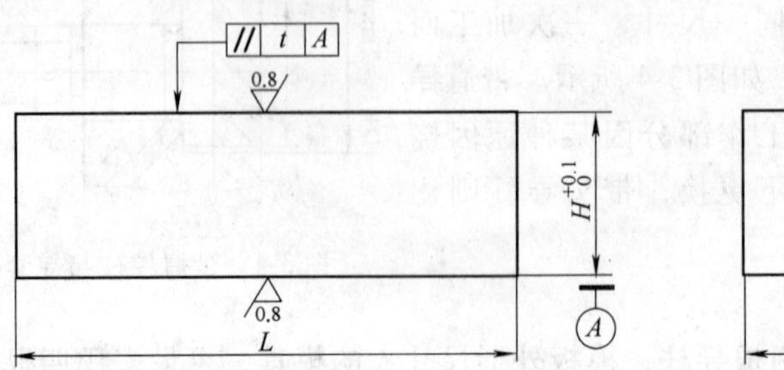

未注表面粗糙度 $Ra=6.3\mu m$。

全部棱边倒角 C2mm。

标记示例：宽度 $W=28mm$、长度 $L=150mm$、厚度 $H=50mm$ 的垫块：

垫块　28×150×50 GB/T 4169.6—2006。

W	L							H													
								50	60	70	80	90	100	110	120	130	150	180	200	250	300
28	150	180	200	230	250			×	×	×											
33	180	200	230	250	300	350			×	×	×										
38	200	230	250	300	350	400			×	×	×										
43	230	250	270	300	350	400				×	×	×									
48	250	270	300	350	400	450	500			×	×	×									
53	270	300	350	400	450	500				×	×	×									
58	300	350	400	450	500	550	600				×	×	×								
63	350	400	450	500	550	600						×	×	×							
68	400	450	500	550	600	700							×	×	×	×					
78	450	500	550	600	700								×	×	×	×					
88	500	550	600	700	800								×	×	×	×					
100	550	600	700	800	900	1000								×	×	×	×				
120	650	700	800	900	1000	1250									×	×	×	×	×	×	
140	800	900	1000	1250													×	×	×	×	
160	900	1000	1250	1600															×	×	×
180	1000	1250	1600																×	×	×
220	1250	1600	2000																×	×	×

注：1. 材料由制造者选定，推荐采用 45 钢。

2. 标注的形位公差应符合 GB/T 1184—1996 的规定，t 为 5 级精度。

3. 其余应符合 GB/T 4170—2006 的规定。

4. 标记应有以下内容：1）垫块；2）垫块高度 W，以 mm 为单位；3）垫块长度 L，以 mm 为单位；4）垫块厚度 H，以 mm 为单位；5）本部分代号，即 GB/T 4169.6—2006。

3.2.7　推板标准

GB/T 4169.7—2006 标准规定了塑料注射模用推板的尺寸规格和公差，适用于塑料注射模所用的推板和推杆固定板。标准同时还给出了材料指南和硬度要求，并规定了推板的标记。

推板用于支承推出复位（杆）零件，传递机床推出力，也可用作推杆固定板和热固性塑料压胶模、挤胶模和金属压铸模中的推板。

推板的宽度是由板面所能利用的最大投影面积，布置推杆的位置（考虑到采用卸料板顶出时，过渡推杆的位置）和保证与垫块有一定活动间隙的情况下决定的，标准中宽度 W 范围为 90～790mm。

标准中规定，一种宽度 W 有两档或三档厚度值 H，可以按使用要求，选用推板和推杆固定板相同厚度，也可选用不同厚度进行组合，但选用的推板厚度 H 一般大于推杆固定板的厚度。

1. 推板的结构与尺寸规格

GB/T 4169.7—2006 标准规定的推板的结构与尺寸规格如表 3-8 伸缩式。

表 3-8　标准垫板的结构与尺寸规格（摘自 GB/T 4169.7—2006）　（单位：mm）

表面粗糙度以 μm 为单位

未注表面粗糙度 $Ra=6.3\mu m$。

全部棱边倒角 $C2mm$。

标记示例：宽度 $W=90mm$，长度 $L=150mm$，厚度 $H=13mm$ 的推板：

推板　90×150×13 GB/T 4169.7—2006。

W	L							H							
								13	15	20	25	30	40	50	60
90	150	180	200	230	250			×	×						
110	180	200	230	250	300	350			×	×					
120	200	230	250	300	350	400			×	×	×				
140	230	250	270	300	350	400			×	×	×				
150	250	270	300	350	400	450	500		×	×	×				
160	270	300	350	400	450	500			×	×	×				
180	300	350	400	450	500	550	600			×	×	×			
220	350	400	450	500	550	600				×	×	×			
260	400	450	500	550	600	700					×	×	×		

（续）

W	L					H							
						13	15	20	25	30	40	50	60
290	450	500	550	600	700				×	×	×		
320	500	550	600	700	800				×	×	×	×	
340	550	600	700	800	900				×	×	×	×	
390	600	700	800	900	1000				×	×	×	×	
400	650	700	800	900	1000				×	×	×	×	
450	700	800	900	1000	1250				×	×	×	×	
510	800	900	1000	1250						×	×	×	×
560	900	1000	1250	1600						×	×	×	×
620	1000	1250	1600							×	×	×	×
790	1250	1600	2000							×	×	×	×

注：1. 材料由制造者选定，推荐采用45钢。

2. 硬度28～32HRC。

3. 标注的形位公差应符合GB/T 1184—1996的规定，t为6级精度。

4. 其余应符合GB/T 4170—2006的规定。

5. 标记应有以下内容：1）推板；2）推板宽度W，以mm为单位；3）推板长度L，以mm为单位；4）推板厚度H，以mm为单位；5）本部分代号，即GB/T 4169.7—2006。

2. 推板的应用

推板脱模机构不需要回程杆复位。推板应由模具的导柱导向机构导向定位，以防止推板孔与型芯间的过度磨损和偏移。为防止推杆与推板分离，推板滑出导柱，推杆与推板用螺纹联接，如图3-6a所示。应注意，该种结构在合模时，顶出板与模具底脚之间应留$s=2\sim3$mm的间隙。当导柱足够长时，推杆与推板也可不作联接，如图3-6b所示。对于有多个圆柱型芯相配的推件板，大多镶上淬火套与型芯相配，便于加工和调换，如图3-6a所示。图3-6c的结构适用于两侧具有顶出杆的注塑机，模具结构可简化，但推板要增大并加厚。

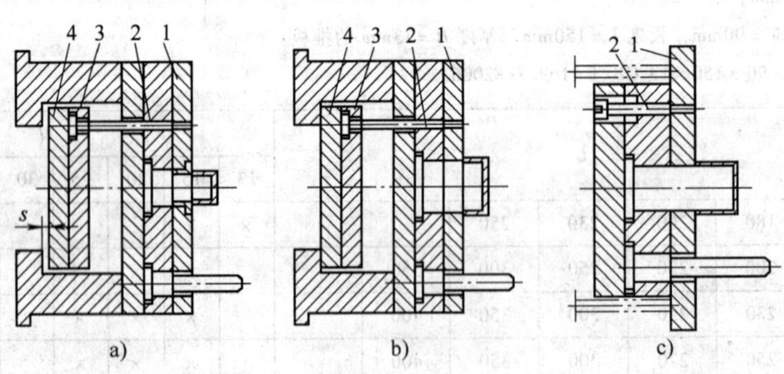

图3-6 推板脱模机构

1—推板 2—顶杆 3—顶出固定板 4—顶出板

推板与型芯之间要有高精度的间隙、均匀的动配合。要使推板灵活脱模和回复，又不能有塑料熔体溢料，最大单向间隙应限制在0.05mm以下。对低粘度的如PA等，不超过0.01mm。为防止过度磨损和咬合发生，推板孔与型芯应作淬火处理。推板脱模的分型面应尽可能为简单无曲折的平面。

在一些场合，如图 3-7 所示，在推板与型芯间留有单边 0.2mm 左右间距，避免两者之间接触。并又有锥形配合面起辅助定位作用，可防止推板孔偏心而引起溢料，其斜度为 10°左右。

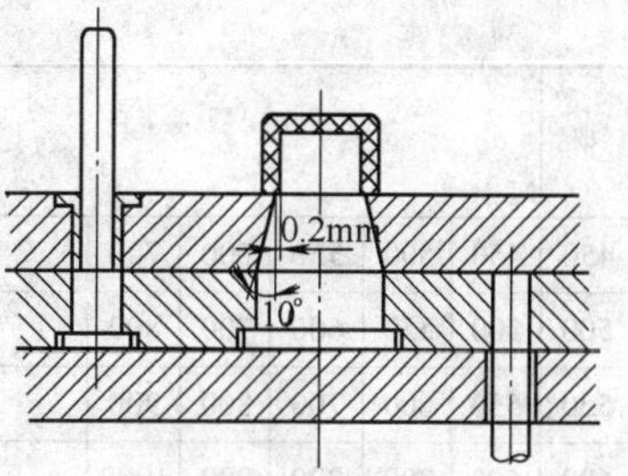

0.2mm
10°

图 3-7 有周边间距和锥形配合面的推板

3.2.8 模板标准

GB/T 4169.8—2006 标准规定了塑料注射模用模板的尺寸规格和公差，适用于塑料注射模所用的定模板、动模板、推件板、推料板、支承板和定模座板与动模座板。标准同时还给出了材料指南和硬度要求，并规定了模板的标记。

GB/T 4169.8—2006 标准规定的 A 型模板（用于定模板、动模板、推件板、推料板、支承板）的结构与尺寸规格如表 3-9 所示。

GB/T 4169.8—2006 规定的 B 型模板（用于定模座板、动模座板）的结构与尺寸规格如表 3-10 所示。

表 3-9 标准 A 型模板的结构与尺寸规格（摘自 GB/T 4169.8—2006）（单位：mm）

表面粗糙度以 μm 为单位

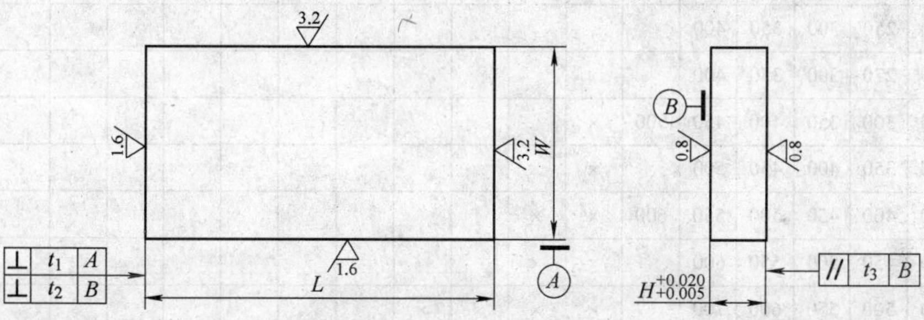

3.2
1.6
3.2
W
1.6
L
⊥ t_1 A
⊥ t_2 B
A
B
0.8
0.8
$H^{+0.020}_{+0.005}$
// t_3 B

全部棱边倒角 $C2$mm。

标记示例：宽度 $W=150$mm，长度 $L=150$mm，厚度 $H=20$mm 的 A 型模板：

模板 A 150×150×20 GB/T 4169.8—2006。

W	L							H												
								20	25	30	35	40	45	50	60	70	80	90	100	110
150	150	180	200	230	250			×	×	×	×	×	×	×	×	×	×			
180	180	200	230	250	300	350		×	×	×	×	×	×	×	×	×	×			
200	200	230	250	300	350	400		×	×	×	×	×	×	×	×	×	×	×	×	
230	230	250	270	300	350	400		×	×	×	×	×	×	×	×	×	×	×	×	
250	250	270	300	350	400	450	500		×	×	×	×	×	×	×	×	×	×	×	×
270	270	300	350	400	450	500			×	×	×	×	×	×	×	×	×	×	×	×
300	300	350	400	450	500	550	600			×	×	×	×	×	×	×	×	×	×	×
350	350	400	450	500	550	600					×	×	×	×	×	×	×	×	×	×
400	400	450	500	550	600	700					×	×	×	×	×	×	×	×	×	×

（续）

W	L							H												
								20	25	30	35	40	45	50	60	70	80	90	100	110
450	450	500	550	600	700							×	×	×	×	×	×	×	×	×
500	500	550	600	700	800							×	×	×	×	×	×	×	×	×
550	550	600	700	800	900							×	×	×	×	×	×	×	×	×
600	600	700	800	900	1000									×	×	×	×	×	×	×
650	650	700	800	900	1000										×	×	×	×	×	×
700	700	800	900	1000	1250										×	×	×	×	×	×
800	800	900	1000	1250												×	×	×	×	×
900	900	1000	1250	1600												×	×	×	×	×
1000	1000	1250	1600														×	×	×	×
1250	1250	1600	2000														×	×	×	×

W	L							H												
								120	130	140	150	160	180	200	220	250	280	300	350	400
150	150	180	200	230	250															
180	180	200	230	250	300	350														
200	200	230	250	300	350	400														
230	230	250	270	300	350	400														
250	250	270	300	350	400	450	500	×												
270	270	300	350	400	450	500		×												
300	300	350	400	450	500	550	600	×	×											
350	350	400	450	500	550	600		×	×											
400	400	450	500	550	600	700		×	×	×	×									
450	450	500	550	600	700			×	×	×	×	×	×							
500	500	550	600	700	800			×	×	×	×	×	×							
550	550	600	700	800	900			×	×	×	×	×	×	×						
600	600	700	700	900	1000			×	×	×	×	×	×	×						
650	650	700	800	900	1000			×	×	×	×	×	×	×	×					
700	700	800	900	1000	1250			×	×	×	×	×	×	×	×	×				
800	800	900	1000	1250				×	×	×	×	×	×	×	×	×	×	×		
900	900	1000	1250	1600				×	×	×	×	×	×	×	×	×	×	×	×	
1000	1000	1250	1600					×	×	×	×	×	×	×	×	×	×	×	×	×
1250	1250	1600	2000					×	×	×	×	×	×	×	×	×	×	×	×	×

注：1. 材料由制造者选定，推荐采用45钢。
2. 硬度28～32HRC。
3. 未注尺寸公差等级应符合GB/T 1801—1999（已更新为GB/T 1801—2009，编辑注）中js13的规定。
4. 未注形位公差应符合GB/T 1184—1996的规定，t_1、t_3为5级精度，t_2为7级精度。
5. 其余应符合GB/T 4170—2006的规定。
6. 标记应有以下内容：1）模板；2）模板类型A；3）模板宽度W，以mm为单位；4）模板长度L，以mm为单位；5）模板厚度H，以mm为单位；6）本部分代号，即GB/T 4169.8—2006。

表 3-10　标准 B 型模板的结构与尺寸规格（摘自 GB/T 4169.8—2006）（单位：mm）

表面粗糙度以 μm 为单位

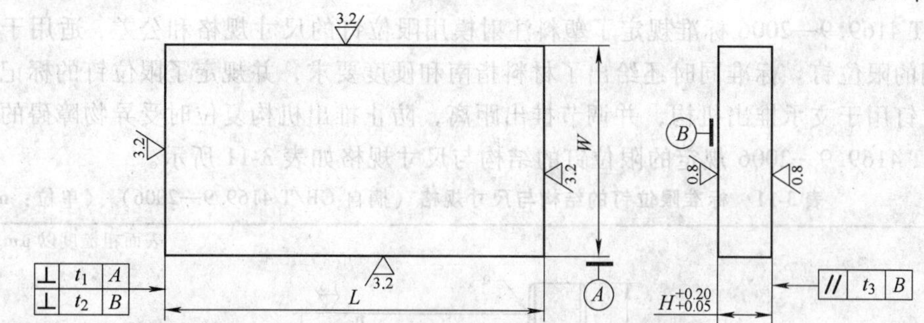

全部棱边倒角 $C2$mm。

标记示例：宽度 $W=200$mm，长度 $L=150$mm、厚度 $H=20$mm 的 B 型模板：

模板 B 150×150×20 GB/T 4169.8—2006。

W	L							H												
								20	25	30	35	40	45	50	60	70	80	90	100	120
200	150	180	200	230	250			×	×											
230	180	200	230	250	300	350		×	×	×										
250	200	230	250	300	350	400		×	×	×										
280	230	250	270	300	350	400			×	×										
300	250	270	300	350	400	450	500		×	×	×									
320	270	300	350	400	450	500			×	×	×	×								
350	300	350	400	450	500	550	600		×	×	×	×	×							
400	350	400	450	500	550	600				×	×	×	×	×						
450	400	450	500	550	600	700				×	×	×	×	×						
550	450	500	550	600	700						×	×	×	×	×					
600	500	550	600	700	800						×	×	×	×	×					
650	550	600	700	800	900						×	×	×	×	×	×				
700	600	700	800	900	1000						×	×	×	×	×	×				
750	650	700	800	900	1000						×	×	×	×	×	×	×			
800	700	800	900	1000	1250							×	×	×	×	×	×	×		
900	800	900	1000	1250								×	×	×	×	×	×	×	×	
1000	900	1000	1250	1600										×	×	×	×	×	×	
1200	1000	1250	1600												×	×	×	×	×	×
1500	1250	1600	2000													×	×	×	×	×

注：1. 材料由制造者选定，推荐采用 45 钢。

2. 硬度 28～32HRC。

3. 未注尺寸公差等级应符合 GB/T 1801—1999（已更新为 GB/T 1801—2009，编辑注）中 js13 的规定。

4. 未注形位公差应符合 GB/T 1184—1996 的规定，t_1 为 7 级精度，t_2 为 9 级精度，t_3 为 5 级精度。

5. 其余应符合 GB/T 4170—2006 的规定。

6. 标记应有以下内容：1）模板；2）模板类型 B；3）模板宽度 W，以 mm 为单位；4）模板长度 L，以 mm 为单位；5）模板厚度 H，以 mm 为单位；6）本部分代号，即 GB/T 4169.8—2006。

3.2.9 限位钉标准

GB/T 4169.9—2006 标准规定了塑料注射模用限位钉的尺寸规格和公差，适用于塑料注射模所用的限位钉。标准同时还给出了材料指南和硬度要求，并规定了限位钉的标记。

限位钉用于支承推出机构，并调节推出距离，防止推出机构复位时受异物障碍的零件。

GB/T 4169.9—2006 规定的限位钉的结构与尺寸规格如表 3-11 所示。

表 3-11　标准限位钉的结构与尺寸规格（摘自 GB/T 4169.9—2006）（单位：mm）

表面粗糙度以 μm 为单位

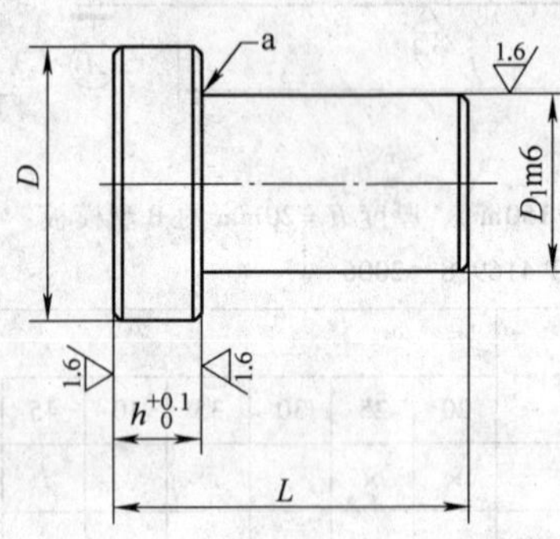

未注表面粗糙度 $Ra = 6.3\mu m$。未注倒角 C1mm

a. 可选砂轮越程槽或 R0.5 ~ 1mm 圆角。

标记示例：直径 D = 16mm 的限位钉：限位钉　16 GB/T 4169.9—2006。

D	D_1	h	L
16	8	5	16
20	16	10	25

注：1. 材料由制造者选定，推荐采用 45 钢。

2. 硬度 40 ~ 45HRC。

3. 其余应符合 GB/T 4170—2006 的规定。

4. 标记应有以下内容：1）限位钉；2）限位钉直径 D，以 mm 为单位；3）本部分代号，即 GB/T 4169.9—2006。

3.2.10 支承柱标准

GB/T 4169.10—2006 标准规定了塑料注射模用支承柱的尺寸规格和公差，适用于塑料注射模所用的支承柱。标准同时还给出了材料指南和硬度要求，并规定了支承柱的标记。

1. 支承柱的尺寸规格

GB/T 4169.10—2006 标准规定的 A 型支承柱的结构与尺寸规格如表 3-12 所示。

GB/T 4169.10—2006 标准规定的 B 型支承柱的结构与尺寸规格如表 3-13 所示。

2. 支承柱的组合形式

支承柱的组合形式示例如图 3-8 所示。

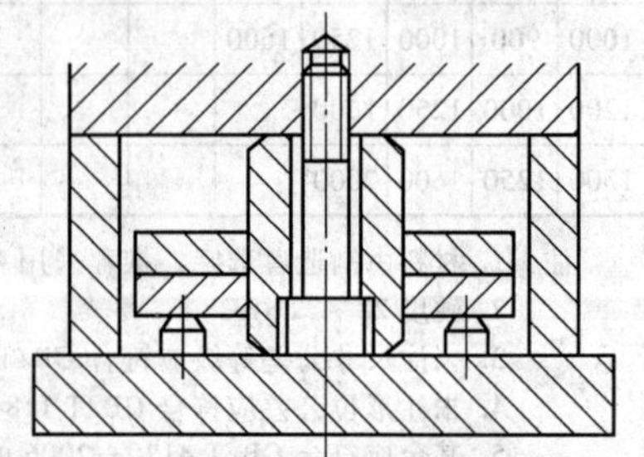

图 3-8　支承柱的组合形式示例

表 3-12　标准 A 型支承柱的结构与尺寸规格（摘自 GB/T 4169.10—2006）（单位：mm）

表面粗糙度以 μm 为单位

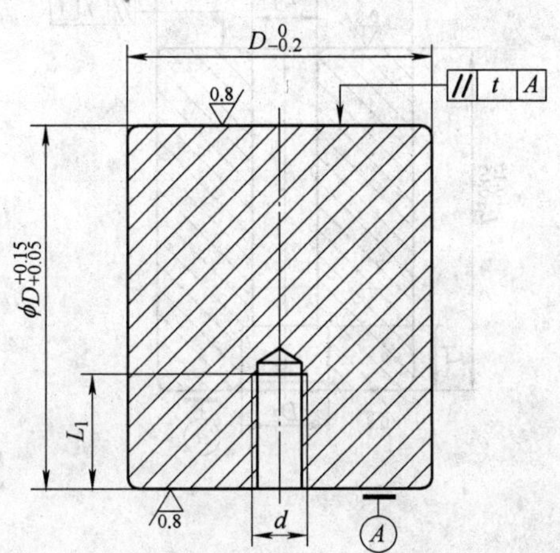

未注表面粗糙度 $Ra=6.3\mu m$。

未注倒角 C1mm。

标记示例：直径 D = 25mm，长度 L = 80mm 的 A 型支承柱：

　　　　支承柱 A 25 × 80 GB/T 4169.10—2006。

<table>
<tr><th rowspan="2">D</th><th colspan="11">L</th><th rowspan="2">d</th><th rowspan="2">L₁</th></tr>
<tr><th>80</th><th>90</th><th>100</th><th>110</th><th>120</th><th>130</th><th>150</th><th>180</th><th>200</th><th>250</th><th>300</th></tr>
<tr><td>25</td><td>×</td><td>×</td><td>×</td><td>×</td><td>×</td><td></td><td></td><td></td><td></td><td></td><td></td><td rowspan="3">M8</td><td rowspan="3">15</td></tr>
<tr><td>30</td><td>×</td><td>×</td><td>×</td><td>×</td><td>×</td><td></td><td></td><td></td><td></td><td></td><td></td></tr>
<tr><td>35</td><td>×</td><td>×</td><td>×</td><td>×</td><td>×</td><td>×</td><td></td><td></td><td></td><td></td><td></td></tr>
<tr><td>40</td><td>×</td><td>×</td><td>×</td><td>×</td><td>×</td><td>×</td><td>×</td><td></td><td></td><td></td><td></td><td rowspan="2">M10</td><td rowspan="2">18</td></tr>
<tr><td>50</td><td>×</td><td>×</td><td>×</td><td>×</td><td>×</td><td>×</td><td>×</td><td>×</td><td>×</td><td>×</td><td></td></tr>
<tr><td>60</td><td>×</td><td>×</td><td>×</td><td>×</td><td>×</td><td>×</td><td>×</td><td>×</td><td>×</td><td>×</td><td>×</td><td>M12</td><td>20</td></tr>
<tr><td>80</td><td>×</td><td>×</td><td>×</td><td>×</td><td>×</td><td>×</td><td>×</td><td>×</td><td>×</td><td>×</td><td>×</td><td rowspan="2">M16</td><td rowspan="2">30</td></tr>
<tr><td>100</td><td>×</td><td>×</td><td>×</td><td>×</td><td>×</td><td>×</td><td>×</td><td>×</td><td>×</td><td>×</td><td>×</td></tr>
</table>

注：1. 材料由制造者选定，推荐采用 45 钢。

2. 硬度 28 ~ 32HRC。

3. 标注的形位公差应符合 GB/T 1184—1996 的规定，t 为 6 级精度。

4. 其余应符合 GB/T 4170—2006 的规定。

5. 标记应有以下内容：1）支承柱；2）支承柱类型 A；3）支承柱直径 D，以 mm 为单位；4）支承柱长度 L，以 mm 为单位；5）本部分代号，即 GB/T 4169.10—2006。

表 3-13　标准 B 型支承柱的结构与尺寸规格（摘自 GB/T 4169.10—2006）（单位：mm）

表面粗糙度以 μm 为单位

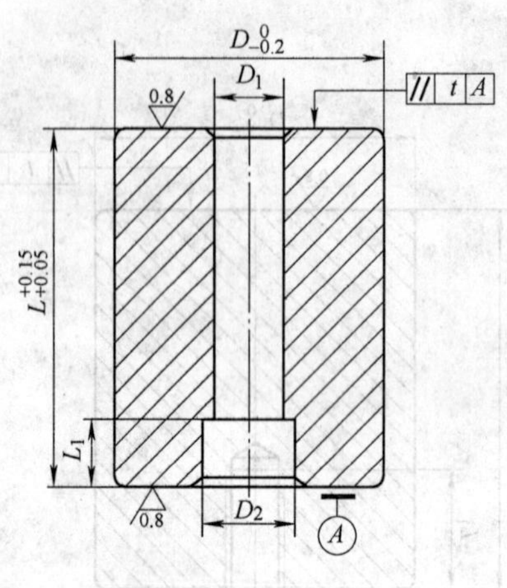

未注表面粗糙度 $Ra=6.3\mu m$。

未注倒角 C1mm。

标记示例：直径 $D=25mm$，长度 $L=80mm$ 的 B 型支承柱：

支承柱 B 25×80 GB/T 4169.10—2006。

D	L											D_1	D_2	L_1
	80	90	100	110	120	130	150	180	200	250	300			
25	×	×	×	×	×							9	15	9
30	×	×	×	×	×									
35	×	×	×	×	×	×								
40	×	×	×	×	×	×	×					11	18	11
50	×	×	×	×	×	×	×	×	×	×				
60	×	×	×	×	×	×	×	×	×	×	×	13	20	13
80	×	×	×	×	×	×	×	×	×	×	×	17	26	17
100	×	×	×	×	×	×	×	×	×	×	×			

注：1. 材料由制造者选定，推荐采用 45 钢。

2. 硬度 28～32HRC。

3. 标注的形位公差应符合 GB/T 1184—1996 的规定，t 为 6 级精度。

4. 其余应符合 GB/T 4170—2006 的规定。

5. 标记应有以下内容：1）支承柱；2）支承柱类型 B；3）支承柱直径 D，以 mm 为单位；4）支承柱长度 L，以 mm 为单位；5）本部分代号，即 GB/T 4169.10—2006。

3.2.11　圆形定位元件标准

GB/T 4169.11—2006 标准规定了塑料注射模用圆形定位元件的尺寸规格和公差，适用于塑料注射模所用的圆形定位元件。标准同时还给出了材料指南和硬度要求，并规定了圆形定位元件的标记。

圆形定位元件主要用于动模、定模之间需要精确定位的场合，例如，在注射成型薄壁制品塑件时，为保证壁厚均匀，则需要使用该标准零件进行精确定位。对同轴度要求高的塑件，而且其型腔分别设在动模和定模上时，也需要使用该标准零件进行精确定位，同时，还具有增强模具刚度的效果。在模具中采用的数量视需要确定。

1. 圆形定位元件的结构与尺寸规格

GB/T 4169.11—2006 标准规定的圆形定位元件的结构与尺寸规格如表 3-14 所示。

表 3-14　标准圆形定位元件的结构与尺寸规格（摘自 GB/T 4169.11—2006）（单位：mm）

表面粗糙度以 μm 为单位

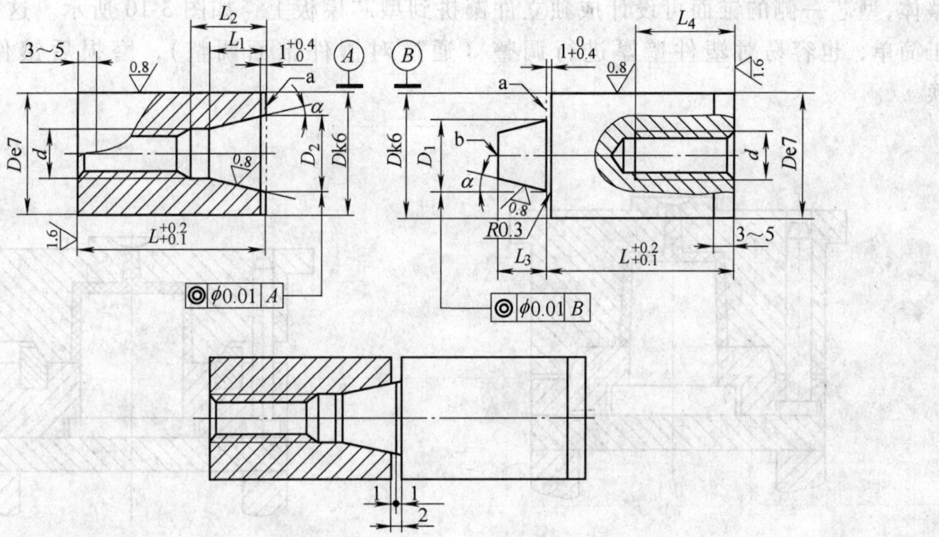

未注表面粗糙度 $Ra=6.3\mu m$。

未注倒角 C1mm。

a. 基准面。

b. 允许保留中心孔。

标记示例：直径 $D=12mm$ 的圆形定位元件：圆形定位元件 12　GB/T 4169.11—2006。

D	D_1	d	L	L_1	L_2	L_3	L_4	α
12	6	M4	20	7	9	5	11	5°
16	10	M5	25	8	10	6	11	5°，10°
20	13	M6	30	11	13	9	13	
25	16	M8	30	12	14	10	15	
30	20	M10	40	16	18	14	18	
35	24	M12	50	22	24	20	24	

注：1. 材料由制造者选定，推荐采用 T10A、GCr15。

2. 硬度 58 ~ 62HRC。

3. 其余应符合 GB/T 4170—2006 的规定。

4. 标记应有以下内容：1）圆形定位元件；2）圆形定位元件的直径 D，以 mm 为单位；3）本部分代号，即 GB/T 4169.11—2006。

2. 大型模具的对合导向机构

对于尺寸较大的模具，必须采用动、定模模板各带锥面的对合机构与导柱导套联合使用。图 3-9 所示为圆形型腔两种锥面对合设计方案。图 3-9a 是型腔模板环抱型芯模板的结构，成型中在型腔内塑料的压力下型腔侧壁向外张开会使对合锥面出现间隙。图 3-9b 是型芯模板环抱型腔模板的结构，成型中对合锥面会贴得更紧，是更理想的选择。锥面角度取较小值，有利于对合定位，但会增大所需开模阻力，锥面的单面斜角一般可在 7°～15°范围选取。

对于方形（或矩形）型腔的锥面对合，可以仅仅将型腔模板的锥面与型腔设计成一整体，型芯一侧的锥面可设计成独立件镶拼到型芯模板上，如图 3-10 所示。这样的结构加工简单，也容易对塑件壁厚进行调整（通过对镶件锥面调整），磨损后镶件也便于更换。

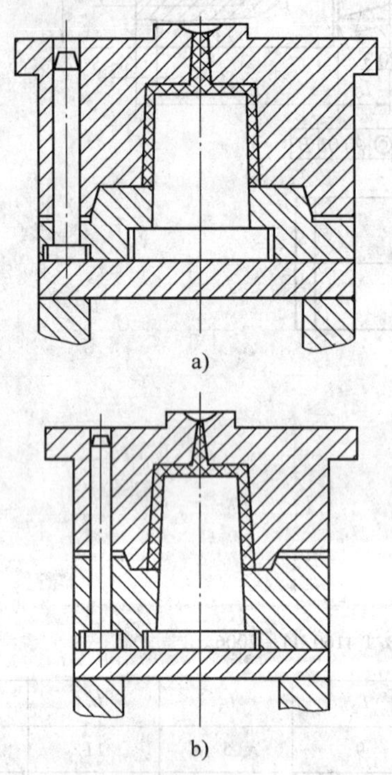

图 3-9　圆形型腔锥面对合机构

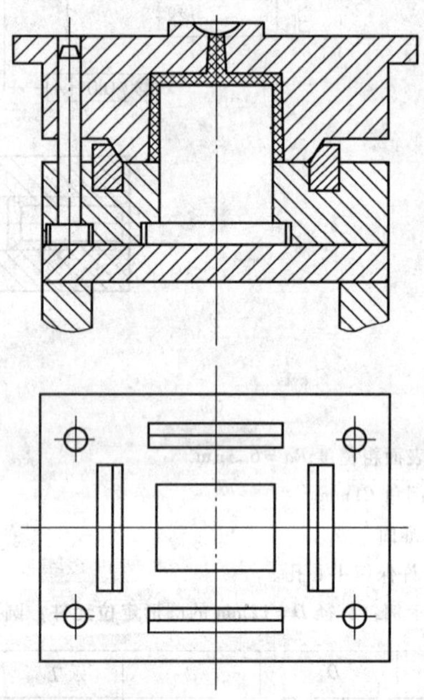

图 3-10　方形型腔的锥面对合机构

3.2.12　推板导套标准

GB/T 4169.12—2006 标准规定了塑料注射模用推板导套的尺寸规格和公差，适用于塑料注射模所用的推板导套。标准同时还给出了材料指南和硬度要求，并规定了推板导套的标记。

GB/T 4169.12—2006 标准规定的推板导套的结构与尺寸规格如表 3-15 所示。

表 3-15　标准推板导套的结构与尺寸规格（摘自 GB/T 4169.12—2006）（单位：mm）

表面粗糙度以 μm 为单位

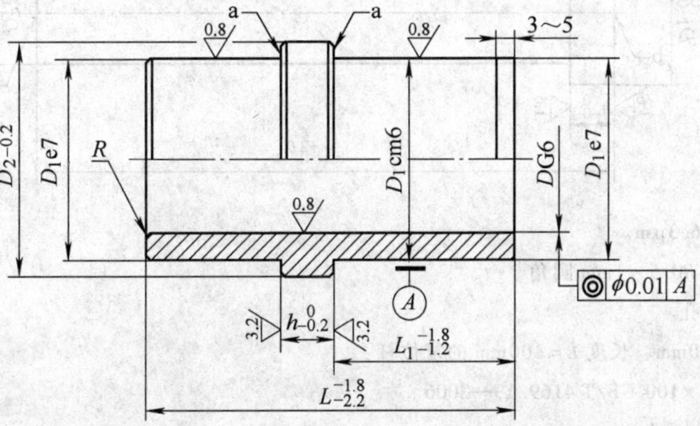

未注表面粗糙度 $Ra=6.3\mu m$。

未注倒角 $C1mm$。

a. 可选砂轮越程槽或 $R0.5\sim1mm$ 圆角。

标记示例：直径 $D=20mm$ 的推板导套：推板导套 20 GB/T 4169.12—2006。

D	12	16	20	25	30	35	40	50
D_1	18	25	30	35	42	48	55	70
D_2	22	30	35	40	47	54	61	76
h	4						6	
R	3 ~ 4						5 ~ 6	
L	28		35		45	55	70	90
L_1	13		15		20	25	30	40

注：1. 材料由制造者选定，推荐采用 T10A、GCr15、20Cr。

2. 硬度 52 ~ 56HRC，20Cr 渗碳 0.5 ~ 0.8mm，硬度 56 ~ 60HRC。

3. 其余应符合 GB/T 4170—2006 的规定。

4. 标记应有以下内容：1）推板导套；2）推板导套的直径 D，以 mm 为单位；3）本部分代号，即 GB/T 4169.12—2006。

3.2.13　复位杆标准

GB/T 4169.13—2006 标准规定了塑料注射模用复位杆的尺寸规格和公差，适用于塑料注射模所用的复位杆。标准同时还给出了材料指南和硬度要求，并规定了复位杆的标记。

推杆或推管将塑件推出后，必须返回其原始位置，才能合模进行下一次的注射成型。最常用的方法是复位杆回程，这种方法经济、简单，回程动作稳定可靠。其工作过程为：当开模时，推杆向上顶出，复位杆突出模具的分型面；当模具闭合时，复位杆与定模侧的分型面接触，注射机继续闭合时，则使复位杆随同推出机构一同返回原始位置。

GB/T 4169.13—2006 标准规定的复位杆的结构与尺寸规格如表 3-16 所示。

表 3-16　标准复位杆的结构与尺寸规格（摘自 GB/T 4169.13—2006）（单位：mm）

表面粗糙度以 μm 为单位

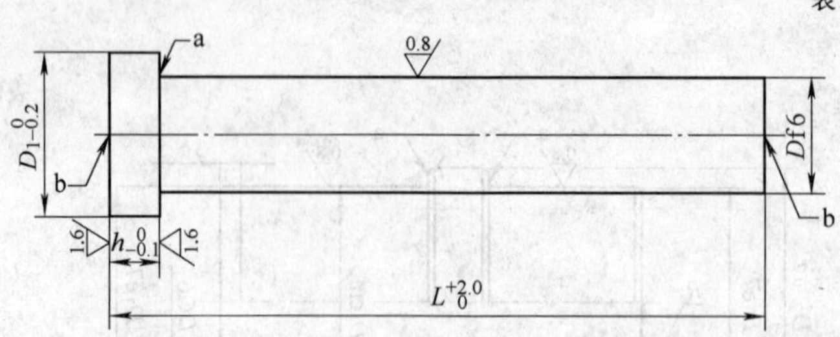

未注表面粗糙度 $Ra=6.3\mu m$。

a. 可选砂轮越程槽或 $R0.5\sim1mm$ 圆角。

b. 断面允许留有中心孔

标记示例：直径 $D=10mm$、长度 $L=100mm$ 的复位杆：

复位杆 10×100 GB/T 4169.13—2006。

D	D_1	h	L									
			100	125	150	200	250	300	350	400	500	600
10	15	4	×	×	×	×						
12	17		×	×	×	×	×					
15	20		×	×	×	×	×	×				
20	25	8		×	×	×	×	×	×	×		
25	30				×	×	×	×	×	×	×	
30	35				×	×	×	×	×	×	×	×
35	40					×	×	×	×	×	×	×
40	45	10					×	×	×	×	×	×
50	55						×	×	×	×	×	×

注：1. 材料由制造者选定，推荐采用 T10A、GCr15。

2. 硬度 56～60HRC。

3. 其余应符合 GB/T 4170—2006 的规定。

4. 标记应有以下内容：1）复位杆；2）复位杆直径 D，以 mm 为单位；3）复位杆长度 L，以 mm 为单位；4）本部分代号，即 GB/T 4169.13—2006。

3.2.14　推板导柱标准

GB/T 4169.14—2006 标准规定了塑料注射模用推板导柱的尺寸规格和公差，适用于塑料注射模所用的推板导柱。标准同时还给出了材料指南和硬度要求，并规定了推板导柱的标记。

对大型模具设置的推杆数量较多或由于塑件顶出部位面积的限制，推杆必须作成细长形时以及推出机构受力不均衡时（脱模力的总重心与机床推杆不重合），顶出后，推板可能发生偏斜，造成推杆弯曲或折断，此时应考虑设置导向装置，以保证推板移动时不发生偏斜。一般采用导柱，也可加上导套来实现导向。

导柱与导向孔或导套的配合长度不应小于 10mm。当动模垫板支撑跨度大时，导柱还可兼起辅助支撑作用。

GB/T 4169.14—2006 规定的推板导柱的结构与尺寸规格如表 3-17 所示。

表 3-17　标准推板导柱的结构与尺寸规格（摘自 GB/T 4169.14—2006）（单位：mm）

表面粗糙度以 μm 为单位

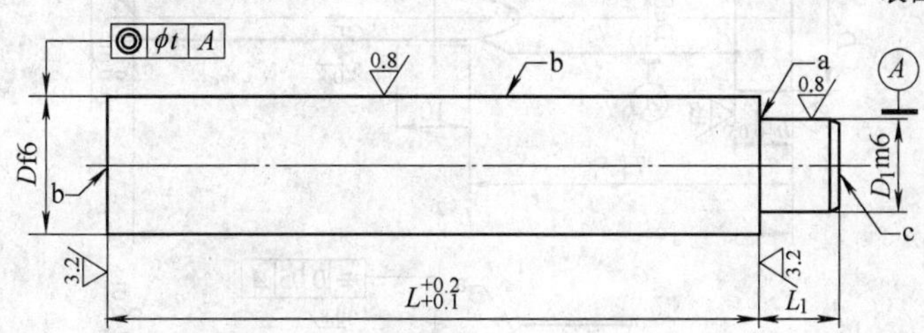

未注表面粗糙度 $Ra=6.3\mu m$。

未注倒角 C1mm。

a. 可选砂轮越程槽或 R0.5 ~ 1mm 圆角。

b. 允许开油槽

c. 允许保留两端的中心孔

标记示例：直径 $D=30$mm，长度 $L=100$mm 的推板导柱：

推板导柱 30×100 GB/T 4169.14—2006。

D		30	35	40	50
D_1		25	30	35	40
L_1		20	25	30	45
L	100	×			
	110	×	×		
	120	×	×		
	130	×	×		
	150	×	×	×	
	180		×	×	×
	200			×	×
	250			×	×
	300				×

注：1. 材料由制造者选定，推荐采用 T10A、GCr15、20Cr。

2. 硬度 56 ~ 60HRC，20Cr 渗碳 0.5 ~ 0.8mm，硬度 56 ~ 60HRC。

3. 标注的形位公差应符合 GB/T 1184—1996 的规定，t 为 6 级精度。

4. 其余应符合 GB/T 4170—2006 的规定。

5. 标记应有以下内容：1）推板导柱；2）推板导柱的直径 D，以 mm 为单位；3）推板导柱的长度 L，以 mm 为单位；4）本部分代号，即 GB/T 4169.14—2006。

3.2.15　扁推杆标准

GB/T 4169.15—2006 标准规定了塑料注射模用扁推杆的尺寸规格和公差，适用于塑料注射模所用的扁推杆。标准同时还给出了材料指南和硬度要求，并规定了扁推杆的标记。

GB/T 4169.15—2006 规定的扁推杆的结构与尺寸规格如表 3-18 所示。

表 3-18　标准扁推杆的结构与尺寸规格（摘自 GB/T 4169.15—2006）（单位：mm）

表面粗糙度以 μm 为单位

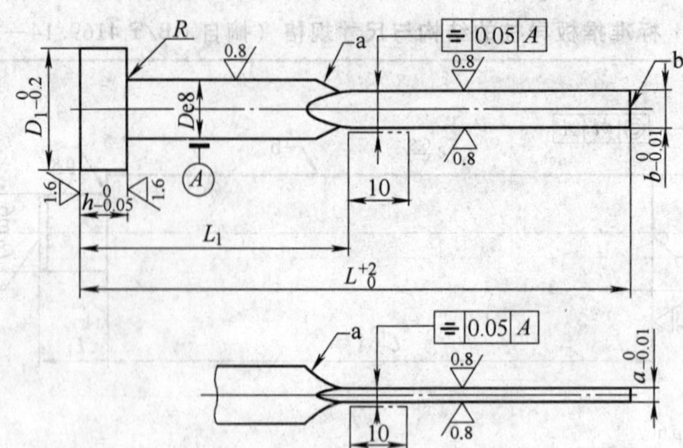

未注表面粗糙度 $Ra=6.3\mu m$。

a. 圆弧半径小于 10mm。

b. 断面不允许留有中心孔，棱边不允许倒钝。

标记示例：厚度 $a=1$mm，宽度 $b=4$mm，长度 $L=80$mm 的扁推杆：

扁推杆 1×4×100 GB/T 4169.15—2006。

D	D_1	a	b	h	R	L 80	100	125	160	200	250	300
						L_1 40	50	63	80	100	125	150
4	8	1	3	3	0.3	×	×	×	×	×		
		1.2				×	×	×	×	×		
5	10	1	4			×	×	×	×	×		
		1.2				×	×	×	×	×		
6	12	1.2	5	5	0.5		×	×	×	×	×	
		1.5					×	×	×	×	×	
		1.8					×	×	×	×	×	
8	14	1.5	6					×	×	×	×	
		1.8						×	×	×	×	
		2						×	×	×	×	
10	16	1.5	8						×	×	×	×
		1.8							×	×	×	×
		2							×	×	×	×
12	18	1.5	10	7	0.8					×	×	×
		1.8								×	×	×
		2								×	×	×
16	22	2	14							×	×	×
		2.5								×	×	×

注：1. 材料由制造者选定，推荐采用 4Cr5MoSiV1、3Cr2W8V。

2. 硬度 45～50HRC。

3. 淬火后表面可进行渗碳处理，渗碳层深度为 0.08～0.15mm，心部硬度 40～44HRC，表面硬度≥900HV。

4. 其余应符合 GB/T 4170—2006 的规定。

5. 标记应有以下内容：1）扁推杆；2）扁推杆的厚度 a、宽度 b，以 mm 为单位；3）扁推杆的长度 L，以 mm 为单位；4）本部分代号，即 GB/T 4169.15—2006。

3.2.16　带肩推杆标准

GB/T 4169.16—2006 标准规定了塑料注射模用带肩推杆的尺寸规格和公差，适用于塑料注射模所用的带肩推杆。标准同时还给出了材料指南和硬度要求，并规定了带肩推杆的标记。

GB/T 4169.16—2006 规定的带肩推杆的结构与尺寸规格如表 3-19 所示。

表 3-19　标准带肩推杆的结构与尺寸规格（摘自 GB/T 4169.16—2006）（单位：mm）

表面粗糙度以 μm 为单位

未注表面粗糙度 $Ra=6.3\mu m$。

a. 断面不允许留有中心孔，棱边不允许倒钝。

标记示例：直径 $D=1mm$，长度 $L=80mm$ 的带肩推杆：带肩推杆 1×80 GB/T 4169.16—2006。

D	D_1	D_2	h	R	L								
					80	100	125	150	200	250	300	350	400
					L_1								
					40	50	63	75	100	125	150	175	200
1	2	4	2	0.3	×	×	×	×	×				
1.5	3	6	3		×	×	×	×	×				
2					×	×	×	×	×				
2.5					×	×	×	×	×				
3	4	8				×	×	×	×	×			
3.5	8	14	5			×	×	×	×	×			
4						×	×	×	×	×	×		
4.5	10	16		0.8		×	×	×	×	×	×		
5						×	×	×	×	×	×		
6	12	18	7				×	×	×	×	×	×	
8									×	×	×	×	
10	16	22								×	×	×	×

注：1. 材料由制造者选定，推荐采用 4Cr5MoSiV1、3Cr2W8V。

2. 硬度 45~50HRC。

3. 淬火后表面可进行渗碳处理，渗碳层深度为 0.08~0.15mm，心部硬度 40~44HRC，表面硬度≥900HV。

4. 其余应符合 GB/T 4170—2006 的规定。

5. 标记应有以下内容：1）带肩推杆；2）带肩推杆直径 D，以 mm 为单位；3）带肩推杆长度 L，以 mm 为单位；4）本部分代号，即 GB/T 4169.16—2006。

3.2.17 推管标准

GB/T 4169.17—2006 标准规定了塑料注射模用推管的尺寸规格和公差，适用于塑料注射模所用的推管。标准同时还给出了材料指南和硬度要求，并规定了推管的标记。

1. 推管的结构与尺寸规格

GB/T 4169.17—2006 标准规定的推管的结构与尺寸规格如表 3-20 所示。

表 3-20 标准推管的结构与尺寸规格（摘自 GB/T 4169.17—2006）（单位：mm）

表面粗糙度以 μm 为单位

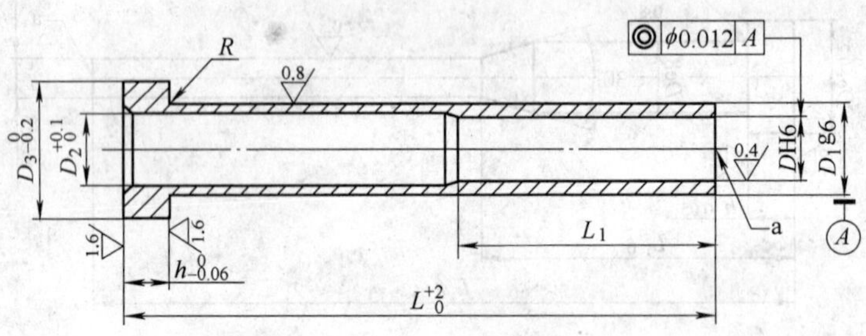

未注表面粗糙度 $Ra=6.3\mu m$。

未注倒角 $C1mm$

a. 断面棱边不允许倒钝。

标记示例：直径 $D=2mm$，长度 $L=80mm$ 的推管：推管 2×80 GB/T 4169.17—2006。

D	D_1	D_2	D_3	h	R	L_1	L 80	100	125	150	175	200	250
2	4	2.5	8	3	0.3	35	×	×	×				
2.5	5	3	10				×	×	×				
3	5	3.5				45	×	×	×	×			
4	6	4.5	12	5	0.5		×	×	×	×	×	×	
5	8	5.5	14				×	×	×	×	×	×	
6	10	6.5	16				×	×	×	×	×	×	×
8	12	8.5	20	7	0.8				×	×	×	×	×
10	14	10.5	22					×	×	×	×	×	×
12	16	12.5	22						×	×	×	×	×

注：1. 材料由制造者选定，推荐采用 4Cr5MoSiV1、3Cr2W8V。

2. 硬度 45～50HRC。

3. 淬火后表面可进行渗碳处理，渗碳层深度为 0.08～0.15mm，心部硬度 40～44HRC，表面硬度≥900HV。

4. 其余应符合 GB/T 4170—2006 的规定。

5. 标记应有以下内容：1）推管；2）推管的直径 D，以 mm 为单位；3）推管的长度 L，以 mm 为单位；4）本部分代号，即 GB/T 4169.17—2006。

2. 推管的应用

推管脱模常用于圆筒状塑件推出。它提供了均匀脱模力，用于一模多腔成型更为有利。

将型腔和型芯均设计在动模一边，可保证制件孔与其外圆的同心度。对于台阶筒体和锥形筒体，如图3-11所示，只能用推管脱模。

要求推管内外表面都能顺利滑动。其滑动长度的淬火硬度为50HRC左右，且等于脱模行程与配合长度之和，再加上5~6mm余量。非配合长度均应用0.5~1mm的双面间隙。

推管在推出位置与型芯应有8~10mm的配合长度，推管壁厚应在1.5mm以上。必要时采用阶梯推管，如图3-11a所示。

推管脱模机构有三类形式：

1）长型芯。型芯紧固在模具底板上，如图3-11a所示。结构可靠，但底板加厚，型芯延长，只用于脱模行程不大的场合。

2）中长型芯。推管用推杆推拉，如图3-11b所示。该结构的型芯和推管可较短些，但动模板因容纳脱模行程而增厚。

3）短型芯。如图3-11c所示。这种结构使用较多。为避免型芯固定凸肩与运动推管相干涉，型芯凸肩需有缺口，或用键固定，致使型芯固定不可靠，且推管必须开窗，或剖切成2~3个脚，致使推管被削弱，制造亦困难。

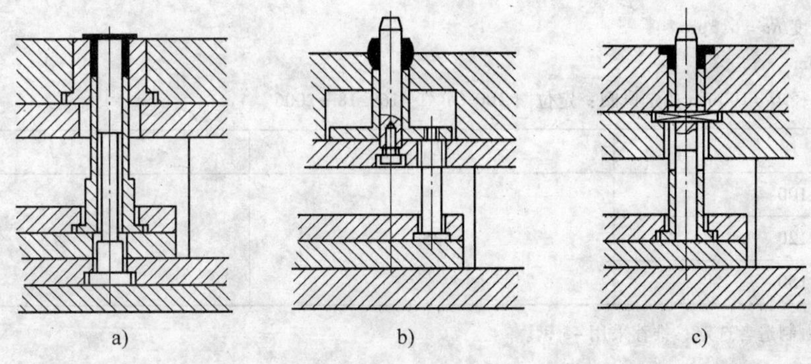

图3-11 推管脱模的结构类型

3.2.18 定位圈标准

GB/T 4169.18—2006标准规定了塑料注射模用定位圈的尺寸规格和公差，适用于塑料注射模所用的定位圈。标准同时还给出了材料指南和硬度要求，并规定了定位圈的标记。

定位圈与注塑机定模固定板中心的定位孔相配合，其作用是为了使主流道与喷嘴和机筒对中。应用标准时应注意：

1）定位圈与注射机定模固定板上的定位孔之间采取比较松动的间隙配合，如H11/h11或H11/b11。

2）对于小型模具，定位圈与定位孔的配合长度可取8~10mm，对于大型模具则可取10~15mm。

GB/T 4169.18—2006标准规定的定位圈的结构与尺寸规格如表3-21所示。

表 3-21　标准定位圈的结构与尺寸规格（摘自 GB/T 4169.18—2006）（单位：mm）

表面粗糙度以 μm 为单位

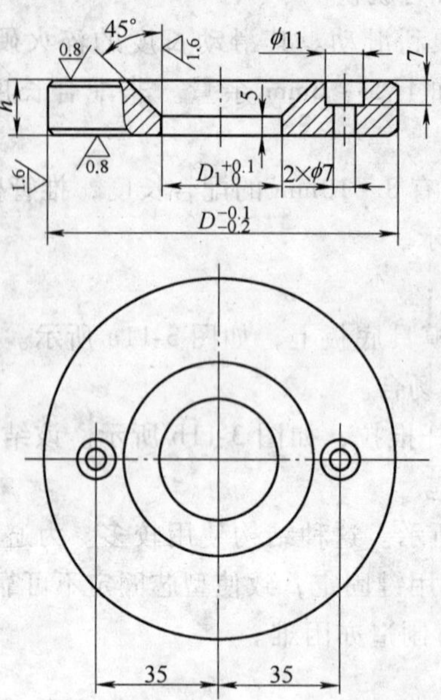

未注表面粗糙度 $Ra=6.3\mu m$。

未注倒角 C1mm

标记示例：直径 D=100mm 的定位圈：定位圈 100 GB/T 4169.18—2006

D	D_1	h
100	35	15
120		
150		

注：1. 材料由制造者选定，推荐采用 45 钢。

2. 硬度 28～32HRC。

3. 其余应符合 GB/T 4170—2006 的规定。

4. 标记应有以下内容：1）定位圈；2）定位圈的直径 D，以 mm 为单位；3）本部分代号，即 GB/T 4169.18—2006。

3.2.19　浇口套标准

GB/T 4169.19—2006 标准规定了塑料注射模用浇口套的尺寸规格和公差，适用于塑料注射模所用的浇口套。标准同时还给出了材料指南和硬度要求，并规定了浇口套的标记。

GB/T 4169.19—2006 标准规定的浇口套的结构与尺寸规格如表 3-22 所示。

3.2.20　拉杆导柱标准

GB/T 4169.20—2006 标准规定了塑料注射模用拉杆导柱的尺寸规格和公差，适用于塑料注射模所用的拉杆导柱。标准同时还给出了材料指南和硬度要求，并规定了拉杆导柱的标记。

GB/T 4169.20—2006 标准规定的拉杆导柱的结构与尺寸规格如表 3-23 所示。

表 3-22　标准浇口套的结构与尺寸规格（摘自 GB/T 4169.19—2006）（单位：mm）

表面粗糙度以 μm 为单位

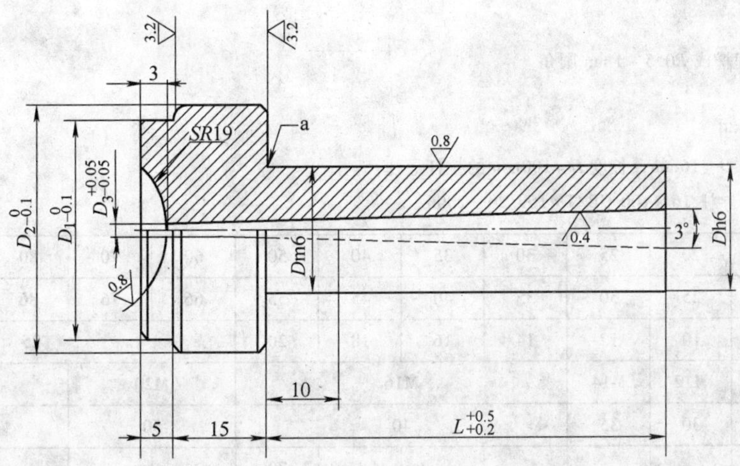

未注表面粗糙度 $Ra=6.3\mu m$。

未注倒角 $C1mm$

a. 可选砂轮越程槽或 $R0.5\sim1mm$ 圆角。

标记示例：直径 $D=12mm$，长度 $L=50mm$ 的浇口套：浇口套 12×50 GB/T 4169.19—2006。

D	D_1	D_2	D_3	L		
				50	80	100
12	35	40	2.8	×		
16			2.8	×	×	
20			3.2	×	×	×
25			4.2	×	×	×

注：1. 材料由制造者选定，推荐采用 45 钢。

2. 局部热处理，SR19mm 球面硬度 38 ~ 45 HRC。

3. 其余应符合 GB/T 4170—2006 的规定。

4. 标记应有以下内容：1）浇口套；2）浇口套的直径 D，以 mm 为单位；3）浇口套的长度 L，以 mm 为单位；4）本部分代号，即 GB/T 4169.19—2006。

表 3-23　标准拉杆导柱的结构与尺寸规格（摘自 GB/T 4169.20—2006）（单位：mm）

表面粗糙度以 μm 为单位

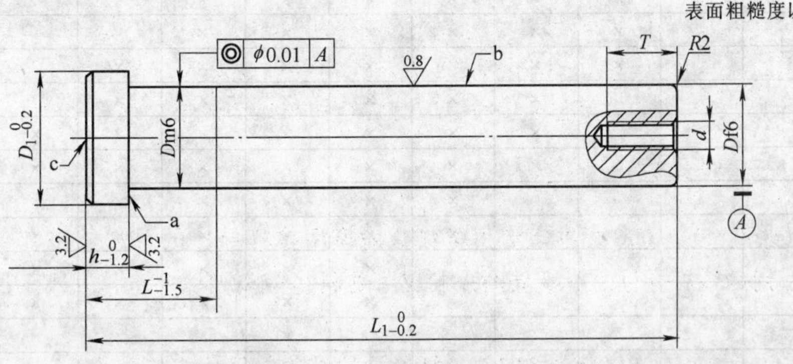

（续）

未注表面粗糙度 $Ra=6.3\mu m$。

未注倒角 C1mm

a. 可选砂轮越程槽或 R0.5～1mm 圆角。

b. 允许开油槽

c. 允许保留中心孔

标记示例：直径 $D=16mm$，长度 $L=100mm$ 的拉杆导柱：

拉杆导柱 16×100 GB/T 4169.20—2006。

D		16	20	25	30	35	40	50	60	70	80	90	100
D_1		21	25	30	35	40	45	55	66	76	86	96	106
h		8	10	12	14	16	18	20	25				
d		M10	M12	M14	M16				M20		M24		
T		25	30	35	40				50		60		
L_1		25	30	35	45	50	60	70 80	90	100	120	140	150
L	100	×	×	×									
	110	×	×	×									
	120	×	×	×									
	130	×	×	×	×								
	140	×	×	×	×								
	150	×	×	×	×								
	160	×	×	×	×	×							
	170	×	×	×	×	×							
	180	×	×	×	×	×							
	190	×	×	×	×	×							
	200	×	×	×	×	×	×						
	210		×	×	×	×	×						
	220		×	×	×	×	×						
	230		×	×	×	×	×						
	240		×	×	×	×	×						
	250		×	×	×	×	×	×					
	260			×	×	×	×	×					
	270			×	×	×	×	×					
	280			×	×	×	×	×	×				
	290			×	×	×	×	×	×				
	300			×	×	×	×	×	×	×			
	320				×	×	×	×	×	×			
	340				×	×	×	×	×	×	×		
	360				×	×	×	×	×	×	×		
	380					×	×	×	×	×	×		
	400					×	×	×	×	×	×	×	×
	450						×	×	×	×	×	×	×
	500						×	×	×	×	×	×	×
	550							×	×	×	×	×	×
	600							×	×	×	×	×	×

（续）

D		16	20	25	30	35	40	50	60	70	80	90	100
D_1		21	25	30	35	40	45	55	66	76	86	96	106
h		8	10	12	14	16	18	20	25				
d		M10	M12	M14	M16				M20		M24		
T		25	30	35	40				50		60		
L_1		25	30	35	45	50	60	70 80	90	100	120	140	150
L	650									×	×	×	×
	700									×	×	×	×
	750									×	×	×	×
	800									×	×	×	×

注：1. 材料由制造者选定，推荐采用 T10A、GCr15、20Cr。

2. 硬度 56 ~60 HRC。20Cr 渗碳 0.5 ~0.8mm，硬度 56 ~60HRC。

3. 其余应符合 GB/T 4170—2006 的规定。

4. 标记应有以下内容：1）拉杆导柱；2）拉杆导柱直径 D，以 mm 为单位；3）拉杆导柱长度 L，以 mm 为单位；4）本部分代号，即 GB/T 4169.20—2006。

3.2.21　矩形定位元件标准

GB/T 4169.21—2006 标准规定了塑料注射模用矩形定位元件的尺寸和公差，适用于塑料注射模所用的矩形定位元件。标准同时还给出了材料指南和硬度要求，并规定了矩形定位元件的标记。

GB/T 4169.21—2006 标准规定的矩形定位元件的结构与尺寸规格如表 3-24 所示。

表 3-24　标准矩形定位元件的结构与尺寸规格（摘自 GB/T 4169.21—2006）（单位：mm）

表面粗糙度以 μm 为单位

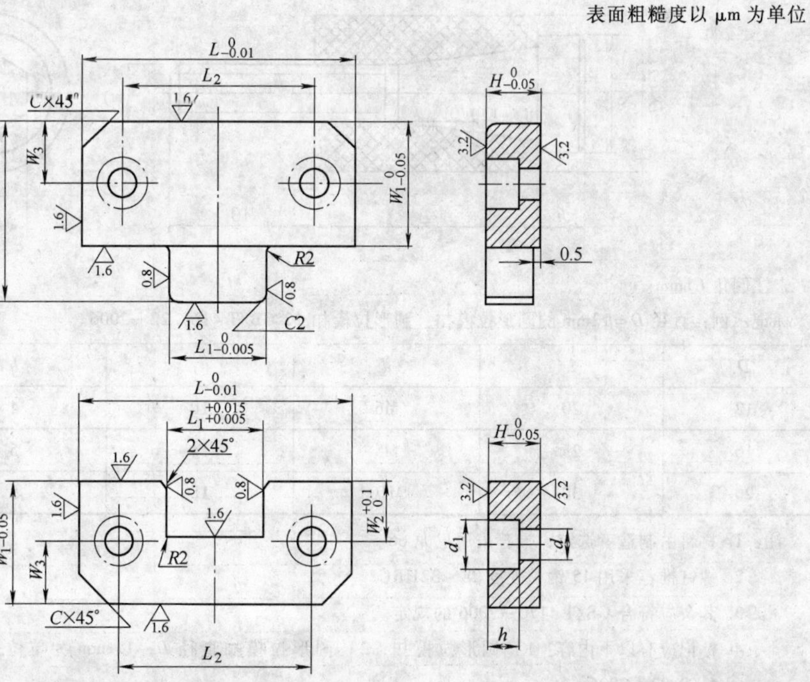

（续）

未注表面粗糙度 $Ra=6.3\mu m$。

未注倒角 C1mm

标记示例：长度 $L=50mm$ 的矩形定位元件：矩形定位元件 50 GB/T 4169.21—2006。

L	L_1	L_2	W	W_1	W_2	W_3	C	d	d_1	H	h
50	17	34	30	21.5	8.5	11	5	7	11	16	8
75	25	50	50	36	15	18	8	11	17.5	19	12
100	35	70	65	45	21	22	10	11	17.5	19	12
125	45	84	65	45	21	22	10	11	17.5	25	12

注：1. 材料由制造者选定，推荐采用 GCr15、9CrWMn。

2. 凸件硬度 50～54 HRC，凹件硬度 56～60 HRC。

3. 其余应符合 GB/T 4170—2006 的规定。

4. 标记应有以下内容：1）矩形定位元件；2）矩形定位元件的长度 L，以 mm 为单位；3）本部分代号，即 GB/T 4169.21—2006。

3.2.22 圆形拉模扣标准

GB/T 4169.22—2006 标准规定了塑料注射模用圆形拉模扣的尺寸规格和公差，适用于塑料注射模所用的圆形拉模扣。标准同时还给出了材料指南和硬度要求，并规定了圆形拉模扣的标记。

GB/T 4169.22—2006 标准规定的圆形拉模扣的结构与尺寸规格如表 3-25 所示。

表 3-25 标准圆形拉模扣的结构与尺寸规格（摘自 GB/T 4169.22—2006）（单位：mm）

表面粗糙度以 μm 为单位

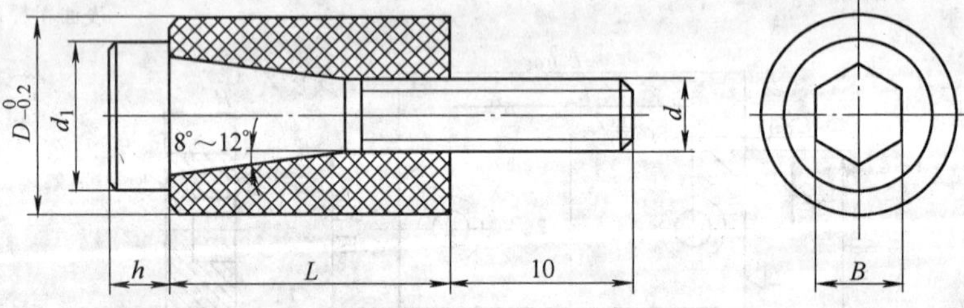

未注倒角 C1mm。

标记示例：直径 $D=12mm$ 的圆形拉模扣：圆形拉模扣 12 GB/T 4169.22—2006。

D	L	d	d_1	h	B
12	20	M6	10	4	5
16	25	M8	14	5	6
20	30	M10	18	5	8

注：1. 材料由制造者选定，推荐采用尼龙 66。

2. 螺钉推荐采用 45 钢，硬度 28～32HRC。

3. 其余应符合 GB/T 4170—2006 的规定。

4. 标记应有以下内容：1）圆形拉模扣；2）圆形拉模扣直径 D，以 mm 为单位；3）本部分代号，即 GB/T 4169.22—2006。

GB/T 4169.22—2006 标准规定的圆形拉模扣的装配示意如图 3-12 所示。

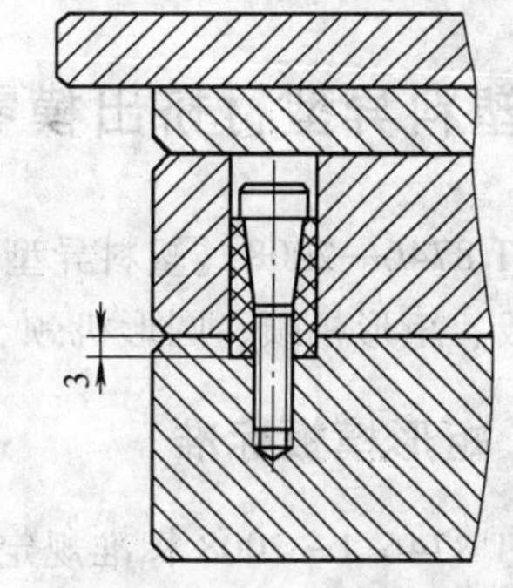

图 3-12 圆形拉模扣的装配示意

3.2.23 矩形拉模扣标准

GB/T 4169.23—2006 标准规定了塑料注射模用矩形拉模扣的尺寸规格和公差，适用于塑料注射模所用的矩形拉模扣。标准同时还给出了材料指南和硬度要求，并规定了矩形拉模扣的标记。

GB/T 4169.23—2006 标准规定的矩形拉模扣的结构与尺寸规格如表 3-26 所示。

表 3-26 标准矩形拉模扣的结构与尺寸规格（摘自 GB/T 4169.23—2006）

（单位：mm）

表面粗糙度以 μm 为单位

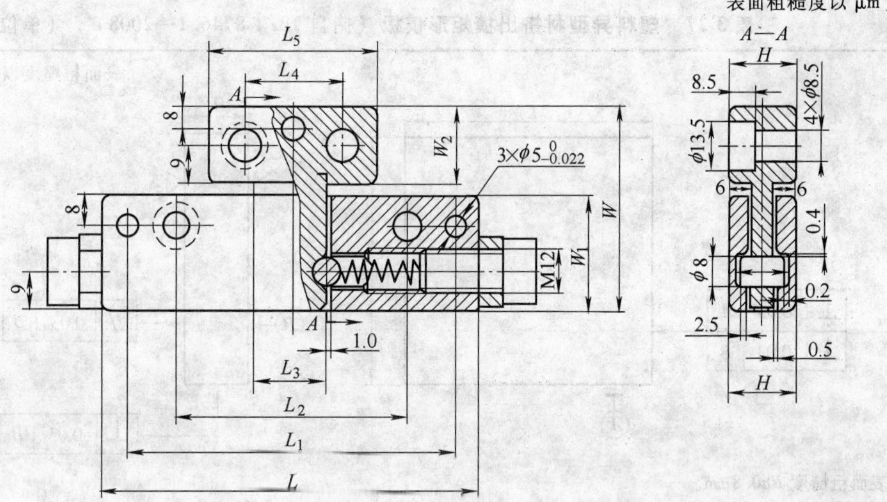

未注倒角 C1mm。

标记示例：宽度 $W=52$mm，长度 $L=100$mm 的矩形拉模扣：

矩形拉模扣 52×100 GB/T 4169.23—2006

W	W_1	W_2	L	L_1	L_2	L_3	L_4	L_5	H
52	30	20	100	85	60	20	25	45	22
80									
66	36	28	120	100	70	24	35	60	28
110									

注：1. 材料由制造者选定，本体与插体推荐采用 45，顶销推荐采用 GCr15。

2. 插件硬度 40～45 HRC，顶销硬度 58～62 HRC。

3. 最大使用负荷应达到：$L=100$mm 为 10kN，$L=120$mm 为 12kN。

4. 其余应符合 GB/T 4170—2006 的规定。

5. 标记应有以下内容：1）矩形拉模扣；2）矩形拉模扣宽度 W，以 mm 为单位；3）矩形拉模扣长度 L，以 mm 为单位；4）本部分代号，即 GB/T 4169.23—2006。

3.3 塑料异型材挤出模零件标准及应用

JB/T 8746—2008《塑料异型材挤出模零件》标准共分为七个部分，分别为矩形模板、圆形模板、矩形机颈、圆形机颈、定型板、型板和定位零件，分别介绍如下：

3.3.1 矩形模板标准

JB/T 8746.1—2008 标准规定了塑料异型材挤出模矩形模板的结构、尺寸规格和标记，适用于塑料异型材挤出模模头用矩形模板。与旧版标准相比较，主要变化有：将标准名称修改为《塑料异型材挤出模零件 第 1 部分：矩形模板》；对矩形模板尺寸系列进行了重新优化配置。

JB/T 8746.1—2008 标准规定的塑料异型材挤出模矩形模板的结构与尺寸规格如表 3-27 所示。

表 3-27 塑料异型材挤出模矩形模板（摘自 JB/T 8746.1—2008）　（单位：mm）

表面粗糙度以 μm 为单位

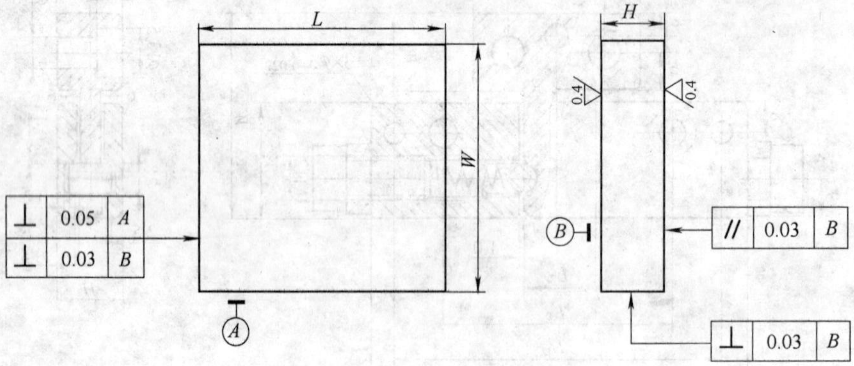

未注表面粗糙度 $Ra0.8\mu m$。

全部棱边倒角 $C\,0.5$mm。

标记示例：$L=160$mm，$H=15$mm 的矩形模板标记如下：

矩形模板 160×15 JB/T 8746.1—2008。

$L\pm0.1$	$W\pm0.1$	$H_{-0.05}^{\ 0}$									
		15	20	25	30	35	40	45	50	60	70
160	160	×	×	×	×	×	×	×	×	×	×
170	170	×	×	×	×	×	×	×	×	×	×
180	180	×	×	×	×	×	×	×	×	×	×
200	200	×	×	×	×	×	×	×	×	×	×
220	220	×	×	×	×	×	×	×	×	×	×

注：1. 材料由制造者选定，推荐采用 2Cr13、3Cr17NiMo。

2. 硬度 28～35HRC。

3. 基准面应有标识。

4. 标记应有以下内容：1）矩形模板；2）矩形模板长度尺寸 L，以 mm 为单位；3）矩形模板长度尺寸 H，以 mm 为单位；4）本部分代号，即 JB/T 8746.1—2008。

3.3.2　圆形模板标准

JB/T 8746.2—2008 标准规定了塑料异型材挤出模圆形模板的结构、尺寸规格和标记，适用于塑料异型材挤出模模头用圆形模板。与旧版标准相比较，主要变化有：将标准名称修改为《塑料异型材挤出模零件 第 2 部分：圆形模板》；对圆形模板尺寸系列进行了重新优化配置。

JB/T 8746.2—2008 标准规定的塑料异型材挤出模圆形模板的结构与尺寸规格如表 3-28 所示。

表 3-28　塑料异型材挤出模圆形模板（摘自 JB/T 8746.2—2008）　（单位：mm）

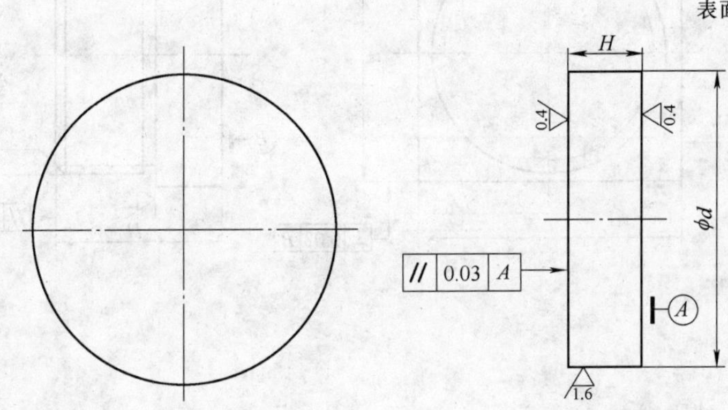

未注表面粗糙度 $Ra3.2\mu m$。

未注外圆倒角 $C\,0.5$mm。

标记示例：$d=170$mm，$H=20$mm 的圆形模板标记如下：

圆形模板 170 × 120 JB/T 8746.2—2008。

$d\pm0.1$	$H_{-0.05}^{\ 0}$									
	15	20	25	30	35	40	45	50	60	70
170	×	×	×	×	×	×	×	×	×	×
200	×	×	×	×	×	×	×	×	×	×
220	×	×	×	×	×	×	×	×	×	×

注：1. 材料由制造者选定，推荐采用 2Cr13、3Cr17NiMo。

2. 硬度 28 ~ 35HRC。

3. 标记应有以下内容：1）圆形模板；2）圆形模板直径 d，以 mm 为单位；3）圆形模板厚度尺寸 H，以 mm 为单位；4）本部分代号，即 JB/T 8746.2—2008。

3.3.3　矩形机颈标准

JB/T 8746.3—2008 标准规定了塑料异型材挤出模矩形机颈的结构、尺寸规格和标记，适用于塑料异型材挤出模模头用矩形机颈。与旧版标准相比较，主要变化有：将标准名称修改为《塑料异型材挤出模零件 第3部分：矩形机颈》；对矩形机颈尺寸系列进行了重新优化配置。

JB/T 8746.3—2008 标准规定的塑料异型材挤出模矩形机颈的结构与尺寸规格如表3-29所示。

表3-29 塑料异型材挤出模矩形机颈（摘自 JB/T 8746.3—2008）（单位：mm）

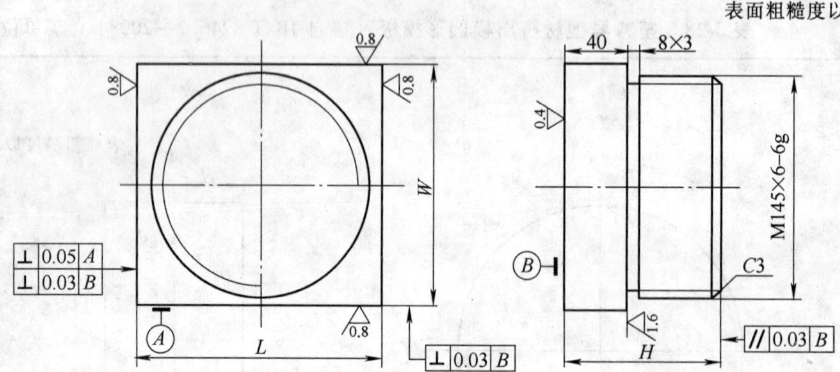

未注表面粗糙度 *Ra*3.2μm。

全部棱边倒角 *C*0.5mm，表面粗糙度 *Ra*3.2μm。

标记示例：*L* = 170mm 的矩形机颈标记如下：矩形机颈 170 JB/T 8746.3—2008

L ±0.1	*W* ±0.1	*H* ±0.1
160	160	100
170	170	
180	180	130
200	200	
220	220	

注：1. 材料由制造者选定，推荐采用 2Cr13、3Cr17NiMo。

2. 硬度 28 ~ 35HRC。

3. 基准面应有标识。

4. 标记应有以下内容：1）矩形机颈；2）矩形机颈长度尺寸 *L*，以 mm 为单位；3）本部分代号，即 JB/T 8746.3—2008。

3.3.4 圆形机颈标准

JB/T 8746.4—2008 标准规定了塑料异型材挤出模圆形机颈的结构、尺寸规格和标记，适用于塑料异型材挤出模模头用圆形机颈。与旧版标准相比较，主要变化有：将标准名称修改为《塑料异型材挤出模零件 第4部分：圆形机颈》；对圆形机颈尺寸系列进行了重新优化配置。

JB/T 8746.4—2008 标准规定的塑料异型材挤出模圆形机颈的结构与尺寸规格如表 3-30 所示。

表 3-30　塑料异型材挤出模圆形机颈（摘自 JB/T 8746.4—2008）　（单位：mm）

表面粗糙度以 μm 为单位

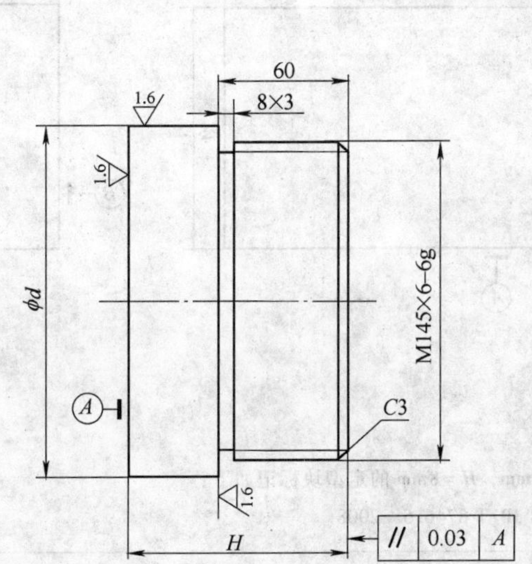

未注表面粗糙度 $Ra3.2\mu m$。

未注外圆倒角 C0.5mm。

标记示例：$d=170$mm，$H=85$mm 的圆形机颈标记如下：

圆形机颈 170×85 JB/T 8746.4—2008。

<table>
<tr><th>L ±0.1</th><th>W ±0.1</th><th>H ±0.1</th></tr>
<tr><td>160</td><td>160</td><td rowspan="2">100</td></tr>
<tr><td>170</td><td>170</td></tr>
<tr><td>180</td><td>180</td><td rowspan="3">130</td></tr>
<tr><td>200</td><td>200</td></tr>
<tr><td>220</td><td>220</td></tr>
</table>

注：1. 材料由制造者选定，推荐采用 2Cr13、3Cr17NiMo。

2. 硬度 28～35HRC。

3. 标记应有以下内容：1）圆形机颈；2）圆形机颈直径 d，以 mm 为单位；3）圆形机颈厚度尺寸 H，以 mm 为单位；4）本部分代号，即 JB/T 8746.4—2008。

3.3.5　定型块标准

JB/T 8746.5—2008 标准规定了塑料异型材挤出模定型块的结构、尺寸规格和标记，适用于塑料异型材挤出模用定型块。与旧版标准相比较，主要变化有：将标准名称修改为《塑料异型材挤出模零件　第 5 部分：定型块》；对定型块尺寸系列进行了重新优化配置。

JB/T 8746.5—2008 标准规定的塑料异型材挤出模定型块的结构与尺寸规格如表 3-31 所示。

表 3-31 塑料异型材挤出模定型块（摘自 JB/T 8746.5—2008） （单位：mm）

表面粗糙度以 μm 为单位

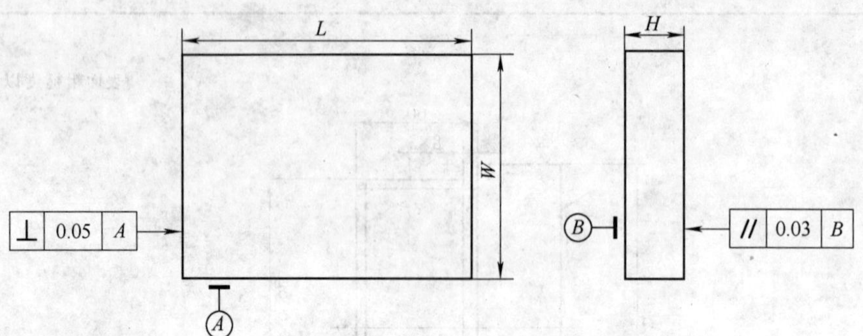

全部表面粗糙度 $Ra0.8\mu m$。

全部棱边倒角 $C\,0.5mm$。

标记示例：$L=130mm$，$W=80mm$，$H=8mm$ 的定型块标记如下：

定型块 130×80×8 JB/T 8746.5—2008。

$W\pm0.1$	$L\pm0.1$				$H_{-0.2}^{0}$		
	130	150	165	185	8	15	20
80	×	×	×	×	×	×	×
90	×	×	×	×	×	×	×
100	×	×	×	×	×	×	×
110	×	×	×	×	×	×	×
120	×	×	×	×	×	×	×
130	×	×	×	×	×	×	×
150	×	×	×	×	×	×	×
170	×	×	×	×	×	×	×
180	×	×	×	×	×	×	×

注：1. 材料由制造者选定，推荐采用 2Cr13、3Cr17NiMo。

2. 硬度 28～35HRC。

3. 基准面应有标识。

4. 标记应有以下内容：1）定型块；2）定型块长度尺寸 L，以 mm 为单位；3）定型块宽度尺寸 W，以 mm 为单位；4）定型块厚度尺寸 H，以 mm 为单位；5）本部分代号，即 JB/T 8746.5—2008。

3.3.6 型板标准

JB/T 8746.6—2008 标准规定了塑料异型材挤出模型板的结构、尺寸规格和标记，适用于塑料异型材挤出模用型板。与旧版标准相比较，主要变化有：将标准名称修改为《塑料异型材挤出模零件 第 6 部分：型板》；对型板尺寸系列进行了重新优化配置。

JB/T 8746.6—2008 标准规定的塑料异型材挤出模型板的结构与尺寸规格如表 3-32 所示。

表 3-32　塑料异型材挤出模型板（摘自 JB/T 8746.6—2008）　（单位：mm）

表面粗糙度以 μm 为单位

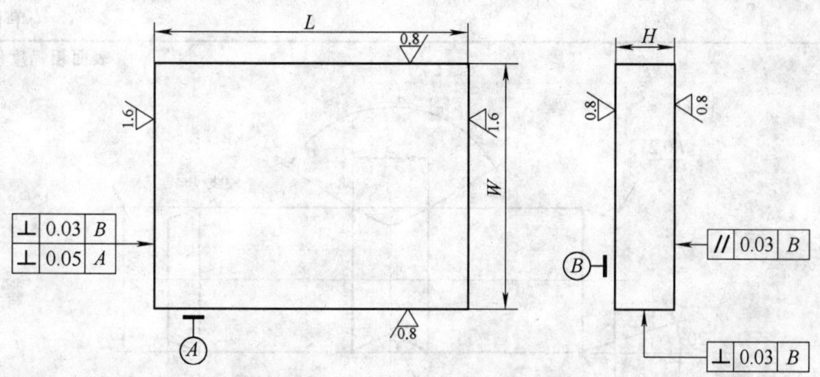

未注表面粗糙度 $Ra3.2\mu m$。

全部棱边倒角 C 0.5mm。

标记示例：$L=200$mm，$W=160$mm，$H=20$mm 的型板标记如下：

型板 200 ×160×20JB/T 8746.6—2008。

$W\pm0.1$	$L\pm0.2$				$H\pm0.1$				
					20	25	30	35	40
140	200	240	300	400	×	×	×	×	×
150					×	×	×	×	×
160					×	×	×	×	×
170					×	×	×	×	×
180					×	×	×	×	×
190					×	×	×	×	×
200					×	×	×	×	×
210					×	×	×	×	×

注：1. 材料由制造者选定，推荐采用 2Cr13、3Cr17NiMo。

2. 硬度 28～35HRC。

3. 基准面应有标识。

4. 标记应有以下内容：1）型板；2）型板长度尺寸 L，以 mm 为单位；3）型板宽度尺寸 W，以 mm 为单位；4）型板厚度尺寸 H，以 mm 为单位；5）本部分代号，即 JB/T 8746.6—2008。

3.3.7　定位零件标准

JB/T 8746.7—2008 标准规定了塑料异型材挤出模定位零件的结构、尺寸规格和标记，适用于塑料异型材挤出模定位零件。与旧版标准相比较，主要变化有：将标准名称修改为《塑料异型材挤出模零件 第 7 部分：定位零件》；删除原标准中的 T 形销结构型式，改为“直销”和“方键”，并给出了结构型式和尺寸系列。

JB/T 8746.7—2008 标准规定的塑料异型材挤出模定位零件中直销的结构与尺寸规格如表 3-33 所示。

JB/T 8746.7—2008 标准规定的塑料异型材挤出模定位零件中方键的结构与尺寸规格如

表 3-34 所示。

表 3-33 塑料异型材挤出模定位零件中的直销（摘自 JB/T 8746.7—2008）

（单位：mm）

表面粗糙度以 μm 为单位

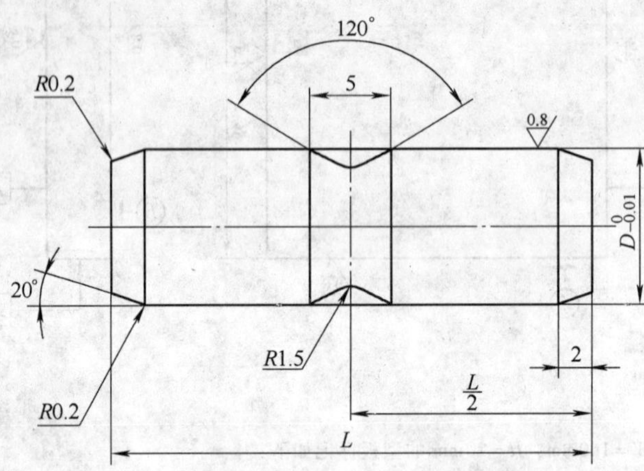

未注表面粗糙度 $Ra1.6\mu m$。

标记示例：$D=8mm$，$L=20mm$ 的直销标记如下：直销 8×20 JB/T 8746.7—2008

D	L	
	20	30
8	×	×
10	×	×
12	×	×

注：1. 材料由制造者选定，推荐采用 2Cr13、3Cr17NiMo。

2. 硬度 28～35HRC。

3. 标记应有以下内容：1）直销；2）直销直径 d，以 mm 为单位；3）直销长度尺寸 L，以 mm 为单位；4）本部分代号，即 JB/T 8746.7—2008。

表 3-34 塑料异型材挤出模定位零件中的方键（摘自 JB/T 8746.7—2008）

（单位：mm）

表面粗糙度以 μm 为单位

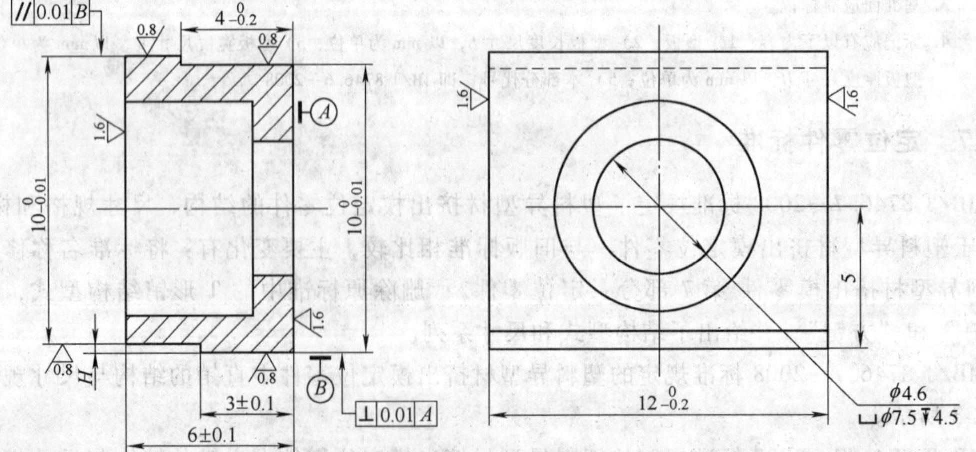

（续）

未注表面粗糙度 $Ra6.3\mu m$。

标记示例：$H=0.20$ 的方键标记如下：方键 0.20 JB/T 8746.7—2008

$H\pm0.01$	0	0.10	0.15	0.20	0.25	0.30

注：1. 材料由制造者选定，推荐采用 2Cr13、3Cr17NiMo。

2. 硬度 28～35HRC。

3. 要求端面做偏心量标识，当偏心量为 0 时，可省略；偏心量为 0.10mm、0.15mm、0.20mm、0.25mm、0.30mm 时，标识分别为 10，15，20，25，30。

4. 标记应有以下内容：1）方键；2）方键偏心量 H，以 mm 为单位；3）本部分代号，即 JB/T 8746.7—2008。

3.4 塑料注射模零件技术条件标准

GB/T 4170—2006《塑料注射模零件技术条件》标准规定了塑料注射模零件的要求、检验、标志、包装、运输和贮存，适用于 GB/T 4169.1～4169.23—2006 标准规定的塑料注射模零件。

3.4.1 要求

GB/T4170—2006《塑料注射模零件技术条件》标准规定的塑料注射模零件的要求，如表 3-35 所示。

表 3-35　塑料注射模零件的要求（摘自 GB/T 4170—2006）

标准条目编号	内　　容
3.1	图样中线性尺寸的一般公差应符合 GB/T 1804—2000 中 m 的规定
3.2	图样中未注形状和位置公差应符合 GB/T 1184—1996 中 H 的规定
3.3	零件均应去毛刺
3.4	图样中螺纹的基本尺寸应符合 GB/T 196 的规定，其偏差应符合 GB/T 197 中 6 级的规定
3.5	图样中砂轮越程槽的尺寸应符合 GB/T 6403.5 的规定
3.6	模具零件所选用材料应符合相应牌号的技术标准
3.7	零件经热处理后硬度应均匀，不允许有裂纹、脱碳、氧化斑点等缺陷
3.8	质量超过 25kg 的板类零件应设置吊装用螺孔
3.9	图样上未注公差角度的极限偏差应符合 GB/T 1804—2000 中 c 的规定
3.10	图样中未注尺寸的中心孔应符合 GB/T 145 的规定
3.11	模板的侧向基准面上应作明显的基准标记

3.4.2 检验

GB/T 4170—2006《塑料注射模零件技术条件》标准规定的塑料注射模零件的检验要求，如表 3-36 所示。

表 3-36 塑料注射模零件的检验要求（摘自 GB/T 4170—2006）

标准条目编号	内容
4.1	零件应按 GB/T 4169.1～4169.23—2000 和本标准 3.3.3 的第 1～2 项的规定进行检验
4.2	检验合格后，应做出检验合格标志，标志应包含以下内容：检验部门、检验员、检验日期

3.4.3 标志、包装、运输及贮存

GB/T 4170—2006《塑料注射模零件技术条件》标准规定的塑料注射模零件的标志、包装、运输及贮存要求如表 3-37 所示。

表 3-37 塑料注射模模零件的标志、包装、运输及贮存要求（摘自 GB/T 4170—2006）

标准条目编号	内容
5.1	在零件的非工作表面应做出零件的规格和材质标志
5.2	检验合格的零件应清理干净，经防锈处理后入库贮存
5.3	零件应根据运输要求进行包装，应防潮、防止磕碰，保证在正常运输中完好无损

第 4 章　塑料注射模模架标准

4.1　概述

GB/T 12555—2006《塑料注射模模架》标准代替 GB/T 12555.1—1990《塑料注射模大型模架》标准和 GB/T 12556.1—1990《塑料注射模中的小型模架》标准。GB/T 12555—2006《塑料注射模模架》国家标准相对于旧的国家标准而言，主要有以下变化：

1）将 GB/T 12555.1—1990 和 GB/T 12556.1—1990 合并为一个标准。

2）增加了“前言”和“规范性引用文件”。

3）模架组成零件的名称增加了常用的点浇口型图例。

4）将基本型结构分为直浇口型和点浇口型两种。

5）将直浇口基本型分为 A、B、C、D 四种，点浇口基本型分为 DA、DB、DC、DD 四种。

6）根据生产实际，对模架的组合尺寸作了较大的调整。

7）将原分系列、规格的表格作了合并。

8）增加了模架结构的类型，列举了 36 种模架结构。

9）将导柱、导套的安装形式放在附录 B，并增加了结构类型。

10）新标准的附录 A、附录 B 为规范性附录。

GB/T 12555—2006《塑料注射模模架》标准规定了塑料注射模模架的组合形式、尺寸与标记，适用于塑料注射模模架。

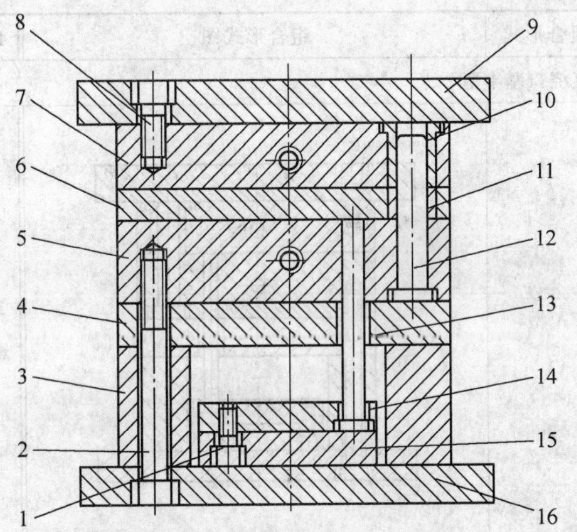

图 4-1　直浇口模架组成零件名称

1、2、8—内六角螺钉　3—垫块　4—支承板　5—动模板　6—推件板　7—定模板　9—定模座板　10—带头导套　11—直导套　12—带头导柱　13—复位杆　14—推杆固定板　15—推板　16—动模座板

4.2　标准模架组成零件的名称

塑料注射模模架以其在模具中的应用，分为直浇口和点浇口两种形式，其组成零件的名称分别如图 4-1 和图 4-2 所示。

4.3　标准模架组合形式

塑料注射模模架按结构特征分为 36 种主要结构，其中直浇口模架为 12 种，点浇口模架为 16 种，简化点浇口模架为 8 种。

4.3.1　标准直浇口模架

直浇口模架为 12 种，其中直浇口基本型为 4 种，直身基本型为 4 种，直身无定模座板型为 4 种。

直浇口基本型分为 A 型、B 型、C 型和 D 型。A 型：定模二模板，动模二模板。B 型：定模二模板，动模二模板，加装推件板。C 型：定模二模板，动模一模板。D 型：定模二模板，动模一模板，加装推件板。直身基本型分为 ZA 型、ZB 型、ZC 型和 ZD 型。直身无定模座板型分为 ZAZ 型、ZBZ 型、ZCZ 型和 ZDZ 型。

直浇口模架组合形式如表 4-1 所示。

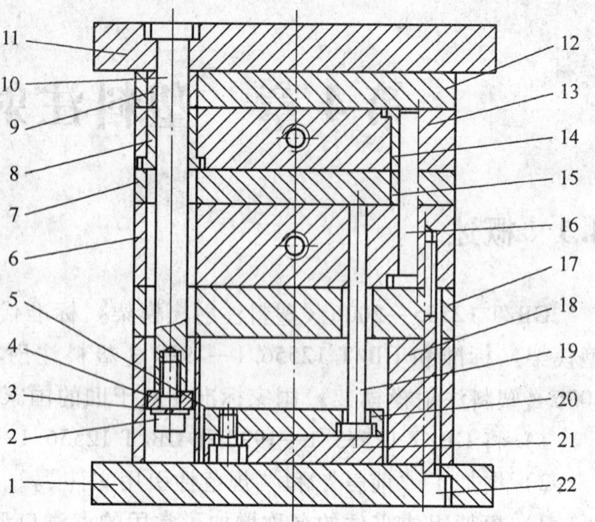

图 4-2　点浇口模架组成零件名称
1—动模座板　2、5、22—内六角螺钉　3—弹簧垫圈　4—挡环　6—动模板　7—推件板　8、14—带头导套　9、15—直导套　10—拉杆导柱　11—定模座板　12—推料板　13—定模板　16—带头导柱　17—支承板　18—垫块　19—复位杆　20—推杆固定板　21—推板

表 4-1　直浇口模架组合形式（摘自 GB/T 12555—2006）

组合形式	组合形式图	组合形式	组合形式图
直浇口基本型			
A 型		C 型	
B 型		D 型	

（续）

组合形式	组合形式图	组合形式	组合形式图
直浇口直身基本型			
ZA 型	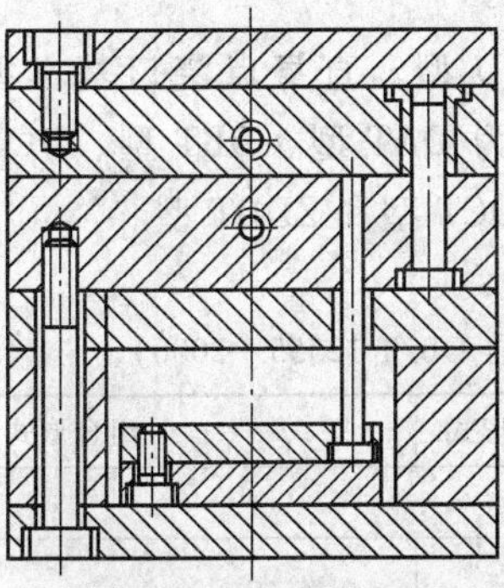	ZC 型	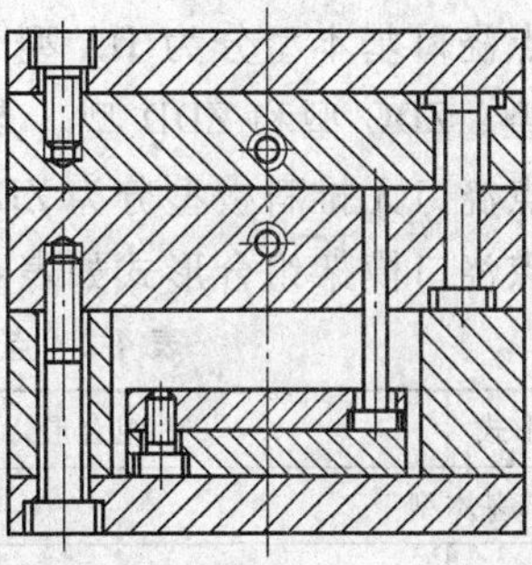
ZB 型	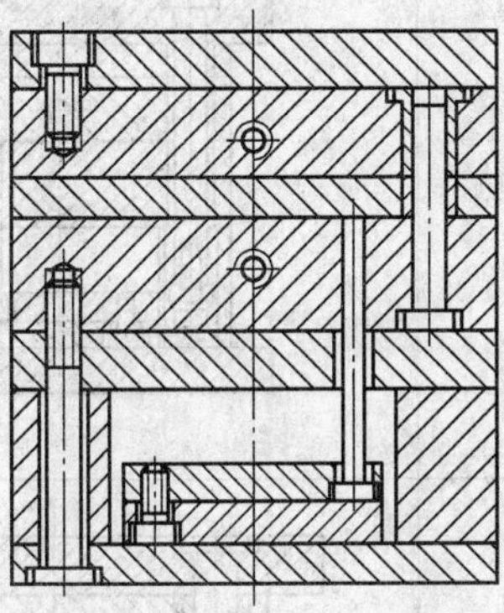	ZD 型	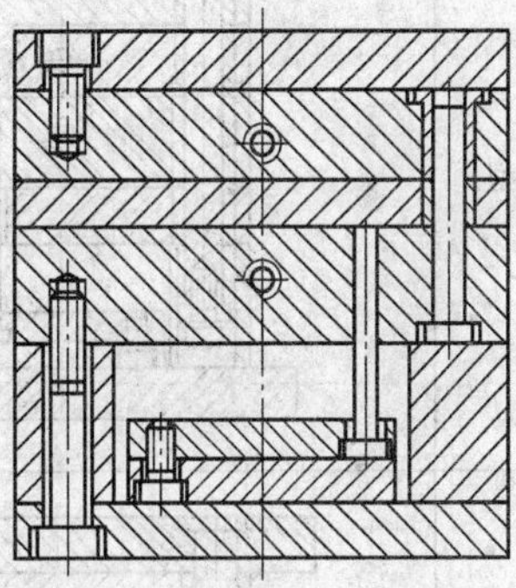
直浇口直身无定模座板型			
ZAZ 型	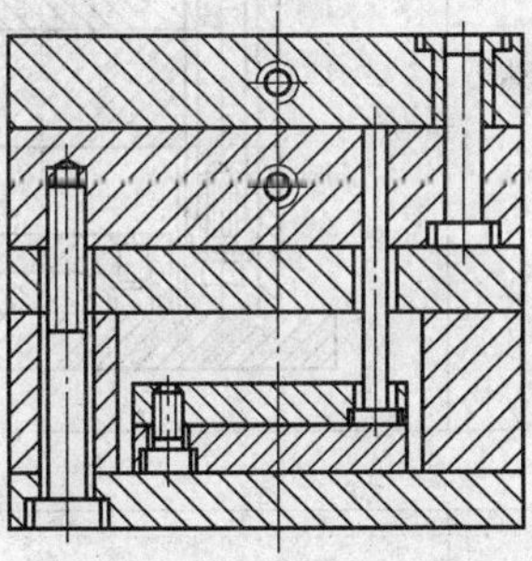	ZCZ 型	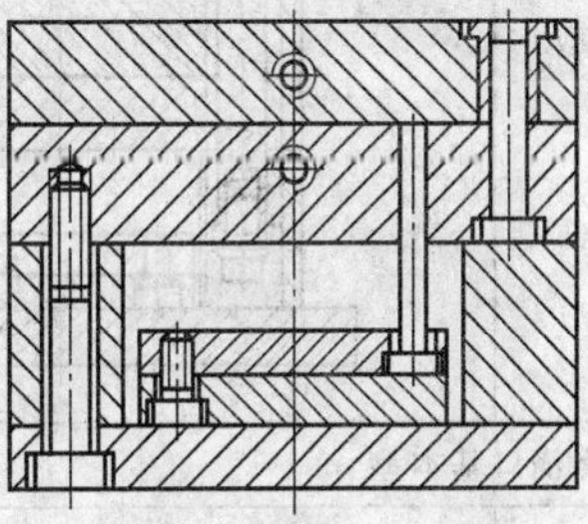
ZBZ 型	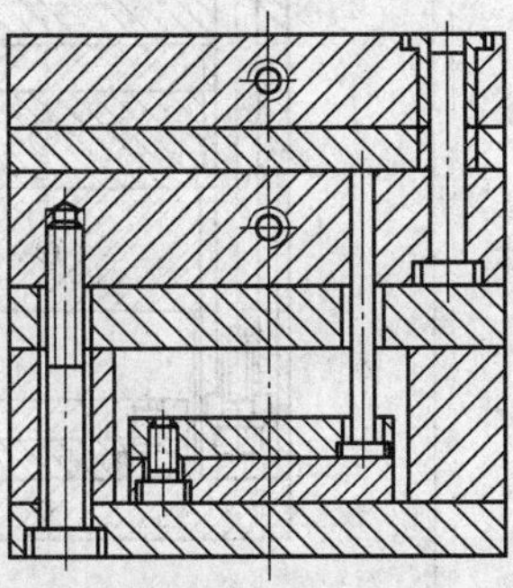	ZDZ 型	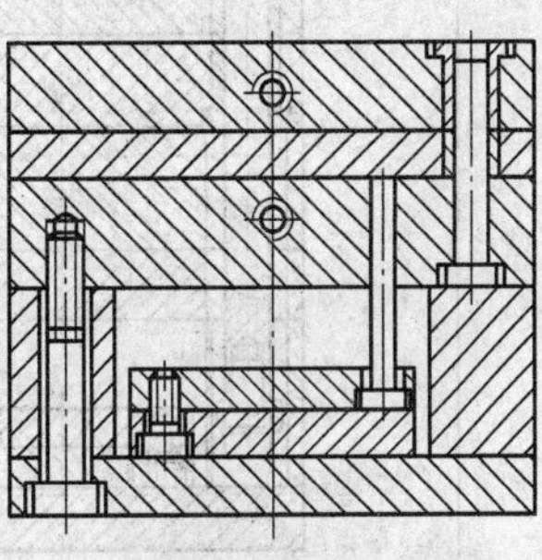

4.3.2　标准点浇口模架

点浇口模架为 16 种，其中点浇口基本型为 4 种，直身点浇口基本型为 4 种，点浇口无推料板型为 4 种，直身点浇口无推料板型为 4 种。

点浇口基本型分为 DA 型、DB 型、DC 型和 DD 型。直身点浇口基本型分为 ZDA 型、ZDB 型、ZDC 型和 ZDD 型。点浇口无推料板型分为 DAT 型、DBT 型、DCT 型和 DDT 型。直身点浇口无推料板型分为 ZDAT 型、ZDBT 型、ZDCT 型和 ZDDT 型。

点浇口模架组合形式如表 4-2 所示。

表 4-2　点浇口模架组合形式（摘自 GB/T 12555—2006）

组合形式	组合形式图	组合形式	组合形式图
点浇口基本型			
DA 型	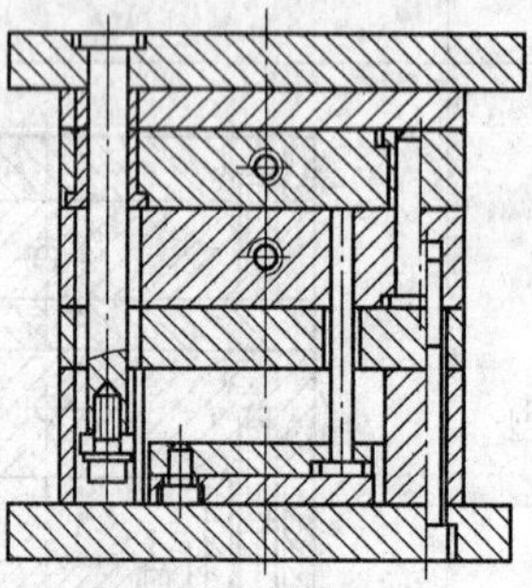	DC 型	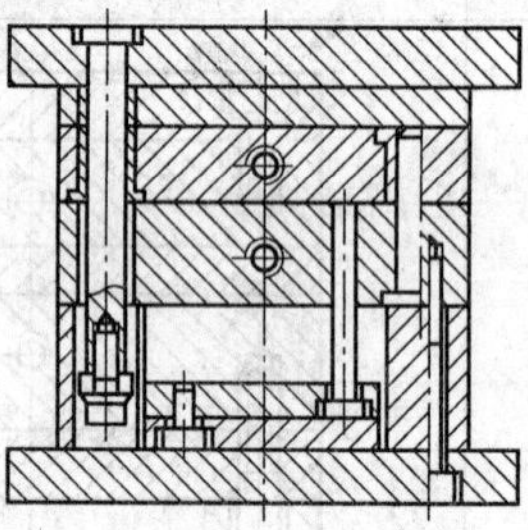
DB 型	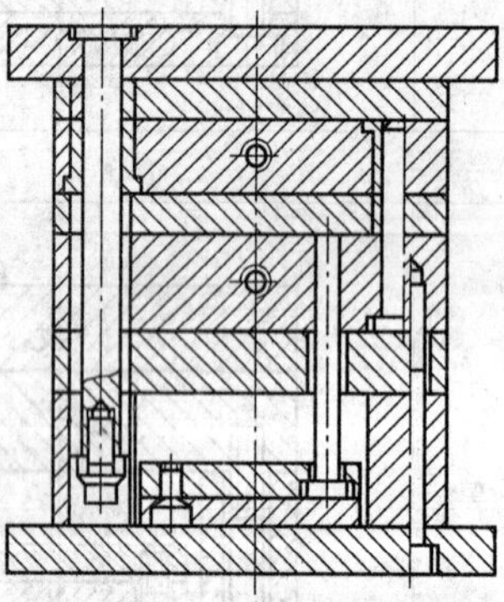	DD 型	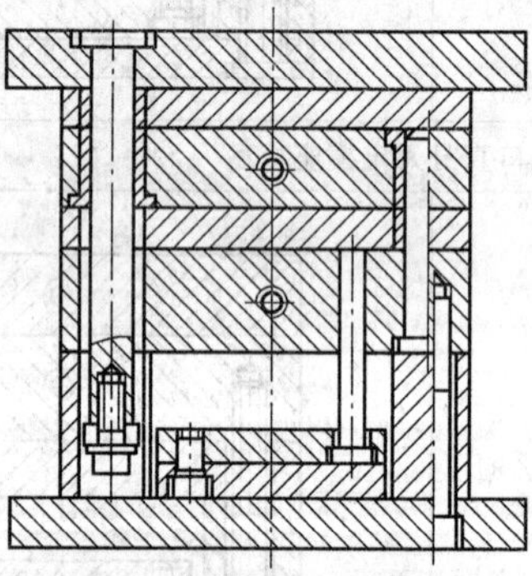
直身点浇口基本型			
ZDA 型	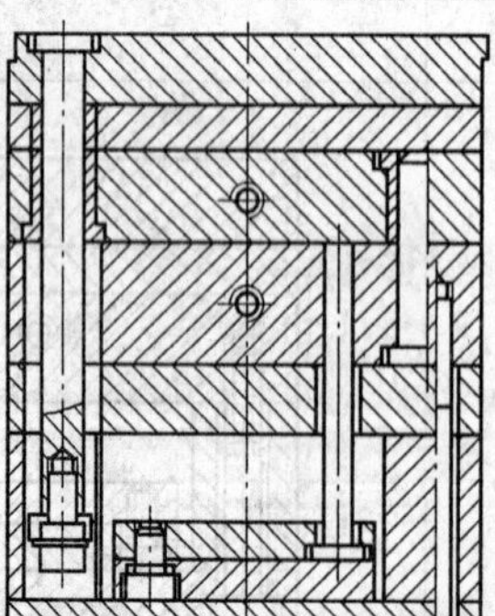	ZDC 型	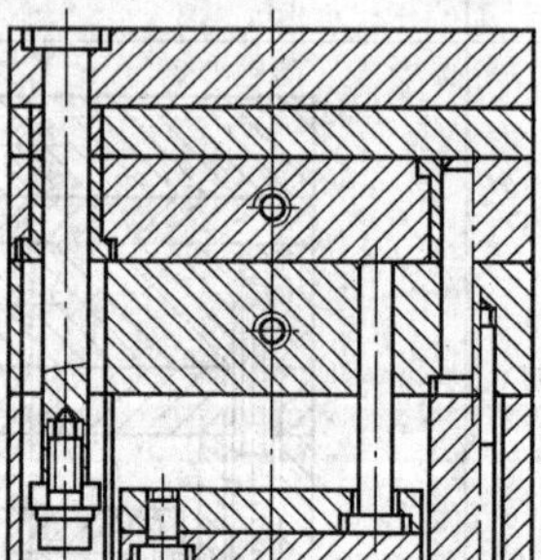

（续）

组合形式	组合形式图	组合形式	组合形式图
直身点浇口基本型			
ZDB 型		ZDD 型	
点浇口无推料板型			
DAT 型		DCT 型	
DBT 型		DDT 型	

（续）

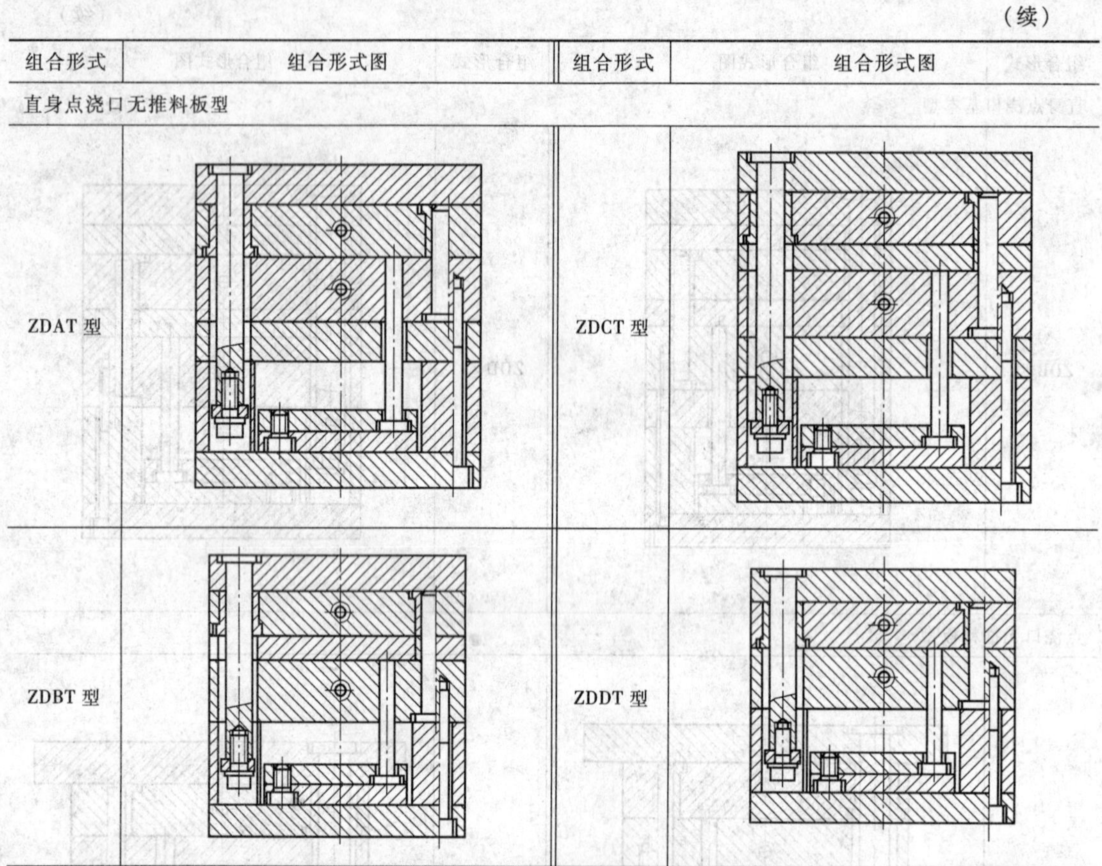

组合形式	组合形式图	组合形式	组合形式图
直身点浇口无推料板型			
ZDAT 型		ZDCT 型	
ZDBT 型		ZDDT 型	

4.3.3 标准简化点浇口模架

简化点浇口模架为 8 种，其中简化点浇口基本型为 2 种，直身简化点浇口型为 2 种，简化点浇口无推料板型为 2 种，直身简化点浇口无推料板型为 2 种。

简化点浇口基本型分为 JA 型和 JC 型。直身简化点浇口型分为 ZJA 型和 ZJC 型。简化点浇口无推料板型分为 JAT 型和 JCT 型。直身简化点浇口无推料板型分为 ZJAT 型和 ZJCT 型。

简化点浇口模架组合形式如表 4-3 所示。

表 4-3 简化点浇口模架组合形式（摘自 GB/T 12555—2006）

组合形式	组合形式图	组合形式	组合形式图
简化点浇口基本型			
JA 型		JC 型	

（续）

组合形式	组合形式图	组合形式	组合形式图
直身简化点浇口型			
ZJA 型	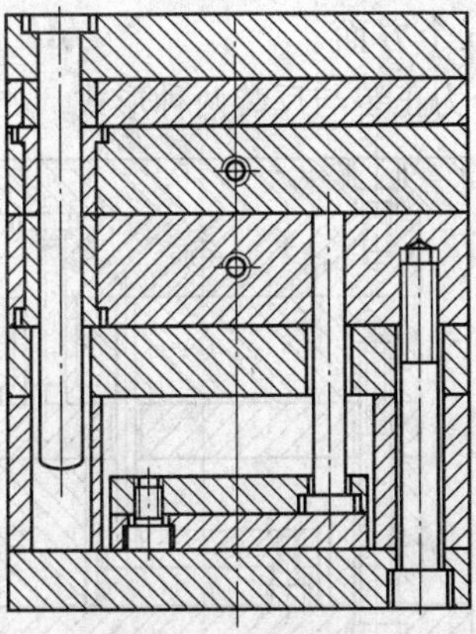	ZJC 型	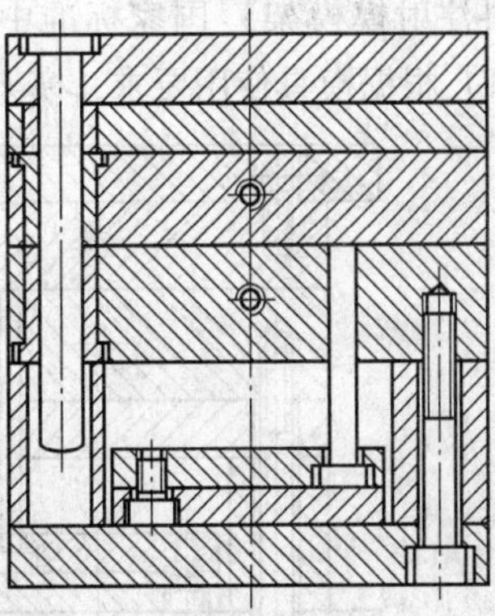
简化点浇口无推料板型			
JAT 型	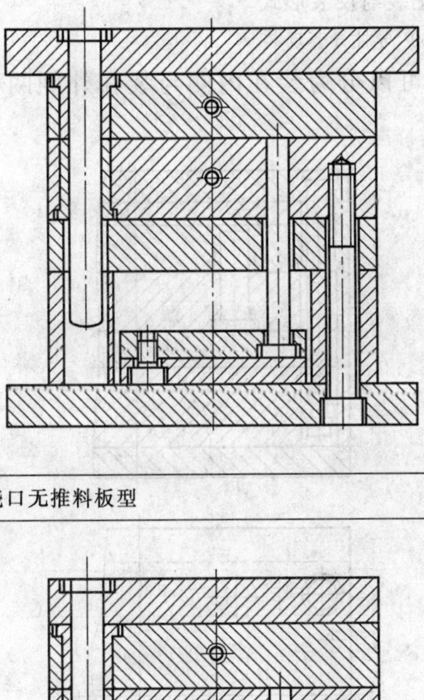	JCT 型	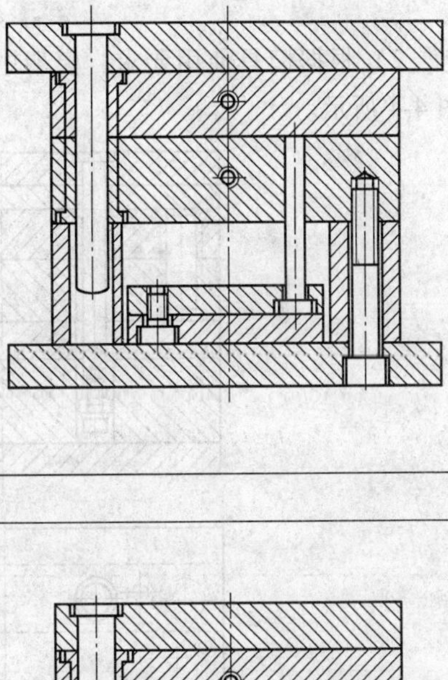
直身简化点浇口无推料板型			
ZJAT 型	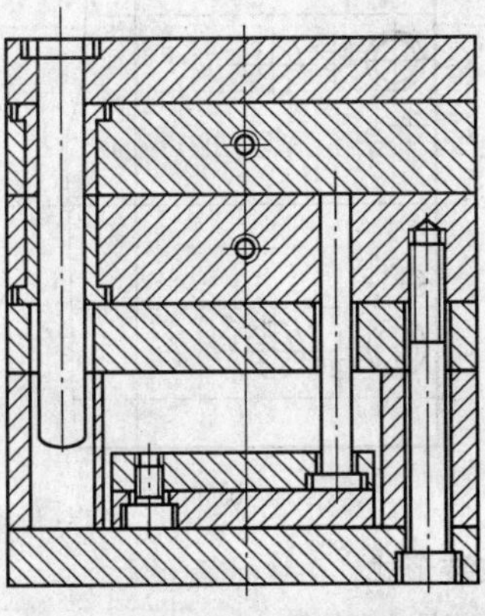	ZJCT 型	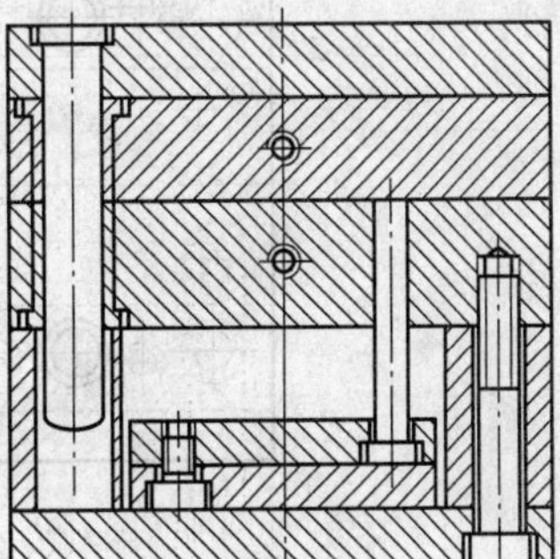

4.4　标准模架导向件与螺钉安装形式

根据使用要求，模架中的模架导向件与螺钉可以有不同的安装形式，GB/T12555—2006《塑料注射模模架》国家标准中的具体规定有以下五个方面。

1）根据模具使用要求，模架中的导柱导套可以分为正装与反装两种形式，如图 4-3 所示。

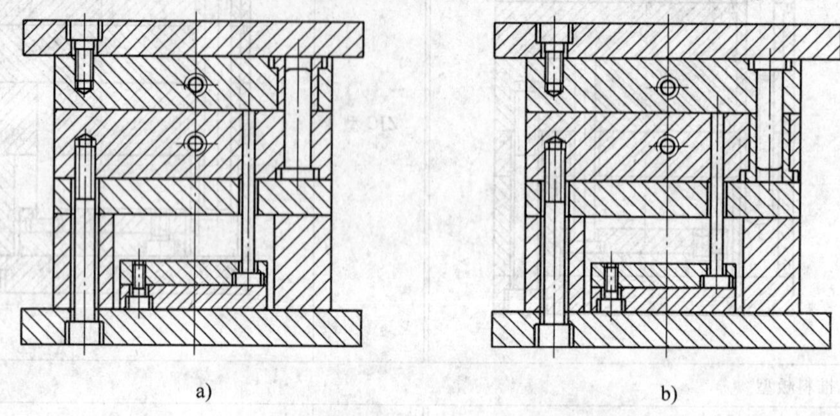

图 4-3　导柱导套正装与反装形式

a）导柱导套正装　b）导柱导套反装

2）根据模具使用要求，模架中的拉杆导柱可以分为装在内侧与装在外侧两种形式，如图 4-4 所示。

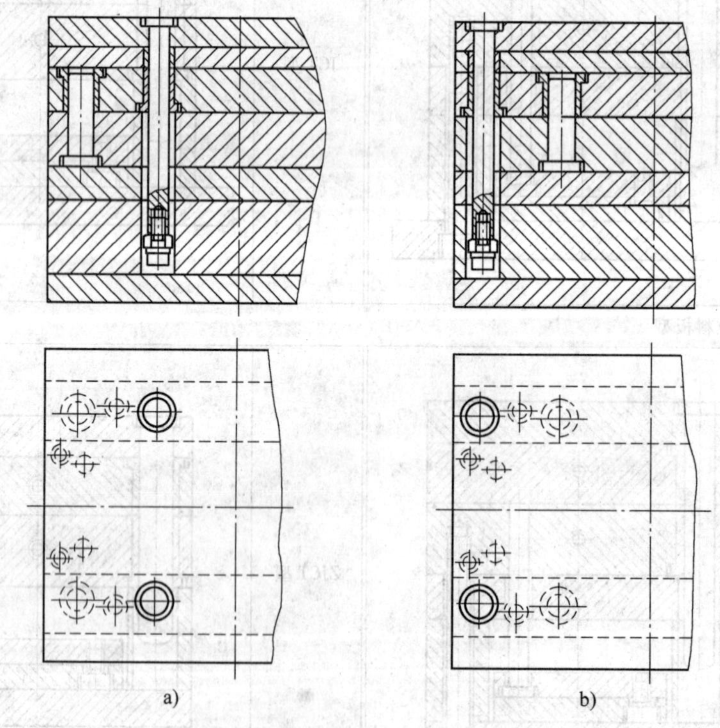

图 4-4　拉杆导柱安装形式

a）拉杆导柱在内侧　b）拉杆导柱在外侧

3）根据模具使用要求，模架中的垫块可以增加螺钉单独固定在动模座板上，如图 4-5 所示。

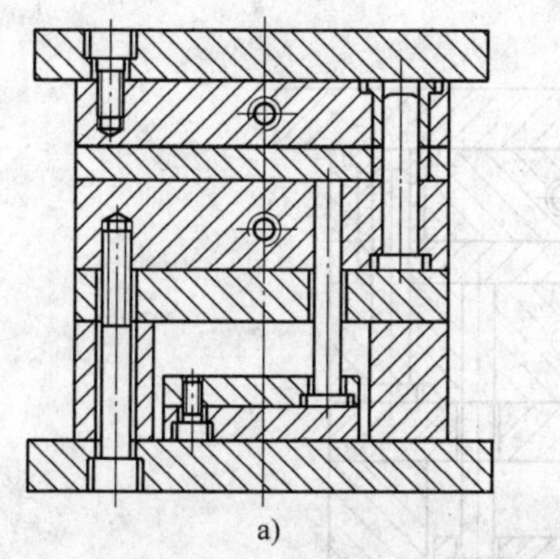

a)

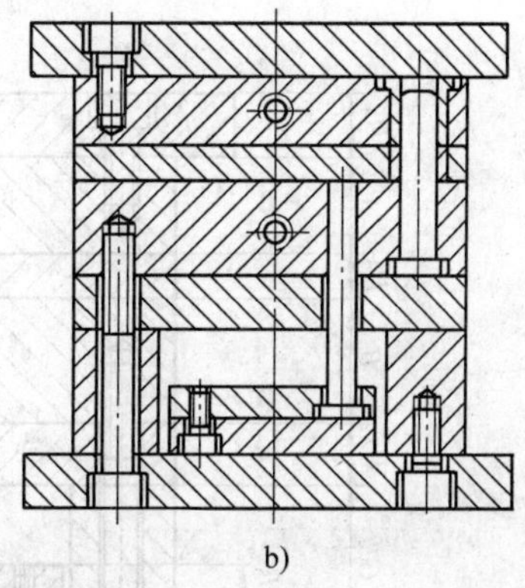

b)

图 4-5　垫块与动模座板的安装形式

a）垫块与动模座板无固定螺钉　b）垫块与动模座板有固定螺钉

4）根据模具使用要求，模架中的推板可以加装推板导柱及限位钉，如图 4-6 所示。

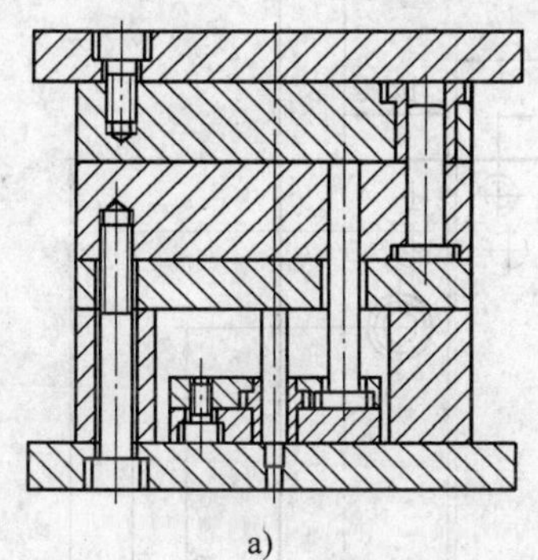

a)

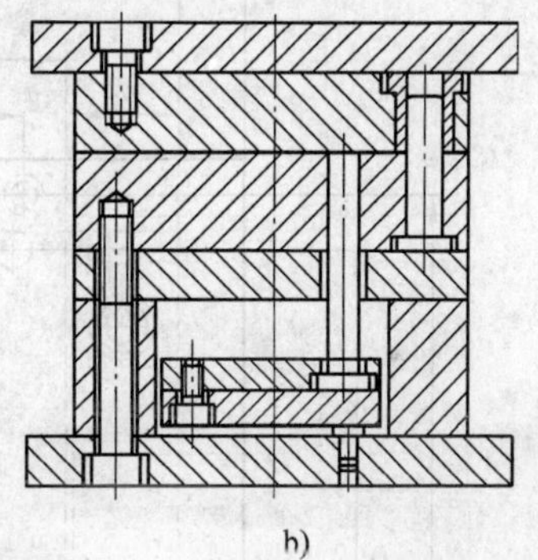

b)

图 4-6　加装推板导柱及限位钉的形式

a）加装推板导柱　b）加装限位钉

5）根据模具使用要求，模架中的定模板厚度较大时，导套可以配装成图 4-7 所示的结构。

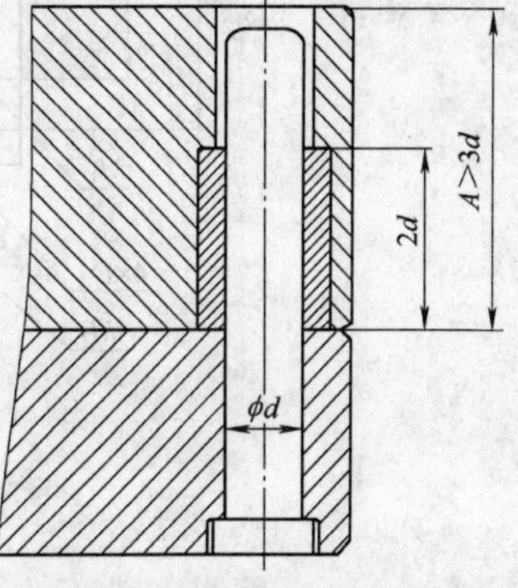

图 4-7　较厚定模板导套结构

4.5　基本型标准模架组合尺寸

GB/T 12555—2006《塑料注射模模架》标准规定组成模架的零件应符合 GB/T 4169.1～4169.23—2006《塑料注射模零件》标准的规定。标准中所称的组合尺寸为零件的外形尺寸和孔径与空位尺寸。基本型模架组合尺寸如表 4-4 所示。

表 4-4　基本型模架组合尺寸（摘自 GB/T 12555—2006）　（单位：mm）

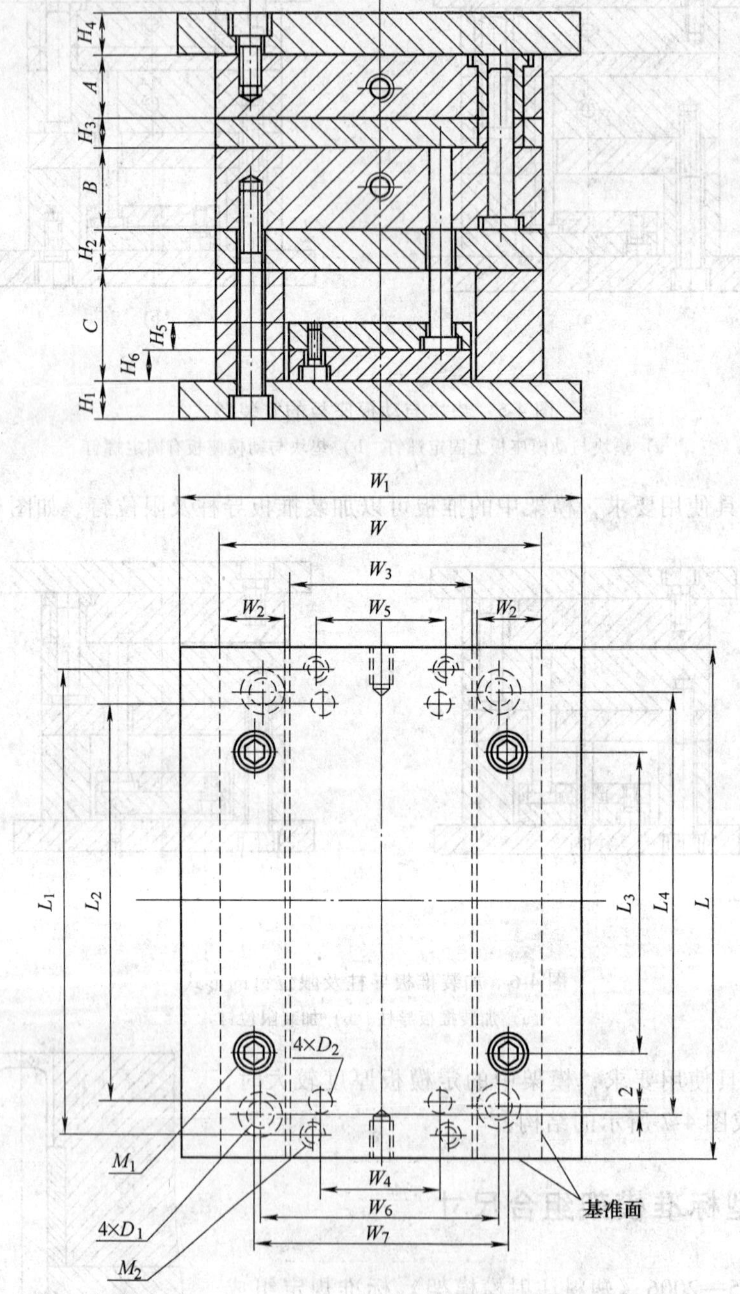

a) 直浇口模架组合尺寸图示

（续）

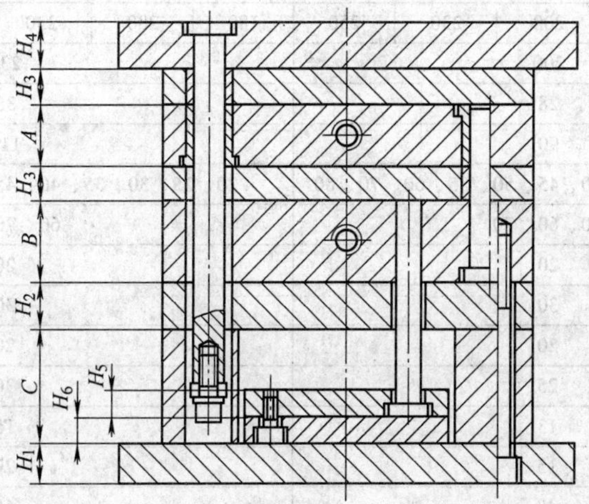

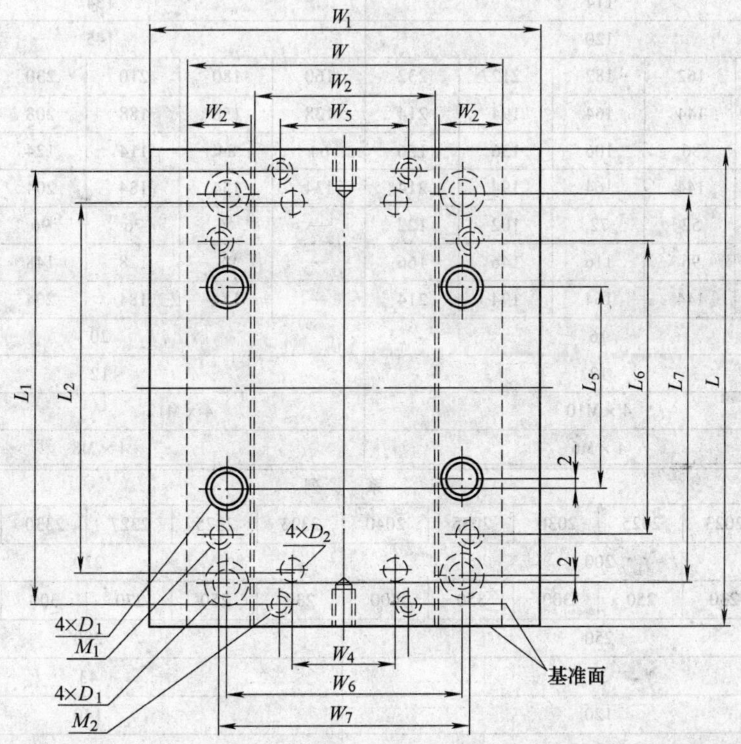

b) 点浇口模架组合尺寸图示

（续）

代号	系列										
	1515	1518	1520	1523	1525	1818	1820	1823	1825	1830	1835
W	150					180					
L	150	180	200	230	250	180	200	230	250	300	350
W_1	200					230					
W_2	28					33					
W_3	90					110					
A、B	20、25、30、35、40、45、50、55、60、70、80					20、25、30、35、40、45、50、55、60、70、80					
C	50、60、70					60、70、80					
H_1	20					20					
H_2	30					30					
H_3	20					20					
H_4	25					30					
H_5	13					15					
H_6	15					20					
W_4	48					68					
W_5	72					90					
W_6	114					134					
W_7	120					145					
L_1	132	162	182	212	232	160	180	210	230	280	330
L_2	114	144	164	194	214	138	158	188	208	258	308
L_3	56	86	106	136	156	64	84	114	124	174	224
L_4	114	144	164	194	214	134	154	184	204	254	304
L_5	—	52	72	102	122	—	46	76	96	146	196
L_6	—	96	116	146	166	—	98	128	148	198	248
L_7	—	144	164	194	214	—	154	184	204	254	304
D_1	16					20					
D_2	12					12					
M_1	4×M10					4×M12				6×M12	
M_2	4×M6					4×M8					

代号	系列											
	2020	2023	2025	2030	2035	2040	2323	2325	2327	2330	2335	2340
W	200						230					
L	200	230	250	300	350	400	230	250	270	300	350	400
W_1	250						280					
W_2	38						43					
W_3	120						140					
A、B	25、30、35、40、45、50、60、70、80、90、100						25、30、35、40、45、50、60、70、80、90、100					
C	60、70、80						70、80、90					
H_1	25						25					
H_2	30						35					
H_3	20						20					

（续）

代号	系列											
	2020	2023	2025	2030	2035	2040	2323	2325	2327	2330	2335	2340
H_4	30						30					
H_5	15						15					
H_6	20						20					
W_4	84	80					106					
W_5	100						120					
W_6	154						184					
W_7	160						185					
L_1	180	210	230	280	330	380	210	230	250	280	330	380
L_2	150	180	200	250	300	350	180	200	220	250	300	350
L_3	80	110	130	180	230	280	106	126	144	174	224	274
L_4	154	184	204	254	304	354	184	204	224	254	304	354
L_5	46	76	96	146	196	246	74	94	112	142	192	242
L_6	98	128	148	198	248	298	128	148	166	196	246	296
L_7	154	184	204	254	304	354	184	204	224	254	304	354
D_1	20						20					
D_2	12	15					15					
M_1	4 × M12			6 × M12			4 × M12		4 × M14		6 × M14	
M_2	4 × M8						4 × M8					

代号	系列												
	2525	2527	2530	2535	2540	2545	2550	2727	2730	2735	2740	2745	2750
W	250							270					
L	250	270	300	350	400	450	500	270	300	350	400	450	500
W_1	300							320					
W_2	48							53					
W_3	150							160					
A、B	30、35、40、45、50、60、70、80、90、100、110、120							30、35、40、45、50、60、70、80、90、100、110、120					
C	70、80、90							70、80、90					
H_1	25							25					
H_2	35							40					
H_3	25							25					
H_4	35							35					
H_5	15							15					
H_6	20							20					
W_4	110							110					
W_5	130							136					
W_6	194							214					
W_7	200							215					
L_1	230	250	280	330	380	430	480	246	276	326	376	426	476

（续）

<table>
<tr><th rowspan="2">代号</th><th colspan="13">系　　列</th></tr>
<tr><th>2525</th><th>2527</th><th>2530</th><th>2535</th><th>2540</th><th>2545</th><th>2550</th><th>2727</th><th>2730</th><th>2735</th><th>2740</th><th>2745</th><th>2750</th></tr>
<tr><td>L_2</td><td>200</td><td>220</td><td>250</td><td>298</td><td>348</td><td>398</td><td>448</td><td>210</td><td>240</td><td>290</td><td>340</td><td>390</td><td>440</td></tr>
<tr><td>L_3</td><td>108</td><td>124</td><td>154</td><td>204</td><td>254</td><td>304</td><td>354</td><td>124</td><td>154</td><td>204</td><td>254</td><td>304</td><td>354</td></tr>
<tr><td>L_4</td><td>194</td><td>214</td><td>244</td><td>294</td><td>344</td><td>394</td><td>444</td><td>214</td><td>244</td><td>294</td><td>344</td><td>394</td><td>444</td></tr>
<tr><td>L_5</td><td>70</td><td>90</td><td>120</td><td>170</td><td>220</td><td>270</td><td>320</td><td>90</td><td>120</td><td>170</td><td>220</td><td>270</td><td>320</td></tr>
<tr><td>L_6</td><td>130</td><td>150</td><td>180</td><td>230</td><td>280</td><td>330</td><td>380</td><td>150</td><td>180</td><td>230</td><td>280</td><td>330</td><td>380</td></tr>
<tr><td>L_7</td><td>194</td><td>214</td><td>244</td><td>294</td><td>344</td><td>394</td><td>444</td><td>214</td><td>244</td><td>294</td><td>344</td><td>394</td><td>444</td></tr>
<tr><td>D_1</td><td colspan="7">25</td><td colspan="6">25</td></tr>
<tr><td>D_2</td><td colspan="4">15</td><td colspan="3">20</td><td colspan="6">20</td></tr>
<tr><td>M_1</td><td colspan="4">4 × M14</td><td colspan="3">6 × M14</td><td colspan="3">4 × M14</td><td colspan="3">6 × M14</td></tr>
<tr><td>M_2</td><td colspan="7">4 × M8</td><td colspan="6">4 × M10</td></tr>
</table>

<table>
<tr><th rowspan="2">代号</th><th colspan="13">系　　列</th></tr>
<tr><th>3030</th><th>3035</th><th>3040</th><th>3045</th><th>3050</th><th>3055</th><th>3060</th><th>3535</th><th>3540</th><th>3545</th><th>3550</th><th>3555</th><th>3560</th></tr>
<tr><td>W</td><td colspan="7">300</td><td colspan="6">350</td></tr>
<tr><td>L</td><td>300</td><td>350</td><td>400</td><td>450</td><td>500</td><td>550</td><td>600</td><td>350</td><td>400</td><td>450</td><td>500</td><td>550</td><td>600</td></tr>
<tr><td>W_1</td><td colspan="7">350</td><td colspan="6">450</td></tr>
<tr><td>W_2</td><td colspan="7">58</td><td colspan="6">63</td></tr>
<tr><td>W_3</td><td colspan="7">180</td><td colspan="6">220</td></tr>
<tr><td>A、
B</td><td colspan="7">35、40、45、50、60、
70、80、90、100、110、120、130</td><td colspan="6">40、45、50、60、70、
80、90、100、110、120、130</td></tr>
<tr><td>C</td><td colspan="7">80、90、100</td><td colspan="6">90、100、110</td></tr>
<tr><td>H_1</td><td colspan="2">25</td><td colspan="5">30</td><td colspan="6">30</td></tr>
<tr><td>H_2</td><td colspan="7">45</td><td colspan="6">45</td></tr>
<tr><td>H_3</td><td colspan="7">30</td><td colspan="6">35</td></tr>
<tr><td>H_4</td><td colspan="7">45</td><td colspan="3">45</td><td colspan="3">50</td></tr>
<tr><td>H_5</td><td colspan="7">20</td><td colspan="6">20</td></tr>
<tr><td>H_6</td><td colspan="7">25</td><td colspan="6">25</td></tr>
<tr><td>W_4</td><td colspan="4">134</td><td colspan="3">128</td><td colspan="3">164</td><td colspan="3">152</td></tr>
<tr><td>W_5</td><td colspan="7">156</td><td colspan="6">196</td></tr>
<tr><td>W_6</td><td colspan="7">234</td><td colspan="3">284</td><td colspan="3">274</td></tr>
<tr><td>W_7</td><td colspan="7">240</td><td colspan="6">285</td></tr>
<tr><td>L_1</td><td>276</td><td>326</td><td>376</td><td>426</td><td>476</td><td>526</td><td>576</td><td>326</td><td>376</td><td>426</td><td>476</td><td>526</td><td>576</td></tr>
<tr><td>L_2</td><td>240</td><td>290</td><td>340</td><td>390</td><td>440</td><td>490</td><td>540</td><td>290</td><td>340</td><td>390</td><td>440</td><td>490</td><td>540</td></tr>
<tr><td>L_3</td><td>138</td><td>188</td><td>238</td><td>288</td><td>338</td><td>388</td><td>438</td><td>178</td><td>224</td><td>274</td><td>308</td><td>358</td><td>408</td></tr>
<tr><td>L_4</td><td>234</td><td>284</td><td>334</td><td>384</td><td>434</td><td>484</td><td>534</td><td>284</td><td>334</td><td>384</td><td>424</td><td>474</td><td>524</td></tr>
<tr><td>L_5</td><td>98</td><td>148</td><td>198</td><td>244</td><td>294</td><td>344</td><td>394</td><td>144</td><td>194</td><td>244</td><td>268</td><td>318</td><td>368</td></tr>
<tr><td>L_6</td><td>164</td><td>214</td><td>264</td><td>312</td><td>362</td><td>412</td><td>462</td><td>212</td><td>262</td><td>312</td><td>344</td><td>394</td><td>444</td></tr>
<tr><td>L_7</td><td>234</td><td>284</td><td>334</td><td>384</td><td>434</td><td>484</td><td>534</td><td>284</td><td>334</td><td>384</td><td>424</td><td>474</td><td>524</td></tr>
<tr><td>D_1</td><td colspan="7">30</td><td colspan="3">30</td><td colspan="3">35</td></tr>
<tr><td>D_2</td><td colspan="3">20</td><td colspan="4">25</td><td colspan="6">25</td></tr>
<tr><td>M_1</td><td>4 × M14</td><td colspan="2">6 × M14</td><td colspan="4">6 × M16</td><td>4 × M16</td><td colspan="5">6 × M16</td></tr>
<tr><td>M_2</td><td colspan="7">4 × M10</td><td colspan="6">4 × M10</td></tr>
</table>

（续）

<table>
<tr><td rowspan="2">代号</td><td colspan="11">系　列</td></tr>
<tr><td>4040</td><td>4045</td><td>4050</td><td>4055</td><td>4060</td><td>4070</td><td>4545</td><td>4550</td><td>4555</td><td>4560</td><td>4570</td></tr>
<tr><td>W</td><td colspan="6">400</td><td colspan="5">450</td></tr>
<tr><td>L</td><td>400</td><td>450</td><td>500</td><td>550</td><td>600</td><td>700</td><td>450</td><td>500</td><td>550</td><td>600</td><td>700</td></tr>
<tr><td>W_1</td><td colspan="6">450</td><td colspan="5">550</td></tr>
<tr><td>W_2</td><td colspan="6">68</td><td colspan="5">78</td></tr>
<tr><td>W_3</td><td colspan="6">260</td><td colspan="5">290</td></tr>
<tr><td>A、B</td><td colspan="6">40、45、50、60、70、80、
90、100、110、120、130、140、150</td><td colspan="5">45、50、60、70、80、90、100、
110、120、130、140、150、160、180</td></tr>
<tr><td>C</td><td colspan="6">100、110、120、130</td><td colspan="5">100、110、120、130</td></tr>
<tr><td>H_1</td><td>30</td><td colspan="5">35</td><td colspan="5">35</td></tr>
<tr><td>H_2</td><td colspan="6">50</td><td colspan="5">60</td></tr>
<tr><td>H_3</td><td colspan="6">35</td><td colspan="5">40</td></tr>
<tr><td>H_4</td><td colspan="6">50</td><td colspan="5">60</td></tr>
<tr><td>H_5</td><td colspan="6">25</td><td colspan="5">25</td></tr>
<tr><td>H_6</td><td colspan="6">30</td><td colspan="5">30</td></tr>
<tr><td>W_4</td><td colspan="6">198</td><td colspan="5">226</td></tr>
<tr><td>W_5</td><td colspan="6">234</td><td colspan="5">264</td></tr>
<tr><td>W_6</td><td colspan="6">324</td><td colspan="5">364</td></tr>
<tr><td>W_7</td><td colspan="6">330</td><td colspan="5">370</td></tr>
<tr><td>L_1</td><td>374</td><td>424</td><td>474</td><td>524</td><td>574</td><td>674</td><td>424</td><td>474</td><td>524</td><td>574</td><td>674</td></tr>
<tr><td>L_2</td><td>340</td><td>390</td><td>440</td><td>490</td><td>540</td><td>640</td><td>384</td><td>434</td><td>484</td><td>534</td><td>634</td></tr>
<tr><td>L_3</td><td>208</td><td>254</td><td>304</td><td>254</td><td>404</td><td>504</td><td>236</td><td>286</td><td>336</td><td>386</td><td>486</td></tr>
<tr><td>L_4</td><td>324</td><td>374</td><td>424</td><td>474</td><td>524</td><td>624</td><td>364</td><td>414</td><td>464</td><td>514</td><td>614</td></tr>
<tr><td>L_5</td><td>168</td><td>218</td><td>268</td><td>318</td><td>368</td><td>468</td><td>194</td><td>244</td><td>294</td><td>344</td><td>444</td></tr>
<tr><td>L_6</td><td>244</td><td>294</td><td>344</td><td>394</td><td>444</td><td>544</td><td>276</td><td>326</td><td>376</td><td>426</td><td>526</td></tr>
<tr><td>L_7</td><td>324</td><td>374</td><td>424</td><td>474</td><td>524</td><td>624</td><td>364</td><td>414</td><td>464</td><td>514</td><td>614</td></tr>
<tr><td>D_1</td><td colspan="6">35</td><td colspan="5">40</td></tr>
<tr><td>D_2</td><td colspan="6">25</td><td colspan="5">30</td></tr>
<tr><td>M_1</td><td colspan="6">6 × M16</td><td colspan="5">6 × M16</td></tr>
<tr><td>M_2</td><td colspan="6">4 × M12</td><td colspan="5">4 × M12</td></tr>
</table>

<table>
<tr><td rowspan="2">代号</td><td colspan="10">系　列</td></tr>
<tr><td>5050</td><td>5055</td><td>5060</td><td>5070</td><td>5080</td><td>5555</td><td>5560</td><td>5570</td><td>5580</td><td>5590</td></tr>
<tr><td>W</td><td colspan="5">500</td><td colspan="5">550</td></tr>
<tr><td>L</td><td>500</td><td>550</td><td>600</td><td>700</td><td>800</td><td>550</td><td>600</td><td>700</td><td>800</td><td>900</td></tr>
<tr><td>W_1</td><td colspan="5">600</td><td colspan="5">650</td></tr>
<tr><td>W_2</td><td colspan="5">88</td><td colspan="5">100</td></tr>
<tr><td>W_3</td><td colspan="5">320</td><td colspan="5">340</td></tr>
<tr><td>A、B</td><td colspan="5">50、60、70、80、90、100、
110、120、130、140、150、160、180</td><td colspan="5">70、80、90、100、110、120、
130、140、150、160、180、200</td></tr>
<tr><td>C</td><td colspan="5">100、110、120、130</td><td colspan="5">110、120、130、150</td></tr>
<tr><td>H_1</td><td colspan="5">35</td><td colspan="5">35</td></tr>
</table>

（续）

代号	系列									
	5050	5055	5060	5070	5080	5555	5560	5570	5580	5590
H_2	60					70				
H_3	40					40				
H_4	60					70				
H_5	25					25				
H_6	30					30				
W_4	256					270				
W_5	294					310				
W_6	414					444				
W_7	410					450				
L_1	474	524	574	674	774	520	570	670	770	870
L_2	434	484	534	634	734	480	530	630	730	830
L_3	286	336	386	486	586	300	350	450	550	650
L_4	414	464	514	614	714	444	494	594	694	794
L_5	244	294	344	444	544	220	270	370	470	570
L_6	326	376	426	526	626	332	382	482	582	682
L_7	414	464	514	614	714	444	494	594	694	794
D_1	40					50				
D_2	30					30				
M_1	6×M16				8×M16	6×M20			8×M20	
M_2	4×M12				6×M12	6×M12			8×M12	10×M12

代号	系列									
	6060	6070	6080	6090	60100	6565	6570	6580	6590	65100
W	600					650				
L	600	700	800	900	1000	650	700	800	900	1000
W_1	700					750				
W_2	100					120				
W_3	390					400				
A、B	70、80、90、100、110、120、130、140、150、160、180、200					70、80、90、100、110、120、130、140、150、160、180、200、220				
C	120、130、150、180					120、130、150、180				
H_1	35					35				
H_2	80					90				
H_3	50					60				
H_4	70					80				
H_5	25					25				
H_6	30					30				
W_4	320					330				
W_5	360					370				
W_6	494					544				

（续）

代号	系列									
	6060	6070	6080	6090	60100	6565	6570	6580	6590	65100
W_7	500					530				
L_1	570	670	770	870	970	620	670	770	870	970
L_2	530	630	730	830	930	580	630	730	830	930
L_3	350	450	550	650	750	400	450	550	650	750
L_4	494	594	694	794	894	544	594	694	794	894
L_5	270	370	470	570	670	320	370	470	570	670
L_6	382	482	582	682	782	434	482	582	682	782
L_7	494	594	694	794	894	544	594	694	794	894
D_1	50					50				
D_2	30					30				
M_1	6 × M20		8 × M20	10 × M20		6 × M20	8 × M20		10 × M20	
M_2	6 × M12		8 × M12	10 × M12		6 × M12		8 × M12	10 × M12	

代号	系列								
	7070	7080	7090	70100	70125	8080	8090	80100	80125
W	700					800			
L	700	800	900	1000	1250	800	900	1000	1250
W_1	800					900			
W_2	120					140			
W_3	450					510			
A、B	70、80、90、100、110、120、130、140、150、160、180、200、220、250					80、90、100、110、120、130、140、150、160、180、200、220、250、280、300			
C	150、180、200、250					150、180、200、250			
H_1	40					40			
H_2	100					120			
H_3	60					70			
H_4	90					100			
H_5	25					30			
H_6	30					40			
W_4	380					420			
W_5	420					470			
W_6	580					660			
W_7	580					660			
L_1	670	770	870	970	1220	760	860	960	1210
L_2	630	730	830	930	1180	710	810	910	1160
L_3	420	520	620	720	970	500	600	700	950
L_4	580	680	780	880	1130	660	760	860	1110
L_5	324	424	524	624	874	378	478	578	828
L_6	452	552	652	752	1002	516	616	716	966
L_7	580	680	780	880	1130	660	760	860	1110

（续）

代号	系列								
	7070	7080	7090	70100	70125	8080	8090	80100	80125
D_1	60					70			
D_2	30					35			
M_1	8×M20		10×M20	12×M20	14×M20	8×M24		10×M24	12×M24
M_2	6×M12	8×M12	10×M12			8×M16	10×M16		

代号	系列									
	9090	90100	90125	90160	100100	100125	100160	125125	125160	125200
W	900				100			1250		
L	900	1000	1250	1600	1000	1250	1600	1250	1600	2000
W_1	1000				1200			1500		
W_2	160				180			220		
W_3	560				620			790		
A、B	90、100、110、120、130、140、150、160、180、200、250、280、300、350				100、110、120、130、140、150、160、180、200、220、250、280、350、400			100、110、120、130、140、150、160、180、200、220、250、280、350、400		
C	180、200、250、300				180、200、250、300			180、200、250、300		
H_1	50				60			70		
H_2	150				160			180		
H_3	70				80			80		
H_4	100				120			120		
H_5	30				30、40			40、50		
H_6	40				40、50			50、60		
W_4	470				580			750		
W_5	520				620			690		
W_6	760				840			1090		
W_7	740				820			1030		
L_1	860	960	1210	1560	960	1210	1560	1210	1560	1960
L_2	810	910	1160	1510	900	1150	1500	1150	1500	1900
L_3	600	700	950	1300	650	900	1250	900	1250	1650
L_4	760	860	1110	1460	840	1090	1440	1090	1440	1840
L_5	478	578	828	1178	508	758	1108	758	1108	1508
L_6	616	716	966	1316	674	924	1274	924	1274	1674
L_7	760	860	1110	1460	840	1090	1440	1090	1440	1840
D_1	70				80			80		
D_2	35				40			40		
M_1	10×M24	12×M24		14×M24	12×M24		14×M24	12×M30	14×M30	16×M30
M_2	10×M16		12×M16		10×M16	12×M16		12×M16		

4.6 标准模架型号、系列、规格

1. 型号

每一组和型式代表一个型号。

2. 系列

同一型号中，根据定、动模板的周界尺寸（宽×长）划分系列。

3. 规格

同一系列中，根据定、动模板和垫块的厚度划分规格。

4. 标记

按照 GB/T 12555—2006《塑料注射模模架》标准规定的模架应有下列标记：

1）模架。

2）基本型号。

3）系列代号。

4）定模板厚度 A，以 mm 为单位。

5）动模板厚度 B，以 mm 为单位。

6）垫块厚度 C，以 mm 为单位。

7）拉杆导柱长度，以 mm 为单位。

8）本标准代号，即 GB/T 12555—2006。

5. 标记示例

标记示例 1：

模板宽 200mm、长 250mm，$A=50$mm，$B=40$mm，$C=70$mm 的直浇口 A 型模架标记如下：

模架　A 2025-50×40×70 GB/T 12555—2006

标记示例 2：

模板宽 300mm、长 300mm，$A=50$mm，$B=60$mm，$C=90$mm，拉杆导柱长度 200mm 的点浇口 B 型模架标记如下：

模架 DB 3030-50×60×90-200 GB/T 12555—2006

4.7　塑料注射模模架技术条件标准

GB/T 12556—2006《塑料注射模模架技术条件》标准规定了塑料注射模模架（以下简称模架）的要求、检验、标志、包装、运输和贮存，适用于塑料注射模模架。

4.7.1　要求

GB/T 12556—2006《塑料注射模模架技术条件》标准规定的塑料注射模模架的要求如表 4-5 所示。

表 4-5　塑料注射模模架的要求（摘自 GB/T 12556—2006）

标准条目编号	内　容
3.1	组成模架的零件应符合 GB/T 4169.1～4169.23—2006 和 GB/T 4170—2006 的规定
3.2	组合后的模架表面不应有毛刺、擦伤、压痕、裂纹、锈斑
3.3	组合后的模架，导柱与导套及复位杆沿轴向移动应平稳，无卡滞现象，其紧固部分应牢固可靠

（续）

标准条目编号	内　　容
3.4	模架组装用紧固螺钉的力学性能应达到 GB/T 3098.1—2000 的 8.8 级
3.5	组合后的模架，模板的基准面应一致，并做明显的基准标记
3.6	组合后的模架在水平自重条件下，定模座板与动模座板安装平面的平行度应符合 GB/T 1184—1996 中 7 级的规定
3.7	组合后的模架在水平自重条件下，其分型面的贴合间隙为： 1）模板长 400mm 以下，贴合间隙≤0.03mm 2）模板长 400～630mm，贴合间隙≤0.04mm 3）模板长 630～1000mm，贴合间隙≤0.06mm 4）模板长 1000～2000mm，贴合间隙≤0.08mm
3.8	模架中导柱、导套的轴线对模板的垂直度应符合 GB/T 1184—1996 中的 5 级规定
3.9	模架在闭合状态时，导柱的导向端面应凹入它所通过的最终模板孔端面。螺钉不得高于定模座板与动模座板的安装平面
3.10	模架组装后复位杆端面应平齐一致，或按用户特殊要求制作
3.11	模架应设置吊装用螺孔，确保安全吊装

4.7.2 检验

GB/T 12556—2006《塑料注射模模架技术条件》标准规定的塑料注射模模架的检验要求如表 4-6 所示。

表 4-6 塑料注射模模架的检验要求（摘自 GB/T 12556—2006）

标准条目编号	内　　容
4.1	组合后的模架应按 GB/T 12556—2006 中 4.5.1 的要求进行检查
4.2	检验合格后应做出检验合格标志，标志应包括以下内容：检验部门、检验员、检验日期

4.7.3 标志、包装、运输及贮存

GB/T 12556—2006《塑料注射模模架技术条件》标准规定的塑料注射模模架的标志、包装、运输及贮存要求如表 4-7 所示。

表 4-7 塑料注射模模架的标志、包装、运输及贮存要求（摘自 GB/T 12556—2006）

标准条目编号	内　　容
5.1	模架应挂、贴标志，标志应包括以下内容：模架品种、规格、生产日期、供方名称
5.2	检验合格的模架应清理干净，经防锈处理后入库贮存
5.3	模架应根据运输要求进行包装，应防潮、防止磕碰，保证在正常运输中完好无损

4.8 塑料注射模模架精度检查

塑料注射模模架精度检查如表 4-8 所示。

表 4-8　塑料注射模模架的精度检查

序号	检查项目	检查方法	
		方　法	简　图
1	定模座板上平面对动模座板下平面的平行度	将组装后的模架放在测量平板上，用指示器沿定模座板周界对角线测量被测表面。根据被测表面大小可移动模架或指示器测量架，在被测表面内，取指示器的最大与最小读数差作为被测模架的平行度误差	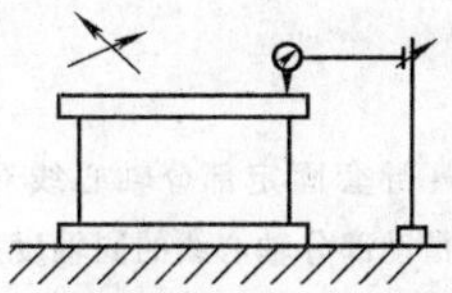
2	导柱轴心线对模板的垂直度	将组装后模架的定模板和推件板取下，动模部分放在测量平板上，为了简化测量，可仅在相互垂直的两个方向（X，Y）上测量 将已用圆柱角度尺寸校正的专用指示器在 X、Y 两个方向上测量，得出的读数即为该两个方向的垂直度误差 ΔX、ΔY，将两个方向垂直度误差合成即为导柱轴心线的垂直度误差。即 $\Delta=\sqrt{\Delta X^2+\Delta Y^2}$	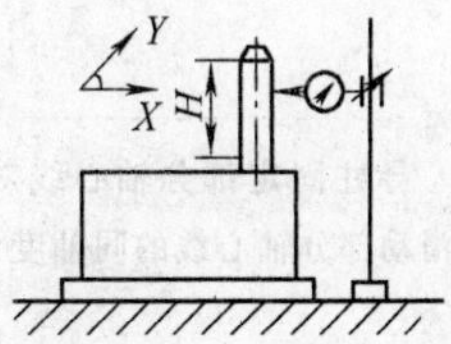
3	模架主要分型面的贴合间隙	模架闭合状态下，用塞规测量主要分型面的贴合间隙，以其中最大值作为分型面的贴合间隙值	略
4	模架主要模板组装后基准面移位偏差	将组装后的模架放在测量平板上，专用指示器沿主要模板基准面移动，测得的误差即为位偏差	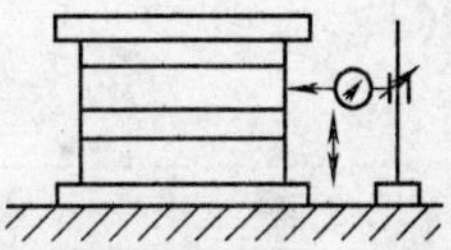
5	复位杆一致性	将组装后模架的定模板和推件板取下，动模部分放在测量平板上，用指示器测量各复位杆端面及模板分型面 各复位杆的读数应一致 复位杆低于模板分型面的读数应满足：中小型模架不大于 0.2mm；大型模架不大于 0.5mm	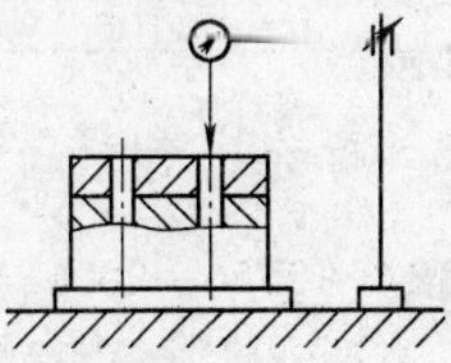
6	模板、定模座板、动模座板、垫块的平行度	将被测板件放在测量平板上，用测量仪器触及被测表面，沿其对角线测量被测表面，取指示器的最大与最小读数差作为平行度的误差值	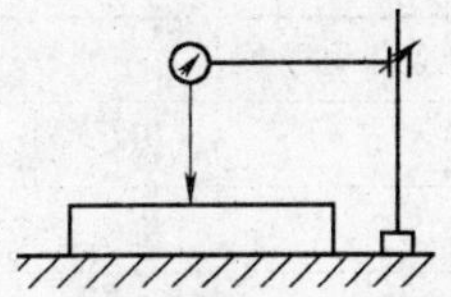
7	模板基准面垂直度	将模板的一个基准面置于测量平板上，专用指示器沿另一基准面垂直上下测量被测表面，在测量范围内的最大读数差值即为模板基准面垂直度误差	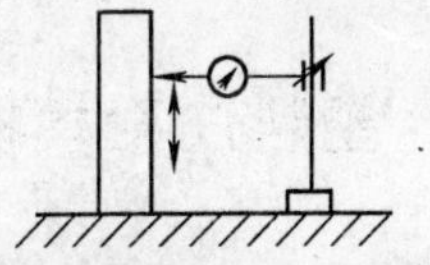

（续）

序号	检查项目	检查方法	
		方　法	简　图
8	导套固定部分轴心线对滑动部分轴心线的同轴度	用圆度仪测量调整被测零件，使其基准轴线与量仪的轴线同轴 在被测零件的基准要素和被测要素上测量若干个截面并记录轮廓图形，根据图形按定义求出该零件的同轴度误差 根据图形按照零件的功能要求也可用最大内接圆柱体的轴线求出同轴度误差	
9	导柱固定部分轴心线对滑动部分轴心线的同轴度	用圆度仪测量，调整被测零件，使其基准轴线与量仪的轴线同轴 在被测零件的基准要素和被测要素上测量若干个截面并记录轮廓图形，根据图形按定义求出该零件的同轴度误差 按照零件的功能要求也可对轴类零件用最小外接圆柱体轴线的方法，求出同轴度误差	

第5章 冲模术语与技术条件

GB/T 8845—2006、GB/T 14662—2006 和 JB/T 7653—2008 分别规定了《冲模术语》、《冲模技术条件》和《冲模零件技术条件》，本章分别对这三个标准进行介绍。

5.1 冲模术语标准

GB/T 8845—2006 标准规定了冲压模具的常用术语，与旧版标准相比较，其主要变化有：对术语结构进行了重新分类与编排；增加了部分术语词条；对部分术语词条的定义与注释作了适当修改；对部分示例图做了更换和规范性修改；增加了中、英文索引；删除了冷挤压的一些术语词条和相应图例。

5.1.1 适用范围

GB/T 8845—2006 标准规定了冲模的常用术语，适用于冲模常用术语的理解和使用。

5.1.2 冲模类型

GB/T 8845—2006 标准规定了冲模的各种类型，如表 5-1 所示。各种模具类型的典型结构如图 5-1 ~ 图 5-5 所示。

表 5-1 冲模类型（摘自 GB/T 8845—2006）

标准条目	术语（英文）	定义
2 冲模类型		
2.1	冲模 stamping die	通过加压将金属、非金属板料或型材分离、成型或接合而制得制件的工艺装备
2.2	冲裁模 blanking die	分离出所需形状与尺寸制件的冲模
2.2.1	落料模 blanking die	分离出带封闭轮廓制件的冲裁模。如图 5-1 所示
2.2.2	冲孔模 piercing die	沿封闭轮廓分离废料而形成带孔制的冲裁模
2.2.3	修边模 trimming die	切去制件边缘多余的冲裁模
2.2.4	切口模 notching die	沿不封闭轮廓冲切出制件边缘切口的冲裁模
2.2.5	切舌模 lancing die	沿不封闭轮廓将部分板料切开并使其折弯的冲裁模
2.2.6	剖切模 parting die	沿不封闭轮廓冲分离出两个或多个制件的冲裁模
2.2.7	整修模 shaving die	沿制件被冲裁外缘或内孔修切掉少量材料，以提高制件尺寸精度和降低冲裁截面粗糙度值的冲裁模
2.2.8	精冲模 fine blanking die	使板料处于三向受压状态下冲裁，可冲制出冲裁截面光洁、尺寸精度高的制件的冲裁模
2.2.9	切断模 cut-off die	将板料沿不封闭轮廓分离的冲裁模
2.3	弯曲模 bending die	将制件弯曲成一定角度和形状的冲模。如图 5-2 所示
2.3.1	预弯模 pre-bending die	预先将坯料弯曲成一定形状的弯曲模
2.3.2	卷边模 curling die	将制件边缘卷曲成接近封闭圆筒冲模

（续）

标准条目	术语（英文）	定　义
2 冲模类型		
2.3.3	扭曲模 twisting die	将制件扭转成一定角度和形状的冲模
2.4	拉深模 drawing die	将制件拉压成空心体，或进一步改变空心体形状和尺寸的冲模。如图 5-3 所示
2.4.1	反拉深模 reverse rerrawing die	把空心体制件内壁外翻的拉伸模
2.4.2	正拉深模 overse redrawing die	完成与前次拉深相同方向的再拉深工序的拉深模
2.4.3	变薄拉深模 ironing die	把空心制件拉压成侧壁厚度更小的薄壁制件的拉伸模
2.5	成形模 forming die	使板料产生局部塑性变形，按凸凹模形状直接复制成形冲模
2.5.1	涨形模 bulging die	使空心制件内部在双向拉应力作用下产生塑性变形，以获得凸肚形制件的成形模
2.5.2	压筋模 stretching die	在制件上压出凸包或筋的成形模
2.5.3	翻边模 flanging die	使制件的边缘翻起呈树立或一定角度直边的成形模
2.5.4	翻孔模 burring die	使制件的孔边缘翻起呈树立或一定角度直边的成形模
2.5.5	缩口模 necking die	使空心或管状制件端部的径向尺寸缩小的成形模
2.5.6	扩口模 flaring die	使空心或管状制件端部的径向尺寸扩大的成形模
2.5.7	整形模 restriking die	校正制件呈准确形状与尺寸的成形模
2.5.8	压印模 printing die	在制件上压出各种花纹、文字和商标等印记的成形模
2.6	复合模 compound die	在压力机的一次行程中，同时完成两道或两道以上冲压工序的单工序模。如图 5-4 所示
2.6.1	正装复合模 obverse compound die	凹模和凸模装在下模，凸凹模装在上模的复合模
2.6.2	倒装复合模 inverse compound die	凹模和凸模装在上模，凸凹模装在下模的复合模
2.7	级进模 progressing die	压力机的以此形成中，在送料方向连续排列的多个工位上同时完成多道冲压工序的冲模。如图 5-5 所示
2.8	单工序模 single-operation die	压力机的一次行程中，只完成一道冲压工序的冲模
2.9	无导向模 open die	上、下模之间不设导向装置的冲模
2.10	导板模 guild plate die	上、下模之间由导板导向的冲模
2.11	导柱模 guide pillar die	上、下模之间由导柱、导套导向的冲模
2.12	通用模 universal die	通过调整，在一定范围内可完成不同制件的同类冲压工序的冲模
2.13	自动模 automatic die	送料、取出制件及排除废料完全自动化的冲模
2.14	组合冲模 combined die	通过模具零件的拆装组合，以完成不同冲压工序或冲制不同制件的冲模
2.15	传递模 transfer die	多工序冲压中，借助机械手实现制件传递，以完成多工序冲压的成套冲模
2.16	镶块模 insert die	工作主体或刃口由多个零件拼合而成的冲模
2.17	柔性模 flexible die	通过对各工位状态的控制，以生产多种规格制件的冲模
2.18	多功能模 multifunction die	具有自动冲切、叠压、铆合、计数、分组、扭斜和安全保护等多种功能的冲模
2.19	简易模 low-cost die	结构简单、制造周期短、成本低、适于小批量生产或试制生产的冲模

（续）

标准条目	术语（英文）	定　义
2 冲模类型		
2. 19. 1	橡胶冲模 robber die	工作零件采用橡胶制成的简易模
2. 19. 2	钢带模 steel-strip die	采用淬硬的钢带制成刃口，嵌入用层压板、低熔点合金或塑料等制成的模体中的简易模
2. 19. 3	低熔点合金模 low-melting-point alloy die	工作零件采用低熔点合金制成的简易模
2. 19. 4	锌基合金模 zinc-alloy based die	工作零件采用锌基合金制成的合金模
2. 19. 5	薄板模 laminate die	凹模、固定板和卸料板均采用薄钢板制成的简易模
2. 19. 6	夹板模 template die	由一端连接的两块钢板制成的简易模
2. 20	校平模 planishing die	用于完成平面校正或校平的冲模
2. 21	齿形校正模 roughened planishing die	上模、下模为带齿平面的校正模
2. 22	硬质合金模 carbide die	工作零件采用硬质合金制成的冲模

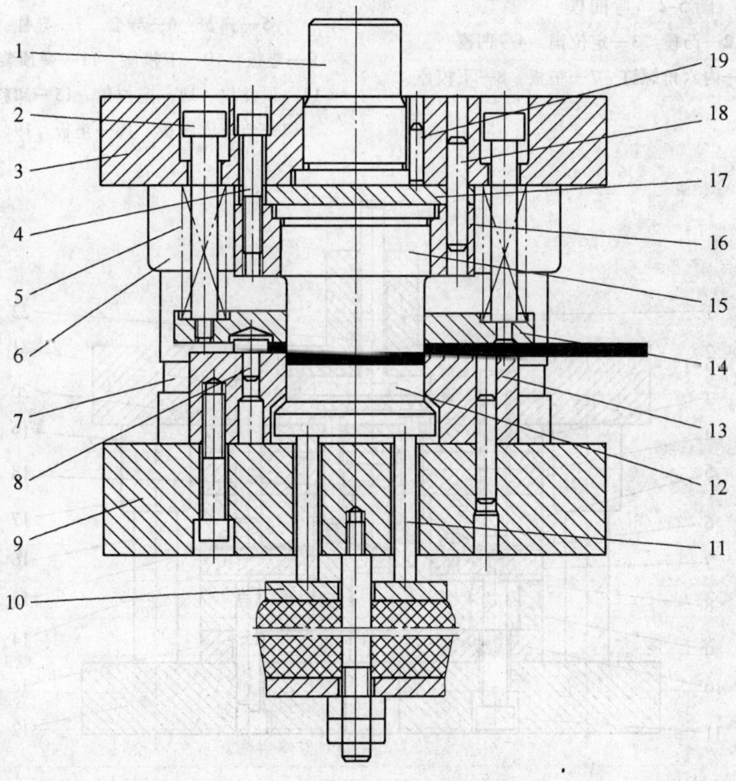

图 5-1　落料模

1—模柄　2—卸料螺钉　3—上模座　4—内六角螺钉　5—弹簧　6—导套　7—导柱　8—挡料销　9—下模座　10—托板　11—顶杆　12—顶件块　13—凹模　14—卸料板　15—凸模　16—凸模固定板　17—垫板　18、19—圆柱销

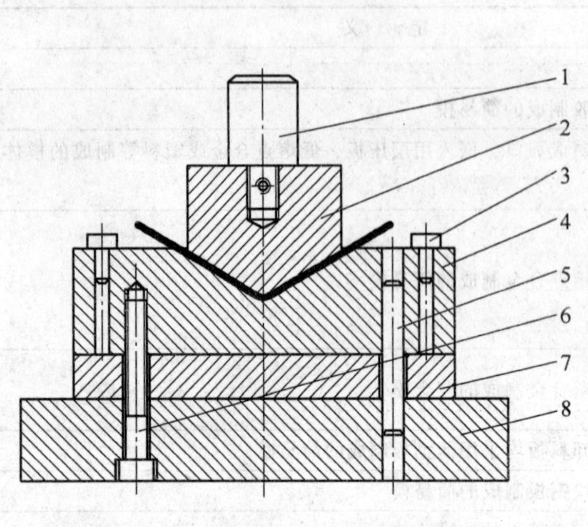

图 5-2　弯曲模

1—模柄　2—凸模　3—定位销　4—凹模
5—圆柱销　6—内六角螺钉　7—垫板　8—下模座

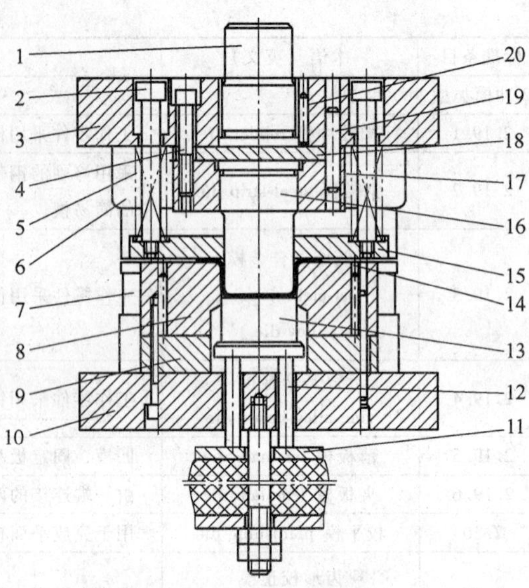

图 5-3　拉深模

1—模柄　2—卸料螺钉　3—上模座　4—内六角螺钉
5—弹簧　6—导套　7—导柱　8—凹模
9—垫板　10—下模座　11—弹顶装置　12—顶杆
13—顶件块　14—定位销　15—卸料板　16—凸模
17—凸模固定板　18—垫板　19、20—圆柱销

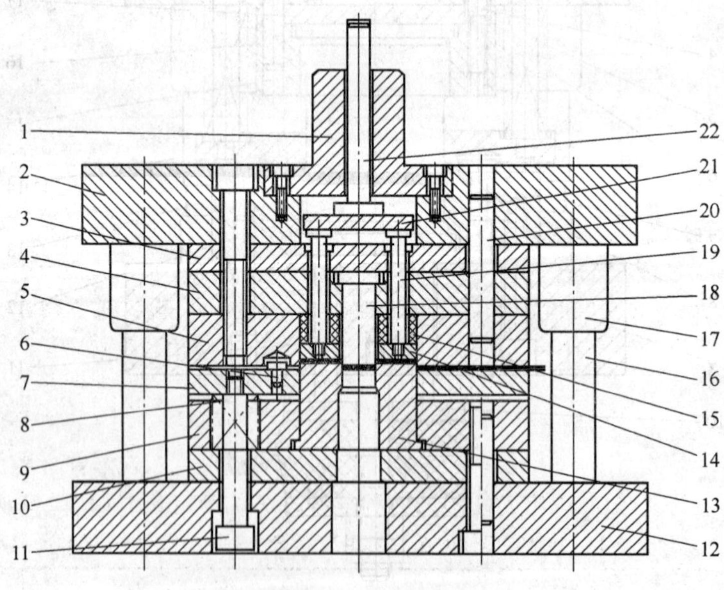

图 5-4　复合模

1—模柄　2—上模座　3—垫板　4—固定板　5—凹模　6—定位销　7—卸料板　8—弹簧　9—固定板
10—垫板　11—卸料螺钉　12—下模座　13—凸凹模　14—卸料板　15—橡胶弹性体　16—导柱
17—导套　18—凸模　19—连接推杆　20—圆柱销　21—推板　22—打杆

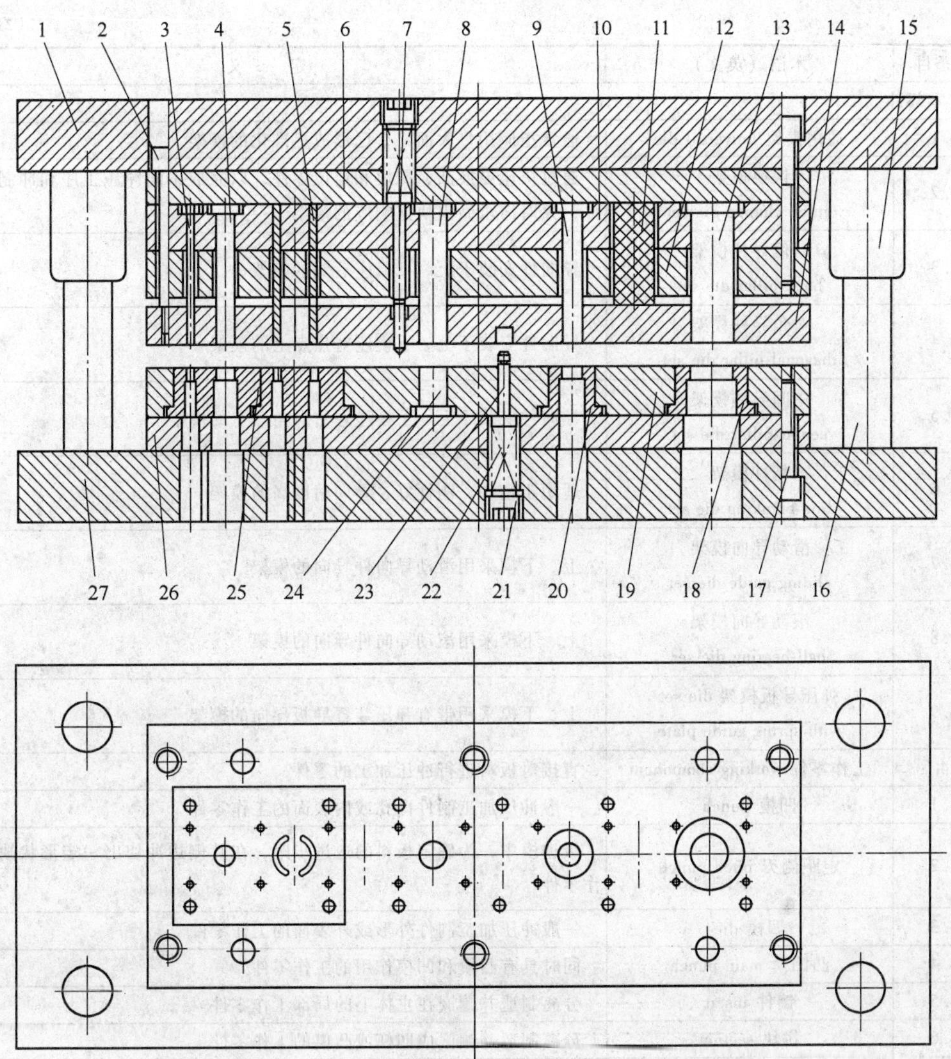

图 5-5　级进模

1—上模座　2—卸料螺钉　3—冲导正孔凸模　4—冲预孔凸模　5—切口凸模　6—垫板　7—导正销　8—压印凸模　9—冲孔凸模　10—凸模固定板　11—橡胶弹性体　12—垫板　13—落料凸模　14—弹性卸料板　15—导套　16—导柱　17—内六角螺钉　18—落料凹模　19—凹模固定板　20—冲孔凹模　21—螺塞　22—弹簧　23—抬料销　24—压印凹模　25—凹模镶件　26—垫板　27—下模座

5.1.3　冲模零部件

GB/T 8845—2006 标准规定了冲模的各种零部件名称与定义，如表 5-2 所示。

表 5-2　冲模零部件的名称与定义（摘自 GB/T 8845—2006）

标准条目	术语（英文）	定　　义
3 冲模零部件		
3.1	上模 upper die	安装在压力机上滑块上的模具部分
3.2	下模 lower die	安装在压力机工作台面上的模具部分
3.3	模架 die set	上、下模座与导向件的组合件

（续）

标准条目	术语（英文）	定 义
3 冲模零部件		
3.3.1	通用模架 universal die	通常指应用量大面广，已形成标准化的模架
3.3.2	快换模架 quick change die set	通过快速更换凸、凹模和定位零件，以完成不同冲压工序和冲制多种制件，并对需求做出快速响应的模架
3.3.3	后侧导柱模架 back-pillar die set	导向件安装于上、下模座后侧的模架
3.3.4	对角导柱模架 diagonal-pillar die set	导向件安装于上、下模座对焦点上的模架
3.3.5	中间导柱模架 center-pillar die set	导向件安装于上、下模座左右对角点上的模架
3.3.6	精冲模架 fine blanking die set	适用于精冲，刚性好、导向精度高的模架
3.3.7	滑动导向模架 sliding guide die set	上、下模采用滑动导向件导向的模架
3.3.8	滚动导向模架 ball-bearing die set	上、下模采用滚动导向件导向的模架
3.3.9	弹压导板模架 die set with spring guide plate	上、下模采用带有弹压装置导板导向的模架
3.4	工作零件 working component	直接对板料进行冲压加工的零件
3.4.1	凹模 punch	一般冲压加工制件内孔或内表面的工作零件
3.4.2	定距侧刃 pitch punch	级进模中，为确定板料的送进步距，在其侧边冲切出一定形状缺口的工作零件
3.4.3	凹模 die	一般冲压加工制件外形或外表面的工作零件
3.4.4	凸凹模 main punch	同时具有凸模和凹模作用的工作零件
3.4.5	镶件 insert	分离制造并镶嵌在主体上的局部工作零件
3.4.6	拼块 section	分离制造并镶嵌成凹模或凸模的工作零件
3.4.7	软模 soft die	有液体、气体、橡胶等柔性物质构成的凸模或凹模
3.5	定位零件 locating component	确定板料、制件或模具零件在冲模中正确位置的零件
3.5.1	定位销 locating pin	确定板料或制件正确位置的圆柱形零件
3.5.2	定位板 locating plate	确定板料或制件正确位置的板状零件
3.5.3	挡料销 stop pin	确定板料送进距离的圆柱形零件
3.5.4	始用挡料销 finger stop pin	确定板料进给起始位置的圆柱形零件
3.5.5	导正销 pilot pin	与导正孔配合，确定制件正确位置和消除送料误差的圆柱形零件
3.5.6	抬料销 lifter pin	具有抬料作用，有时兼具板料送进导向作用的圆柱形零件
3.5.7	导料板 stock guide rail	确定板料送进方向的板料零件
3.5.8	侧刃挡板 stop block of rpitch punch	承受板料对定距侧刃的侧压力，并起挡料作用的板块状零件
3.5.9	止退键 stop key	支撑受侧向力的凸凹模的块状零件
3.5.10	侧压板 side-push plate	消除板料与导料板侧面间隙的板状零件
3.5.11	限位块 limit block	限制冲压行程的块状零件
3.5.12	限位柱 limit post	限制冲压行程的柱状零件

（续）

标准条目	术语（英文）	定　义
3 冲模零部件		
3.6	压料、卸料、送料零件 components for clamping，stripping and feeding	压住板料和卸下或推出制件与废料的零件
3.6.1	卸料板 stripper plate	从凸模或凸凹模上卸下制件与废料的板状零件
3.6.1.1	固定卸料板 fixed stripper plate	固定在冲模上位置不动，有时兼具凸模导向作用的卸料板
3.6.1.2	弹性卸料板 spring stripper plate	借助弹性零件起卸料、压料作用，有时兼具保护凸模并对凸模起导向作用的卸料板
3.6.2	推件块 ejector block	从上凹模中推出制件或废料的块状零件
3.6.3	顶尖块 kicker block	从下凹模中顶出制件或废料的块状零件
3.6.4	顶杆 kicker pin	直接或间接向上顶出制件或废料的杆状零件
3.6.5	推板 ejector plate	在打杆与连接推杆间传递推力的板状零件
3.6.6	推杆 ejector pin	向下推出制件或废料的杆状零件
3.6.7	连接推杆 ejector tie rod	连接推板与推件块并传递推力的杆状零件
3.6.8	打杆 knock-out pin	穿过模柄孔，把压力机滑块上打杆横梁的力传给推板的杆状零件
3.6.9	卸料螺钉 stripper bolt	连接卸料板并调节卸料板卸料行程的杆状零件
3.6.10	拉杆 tie rod	固定于上模座并向托板传递卸料行程的杆状零件
3.6.11	托杆 cushion pin	连接托板并向托板传递卸料力的杆状零件
3.6.12	托板 support plate	装于下模座并将弹顶器或拉杆的力传递给顶杆和托杆的板状零件
3.6.13	废料切断刀 scrap cutter	冲压过程中切断废料的零件
3.6.14	弹顶器 cushion	向压边圈或顶件块传递顶出力的装置
3.6.15	承料板 stoc-suporting plate	对装入模具之前的板料起支承作用的板状零件
3.6.16	压料板 pressure plate	把板料压贴在凸模或凹模上的板状零件
3.6.17	压边圈 blanker holder	拉深模或成形模中，为调节材料流动阻力，防止起皱而压紧板料边缘的零件
3.6.18	齿圈压板 vee-ring plate	精冲模中，为形成很强的三向压应力状态，防止板料自冲切层滑动和冲裁表面出现撕裂现象而采用的齿形强力压圈零件
3.6.19	推料板 slide feed plate	将制件推入下一工位的板状零件
3.6.20	自动送料装置 automatic feeder	将板料连续定距送进的装置
3.7	导向零件 guide component	保证运动导向和确定上下模相对位置的零件
3.7.1	导柱 guide pillar	与导套配合，保证运动导向和确定上、下模相对位置的圆柱形零件
3.7.2	导套 guide bush	与导柱配合，保证运动导向和确定上、下模相对位置的圆套形零件
3.7.3	滚珠导柱 ball-bearing guide pillar	通过钢珠保护圈与滚珠导套配合，保证运动导向和确定上、下模相对位置的圆柱形零件
3.7.4	滚珠导套 ball-bearing guide bush	与滚珠导柱配合，保证运动导向和确定上、下模相对位置的圆套形零件
3.7.5	钢珠保护圈 cage	保持钢珠均匀排列，实现滚珠导柱与导套滚动配合的圆套型零件
3.7.6	止动件 retainer	将钢球保持圈限制在导柱上或导套内的限位零件

（续）

标准条目	术语（英文）	定　义
3 冲模零部件		
3.7.7	导板 guide plate	为导正上、下模各零件件相对位置而采用的淬硬或嵌有润滑材料的板状零件
3.7.8	滑块 slide block	在斜楔的作用下，沿变换后的运动方向做往复滑动的零件
3.7.9	耐磨板 wear plate	镶嵌在某些运动零件导滑面上的淬硬或嵌有润滑材料的板状零件
3.7.10	凸模保护套 punch-protecting bushing	小孔冲裁时，用于保护细长凸模的衬套零件
3.8	固定零件 retaining component	将凸凹模固定于上、下模，以及将上、下模固定在压力机上的零件
3.8.1	上模座 punch holder	用于装配与支撑上模所有零部件的模架零件
3.8.2	下模座 die holder	用于装配与支撑下模所有零部件的模架零件
3.8.3	凸模固定板 punch plate	用于安装和固定凸模的板状零件
3.8.4	凹模固定板 die Punch	用于安装和固定凹模的板状零件
3.8.5	预应力圈 shrinking ring	为提高凹模强度，在其外部与之过盈配合的圆套型零件
3.8.6	垫板 bolster plate	设在凸凹模与模座之间，承受和分散冲压负荷的板状零件
3.8.7	模柄 die shank	使模具与压力机的中心线重合，并把上模固定在压力机滑块上的连接零件
3.8.8	浮动模柄 self-centering shank	可自动定心的模柄
3.8.9	斜楔 cam driver	通过斜面变换运动方向的零件

5.1.4 冲模设计要素

GB/T 8845—2006 标准规定了冲模的设计要素，包括模具间隙、压力中心计算、各种工艺力等，如表 5-3 所示。

表 5-3 冲模设计要素（摘自 GB/T 8845—2006）

标准条目	术语（英文）	定　义
4 冲模设计要素		
4.1	模具间隙 clearance	凸模与凹模之间缝隙的间距
4.2	模具闭合高度 die shut height	模具在工作位置下极点时，下模座下平面与上模座上平面之间的距离
4.3	压力机最大闭合高度 press maximum shut height	压力机闭合高度调节机构处于上极限位置和滑块处于下极点时，滑块下表面至工作台上表面之间的距离
4.4	压力机闭合高度调节量 adjustable distance of press shut height	压力机闭合高度调节机构允许的调节距离
4.5	冲模寿命 die life	冲模从开始使用到报废所能加工的制件总数
4.6	压力中心 load center	冲压合力的作用点
4.7	冲模中心 die center	冲模的几何中心
4.8	冲压方向 pressing direction	冲压力作用的方向
4.9	送料方向 feed layout	板料送进模具的方向
4.10	排样 blank layout	制件或毛坯在板料上的排列与设置

（续）

标准条目	术语（英文）	定 义
4 冲模设计要素		
4.11	搭边 web	排样时，制件与制件之间或制件与板料边缘之间的工艺余料
4.12	步距 feed pitch	级进模中，被加工的板料或制件每道工序在送料方向移动的方向
4.13	切边余料 trimming allowance	拉深或成形后制件边缘需切除的多余材料的宽度
4.14	毛刺 burr	在制件冲裁截面边缘产生的树立尖状凸起物
4.15	塌角 die roll	在制件冲裁截面边缘产生的微圆角
4.16	光亮带 smooth cut zone	制件冲裁截面的光亮部分
4.17	冲裁力 blanking force	冲裁时所需的压力
4.18	弯曲力 bending force	弯曲时所需的压力
4.19	拉深力 drawing force	拉深时所需的压力
4.20	卸料力 stripping force	从凸模或凸凹模上将制件或废料卸下来所需的力
4.21	推件力 ejecting force	从凹模内顺冲裁方向将制件或废料推出所需的力
4.22	顶件力 kicking force	从凹模内逆冲裁方向将制件或废料推出所需的力
4.23	压料力 pressure plate force	压料板作用于板料的力
4.24	压边力 blank holer force	压边圈作用于板料边缘的力
4.25	毛坯 blank	前道工序完成需后续工序进一步加工的制件
4.26	中性层 neutral line	弯曲变形区的切向应力为零或切向应变为零的金属层
4.27	弯曲角 bending angle	制件被弯曲加工的角度，即弯曲后制件直边夹角的补角
4.28	弯曲线 bending line	板料产生弯曲变形时相应的直线或曲线
4.29	回弹 spring back	弯曲和成形加工中，制件在去除载荷并离开模具后产生的弹性回复现象
4.30	弯曲半径 bending radius	弯曲制件内侧的曲率半径
4.31	相对弯曲半径 relative bending radius	弯曲制件的曲率半径与板料厚度的比值
4.32	最小弯曲半径 minimum bending radius	弯曲时板料最外层纤维濒于拉裂时的曲率半径
4.33	展开长度 blank length of a bend	弯曲制件直线部分与弯曲部分中性层长度之和
4.34	拉深系数 drawing coefficient	拉深制件的直径与毛坯直径之比值
4.35	拉深比 drawing ratio	拉深系数的倒数
4.36	拉深次数 drawing number	受极限拉深系数的限制，制件拉深成形所需的次数
4.37	缩口系数 necking coefficient	缩口制件的管口缩径后与缩径前直径之比值
4.38	扩口系数 flaring coefficient	扩口制件的管口扩径后的最大直径与扩口前直径之比值
4.39	胀形系数 bulging coefficient	筒形制件胀形后的最大直径与胀形前直径之比值
4.40	胀形深度 stretching height	板料局部胀形的深度
4.41	翻孔系数 burring coefficient	翻孔制件翻孔前、后孔径之比值
4.42	扩孔率 expanding ratio	扩孔前、后孔径之差与扩孔前孔径之比值
4.43	最小冲孔直径 minimum diameter for piercing	一定厚度的某种板料所能冲压加工的最小孔直径
4.44	转角半径 radius	盒形制件横截面上的圆角半径
4.45	相对转角半径 relative radius	盒形制件转角半径与其宽度之比值
4.46	相对高度 relative height	盒形制件高度与宽度之比值
4.47	相对厚度 relative thickness	毛坯厚度与直径之比值
4.48	成形极限图 forming limit diagram	板料在外力作用下发生塑性变形，其极限应变值所构成的曲线图

5.1.5 零件结构要素

GB/T 8845—2006 标准规定了冲模零件的结构要素，如表 5-4 所示。

表 5-4 冲模零件的结构要素（摘自 GB/T 8845—2006）

标准条目	术语（英文）	定 义
5 零件结构要素		
5.1	圆凸模 round punch	圆柱形的凸模。如图 5-6 所示
5.1.1	头部 punch head	凸模上比杆直径大的圆柱体部分（见图 5-6 中的 11）
5.1.2	头部直径 punch head diameter	凸模圆柱头或圆锥头的最大直径（见图 5-6 中的 1）
5.1.3	头厚 punch head thickness	凸模头部的厚度（见图 5-6 中的 2）
5.1.4	刃口 point	直接对板料进行冲切加工，使其达到所需形状和尺寸的凸模工作段（见图 5-6 中的 6）
5.1.5	刃口直径 point diameter	涂抹的刃口部直径（见图 5-6 中的 5）
5.1.6	刃口长度 point length	凸模工作段长度（见图 5-6 中的 4）
5.1.7	杆 shank	凸模与固定板相应孔配合的圆柱体部分（见图 5-6 中的 10）
5.1.8	杆直径 shank diameter	与凸模固定板相应孔配合的杆部直径（见图 5-6 中的 9）
5.1.9	引导直径 leading diameter	为便于凸模正确压入固定板而在杆压入端设计的一段圆柱直径（见图 5-6 中的 8）
5.1.10	过渡半径 radius blend	连接刃口直径和杆直径的圆弧直径（见图 5-6 中的 7）
5.1.11	凸模圆角半径 punch radius	成形模中凸模工作端面向侧面过渡的圆角半径
5.1.12	凸模总长 punch overall length	凸模的全部长度（见图 5-6 中的 3）
5.2	圆凹模 round die	圆柱形的凹模。如图 5-7 所示
5.2.1	头部 die head	凹模上比模体直径大的圆柱体部分（见图 5-7 中的 9）
5.2.2	头部直径 die head diameter	凹模圆柱头或圆锥头的最大直径（见图 5-7 中的 8）
5.2.3	头厚 die head thickness	凸模头部的厚度（见图 5-7 中的 6）
5.2.4	刃口 die point	直接对板料进行冲切加工，使其达到所需形状和尺寸的凹模工作段（见图 5-7 中的 4）
5.2.5	刃口直径 hole diameter	涂抹的刃口部直径（见图 5-7 中的 3）
5.2.6	刃口长度 land length	凹模工作段长度（见图 5-7 中的 12）
5.2.7	刃口斜度 cutting edge angle	锥形凹模的刃口斜角度值
5.2.8	模体 die body	凹模与固定板相应孔配合的圆柱体部分（见图 5-7 中的 5）
5.2.9	凹模外径 die body diameter	凹模的模体直径（见图 5-7 中的 1）
5.2.10	引导直径 leading diameter	为便于凹模正确压入固定板，在模体压入端设计的一段圆柱直径（见图 5-7 中的 2）
5.2.11	凹模圆角半径 die radius	成形模中凹模工作端面向内侧面过度的圆角半径
5.2.12	凹模总长 die overall length	凹模的全部长度（见图 5-7 中的 11）
5.2.13	排料孔 relief hole	凹模及相连的模具零件上使废料排出的孔（见图 5-7 中的 10）
5.2.14	排料孔直径 relief hole diameter	直排料孔的直径与斜排料孔的最大直径（见图 5-7 中的 7）

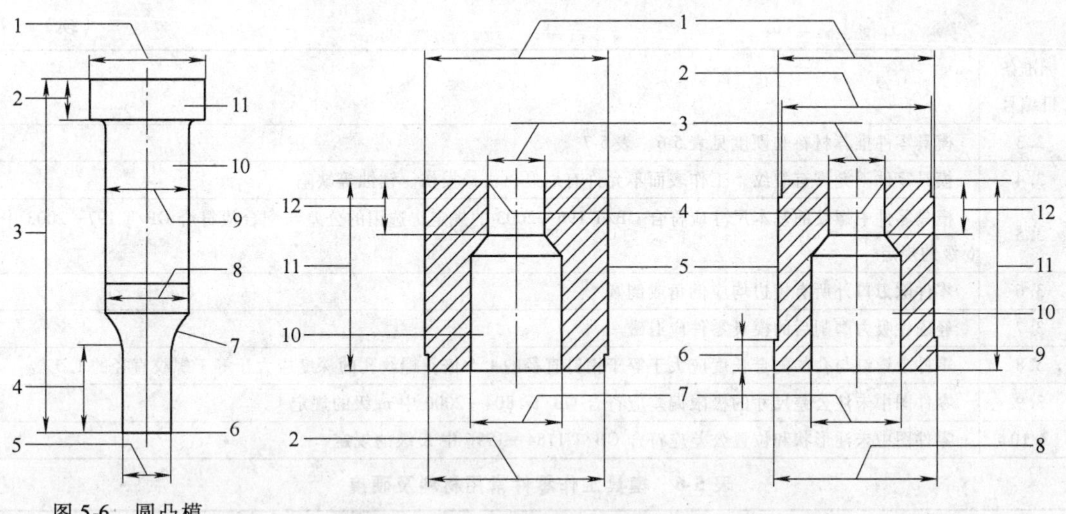

图 5-6　圆凸模

1—头部直径　2—头厚
3—凸模总长　4—刃口长度
5—刃口直径　6—刃口
7—过渡半径　8—引导直径
9—杆直径　10—杆　11—头部

图 5-7　圆凹模

1—凹模外径　2—引导直径　3—刃口直径　4—刃口
5—模体　6—头厚　7—排料孔直径　8—头部直径　9—头部
10—排料孔　11—凹模总长　12—刃口长度

5.2　冲模技术条件标准

GB/T 14662—2006 规定了《冲模技术条件》，与旧版标准 GB/T 14462—1993 相比主要变化有：在标准的编排上作了修改，并增加了“前言”和“规范性引用文件”；对技术要求的表述进行了简化、修改，表述更加明了；删除了原标准中规定的术语合同内容的条款；删除了原标准中“7 使用规定”的条款；删除了原标准中“附录 A 冲模设计的审核项目”和“附录 B 模具制造者的保证”。

5.2.1　范围

GB/T 14662—2006 标准规定了冲模的要求、验收、标志、包装、运输和储存，适用于冲模的设计、制造和验收。

5.2.2　零件要求

GB/T 14662—2006 标准规定的对冲模零件的要求如表 5-5 所示。表 5-6 为模具工作零件常用材料及硬度，表 5-7 为模具一般零件的材料及硬度。

表 5-5　对冲模零件的要求（摘自 GB/T 14662—2006）

标准条目编号	内　容
3.1	设计冲模宜选用 GB/T 2851 ~ 2852、JB/T 8049、JB/T 7181 ~ 7182 和 GB/T 2855 ~ 2856、GB/T 2861、JB/T 5825 ~ 5830、JB/T 7184 ~ 7187、JB/T 7642 ~ 7652、JB/T 8054、JB/T 8057 规定的标准模架和零件
3.2	模具工作零件和模具一般零件所选用的材料应符合相应牌号的技术标准

（续）

标准条目编号	内容
3.3	模具零件推荐材料和硬度见表 5-6、表 5-7
3.4	模具零件不允许有裂纹，工作表面不允许有划痕、机械损伤、锈蚀等缺陷
3.5	模具零件中螺纹的基本尺寸应符合 GB/T 196—2003 的规定，选用的公差与配合应符合 GB/T 197—2003 中 6 级的规定
3.6	零件除刃口外所有棱边均应倒角或倒圆
3.7	经磁性吸力磨削后的模具零件应退磁
3.8	零件上销钉与孔的配合长度应大于等于销钉直径的 1.5 倍；螺纹孔的深度应大于等于螺纹直径的 1.5 倍
3.9	零件图中未注公差尺寸的极限偏差应符合 GB/T 1804—2000 中 m 级的规定
3.10	零件图中未注形状和位置公差应符合 GB/T 1184—1996 中 K 级的规定

表 5-6 模具工作零件常用材料及硬度

模具类型	冲件与冲压工艺情况		材料	硬度	
				凸模	凹模
冲裁模	Ⅰ	形状简单，精度低，材料厚度小于或等于 3mm，中小批量	T10A、9Mn2V	56 ~ 60HRC	58 ~ 62HRC
	Ⅱ	材料和厚度小于或等于 3mm，形状复杂；材料厚度大于 3mm	9CrSi、CrWMnCr12、Cr12MoV、W6Mo5Cr4V2	58 ~ 62HRC	60 ~ 64HRC
	Ⅲ	大批量	Cr12MoV、Cr4W2MoV	58 ~ 62HRC	60 ~ 64HRC
			YG15、YG20	≥86HRA	≥84HRA
			超细硬质合金	—	—
弯曲模	Ⅰ	形状简单 中小批量	T10A	56 ~ 62HRC	
	Ⅱ	形状复杂	CrWMn、Cr12、Cr12MoV	60 ~ 64HRC	
	Ⅲ	大批量	YG15、YG20	≥86HRA	≥84HRA
	Ⅳ	加热弯曲	5CrNiMo、5CrNiTi、5CrMnMo	52 ~ 56HRC	
			4Cr5MoSiV1	40 ~ 45HRC 表面渗碳≥900HV	
拉深模	Ⅰ	一般拉深	T10A	56 ~ 60HRC	58 ~ 62HRC
	Ⅱ	形状复杂	Cr12、Cr12MoV	58 ~ 62HRC	60 ~ 64HRC
	Ⅲ	大批量	Cr12MoV、Cr4W2MoV	58 ~ 62HRC	60 ~ 64HRC
			YG10、YG15	≥86HRA	≥84HRA
			超细硬质合金	—	
	Ⅳ	变薄拉深	Cr12MoV	58 ~ 62HRC	—
			W18Cr4V、W6Mo5Cr4V2 Cr12MoV	—	60 ~ 64HRC
			YG10、YG15	≥86HRA	≥84HRA

（续）

模具类型	冲件与冲压工艺情况		材料	硬度	
				凸模	凹模
拉深模	V	加热拉深	5CrNiTi、5CrNiMo	52～56HRC	
			4Cr5MoSiV1	40～45HRC 表面渗碳≥900HV	
大型拉深模	I	中小批量	HT250、HT300	170～260HB	
			QT600—20	197～269HB	
	II	大批量	镍铬铸铁	火焰淬硬 40～45HRC	
			钼铬铸铁、钼钒铸铁	火焰淬硬 50～55HRC	

表 5-7　模具一般零件的材料及硬度

零件名称	材　料	硬　度
上、下模座	HT200	170～220HBW
	45	24～28HRC
导柱	20Cr	60～64HRC（渗碳）
	GCr15	60～64HRC
导套	20Cr	58～62HRC（渗碳）
	GCr15	58～62HRC
凸模固定板、凹模固定板、螺母、垫圈、螺塞	45	28～32HRC
模柄、承料板	Q235A	—
卸料板、导料板	45	28～32HRC
	Q235A	—
导正销	T10A	50～54HRC
	9Mn2V	56～60HRC
垫板	45	43～48HRC
	T10A	50～54HRC
螺钉	45	头部 43～48HRC
销钉	T10A GCr15	56～60HRC
挡料销、抬料销、推杆、顶杆	65Mn Gcr15	52～56HRC
推板	45	43～48HRC
压边圈	45	54～58HRC
	T10A	43～48HRC
定距侧刃、废料切断刀	T10A	58～62HRC
侧刃挡块	T10A	56～60HRC
斜楔与滑块	T10A	54～58HRC
弹簧	50CrVA、55CrSi、65Mn	44～48HRC

5.2.3 装配要求

GB/T 14662—2006 标准规定的冲模装配要求如表 5-8 所示。

表 5-8 冲模装配要求（摘自 GB/T 14662—2006）

标准条目编号	内容
4.1	装配式应保证凸、凹模之间的间隙均匀一致
4.2	推料、卸料机构必须灵活，卸料板或推件器在模具开启状态时，一般应突出凸、凹模表面 0.5～1.0mm
4.3	模具所有活动的部分的移动应平稳灵活，无阻滞现象，滑块、斜楔在固定滑块面上移动时，其最小接触面积应大于其面积的 75%
4.4	紧固用的螺钉、销钉装配后不得松动，并保证螺钉和销钉的端面不突出上下模座的安装平面
4.5	凸模装配后的垂直度应符合表 5-9 的规定
4.6	凸模、凸凹模等与固定板的配合一般按 GB/T 1800.4—1999① 中的 H7/n6 或 H7/m6 选取
4.7	质量超过 20 kg 的模具应设吊环螺钉或起吊孔，确保安全吊装。起吊时模具应平稳，便于装模。吊环螺钉应符合 GB/T 825—1988 的规定

① 该标准已被 GB/T 1800.2—2009 替代。

表 5-9 凸模装配后的垂直度要求

间隙值/mm	垂直度公差等级（GB/T 1184—1996）	
	单凸模	多凸模
≤0.02	5	6
>0.02～0.06	6	7
>0.06	7	8

5.2.4 验收

GB/T 14662—2006 标准规定的冲模验收内容与要求如表 5-10 所示。

表 5-10 冲模验收内容与要求（摘自 GB/T 14662—2006）

标准条目编号	内容
5.1	验收应包括以下内容： 1）外观检查 2）尺寸检查 3）模具材质和热处理要求检查 4）试模和冲件质量符合性检查 5）质量稳定性检查
5.2	模具供方应按模具图和本技术条件对模具零件和模具进行外观和尺寸检查
5.3	经 5.2 检查合格的模具可进行试模，试模用的冲压设备应符合要求，试模所用的材质应与冲件材质相符
5.4	冲压工艺稳定后，应连续提取 20～1000 件（精密多工位级进模必须试冲 1000 件以上）冲件，对于大型覆盖件模具要求连续提取 5～10 件冲件进行检验。模具供方与顾客确认冲件合格后，由模具供方开具合格证并随模具交付顾客
5.5	模具质量稳定性检查应为在正常生产条件下连续批量生产 8h，或由模具供方与顾客协商确定
5.6	顾客在验收期间应按图样和本技术条件要求对模具主要零件的材质、热处理、表面处理情况进行检查和抽查

5.2.5　标志、包装、运输及贮存

GB/T 14662—2006 标准规定的冲模标志、包装、运输及贮存内容与要求如表 5-11 所示。

表 5-11　冲模标志、包装、运输及贮存（摘自 GB/T 14662—2006）

标准条目编号	内　容
6.1	在模具非工作面的明显处应做出标志。标志一般包含以下内容：模具号、出厂日期、供方名称
6.2	模具交付前应擦洗干净，表面应涂覆防锈剂
6.3	出厂模具根据运输要求进行包装，应防潮、防止磕碰，保证在正常运输中模具完好无损

5.3　冲模零件技术条件标准

JB/T 7653—2008 规定了《冲模零件技术条件》，与旧版标准 JB/T 7653—1994 相比主要变化有：在标准的编排上作了修改，并增加了“前言”；对“范围”的表述作了修改；对“规范性引用文件”的表述作了调整修改；零件的垂直度和平行度值分别用 t_1、t_2 表示；对“标记、标志、包装、运输、贮存”表述作了简化。

5.3.1　范围

JB/T 7653—2008 标准规定了冲模零件的要求、检验、标志、包装、运输和贮存，适用于冲模零件。

5.3.2　要求

JB/T 7653—2008 标准规定的冲模零件要求如表 5-12 所示。

表 5-12　冲模零件要求（摘自 JB/T 7653—2008）

标准条目编号	内　容
3.1	图样中未注公差尺寸的极限偏差应符合 GB/T 1804—2000 中 m 级的规定
3.2	图样中未注的形状和位置公差应符合 GB/T 1184—1996 中 H 级的规定
3.3	零件不允许有锈斑、碰伤和凹痕等缺陷，保持无脏物和油污
3.4	模具零件所选用的材料应符合相应牌号的技术标准
3.5	图样中未注尺寸的砂轮越程槽应符合 GB/T 6403.5 的规定
3.6	图样中未注尺寸的中心孔应符合 GB/T 145 的规定
3.7	制造方应在模板的侧向基准面上设 ϕ6mm、深 0.5mm 的涂色平底坑作为标记，其位置离各基准面得边距为 8mm
3.8	当模具零件质量超过 25kg 时，应设起吊螺孔
3.9	零件均应去毛刺，图样中未注明倒角尺寸，除刃口外所有锐边和锐角均应倒角或倒圆，视零件大小，倒角尺寸为 $C0.5 \sim C2$mm，倒圆尺寸为 $R0.5 \sim R1$mm
3.10	零件图上未注明的铸造圆角半径为 $R3 \sim R5$mm
3.11	铸件的非加工表面须清砂处理，表面应光滑平整，无明显凸凹缺陷
3.12	锻件不应有过热，过烧的内部组织和机械加工不能去除裂纹，夹层及凹坑

（续）

标准条目编号	内　容
3.13	加工后的零件表面，不允许有影响使用的砂眼、缩孔、机械损伤等缺陷
3.14	零件经热处理后硬度应均匀，不允许有裂纹、脱碳氧化斑点
3.15	表面渗碳淬火的零件，所规定的渗碳层厚度为成品加工后的渗碳层厚度
3.16	凹模板、固定板等零件图上标明的垂直度公差 t_1 应符合表5-13的规定，在保证垂直度公差 t_1 值要求下其表面粗糙度 Ra 允许降为1.6μm
3.17	所有模座、凹模板、固定板、垫板等零件图上标明的平行度公差 t_2 值应符合表5-14的规定
3.18	通用模座在保证平行度要求下，其上、下两平面的表面粗糙度 Ra 允许降低为1.6μm
3.19	通用模座的起吊空为螺孔，螺孔的基本尺寸应符合GB/T 196的规定，公差应符合GB/T 197中7级的规定，经供需方协议可改为钻孔

表5-13　凹模板、固定板等零件图上标明的垂直度公差 t_1

基本尺寸	公差等级
	5
	公差值 t_1
>40~63	0.012
>63~100	0.015
>100~160	0.020
>160~250	0.025

注：1. 基本尺寸是指被测零件的短边长度。

2. 垂直度误差是指以长边为基准对短边的垂直度最大允许值。

3. 公差等级按GB/T 1184。

表5-14　所有模座、凹模板、固定板、垫板等零件图上标明的平行度公差 t_2

基本尺寸	公差值 t_2
>40~63	0.008
>63~100	0.010
>100~160	0.012
>160~250	0.015
>250~400	0.020
>400~630	0.025
>630~1000	0.030
>1000~1600	0.040

注：基本尺寸是指被测表面的最大长度尺寸或最大宽度尺寸。

5.3.3　检验

JB/T 7653—2008标准规定的冲模零件检验内容如表5-15所示。

表5-15　冲模零件的检验（摘自JB/T 7653—2008）

标准条目编号	内　容
4.1	用户和制造单位对标准零件按相应的标准要求和3.1~3.19进行尺寸检查和外观检查
4.2	检验合格后应做合格标志，标志应包括以下内容：检验部门、检验员、检验日期

5.3.4　标志、包装、运输及贮存

JB/T 7653—2008 标准规定的冲模标志、包装、运输及贮存内容如表 5-16 所示。

表 5-16　冲模标志、包装、运输及贮存（摘自 JB/T 7653—2008）

标准条目编号	内　容
5.1	在零件的非工作表面应做出零件的规格和材质标志
5.2	检验合格的模架零件应清理干净，经防锈处理后入库贮存
5.3	零件应根据运输条件进行包装，应防潮，防止磕碰，保证在正常运输中完好无损

第6章　冲模工作零部件标准与应用

本章主要介绍凸模、凹模等冲模工作零部件的标准、设计与计算，考虑到固定板、垫板等零件与工作零部件关系紧密，一并在本章进行讲解。本章介绍的标准主要有：

JB/T 5825—2008　冲模　圆柱头直杆圆凸模

JB/T 5826—2008　冲模　圆柱头缩杆圆凸模

JB/T 5827—2008　冲模　60°锥头直杆圆凸模

JB/T 5828—2008　冲模　60°锥头缩杆圆凸模

JB/T 5829—2008　冲模　球锁紧圆凸模

JB/T 7644.1—2008　冲模单凸模模板　第1部分：单凸模固定板

JB/T 7644.2—2008　冲模单凸模模板　第2部分：单凸模垫板

JB/T 7644.3—2008　冲模单凸模模板　第3部分：偏装单凸模固定板

JB/T 7644.4—2008　冲模单凸模模板　第4部分：偏装单凸模垫板

JB/T 7644.5—2008　冲模单凸模模板　第5部分：球锁紧单凸模固定板

JB/T 7644.6—2008　冲模单凸模模板　第6部分：球锁紧单凸模垫板

JB/T 7644.7—2008　冲模单凸模模板　第7部分：球锁紧偏装单凸模固定板

JB/T 7644.8—2008　冲模单凸模模板　第8部分：球锁紧偏装单凸模垫板

JB/T 5830—2008　冲模　圆凹模

JB/T 7643.1—2008　冲模模板　第1部分：矩形凹模板

JB/T 7643.2—2008　冲模模板　第2部分：矩形固定板

JB/T 7643.3—2008　冲模模板　第3部分：矩形垫板

JB/T 7643.4—2008　冲模模板　第4部分：圆形凹模板

JB/T 7643.5—2008　冲模模板　第5部分：圆形固定板

JB/T 7643.6—2008　冲模模板　第6部分：圆形垫板

6.1　凸模的标准、应用与计算

6.1.1　圆凸模标准

JB/T 5825—2008 ~ JB/T 5829—2008 标准分别规定了圆柱头直杆圆凸模、圆柱头缩杆圆凸模、60°锥头直杆圆凸模、60°锥头缩杆圆凸模和球锁紧圆凸模，分别介绍如下。

1. 圆柱头直杆圆凸模标准

JB/T 5825—2008 标准规定了冲模圆柱头直杆圆凸模的尺寸规格，适用于直径在1 ~ 36mm 的圆柱头直杆圆凸模，同时还给出了材料指南和硬度要求，并规定了圆柱头直杆圆凸模的标记。与旧标准相比，主要变化如下：将标准名称改为《冲模 圆柱头直杆圆凸模》；增加了“前言”和“规范性引用文件”；材料和硬度改为推荐选用，取消了“T10A、

9Mn2V”；增加了“5 要求”一章；“标记”中取消了材料要素。

JB/T 5825—2008 标准规定的冲模圆柱头直杆圆凸模如表 6-1 所示。

表 6-1　冲模圆柱头直杆圆凸模（摘自 JB/T 5825—2008）　　（单位：mm）

表面粗糙度以 μm 为单位

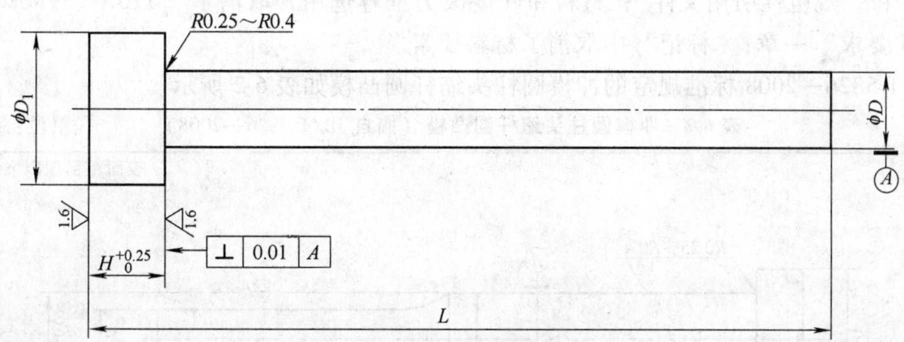

未注表面粗糙度 $Ra6.3\mu m$。

标记示例：$D=6.3mm$，$L=80mm$ 的圆柱头直杆圆凸模标记如下：圆柱头直杆圆凸模 6.3×80 JB/T 5825—2008

D m5	H	$D_{1}{}_{-0.25}^{0}$	$L_{0}^{+1.0}$
1.0	3.0	3.0	45,50,56,63,71,80,90,100
1.05			
1.1			
1.2			
1.25			
1.3			
1.4			
1.5			
1.6			
1.7		4.0	
1.8			
1.9			
2.0			
2.1		5.0	
2.2			
2.4			
2.5			
2.6			
2.8			
3.0			
3.2			
3.4		6.0	
3.6			
3.8			
4.0			
4.2			
4.5		7.0	
4.8			

D m5	H	$D_{1}{}_{-0.25}^{0}$	$L_{0}^{+1.0}$
5.0	5.0	8.0	45,50,56,63,71,80,90,100
5.3		9.0	
5.6			
6.0			
6.3		11.0	
6.7			
7.1			
7.5			
8.0			
8.5		13.0	
9.0			
9.5			
10.0			
10.5		16.0	
11.0			
12.0			
12.5			
13.0			
14.0		19.0	
15.0			
16.0			
20.0		24.0	
25.0		29.0	
32.0		36.0	
36.0		40.0	

注：1. 材料由制造者选定，推荐采用 Cr12MoV、Cr12、Cr6WV、CrWMn。

2. 硬度要求：Cr12MoV、Cr12、CrWMn 刃口 58～62HRC，头部固定部分 40～50HRC；Cr6WV 刃口 56～60HRC，头部固定部分 40～50HRC。

3. 其他应符合 JB/T 7653 的规定。

4. 标记应包括以下内容：①圆柱头直杆圆凸模；②凸模刃口直径 d，单位为 mm；③凸模长度 L，单位为 mm；④本标准代号，即 JB/T 5825—2008。

2. 圆柱头缩杆圆凸模标准

JB/T 5826—2008 标准规定了圆柱头缩杆圆凸模的尺寸规格，适用于直径在 5 ~36mm 的圆柱头直杆圆凸模，同时还给出了材料指南和硬度要求，并规定了圆柱头直杆圆凸模的标记。与旧标准相比，主要变化如下：将标准名称改为《冲模 圆柱头缩杆圆凸模》；增加了“前言”和“规范性引用文件”；材料和硬度改为推荐选用，取消了“T10A 、9Mn2V”；增加了“5 要求”一章；“标记”中取消了材料要素。

JB/T 5826—2008 标准规定的冲模圆柱头缩杆圆凸模如表 6-2 所示。

表 6-2　冲模圆柱头缩杆圆凸模（摘自 JB/T 5826—2008）　　（单位：mm）

表面粗糙度以 μm 为单位

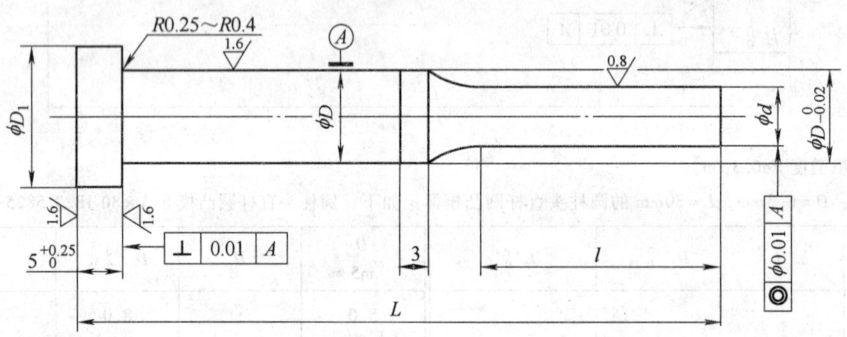

未注表面粗糙度 Ra6. 3μm。

标记示例：D = 5mm，d = 2mm，L = 56mm 的圆柱头缩杆圆凸模标记如下：圆柱头缩杆圆凸模 5 ×80 ×56 JB/T 5826—2008

D m5	d		D_1	L
	下限	上限		
5	1	4. 9	8	45，50，56，63，71，80，90，100
6	1. 6	5. 9	9	
8	2. 5	7. 9	11	
10	4	9. 9	13	
13	5	12. 9	16	
16	8	15. 9	19	
20	12	19. 9	24	
25	16. 5	24. 9	29	
32	20	31. 9	36	
36	25	35. 9	40	

注：1. 材料由制造者选定，推荐采用 Cr12MoV、Cr12、Cr6WV、CrWMn。

2. 硬度要求：Cr12MoV、Cr12、CrWMn 刃口 58 ~62HRC，头部固定部分 40 ~50HRC；Cr6WV 刃口 56 ~60HRC，头部固定部分 40 ~50HRC。

3. 其他应符合 JB/T 7653 的规定。

4. 标记应包括以下内容：①圆柱头缩杆圆凸模；②凸模杆直径 D，单位为 mm；③凸模刃口直径 d；④凸模长度 L，单位为 mm；⑤本标准代号，即 JB/T 5826—2008。

5. 刃口长度 l 由制造者自行选定。

3. 60°锥头直杆圆凸模标准

JB/T 5827—2008 标准规定了 60°锥头直杆圆凸模的尺寸规格，适用于直径在 0.5 ~

15mm 的 60°锥头直杆圆凸模，同时还给出了材料指南和硬度要求，并规定了 60°锥头直杆圆凸模的标记。与旧标准相比，主要变化如下：将标准名称改为《冲模 60°锥头直杆圆凸模》；增加了“前言”和“规范性引用文件”；材料和硬度改为推荐选用，取消了“T10A、9Mn2V”；增加了“5 要求”一章；“标记”中取消了材料要素。

JB/T 5827—2008 标准规定的冲模 60°锥头直杆圆凸模如表 6-3 所示。

表 6-3　冲模 60°锥头直杆圆凸模（摘自 JB/T 5827—2008）　（单位：mm）

表面粗糙度以 μm 为单位

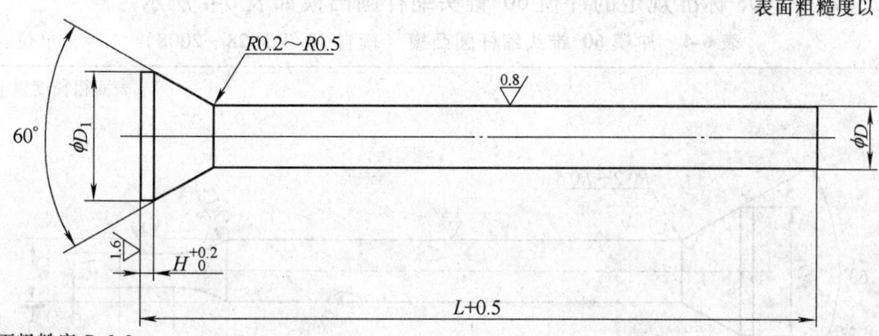

未注表面粗糙度 $Ra6.3\mu m$。

标记示例：$D=6.3$mm，$L=80$mm 的 60°锥头直杆圆凸模标记如下：锥头直杆圆凸模 6.3 ×80 JB/T 5827—2008

D m5	D_1	H	L	D m5	D_1	H	L
0.5	0.9	0.2	40,50,63,71,80,90,100	3.0	4.5	0.5	40,50,63,71,80,90,100
0.55	1.0	0.2		3.2	4.5	0.5	
0.6	1.2	0.2		3.4	4.5	0.5	
0.65	1.3	0.2		3.6	5.0	0.5	
0.7	1.3	0.2		3.8	5.0	0.5	
0.75	1.4	0.2		4.0	5.5	0.5	
0.8	1.4	0.4		4.2	5.5	0.5	
0.85	1.6	0.4		4.5	6.0	0.5	
0.9	1.6	0.4		4.8	6.0	0.5	
0.95	1.8	0.4		5.0	6.5	0.5	
1.0	1.8	0.5		5.3	6.5	0.5	
1.05	1.8	0.5		5.6	7	0.5	
1.1	2.0	0.5		6.0	8	0.5	
1.2	2.0	0.5		6.3	8	0.5	
1.25	2.0	0.5		6.7	9	1.0	
1.3	2.2	0.5		7.1	9	1.0	
1.4	2.2	0.5		7.5	10	1.0	
1.5	2.5	0.5		8.0	10	1.0	
1.6	2.5	0.5		8.5	11	1.0	
1.7	2.8	0.5		9.0	11	1.0	
1.8	2.8	0.5		9.5	12	1.0	
1.9	3.0	0.5		10.0	12	1.0	
2.0	3.2	0.5		10.5	13	1.0	
2.1	3.2	0.5		11	13	1.0	
2.2	3.2	0.5		12	14	1.0	
2.4	3.5	0.5		12.5	15	1.0	
2.5	3.5	0.5		13	15	1.0	
2.6	4.0	0.5		14	16	1.5	
2.8	4.0	0.5		15	17	1.5	

注：1. 材料由制造者选定，推荐采用 Cr12MoV、Cr12、Cr6WV、CrWMn。

2. 硬度要求：Cr12MoV、Cr12、CrWMn 刃口 58 ~ 62HRC，头部固定部分 40 ~ 50HRC；Cr6WV 刃口 56 ~ 60HRC，头部固定部分 40 ~ 50HRC。

3. 其他应符合 JB/T 7653 的规定。

4. 标记应包括以下内容：①锥头直杆圆凸模；②凸模刃口直径 D，单位为 mm；③凸模长度 L，单位为 mm；④本标准代号，即 JB/T 5827—2008。

4. 60°锥头缩杆圆凸模标准

JB/T 5828—2008 标准规定了60°锥头缩杆圆凸模的尺寸规格，适用于直径在2~3mm 的60°锥头缩杆圆凸模，同时还给出了材料指南和硬度要求，并规定了60°锥头缩杆圆凸模的标记。与旧标准相比，主要变化如下：将标准名称改为《冲模 60°锥头缩杆圆凸模》；增加了“前言”和“规范性引用文件”；材料和硬度改为推荐选用，取消了“T10A、9Mn2V”；增加了“5 要求”一章；“标记”中取消了材料要素。

JB/T 5828—2008 标准规定的冲模60°锥头缩杆圆凸模如表 6-4 所示。

表 6-4 冲模 60°锥头缩杆圆凸模（摘自 JB/T 5828—2008） （单位：mm）

表面粗糙度以 μm 为单位

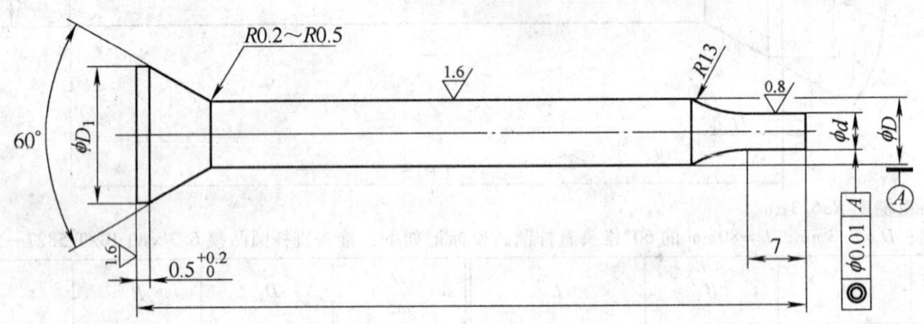

未注表面粗糙度 Ra6.3μm。

标记示例：$D=2$mm，$d=0.5$mm，$L=71$mm 的60°锥头缩杆圆凸模标记如下：锥头缩杆圆凸模 2×0.5×71 JB/T 5828—2008

D m5	d j6	D_1	$L^{+0.5}_{0}$	
2	0.5≤d≤1.6	3.0	71	80
3	1.4≤d≤2.9	4.5	71	80

注：1. 材料由制造者选定，推荐采用 Cr12MoV、Cr12、Cr6WV、CrWMn。

2. 硬度要求：Cr12MoV、Cr12、CrWMn 刃口 58~62HRC，头部固定部分 40~50HRC；Cr6WV 刃口 56~60HRC，头部固定部分 40~50HRC。

3. 其他应符合 JB/T 7653 的规定。

4. 标记应包括以下内容：①锥头缩杆圆凸模；②锥头圆凸模杆直径 D，单位为 mm；③锥头圆凸模刃口直径 d；④凸模长度 L，单位为 mm；⑤本标准代号，即 JB/T 5828—2008。

5. 球锁紧圆凸模标准

JB/T 5829—2008 标准规定了球锁紧圆凸模的尺寸规格和公差，适用于直径在 6~22mm 的球锁紧圆凸模，同时还给出了材料指南和硬度要求，并规定了球锁紧圆凸模的标记。与旧标准相比，主要变化如下：将标准名称改为《冲模 球锁紧圆凸模》；增加了“前言”和“规范性引用文件”；材料和硬度改为推荐选用，取消了“T10A 、9Mn2V”；增加了“5 要求”一章；“标记”中取消了材料要素。

JB/T 5829—2008 标准规定的球锁紧圆凸模如表 6-5 所示。

表 6-5　球锁紧圆凸模（摘自 JB/T 5829—2008）　（单位：mm）

表面粗糙度以 μm 为单位

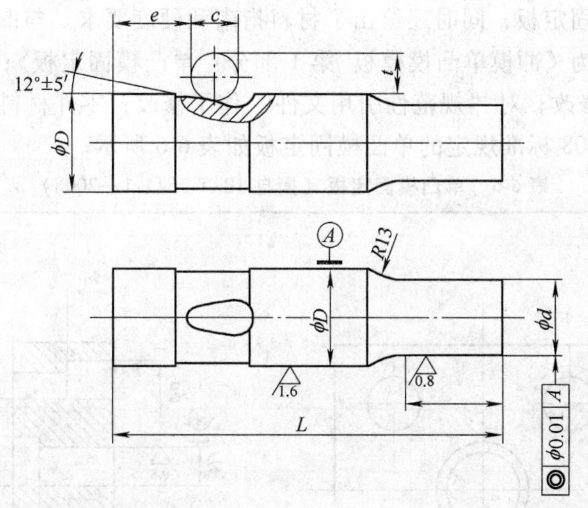

未注表面粗糙度 $Ra6.3\mu m$。

标记示例：$D = 6$mm，$d = 2$mm，$L = 71$mm 的球锁紧圆凸模标记如下：球锁紧圆凸模 6 × 2 × 71 JB/T 5829—2008

D g5	刃口直径 dj6 的范围		c	$e^{+0.2}_{0}$	$t^{0}_{-0.1}$	$L^{+0.5}_{0}$				
	下限	上限				50	56	63	71	80
6.0	1.6	5.9	6.0	14.0	5.2	×	×	×	×	×
10.0	4.0	9.9	8.0	12.4	6.7	×	×	×	×	×
13.0	6.0	12.9	8.0	12.4	6.7	—	×	×	×	×
16.0	8.5	15.9	8.0	12.4	6.7	—	×	×	×	×
20.0	12.5	19.9	8.0	12.4	6.7	—	×	×	×	×
25.0	18.0	24.9	8.0	12.4	6.7	—	×	×	×	×
32.0	25.0	31.9	8.0	12.4	6.7	—	×	×	×	×

注：1. 材料由制造者选定，推荐采用 Cr12MoV、Cr12、Cr6WV、CrWMn。

2. 硬度要求：Cr12MoV、Cr12、CrWMn 刃口 58 ~ 62HRC，头部固定部分 40 ~ 50HRC；Cr6WV 刃口 56 ~ 60HRC，头部固定部分 40 ~ 50HRC。

3. 其他应符合 JB/T 7653 的规定。

4. 标记应包括以下内容：① 球锁紧圆凸模；②凸模的刃口直径 d，单位为 mm；③凸模长度 L，单位为 mm；④本标准代号，即 JB/T 5829—2008。

5. 刃口长度 l 由制造者自行选定。

6.1.2　冲模单凸模模板标准

JB/T 7644—2008 标准规定了《冲模单凸模模板》，本标准共分为八个部分，分别是单凸模固定板、单凸模垫板、偏装单凸模固定板、偏装单凸模垫板、球锁紧单凸模固定板、球锁紧单凸模垫板、球锁紧偏装单凸模固定板和球锁紧偏装单凸模垫板。对这些标准分别介绍如下。

1. 单凸模固定板标准

JB/T 7644.1—2008 标准规定了冲模单凸模固定板的尺寸规格和标记，适用于冲模圆形单凸模、异形单凸模固定板，同时还给出了材料指南和硬度要求。与旧标准相比，主要变化如下：将标准名称改为《冲模单凸模模板　第 1 部分：单凸模固定板》；增加了“前言”；对“范围”的表述作了修改；对“规范性引用文件”作了修改；零件材料改为推荐选用。

JB/T 7644.1—2008 标准规定的单凸模固定板如表 6-6 所示。

表 6-6　单凸模固定板（摘自 JB/T 7644.1—2008）　（单位：mm）

表面粗糙度以 μm 为单位

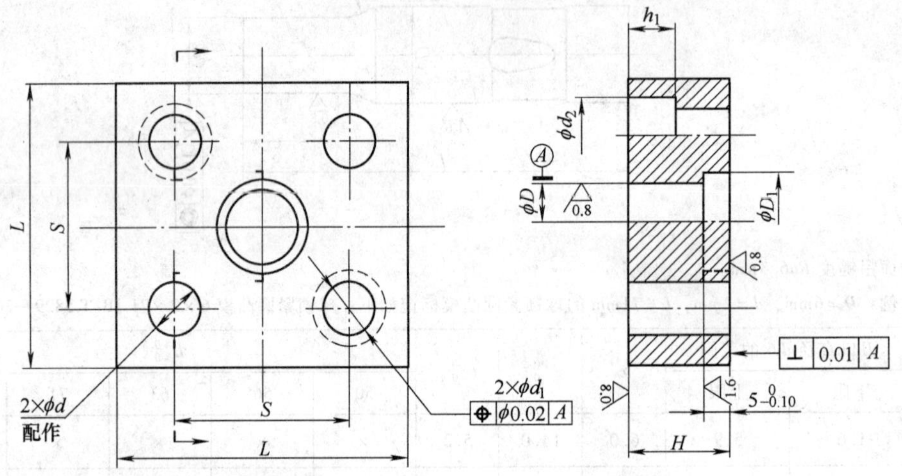

未注表面粗糙度 $Ra6.3\mu m$。

标记示例：$D=20mm$，$H=20mm$ 的单凸模固定板标记如下：单凸模固定板 20×20 JB/T 7644.1—2008

<table>
<tr><th>D
H6</th><th>H</th><th>D_1</th><th>L</th><th>S</th><th>d
H7</th><th>d_1</th><th>d_2</th><th>h_1</th></tr>
<tr><td>5</td><td rowspan="11">18,23,30</td><td>9</td><td rowspan="3">40</td><td rowspan="3">22</td><td rowspan="5">8</td><td rowspan="5">9</td><td rowspan="5">15</td><td rowspan="5">9</td></tr>
<tr><td>6</td><td>10</td></tr>
<tr><td>8</td><td>12</td></tr>
<tr><td>10</td><td>14</td><td rowspan="2">45</td><td rowspan="2">25</td></tr>
<tr><td>12</td><td>17</td></tr>
<tr><td>16</td><td>21</td><td rowspan="2">50</td><td rowspan="2">30</td><td rowspan="3">10</td><td rowspan="3">11</td><td rowspan="3">18</td><td rowspan="3">11</td></tr>
<tr><td>20</td><td>26</td></tr>
<tr><td>25</td><td>31</td><td>56</td><td>36</td></tr>
<tr><td>32</td><td>38</td><td>63</td><td>39</td><td rowspan="3">12</td><td rowspan="3">13</td><td rowspan="3">22</td><td rowspan="3">13</td></tr>
<tr><td>40</td><td>46</td><td>76</td><td>50</td></tr>
<tr><td>50</td><td>56</td><td>80</td><td>56</td></tr>
</table>

注：1. 材料由制造者选定，推荐采用 45 钢。

2. 硬度 28～32HRC。

3. 其他应符合 JB/T 7653 的规定。

4. 标记应包括以下内容：①单凸模固定板；②固定板孔径 D，单位为 mm；③固定板厚度 H，单位为 mm；④本标准代号，即 JB/T 7644.1—2008。

2. 单凸模垫板标准

JB/T 7644.2—2008 标准规定了冲模单凸模垫板的尺寸规格和标记，适用于冲模圆形单凸模、异形单凸模垫板，同时还给出了材料指南和硬度要求。与旧标准相比，主要变化如下：将标准名称改为《冲模单凸模模板 第2部分：单凸模垫板》；增加了“前言”；对“范围”的表述作了修改；对“规范性引用文件”作了修改；零件材料改为推荐选用。

JB/T 7644.2—2008 标准规定的单凸模垫板如表 6-7 所示。

表 6-7　单凸模垫板（JB/T 7644.2—2008）　　（单位：mm）

表面粗糙度以 μm 为单位

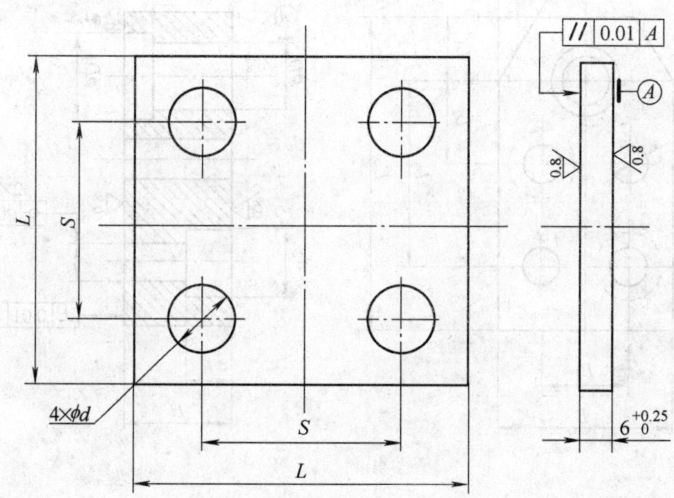

未注表面粗糙度 $Ra6.3\mu m$。

标记示例：$L=63mm$ 的单凸模垫板标记如下：单凸模垫板 63JB/T 7644.2—2008

L	S	d
40	22	9
45	25	
50	30	11
56	36	
63	39	13
76	50	
80	56	

注：1. 材料由制造者选定，推荐采用 T10A。

2. 硬度 56～60HRC。

3. 其他应符合 JB/T 7653 的规定。

4. 标记应包括以下内容：①单凸模垫板；②垫板长度 L，单位为 mm；③本标准代号，即 JB/T 7644.2—2008。

3. 偏装单凸模固定板标准

JB/T 7644.3—2008 标准规定了冲模偏装单凸模固定板的尺寸规格和标记，适用于冲模圆形、异形偏装单凸模固定板，同时还给出了材料指南和硬度要求。与旧标准相比，主要变化如下：将标准名称改为《冲模单凸模模板 第 3 部分：偏装单凸模固定板》；增加了“前言”；对“范围”的表述作了修改；对“规范性引用文件”作了修改；零件材料改为推荐选用。

JB/T 7644.3—2008 标准规定的偏装单凸模固定板如表 6-8 所示。

表 6-8　偏装单凸模固定板（摘自 JB/T 7644.3—2008）　（单位：mm）

表面粗糙度以 μm 为单位

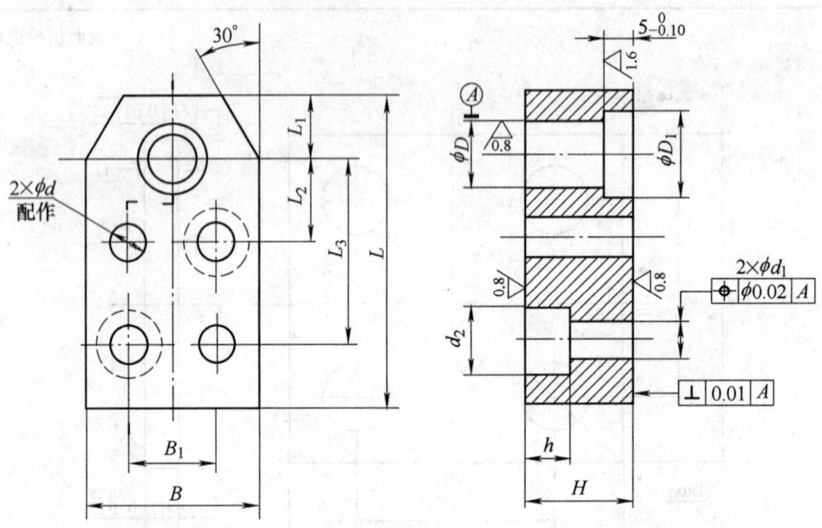

未注表面粗糙度 *Ra*6.3μm。

标记示例：*D*=16mm，*H*=23mm 的偏装单凸模固定板标记如下：偏装单凸模固定板 16×23 JB/T 7644.3—2008

D H6	D_1	*H*	*L*	*B*	L_1	L_2	L_3	B_1	*d* H7	d_1	d_2	*h*
5	9	18,23,30	50	32	10	15	30	15	8	9	15	9
6	10											
8	12											
10	14											
12	17		63	36	15	17	36	16				
16	21											
20	26		71	40	20	20	40	20	10	11	18	11
25	31											
32	38		80	50	24	25	45	28	12	13	22	13

注：1. 材料由制造者选定，推荐采用 45 钢。

2. 硬度 28～32HRC。

3. 其他应符合 JB/T 7653 的规定。

4. 标记应包括以下内容：①偏装单凸模固定板；②固定板孔径 *D*，单位为 mm；③固定板厚度 *H*，单位为 mm；④本标准代号，即 JB/T 7644.3—2008。

4. 偏装单凸模垫板标准

JB/T 7644.4—2008 标准规定了冲模偏装单凸模垫板的尺寸规格和标记，适用于冲模偏装单凸模垫板，同时还给出了材料指南和硬度要求。与旧标准相比，主要变化如下：将标准名称改为《冲模单凸模模板 第 4 部分：偏装单凸模垫板》；增加了“前言”；对“范围”的表述作了修改；对“规范性引用文件”作了修改；零件材料改为推荐选用。

JB/T 7644.4—2008 标准规定的偏装单凸模垫板如表 6-9 所示。

表 6-9 偏装单凸模垫板（摘自 JB/T 7644.4—2008） （单位：mm）

表面粗糙度以 μm 为单位

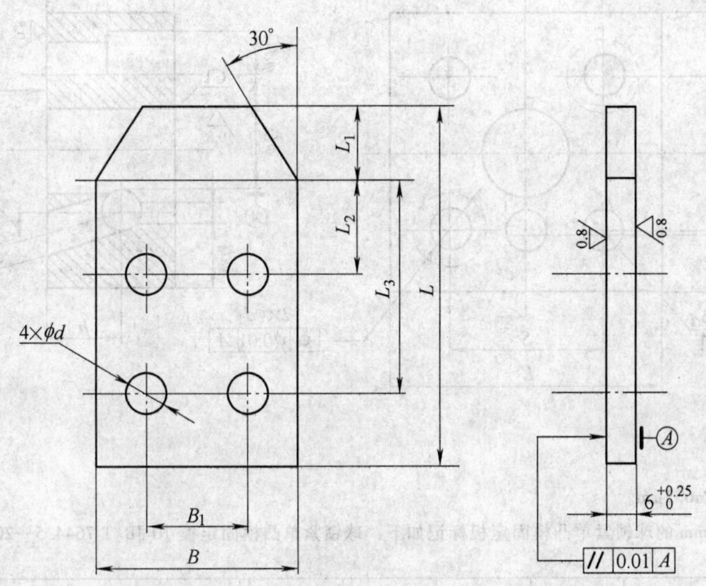

未注表面粗糙度 Ra6.3μm。

标记示例：L=50mm 的偏装单凸模垫板标记如下：偏装单凸模垫板 50 JB/T 7644.4—2008

L	B	L_1	L_2	L_3	B_1	d
50	32	10	15	30	15	9
63	36	15	17	36	16	11
71	40	20	20	40	20	
80	50	24	25	45	28	13

注：1. 材料由制造者选定，推荐采用 T10A。

2. 硬度 56～60HRC。

3. 其他应符合 JB/T 7653 的规定。

4. 标记应包括以下内容：①偏装单凸模垫板；②垫板长度 L，单位为 mm；③本标准代号，即 JB/T 7644.4—2008。

5. 球锁紧单凸模固定板标准

JB/T 7644.5—2008 标准规定了冲模球锁紧单凸模固定板的尺寸规格和标记，适用于冲模球锁紧单凸模固定板，同时还给出了材料指南和硬度要求。与旧标准相比，主要变化如下：将标准名称改为《冲模单凸模模板 第 5 部分：球锁紧单凸模固定板》；增加了“前言”；对“范围”的表述作了修改；对“规范性引用文件”作了修改；零件材料改为推荐选用。

JB/T 7644.5—2008 标准规定的冲模球锁紧单凸模固定板如表 6-10 所示。

表 6-10　冲模球锁紧单凸模固定板（摘自 JB/T 7644.5—2008）　（单位：mm）

表面粗糙度以 μm 为单位

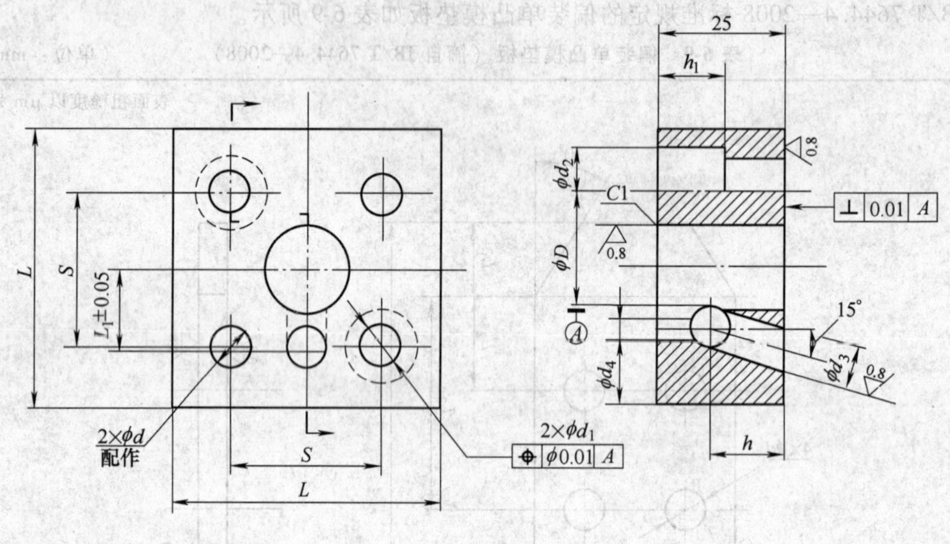

未注表面粗糙度 Ra6.3μm。

标记示例：D = 10mm 的球锁紧单凸模固定板标记如下：球锁紧单凸模固定板 10 JB/T 7644.5—2008

D H6	L	S	d H7	d_1	d_2	h_1	d_3 H7	d_4	L_1	h
6	45	26	8	9	15	9	6	3	9.76	17
10	45	26	8	9	15	9	8	3.5	12.9	16.4
12	45	26	8	9	15	9	8	3.5	13.09	16.4
16	45	26	8	9	15	9	8	3.5	15.09	16.4
20	56	32	8	11	18	11	8	3.5	17.09	16.4
25	63	40	10	13	22	13	8	3.5	19.59	16.4
32	71	45	10	13	22	13	8	3.5	23.09	16.4

注：1. 材料由制造者选定，推荐采用 CrWMn、Cr12。

2. 硬度 50～54HRC。

3. 其他应符合 JB/T 7653 的规定。

4. 标记应包括以下内容：①球锁紧单凸模固定板；②固定板孔径 D，单位为 mm；③本标准代号，即 JB/T 7644.5—2008。

6. 球锁紧单凸模垫板标准

JB/T 7644.6—2008 标准规定了冲模球锁紧单凸模垫板的尺寸规格和标记，适用于冲模球锁紧单凸模垫板，同时还给出了材料指南和硬度要求。与旧标准相比，主要变化如下：将标准名称改为《冲模单凸模模板　第 6 部分：球锁紧单凸模垫板》；增加了“前言”；对“范围”的表述作了修改；对“规范性引用文件”作了修改；零件材料改为推荐选用。

JB/T 7644.6—2008 标准规定的球锁紧单凸模垫板如表 6-11 所示。

表 6-11　球锁紧单凸模垫板（摘自 JB/T 7644.6—2008）　（单位：mm）

表面粗糙度以 μm 为单位

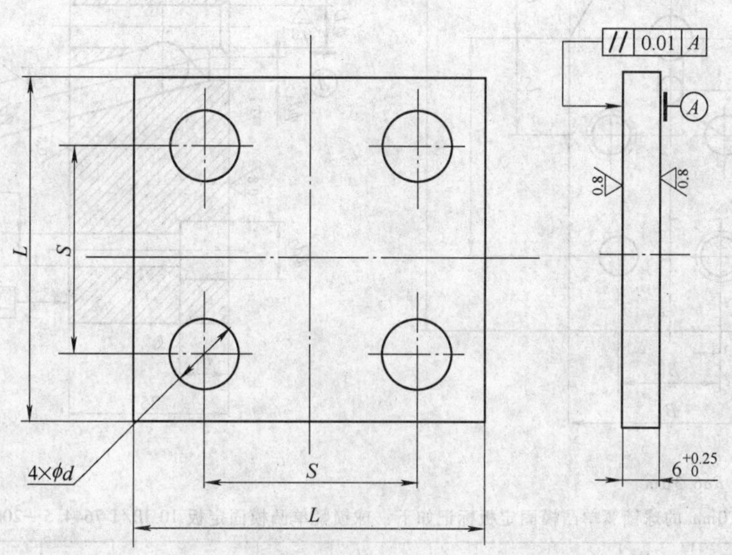

未注表面粗糙度 $Ra6.3\mu m$。

标记示例：$L=45mm$ 的球锁紧单凸模垫板标记如下：球锁紧单凸模垫板 45 JB/T 7644.6—2008

L	S	d
45	26	9
56	32	11
63	40	13
71	45	

注：1. 材料由制造者选定，推荐采用 T10A。

2. 硬度 56 ~ 60HRC。

3. 其他应符合 JB/T 7653 的规定。

4. 标记应包括以下内容：①球锁紧单凸模垫板；②垫板长度 L，单位为 mm；③本标准代号，即 JB/T 7644.6—2008。

7. 球锁紧偏装单凸模固定板标准

JB/T 7644.7—2008 标准规定了冲模球锁紧偏装单凸模固定板的尺寸规格和标记，适用于冲模球锁紧偏装单凸模固定板，同时还给出了材料指南和硬度要求。与旧标准相比，主要变化如下：将标准名称改为《冲模单凸模模板　第 7 部分：球锁紧偏装单凸模固定板》；增加了“前言”；对“范围”的表述作了修改；对“规范性引用文件”作了修改；零件材料改为推荐选用。

JB/T 7644.7—2008 标准规定的冲模球锁紧偏装单凸模固定板如表 6-12 所示。

表 6-12　冲模球锁紧偏装单凸模固定板（JB/T 7644.5—2008）　　（单位：mm）

表面粗糙度以 μm 为单位

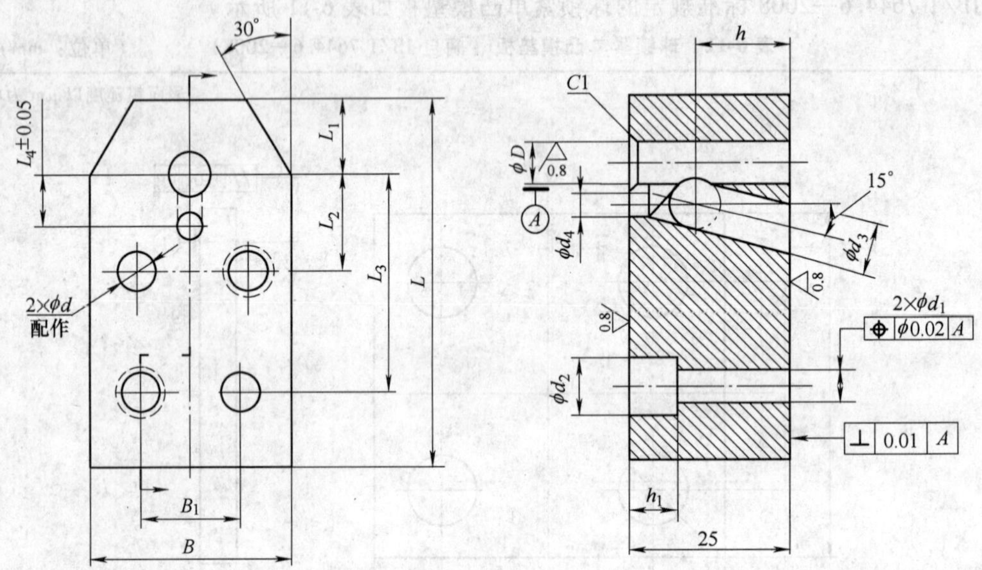

未注表面粗糙度 Ra6.3μm。

标记示例：D = 10mm 的球锁紧单凸模固定板标记如下：球锁紧单凸模固定板 10 JB/T 7644.5—2008

D H6	L	B	L_1	L_2	L_3	B_1	d H7	d_1	D_2	h_1	d_3 H7	d_4	L_4	h
6	75	32	15	25	50	14	8	9	15	9	6	3	9.76	17
10											8	3.5	12.09	16.4
12													13.09	
16													15.09	
20	85	40	22	28	53	18	10	11	18	11			17.09	
25													19.59	
32	92	45	25	32	56	22							23.09	

注：1. 材料由制造者选定，推荐采用 CrWMn、Cr12。

2. 硬度 50～54HRC。

3. 其他应符合 JB/T 7653 的规定。

4. 标记应包括以下内容：①球锁紧偏装单凸模固定板；②固定板孔径 D，单位为 mm；③本标准代号，即 JB/T 7644.7—2008。

8. 球锁紧偏装单凸模垫板标准

JB/T 7644.6—2008 标准规定了冲模球锁紧偏装单凸模垫板的尺寸规格和标记，适用于冲模球锁紧偏装单凸模垫板，同时还给出了材料指南和硬度要求。与旧标准相比，主要变化如下：将标准名称改为《冲模单凸模模板　第 8 部分：球锁紧偏装单凸模垫板》；增加了“前言”；对“范围”的表述作了修改；对“规范性引用文件”作了修改；零件材料改为推荐选用。

JB/T 7644.8—2008 标准规定的球锁紧偏装单凸模垫板如表 6-13 所示。

表 6-13　球锁紧偏装单凸模垫板（JB/T 7644.6—2008）　（单位：mm）

表面粗糙度以 μm 为单位

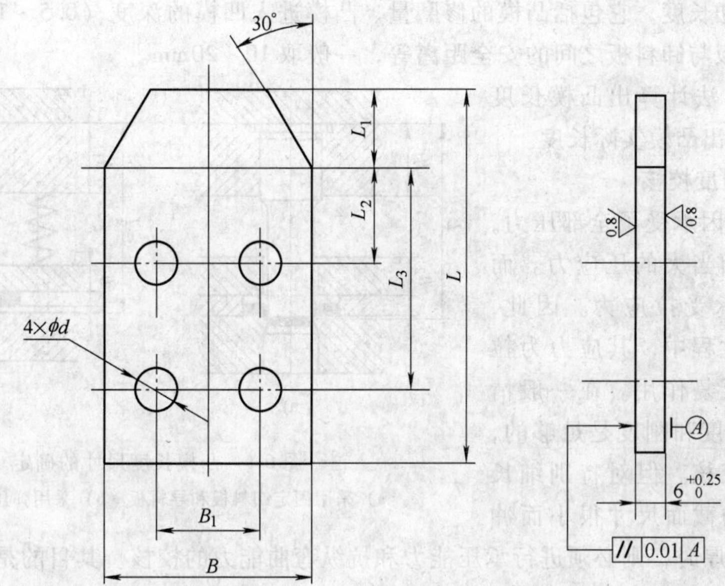

未注表面粗糙度 $Ra6.3\mu m$。

标记示例：$L=75mm$ 的球锁紧偏装单凸模垫板标记如下：球锁紧偏装单凸模垫板 75 JB/T 7644.8—2008

L	B	L_1	L_2	L_3	B_1	d
75	32	15	25	50	14	9
85	40	22	28	53	18	11
92	45	25	32	56	22	

注：1. 材料由制造者选定，推荐采用 T10A。
2. 硬度 56～60HRC。
3. 其他应符合 JB/T 7653 的规定。
4. 标记应包括以下内容：①球锁紧偏装单凸模垫板；②垫板长度 L，单位为 mm；③本标准代号，即 JB/T 7644.8—2008。

6.1.3　凸模的长度计算与校核

1. 凸模的长度计算

凸模长度尺寸应根据模具的具体结构，并考虑修磨、固定板与卸料板之间的安全距离、装配等的需要来确定。

当采用固定卸料板和导料板时，如图 6-1a 所示，其凸模长度按式（6-1）计算：

$$L = h_1 + h_2 + h_3 + h \tag{6-1}$$

当采用弹压卸料板时，如图 6-1b 所示，其凸模长度按式（6-2）计算：

$$L = h_1 + h_2 + t + h \tag{6-2}$$

式中 L——凸模长度（mm）；

h_1——凸模固定板厚度（mm）；

h_2——卸料板厚度（mm）；

h_3——导料板厚度（mm）；

t——材料厚度（mm）；

h——增加长度，它包括凸模的修磨量、凸模进入凹模的深度（0.5～1mm）、凸模固定板与卸料板之间的安全距离等，一般取10～20mm。

按照上述方法计算出凸模长度后，上靠标准得出凸模实际长度。

2. 凸模的强度校核

冲裁时凸模因承受了全部压力，所以它承受了相当大的压应力。而在卸料时，又承受拉应力。因此，在一次冲裁的过程中，其应力为拉伸和压缩交变反复作用。在一般情况下，凸模的强度和刚度是足够的，无需进行强度校核。但对特别细长的凸模或凸模的截面尺寸很小而冲裁的板料厚度较厚时，则必须进行承压能力和抗纵弯曲能力的校核。其目的是检查其凸模的危险断面尺寸和自由长度是否满足要求，以防止凸模纵向失稳和折断。

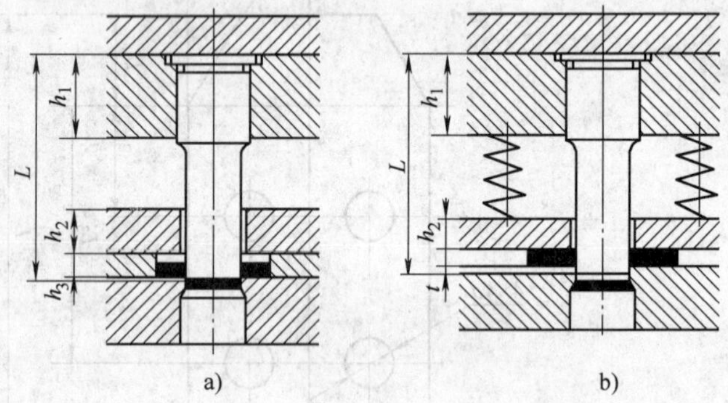

图 6-1　凸模长度尺寸的确定

a）采用固定卸料板和导料板　b）采用弹压卸料板

冲裁凸模的强度效核计算公式见表 6-14。

表 6-14　冲裁凸模强度校核计算公式

<table>
<tr><th colspan="2">效核内容</th><th colspan="2">计算公式</th><th>式中符号意义</th></tr>
<tr><td rowspan="3">弯曲应力</td><td>简图</td><td>无导向
d　L</td><td>有导向
d　L</td><td rowspan="5">L——凸模允许的最大自由长度（mm）
D——凸模最小直径（mm）
A——凸模最小断面（mm^2）
J——凸模最小断面的惯性矩（mm^4）
F——冲裁力（N）
t——冲压材料厚度（mm）
τ——冲压材料抗剪强度（MPa）
$[\sigma_{压}]$——凸模材料的许用压应力（MPa），碳素工具钢淬火后的许用压应力一般为淬火前的1.5～3倍</td></tr>
<tr><td>圆形</td><td>$L \leqslant 90\dfrac{d^2}{\sqrt{F}}$</td><td>$L \leqslant 270\dfrac{d^2}{\sqrt{F}}$</td></tr>
<tr><td>非圆形</td><td>$L \leqslant 416\sqrt{\dfrac{J}{F}}$</td><td>$L \leqslant 1180\sqrt{\dfrac{J}{F}}$</td></tr>
<tr><td rowspan="2">压应力</td><td>圆形</td><td colspan="2">$d \geqslant \dfrac{4t\tau}{[\sigma_{压}]}$</td></tr>
<tr><td>非圆形</td><td colspan="2">$d \geqslant \dfrac{F}{[\sigma_{压}]}$</td></tr>
</table>

当 [$\sigma_{压}$] = 1500 ~ 2000MPa 时，可达到的最小相对直径 $(d/t)_{min}$ 之值如表 6-15 所示。不同料厚所能达到的凸模极限长度如图 6-2 所示。

表 6-15　最小的允许凸模相对直径

材　料	抗剪强度 τ/MPa	最小相对直径 $(d/t)_{min}$
低碳钢	260	0.5 ~ 0.7
中碳钢	430	0.82 ~ 1.15
黄铜	320	0.61 ~ 0.85
不锈钢	520	1.0 ~ 1.38
硅钢片	450	0.86 ~ 1.2

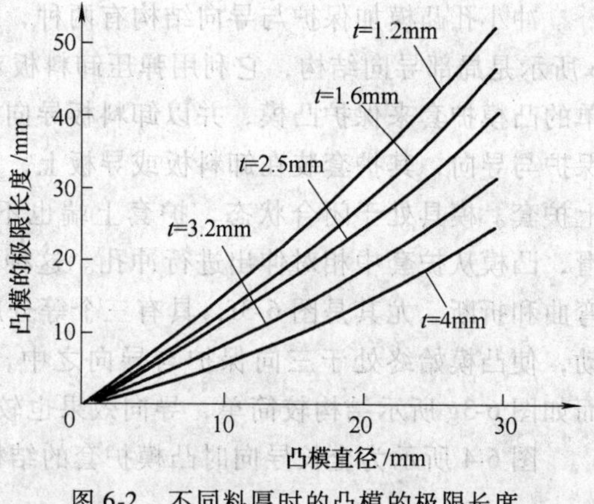

图 6-2　不同料厚时的凸模的极限长度

6.1.4　冲小孔凸模的导向结构

所谓小孔，一般指孔径 d 小于被冲板料的厚度或直径 d 小于 1mm 的圆孔和面积 A 小于 $1mm^2$ 的异形孔。它大大超过了对一般冲孔零件的结构工艺性要求。

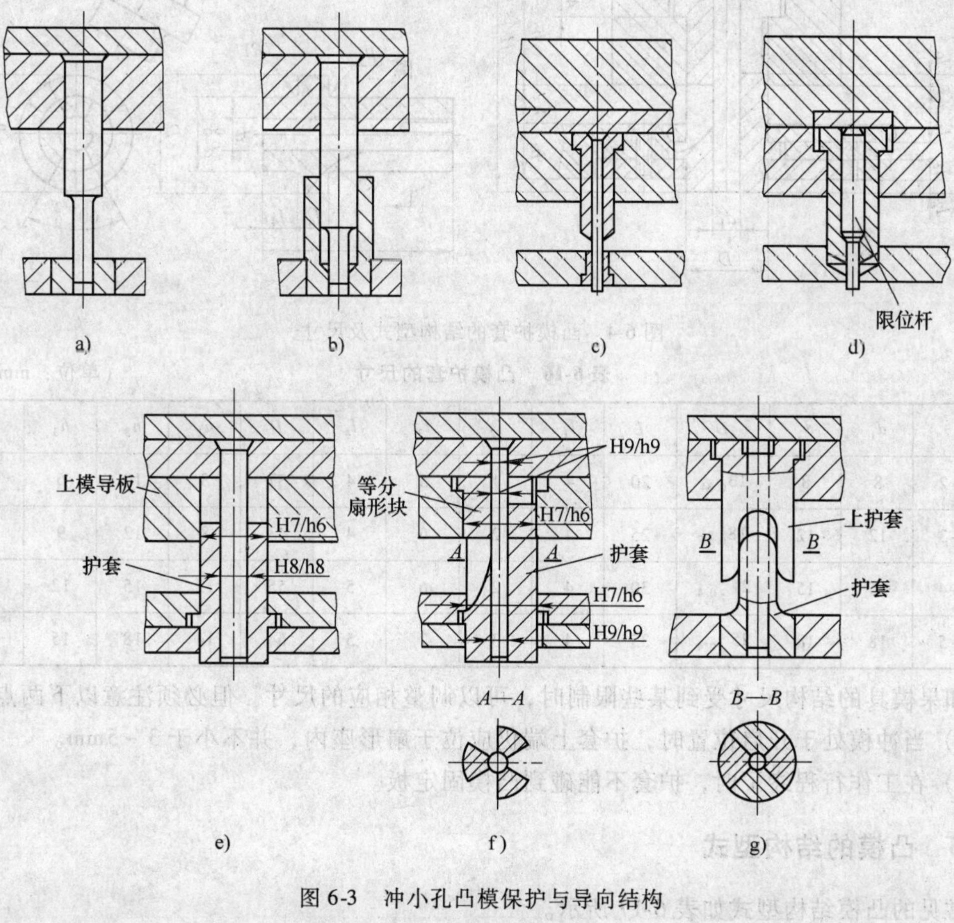

图 6-3　冲小孔凸模保护与导向结构

冲小孔的凸模强度和刚度差，容易弯曲和折断，所以必须采取措施提高它的强度和刚度，从而提高其使用寿命。其方法为对冲小孔凸模加保护与导向，如图 6-3 所示。

冲小孔凸模加保护与导向结构有两种，即局部保护与导向和全长保护与导向。图 6-3a、b 所示是局部导向结构，它利用弹压卸料板对凸模进行保护与导向。图 6-3c、d 所示是以简单的凸模护套来保护凸模，并以卸料板导向，其效果较好。图 6-3e、f、g 所示基本上是全长保护与导向，其护套装在卸料板或导板上，在工作过程中始终不离上模导板、等分扇形块或上护套。模具处于闭合状态，护套上端也不碰到凸模固定板。当上模下压时，护套相对上滑，凸模从护套中相对伸出进行冲孔。这种结构避免了小凸模可能受到侧压力，防止小凸模弯曲和折断。尤其是图 6-3f，具有三个等分扇形槽的护套，可在固定的三个等分扇形块中滑动，使凸模始终处于三向保护与导向之中，效果较图 6-3e 好，但结构较复杂，制造困难。而如图 6-3g 所示结构较简单，导向效果也较好。

图 6-4 所示为全长导向时凸模护套的结构型式及尺寸，其具体数值如表 6-16 所示。

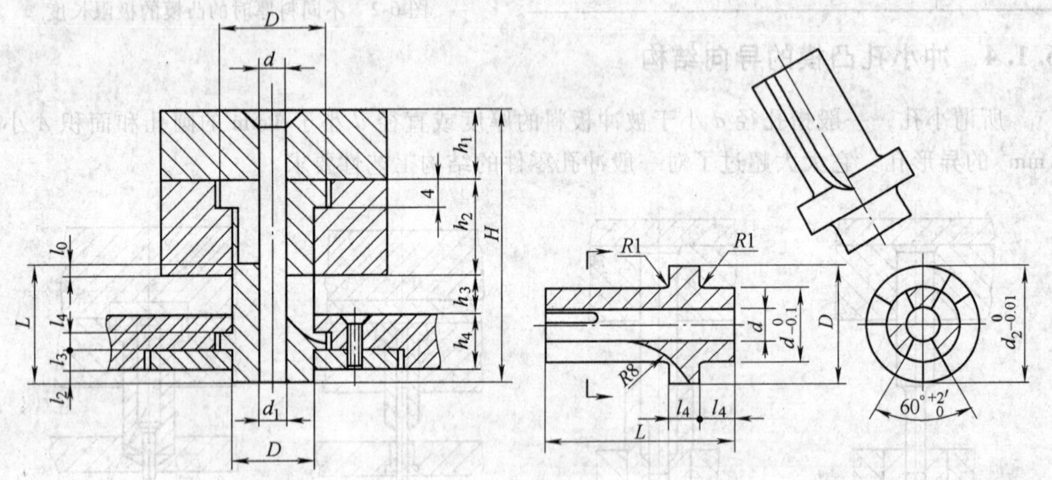

图 6-4　凸模护套的结构型式及尺寸

表 6-16　凸模护套的尺寸　（单位：mm）

d	d_1	d_2	D	L	l_1	l_2	l_3	l_4	H	h_1	h_2	h_3	h_4
1.5～2	8	8	$13_{0.34}$	20	4	1	5	4	37	8	10	6	12
>2～3	12	12	$18_{0.34}$	25	4	2	6	4	43	8	12	9	12
>3～4	15	15	$21_{-0.4}$	30	4	2	6	5	55	12	15	12	14
>4～5	18	18	$25_{-0.4}$	35	4	3	7	5	64	14	18	15	14

如果模具的结构尺寸受到某些限制时，可以调整相应的尺寸。但必须注意以下两点：

1）当冲模处于开启位置时，护套上端仍应位于扇形座内，并不小于 3～5mm。

2）在工作行程终了时，护套不能碰到凸模固定板。

6.1.5　凸模的结构型式

常见的凸模结构型式如表 6-17 所示。

表 6-17 常见的凸模结构型式

序号	简 图	说 明
1	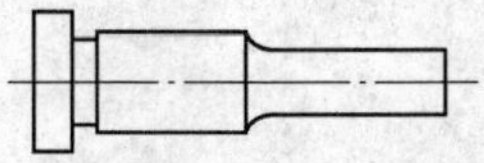	典型圆凸模结构，有市售标准件。图中凸模下端为工作部分，其中间圆柱部分则可以与固定板配合（安装），最上端的台肩是承受向下拉的卸料力
2	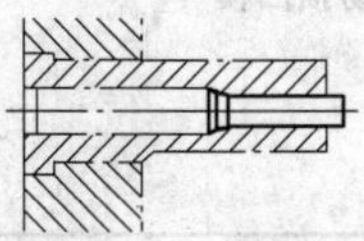	带护套的小孔凸模，适用于冲孔直径与料厚相近的情形
3	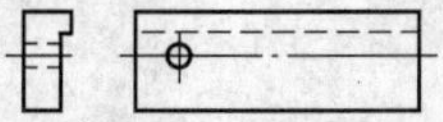	直通式凸模。为便于线切割加工，上下断面一致，用横销连接，吊在固定板槽内，承受卸料力。如凸模横断面足够大，可直接用螺钉固定
4	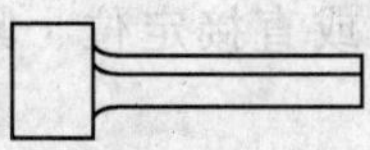	断面细弱的凸模，为了增加强度和刚度，上部放大
5	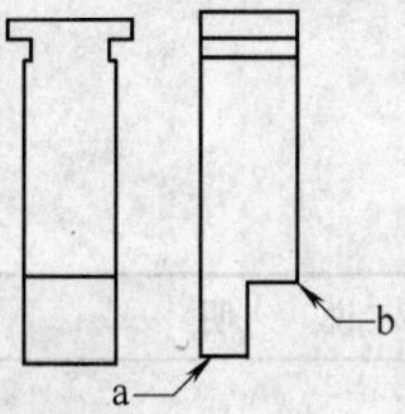 a b	单面冲压的凸模，为防止倾侧，端部 a 在工作部分 b 与冲件接触前，先伸入凹模滑配以承受侧力
6	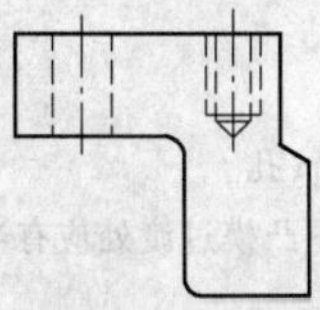	整体的凸模拼块
7	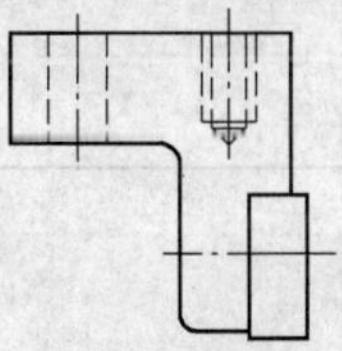	组合的凸模拼块
8	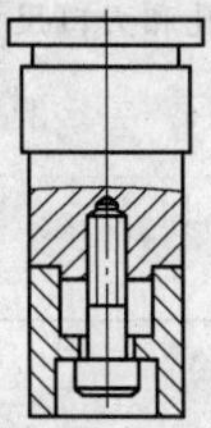	组合式凸模，工作部分轮廓完整，与基体套接定位
9	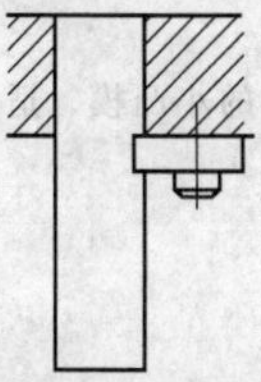	直通式凸模，侧向开横槽，用小压板压在槽内，该结构常用于级进模

（续）

序号	简图	说明
10	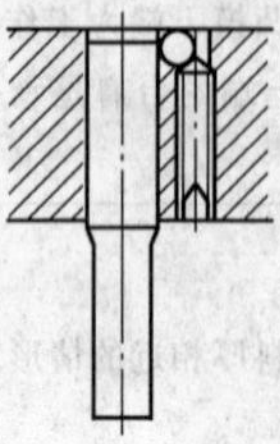	快换凸模，用于大型冲模中冲小孔的易损凸模

6.1.6 凸模的安装与固定

凸模的安装与固定方式有：

1）采用键、销、螺钉，通过固定板定位、紧固于模座上，或直接定位、紧固于模座上。

2）采用无机粘接技术使凸模定位、固定于固定板和模座之间。

3）采用凸模定位与固定端开槽、铆接于固定板和模座之间。

凸模的安装与固定方式如表 6-18 所示。

表 6-18 凸模的安装与固定方式

名称	结构图	说明
通用凸模固定板式安装结构	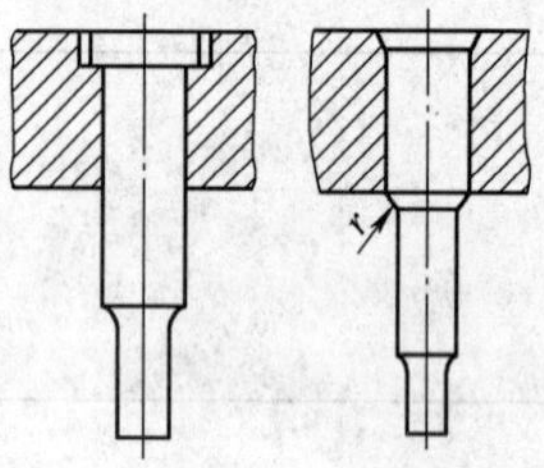 a) 结构 1　b) 结构 2	适用于冲 d 为 1～20mm 孔 为防应力集中结构 2 中凸模过渡处应有半径为 r 的圆弧
	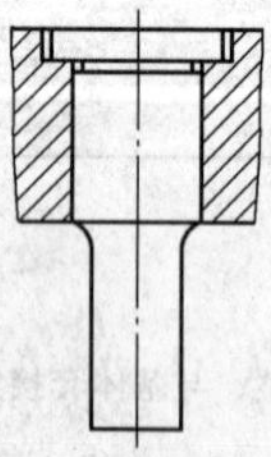	适用于冲 d 为 8～30mm 孔和刃口尺寸 P、W 与之相近的非圆刃口凸模
带保护套的细小凸模安装结构	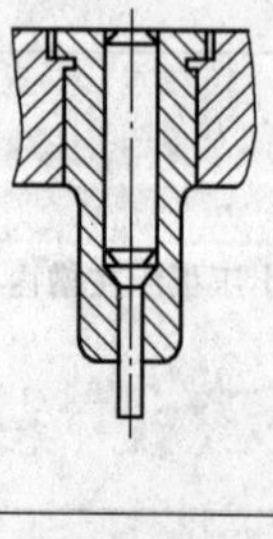	为具有保护套结构型式的小凸模，适用于冲孔径与材料厚度相近的小孔

（续）

名称	结构图	说明
可更换结构	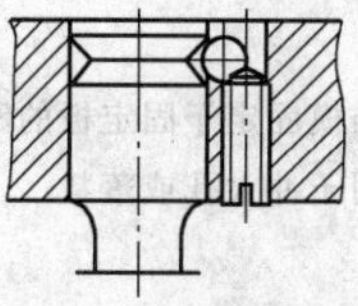	采用螺钉与钢球将凸模固定，松开螺钉即可更换凸模
浇注式安装结构	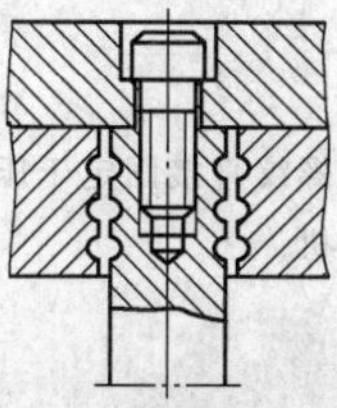 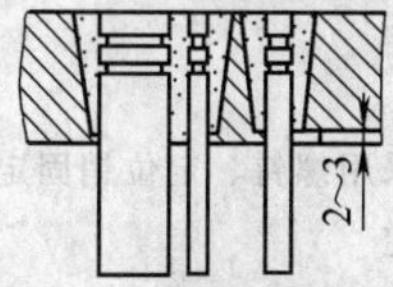 2~3	常采用环氧树脂或低熔点合金浇注固定凸模 可用于小批量生产冲件
销钉固定结构	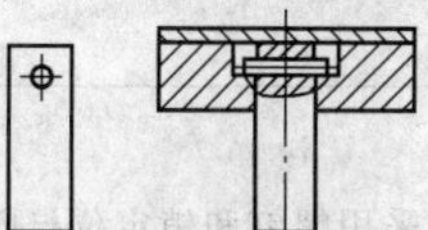	固定端开一小孔，采用圆柱销插入以承受卸料力
铆挤固定结构	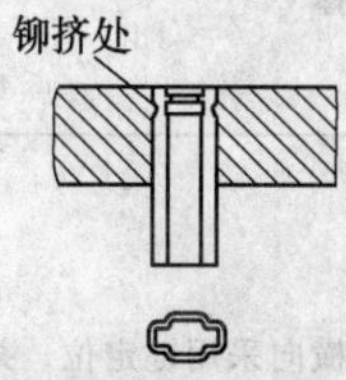 铆挤处	固定端开槽，凸模装进固定板孔后采用铆挤固定 这种凸模主要用作薄料冲裁
铆挤固定结构	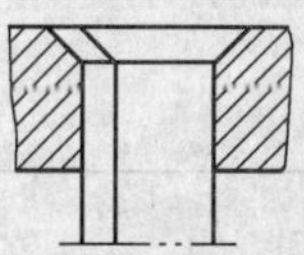	用于直通式截面不变的凸模。其端部回火后铆成如图所示的形状固定
大基面凸模安装结构	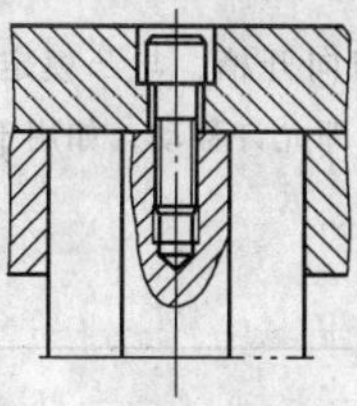	固定端为大基面，采用螺钉固定
矩形凸模安装结构	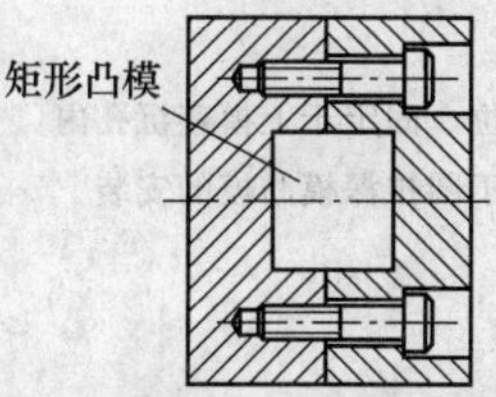 矩形凸模	采用对开型固定板将凸模夹紧以固定

（续）

名称	结构图	说明
中大型冲模用凸模安装结构	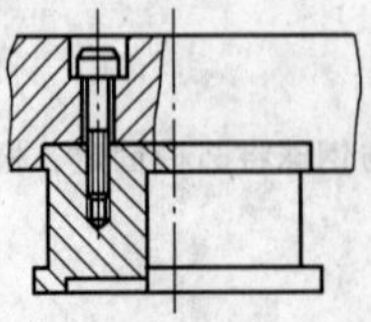	用螺钉将凸模固定于固定板的凹坑内 此凸模可用于冲大孔或落料
	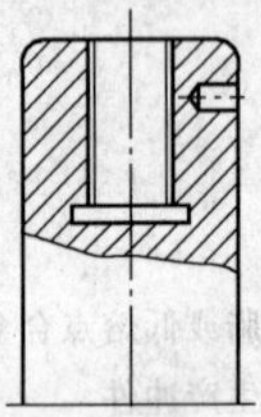	凸模以内孔螺纹直接固定于压力机滑块上，可用于中大型双动压力机
	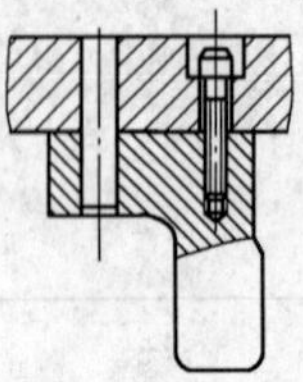	凸模拼块采用螺钉、定位销固定在固定板上，用作中大型凸模固定
	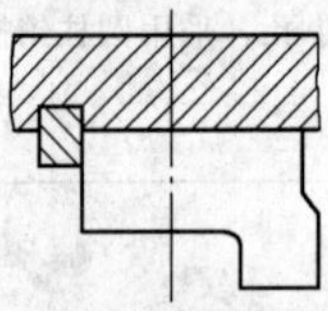	凸模拼块采用螺钉和销定位与固定。为承受侧压力，其背面用键支撑
	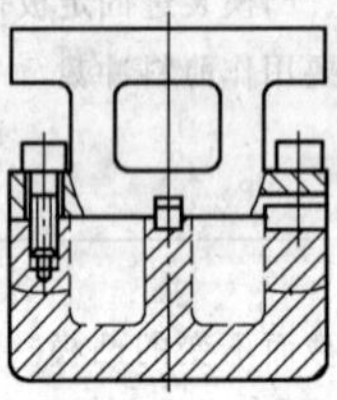	凸模的纵、横向采用键定位，并采用螺钉固定连接
V、U形弯曲凸模安装结构	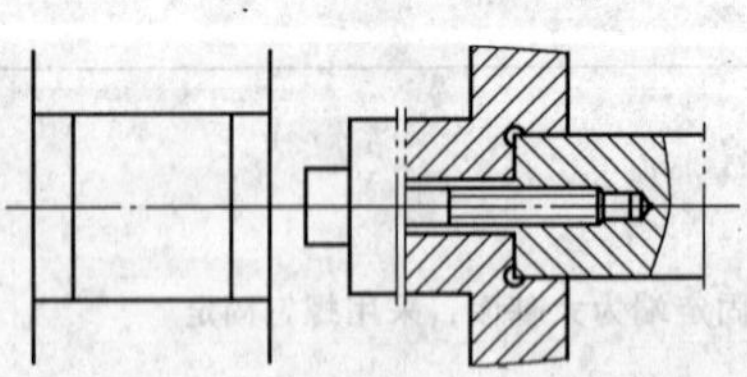	上模座上横向开槽，与凸模定位、固定端作紧配合，纵向不限制，即允许移动，如用于V、U形弯曲模
圆拉深模凸模安装结构	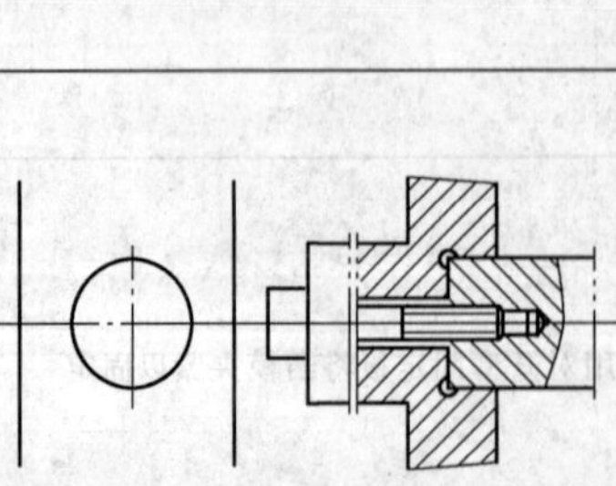	凸模定位、固定于上模座沉孔内 主要用于圆拉深模凸模的安装

6.2　凹模的标准、应用与计算

6.2.1　圆凹模标准

JB/T 5830—2008《冲模　圆凹模》标准规定了圆凹模的尺寸规格，适用于直径为 1～36mm 的圆凹模，同时还给出了材料指南和硬度要求，并规定了圆凹模的标记。与旧标准相比，主要变化如下：将标准名称改为《冲模　圆凹模》；增加了“前言”和“规范性引用文件”；材料和硬度改为推荐选用，取消了“T10A 、9Mn2V”；增加了“5 要求”一章；“标记”中取消了材料要素。

JB/T 5830—2008 标准规定的冲模圆凹模如表 6-19 所示。

表 6-19　冲模圆凹模（摘自 JB/T 5830—2008）　（单位：mm）

表面粗糙度以 μm 为单位

A 型　　B 型

未注表面粗糙度 $Ra6.3\mu m$。

标记示例：$D=5mm$、$d=1mm$、$L=16mm$、$l=2mm$ 的 A 型圆凹模的标记如下：

圆凹模 A 5×1×16×2　JB/T 5830—2008

D	d H8	$L^{+0.5}_{0}$						$D_{1\ -0.25}^{\ 0}$	$h^{+0.25}_{0}$	l			d_1 max
		12	16	20	25	32	40			min	选择其标准值	max	
5	1,1.1,1.2…,2.4	×	×	×	×	—	—	8	3	—	2	4	2.8
6	1.6,1.7,1.8…,3	×	×	×	×	—	—	9	3	—	3	4	3.5
8	2,2.1,2.2…,3.5	—	—	×	×	×	×	11	3	—	4	5	4.0
10	3,3.1,3.2…,5	—	—	×	×	×	×	13	3	—	4	8	5.8
13	4,4.1,4.2…,7.2	—	—	×	×	×	×	16	5	5	5	8	8.0
16	6,6.1,6.2…,8.8	—	—	×	×	×	×	19	5	5	5	12	9.5
20	7.5,7.6,7.7…,11.3	—	—	×	×	×	×	24	5	5	8	12	12.0
25	11,11.1,11.2…,16.6	—	—	×	×	×	×	29	5	5	8	12	17.3

（续）

D	d H8	$L^{+0.5}_{0}$						$D_{1\ -0.25}^{\ 0}$	$h^{+0.25}_{0}$	l 选择其			d_1 max
		12	16	20	25	32	40			min	标准值	max	
32	15,15.1,15.2⋯,20	—	—	×	×	×	×	36	5	5	8	12	20.7
40	18,18.1,18.2⋯,27	—	—	×	×	×	×	44	5	5	8	12	27.7
50	26,26.1,26.2⋯,36	—	—	×	×	×	×	44	5	5	8	12	37.0

注：1. 材料由制造者选定，推荐采用 Cr12MoV、Cr12、Cr6WV、CrWMn。

2. 硬度 58～62HRC。

3. d 的增量为 0.1mm。

4. 作为专用的凹模，工作部分可以在 d 的公差范围内加工成锥孔，而上表面具有最小直径。

5. 其他应符合 JB/T 7653 的规定。

6. 标记应包括以下内容：①圆凹模；②凹模类型 A，B；③凹模外径 D，单位为 mm；④凹模内径 d，单位为 mm；⑤凹模总长度 L，单位为 mm；⑥凹模刃口长度 l，单位为 mm；⑦本标准代号，即 JB/T 5830—2008。

6.2.2 冲模模板标准

JB/T 7643.1—2008～JB/T 7643.6—2008 标准分别规定了《冲模模板》，共分为六个部分，分别是矩形凹模板、矩形固定板、矩形垫板、圆形凹模板、圆形固定板和圆形垫板，分别讲解如下。

1. 矩形凹模板标准

JB/T 7643.1—2008 标准规定了冲模矩形凹模板的尺寸规格和标记，适用于冲模矩形凹模板，同时还给出了材料指南和技术要求。与旧标准相比，主要变化如下：将标准名称改为《冲模模板 第 1 部分：矩形凹模板》；增加了“前言”；对“范围”的表述作了修改；对“规范性引用文件”作了修改；零件材料改为推荐选用；“标记”中取消了材料要素。

JB/T 7643.1—2008 标准规定的冲模矩形凹模板如表 6-20 所示。

表 6-20 冲模矩形凹模板（摘自 JB/T 7643.1—2008） （单位：mm）

表面粗糙度以 μm 为单位

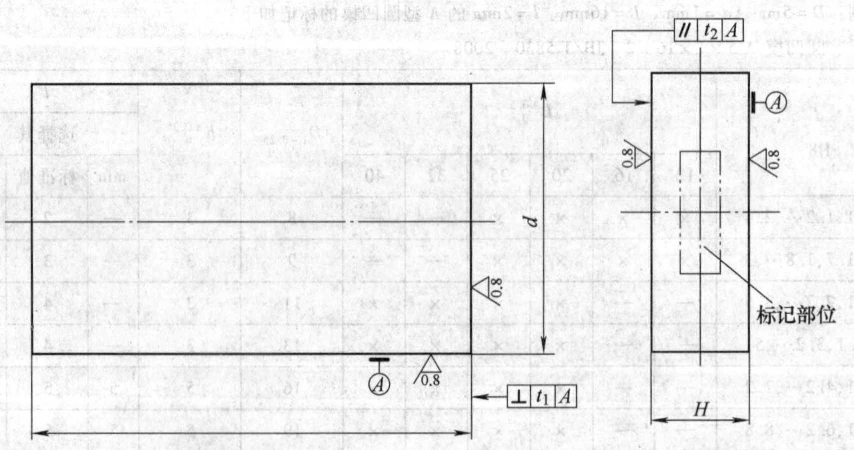

未注表面粗糙度 $Ra6.3\mu m$；全部棱边倒角 $C2$。

标记示例：$L=125mm$，$B=100mm$，$H=20mm$ 的矩形凹模板标记如下：

矩形凹模板 125×100×20 JB/T 7643.1—2008

（续）

L	B	H												
		10	12	14	16	18	20	22	25	28	32	36	40	45
63	50		×	×	×	×	×							
63	63		×	×	×	×	×							
80			×	×	×	×	×	×						
100			×	×	×	×	×	×						
80	80		×	×	×	×	×	×						
100			×	×	×	×	×	×						
125			×	×	×	×	×	×						
250					×	×	×	×						
315					×	×	×	×						
100	100		×	×	×	×	×	×						
125				×	×	×	×	×	×					
160					×	×	×	×	×	×				
200					×	×	×	×	×	×	×			
315						×	×	×	×					
400						×	×	×	×					
125	125			×	×	×	×	×	×					
160					×	×	×	×	×	×				
200					×	×	×	×	×	×				
250					×	×	×	×	×	×	×			
355						×	×	×	×					
500						×	×	×	×					
160	160				×	×	×	×	×	×	×			
200					×	×	×	×	×	×	×			
250						×	×	×	×	×	×	×		
500							×	×	×	×				
200	200					×	×	×	×	×	×	×		
250						×	×	×	×	×	×	×		
315							×	×	×	×	×	×	×	
630								×	×	×	×			
250	250						×	×	×	×	×	×	×	
315								×	×	×	×	×	×	×
400							×	×	×	×	×	×		
315	315							×	×	×	×	×	×	
400									×	×	×	×	×	×
500									×	×	×	×	×	×
630										×	×	×	×	×
400	400							×	×	×	×	×	×	
500									×	×	×	×	×	×
630										×	×	×	×	×

注：1. 材料由制造者选定，推荐采用 T10A、9Mn2V、Cr12、Cr12MoV。

2. 图中未注形位公差 t_1、t_2 应符合 JB/T 7653—2008 中表 1、表 2 的规定。其他应符合 JB/T 7653 的规定。

3. 标记应包括以下内容：①矩形凹模板；②凹模板长度 L，单位为 mm；③凹模板宽度 B，单位为 mm；④凹模板厚度 H，单位为 mm；⑤本标准代号，即 JB/T 7643.1—2008。

2. 矩形固定板标准

JB/T 7643.2—2008 标准规定了冲模矩形固定板的尺寸规格和标记，适用于冲模矩形凸模固定板、凹模固定板、卸料板和空心垫板，同时还给出了材料指南和技术要求。与旧标准相比，主要变化如下：将标准名称改为《冲模模板　第 2 部分：矩形固定板》；增加了“前言”；对“范围”的表述作了修改；对“规范性引用文件”作了修改；零件材料改为推荐选用；“标记”中取消了材料要素。

JB/T 7643.2—2008 标准规定的冲模矩形固定板如表 6-21 所示。

表 6-21　冲模矩形固定板（摘自 JB/T 7643.2—2008）　（单位：mm）

表面粗糙度以 μm 为单位

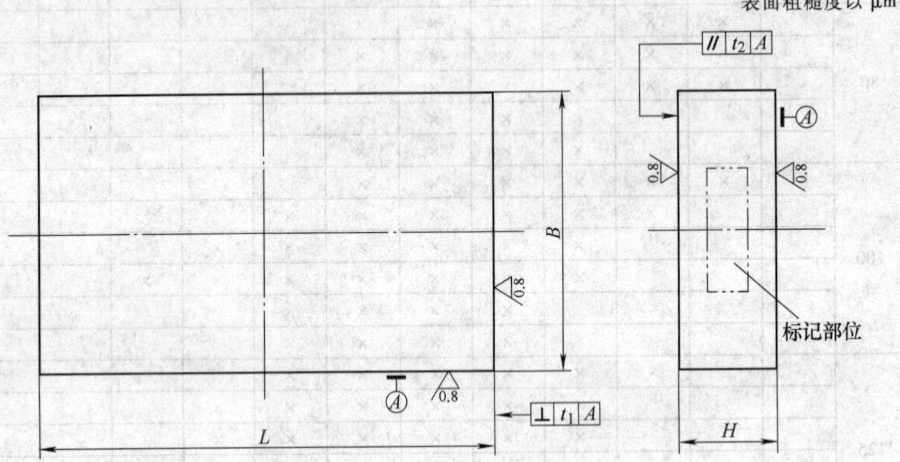

未注表面粗糙度 $Ra6.3\mu m$；全部棱边倒角 $C2$。

标记示例：$L=125mm$，$B=100mm$，$H=20mm$ 的矩形固定板标记如下：

矩形固定板　125×100×20　JB/T 7643.2—2008

L	B	H									
		10	12	16	20	24	28	32	36	40	45
63	50	×	×	×	×	×	×				
63	63	×	×	×	×	×	×				
80			×	×	×	×	×				
100			×	×	×	×	×				
80	80	×	×	×	×	×	×	×	×	×	
100		×	×	×	×	×	×	×	×	×	
125			×	×	×	×	×	×	×		
250				×	×	×	×	×	×		
315				×	×	×	×	×	×		
100	100		×	×	×	×	×	×	×	×	
125			×	×	×	×	×	×	×	×	
160				×	×	×	×	×	×	×	
200				×	×	×	×	×	×	×	
315				×	×	×	×	×	×	×	
400					×	×	×	×	×	×	
125	125		×	×	×	×	×	×	×	×	
160				×	×	×	×	×	×	×	
200				×	×	×	×	×	×	×	×
250				×	×	×	×	×	×	×	×
315				×	×	×	×	×	×	×	
500				×	×	×	×	×	×	×	
160	160			×	×	×	×	×	×	×	×
200				×	×	×	×	×	×	×	×
250					×	×	×	×	×	×	×

（续）

L	B	H									
		10	12	16	20	24	28	32	36	40	45
500	160				×	×	×	×	×	×	
200	200			×	×	×	×	×	×		
250					×	×	×	×	×	×	×
315					×	×	×	×			
630						×	×	×	×	×	
250	250			×	×	×	×	×	×		
315				×	×	×	×	×	×	×	×
400					×	×	×	×	×	×	
315	315				×	×	×	×	×	×	
400						×	×	×	×		
500						×	×	×	×	×	×
630							×	×	×	×	×
400	400					×	×	×	×	×	
500							×	×	×	×	
630								×	×	×	×

注：1. 材料由制造者选定，推荐采用45钢。

2. 硬度28～32HRC。

3. 图中未注形位公差 t_1、t_2 应符合 JB/T 7653—2008 中表1、表2的规定。其他应符合 JB/T 7653 的规定。

4. 标记应包括以下内容：①矩形固定板；②固定板长度 L，单位为 mm；③固定板宽度 B，单位为 mm；④固定板厚度 H，单位为 mm；⑤本标准代号，即 JB/T 7643.2—2008。

3. 矩形垫板标准

JB/T 7643.3—2008 标准规定了冲模矩形垫板的尺寸规格和标记，适用于冲模矩形垫板，同时还给出了材料指南和技术要求。与旧标准相比，主要变化如下：将标准名称改为《冲模模板 第3部分：矩形垫板》；增加了“前言”；对“范围”的表述作了修改；对“规范性引用文件”作了修改；零件材料改为推荐选用；“标记”中取消了材料要素。

JB/T 7643.3—2008 标准规定的冲模矩形垫板如表 6-22 所示。

表 6-22　冲模矩形垫板（摘自 JB/T 7643.3—2008）　　（单位：mm）

表面粗糙度以 μm 为单位

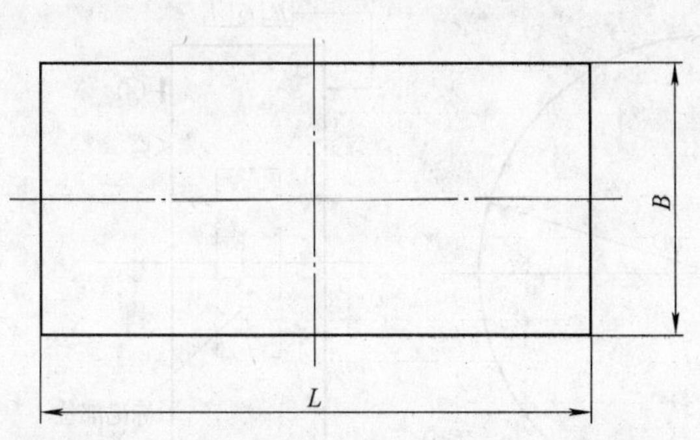

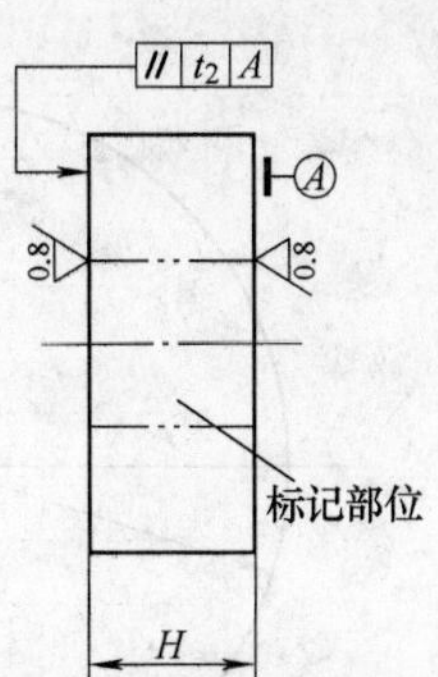

未注表面粗糙度 Ra6.3μm；全部棱边倒角 C2。

标记示例：L=125mm，B=100mm，H=20mm 的矩形垫板标记如下：

矩形垫板　125×100×20　JB/T 7643.3—2008

（续）

L	B	H						L	B	H					
		6	8	10	12	16	20			6	8	10	12	16	20
63	50	×						160		×	×				
63		×						200		×	×				
80	63	×						250	125	×	×				
100		×						355			×	×	×		
80		×						500			×	×	×		
100		×	×	×				160			×	×			
125	80	×	×	×				200			×	×			
250								250	160		×	×	×		
315								500				×	×	×	
100		×						200			×	×			
125		×	×					250				×	×		
160		×	×					315	200		×	×			
200	100	×	×					630				×	×	×	
315			×	×	×			250				×	×		
400			×	×	×			315	250			×	×		
125	125	×	×					400				×	×		

注：1. 材料由制造者选定，推荐采用45钢、T10A。

2. 图中未注形位公差 t_2 应符合 JB/T 7653—2008 中表2的规定。其他应符合 JB/T 7653 的规定。

3. 标记应包括以下内容：①矩形垫板；②垫板长度 L，单位为 mm；③垫板宽度 B，单位为 mm；④垫板厚度 H，单位为 mm；⑤本标准代号，即 JB/T 7643.3—2008。

4. 矩形凹模板标准

JB/T 7643.4—2008 标准规定了冲模圆形凹模板的尺寸规格和标记，适用于冲模圆形凹模板，同时还给出了材料指南和技术要求。与旧标准相比，主要变化如下：将标准名称改为《冲模模板 第4部分：圆形凹模板》；增加了“前言”；对“范围”的表述作了修改；对“规范性引用文件”作了修改；零件材料改为推荐选用；“标记”中取消了材料要素。

JB/T 7643.4—2008 标准规定的冲模圆形凹模板如表 6-23 所示。

表 6-23 冲模圆形凹模板（摘自 JB/T 7643.4—2008）（单位：mm）

表面粗糙度以 μm 为单位

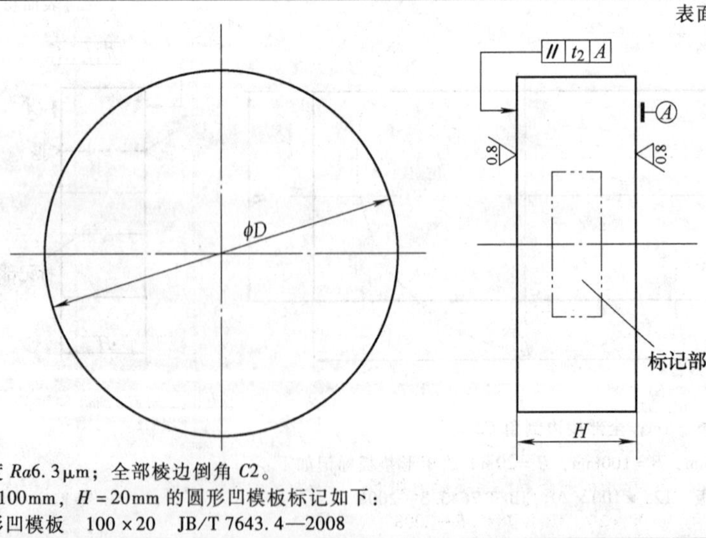

未注表面粗糙度 $Ra6.3\mu m$；全部棱边倒角 $C2$。

标记示例：$D=100mm$，$H=20mm$ 的圆形凹模板标记如下：

圆形凹模板 100×20 JB/T 7643.4—2008

（续）

D	H												
	10	12	14	16	18	20	22	25	28	32	36	40	45
63	×	×	×	×	×	×							
80		×	×	×	×	×	×						
100		×	×	×	×	×	×						
125			×	×	×	×	×	×					
160				×	×	×	×	×	×	×			
200					×	×	×	×	×	×	×		
250						×	×	×	×	×	×	×	
315						×	×	×	×	×	×	×	×

注：1. 材料由制造者选定，推荐采用 T10A、9Mn2V、Cr12、Cr12MoV。

2. 图中未注形位公差 t_2 应符合 JB/T 7653—2008 中表 2 的规定。其他应符合 JB/T 7653 的规定。

3. 标记应包括以下内容：①圆形凹模板；②凹模板直径 D，单位为 mm；③凹模板厚度 H，单位为 mm；④本标准代号，即 JB/T 7643.4—2008。

5. 圆形固定板标准

JB/T 7643.5—2008 标准规定了冲模圆形固定板的尺寸规格和标记，适用于冲模圆形凸模固定板、凹模固定板、卸料板和空心垫板，同时还给出了材料指南和技术要求。与旧标准相比，主要变化如下：将标准名称改为《冲模模板　第 5 部分：圆形固定板》；增加了“前言”；对“范围”的表述作了修改；对“规范性引用文件”作了修改；零件材料改为推荐选用；“标记”中取消了材料要素。

JB/T 7643.5—2008 标准规定的冲模圆形固定板如表 6-24 所示。

表 6-24　冲模圆形固定板（摘自 JB/T 7643.5—2008）　（单位：mm）

表面粗糙度以 μm 为单位

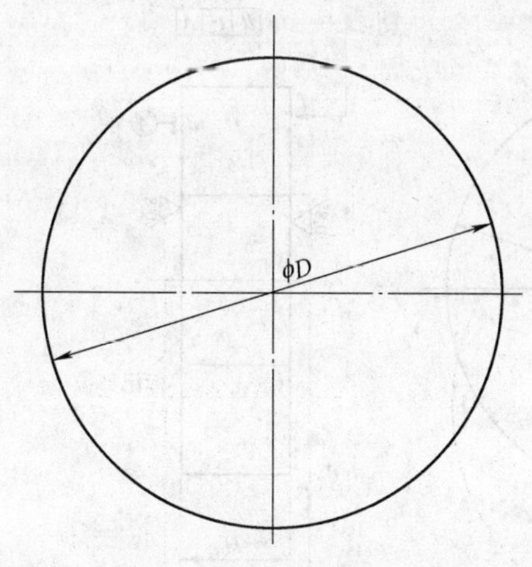

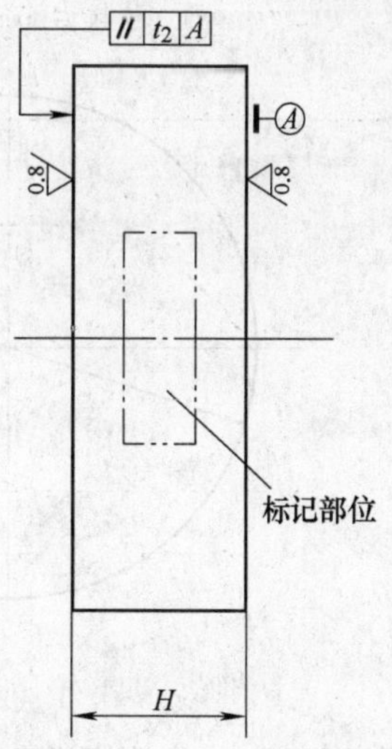

未注表面粗糙度 Ra6.3μm；全部棱边倒角 C2。

标记示例：D = 100mm，H = 20mm 的圆形固定板标记如下：

圆形固定板　100 × 20　JB/T 7643.5—2008

（续）

D	H								
	10	12	16	20	25	32	36	40	45
63	×	×	×	×	×				
80	×	×	×	×	×	×	×		
100		×	×	×	×	×	×	×	
125		×	×	×	×	×	×	×	
160			×	×	×	×	×	×	×
200			×	×	×	×	×		
250			×	×	×	×	×		
315			×	×	×	×	×		

注：1. 材料由制造者选定，推荐采用45钢。

2. 硬度28～32HRC。

3. 图中未注形位公差 t_2 应符合JB/T 7653—2008中表2的规定。其他应符合JB/T 7653的规定。

4. 标记应包括以下内容：①圆形固定板；②固定板直径 D，单位为mm；③固定板厚度 H，单位为mm；④本标准代号，即JB/T 7643.5—2008。

6. 圆形垫板标准

JB/T 7643.6—2008标准规定了冲模圆形垫板的尺寸规格和标记，适用于冲模圆形垫板，同时还给出了材料指南和技术要求。与旧标准相比，主要变化如下：将标准名称改为《冲模模板 第6部分：圆形垫板》；增加了“前言”；对“范围”的表述作了修改；对“规范性引用文件”作了修改；零件材料改为推荐选用；“标记”中取消了材料要素。

JB/T 7643.6—2008标准规定的冲模圆形垫板如表6-25所示。

表6-25 冲模圆形垫板（摘自JB/T 7643.6—2008） （单位：mm）

表面粗糙度以μm为单位

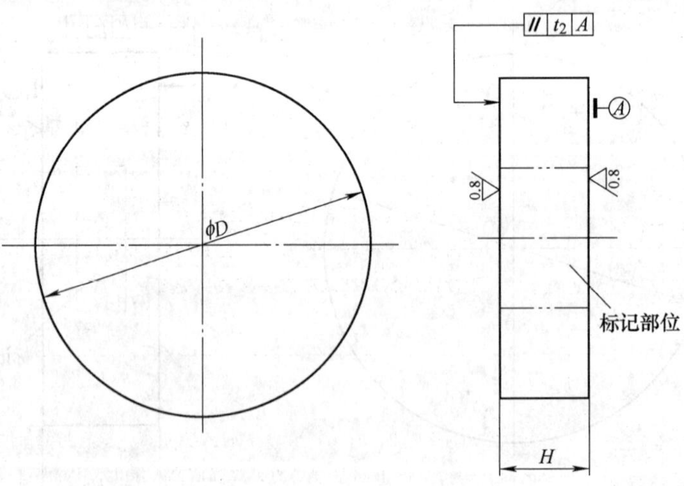

未注表面粗糙度 $Ra6.3\mu m$；全部棱边倒角 $C2$。

标记示例：$D=100mm$，$H=6mm$ 的圆形垫板标记如下：

圆形垫板 100×6 JB/T 7643.6—2008

（续）

D	H			
	6	8	10	12
63	×			
80	×			
100	×			
125	×	×		
160		×	×	
200		×	×	
250			×	×

注：1. 材料由制造者选定，推荐采用 45 钢、T10A。

2. 图中未注形位公差 t_2 应符合 JB/T 7653—2008 中表 2 的规定。其他应符合 JB/T 7653 的规定。

3. 标记应包括以下内容：①圆形垫板；②垫板直径 D，单位为 mm；③垫板厚度 H，单位为 mm；④本标准代号，即 JB/T 7643.6—2008。

6.2.3　凹模刃口的结构型式

1. 冲裁凹模的刃壁型式

凹模按结构分为整体式和镶拼式凹模两种形式。对于整体式凹模，冲裁凹模的刃口型式有直筒形和锥形两种。选用刃口型式时，主要应根据冲裁件的形状、厚度、尺寸精度以及模具的具体结构来决定，其刃口型式及主要技术参数如表 6-26 所示。

表 6-26　凹模刃口的结构型式及主要技术参数

刃口型式	序号	简　图	特点及适用范围
直筒形刃口	1	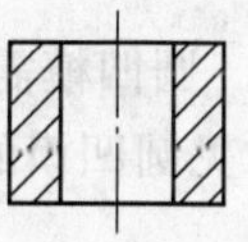	1）刃口为直通式，强度高，修磨后刃口尺寸不变 2）用于冲裁大型或精度要求较高的零件，模具装有顶出装置，不适用于下漏料的模具
	2	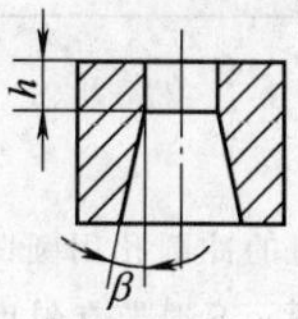	1）刃口强度较高，修磨后刃口尺寸不变 2）凹模内易积存废料或冲裁件，尤其间隙较小时，刃口直壁部分磨损较快 3）用于冲裁形状复杂或精度要求较高的零件
	3	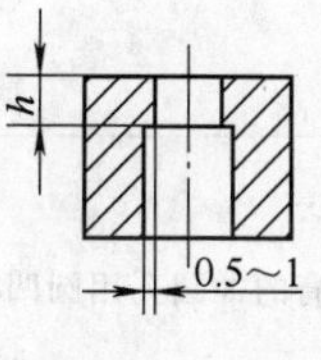	1）特点同序号 2，且刃口直壁下面的扩大部分可使凹模加工简单，但采用下漏料方式时，刃口强度不如序号 2 的刃口强度高 2）用于冲裁形状复杂、或精度要求较高的中、小型件，也可用于装有顶出装置的模具

（续）

刃口型式	序号	简图	特点及适用范围			
直筒形刃口	4	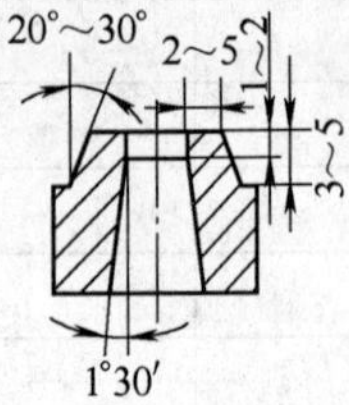 20°~30°　2~5　≈2　3~5　1°30′	1）凹模硬度较低（有时可不淬火），一般为40HRC，可用于手锤敲击刃口外侧斜面以调整冲裁间隙 2）用于冲裁薄而软的金属或非金属零件			
锥形刃口	5	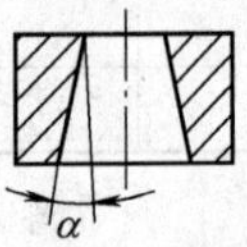 α	1）刃口强度较差，修磨后刃口尺寸约有增大 2）凹模内不易积存废料或冲裁件，刃口内壁磨损较慢 3）用于冲裁形状简单、精度要求不高的零件			
	6	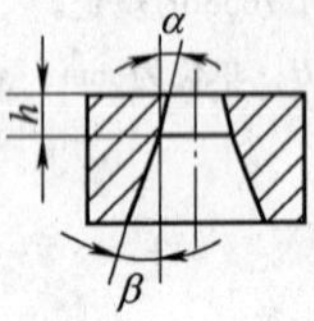 α　h　β	1）特点同序号5 2）可用于冲裁形状较复杂的零件			
主要参数		材料厚度 t/mm	α/（′）	β/（°）	刃口高度 h/mm	备　注
		<0.5 0.5~1 1~2.5	15	2	≥4 ≥5 ≥6	α 值适用于钳工加工。采用线切割加工时，可取 $\alpha=5'\sim20'$
		2.5~6 >6	30	3	≥8 ≥10	

2. 圆凹模的结构型式

小直径冲孔用圆凹模可用于冲圆孔或异形孔的冲裁。冲异形孔时，圆凹模需有定位措施以防止转动。为便于加工，异形孔圆凹模可有两半拼成。表6-27为常见圆凹模的结构型式。

表6-27　常见圆凹模的结构型式

序号	简　图	说　明
1	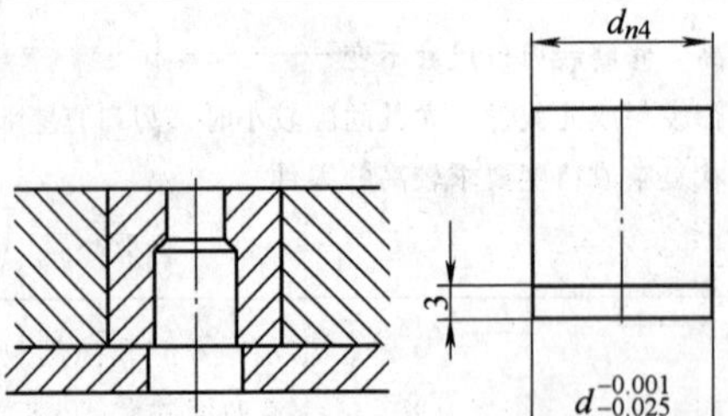 a)　b)　d_{n4}　3　$d_{-0.025}^{-0.001}$	无台肩的冲圆孔用圆凹模。为便于压入，图a下端带有斜度，图b下端3mm处略小
2	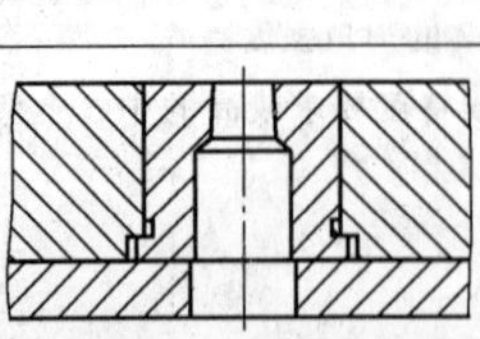	带台肩的冲圆孔用圆凹模

（续）

序号	简　图	说　明
3	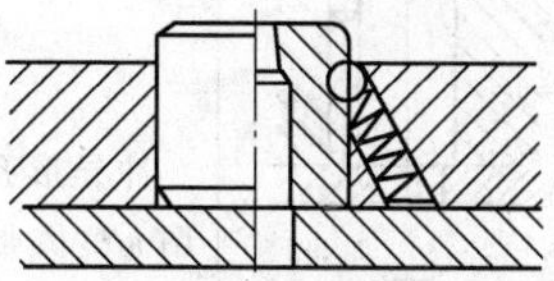	快速更换圆凹模，用于冲薄板圆孔
4	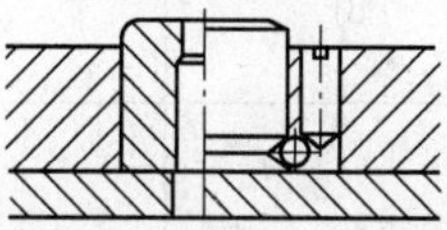	同 3，更换速度稍慢，但可冲较厚板料
5	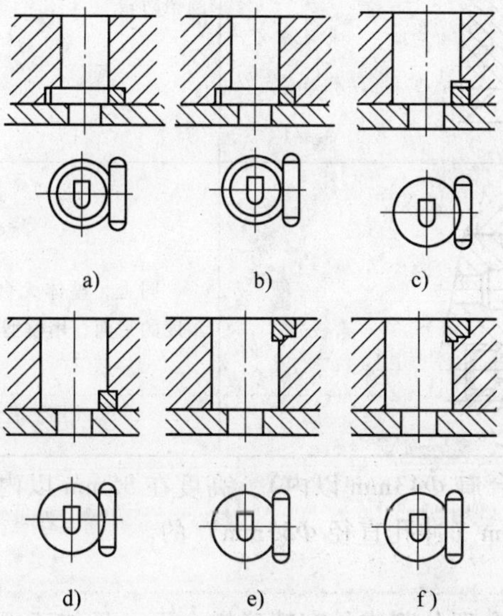 a)　b)　c) d)　e)　f)	冲异形的圆凹模，用平键定位防转。图 a 整体带台肩；图 b 拼合带台肩；图 c 整体无台肩，键在下端；图 d 拼合无台肩，键在下端；图 e 同图 c，但键在上端；图 f 同图 d，但键在上端
6	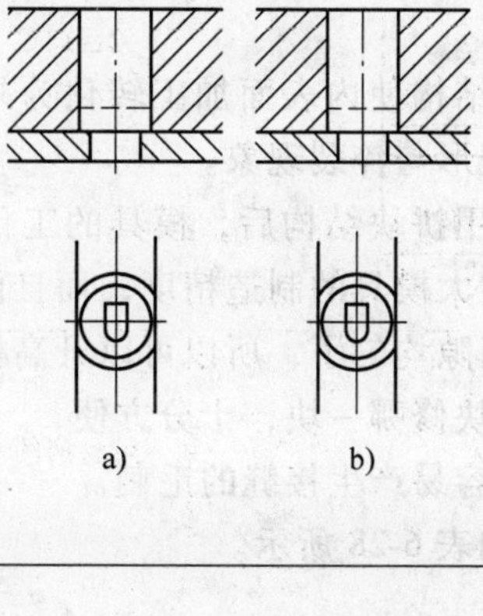 a)　b)	冲异形孔的圆凹模，带有台肩，台肩两侧铣平，与模板上的槽嵌合防转。图 a 为整体，图 b 两半拼成

（续）

序号	简　图	说　明
7	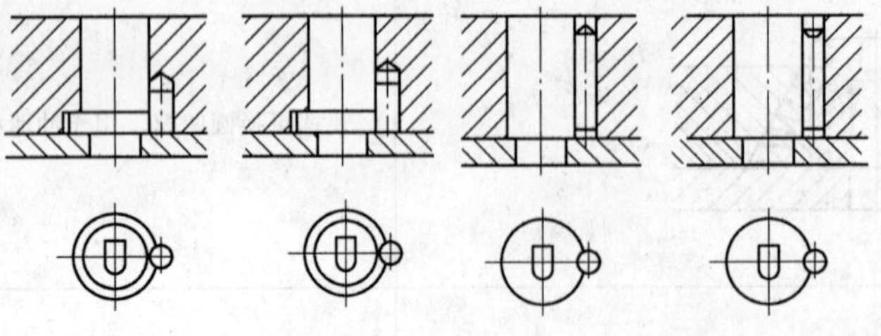 a)　b)　c)　d)	冲异形孔的圆凹模，用圆销防转。图 a 整体带台肩；图 b 拼合带台肩；图 c 整体无台肩；图 d 拼合无台肩
8	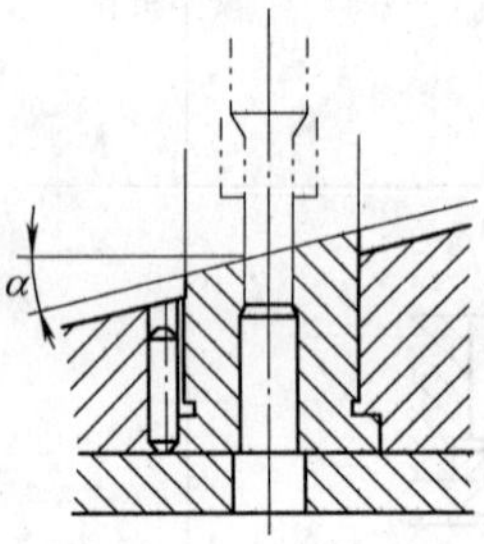 α	在型面上冲圆孔，整体带台肩，以圆销防转
9	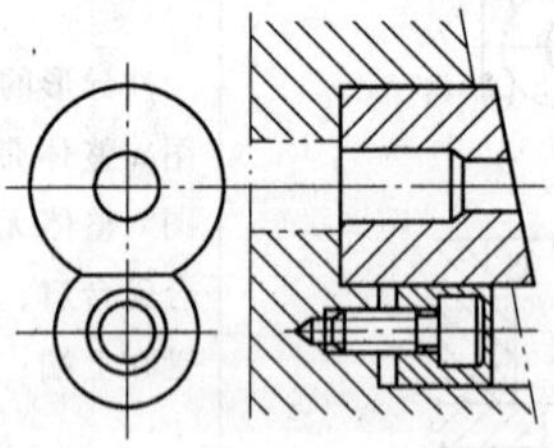	同上，整体无台肩，一侧铣有带斜度的平面，用模型圆销固定

圆凹模外径一般在 Φ40mm 以内（台肩 Φ43mm 以内），高度在 35mm 以内，冲孔直径不超过 Φ27mm。也有把外径扩大至 Φ70mm（冲孔直径 Φ55mm）的。

3. 镶拼式凹模的结构型式

将具有复杂几何形状形孔的凹模，合理分割成具有精确拼合面，且加工面的精度易于保证，由精密镶块拼装成的凹模，称为镶拼式凹模。镶拼式凹模具有以下特点：

1）节约钢材。拼块结构可以用小料代替大料，不仅节约钢材，同时也解决了大件锻造与热处理困难的问题。

2）便于加工。对机加工来说，采用拼块结构使内表面加工转化为外表面加工。对热加工来说，可以避免应力集中，减少热处理的变形与淬裂现象。

3）可以提高模具的制造精度与寿命。采用拼块结构后，模具的工作部分可以在热处理后采用各种方法进行磨削加工。这不但可以增大模具的制造精度，而且由于磨削后工作表面粗糙度低，不易磨损。拼块制造精度提高后间隙均匀了，所以可以升高模具寿命。

4）便于修理。易损件做成镶块，坏哪一块修哪一块，十分方便，

5）整个模具结构复杂，难装配，拼接处容易产生接缝的毛刺。

镶拼式凹模的常用结构型式与镶拼方式如表 6-28 所示。

表 6-28 镶拼式凹模的常用结构型式与镶拼方式

名称	镶拼方式与凹模结构型式	说明
局部镶拼式凹模	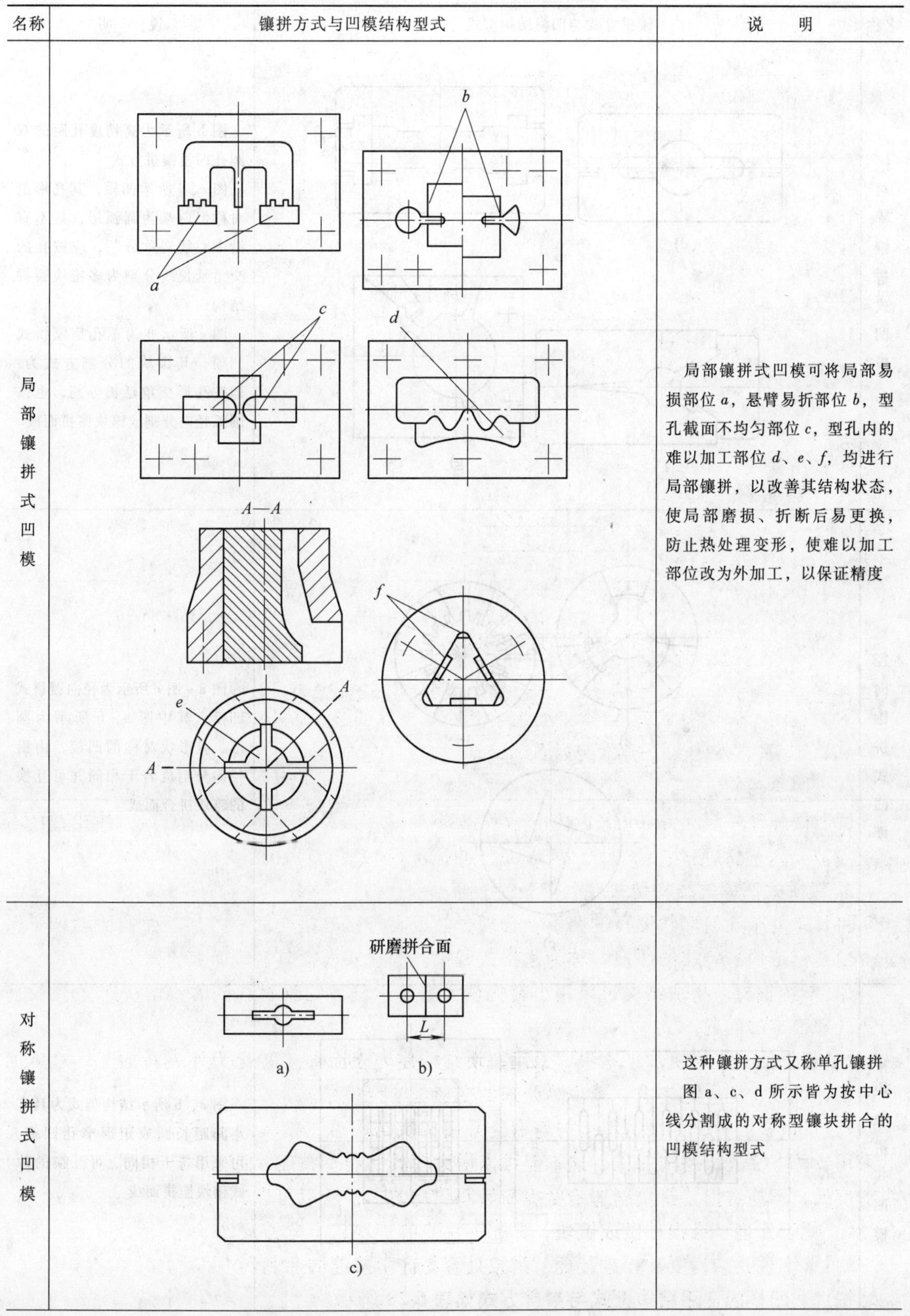	局部镶拼式凹模可将局部易损部位 a，悬臂易折部位 b，型孔截面不均匀部位 c，型孔内的难以加工部位 d、e、f，均进行局部镶拼，以改善其结构状态，使局部磨损、折断后易更换，防止热处理变形，使难以加工部位改为外加工，以保证精度
对称镶拼式凹模		这种镶拼方式又称单孔镶拼图 a、c、d 所示皆为按中心线分割成的对称型镶块拼合的凹模结构型式

（续）

名称	镶拼方式与凹模结构型式	说　明
对称镶拼式凹模	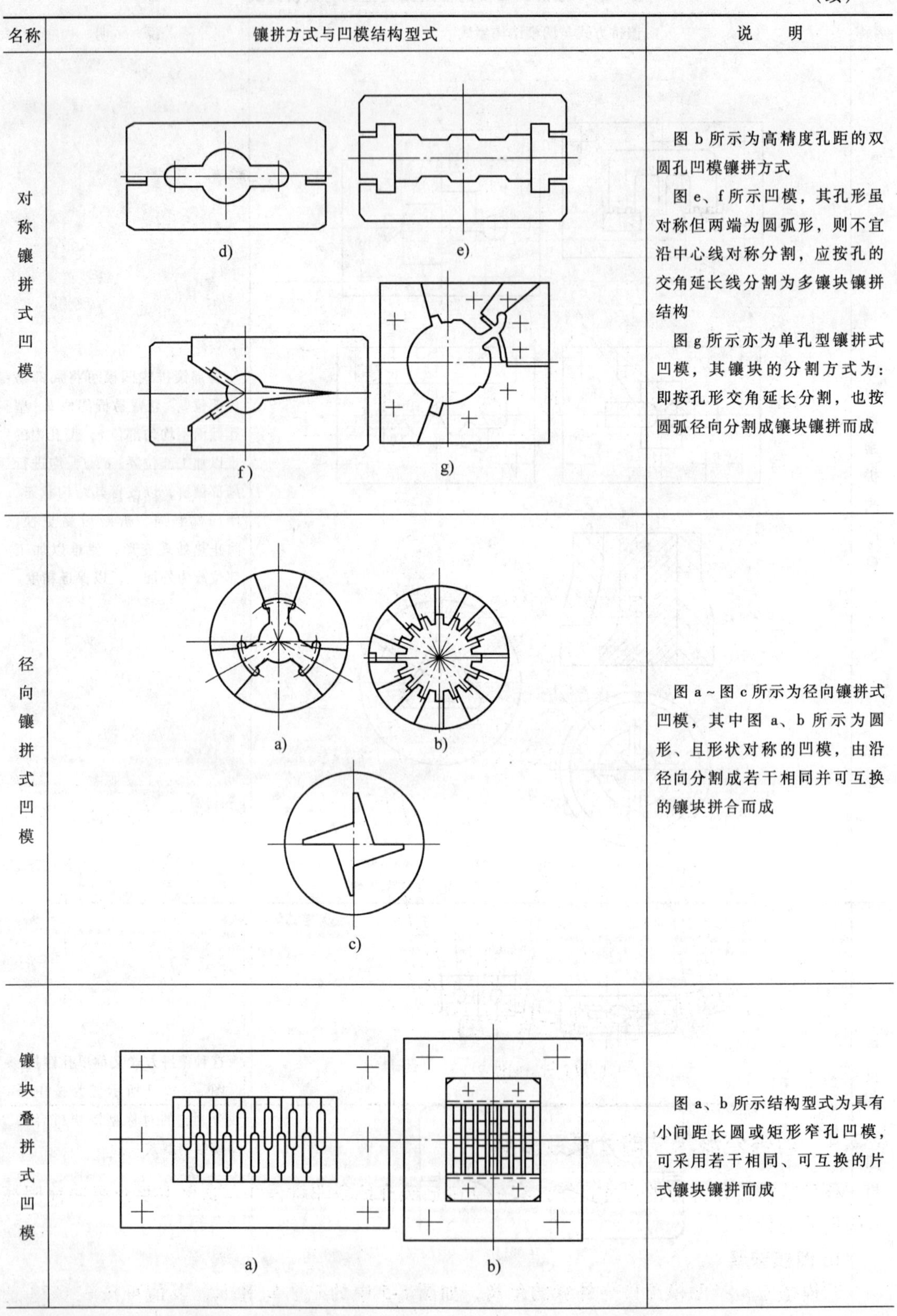 d)　e)　f)　g)	图 b 所示为高精度孔距的双圆孔凹模镶拼方式 图 e、f 所示凹模，其孔形虽对称但两端为圆弧形，则不宜沿中心线对称分割，应按孔的交角延长线分割为多镶块镶拼结构 图 g 所示亦为单孔型镶拼式凹模，其镶块的分割方式为：即按孔形交角延长分割，也按圆弧径向分割成镶块镶拼而成
径向镶拼式凹模	a)　b)　c)	图 a ~ 图 c 所示为径向镶拼式凹模，其中图 a、b 所示为圆形、且形状对称的凹模，由沿径向分割成若干相同并可互换的镶块拼合而成
镶块叠拼式凹模	a)　b)	图 a、b 所示结构型式为具有小间距长圆或矩形窄孔凹模，可采用若干相同、可互换的片式镶块镶拼而成

（续）

名称	镶拼方式与凹模结构型式	说　明
多孔镶拼式凹模	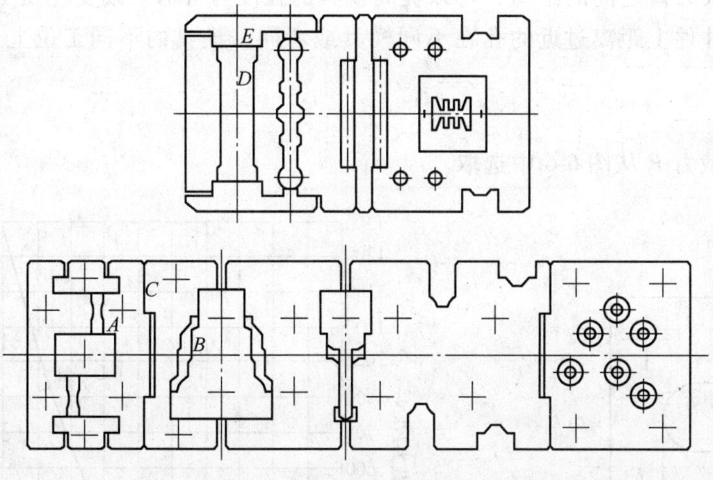	精密多工位级进冲裁模的结构比较复杂，对步距精度要求很高，采用多孔镶拼式凹模比整体式易于保证制造精度
刃口镶拼式凹模	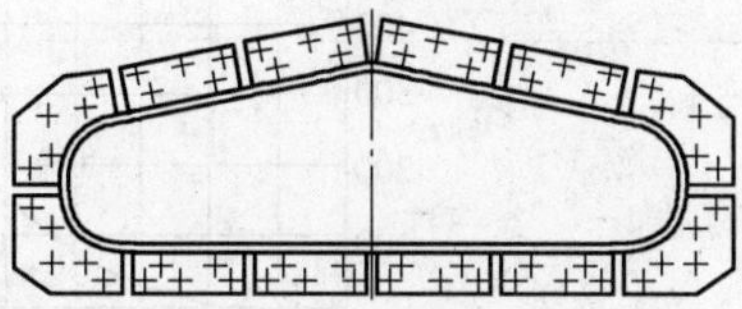 a) 单孔大型凹模 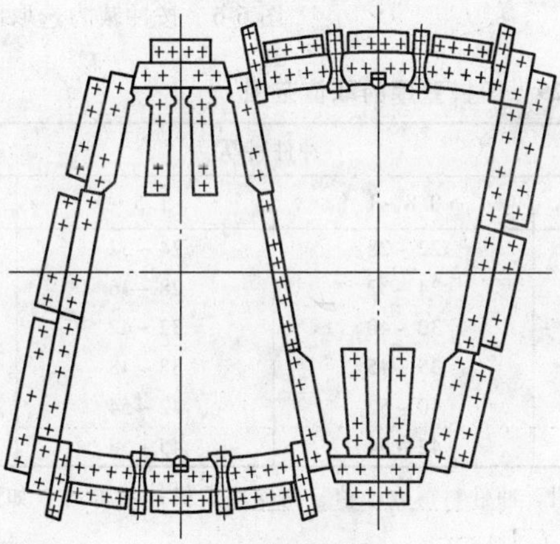 b) 双孔大型凹模	如图 a、b 所示，这种结构型式可避免采用大型合金锻件，可防止发生热处理变形

6.2.4　凹模外形尺寸的计算与选取

各种凹模工作部分的尺寸计算，有关文献已经介绍得非常详细。这里主要介绍冲裁凹模结构尺寸的计算。

1. 凹模壁厚

凹模壁厚是指凹模刃口与外缘的距离，如图 6-5 中的 b_1、b_2 和 b_3。其值可按表 6-29 选取。

刃口与刃口之间的距离，其最小值和冲件材料的强度与厚度有关，一般可参照下节凸凹模的最小壁厚的数值。扩大刃口之间的距离，可以提高模具的强度与寿命。改变冲压工艺或者级进模的排样，可以使冲件上距离过近的孔在不同模具或者同一模具的不同工位上冲出，从而扩大刃口之间的距离。

2. 凹模厚度

凹模厚度 h 可根据冲裁力 P 从图 6-6 中选取。

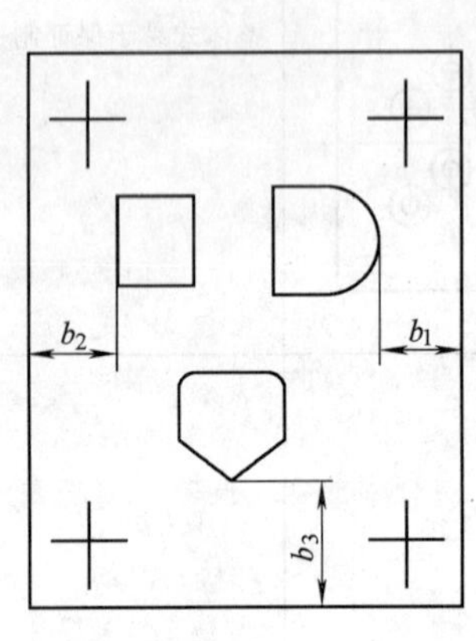

图 6-5　凹模壁厚

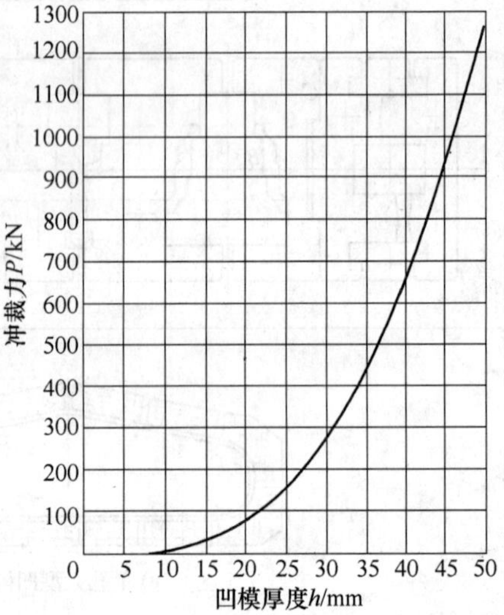

图 6-6　按冲裁力选取凹模厚度

表 6-29　凹模壁厚的取值范围　　（单位：mm）

冲件料宽	冲件料厚			
	≤0.8	>0.8～1.5	>1.5～3	>3～5
≤40	20～25	22～28	24～32	28～36
>40～50	22～28	24～32	28～36	30～40
>50～70	28～36	30～40	32～42	35～45
>70～90	32～42	35～45	38～48	40～52
>90～120	35～45	40～52	42～54	45～58
>120～150	40～52	42～54	45～58	48～62

注：从表中凹模壁厚的范围内选取具体数值时，冲件料薄取小值，料厚取大值；距离 b_1（如图 6-5 所示）取小值，b_2 取中值，b_3 取大值。

在求得凹模壁厚和厚度后，就初步有了外形尺寸，然后再根据这个初步的外形尺寸，向国家标准或者行业标准靠拢，即可得到确定的凹模外形尺寸。

3. 刃壁高度

刃壁高度参考表 6-26 选取。

6.2.5　凹模的安装与固定

凹模的安装与固定方式如表 6-30 所示。

表 6-30 凹模的安装与固定方式

名称		结构图	说明
镶拼式凹模	固定板安装结构	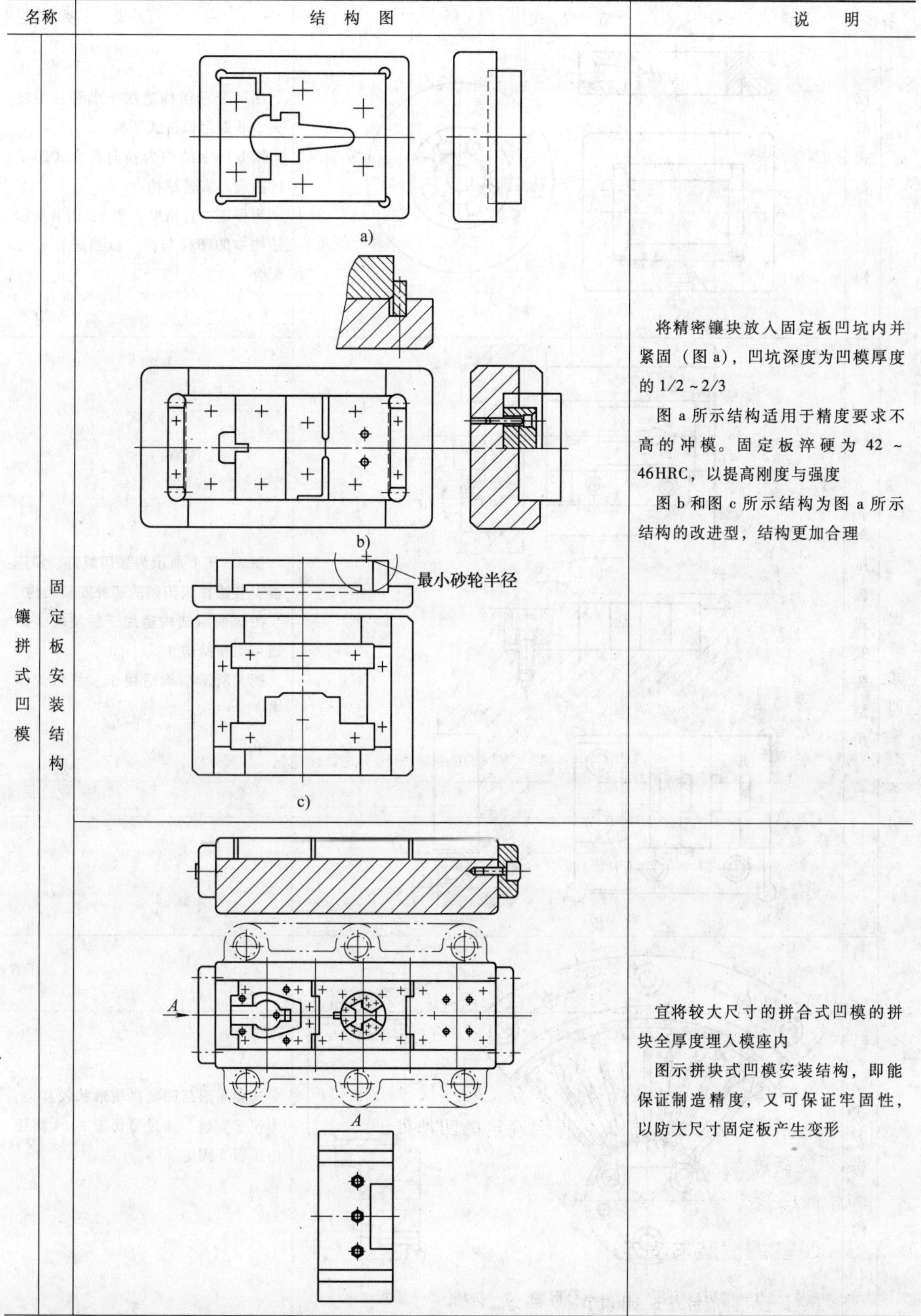	将精密镶块放入固定板凹坑内并紧固（图 a），凹坑深度为凹模厚度的 1/2 ~ 2/3 图 a 所示结构适用于精度要求不高的冲模。固定板淬硬为 42 ~ 46HRC，以提高刚度与强度 图 b 和图 c 所示结构为图 a 所示结构的改进型，结构更加合理
			宜将较大尺寸的拼合式凹模的拼块全厚度埋入模座内 图示拼块式凹模安装结构，即能保证制造精度，又可保证牢固性，以防大尺寸固定板产生变形

（续）

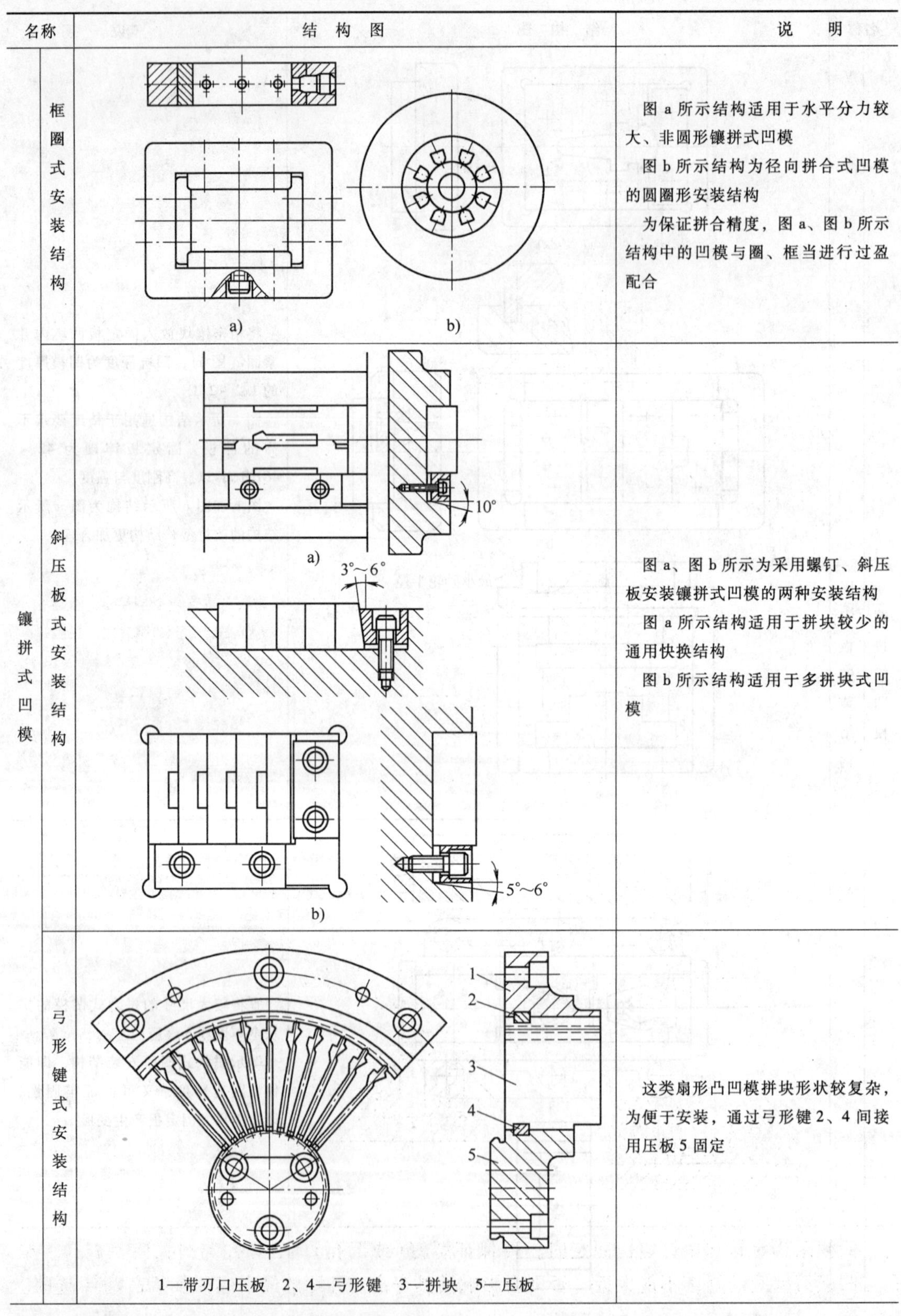

名称		结构图	说明
镶拼式凹模	框圈式安装结构	a)　b)	图 a 所示结构适用于水平分力较大、非圆形镶拼式凹模 图 b 所示结构为径向拼合式凹模的圆圈形安装结构 为保证拼合精度，图 a、图 b 所示结构中的凹模与圈、框当进行过盈配合
	斜压板式安装结构	a)　b)	图 a、图 b 所示为采用螺钉、斜压板安装镶拼式凹模的两种安装结构 图 a 所示结构适用于拼块较少的通用快换结构 图 b 所示结构适用于多拼块式凹模
	弓形键式安装结构	1—带刃口压板　2、4—弓形键　3—拼块　5—压板	这类扇形凸凹模拼块形状较复杂，为便于安装，通过弓形键 2、4 间接用压板 5 固定

（续）

名称		结构图	说明
镶拼式凹模	分段安装结构	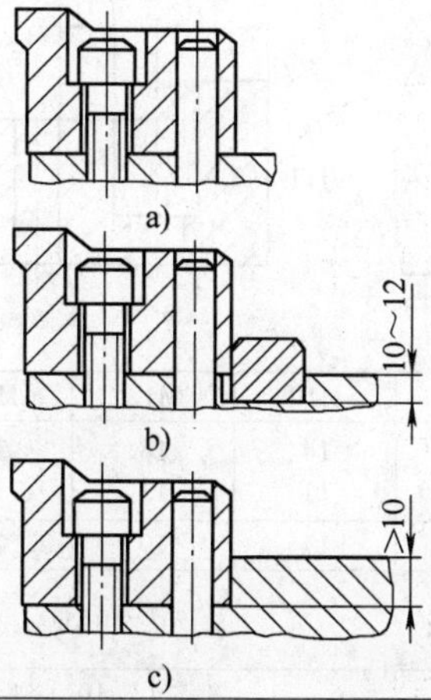 a) b) c)	大型冲模的镶拼式凹模，常采用分段式安装的结构型式。其拼块采用螺钉、销钉定位并固定 图 a 所示结构适于冲裁料厚为 1.5mm 冲件 图 b 所示结构适于冲裁料厚为 1.5～2.5mm 冲件 图 c 所示结构适于冲裁料厚大于 2.5mm 的冲件
	低熔点合金熔接式安装结构	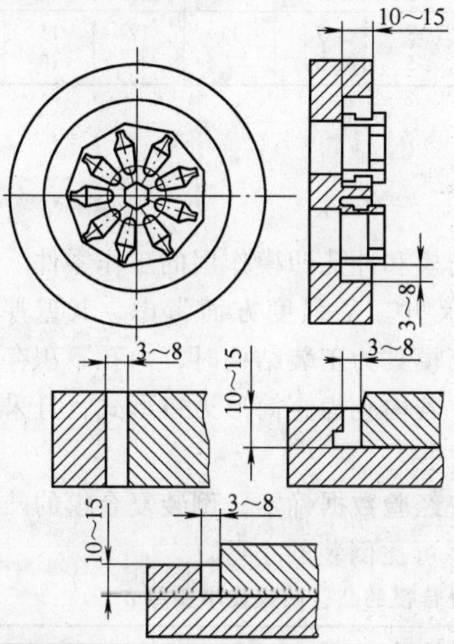	采用低熔点合金熔铸法，使定位、拼合于固定板中的镶拼式凹模固定 这种安装的结构型式适于冲裁料厚小于等于 1.5mm 的薄料冲件
圆凹模安装结构		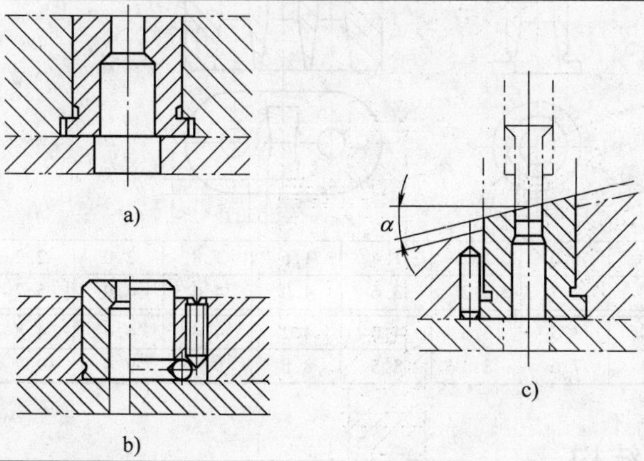 a) b) c)	采用垫板、钢球、圆柱销等方法的安装与固定方式

凹模采用螺钉和销钉定位固定时，要保证螺钉(或沉孔)间、螺孔与销孔间及螺孔、销孔与凹模刃壁间的距离不能太近，否则会影响模具寿命。孔距的最小值可参考表 6-31 选取。

表 6-31　螺孔（或沉孔）、销钉之间及至刃壁的最小距离　　（单位：mm）

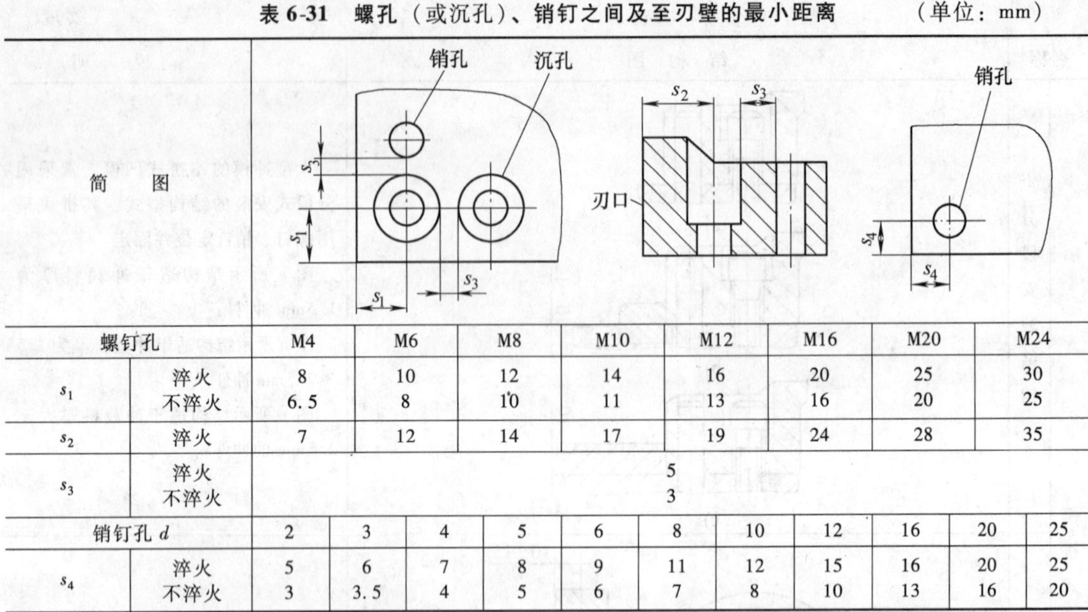

简图								
螺钉孔		M4	M6	M8	M10	M12	M16	M20	M24
s_1	淬火	8	10	12	14	16	20	25	30
	不淬火	6.5	8	10	11	13	16	20	25
s_2	淬火	7	12	14	17	19	24	28	35
s_3	淬火	5							
	不淬火	3							

销钉孔 d		2	3	4	5	6	8	10	12	16	20	25
s_4	淬火	5	6	7	8	9	11	12	15	16	20	25
	不淬火	3	3.5	4	5	6	7	8	10	13	16	20

6.3　凸凹模的最小壁厚

凸、凹模是复合模中同时具有落料凸模和冲孔凹模作用的工作零件。它的内外缘均为刃口，内外缘之间的壁厚取决于冲裁件的尺寸。从强度方面考虑，其壁厚应受最小值限制。凸、凹模的最小壁厚与模具结构有关：当模具为正装结构时，内孔不积存废料，胀力小，最小壁厚可以小些；当模具为倒装结构时，若内孔为直筒形刃口形式，且采用下出料方式，则内孔积存废料，胀力大，故最小壁厚应大些。

凸、凹模的最小壁厚值，目前一般按经验数据确定，倒装复合模的凸、凹模最小壁厚见表 6-32。正装复合模的凸、凹模最小壁厚可比倒装的小些。

表 6-32　倒装复合模的凸、凹模最小壁厚 δ　　（单位：mm）

简图										
材料厚度 t	0.4	0.6	0.8	1.0	1.2	1.4	1.6	1.8	2.0	2.2	2.5
最小壁厚 δ	1.4	1.8	2.3	2.7	3.2	3.6	4.0	4.4	4.9	5.2	5.8
材料厚度 t	2.8	3.0	3.2	3.5	3.8	4.0	4.2	4.4	4.6	4.8	5.0
最小壁厚 δ	6.4	6.7	7.1	7.6	8.1	8.5	8.8	9.1	9.4	9.7	10

6.4　凹模和凸模的镶拼结构

凹模和凸模的镶拼结构常用于尺寸窄小的冲模、大型冲模以及多工位级进模。常用凹模和凸模的镶拼结构如表 6-33 所示。镶块的分块要点如表 6-34 所示。

表 6-33　常用凹模和凸模的镶拼结构

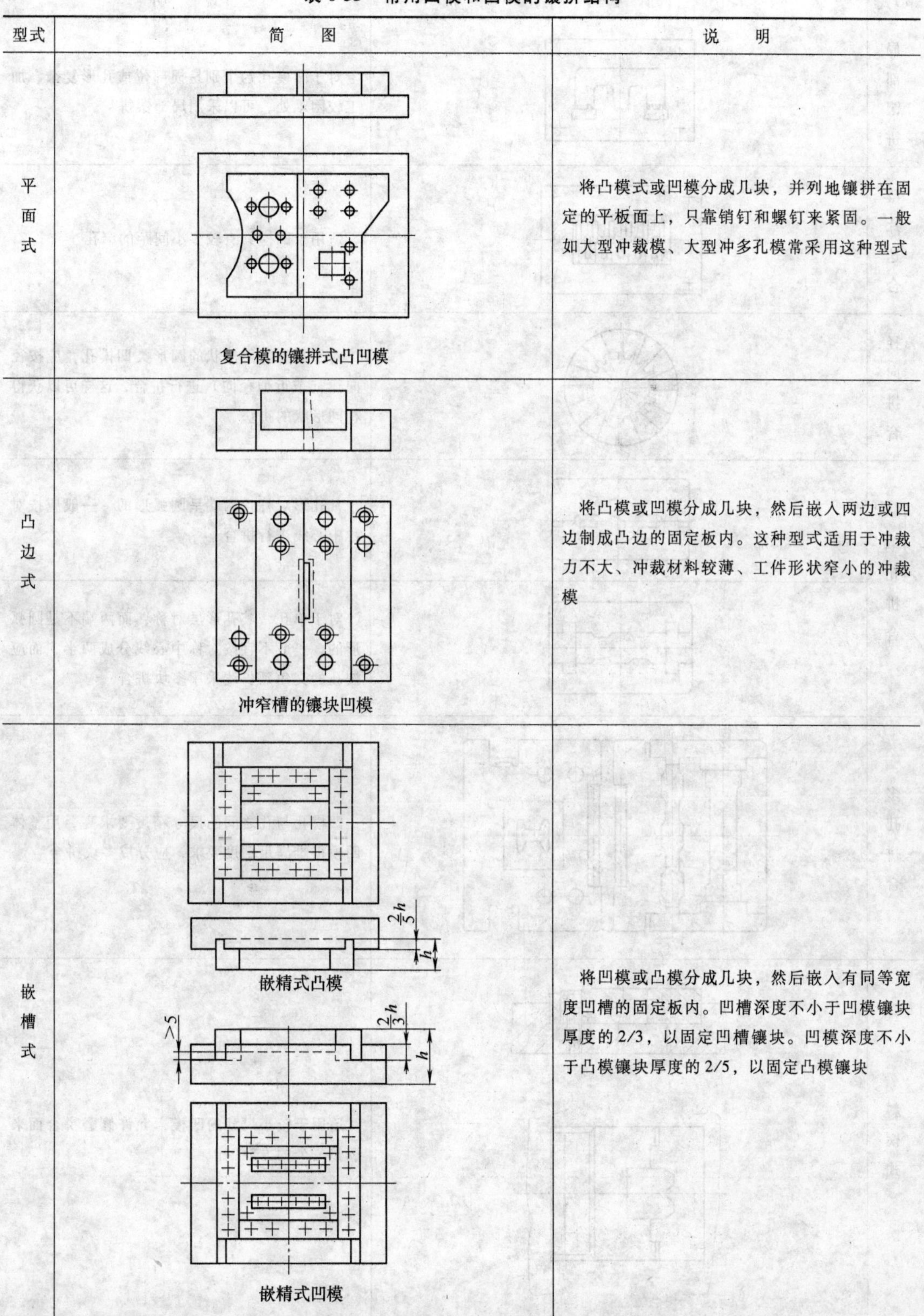

型式	简　图	说　明
平面式	复合模的镶拼式凸凹模	将凸模式或凹模分成几块，并列地镶拼在固定的平板面上，只靠销钉和螺钉来紧固。一般如大型冲裁模、大型冲多孔模常采用这种型式
凸边式	冲窄槽的镶块凹模	将凸模或凹模分成几块，然后嵌入两边或四边制成凸边的固定板内。这种型式适用于冲裁力不大、冲裁材料较薄、工件形状窄小的冲裁模
嵌槽式	嵌精式凸模 嵌精式凹模	将凹模或凸模分成几块，然后嵌入有同等宽度凹槽的固定板内。凹槽深度不小于凹模镶块厚度的 2/3，以固定凹槽镶块。凹模深度不小于凸模镶块厚度的 2/5，以固定凸模镶块

（续）

型式	简图	说明
局部镶拼	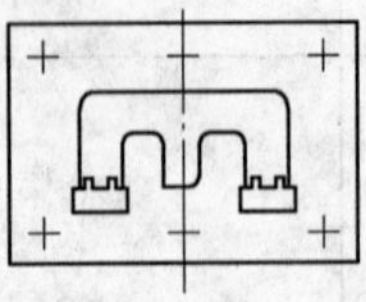	对于凹模孔的个别易损部位或孔形复杂、加工较困难处，可以采用局部镶拼
镶片迭合	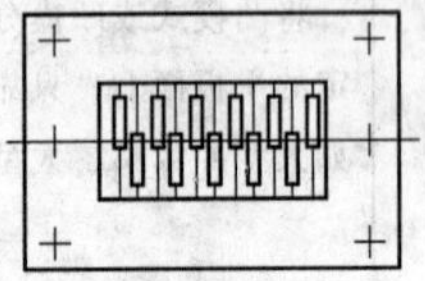	适用于凹模具有较多小间距的窄孔
径向拼合	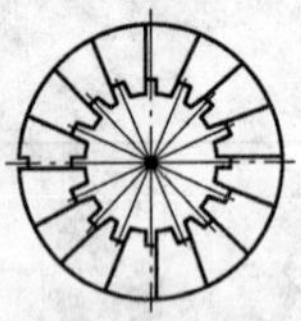	对于具有放射形状的圆形类凹模孔，应按径向线（或近似径向）进行拼合，这样可以获得相同形状的拼块
单孔拼合	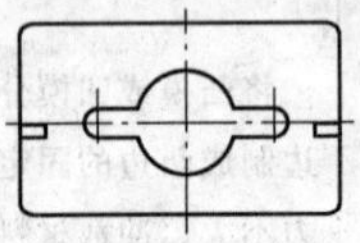	凡孔形对称且两端呈圆弧形的，一般应按对称中心线进行拼合
	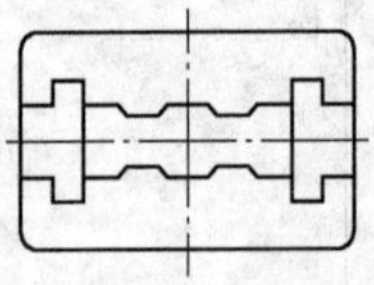	对于单孔，其孔形虽对称，而两端不是圆弧形的，一般不宜按对称中心线分成两半，而应按孔的交角延长线采用多块拼合
多孔拼合	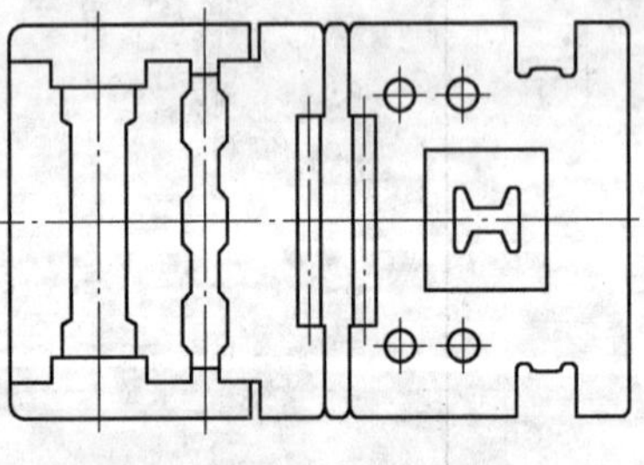	凹模孔与孔之间的尺寸精度要求高，用整体凹模很难满足精度要求，应分成多块拼合
斜楔式	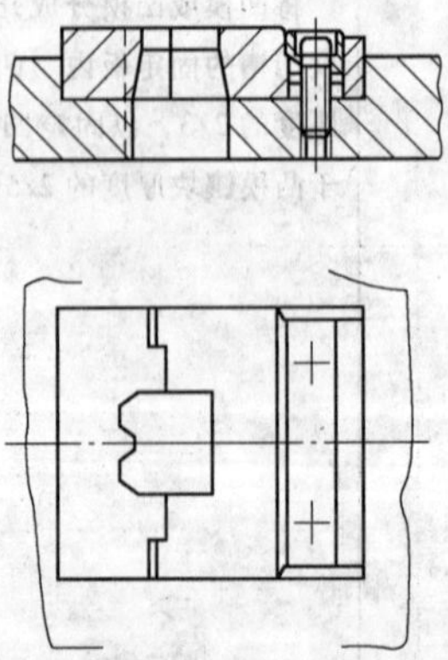	适用于较小尺寸的凹模，允许修磨拼合面来调整一个的方向间隙

表6-34　镶块分块要点

序号	镶块的分块要点	简　图
1	直线与直线相交的拼合面应处于交角处，拼合面与孔边缘的夹角应避免设计成小于90°，而应设计成90°或大于90°的交角	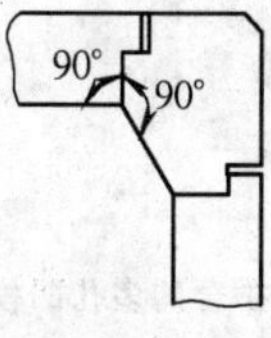 90° 90°
2	凹圆弧与直线相连处的拼合面，应尽可能选取不在接点处，并移向直线处一段距离，一般为 $s=3\sim15$mm	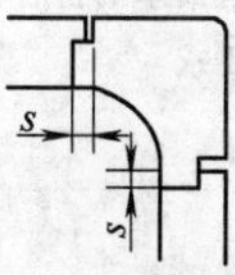 s s
3	大圆弧或曲率很大的曲线拼块的拼合面，一般为了加工和测量方便，使两端拼合面平行	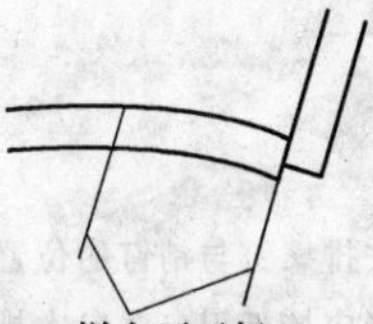 拼合面平行
4	孔的尖角处应力求避免“对角穿孔”，应尽可能将另一角“堵塞”	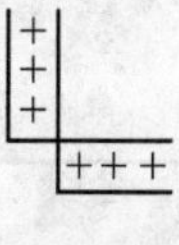 不好 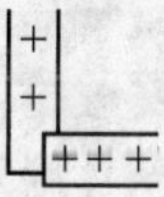 好
5	拼块之间在可能的情况下，其拼合面应以凹、凸槽或台肩相互配合，以增加拼块结构的稳固性	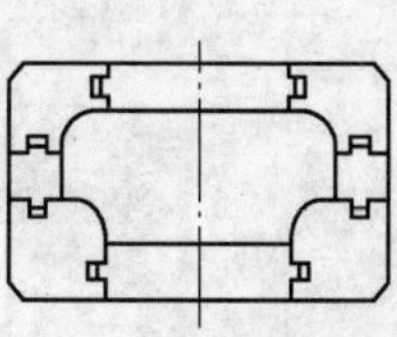
6	为避免工件产生毛刺和模具拼合面处过早磨损，凹模与凸模的拼合面不应在同一位置上，两者应错开。对于大型凹模拼块的拼合面，为方便加工，减少其拼合面的接触长度而取12～20mm	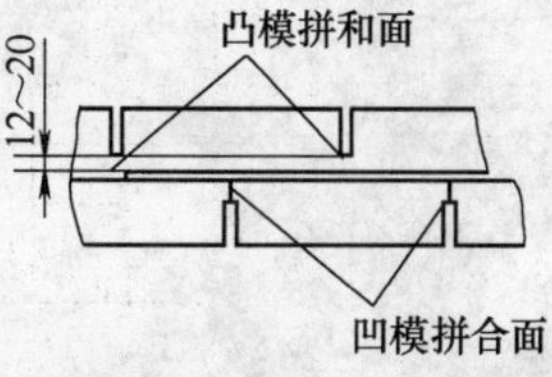 凸模拼和面 12~20 凹模拼合面

（续）

序号	镶块的分块要点	简　图
7	为了保证拼合的多孔凹模孔形和孔距精度，拼合面位置的选择应考虑修磨和调整方便。尽量减少和避免修磨工作面，而仅修磨简单的拼合面，必要时以适当增加拼块分段来满足上述要求	不好 好
8	注意安排螺钉与销钉的位置。大型冲模的镶块，其固定螺钉位置应接近刃口并参次排列，而销钉则离刃口愈远愈好	刃口 正确

第 7 章　冲模导向装置标准与应用

7.1　概述

导向零件用于提高模具精度、减少压力机对模具精度的不良影响，同时还可以节省模具的调整时间，提高冲件的精度和模具寿命。

最常用的导向装置是导柱导套式和导板导向式。导柱导套式又可分为光滑的圆柱导向和滚珠导向装置两种。光滑圆柱导向装置常分为一级精度（H6/h5，IT5 ~6 级）和二级精度（H7/h6，IT7 ~8 级）两种。对于冲裁模来说，应根据冲裁间隙来选择其导向装置的等级，原则是：导柱与导套之间的间隙应小于凸模与凹模之间的间隙。在一般的情况下，当冲裁间隙值在 0.03mm 以下时，应选用一级精度；而当冲裁间隙值大于 0.03mm 时，则可选用二级精度的模具。对于使用寿命要求较高的和复杂的模具，如硬质合金模、复杂的连续模，应选用一级精度的模具；而对于一般成形工序，则可以选用二级精度的模具。

滚珠导向装置是一种无间隙导向的结构。其精度比光滑圆柱导向装置高，且其使用寿命也长，在每分钟 200 次以上的高速冲裁及精密冲裁模、硬质合金模和其他各种精密模具中应用广泛。

上、下模的导向，在凸模与凹模开始作用前，或压料板接触到制件前就应充分合上，以确保导向在冲压工作开始时即已发挥正常的作用。导柱的长度应保证冲模在最低位置时，导柱的上端面与上模座顶面的距离为 10 ~15mm；而下模座底面与导柱底面的距离不小于 5mm，如图 7-1 所示。

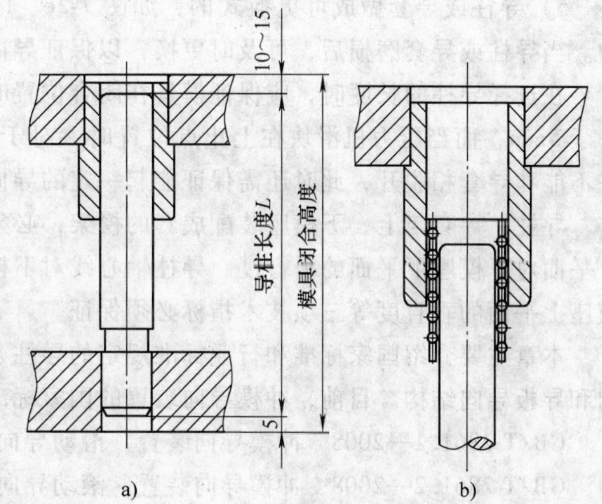

图 7-1　导柱导套导向装置

a）光滑圆柱导向装置　b）滚珠导向装置

导柱和导套目前都已标准化，在使用时可根据需要选取。

导柱导套的装配方式有以下几种：

1）最常用的装配方式是将导柱装在下模座、导套装在上模座上，如图 7-2a 所示，分别采用过盈配合 H7/r6。

2）为模具工作部分刃磨方便，可以将中心一侧的导柱装在下模座上，而将另一侧的导柱装在上模座上，如图 7-2b 所示。

3）在采用弹压卸料板的结构型式时，可以采用将导柱装在上模座上，将导套装在下模座上，如图 7-2c 所示。

4）为便于加工，并保证导柱和导套的同心度，使导柱的压入部分直径与导套压入部分的外径相同，可以采用台阶式的导柱，如图 7-2d 所示。

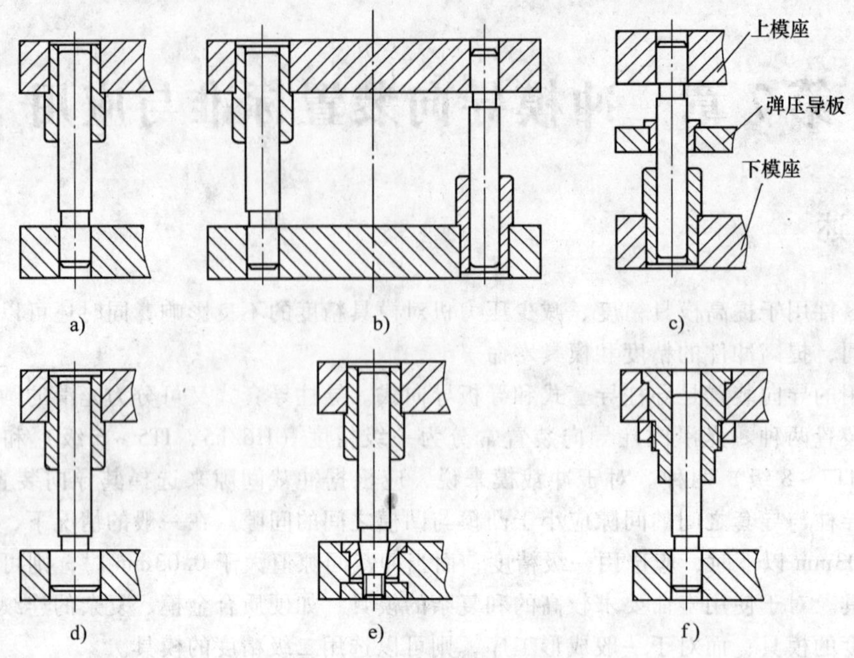

图 7-2　导柱导套的装配方式

a）一般型式　b）导柱分别装在上、下模座　c）双导向弹压导板
d）台阶形导向装置　e）导柱可更换的型式　f）导套可更换的型式

5）导柱或导套做成可更换式的，如图 7-2e、f 所示，这种型式主要用于硬质合金模具中。当导柱或导套磨损后，可及时更换，以保证导向精度，便于模具的维修与刃磨。

在选择导柱的长度时，应保证模具在闭合位置时，上模座的上平面与导柱端面的距离不小于 5mm，而当压力机滑块在上止点位置时，对于采用浮动模柄及滚珠导向结构型式的导柱不能和导套相脱开，此时还需保证能起一定的导向作用。

导柱、导套与上、下模座装配成套的模架，必须符合技术指标分类标准。同时，上模的上平面对下模座下平面的平行度、导柱轴心线对下模座下平面的垂直度、导套孔轴心线对上模座上平面的垂直度等三项技术指标必须保证。

本章主要介绍国家标准和行业标准规定的导柱、导套导向装置，同时介绍常用的套筒导向和导板导向结构。目前，冲模导向装置的国家标准和行业标准有：

GB/T 2861. 1—2008　冲模导向装置　滑动导向导柱；
GB/T 2861. 2—2008　冲模导向装置　滚动导向装置；
GB/T 2861. 3—2008　冲模导向装置　滑动导向导套；
GB/T 2861. 4—2008　冲模导向装置　滚动导向导套；
GB/T 2861. 5—2008　冲模导向装置　钢球保持圈；
GB/T 2861. 6—2008　冲模导向装置　圆柱螺旋压缩弹簧；
GB/T 2861. 7—2008　冲模导向装置　滑动导向可卸导柱；
GB/T 2861. 8—2008　冲模导向装置　滚动导向可卸导柱；
GB/T 2861. 9—2008　冲模导向装置　衬套；
GB/T 2861. 10—2008　冲模导向装置　垫圈；

GB/T 2861. 11—2008　冲模导向装置　压板。

JB/T 7645. 1—2008　冲模导向装置　A 型小导柱；

JB/T 7645. 2—2008　冲模导向装置　B 型小导柱；

JB/T 7645. 3—2008　冲模导向装置　小导套；

JB/T 7645. 4—2008　冲模导向装置　压板固定式导柱；

JB/T 7645. 5—2008　冲模导向装置　压板固定式导套；

JB/T 7645. 6—2008　冲模导向装置　压板；

JB/T 7645. 7—2008　冲模导向装置　导柱座；

JB/T 7645. 8—2008　冲模导向装置　导套座。

7.2　冲模导向装置的国家标准

GB/T 2861. 1 ~ 2861. 11—2008 标准分别规定了冲模导向装置的滑动导向导柱、滚动导向装置、滑动导向导套、滚动导向导套、钢球保持圈、圆柱螺旋压缩弹簧、滑动导向可卸导柱、滚动导向可卸导柱、衬套、垫圈和压板。分别介绍如下。

7.2.1　滑动导向导柱标准

GB/T 2861. 1—2008 标准规定了冲模导向装置滑动导向导柱的结构、尺寸规格和标记，适用于冲模导向装置用滑动导向导柱，同时还给出了材料指南和技术要求。与旧标准相比，主要变化如下：将标准名称改为《冲模导向装置 第 1 部分：滑动导向导柱》；增加了“前言”和“规范性引用文件”；增加了 A 型导柱的尺寸规格；材料改为推荐采用。

GB/T 2861. 1—2008 标准规定的冲模导向装置 A 型滑动导向导柱和 B 型滑动导向导柱分别如表 7-1 和表 7-2 所示。

表 7-1　冲模导向装置 A 型滑动导向导柱（摘自 GB/T 2861. 1—2008）（单位：mm）

表面粗糙度以 μm 为单位

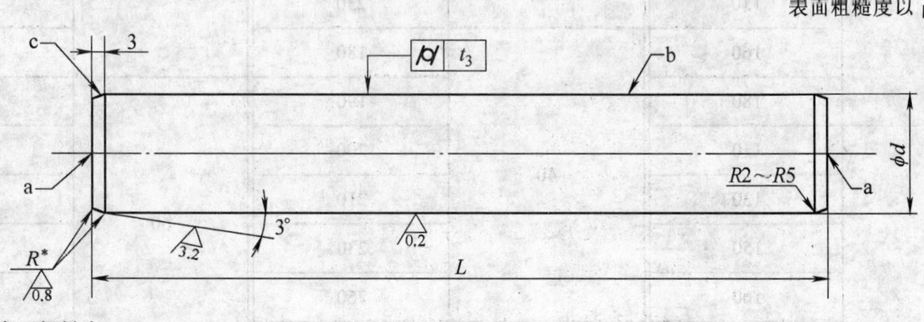

未注表面粗糙度 $Ra6.3\mu m$。

a. 允许保留中心孔。

b. 允许开油槽。

c. 压入端允许采用台阶式导入结构。

注：R^* 由制造者决定。

标记示例：$d = 20mm$，$L = 120mm$ 的滑动导向 A 型导柱标记如下：

滑动导向导柱　A　20 × 120　GB/T 2861. 1—2008

（续）

dh5 或 dh6	L	dh5 或 dh6	L	dh5 或 dh6	L
16	90	25	180	45	200
	100	28	130		230
	110		150		260
18	90		160		290
	100		170	50	200
	110		180		220
	120		190		230
	130		200		240
	150	32	150		250
	160		160		260
20	100		170		270
	110		180		280
	120		190		290
	130		200		300
	150		210	55	220
	160	35	160		240
22	100		180		250
	110		190		270
	120		200		280
	130		210		290
	150		230		300
	160	40	180		320
	180		190	60	250
25	110		200		270
	130		210		280
	150		230		290
	160		260		300
	170	45	190		320

注：1. 材料由制造者选定，推荐采用20Cr、GCr15。20Cr渗碳深度0.8~1.2mm，硬度58~62HRC；GCr15硬度58~62HRC。

2. t_3、t_4应符合JB/T 8071中的规定。其他应符合JB/T 8070的规定。

3. Ⅰ级精度模架导柱采用dh5，Ⅱ级精度模架导柱采用dh6。

4. 标记应包括以下内容：1）滑动导向导柱；2）导柱类型A、B；3）导柱直径d，以mm为单位；4）导柱长度L，以mm为单位；5）本标准代号，即GB/T 2861.1—2008。

表 7-2　冲模导向装置 B 型滑动导向导柱（摘自 GB/T 2861.1—2008）（单位：mm）

表面粗糙度以 μm 为单位

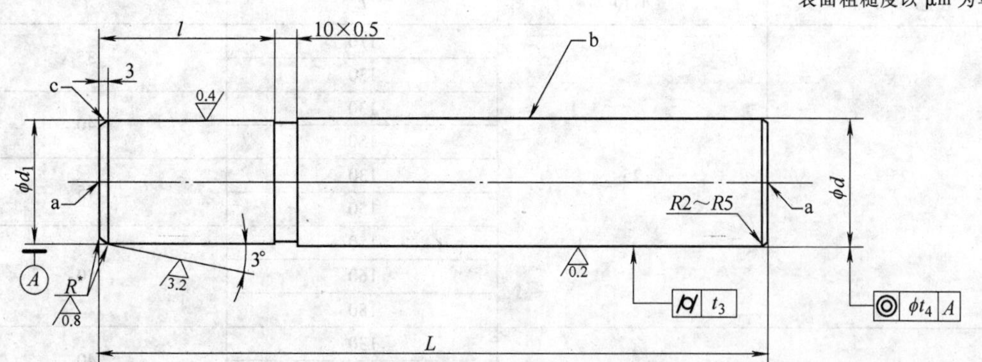

未注表面粗糙度 $Ra6.3\mu m$。

a. 允许保留中心孔。

b. 允许开油槽。

c. 压入端允许采用台阶式导入结构。

注：R^* 由制造者决定。

标记示例：$d=20$mm，$L=120$mm 的滑动导向 B 型导柱标记如下：

滑动导向导柱　B　20×120　GB/T 2861.1—2008

d h5 或 d h6	d_1 r6	L	l
16	16	90	25
		100	
		100	30
		110	
18	18	90	25
		100	
		100	30
		110	
		120	
		110	40
		130	
20	20	100	30
		120	
		120	35
		110	40
		130	
22	22	100	30
		120	
		110	35
		120	
		130	
		110	40
		130	
		130	45
		150	

（续）

d h5 或 d h6	d_1 r6	L	l
25	25	110	35
		130	
		130	40
		150	
		130	45
		150	
		150	50
		160	
		180	
28	28	130	40
		150	
		150	45
		170	
		150	50
		160	
		180	
		180	55
		200	
32	32	150	45
		170	
		160	50
		190	
		180	55
		210	
		190	60
		210	
35	35	160	50
		190	
		180	55
		190	
		210	
		190	60
		210	
		200	65
		230	
40	40	180	55
		210	
		190	60
		200	
		210	
		230	
		200	65
		230	
		230	70
		260	

（续）

d h5 或 d h6	d_1 r6	L	l
45	45	200	60
		230	
		200	65
		230	
		260	
		230	70
		260	
		260	75
		290	
50	50	200	60
		230	
		220	65
		230	
		240	
		250	
		260	
		270	
		230	70
		260	
		260	75
		290	
		250	80
		270	
		280	
		300	
55	55	220	65
		240	
		250	
		270	
		250	70
		280	
		250	75
		280	
		250	80
		270	
		280	
		300	
		290	90
		320	

（续）

d h5 或 d h6	d_1 r6	L	l
60	60	250	70
		280	
		290	90
		320	

注：1. Ⅰ级精度模架导柱采用 d h5，Ⅱ级精度模架导柱采用 d h6。

2. 材料由制造者选定，推荐采用 20Cr、GCr15。20Cr 渗碳深度 0.8～1.2mm，硬度 58～62HRC；GCr15 硬度 58～62HRC。

3. t_3、t_4 应符合 JB/T 8071 中的规定。其他应符合 JB/T 8070 的规定。

4. 标记应包括以下内容：1）滑动导向导柱；2）导柱类型 A、B；3）导柱直径 d，以 mm 为单位；4）导柱长度 L，以 mm 为单位；5）本标准代号，即 GB/T 2861.1—2008。

7.2.2　滚动导向导柱标准

GB/T 2861.2—2008 标准规定了冲模导向装置滚动导向导柱的结构、尺寸规格和标记，适用于冲模导向装置用滚动导向导柱，同时还给出了材料指南和技术要求。与旧标准相比，主要变化如下：将标准名称改为《冲模导向装置 第 2 部分：滚动导向导柱》；增加了“前言”和“规范性引用文件”；增加了滚动导向导柱的尺寸规格；材料改为推荐采用。

GB/T 2861.2—2008 标准规定的冲模导向装置滚动导向导柱如表 7-3 所示。

表 7-3　冲模导向装置滚动导向导柱（摘自 GB/T 2861.2—2008）　（单位：mm）

表面粗糙度以 μm 为单位

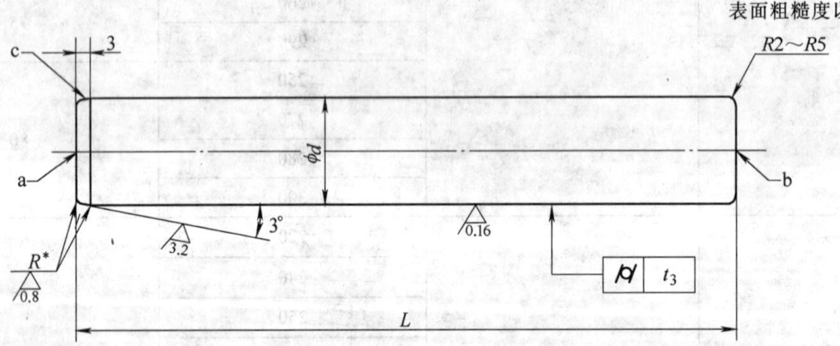

未注表面粗糙度 Ra6.3μm。

a. 允许保留中心孔。

b. 允许保留中心孔，与限程器相关的结构和尺寸由制造者确定。

c. 压入端允许采用台阶式导入结构。

注：R^* 由制造者决定。

标记示例：d = 25mm，L = 160mm 的滚动导向导柱的标记如下：

滚动导向导柱　25×160　GB/T 2861.2—2008

d h5	L	d h5	L	d h5	L
18	130	20	130	20	155
	140		140	22	145
	155		145		155

（续）

d h5	L	d h5	L	d h5	L
22	160	32	215	45	260
25	155		225		290
	160	35	190		320
	170		210	50	230
	190		215		260
28	155		225		290
	160		230		320
	170	40	225	55	260
	190		230		290
	210		260		320
32	170		290	60	260
	190		320		290
	210	45	230		320

注：1. 材料由制造者选定，推荐采用20Cr、GCr15。20Cr 渗碳深度 0.8～1.2mm，硬度 60～64HRC；GCr15 硬度 60～64HRC。

2. t_3 应符合 JB/T 8071 中的规定。其他应符合 JB/T 8070 的规定。

3. 标记应包括以下内容：1）滚动导向导柱；2）导柱直径 d，以 mm 为单位；3）导柱长度 L，以 mm 为单位；4）本标准代号，即 GB/T 2861.2—2008。

7.2.3　滑动导向导套标准

GB/T 2861.3—2008 标准规定了冲模导向装置滑动导向导套的结构、尺寸规格和标记，适用于冲模导向装置用滑动导向导套，同时还给出了材料指南和技术要求。与旧标准相比，主要变化如下：将标准名称改为《冲模导向装置 第 3 部分：滑动导向导套》；增加了“前言”和“规范性引用文件”；导套的安装分为压入式和粘接式两种形式；材料改为推荐采用。

GB/T 2861.3—2008 标准规定的冲模导向装置 A 型滑动导向导套和 B 型滑动导向导套分别如表 7-4 和表 7-5 所示。

表 7-4　冲模导向装置 A 型滑动导向导套（摘自 GB/T 2861.3—2008）（单位：mm）

表面粗糙度以 μm 为单位

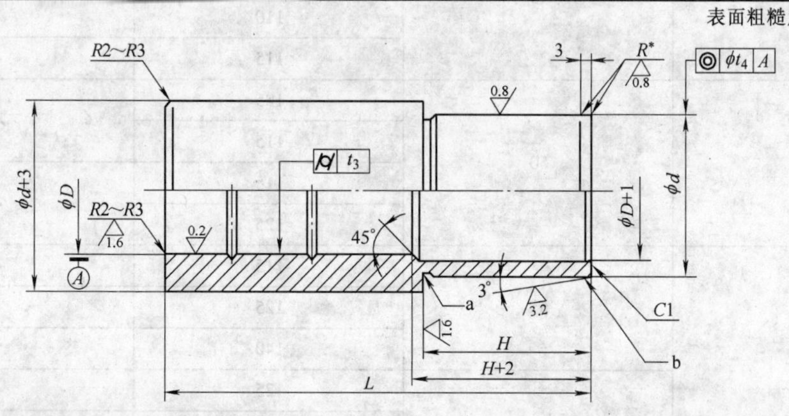

未注表面粗糙度 Ra6.3μm。

a. 砂轮越程槽由制造者确定。

b. 压入端允许采用台阶式导入结构。

注：1. 油槽数量及尺寸由制造者确定。

2. R^* 由制造者决定。

标记示例：D=20mm，L=70mm，H=28mm 的滑动导向 A 型导套标记如下：

滑动导向导套　A　20×70×28　GB/T 2861.3—2008

（续）

<table>
<tr><th>D H6 或 D H7</th><th>d r6 或 d d3</th><th>L</th><th>H</th></tr>
<tr><td rowspan="2">16</td><td rowspan="2">25</td><td>60</td><td>18</td></tr>
<tr><td>65</td><td>23</td></tr>
<tr><td rowspan="3">18</td><td rowspan="3">28</td><td>60</td><td>18</td></tr>
<tr><td>65</td><td>23</td></tr>
<tr><td>70</td><td>28</td></tr>
<tr><td rowspan="2">20</td><td rowspan="2">32</td><td>65</td><td>23</td></tr>
<tr><td>70</td><td>28</td></tr>
<tr><td rowspan="5">22</td><td rowspan="5">35</td><td>65</td><td>23</td></tr>
<tr><td>70</td><td rowspan="2">28</td></tr>
<tr><td>80</td></tr>
<tr><td>80</td><td rowspan="2">33</td></tr>
<tr><td>85</td></tr>
<tr><td rowspan="5">25</td><td rowspan="5">38</td><td>80</td><td>28</td></tr>
<tr><td>80</td><td rowspan="2">33</td></tr>
<tr><td>85</td></tr>
<tr><td>90</td><td rowspan="2">38</td></tr>
<tr><td>95</td></tr>
<tr><td rowspan="5">28</td><td rowspan="5">42</td><td>85</td><td>33</td></tr>
<tr><td>90</td><td rowspan="3">38</td></tr>
<tr><td>95</td></tr>
<tr><td>100</td></tr>
<tr><td>110</td><td>43</td></tr>
<tr><td rowspan="4">32</td><td rowspan="4">45</td><td>100</td><td>38</td></tr>
<tr><td>105</td><td rowspan="2">43</td></tr>
<tr><td>110</td></tr>
<tr><td>115</td><td>48</td></tr>
<tr><td rowspan="4">35</td><td rowspan="4">50</td><td>105</td><td rowspan="2">43</td></tr>
<tr><td>115</td></tr>
<tr><td>115</td><td rowspan="2">48</td></tr>
<tr><td>125</td></tr>
<tr><td rowspan="5">40</td><td rowspan="3">55</td><td>115</td><td>43</td></tr>
<tr><td>125</td><td>48</td></tr>
<tr><td>140</td><td>53</td></tr>
<tr><td rowspan="3">60</td><td>125</td><td>48</td></tr>
<tr><td>140</td><td>53</td></tr>
<tr><td rowspan="2">45</td><td>150</td><td>58</td></tr>
<tr><td>65</td><td>125</td><td>48</td></tr>
</table>

（续）

D H6 或 D H7	d r6 或 d d3	L	H
50	65	140	53
		150	53
		150	58
		160	63
55	70	150	53
		160	58
		160	63
		170	73
60	76	160	58
		170	73

注：1. Ⅰ级精度模架导柱采用 D H6，Ⅱ级精度模架导柱采用 D H7。

2. 导套压入式采用 d r6，粘接式采用 d d3。

3. 材料由制造者选定，推荐采用 20Cr、GCr15。20Cr 渗碳深度 0.8 ~ 1.2mm，硬度 58 ~ 62HRC；GCr15 硬度 58 ~ 62HRC。

4. t_3、t_4 应符合 JB/T 8071 中的规定。其他应符合 JB/T 8070 的规定。

5. 标记应包括以下内容：1）滑动导向导套；2）导套类型 A；3）导套直径 d，以 mm 为单位；4）导套长度 L，以 mm 为单位；5）导套固定端长度 H，以 mm 为单位；6）本标准代号，即 GB/T 2861.3—2008。

表 7-5　冲模导向装置 B 型滑动导向导套（摘自 GB/T 2861.3—2008）（单位：mm）

表面粗糙度以 μm 为单位

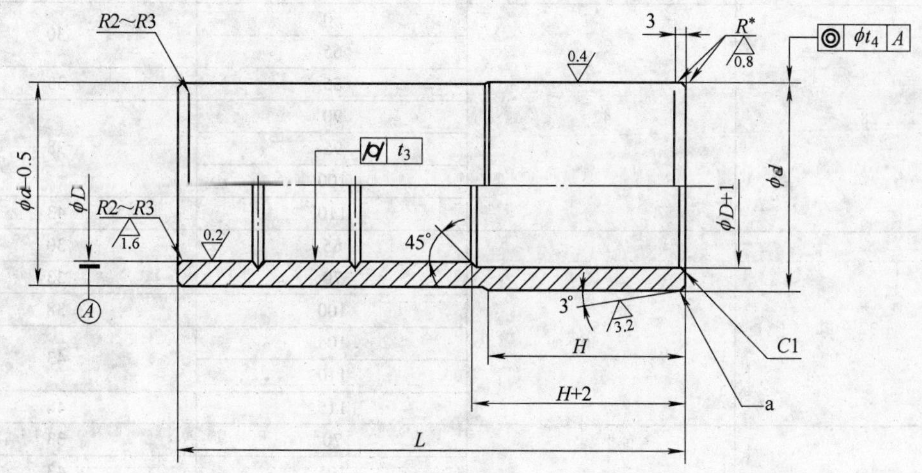

未注表面粗糙度 Ra6.3μm。

a. 压入端允许采用台阶式导入结构。

注：1. 油槽数量及尺寸由制造者确定。

2. R^* 由制造者决定。

标记示例：D = 20mm，L = 70mm，H = 28mm 的滑动导向 B 型导套标记如下：

滑动导向导套　B　20 × 70 × 28　GB/T 2861.3—2008

（续）

<table>
<tr><th>D H6 或 D H7</th><th>d r6</th><th>L</th><th>H</th></tr>
<tr><td rowspan="3">16</td><td rowspan="3">25</td><td>40</td><td>18</td></tr>
<tr><td>60</td><td>18</td></tr>
<tr><td>65</td><td>23</td></tr>
<tr><td rowspan="5">18</td><td rowspan="5">28</td><td>40</td><td>18</td></tr>
<tr><td>45</td><td>23</td></tr>
<tr><td>60</td><td>18</td></tr>
<tr><td>65</td><td>23</td></tr>
<tr><td>70</td><td>28</td></tr>
<tr><td rowspan="4">20</td><td rowspan="4">32</td><td>45</td><td>23</td></tr>
<tr><td>50</td><td>25</td></tr>
<tr><td>65</td><td>23</td></tr>
<tr><td>70</td><td>28</td></tr>
<tr><td rowspan="6">22</td><td rowspan="6">35</td><td>50</td><td>25</td></tr>
<tr><td>55</td><td>28</td></tr>
<tr><td>65</td><td>23</td></tr>
<tr><td>70</td><td>28</td></tr>
<tr><td>80</td><td>33</td></tr>
<tr><td>85</td><td>38</td></tr>
<tr><td rowspan="6">25</td><td rowspan="6">38</td><td>55</td><td>27</td></tr>
<tr><td>60</td><td>30</td></tr>
<tr><td>80</td><td rowspan="2">33</td></tr>
<tr><td>85</td></tr>
<tr><td>90</td><td rowspan="2">38</td></tr>
<tr><td>95</td></tr>
<tr><td rowspan="7">28</td><td rowspan="7">42</td><td>60</td><td rowspan="2">30</td></tr>
<tr><td>65</td></tr>
<tr><td>85</td><td>33</td></tr>
<tr><td>90</td><td rowspan="3">38</td></tr>
<tr><td>95</td></tr>
<tr><td>100</td></tr>
<tr><td>110</td><td>43</td></tr>
<tr><td rowspan="6">32</td><td rowspan="6">45</td><td>65</td><td>30</td></tr>
<tr><td>70</td><td>33</td></tr>
<tr><td>100</td><td>38</td></tr>
<tr><td>105</td><td rowspan="2">43</td></tr>
<tr><td>110</td></tr>
<tr><td>115</td><td>48</td></tr>
<tr><td rowspan="4">35</td><td rowspan="4">50</td><td>70</td><td>33</td></tr>
<tr><td>105</td><td>43</td></tr>
<tr><td>115</td><td rowspan="2">48</td></tr>
<tr><td>125</td></tr>
<tr><td rowspan="3">40</td><td rowspan="3">55</td><td>115</td><td>43</td></tr>
<tr><td>125</td><td>48</td></tr>
<tr><td>140</td><td>53</td></tr>
<tr><td rowspan="3">45</td><td rowspan="3">60</td><td>125</td><td>48</td></tr>
<tr><td>140</td><td>53</td></tr>
<tr><td>150</td><td>58</td></tr>
</table>

（续）

D H6 或 D H7	d r6	L	H
50	65	125	48
		140	53
		150	58
		160	63
55	70	150	53
		160	63
		170	73
60	76	160	58
		170	73

注：1. 0Ⅰ级精度模架导柱采用 D H6，0Ⅱ级精度模架导柱采用 D H7。

2. 材料由制造者选定，推荐采用20Cr、GCr15。20Cr 渗碳深度 0.8～1.2mm，硬度 58～62HRC；GCr15 硬度 58～62HRC。

3. t_3、t_4 应符合 JB/T 8071 中的规定。其他应符合 JB/T 8070 的规定。

4. 标记应包括以下内容：1）滑动导向导套；2）导套类型 B；3）导套直径 d，以 mm 为单位；4）导套长度 L，以 mm 为单位；5）导套固定端长度 H，以 mm 为单位；6）本标准代号，即 GB/T 2861.3—2008。

7.2.4 滚动导向导套标准

GB/T 2861.4—2008 标准规定了冲模导向装置滚动导向导套的结构、尺寸规格和标记，适用于冲模导向装置用滚动导向导套，同时还给出了材料指南和技术要求。与旧标准相比，主要变化如下：将标准名称改为《冲模导向装置 第 4 部分：滚动导向导套》；增加了“前言”和“规范性引用文件”；增加了滚动导向导套的尺寸规格；材料改为推荐采用。

GB/T 2861.4—2008 标准规定的冲模导向装置滚动导向导套如表 7-6 所示。

表 7-6　冲模导向装置滚动导向导套（摘自 GB/T 2861.4—2008）　（单位：mm）

表面粗糙度以 μm 为单位

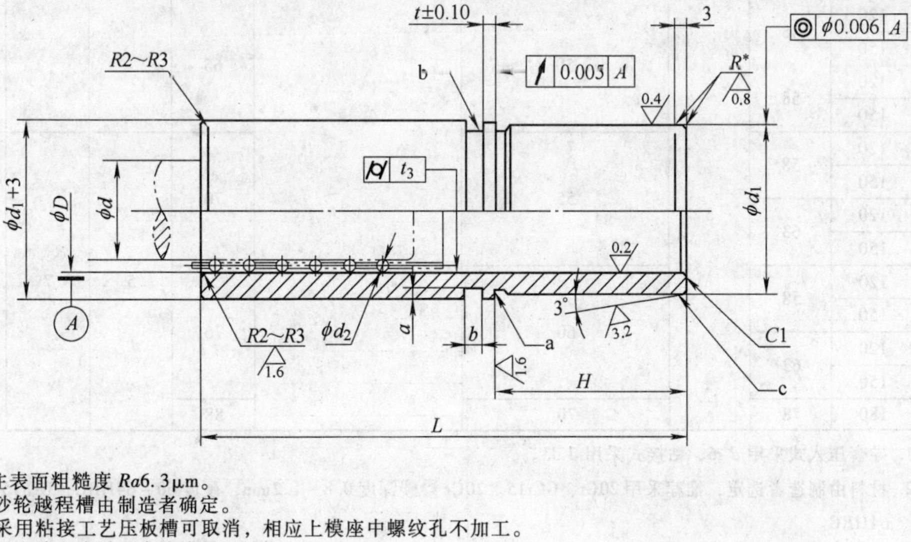

未注表面粗糙度 Ra6.3μm。

a. 砂轮越程槽由制造者确定。

b. 采用粘接工艺压板槽可取消，相应上模座中螺纹孔不加工。

c. 压入端允许采用台阶式导入结构。

注：R^* 由制造者决定。

标记示例：d = 28mm，L = 100mm，H = 38mm 的滚动导向导套的标记如下：

滚动导向导套　28 × 100 × 38　GB/T 2861.4—2008

（续）

基本尺寸		H	钢球 d_2	D		d_1 m5	t	b	a
d	L			基本尺寸	配合要求				
18	80	23		24		38			
	100	30							
	100	33							
20	80	23		26		40			
	100	30					3	5	3
	100	33	3						
22	100	30		28		42			
	100	33							
25	100	30		31		45			
	100	33							
	120	38							
	100	38		33		48			
	105	38							
	125	38							
28	100	38		36		50			
	105	38							
	120	38							
	125	38							
	125	43							
	145	43							
32	120	38	4	40		55	4	6	3.5
	120	48			与滚动导向导柱配合的径向过盈量为0.01～0.02mm				
	125	43							
	145								
	150	48		45		60			
35	120								
	150								
	120	28							
	150								
40	120	48		50		65			
	150								
	120	58							
	150								
45	120	58		55		70			
	150								
	120	63	5						
	150								
50	120	58		60		76	5	7	4
	150								
	120	63							
	150								
60	180	78		70		88			

注：1. 导套压入式采用 d r6，粘接式采用 d d3。

2. 材料由制造者选定，推荐采用20Cr、GCr15。20Cr 渗碳深度 0.8～1.2mm，硬度 60～64HRC；GCr15 硬度 60～64HRC。

3. t_3 应符合 JB/T 8071 中的规定。其他应符合 JB/T 8070 的规定。

4. 标记应包括以下内容：1）滚动导向导套；2）导柱直径 d，以 mm 为单位；3）导套长度 L，以 mm 为单位；4）导套固定端长度 H，以 mm 为单位；5）本标准代号，即 GB/T 2861.4—2008。

7.2.5　钢球保持圈标准

GB/T 2861.5—2008 标准规定了冲模导向装置钢球保持圈的结构、尺寸规格和标记，适用于冲模导向装置用钢球保持圈。与旧标准相比，主要变化如下：将标准名称改为《冲模导向装置 第 5 部分：钢球保持圈》；增加了“前言”和“规范性引用文件”；增加了钢球保持圈的规格尺寸；材料改为推荐采用。

GB/T 2861.5—2008 标准规定的冲模导向装置钢球保持圈如表 7-7 所示。

表 7-7　冲模导向装置钢球保持圈（摘自 GB/T 2861.5—2008）　（单位：mm）

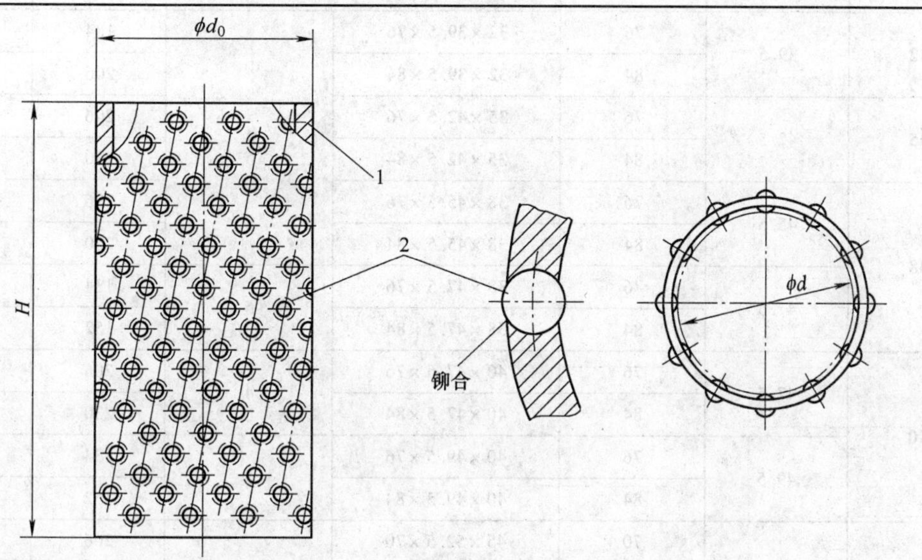

标记示例：$d=25\text{mm}$，$d_0=30.5\text{mm}$，$H=64\text{mm}$ 的钢球保持圈标记如下：

钢球保持圈　20×30.5×64　GB/T 2861.5—2008

基本尺寸			零件件号、名称及标准编号		钢球数	
			1	2		
导柱直径 d	钢球保持圈直径 d_0	钢球保持圈长度 H	保持圈	钢球 GB/T 308（G10 级）		
			数　量		普通型	加密型
			1	—		
			规　格			
18	23.5	64	18×23.5×64	3	124	146
20	25.5		20×25.5×64		146	170
22	27.5		22×27.5×64		146	170
25	30.5		25×30.5×64		170	190
	32.5		25×32.5×64	4	114	132
		76	25×32.5×76		140	162
28	35.5	64	28×33.5×64	3	100	114
		76	28×33.5×76		232	260
		84	28×33.5×84		260	290
		64	28×35.5×64	4	132	150
		76	28×35.5×76		162	184
		84	28×35.5×84		182	206

（续）

基本尺寸			零件件号、名称及标准编号		钢球数	
			1	2		
			保持圈	钢球 GB/T 308（G10 级）		
导柱直径 d	钢球保持圈直径 d_0	钢球保持圈长度 H	数量			
			1	—	普通型	加密型
			规格			
32	39.5	76	32×39.5×76	4	184	206
		84	32×39.5×84		206	230
35	42.5	76	35×42.5×76		206	228
		84	35×42.5×84		230	256
38	45.5	76	38×45.5×76		206	228
		84	38×45.5×84		230	256
	47.5	76	38×47.5×76	5	134	170
		84	38×47.5×84		152	192
40	47.5	76	40×47.5×76	4	206	228
		84	40×47.5×84		230	256
	49.5	76	40×49.5×76	5	134	170
		84	40×49.5×84		152	192
45	52.5	70	45×52.5×70	4	206	226
		80	45×52.5×80		240	264
		90	45×52.5×90		276	302
	54.5	70	45×54.5×70	5	134	170
		80	45×54.5×80		162	200
		90	45×54.5×90		186	230
50	57.5	70	50×57.5×70	4	226	246
		80	50×57.5×80		264	288
		90	50×57.5×90		302	330
	59.5	70	50×59.5×70	5	154	186
		80	50×59.5×80		180	220
		90	50×59.5×90		208	252
55	64.5	80	55×64.5×80	5	200	238
		90	55×64.5×90		230	274
		100	55×64.5×100		260	310
	66.5	80	55×66.5×80	5	146	180
		90	55×66.5×90		168	208
		100	55×66.5×100		190	234

（续）

基本尺寸			零件件号、名称及标准编号		钢球数	
导柱直径 d	钢球保持圈直径 d_0	钢球保持圈长度 H	1	2		
			保持圈	钢球 GB/T 308 (G10 级)		
			数量		普通型	加密型
			1	—		
			规格			
60	69.5	90	60×69.5×90	5	252	296
		100	60×69.5×100		284	334
		110	60×69.5×110		318	372
	71.5	90	60×71.5×90	6	188	226
		100	60×71.5×100		212	256
		110	60×71.5×110		236	284

注：1. 应符合 JB/T 8070 的规定。

2. 标记应包括以下内容：1）钢球保持圈；2）导柱直径 d，以 mm 为单位；3）钢球保持圈直径 d_0，以 mm 为单位；4）钢球保持圈长度 L，以 mm 为单位；5）本标准代号，即 GB/T 2861.5—2008。

GB/T 2861.5—2008《冲模导向装置 第 5 部分：钢球保持圈》标准中规定的"保持圈"的型式与尺寸如表 7-8 所示。

表 7-8　冲模导向装置中的保持圈（摘自 GB/T 2861.5—2008）　（单位：mm）

表面粗糙度以 μm 为单位

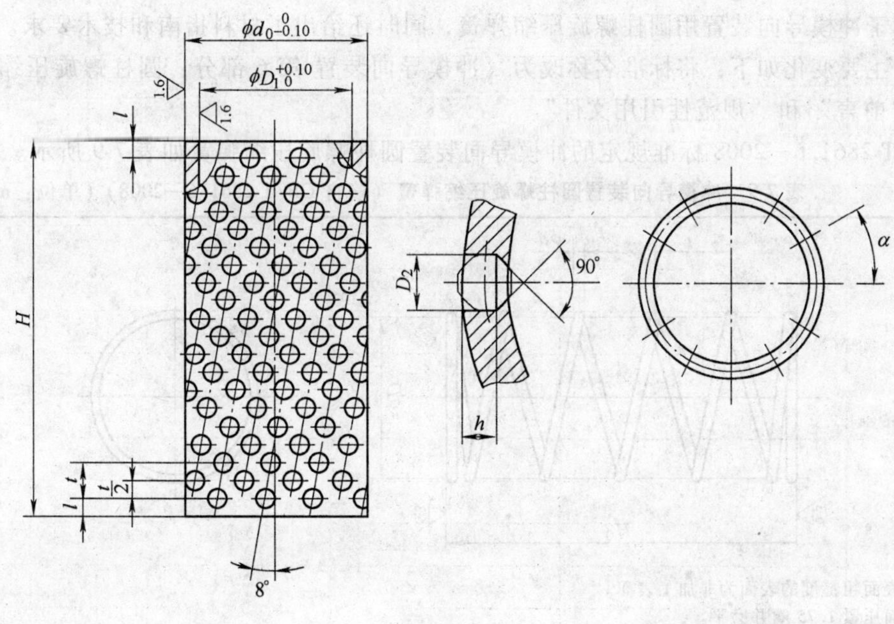

未注表面粗糙度 Ra6.3μm。

（续）

导柱直径 d	d_0	D_1	H	α		l	t	h	D_2
				普通型	加密型				
18	23.5	18.5	64	33°	28°	3	5	1.8	3.1
20	25.5	20.5		28°	24.2°				
22	27.5	22.5							
25	30.5	25.5		24.2°	21°				
	32.5		64，76	28°	24.2°	4	6	2.5	4.1
28	33.5	28.5	64，76，84	21.4°	19°	3	5	1.8	3.1
	35.5			28°	21.4°	4	6	2.5	4.1
32	39.5	28.5	64，76，84	21.4°	19°				
35	42.5	35.5	76，84	19°	17°				
38	45.5	38.5							
	47.5			24.2°	19°	5	7	3.2	5.1
40	47.5	40.5		19°	17°	4	6	2.5	4.1
	49.5			24.2°	19°	5	7	3.2	5.1
45	52.5	45.5	70，80，90	17°	15.8°	4	6	2.5	4.1
	54.5			21.4°	17°	5	7	3.2	5.1
50	57.5	50.5		15.8°	14.5°	4	6	2.5	4.1
	59.5			19°	15.8°	5	7	3.2	5.1
55	64.5	55.5	80，90，100	17°	14.5°	5	7	3.2	5.1
	66.5			21.4°	17°	6	8	3.9	6.1
60	69.5	60.5	90，100，110	15.8°	13.4°	5	7	3.2	5.1
	71.5			21.4°	17°	6	8	3.9	6.1

注：材料由制造者选定，推荐采用 H62、2A11、SFB—1（聚四氟乙烯）。

7.2.6 圆柱螺旋压缩弹簧标准

GB/T 2861.6—2008 标准规定了冲模导向装置圆柱螺旋压缩弹簧的结构、尺寸规格和标记，适用于冲模导向装置用圆柱螺旋压缩弹簧，同时还给出了材料指南和技术要求。与旧标准相比，主要变化如下：将标准名称改为《冲模导向装置 第 6 部分：圆柱螺旋压缩弹簧》；增加了“前言”和“规范性引用文件”。

GB/T 2861.6—2008 标准规定的冲模导向装置圆柱螺旋压缩弹簧如表 7-9 所示。

表 7-9 冲模导向装置圆柱螺旋压缩弹簧（摘自 GB/T 2861.6—2008）（单位：mm）

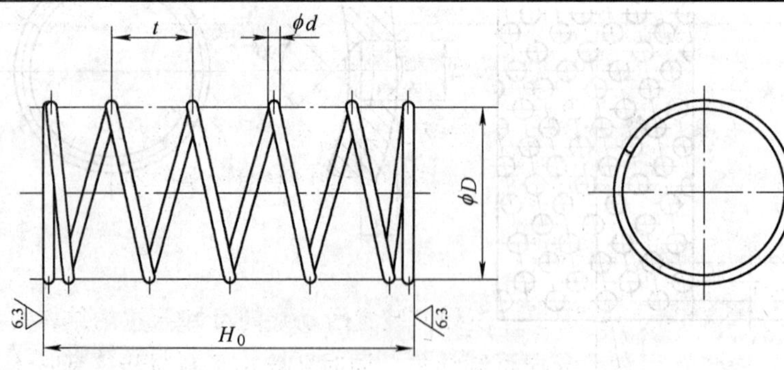

未注表面粗糙度的表面为非加工表面。

两端面压紧 1.75 圈并磨平。

标记示例：$d=1.6$mm，$D=22$mm，$H_0=72$mm 的圆柱螺旋压缩弹簧的标记如下：

圆柱螺旋压缩弹簧 1.6×22×72 GB/T 2861.6—2008

（续）

d	D	t	H_0	有效圈 n	总圈 n_1	弹簧刚度 P/（N/mm）
1.6	22	10	72	7	8.5	1.08
	24					0.81
	26		62	6	6.5	0.74
			72	7	8.5	0.63
	30	14	65	4.5	6	0.63
			79	5.5	7	0.51
			87	6	7.5	0.47
	32	15	62	4	5.5	0.57
			69	4.5	6	0.50
			77	5	6.5	0.46
			86	5.5	7	0.41
2	37	17	79	4.5	6	0.69
			87	5	6.5	0.62
	40	19	78	4	5.5	0.72
			88	4.5	6	0.55
	45	21	107	5	6.5	0.72
	50		128	6	7.5	
			149	7	8.5	
	55		107	5	6.5	0.74
			128	6	7.5	
			149	7	8.5	

注：1. 材料 65Mn，硬度 44～50HRC。

2. 应符合 JB/T 8070 的规定。

3. 标记应包括以下内容：1）圆柱螺旋压缩弹簧；2）钢丝直径 d，以 mm 为单位；3）弹簧中径 D，以 mm 为单位；4）弹簧长度 H_0，以 mm 为单位；5）本标准代号，即 GB/T 2861.6—2008。

7.2.7　滑动导向可卸导柱标准

GB/T 2861.7—2008 标准规定了冲模导向装置滑动导向可卸导柱的结构、尺寸规格和标记，适用于冲模导向装置用滑动导向可卸导柱，同时还给出了材料指南和技术要求。与旧标准相比，主要变化如下：将标准名称改为《冲模导向装置 第 7 部分：滑动导向可卸导柱》；增加了“前言”和“规范性引用文件”；删除了尺寸小于 20mm 的可卸导柱规格；改变了可卸导柱组件的结构型式；材料改为推荐采用。

GB/T 2861. 7—2008 标准规定的冲模导向装置滑动导向可卸导柱如表 7-10 所示。

表 7-10 冲模导向装置滑动导向可卸导柱（摘自 GB/T 2861. 7—2008）（单位：mm）

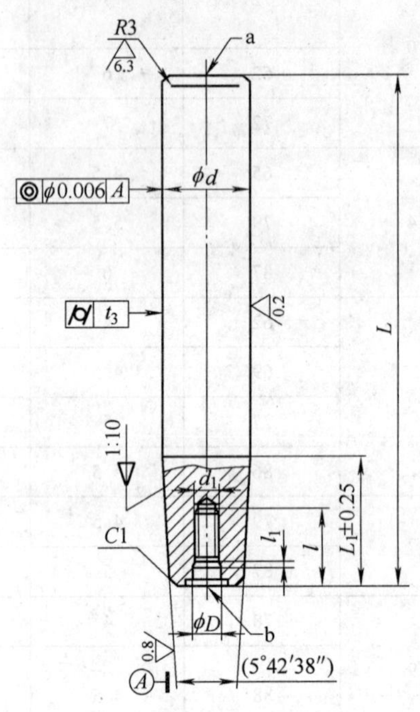

未注表面粗糙度 $Ra6.3\mu m$。

a. 允许保留中心孔。

b. C 型中心孔。

标记示例：$d=20mm$，$L_0=130mm$，$H=40mm$ 的滑动导向可卸导柱标记如下：

滑动导向可卸导柱 20×130×40 GB/T 2861. 7—2008

d h5 或 d h6	L	L_1	装配高度 L_0	模座厚度 H	D	d_1	l_1	l	C
20	89	29	100	30	6. 4	M6-6H	1. 5	20	1. 5
	109		120						
	99	39	110	40					
	119		130						
22	87	29	100	30	8. 4	M8-6H	2	28	
	107		120						
	97	34	110	35					
	117		130						
	97	39	110	40					
	117		130						
	117	44	130	45					
	137		150						

（续）

d h5 或 d h6	L	L_1	装配高度 L_0	模座厚度 H	D	d_1	l_1	l	C
25	97	34	110	35					
	115		130						
	117	39	130	40					
	137		150						
	117	44	130	45					
	137		150						
	137	49	150	50					
	147		160						
	167		180						
28	117	39	130	40					1.5
	135		150						
	137	44	150	45					
	157		170						
	137	49	150	50					
	147		160						
	167		180						
	167	54	180	55					
	187		200		8.4	M8-6H	2	28	
32	137	44	150	45					
	157		170						
	147	49	160	50					
	177		190						
	167	54	180	55					
	187		200						
	177	59	190	60					
	197		210						
35	147	49	160	50					2
	177		190						
	167	54	180	55					
	177		190						
	197		210						
	177	59	190	60					
	197		210						
	187	64	200	65					
	217		230						

（续）

d h5 或 d h6	L	L_1	装配高度 L_0	模座厚度 H	D	d_1	l_1	l	C
40	161	54	180	55	13	M12-6H	3	35	2
	191		210						
	171	59	190	60					
	181		200						
	191		210						
	211		230						
	181	64	200	65					
	211		230						
	211	70	230	70					
	241		260						
45	181	60	200	60					
	211		230						
	181	64	200	65					
	211		230						
	241		260						
	211	69	230	70					
	241		260						
	241	74	260	75					
	271		290						
50	181	59	200	60					
	211		230						
	201	64	220	65					
	211		230						
	221		240						
	231		250						
	241		260						
	251		270						
	211	69	230	70					
	241		260						
	241	74	260	75					
	271		290						
	231	79	250	80					
	251		270						
	261		280						
	281		300						

（续）

d h5 或 d h6	L	L_1	装配高度 L_0	模座厚度 H	D	d_1	l_1	l	C
55	201	64	220	65	13	M12-6H	3	35	2
	221		240						
	231		250						
	251		270						
	231	69	280	70					
	261		250						
	231	74	250	75					
	261		280						
	231	79	250	80					
	251		270						
	261		280						
	281		300						
	271	89	290	90					
	301		320						
60	231	69	250	70					
	261		280						
	271	89	290	90					
	301		320						

注：1. Ⅰ级精度模架导柱采用 d h5，Ⅱ级精度模架导柱采用 d h6。

2. 材料由制造者选定，推荐采用20Cr。表面渗碳深度 0.8 ~ 1.2mm，硬度 58 ~ 62HRC。

3. t_3 应符合 JB/T 8071 中的规定。其他应符合 JB/T 8070 的规定。

4. 标记应包括以下内容：1）滑动导向可卸导柱；2）导柱直径 d，以 mm 为单位；3）配合高度 L_0，以 mm 为单位；4）模座厚度 H，以 mm 为单位；5）本标准代号，即 GB/T 2861.7—2008。

GB/T 2861.7—2008《冲模导向装置 第7部分：滑动导向可卸导柱》标准中规定的“滑动导向可卸导柱组件”的型式与尺寸如表 7-11 所示。

表 7-11　冲模导向装置滑动导向可卸导柱组件（摘自 GB/T 2861.7—2008）

（单位：mm）

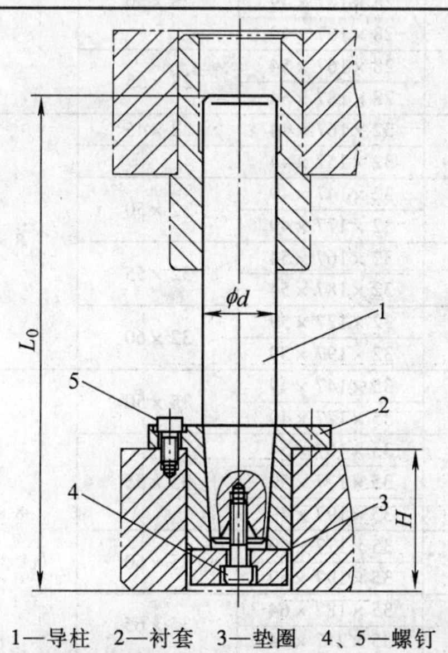

1—导柱　2—衬套　3—垫圈　4、5—螺钉

（续）

基本尺寸			零件件号、名称及标准编号				
			1	2	3	4	5
导柱直径 *d*	装配高度 L_0	模座高度 *H*	导柱 GB/T 2861.7	衬套 GB/T 2861.9	垫圈 GB/T 2861.10	螺钉 GB/T 70.1	螺钉 GB/T 70.1
			数量				
			1	1	1	1	3
			规格				
20	100	30	20×89×29	20×30	6×30	M6×20	M5×14
	120		20×109×29				
	110	40	10×99×39	20×40			
	130		20×119×39				
22	100	30	22×87×29	22×30	8×33		
	120		22×107×29				
	110	35	22×97×34	22×35			
	130		22×117×34				
	110	40	22×97×39	22×40			
	130		22×117×39				
	130	45	22×117×44	22×45			
	150		22×137×77				
25	110	35	25×97×34	25×35	8×36		
	130		25×117×34				
	130	40	25×117×39	25×40			
	150		25×137×39				
	130	45	25×117×44	25×45			
	150		25×137×44				
	150	50	25×137×49	25×50			
	160		25×147×49				
	180		25×167×49				
28	130	40	28×117×39	28×40	8×40	M8×28	M6×16
	150		28×137×39				
	150	45	28×137×44	28×45			
	170		28×157×44				
	150	50	28×137×49	28×50			
	160		28×147×49				
	180		28×167×49				
	180	55	28×167×54	28×55			
	200		28×187×54				
32	150	45	32×167×44	32×45	8×43		
	170		32×157×44				
	160	50	32×147×49	32×50			
	190		32×177×49				
	180	55	32×167×54	32×55			
	200		32×187×54				
	190	60	32×177×59	32×60			
	210		32×197×59				
35	160	50	35×147×49	35×50	8×48		
	190		35×177×49				
	180	55	35×167×54	35×55			
	190		35×177×59				
	210		35×197×49				
	190	60	35×177×59	35×60			
	210		35×197×59				
	200	65	35×187×64	35×65			
	230		35×217×64				

（续）

基本尺寸			零件件号、名称及标准编号				
			1	2	3	4	5
导柱直径 d	装配高度 L_0	模座高度 H	导柱 GB/T 2861.7	衬套 GB/T 2861.9	垫圈 GB/T 2861.10	螺钉 GB/T 70.1	螺钉 GB/T 70.1
			数　量				
			1	1	1	1	3
			规　格				
40	180	55	40×161×54	40×55	12×53	M12×35	M8×20
	210		40×191×54				
	190	60	40×171×59	40×60			
	200		40×181×59				
	210		40×191×59				
	230		40×211×59				
	200	65	40×181×64	40×65			
	230		40×211×64				
	230	70	40×211×69	40×70			
	260		40×241×69				
45	200	60	45×181×59	45×60	12×58		
	230		45×211×59				
	200	65	45×181×64	45×65			
	230		45×211×64				
	260		45×241×64				
	230	70	45×211×69	45×70			
	260		45×241×69				
	260	75	45×241×74	45×75			
	290		45×271×74				
50	200	60	50×181×59	50×60	12×63		
	230		50×211×59				
	220	65	50×201×64	50×65			
	230		50×211×64				
	240		50×221×64				
	250		50×231×64				
	260		50×241×64				
	270		50×251×64				
	230	70	50×211×69	50×70			
	260		50×241×69				
	260	75	50×241×74	50×75			
	290		50×271×74				
	250	80	50×231×79	50×80			
	270		50×251×79				
	280		50×261×79				
	300		50×281×79				

（续）

基本尺寸			零件件号、名称及标准编号				
			1	2	3	4	5
导柱直径 d	装配高度 L_0	模座高度 H	导柱 GB/T 2861.7	衬套 GB/T 2861.9	垫圈 GB/T 2861.10	螺钉 GB/T 70.1	螺钉 GB/T 70.1
			数量				
			1	1	1	1	3
			规格				
55	220	65	55×201×64	55×65	12×68	M12×40	M10×25
	240		55×221×64				
	250		55×231×64				
	270		55×251×64				
	250	70	55×231×69	55×70			
	280		55×261×69				
	250	75	55×231×74	55×75			
	280		55×261×74				
	250	80	55×231×74	55×80			
	270		55×251×74				
	280		55×261×74				
	300		55×281×74				
	290	90	55×271×89	55×90			
	320		55×301×89				
60	250	70	60×231×69	60×70	12×74	M12×40	M10×25
	280		60×261×69				
	290	90	60×271×89	60×90			
	320		60×301×89				

注：衬套与下模座可采用粘接工艺固定。

7.2.8 滚动导向可卸导柱标准

GB/T 2861.8—2008 标准规定了冲模导向装置滚动导向可卸导柱的结构、尺寸规格和标记，适用于冲模导向装置用滚动导向可卸导柱，同时还给出了材料指南和技术要求。与旧标准相比，主要变化如下：将标准名称改为《冲模导向装置 第 8 部分：滚动导向可卸导柱》；增加了“前言”和“规范性引用文件”；删除了尺寸小于 20mm 的可卸导柱规格；增加了大尺寸规格的可卸导柱；改变了可卸导柱组件的结构型式；材料改为推荐采用。

GB/T 2861.8—2008 标准规定的冲模导向装置滚动导向可卸导柱如表 7-12 所示。

表 7-12　冲模导向装置滚动导向可卸导柱（摘自 GB/T 2861.8—2008）（单位：mm）

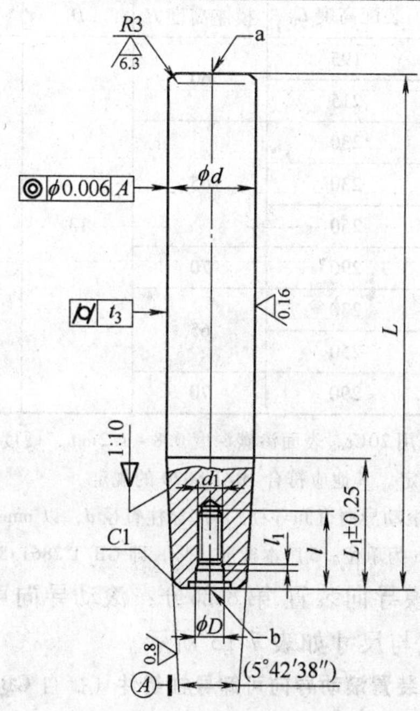

未注表面粗糙度 $Ra6.3\mu m$。

a. 允许保留中心孔，与限制器相关的结构和尺寸由制造者确定。

b. C 型中心孔。

标记示例：$d=20$mm，$L_0=160$mm，$H=40$mm 的滚动导向可卸导柱标记如下：

滚动导向可卸导柱　20×160×40　GB/T 2861.8—2008

d h5	L	L_1	装配高度 L_0	模座高度 H	D	d_1	l_1	l	C
20	149	39	160	40	8.4	M8-6H	2	28	1.5
22	147								
	147	44		45					
25	142	39	155	40					
	147	44	160	45					
	182		195						
	177	49	190	50					
28	142	39	155	40					
	147	44	160	45					
	182		195						
	177	49	190	50					
	182	54	195	55					
	202		215						
32	182		195						2
	202		215						
	182	59	195	60					
	202		215						
35	182		195						
	202		215						

（续）

d h5	L	L_1	装配高度 L_0	模座高度 H	D	d_1	l_1	l	C
40	176	59	195	60	13	M12-6H	3	35	2
	196		215						
	211	54	230	65					
45	211		230						
	231		250						
	271	69	290	70					
50	211	64	230	65					
	231		250						
	271	69	290	70					

注：1. 材料由制造者选定，推荐采用20Cr。表面渗碳深度 0.8～1.2mm，硬度 60～64HRC。

2. t_3 应符合 JB/T 8071 中的规定。其他应符合 JB/T 8070 的规定。

3. 标记应包括以下内容：1）滚动导向可卸导柱；2）导柱直径 d，以 mm 为单位；3）配合高度 L_0，以 mm 为单位；4）模座厚度 H，以 mm 为单位；5）本标准代号，即 GB/T 2861.8—2008。

GB/T 2861.8—2008《冲模导向装置 第8部分：滚动导向可卸导柱》标准中规定的“滚动导向可卸导柱组件”的型式与尺寸如表 7-13 所示。

表 7-13　冲模导向装置滚动导向可卸导柱组件（摘自 GB/T 2861.8—2008）

（单位：mm）

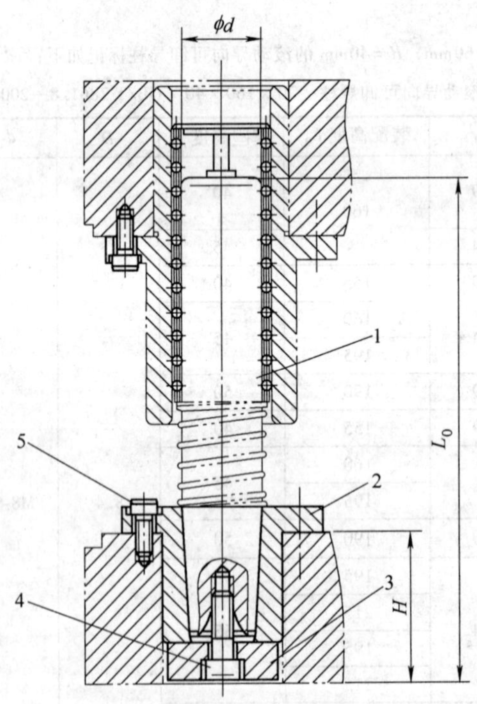

1—导柱　2—衬套　3—垫圈　4、5—螺钉

（续）

基本尺寸			零件件号、名称及标准编号				
			1 导柱 GB/T 2861.8	2 衬套 GB/T 2861.9	3 垫圈 GB/T 2861.10	4 螺钉 GB/T 70.1	5 螺钉 GB/T 70.1
导柱直径 d	装配高度 L_0	模座高度 H	数　量				
			1	1	1	1	3
			规　格				
20	160	4022	20×149×39	20×40	6×30	M6×20	M5×14
22	160		22×147×39	22×40	8×33		
	160	45	22×147×44	22×45			
25	155	40	25×142×39	25×40	8×36		
	160	45	25×147×44	25×45			
	195		25×182×44				
	190	50	25×177×49	25×50			
28	155	40	28×142×39	28×40	8×40		
	160	45	28×147×44	28×45			
	195		28×182×44				
	190	50	28×177×49	28×50		M8×28	M6×16
	195	55	28×182×54	28×55			
	215		28×202×54				
32	195		32×182×54	32×55	8×43		
	215		32×202×54				
	195	60	32×182×59	32×60			
	215		32×202×59				
35	195		35×182×59	35×60	8×48		
	215		35×202×59				
40	195	60	40×176×59	40×60	12×53		
	215		40×196×59				
	230	65	40×211×64	40×65			
45	230	65	45×211×64	45×65	12×58		
	250		45×231×64			M12×35	M8×20
	290	70	45×271×69	45×70			
50	230	65	50×211×64	50×65	12×63		
	250		50×231×64				
	290	70	50×271×69	50×70			

注：衬套与下模座可采用粘接工艺固定。

7.2.9　衬套标准

GB/T 2861.9—2008 标准规定了冲模导向装置衬套的结构、尺寸规格和标记，适用于冲模导向装置用衬套，同时还给出了材料指南和技术要求。与旧标准相比，主要变化如下：将标准名称改为《冲模导向装置 第 9 部分：衬套》；增加了“前言”和“规范性引用文件”；对衬套的结构和尺寸规格作了较大的修改；增加了粘接固定式衬套；材料改为推荐采用。

GB/T 2861.9—2008 标准规定的冲模导向装置衬套如表 7-14 所示。

表 7-14　冲模导向装置衬套（摘自 GB/T 2861.9—2008）　　（单位：mm）

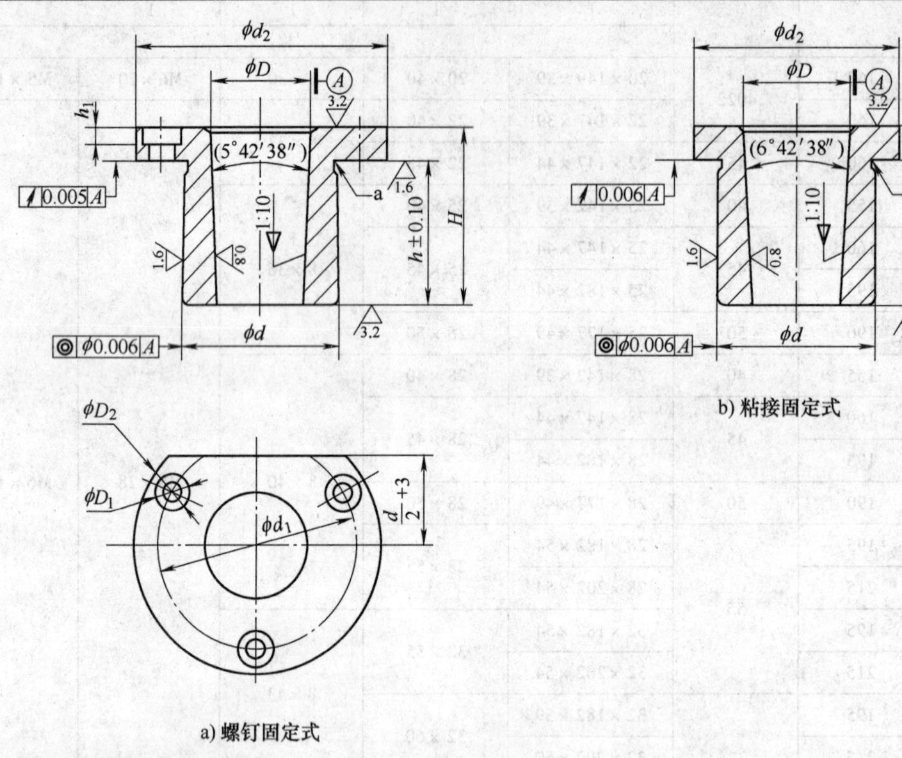

a) 螺钉固定式

b) 粘接固定式

未注表面粗糙度 $Ra6.3\mu m$。

a. 砂轮越程槽由制造者确定。

标记示例：$D=20mm$，$H=40mm$ 的衬套标记如下：

衬套　20 × 40　GB/T 2861.9—2008

<table>
<tr><th rowspan="2">D</th><th rowspan="2">H</th><th colspan="2">d</th><th rowspan="2">dd_1</th><th colspan="2">d_2</th><th rowspan="2">D_1</th><th rowspan="2">D_2</th><th rowspan="2">h</th><th rowspan="2">h_1</th></tr>
<tr><th>螺钉固定 m5</th><th>粘接固定 d3</th><th>螺钉固定</th><th>粘接固定</th></tr>
<tr><td rowspan="2">20</td><td>30</td><td colspan="2" rowspan="2">32</td><td rowspan="2">42</td><td rowspan="2">52</td><td rowspan="2">38</td><td rowspan="2">5.5</td><td rowspan="2">10</td><td>20</td><td rowspan="2">6</td></tr>
<tr><td>43</td><td>30</td></tr>
<tr><td rowspan="4">22</td><td>30</td><td colspan="2" rowspan="4">35</td><td rowspan="4">45</td><td rowspan="4">55</td><td rowspan="4">42</td><td rowspan="4">6.6</td><td rowspan="4">12</td><td>18</td><td rowspan="4">7</td></tr>
<tr><td>35</td><td>23</td></tr>
<tr><td>40</td><td>28</td></tr>
<tr><td>45</td><td>33</td></tr>
<tr><td rowspan="4">25</td><td>35</td><td colspan="2" rowspan="4">38</td><td rowspan="4">48</td><td rowspan="4">58</td><td rowspan="4">45</td><td rowspan="4">6.6</td><td rowspan="4">12</td><td>23</td><td rowspan="4">7</td></tr>
<tr><td>40</td><td>28</td></tr>
<tr><td>45</td><td>33</td></tr>
<tr><td>50</td><td>38</td></tr>
</table>

（续）

D	H	d		d_1	d_2		D_1	D_2	h	h_1
		螺钉固定 m5	粘接固定 d3		螺钉固定	粘接固定				
28	40	42		52	62	50	6.6	12	28	7
	45								33	
	50								38	
	55								43	
32	45	45		55	65	55	6.6	12	33	7
	50								38	
	55								43	
	60								48	
35	50	50		60	70	60	6.6	12	38	7
	55								43	
	60								48	
	65								53	
40	55	55		73	91	65	9	15	37	9
	60								42	
	65								47	
	70								52	
45	60	60		78	96	70	9	15	42	9
	65								47	
	70								52	
	75								57	
50	60	65		82	100	75	9	15	42	9
	65								47	
	70								52	
	75								57	
	80								62	
55	65	70		94	114	82	11	18	42	11
	70								47	
	75								52	
	80								57	
	90								62	
60	70	76		100	120	90	11	18	52	11
	90								72	

注：1. 材料由制造者选定，推荐采用 45 钢。硬度 43～48HRC。

2. 应符合 JB/T 8070 的规定。

3. 标记应包括以下内容：1）衬套；2）衬套直径 D，以 mm 为单位；3）衬套长度 H，以 mm 为单位；4）本标准代号，即 GB/T 2861.9—2008。

7.2.10 垫圈标准

GB/T 2861.10—2008 标准规定了冲模导向装置垫圈的结构、尺寸规格和标记，适用于冲模导向装置用垫圈，同时还给出了材料指南和技术要求。与旧标准相比，主要变化如下：将标准名称改为《冲模导向装置 第 10 部分：垫圈》；增加了“前言”和“规范性引用文件”；垫圈的结构和尺寸规格作了较大的修改；材料改为推荐采用。

GB/T 2861.10—2008 标准规定的冲模导向装置垫圈如表 7-15 所示。

表 7-15 冲模导向装置垫圈（摘自 GB/T 2861.10—2008） （单位：mm）

表面粗糙度以 μm 为单位

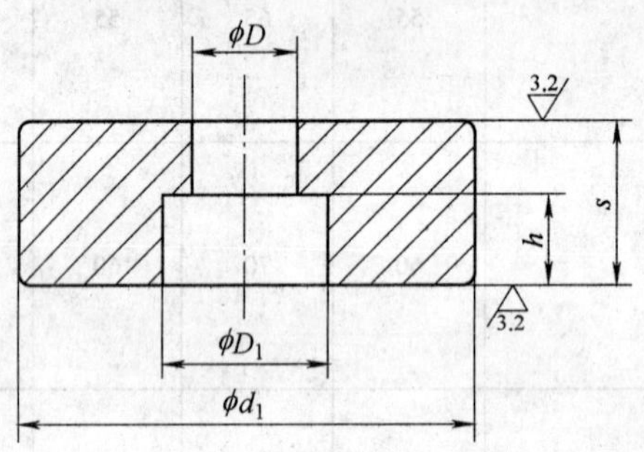

未注表面粗糙度 $Ra6.3\mu m$。
未注倒角 C 1mm
标记示例：$d=6mm$，$d_1=30mm$ 的垫圈标记如下：
垫圈 20×30 GB/T 2861.10—2008

螺钉直径 d	D	D_1	d_1	S	h
6	6.4	12	30	9	6
8	8.4	15	33	11	8
			36		
			40		
			43		
			48		
12	13	22	53	16	12
			58		
			63		
			68		
			74		

注：1. 材料由制造者选定，推荐采用 45 钢。硬度 28～32HRC，表面发蓝处理。
2. 应符合 JB/T 8070 的规定。
3. 标记应包括以下内容：1）垫圈；2）螺钉直径 d，以 mm 为单位；3）垫圈直径 d_1，以 mm 为单位；4）本标准代号，即 GB/T 2861.10—2008。

7.2.11 压板标准

GB/T 2861.11—2008 标准规定了冲模导向装置压板的结构、尺寸规格和标记，适用于冲模导向装置用压板，同时还给出了材料指南和技术要求。与旧标准相比，主要变化如下：

将标准名称改为《冲模导向装置 第 11 部分：压板》；增加了“前言”和“规范性引用文件”；材料改为推荐采用。

GB/T 2861.11—2008 标准规定的冲模导向装置压板如表 7-16 所示。

表 7-16　冲模导向装置压板（摘自 GB/T 2861.11—2008）　（单位：mm）

表面粗糙度以 μm 为单位

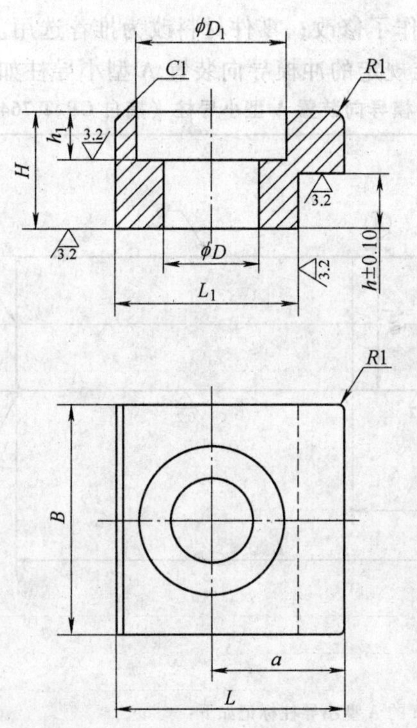

未注表面粗糙度 Ra6.3μm。

标记示例：L = 16mm，B = 20mm 的压板标记如下：

压板　16 × 20　GB/T 2861.11—2008

螺钉直径	D	L	B	H	a	L_1	h	D_1	h_1
4	4.5	12	12	6	6.5	9	2.7	8	2
5	5.5	14	15	8	7.5	11	2.7	10	3
6	6.5	16	20	8	8.5	12.5	3.7	11	3
8	8.5	20	20	10	11.5	16	4.7	14	4
10	10.5	24	24	12	12.5	19.5	5.7	17	5

注：1. 材料由制造者选定，推荐采用 45 钢。硬度 28 ~ 32HRC，表面发蓝处理。

2. 应符合 JB/T 8070 的规定。

3. 标记应包括以下内容：1）压板；2）压板长度 L，以 mm 为单位；3）压板宽度 B，以 mm 为单位；4）本标准代号，即 GB/T 2861.11—2008。

7.3　冲模导向装置的行业标准

JB/T 7645.1 ~ 7645.8—2008 标准分别规定了冲模导向装置的 A 型小导柱、B 型小导柱、小导套、压板固定式导柱、压板固定式导套、压板、导柱座和导套座。分别讲解如下。

7.3.1 A 型小导柱标准

JB/T 7645.1—2008 标准规定了冲模导向装置 A 型小导柱的尺寸规格和标记，适用于冲模小导柱，同时还给出了材料指南和技术要求。与旧标准相比，主要变化如下：将标准名称改为《冲模导向装置 第 1 部分：A 型小导柱》；增加了“前言”；对“范围”的表述作了修改；对“规范性引用文件”作了修改；零件材料改为推荐选用。

JB/T 7645.1—2008 标准规定的冲模导向装置 A 型小导柱如表 7-17 所示。

表 7-17 冲模导向装置 A 型小导柱（摘自 GB/T 7645.1—2008） （单位：mm）

表面粗糙度以 μm 为单位

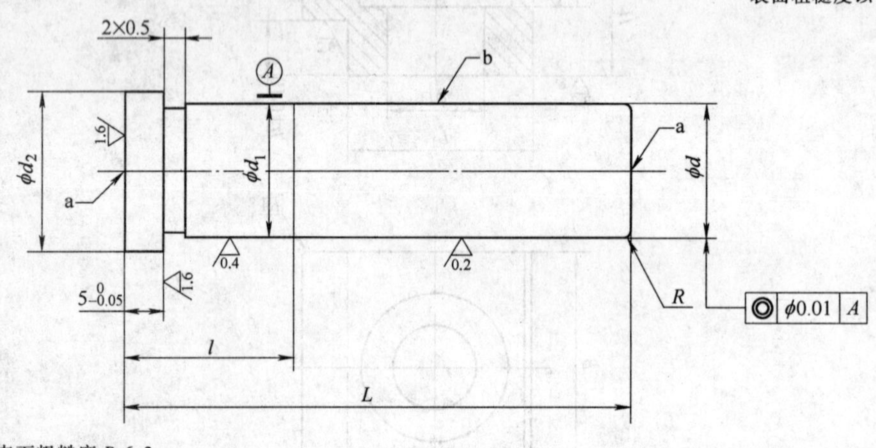

未注表面粗糙度 $Ra6.3\mu m$。

a. 允许保留两端的中心孔。

b. 允许开油槽。

标记示例：$d=16$mm，$L=70$mm 的 A 型小导柱标记如下：

A 型小导柱 16×70 JB/T 7645.1—2008

d h5	d_1 m6	d_2	L	l	R
10	10	13	40	14	1
			50		
			60		
12	12	15	50	16	
			60		
			70		
16	16	19	60	20	2
			70		
			80		
20	20	24	80	25	3
			100		
			120		

注：1. 材料由制造者选定，推荐采用 20Cr。表面渗碳深度 0.8～1.2mm，表面硬度 58～62HRC。

2. 应符合 JB/T 7653 的规定。

3. 标记应包括以下内容：1）A 型小导柱；2）小导柱直径 d，以 mm 为单位；3）小导柱长度 L，以 mm 为单位；4）本标准代号，即 JB/T 7645.1—2008。

7.3.2　B 型小导柱标准

JB/T 7645.2—2008 标准规定了冲模导向装置 B 型小导柱的尺寸规格和标记，适用于冲模小导柱，同时还给出了材料指南和技术要求。与旧标准相比，主要变化如下：将标准名称改为《冲模导向装置 第 2 部分：B 型小导柱》；增加了“前言”；对“范围”的表述作了修改；对“规范性引用文件”作了修改；零件材料改为推荐选用。

JB/T 7645.2—2008 标准规定的冲模导向装置 B 型小导柱如表 7-18 所示。

表 7-18　冲模导向装置 B 型小导柱（摘自 GB/T 7645.2—2008）　（单位：mm）

表面粗糙度以 μm 为单位

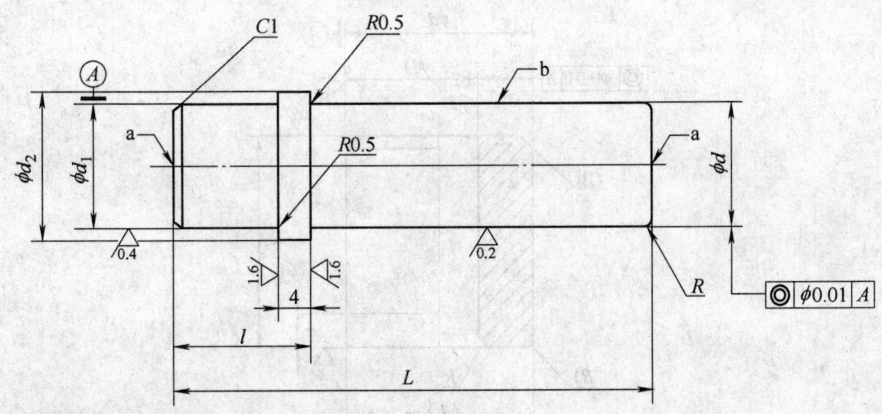

未注表面粗糙度 $Ra6.3\mu m$。

a. 允许保留两端的中心孔。

b. 允许开油槽。

标记示例：$d=16mm$，$L=70mm$ 的 B 型小导柱标记如下：

B 型小导柱　16×70　JB/T 7645.2—2008

d h5	d_1 m6	d_2	L	l	R
			40		
10	10	13	50	13	
			60		
			50		1
12	12	15	60	15	
			70		
			60		
16	16	19	70	19	2
			80		
			80		
20	20	24	100	24	3
			120		

注：1. 材料由制造者选定，推荐采用 20Cr。表面渗碳深度 0.8～1.2mm，表面硬度 58～62HRC。

2. 应符合 JB/T 7653 的规定。

3. 标记应包括以下内容：1）B 型小导柱；2）小导柱直径 d，以 mm 为单位；3）小导柱长度 L，以 mm 为单位；4）本标准代号，即 JB/T 7645.2—2008。

7.3.3　小导套标准

JB/T 7645.3—2008 标准规定了冲模导向装置小导套的尺寸规格和标记，适用于冲模小导柱，同时还给出了材料指南和技术要求。与旧标准相比，主要变化如下：将标准名称改为《冲模导向装置 第 3 部分：小导套》；增加了“前言”；对“范围”的表述作了修改；对“规范性引用文件”作了修改；零件材料改为推荐选用。

JB/T 7645.3—2008 标准规定的冲模导向装置小导套如表 7-19 所示。

表 7-19　冲模导向装置小导套（摘自 GB/T 7645.3—2008）　　（单位：mm）

表面粗糙度以 μm 为单位

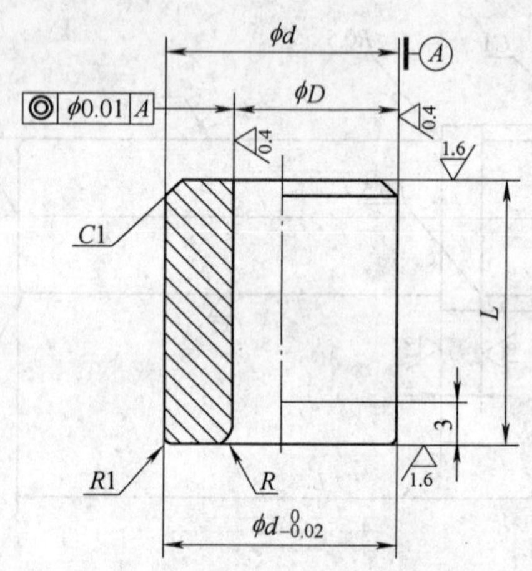

未注表面粗糙度 $Ra6.3\mu m$。

标记示例：$d=12mm$，$L=16mm$ 的小导套标记如下：

小导套　12×16　JB/T 7645.3—2008

D H5	d r6	L	R
10	16	10	1
		12	
		14	
12	18	12	
		14	
		16	
16	22	16	1.5
		18	
		20	
20	26	20	2
		22	
		25	

注：1. 材料由制造者选定，推荐采用 20Cr。表面渗碳深度 0.8～1.2mm，表面硬度 58～62HRC。

2. 应符合 JB/T 7653 的规定。

3. 标记应包括以下内容：1）小导套；2）小导套直径 d，以 mm 为单位；3）小导套长度 L，以 mm 为单位；4）本标准代号，即 JB/T 7645.3—2008。

7.3.4　压板固定式导柱标准

JB/T 7645.4—2008 标准规定了冲模导向装置压板固定式导柱的尺寸规格和标记，适用于冲模压板固定式导柱，同时还给出了材料指南和技术要求。与旧标准相比，主要变化如下：将标准名称改为《冲模导向装置 第 4 部分：压板固定式导柱》；增加了“前言”；对“范围”的表述作了修改；对“规范性引用文件”作了修改；零件材料改为推荐选用。

JB/T 7645.4—2008 标准规定的冲模导向装置压板固定式导柱如表 7-20 所示。

表 7-20　冲模导向装置压板固定式导柱（摘自 GB/T 7645.4—2008）（单位：mm）

表面粗糙度以 μm 为单位

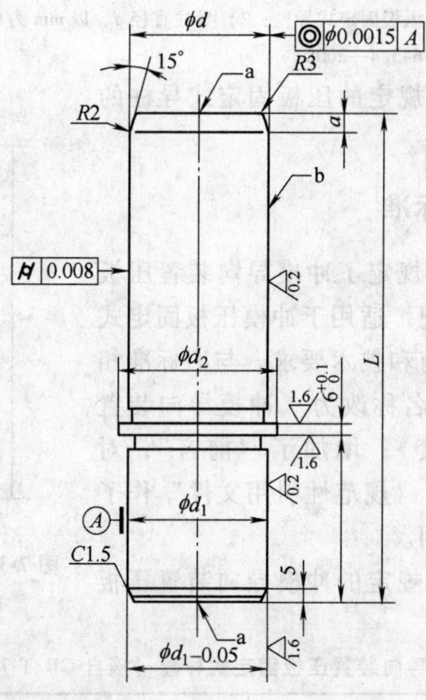

未注表面粗糙度 Ra6.3μm。

a. 允许保留两端的中心孔。

b. 允许开油槽。

标记示例：$d=63$mm，$L=250$mm 的压板固定式导柱标记如下：

压板固定式导柱　63×250　JB/T 7645.4—2008

d h6	L	d_1 m6	d_2	l
63	224	63	71	76
	250			
	280			
	315			
80	250	80	90	100
	280			
	315			
	355			
	400			

（续）

d h6	L	d_1 m6	d_2	l
100	315	100	112	125
	345			
	400			
	450			

注：1. 材料由制造者选定，推荐采用 20Cr、Cr15。20Cr 表面渗碳深度 0.8～1.2mm，表面硬度 58～62HRC；Cr15 硬度 58～62HRC。

2. 应符合 JB/T 7653 的规定。

3. 标记应包括以下内容：1）压板固定式导柱；2）导柱直径 d，以 mm 为单位；3）导柱长度 L，以 mm 为单位；4）本标准代号，即 JB/T 7645.4—2008。

JB/T 7645.4—2008 标准规定的压板固定式导柱的安装形式如图 7-3 所示。

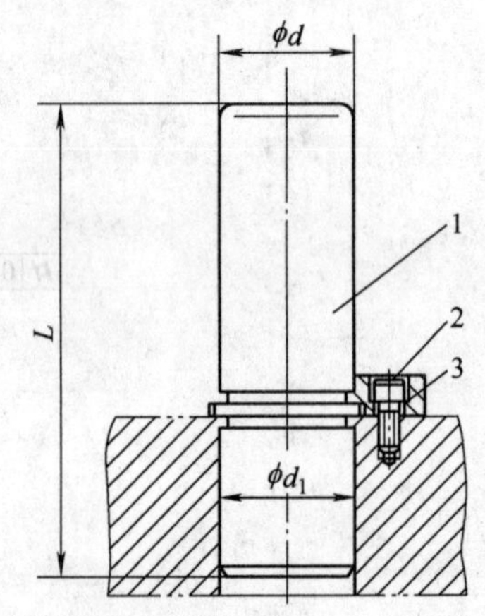

图 7-3　压板固定式导柱的安装形式

1—导柱　2—螺钉　3—压板

7.3.5　压板固定式导套标准

JB/T 7645.5—2008 标准规定了冲模导向装置压板固定式导套的尺寸规格和标记，适用于冲模压板固定式导套，同时还给出了材料指南和技术要求。与旧标准相比，主要变化如下：将标准名称改为《冲模导向装置 第 5 部分：压板固定式导套》；增加了"前言"；对"范围"的表述作了修改；对"规范性引用文件"作了修改；零件材料改为推荐选用。

JB/T 7645.5—2008 标准规定的冲模导向装置压板固定式导套如表 7-21 所示。

表 7-21　冲模导向装置压板固定式导套（摘自 GB/T 7645.5—2008）（单位：mm）

表面粗糙度以 μm 为单位

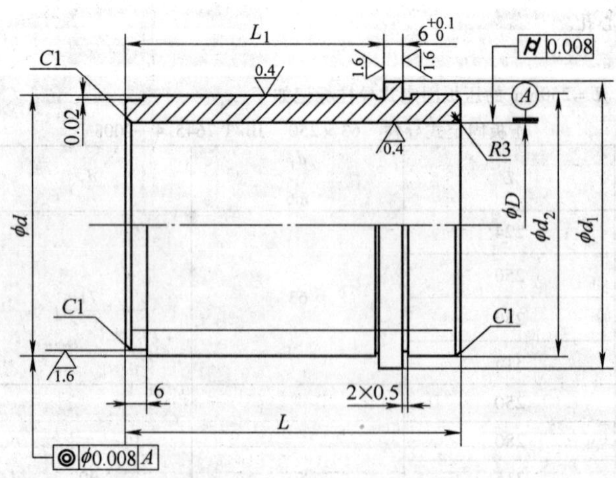

未注表面粗糙度 $Ra6.3\mu m$。

标记示例：$D=63mm$ 的压板固定式导套标记如下：

压板固定式导套　63　JB/T 7645.5—2008

（续）

D H7	d m6	d_1	d_2	L	L_1
63	78	87	78	100	76
80	100	110	100	125	100
100	120	130	120	160	125

注：1. 材料由制造者选定，推荐采用 20Cr、Cr15。20Cr 表面渗碳深度 0.8～1.2mm，表面硬度 58～62HRC；Cr15 硬度 58～62HRC。

2. 应符合 JB/T 7653 的规定。

3. 标记应包括以下内容：1）压板固定式导套；2）导套直径 D，以 mm 为单位；3）本标准代号，即 JB/T 7645.5—2008。

JB/T 7645.5—2008 标准规定的压板固定式导套的安装形式如图 7-4 所示。

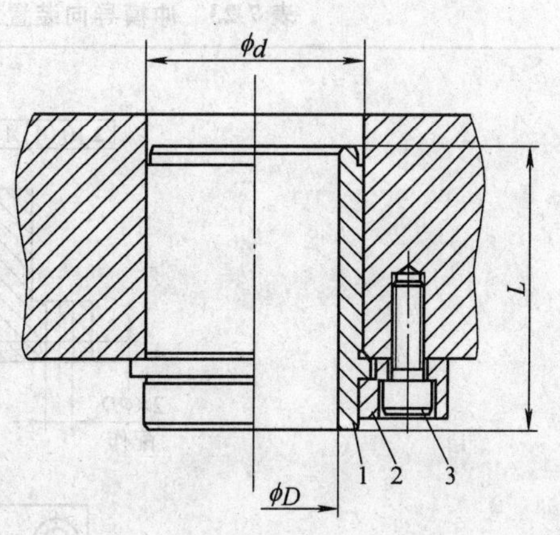

图 7-4　压板固定式导套的安装形式

1—导柱　2—压板　3—螺钉

7.3.6　压板标准

JB/T 7645.6—2008 标准规定了冲模导向装置压板的尺寸规格和标记，适用于冲模压板固定式导柱、导套的压板，同时还给出了材料指南和技术要求。与旧标准相比，主要变化如下：将标准名称改为《冲模导向装置 第 6 部分：压板》；增加了“前言”；对“范围”的表述作了修改；对“规范性引用文件”作了修改；零件材料改为推荐选用。

JB/T 7645.6—2008 标准规定的冲模导向装置压板如表 7-22 所示。

表 7-22　冲模导向装置用压板（摘自 GB/T 7645.6—2008）　（单位：mm）

表面粗糙度以 μm 为单位

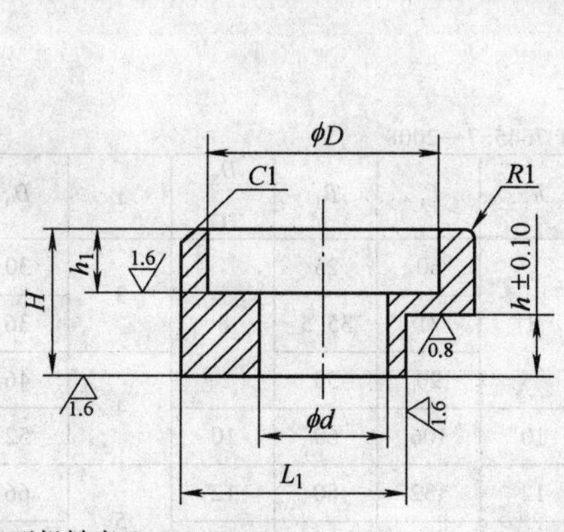

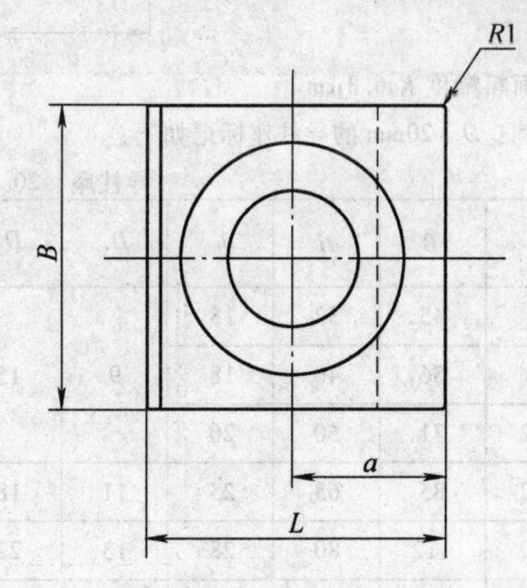

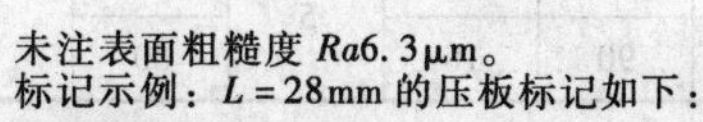
未注表面粗糙度 Ra6.3μm。
标记示例：L = 28mm 的压板标记如下：

压板　28　JB/T 7645.6—2008

螺钉直径	d	L	B	H	a	L_1	h	D	h_1
12	12.5	28	28	14	14.5	21.5	5.7	22	6

注：1. 材料由制造者选定，推荐采用 20 钢。

2. 应符合 JB/T 7653 的规定。

3. 标记应包括以下内容：1）压板；2）压板长度 L，以 mm 为单位；3）本标准代号，即 JB/T 7645.6—2008。

7.3.7 导柱座标准

JB/T 7645.7—2008 标准规定了冲模导向装置导柱座的尺寸规格和标记，适用于冲模导柱座，同时还给出了材料指南和技术要求。与旧标准相比，主要变化如下：将标准名称改为《冲模导向装置 第7部分：导柱座》；增加了“前言”；对“范围”的表述作了修改；对“规范性引用文件”作了修改；对导柱座结构作了修改；取消了导柱座的导柱孔直径 80mm、100mm 尺寸系列；零件材料改为推荐选用。

JB/T 7645.7—2008 标准规定的冲模导向装置导柱座如表 7-23 所示。

表 7-23 冲模导向装置用导柱座（摘自 GB/T 7645.7—2008） （单位：mm）

表面粗糙度以 μm 为单位

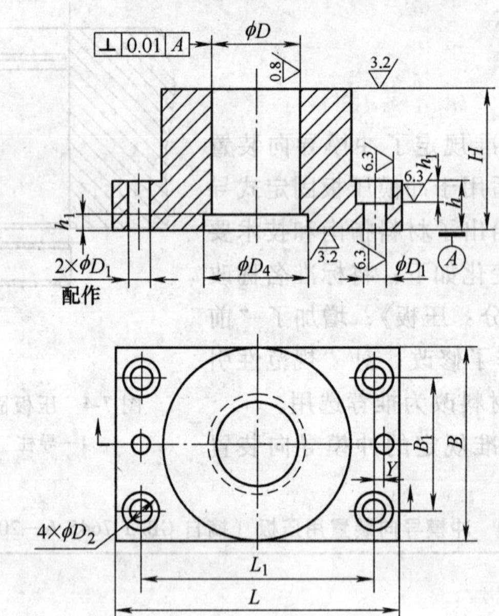

未注表面粗糙度 $Ra6.3\mu m$。

标记示例：$D=20mm$ 的导柱座标记如下：

导柱座 20 JB/T 7645.7—2008

D N7	L	B	H	h	D_1	D_2	h_1	L_1	B_1	D_3 H7	Y	D_4	h_2
20	80	45	32	18	9	15	8	60	25	8	3	30	6.5
25	90	56	40	18				71	35.5			36	
32	112	71	50	20				90	50		4	46	7.5
40	132	85	63	25	11	18	10	106	60	10		52	
50	160	112	80	28	13	22	12	132	80	12	5	66	8
63	200	132	100	40	17	28	16	160	90	16		80	

注：1. 材料由制造者选定，推荐采用 HT200。

2. 应符合 JB/T 7653 的规定。

3. 标记应包括以下内容：1）导柱座；2）导柱孔直径 D，以 mm 为单位；3）本标准代号，即 JB/T 7645.7—2008。

JB/T 7645.7—2008 标准规定的导柱座的应用示例如图 7-5 所示。

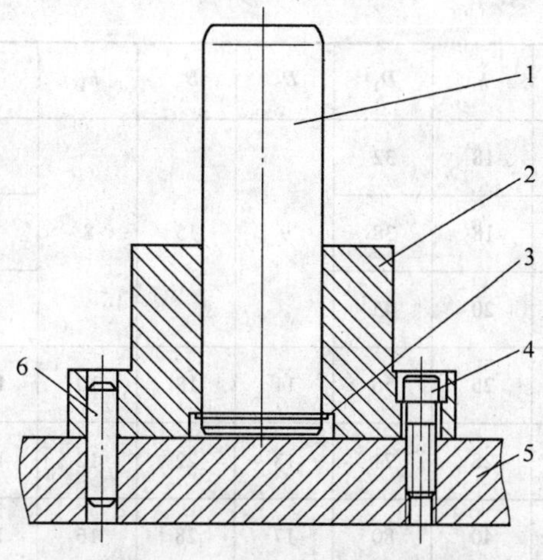

图 7-5　导柱座的应用示例

1—导柱　2—导柱座　3—轴用弹性挡圈　4—圆柱头内六角螺钉　5—下模座　6—圆柱销

7.3.8　导套座标准

JB/T 7645.8—2008 标准规定了冲模导向装置导套座的尺寸规格和标记，适用于冲模导套座，同时还给出了材料指南和技术要求。与旧标准相比，主要变化如下：将标准名称改为《冲模导向装置 第 8 部分：导套座》；增加了“前言”；对“范围”的表述作了修改；对“规范性引用文件”作了修改；对导套座结构作了修改；取消了导柱座的导套座直径 80mm、100mm 尺寸系列；零件材料改为推荐选用。

JB/T 7645.8—2008 标准规定的冲模导向装置导套座如表 7-24 所示。

表 7-24　冲模导向装置用导套座（摘自 GB/T 7645.8—2008）　（单位：mm）

表面粗糙度以 μm 为单位

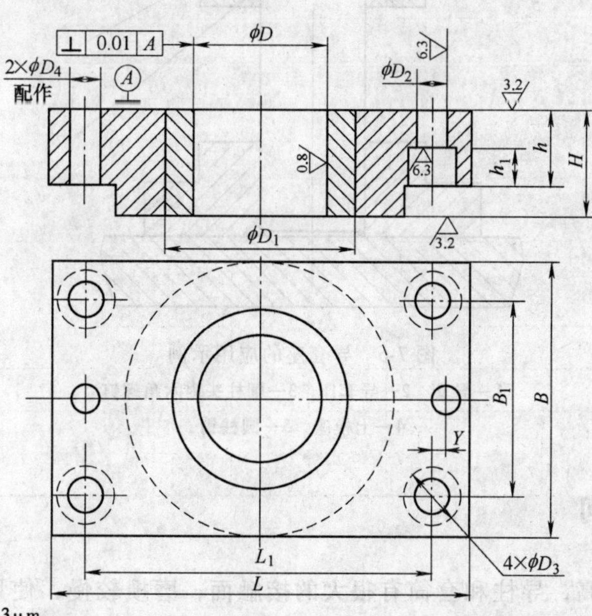

未注表面粗糙度 $Ra6.3\mu m$。
标记示例：$D=20mm$ 的导套座标记如下：

导套座　20　JB/T 7645.8—2008

（续）

<table>
<tr><th>D
N7</th><th>L</th><th>B</th><th>H</th><th>h</th><th>D_1</th><th>D_2</th><th>D_3</th><th>h_1</th><th>L_1</th><th>B_1</th><th>D_4
H7</th><th>Y</th></tr>
<tr><td>20</td><td>80</td><td>45</td><td>32</td><td>18</td><td>32</td><td rowspan="3">9</td><td rowspan="3">15</td><td rowspan="3">8</td><td>60</td><td>25</td><td rowspan="3">8</td><td rowspan="2">3</td></tr>
<tr><td>25</td><td>90</td><td>56</td><td>40</td><td>18</td><td>38</td><td>71</td><td>35.5</td></tr>
<tr><td>32</td><td>112</td><td>71</td><td>50</td><td>20</td><td>45</td><td>90</td><td>50</td><td rowspan="2">4</td></tr>
<tr><td>40</td><td>132</td><td>85</td><td>63</td><td>25</td><td>56</td><td>11</td><td>18</td><td>10</td><td>106</td><td>60</td><td>10</td></tr>
<tr><td>50</td><td>160</td><td>112</td><td>80</td><td>28</td><td>71</td><td>13</td><td>22</td><td>12</td><td>132</td><td>80</td><td>12</td><td rowspan="2">5</td></tr>
<tr><td>63</td><td>200</td><td>132</td><td>100</td><td>40</td><td>80</td><td>17</td><td>28</td><td>16</td><td>160</td><td>90</td><td>16</td></tr>
</table>

注：1. 导套材料和油槽的设置由制造者决定。

2. 材料由制造者选定，推荐采用 HT200。

3. 应符合 JB/T 7653 的规定。

4. 标记应包括以下内容：1）导套座；2）导柱孔直径 D，以 mm 为单位；3）本标准代号，即 JB/T 7645.8—2008。

JB/T 7645.8—2008 标准规定的导套座的应用示例如图 7-6 所示。

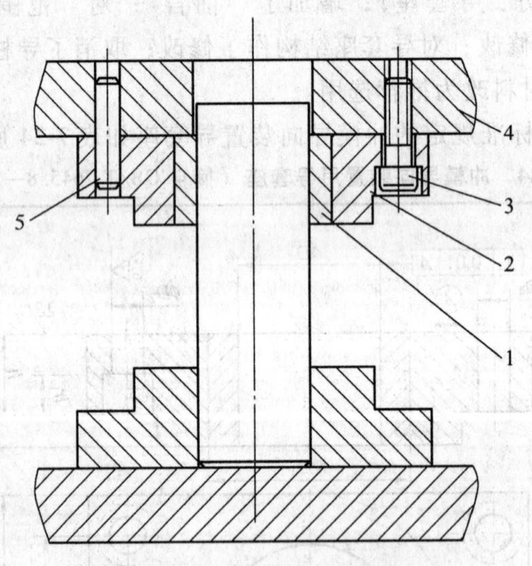

图 7-6 导套座的应用示例

1—导套 2—导套座 3—圆柱头内六角螺钉

4—上模座 5—圆柱销

7.4 套筒式导向

套筒式导向精度高，导柱和套筒有很大的接触面，磨损较慢，使用时间长，但结构复杂，而且工作空间太小，操作不便，只有在冲制手表等精密、薄小零件时才使用，其结构如图 7-7 所示。

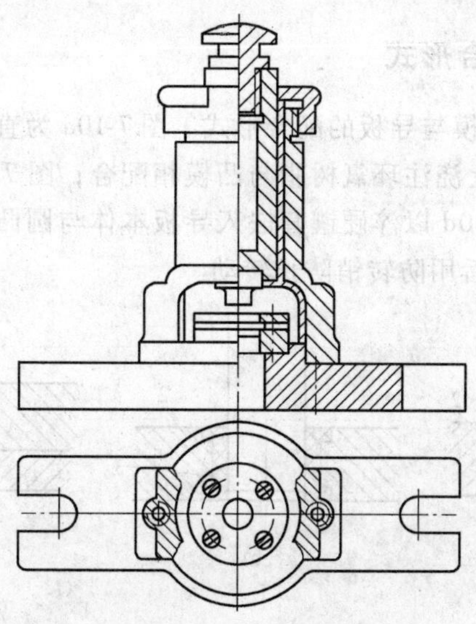

图 7-7　套筒式导向结构

7.5　导板式导向

导板对凸模起导向作用，并能够完成卸料工作，所以导板是一种对凸模导向的卸料板。

7.5.1　导板结构型式

导板导向可以用于结构较简单的模具，例如，如图 7-8 所示的落料模具。

导板与凸模之间一般选用 H7/h6 的间隙配合，所以导板可以起到凸、凹模之间的导向作用。凸模回程时，导板又相当于固定卸料板起卸料作用。

在多工位级进模具中，采用导板可以提高模具的导向精度，并且导板能确定各工位的相对位置。图 7-9 所示为用于级进模具中的导板，该导板还起到弹性卸料的作用。

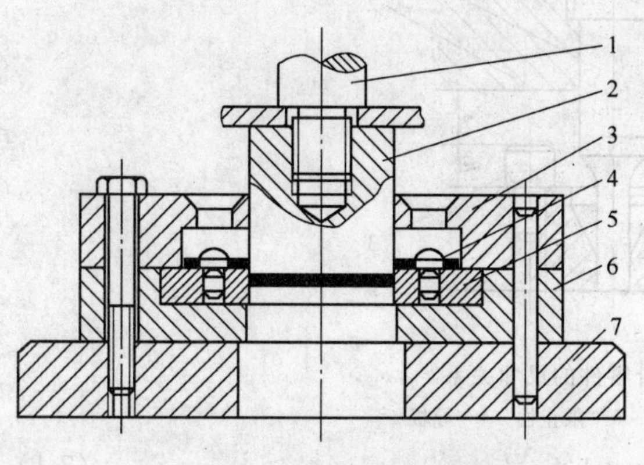

图 7-8　导板导向的落料模具

1—模柄　2—凸模　3—导板　4—定位销　5—凹模　6—凹模座　7—底板

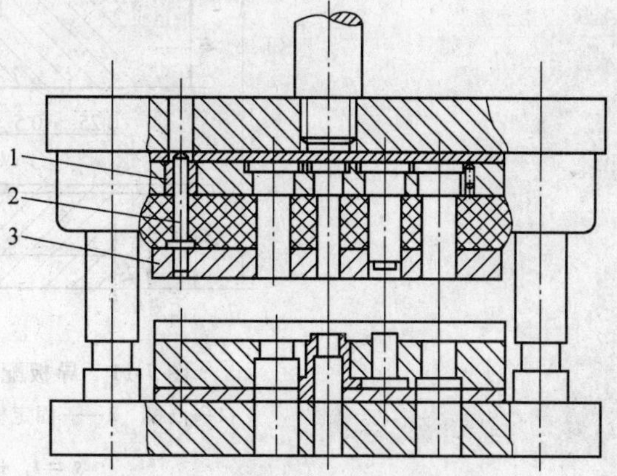

图 7-9　用于级进模具中的导板

1—导套　2—导柱　3—导板

7.5.2　凸模与导板的配合形式

图 7-10 所示为常用的凸模与导板的配合形式。图 7-10a 为直接在导板上加工孔与凸模相配合；图 7-10b 为在导板孔上浇注环氧树脂与凸模相配合；图 7-10c 为在导板本体上另加淬硬拼块与凸模相配合；图 7-10d 以淬硬镶套嵌入导板本体与圆凸模相配合；图 7-10e 用于异形凸模，淬硬镶套嵌入导板后用防转销防止转动。

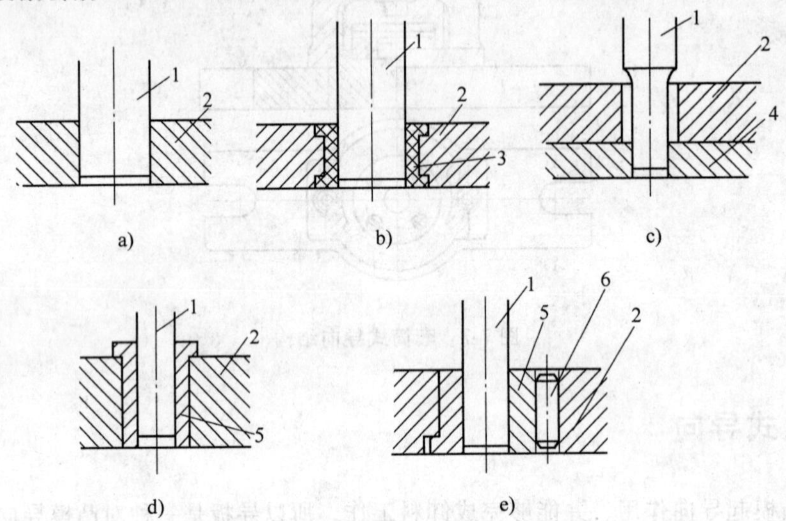

图 7-10　凸模与导板的配合形式

1—凸模　2—导板本体　3—环氧树脂　4—淬硬拼块　5—镶套　6—防转销

7.5.3　导板配合零件的尺寸计算

图 7-11 所示为冲压过程中，凸模工作端面与导板下平面齐平时，导板配合零件的尺寸关系，从而得出以下公式：

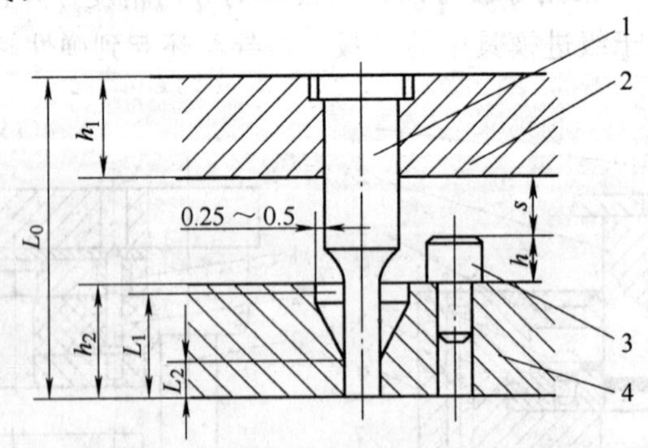

图 7-11　导板配合零件的尺寸关系

1—凸模　2——固定板　3—限止柱　4—导板

$$s = t_1 + m + 1.5 \tag{7-1}$$

$$h = L_0 - h_1 - h_2 - s \tag{7-2}$$

$$L_2 = L_1 - s - 1 \tag{7-3}$$

式中　s——限止柱与固定板的距离（mm）；

t_1——导料板（导料板在下模一侧）的厚度（mm）；

m——凸模总刃磨留量（mm）；

h——限止柱大端高度（mm）；

L_0——新凸模长度（mm）；

h_1——固定板厚度（mm）；

h_2——导板厚度（mm）；

L_1——凸模小直径部分长度（mm）；

L_2——导板小孔部分高度（mm）。

导板孔与凸模的配合要求，与被冲材料的厚度有关，可以按照表 7-25 选取。

表 7-25　导板孔与凸模的配合要求（基轴制）

冲件厚度/mm	0.3～0.8	>0.8～3	>3～5
配合要求	h5/H6	H6/H7	H7/H8

第8章 冲模定位装置标准与应用

冲模定位装置的作用是保证条料的正确送进及其在模具中的正确位置。条料在模具送料平面中必须有两个方向的限位：一是在与条料方向垂直的方向上的限位，保证条料沿正确的方向送进，称为送进导向；二是在送料方向上的限位，控制条料一次送进的距离（步距）称为送料定距。对于块料或工序件的定位，基本也是在两个方向上的限位，只是定位零件的结构形式与条料的有所不同而已。

属于送进导向的定位零件有导料销、导料板、侧压板等，属于送料定距的定位零件有用挡料销、导正销、侧刃等；属于块料或工序件的定位零件有定位销、定位板等。相对位置定位可使用导正销；单个毛坯的定位则用定料销或定位板。这些定位零件大都已经标准化，分别为：

JB/T 7647.1—2008 冲模导正销 第1部分：A型导正销

JB/T 7647.2—2008 冲模导正销 第2部分：B型导正销

JB/T 7647.3—2008 冲模导正销 第3部分：C型导正销

JB/T 7647.4—2008 冲模导正销 第4部分：D型导正销

JB/T 7648.1—2008 冲模侧刃和导料装置 第1部分：侧刃

JB/T 7648.2—2008 冲模侧刃和导料装置 第2部分：A型侧刃挡块

JB/T 7648.3—2008 冲模侧刃和导料装置 第3部分：B型侧刃挡块

JB/T 7648.4—2008 冲模侧刃和导料装置 第4部分：C型侧刃挡块

JB/T 7648.5—2008 冲模侧刃和导料装置 第5部分：导料板

JB/T 7648.6—2008 冲模侧刃和导料装置 第6部分：承料板

JB/T 7648.7—2008 冲模侧刃和导料装置 第7部分：A型抬料销

JB/T 7648.8—2008 冲模侧刃和导料装置 第8部分：B型抬料销

JB/T 7649.1—2008 冲模挡料和弹顶装置 第1部分：始用挡料装置

JB/T 7649.2—2008 冲模挡料和弹顶装置 第2部分：弹簧芯柱

JB/T 7649.3—2008 冲模挡料和弹顶装置 第3部分：弹簧侧压装置

JB/T 7649.4—2008 冲模挡料和弹顶装置 第4部分：侧压簧片

JB/T 7649.5—2008 冲模挡料和弹顶装置 第5部分：弹簧弹顶挡料装置

JB/T 7649.6—2008 冲模挡料和弹顶装置 第6部分：扭弹簧顶挡料装置

JB/T 7649.7—2008 冲模挡料和弹顶装置 第7部分：回带式挡料装置

JB/T 7649.8—2008 冲模挡料和弹顶装置 第8部分：钢球弹顶装置

JB/T 7649.9—2008 冲模挡料和弹顶装置 第9部分：活动挡料销

JB/T 7649.10—2008 冲模挡料和弹顶装置 第10部分：固定挡料销

8.1　冲模定位装置设计的基本原则

模具定位零件是用以保证在冲压加工过程中材料和毛坯的正确送进及正确地将工件安放到模具上，以完成下一步的冲压工序。

在选择定位的方式和确定定位零件的结构型式时，应根据坯料型式、模具结构、冲件的精度和生产率的要求等来具体地对待。

8.1.1　定位方式的选择

在选择定位的方式时，应注意到以下的几个基本情况：

1）在确定定位的方向和位置时，应分析和考虑到冲件的前后、左右及正反情况。凡有正反、左右误插入的情况时，应能及时发现。

2）凡容易产生回弹的冲件，定位时要避开其已被损伤的部分。

3）当冲件有大的弯曲面、定位有困难时，要在修整线之外设置孔、筋、压凸等定位部分。

4）定位时要选择外形或孔的可靠部分。

5）要预计到冲件的尺寸误差，定位的部位要选在未变形的场合。

6）对于尺寸较小冲件的定位，由于存在加工性和安全等问题，采用连续模或其他加工方法要比单件冲压来得简单、方便和可靠。

7）多工序分别冲压时，上下工序的定位形式在原则上必须用同一部位。

8）在多工序冲压过程中，如需改变定位装置的位置，必须在变更的前一工序，就准备好将要使用的定位装置。

8.1.2　定位零件结构型式的设计

当设计定位零件的结构型式时，应考虑以下几个方面：

1）定位至少要有三个支承点、两个导向点和一个定程点。定位支承点与导向点之间应有足够的距离，以保证坯料有较高的定位精度和稳定性。应尽量用支承面来代替支承点。

对于冲件的定位，经常有采用“过定位”的现象，即限制自由度的定位件数量要超过必要的数量。

2）根据冲件所要求的精度，应考虑是否有必要将定位零件作成强制定位。

3）要将定位零件装配在容易看见的地方和习惯的位置上。如：单人操作时，送料方向以从右到左或从前到后为宜。从右到左送料时，导向点最好设在后侧；而从前到后送料时，导向点则设在左侧。

4）端部定位装置，其位置精度难以确保，在操作安全方面也有问题，应在设计时引起注意。

5）应避免采用推送式定位装置。

6）应使定位装置有调节的可能性。

7）要分析研究定位装置的强度以及耐磨性等问题。

8）当冲压过程中带有润滑油、灰尘、切屑等杂物时，有时会失去精度，也会减慢动作，因此需配备简单的除去以上杂物的装置。同时，也应考虑到即使粘着物少的时候，也不能影响加工精度及机能。

9）当处于下止点位置时，绝对不能使定位装置与上模相撞。

10）定位装置的高度较高时，不得使它妨碍冲件的送进与取出。

11）当定位不稳定时，应考虑有粗定位和精定位两种方式。

12）将定位与其他机能综合起来，则更有利于定位，如采用定位卸料板等。

13）对于定位工具，与采用点接触导向的导销一类定位零件相比，不如采用线或面接触导向的定位板，因其耐磨性和位置精度较好。

14）将冲件在前部推出时，有时背部定位会造成麻烦。这时可考虑采用隐式定位。

15）当采用传递式送料、由机械手等自动送入时，由于冲件的惯性、振动、落下等动作，冲件有产生跳动的倾向。即使加工方面没有问题，而为了定位的稳定，有时也需改变冲件的形状，而定位装置本身也应做相应的调整。

8.2 冲模导正销

8.2.1 冲模导正销零件标准

使用导正销的目的是消除送进导向和送料定距或定位板等粗定位的误差。冲裁中，导正销先进入已冲孔中，导正条料位置，保证孔与外形相对位置公差的要求。导正销主要用于级进模，通常与挡料销配合使用，也可以与侧刃配合使用。

JB/T 7647—2008 标准规定的冲模导正销包括 A 型导正销、B 型导正销、C 型导正销和 D 型导正销，分别介绍如下。

1. A 型导正销标准

JB/T 7647.1—2008 标准规定了冲模 A 型导正销的尺寸规格和标记，适用于冲模 A 型导正销，同时还给出了材料指南和技术要求。与旧标准相比，主要变化如下：将标准名称改为《冲模导正销 第 1 部分：A 型导正销》；增加了“前言”；对“范围”的表述作了修改；对“规范性引用文件”作了修改；零件材料改为推荐选用。

JB/T 7647.1—2008 标准规定的冲模 A 型导正销如表 8-1 所示。

A 型导正销的应用示例如图 8-1 所示。

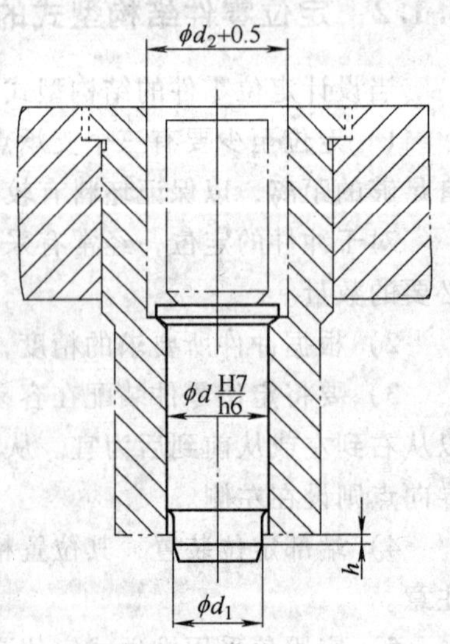

图 8-1 A 型导正销应用示例

2. B 型导正销标准

JB/T 7647.2—2008 标准规定了冲模 B 型导正销的尺寸规格和标记，适用于冲模 B 型导正销，同时还给出了材料指南和技术要求。与旧标准相比，主要变化如下：将标准名称改为《冲模导正销 第 2 部分：B 型导正销》；增加了“前言”；对“范围”的表述作了修改；对“规范性引用文件”作了修改；零件材料改为推荐选用。

表 8-1　冲模 A 型导正销（摘自 JB/T 7647.1—2008）　　　（单位：mm）

表面粗糙度以 μm 为单位

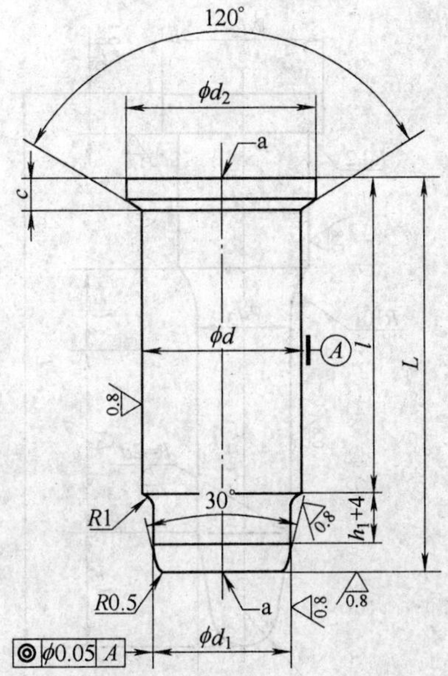

未注表面粗糙度 Ra6.3μm。

允许保留中心孔。

标记示例：$d=6$mm，$d_1=2$mm，$L=32$mm 的 A 型导正销标记如下：

A 型导正销　6×2×32　JB/T 7647.1—2008

d h6	d_1 h6	d_2	C	L	l
5	0.99~4.9	8	2	25	16
6	1.5~5.9	9		32	20
8	2.4~7.9	11			
10	3.9~9.9	13	3	36	25
13	4.9~11.9	16			
16	7.9~15.9	19		40	32

注：1. h 尺寸设计时决定。

2. 材料由制造者选定，推荐采用 9Mn2V。硬度 52~56HRC。

3. 应符合 JB/T 7653 的规定。

4. 标记应包括以下内容：1）A 型导正销；2）导正销直径 d，单位为 mm；3）导正销导向部分直径 d_1，单位为 mm；4）导正销长度 L，单位为 mm；5）本标准代号，即 JB/T 7647.1—2008。

JB/T 7647.2—2008 标准规定的冲模 B 型导正销如表 8-2 所示。

B 型导正销的应用示例如图 8-2 所示。

3. C 型导正销标准

JB/T 7647.3—2008 标准规定了冲模 C 型导正销的尺寸规格和标记，适用于冲模 C 型导正销，同时还给出了材料指南和技术要求。与旧标准相比，主要变化如下：将标准名称改为《冲模导正销 第 3 部分：C 型导正销》；增加了“前言”；对“范围”的表述作了修改；对“规范性引用文件”作了修改；零件材料改为推荐选用。

JB/T 7647.3—2008 标准规定的冲模 C 型导正销如表 8-3 所示。

表 8-2 冲模 B 型导正销（摘自 JB/T 7647.2—2008） （单位：mm）

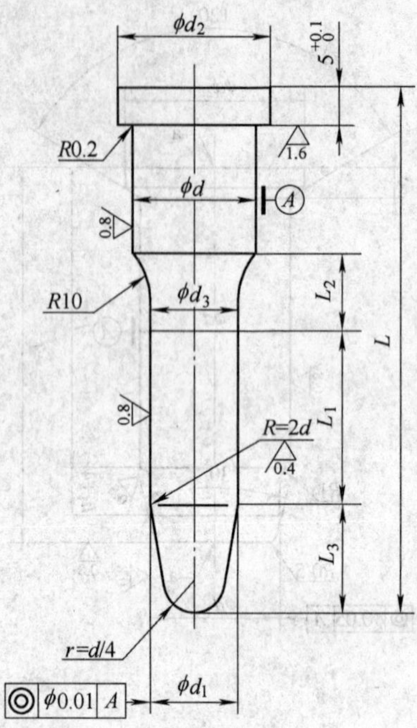

未注表面粗糙度 $Ra6.3\mu m$。

标记示例：$d=8mm$，$d_1=6mm$，$L=63mm$ 的 B 型导正销标记如下：

B 型导正销 8×6×63 JB/T 7647.2—2008

d h6	d_1 h6	d_2	L					
			56	63	71	80	90	100
5	0.99～4.9	8	×	×	×	×	×	×
6	1.9～5.9	9	×	×	×	×	×	×
8	2.4～7.9	11	×	×	×	×	×	×
10	3.9～9.9	13	×	×	×	×	×	×
13	4.9～12.9	16	×	×	×	×	×	×
16	7.9～15.9	19	×	×	×	×	×	×
20	11.9～19.9	24	×	×	×	×	×	×
25	15.0～24.9	29	×	×	×	×	×	×
32	19.9～31.9	36	×	×	×	×	×	×

注：1. L_1、L_2、L_3、d_3 尺寸和头部形状由设计时决定。

2. 材料由制造者选定，推荐采用 9Mn2V。硬度 52～56HRC。

3. 应符合 JB/T 7653 的规定。

4. 标记应包括以下内容：1）B 型导正销；2）导正销杆直径 d，单位为 mm；3）导正销导向部分直径 d_1，单位为 mm；4）导正销长度 L，单位为 mm；5）本标准代号，即 JB/T 7647.2—2008。

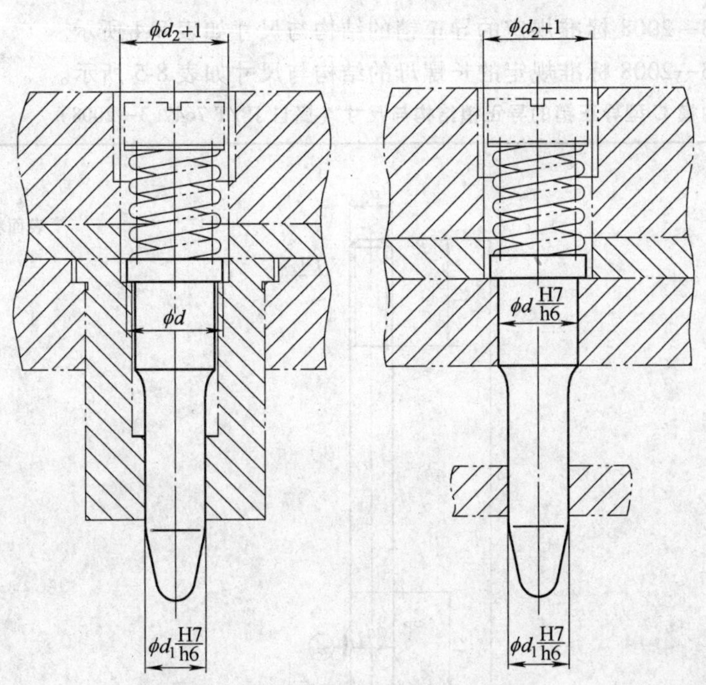

图 8-2　B 型导正销的应用示例

表 8-3　冲模 C 型导正销（摘自 JB/T 7647.3—2008）　　（单位：mm）

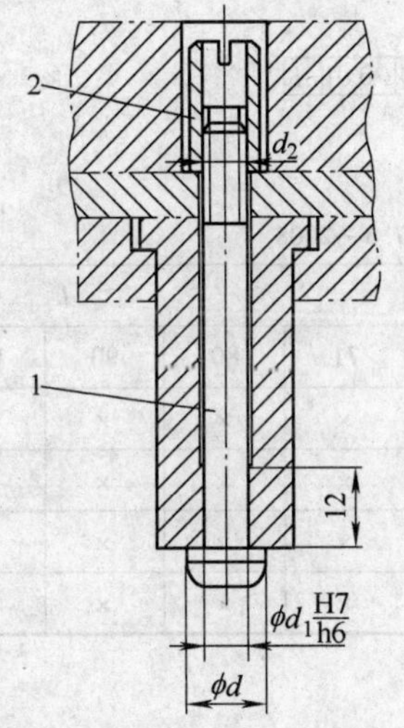

1—导正销　2—长螺母

标记示例：d = 6.2mm 的 C 型导正销标记如下：

C 型导正销　6.2　JB/T 7647.3—2008

基本尺寸			
d h6	d_1	导正销	长螺母
4 ~ 6	4	4 ~ 6	M4
>6 ~ 8	5	>6 ~ 8	M5
>8 ~ 10	6	>8 ~ 10	M6
>10 ~ 12		>10 ~ 12	

注：标记应包括以下内容：1）C 型导正销；2）导正销杆直径 d，单位为 mm；3）本标准代号，即 JB/T 7647.3—2008。

JB/T 7647.3—2008 标准规定的导正销的结构与尺寸如表 8-4 所示。

JB/T 7647.3—2008 标准规定的长螺母的结构与尺寸如表 8-5 所示。

表 8-4 冲模 C 型导正销的导正销结构与尺寸（摘自 JB/T 7647.3—2008） （单位：mm）

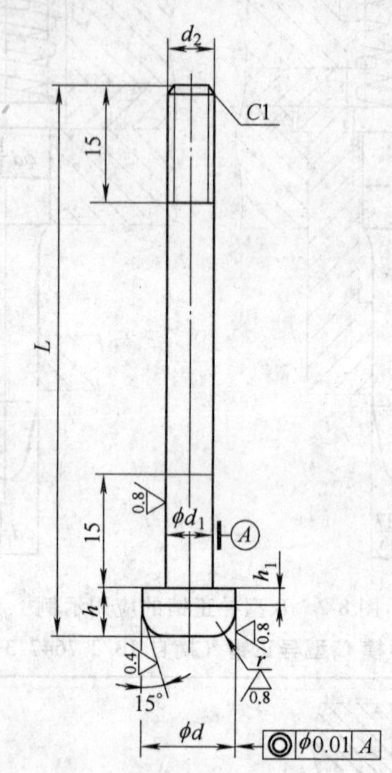

表面粗糙度以 μm 为单位

未注表面粗糙度 $Ra6.3\mu m$。

标记示例：$d=6.2$mm 的导正销标记如下：导正销 6.2 JB/T 7647.3—2008

d h6	d_1 h6	d_2	h	r	L 71	80	90	100	112	125
4～6	4	M4	4	1	×	×	×	×	×	
6～8	5	M5	5	1	×	×	×	×	×	×
8～10	6	M6	5	2	×	×	×	×	×	×
10～12	6	M6	6	2	×	×	×	×	×	×

注：1. h_1 尺寸设计时确定。

2. 材料由制造者选定，推荐采用 9Mn2V。硬度 52～56HRC。

3. 应符合 JB/T 7653 的规定。

4. 标记应包括以下内容：1）导正销；2）导正销直径 d，单位为 mm；3）本标准代号，即 JB/T 7647.3—2008。

4. D 型导正销标准

JB/T 7647.4—2008 标准规定了冲模 D 型导正销的尺寸规格和标记，适用于冲模 D 型导正销，同时还给出了材料指南和技术要求。与旧标准相比，主要变化如下：将标准名称改为《冲模导正销 第 4 部分：D 型导正销》；增加了“前言”；对“范围”的表述作了修改；对“规范性引用文件”作了修改；零件材料改为推荐选用。

JB/T 7647.4—2008 标准规定的冲模 D 型导正销如表 8-6 所示。

表 8-5　冲模 C 型导正销的长螺母结构与尺寸（摘自 JB/T 7647.3—2008）

（单位：mm）

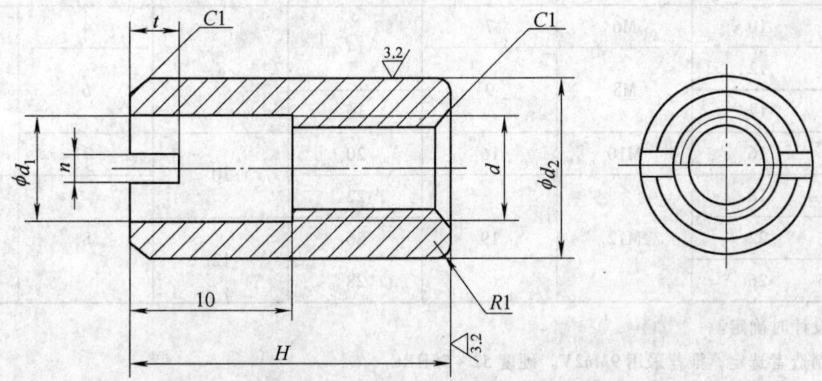

未注表面粗糙度 $Ra6.3\mu m$。

标记示例：d = M5 的长螺母标记如下：长螺母　M5　JB/T 7647.3—2008

d	d_1	d_2	n	t	H
M4	4.5	8	1.2	2.5	16
M5	5.5	9			18
M6	6.5	11	1.5	3	20

注：1. 材料由制造者选定，推荐采用 45 钢。硬度 43HRC ~ 48HRC。

2. 应符合 JB/T 7653 的规定。

3. 标记应包括以下内容：1）长螺母；2）长螺母直径 d，单位为 mm；3）本标准代号，即 JB/T 7647.3—2008。

表 8-6　冲模 D 型导正销（摘自 JB/T 7647.4—2008）　（单位：mm）

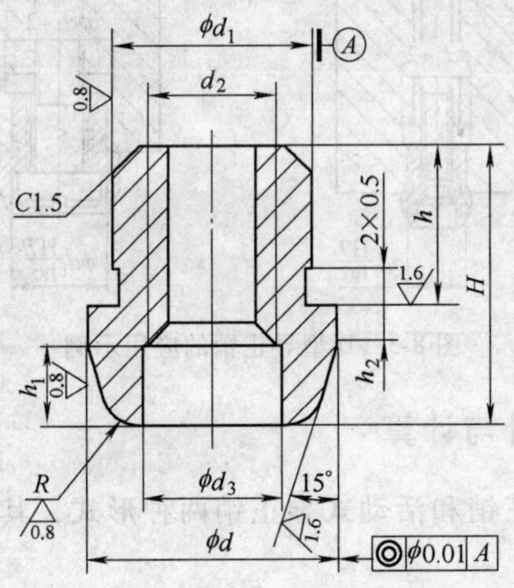

未注表面粗糙度 $Ra6.3\mu m$。

标记示例：d = 20mm、H = 16mm 的 D 型导正销标记如下：

D 型导正销尺寸　20 × 16　JB/T 7647.4—2008

（续）

d h6	d_1 h6	d_2	d_3	H	h	h_1	R
12 ~ 14	10	M6	7	14	8	4	2
>14 ~ 18	12	M8	9			6	
>18 ~ 22	14			16			
>22 ~ 26	16	M10	16	20	10	7	
>26 ~ 30	18	M12	19	22		8	3
>30 ~ 40	22			26	12		
>40 ~ 50	26			28			

注：1. h_2 尺寸设计时确定。

2. 材料由制造者选定，推荐采用9Mn2V。硬度 52 ~ 56HRC。

3. 应符合 JB/T 7653 的规定。

4. 标记应包括以下内容：1）D 型导正销；2）导正销直径 d，单位为 mm；3）导正销高度 H，单位为 mm；4）本标准代号，即 JB/T 7647.4—2008。

D 型导正销的应用示例如图 8-3 所示。

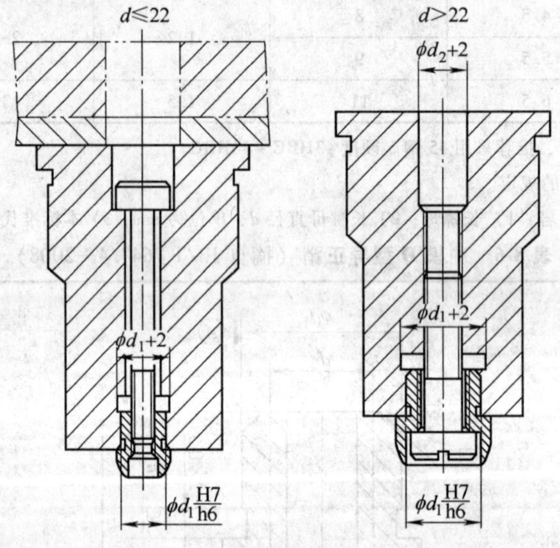

图 8-3　D 型导正销的应用示例

8.2.2　冲模导正销的设计与计算

导正销可分为固定式导正销和活动式导正销两种形式，其特点和适用范围如表 8-7 所示。

为了使导正销工作可靠，避免折断，导正销的直径一般应大于 2mm。孔径小于 2mm 的孔不宜用导正销导正，但可另冲直径大于 2mm 的工艺孔进行导正。

导正销的头部由圆锥形的导入部分和圆柱形的导正部分组成。导正部分的直径和高度尺寸及公差很重要。导正销的基本尺寸可按式（8-1）计算。

$$d = d_T - a \tag{8-1}$$

式中　d——导正销的基本尺寸；

d_T——冲孔凸模直径；

a——导正销与冲孔凸模直径的差值，见表 8-8。

表 8-7　导正销的结构型式

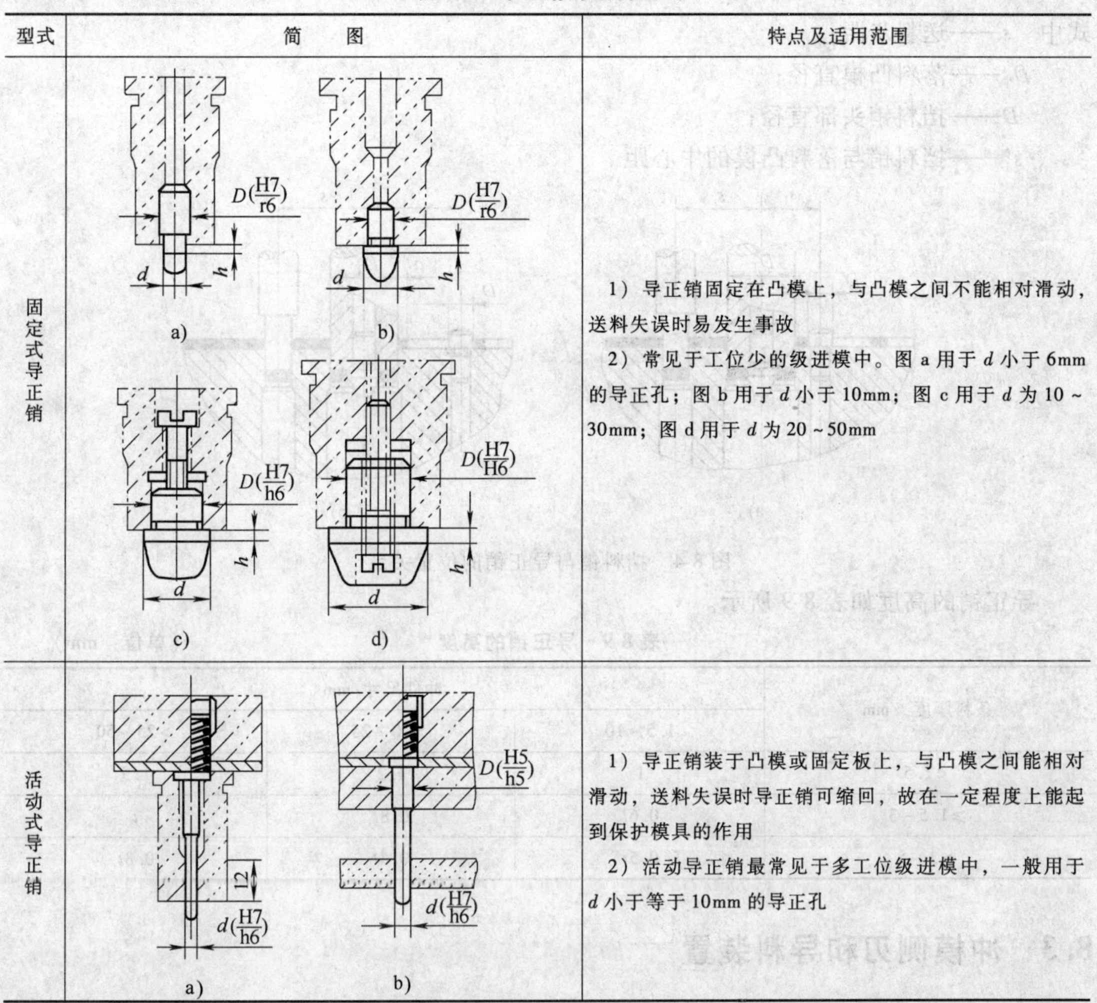

型式	简图	特点及适用范围
固定式导正销	a) $D(\frac{H7}{r6})$ d h；b) $D(\frac{H7}{r6})$ d h；c) $D(\frac{H7}{h6})$ d h；d) $D(\frac{H7}{H6})$ d h	1）导正销固定在凸模上，与凸模之间不能相对滑动，送料失误时易发生事故 2）常见于工位少的级进模中。图 a 用于 d 小于 6mm 的导正孔；图 b 用于 d 小于 10mm；图 c 用于 d 为 10 ~ 30mm；图 d 用于 d 为 20 ~ 50mm
活动式导正销	a) 12 $d(\frac{H7}{h6})$；b) $D(\frac{H5}{h5})$ $d(\frac{H7}{h6})$	1）导正销装于凸模或固定板上，与凸模之间能相对滑动，送料失误时导正销可缩回，故在一定程度上能起到保护模具的作用 2）活动导正销最常见于多工位级进模中，一般用于 d 小于等于 10mm 的导正孔

注：1. 导正销导正部分的直径 d 与导正孔之间的配合一般取 H7/h6 或 H7/h7 也可查有关冲压资料。

2. 导正销导正部分的高度 h 与料厚 t 及导正孔有关，一般取 $h=(0.8\sim1.2)t$。料薄时取大值，导正孔大时取大值，也可查有关冲压资料。

表 8-8　导正销直径与冲孔凸模直径的差值 a　　（单位：mm）

材料厚度	冲孔凸模直径 d_T						
t	1.5 ~ 6	>6 ~ 10	>10 ~ 16	>16 ~ 24	>24 ~ 32	>32 ~ 42	>42 ~ 60
<1.5	0.04	0.06	0.06	0.08	0.09	0.10	0.12
>1.5 ~ 3	0.05	0.07	0.08	0.10	0.12	0.14	0.16
>3 ~ 5	0.06	0.08	0.10	0.12	0.16	0.18	0.20

级进模常采用导正销与挡料销配合使用进行定位，挡料销只起粗定位作用，导正销进行精定位。因此挡料销的位置必须保证导正销在导正过程中条料有少许活动的可能。它们的位置关系如图 8-4 所示。

按图 8-4a 所示方式定位，挡料销与导正销的中心距为

$$s_1 = s - D_T/2 + D/2 + 0.1 = s - (D_T - D)/2 + 0.1 \quad (8\text{-}2)$$

按图 8-4b 所示方式定位，挡料销与导正销的中心距为

$$s_1' = s + D_T/2 - D/2 + 0.1 = s + (D_T - D)/2 - 0.1 \quad (8\text{-}3)$$

式中 s——送料步距；

D_T——落料凸模直径；

D——挡料销头部直径；

s_1、s_1'——挡料销与落料凸模的中心距。

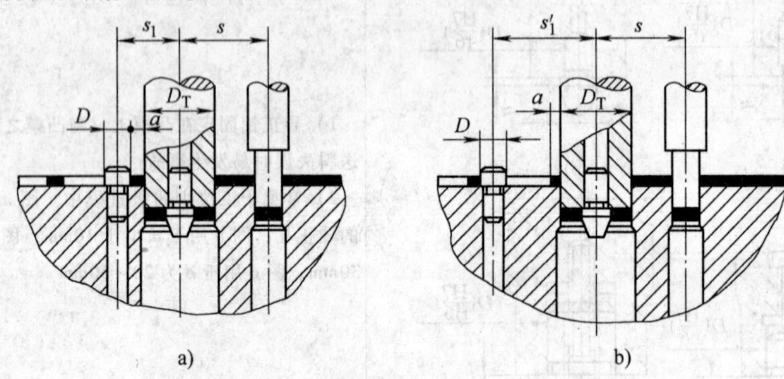

图 8-4 挡料销与导正销的位置关系

导正销的高度如表 8-9 所示。

表 8-9 导正销的高度 （单位：mm）

条料厚度 t/mm	冲件尺寸/mm		
	1.5 ~ 10	>10 ~ 25	>25 ~ 50
<1.5	1	1.2	1.5
≥1.5 ~ 3	$0.6t$	$0.8t$	t
>3 ~ 5	$0.5t$	$0.6t$	$0.8t$

8.3 冲模侧刃和导料装置

8.3.1 冲模侧刃和导料装置零件标准

在级进模中，为了限定条料送进距离，在条料侧边冲切出一定尺寸缺口的凸模，称为侧刃。它定距精度高、可靠，一般用于薄料、定距精度和生产效率要求高的情况。导料装置则是对条料或带料的侧向进行导向，以免其在送进过程中方向偏移。

JB/T 7648—2008 标准规定的冲模侧刃和导料装置，包括侧刃、A 型侧刃挡块、B 型侧刃挡块、C 型侧刃挡块、导料板、承料板、A 型抬料板和 B 型抬料板八个部分，分别介绍如下。

1. 侧刃标准

JB/T 7648. 1—2008 标准规定了冲模侧刃的尺寸规格和标记，适用于冲模侧刃，同时还给出了材料指南和技术要求。与旧标准相比，主要变化如下：将标准名称改为《冲模侧刃

和导料装置 第 1 部分：侧刃》；增加了“前言”；对“范围”的表述作了修改；对“规范性引用文件”作了修改；零件材料改为推荐选用。

JB/T 7648.1—2008 标准规定的冲模侧刃如表 8-10 所示。

表 8-10　冲模侧刃（摘自 JB/T 7648.1—2008）　　（单位：mm）

表面粗糙度以 μm 为单位

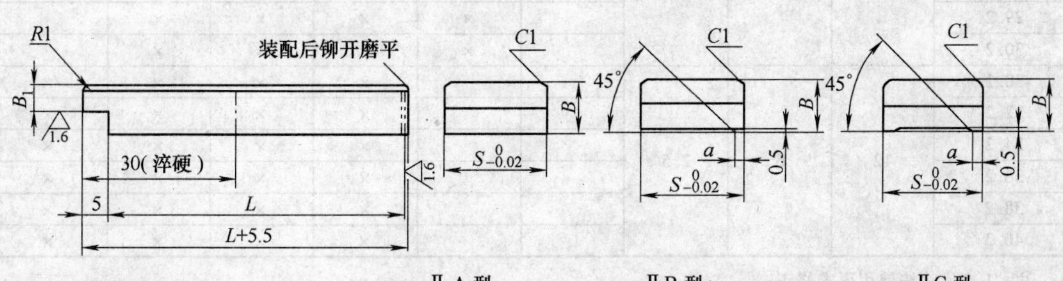

刃口部分表面粗糙度 Ra 0.8μm。

其余未注表面粗糙度 Ra 6.3μm。

标记示例：S = 15.2mm，B = 8mm，L = 50mm 的ⅡA 型侧刃标记如下：

侧刃　ⅡA　15.5×8×50　JB/T 7648.1—2008

S	B	B_1	a	L 45	L 50	L 56	L 63	L 71	L 80
5.2	4	2	1.2	×	×				
6.2				×	×				
7.2				×	×				
8.2			1.5	×	×				
9.2				×	×				
10.2				×	×				
7.2	6	3	1.2	×	×				
8.2			1.5	×	×				
9.2				×	×				
10.2				×	×				
10.2	8	4	2		×	×			
11.2					×	×			
12.2					×	×			
13.2					×	×			
14.2					×	×			
15.2					×	×			
15.2	10	5			×	×	×	×	
16.2					×	×	×	×	
17.2					×	×	×	×	

（续）

S	B	B_1	a	L					
				45	50	56	63	71	80
18.2	10	5	2		×	×	×	×	
19.2					×	×	×	×	
20.2					×	×	×	×	
21.2					×	×	×	×	
22.2					×	×	×	×	
23.2					×	×	×	×	
24.2					×	×	×	×	
25.2					×	×	×	×	
26.2					×	×	×	×	
27.2					×	×	×	×	
28.2					×	×	×	×	
29.2					×	×	×	×	
30.2					×	×	×	×	
30.2	12	6	2.5			×	×	×	×
32.2						×	×	×	×
34.2						×	×	×	×
36.2						×	×	×	×
38.2						×	×	×	×
40.2						×	×	×	×

注：1. S 尺寸按使用要求修正。

2. 材料由制造者选定，推荐采用 T10A。硬度 56 ~60 HRC。

3. 应符合 JB/T 7653 的规定。

4. 标记应包括以下内容：1）侧刃；2）侧刃类型ⅠA、ⅠB、ⅠC、ⅡA、ⅡB、ⅡC；3）侧刃步距 S，单位为 mm；4）侧刃宽度 B，单位为 mm；5）侧刃高度 L，单位为 mm；6）本部分代号，即 JB/T 7648.1—2008。

2. A 型侧刃挡块标准

JB/T 7648.2—2008 标准规定了冲模 A 型侧刃挡块的尺寸规格和标记，适用于冲模 A 型侧刃挡块，同时还给出了材料指南和技术要求。与旧标准相比，主要变化如下：将标准名称改为《冲模零件及其技术条件 第 2 部分：A 型侧刃挡板》；增加了“前言”；对“范围”的表述作了修改；对“规范性引用文件”作了修改；零件材料改为推荐选用。

JB/T 7648.2—2008 标准规定的冲模 A 型侧刃挡块如表 8-11 所示。

表 8-11 冲模 A 型侧刃挡块（摘自 JB/T 7648.2—2008） （单位：mm）

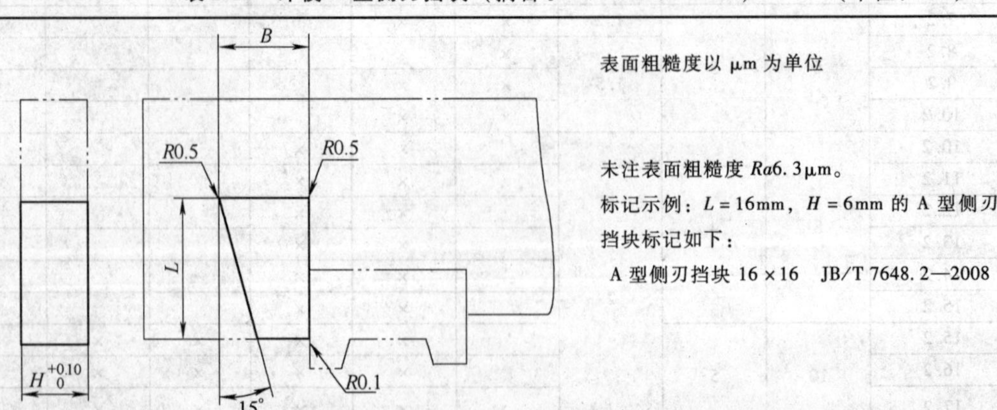

表面粗糙度以 μm 为单位

未注表面粗糙度 Ra6.3μm。

标记示例：L = 16mm，H = 6mm 的 A 型侧刃挡块标记如下：

A 型侧刃挡块 16 × 16 JB/T 7648.2—2008

（续）

L	B	H
16	10	4
		6
20	12	4
		6
		8
25	16	12
		16

注：1. 外形尺寸与导料板配合的公差按 H7/m6。

2. 材料由制造者选定，推荐采用 T10A。硬度 56～60 HRC。

3. 应符合 JB/T 7653 的规定。

4. 标记应包括以下内容：1）A 型侧刃挡块；2）侧刃挡块长度 L，单位为 mm；3）侧刃挡块厚度 H，单位为 mm；4）本部分代号，即 JB/T 7648. 2—2008。

3. B 型侧刃挡块标准

JB/T 7648. 3—2008 标准规定了冲模 B 型侧刃挡块的尺寸规格和标记，适用于冲模 B 型侧刃挡块，同时还给出了材料指南和技术要求。与旧标准相比，主要变化如下：将标准名称改为《冲模零件及其技术条件 第 3 部分：B 型侧刃挡板》；增加了“前言”；对“范围”的表述作了修改；对“规范性引用文件”作了修改；零件材料改为推荐选用。

JB/T 7648. 3—2008 标准规定的冲模 B 型侧刃挡块如表 8-12 所示。

4. C 型侧刃挡块标准

JB/T 7648. 4—2008 标准规定了冲模 C 型侧刃挡块的尺寸规格和标记，适用于冲模 C 型侧刃挡块，同时还给出了材料指南和技术要求。与旧标准相比，主要变化如下：将标准名称改为《冲模零件及其技术条件 第 4 部分：C 型侧刃挡板》；增加了“前言”；对“范围”的表述作了修改；对“规范性引用文件”作了修改；零件材料改为推荐选用。

表 8-12　冲模 B 型侧刃挡块（摘自 JB/T 7648. 3—2008）　（单位：mm）

表面粗糙度以 μm 为单位

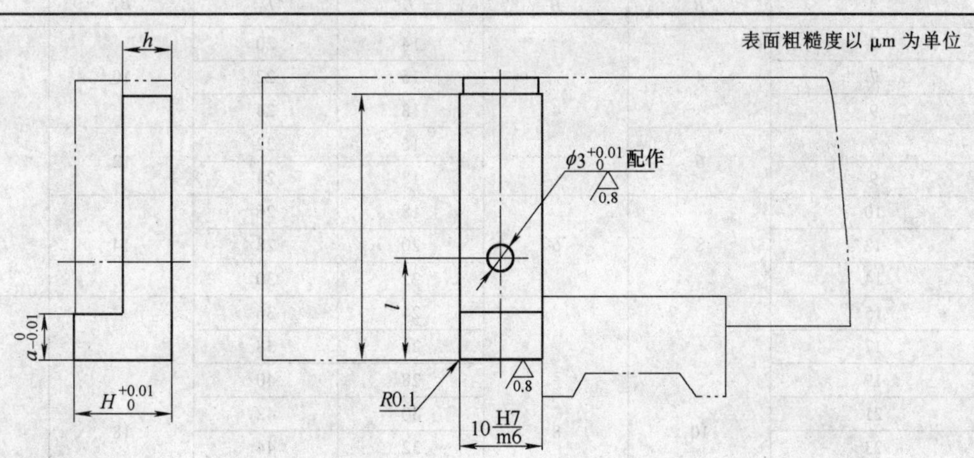

未注表面粗糙度 Ra1. 6μm。

标记示例：L = 25mm，H = 8mm 的 B 型侧刃挡块标记如下：

B 型侧刃挡块　25 × 8　JB/T 7648. 3—2008

（续）

L	H	H h9	A	l
16	4	2	4	10
	6	3	5	
25	8	4	6	12
32	10	5		
	12	6		
40	16	8	7	15

注：1. 材料由制造者选定，推荐采用 T10A。硬度 56～60HRC。

2. 应符合 JB/T 7653 的规定。

3. 标记应包括以下内容：1）B 型侧刃挡块；2）侧刃挡块长度 L，单位为 mm；3）侧刃挡块厚度 H，单位为 mm；4）本部分代号，即 JB/T 7648.3—2008。

JB/T 7648.4—2008 标准规定的冲模 C 型侧刃挡块如表 8-13 所示。

表 8-13　冲模 C 型侧刃挡块（摘自 JB/T 7648.4—2008）　（单位：mm）

表面粗糙度以 μm 为单位

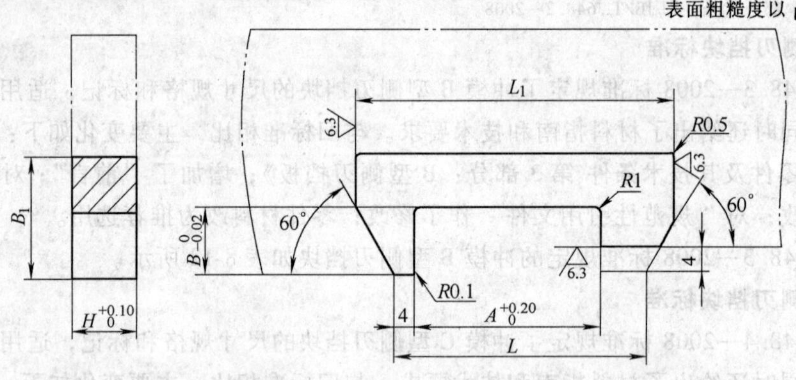

未注表面粗糙度 Ra0.8μm。

标记示例：A = 15mm 的 C 型侧刃挡块标记如下：

C 型侧刃挡块　15　JB/T 7648.4—2008

A	B	H	L	L_1	B_1	a
5	4	4	14	20	10	2
7			16	22		
9			18	24		
7	6		16	22	12	
9			18	24		
10	8	6	18	26	14	
12			20	28		
14			22	30		
15	10	8	24	36	18	25
17			26	38		
19			28	40		
21			30	42		
23			32	44		
25			34	46		
27			36	48		
29			38	50		

（续）

A	B	H	L	L_1	B_1	a
30	12	12	42	52	22	25
34			46	58		
36			48	60		
38			50	62		

注：1. 外形尺寸与导料板配合的公差按 H7/m6。

2. 材料由制造者选定，推荐采用 T10A。硬度 56～60HRC。

3. 应符合 JB/T 7653 的规定。

4. 标记应包括以下内容：1）C 型侧刃挡块；2）侧刃挡块槽长 A，单位为 mm；3）本部分代号，即 JB/T 7648.4—2008。

5. 导料板标准

JB/T 7648.5—2008 标准规定了冲模导料板的尺寸规格和标记，适用于冲模导料板，同时还给出了材料指南和技术要求。与旧标准相比，主要变化如下：将标准名称改为《冲模侧刃和导料装置 第 5 部分：导料板》；增加了“前言”；对“范围”的表述作了修改；对“规范性引用文件”作了修改；零件材料改为推荐选用。

JB/T 7648.5—2008 标准规定的冲模导料板如表 8-14 所示。

表 8-14　冲模导料板（摘自 JB/T 7648.5—2008）　（单位：mm）

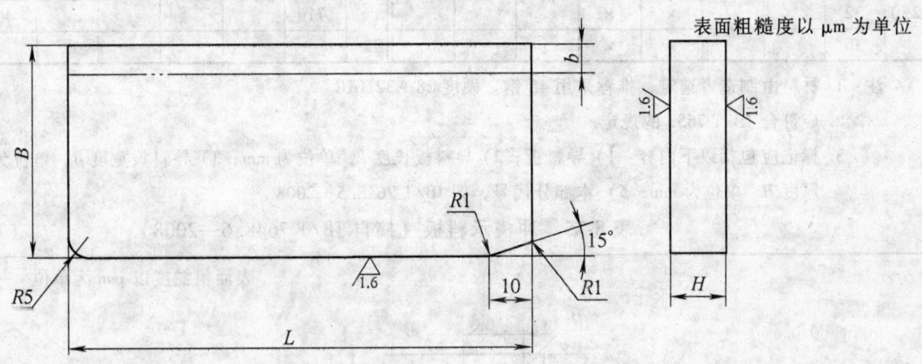

未注表面粗糙度 $Ra6.3\mu m$。

b 为设计修正量。

标记示例：$L=100mm$，$B=32mm$，$H=8mm$ 的导料板标记如下：

导料板　100×32×8　JB/T 7648.5—2008

L	B	H 4	6	8	10	12	16	18	L	B	H 4	6	8	10	12	16	18
50	16	×	×						100	20	×	×					
	20	×	×							25		×	×				
63	16	×	×							32		×	×				
	20	×	×							36		×	×				
71	16	×	×							40		×	×	×			
	20	×	×							45			×	×	×		
80	20	×	×						125	20	×	×					
	25		×	×						25		×	×				
	32		×	×						32		×	×				
	36		×	×						36		×	×				

（续）

L	B	H							L	B	H						
		4	6	8	10	12	16	18			4	6	8	10	12	16	18
125	40		×	×	×				250	40			×	×			
	45			×	×	×				45			×	×	×		
	50			×	×	×				50			×	×	×		
160	20	×	×							56				×	×	×	
	25		×	×						63				×	×	×	
	32		×	×						71					×	×	×
	36		×	×					315	25		×	×				
	40		×	×	×					32			×	×			
	45			×	×	×				36			×	×			
	50			×	×	×				40			×	×	×		
200	25		×	×						45			×	×	×		
	32		×	×	×					50			×	×	×		
	36		×	×	×					56				×	×	×	
	40		×	×	×					63					×	×	
	45			×	×	×			400	40			×	×	×		
	50			×	×	×				45			×	×	×		
	56				×	×	×			50			×	×	×		
	63				×	×	×			56				×	×	×	
250	25		×	×						63				×	×	×	
	32			×	×					71					×	×	×
	36			×	×												

注：1. 材料由制造者选定，推荐采用45钢。硬度28～32HRC。

2. 应符合JB/T 7653的规定。

3. 标记应包括以下内容：1）导料板；2）导料板长度L，单位为mm；3）导料板宽度B，单位为mm；4）导料板厚度H，单位为mm；5）本部分代号，即JB/T 7648.5—2008。

表8-15　冲模承料板（摘自JB/T 7648.6—2008）　　（单位：mm）

表面粗糙度以μm为单位

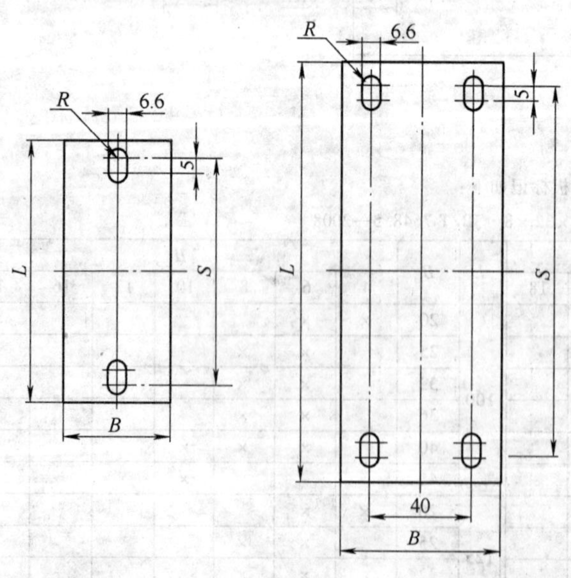

未注表面粗糙度Ra12.5μm。

标记示例：L=100mm，B=40mm的承料板标记如下：

承料板　100×40　JB/T 7648.6—2008

（续）

L	B	H	S	L	B	H	S
50	20	2	35	160	40	3	140
63			48	200			175
80			65	250			225
100			85	160	63		140
125			110	200			175
100	40		85	250		4	225
125			110	315			285

注：1. 材料由制造者选定。

2. 应符合 JB/T 7653 的规定。

3. 标记应包括以下内容：1）承料板；2）承料板长度 L，单位为 mm；3）承料板宽度 B，单位为 mm；4）本部分代号，即 JB/T 7648.6—2008。

6. 承料板标准

JB/T 7648.6—2008 标准规定了冲模承料板的尺寸规格和标记，适用于冲模承料板，同时还给出了材料指南和技术要求。与旧标准相比，主要变化如下：将标准名称改为《冲模侧刃和导料装置 第 6 部分：承料板》；增加了“前言”；对“范围”的表述作了修改；对“规范性引用文件”作了修改；零件材料改为推荐选用。

JB/T 7648.6—2008 标准规定的冲模承料板如表 8-15 所示。

7. A 型抬料销标准

JB/T 7648.7—2008 标准规定了冲模 A 型抬料销的尺寸规格和标记，适用于冲模 A 型抬料销，同时还给出了材料指南和技术要求。本部分为 JB/T 7648 的第 7 部分。

JB/T 7648.7—2008 标准规定的冲模 A 型抬料销如表 8-16 所示。

表 8-16　冲模 A 型抬料销（摘自 JB/T 7648.7—2008）　（单位：mm）

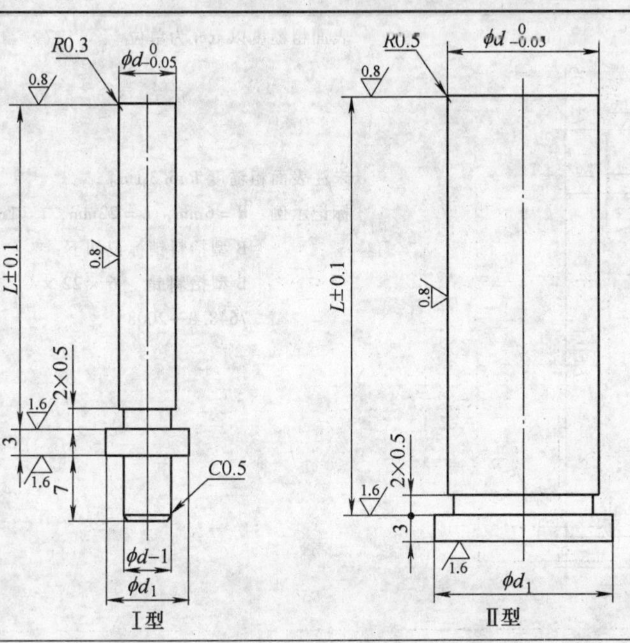

表面粗糙度以 μm 为单位

未注表面粗糙度 $Ra6.3\mu m$。

标记示例：$d=6mm$，$L=22mm$ 的 AⅠ型抬料销标记如下：

A 型抬料销　Ⅰ 6×22 JB/T 7648.7—2008

（续）

d	基本尺寸	4	6	8	10	13	16	20
	极限偏差	0 -0.008		0 -0.009		0 -0.011		0 -0.013
d_1		6	8	10	13	16	19	23
L	10	×	×					
	15	×	×	×				
	20	×	×	×				
	22	×	×	×				
	25	×	×	×	×	×		
	28	×	×	×	×	×		
	30	×	×	×	×	×	×	×
	33	×	×	×	×	×	×	×
	36	×	×	×	×	×	×	×
	40	×	×	×	×	×	×	×
	45			×	×	×	×	×
	50			×	×	×	×	×
	60					×	×	×
	70						×	×

注：1. 材料由制造者选定，推荐采用 T10A 钢。硬度 52 ~56HRC。

2. 应符合 JB/T 7653 的规定。

3. 标记应包括以下内容：1）A 型抬料销；2）A 型抬料销的型号Ⅰ、Ⅱ；3）抬料销直径 d，单位为 mm；4）抬料销长度 L，单位为 mm；5）本部分代号，即 JB/T 7648.7—2008。

8. B 型抬料销标准

JB/T 7648.8—2008 标准规定了冲模 B 型抬料销的尺寸规格和标记，适用于冲模 B 型抬料销，同时还给出了材料指南和技术要求。本部分为 JB/T 7648 的第 8 部分。

JB/T 7648.8—2008 标准规定的冲模 B 型抬料销如表 8-17 所示。

表 8-17 冲模 B 型抬料销（摘自 JB/T 7648.8—2008） （单位：mm）

表面粗糙度以 μm 为单位

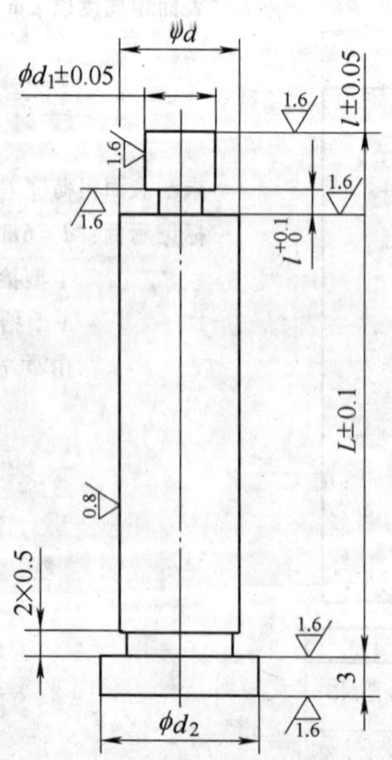

未注表面粗糙度 $Ra6.3\mu m$。

标记示例：$d=6mm$，$L=22mm$，$t=1mm$ 的 B 型抬料销标记如下：

B 型抬料销 6 ×22 ×1 JB/T 7648.8—2008

（续）

d	基本尺寸	4	6	8	10	13	16	20
	极限偏差	0 −0.008		0 −0.009		0 −0.011		0 −0.013
d_1		2	3.6	5	6	7	8	10
d_2		6	8	10	13	16	19	23
t		0.5 ~ 0.8	1.0 ~ 1.6	1.0 ~ 2.0	1.6 ~ 2.5	2.5 ~ 3.6	2.5 ~ 4.0	3.6 ~ 5.0
l		5		7			12	
L	10	×	×					
	15	×	×	×				
	20	×	×	×				
	22	×	×	×				
	25	×	×	×	×	×		
	28	×	×	×	×	×		
	30	×	×	×	×	×	×	×
	33	×	×	×	×	×	×	×
	36	×	×	×	×	×	×	×
	40	×	×	×	×	×	×	×
	45			×	×	×	×	×
	50			×	×	×	×	×
	60					×	×	×
	70					×	×	×

注：1. 材料由制造者选定，推荐采用 T10A 钢。硬度 52 ~ 56HRC。

2. 应符合 JB/T 7653 的规定。

3. 标记应包括以下内容：1）B 型抬料销；2）抬料销直径 d，单位为 mm；3）抬料销长度 L，单位为 mm；4）抬料销宽度 t，单位为 mm；5）本部分代号，即 JB/T 7648.8—2008。

8.3.2　冲模侧刃和导料装置的设计

1. 导料板的设计

使用条料或卷料冲裁时，一般用导料板或导料销来导正材料的送进和定向，防止偏斜，如图 8-5 所示，它们装于下模凹模口的上平面。导料板用于刚性卸料，如图 8-5a、b 所示。导料销用于弹性卸料，如图 8-5c 所示。

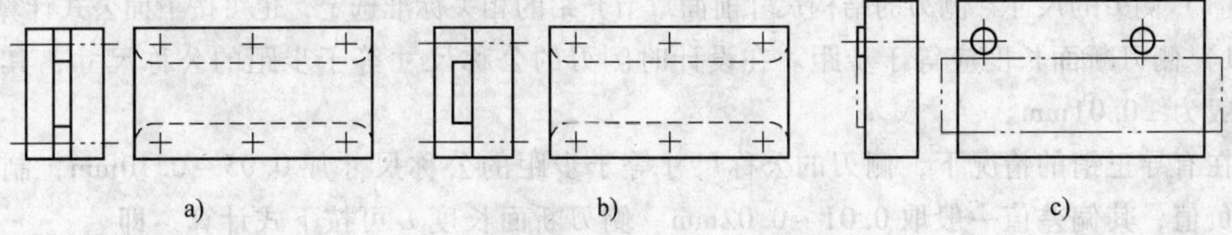

图 8-5　导料板与导料销

a）分离式导料板　b）整体式导料板　c）导料销

导料销材料一般用 T7、T8，热处理硬度 46 ~ 52HRC，粗糙度 $Ra1.6\mu m$ 以下，装配时采用 H7/s6 配合。

导料板有分离式、整体式两种；导料板与条料的间隙，当无侧压板时取 0.5 ~ 1.5mm，有侧压板时取 5 ~ 8mm。导料板厚度一般为材料厚度的 2.5 ~ 4 倍，材料厚度取小值。导料板的最小厚度为 4 ~6mm，导料板一般采用 45 钢，下表面应磨削以便与凹模装配，工作侧面粗糙度 $Ra1.6\mu m$ 以下。

2. 侧刃的设计

侧刃主要用以控制条料、带料送进的步距和定位，即加装一个或两个切边装置。工作时，每次行程在条料侧边切去一段等于步距大小的料，下次送料时以此空缺的后沿定位。该切边装置的凸模称为侧刃。利用侧刃定位，定距准确，精度较高，效率高，但增加了材料消耗、冲裁力和模具的制造难度。因此，侧刃定位主要用于连续模或不适合采用其他定位方式的冲模。例如，冲裁窄长、步距小冲压件不能使用挡料销时；材料太薄（$t<0.5$mm）采用导正销有可能压弯孔边而达不到定位目的时，或者当冲件侧边需冲出一定形状而正好可由侧刃完成时。侧刃的结构类型、特点与应用如表 8-18 所示。

表 8-18　侧刃的结构类型、特点与应用

类型	图　示	特点与应用
长方形侧刃	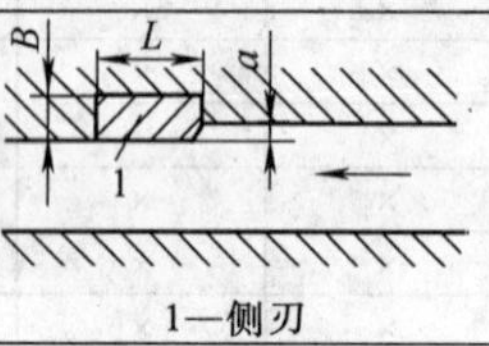 B　L　a　1 1—侧刃	结构简单，常用于定位精度要求不高、料厚小于 1.5mm 连续模中。侧刃角部磨钝产生毛刺后会影响条料的定位和送进
特殊形状的侧刃	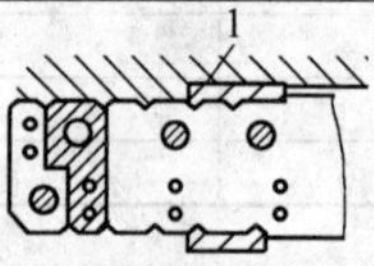 1 1—侧刃	当冲件侧边需冲出一定形状而正好可由侧刃完成时采用
侧凹形侧刃	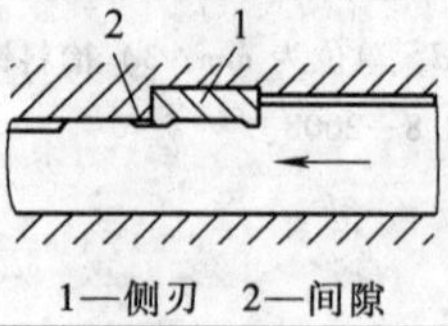 2　1 1—侧刃　2—间隙	这种侧刃切出的条料角部位于侧边的凹进处，因此角部如有毛刺也不会影响条料的定位。所以这种侧刃适用于定位精度要求高、料厚小于 3mm 的连续模中
尖角形侧刃	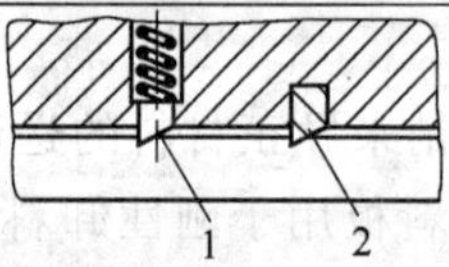 1　2 1—侧刃　2—挡销	第 2 步时挡销插入第 1 步冲出的切口中定位。定位操作时要将条料前后推拉，不太方便。可用于料厚 1 ~ 2mm 条料的定位

(1) 侧刃的尺寸　侧刃的结构尺寸前面章节介绍的相关标准选定，也可按下面公式计算。

1）侧刃断面长度应等于步距。在设计时侧刃的公称尺寸等于步距的公称尺寸，其偏差值一般为 ±0.01mm。

在有导正销的情况下，侧刃的公称尺寸等于步距的公称尺寸加 0.05 ~0.10mm，制造偏差取负值，其偏差值一般取 0.01 ~0.02mm。侧刃断面长度 L 可按下式计算，即

$$L = S + (0.05 \sim 0.10)$$

式中　　S——送料步距的公称尺寸/mm；

0.05 ~0.10——系数，工步数大的取大值，冲薄料取小值。

2）侧刃的断面宽度

$$B = 6 \sim 10\text{mm}$$

3）侧刃孔的尺寸。侧刃孔的尺寸由侧刃的实际尺寸与按冲制材料所选定的单面间隙决

定。通常侧刃孔按侧刃的实际尺寸配制，来保证要求的单面间隙。

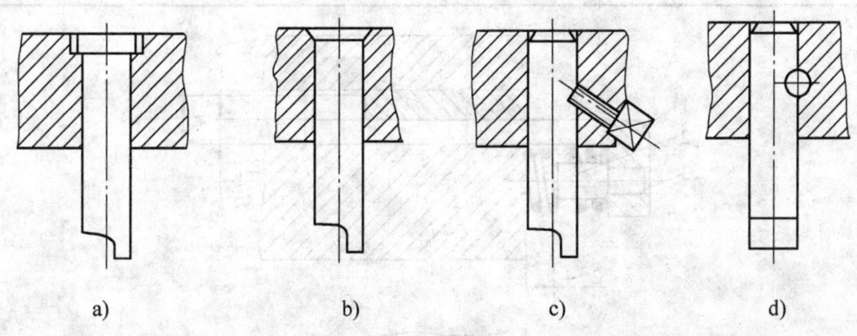

图 8-6　侧刃的固定方法

a）压配合固定　b）铆接固定　c）螺钉固定　d）销钉固定

4）侧刃切下的料边的宽度近似等于材料厚度。侧刃端面一般制作成平的。但在冲制厚度大于 1mm 的材料时，侧刃端面一般制作成台阶式，如图 8-6c 所示，冲裁时侧刃端面的台阶部分先进入凹模进行导向，然后侧刃冲裁，此时侧刃的台阶部分平衡侧刃单边冲裁时产生的侧向力，防止侧刃折断。

（2）侧刃的固定　侧刃一般用的几种方法固定，如图 8-6 所示。

侧刃端部的凸起部分，冲裁时先于侧刃进入凹模。

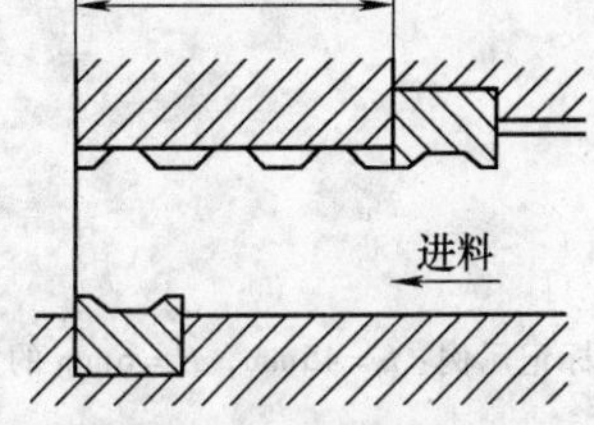

图 8-7　对角布置的双侧刃

（3）侧刃的数量　侧刃的数量可以是一个，也可以是两个。两个侧刃可以是并列布置，也可按对角布置。对角布置可保证料尾的充分利用。单侧刃用于工步数少的连续模，工步数较多的连续模宜采用两个对角布置的双侧刃，如图 8-7 所示。

8.4　冲模挡料和弹顶装置

8.4.1　冲模挡料和弹顶装置零件标准

挡料销起定位作用，用它挡住搭边或冲件轮廓，以限定条料送进距离，它可分为固定挡料销、活动挡料销和始用挡料销。

JB/T 7649—2008 标准规定的冲模挡料和弹顶装置包括始用挡料装置、弹簧芯柱、弹簧侧压装置、侧压簧片、弹簧弹顶挡料装置、扭弹簧顶挡料装置、回带式挡料装置、钢球弹顶装置、活动挡料销和固定挡料销等 10 个部分。

1. 始用挡料装置标准

JB/T 7649.1—2008 标准规定了冲模始用挡料装置的尺寸规格和标记，适用于冲模始用挡料装置，同时还给出了装置中始用挡料块的尺寸规格、材料指南、技术要求和标记。与旧标准相比，主要变化如下：将标准名称改为《冲模挡料和弹顶装置 第 1 部分：始用挡料装置》；增加了“前言”；对“范围”的表述作了修改；对“规范性引用文件”作了修改；零件材料改为推荐选用。

JB/T 7649.1—2008 标准规定的冲模始用挡料装置如表 8-19 所示。

表 8-19 冲模始用挡料装置（摘自 JB/T 7649.1—2008）（单位：mm）

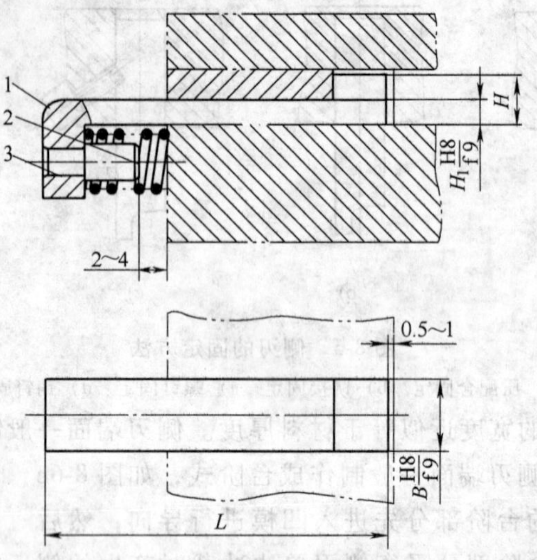

1—始用挡料块 2—弹簧 3—弹簧芯柱

标记示例：$L=45$mm，$H=6$mm 的始用挡料装置标记如下：

始用挡料装置 45×6 JB/T 7649.1—2008

基本尺寸		始用挡料块	弹 簧	弹簧芯柱	基本尺寸		始用挡料块	弹 簧	弹簧芯柱
L	*H*		GB/T 2089	JB/T 7649.2	*L*	*H*		GB/T 2089	JB/T 7649.2
36	4	35×4	0.5×6×20	4×16	71	8	71×8	0.8×8×20	6×16
40		40×4			50	10	50×10		
45		45×4			56		56×10		
36	6	36×6	0.8×8×20	6×16	63		63×10		
40		40×6			71		71×10		
45		45×6			80		80×10		
50		50×6			50	12	50×12	1.0×10×20	8×18
56		56×6			56		56×12		
63		63×6			63		63×12		
71		71×6			71		71×12		
45	8	45×8			80		80×12		
50		50×8			90		90×12		
56		56×8			80	16	80×16		
63		63×8			90		90×16		

注：标记应包括以下内容：1）始用挡料装置；2）始用挡料块长度 *L*，单位为 mm；3）始用挡料块厚度 *H*，单位为 mm；4）本部分代号，即 JB/T 7649.1—2008。

本标准规定的始用挡料装置中，始用挡料块的结构与尺寸如表 8-20 所示。

2. 弹簧芯柱标准

JB/T 7649.2—2008 标准规定了冲模弹簧芯柱的尺寸规格和标记，适用于冲模弹簧芯柱，同时还给出了材料指南和技术要求。与旧标准相比，主要变化如下：将标准名称改为《冲模挡料和弹顶装置 第 2 部分：弹簧芯柱》；增加了“前言”；对“范围”的表述作了修改；对“规范性引用文件”作了修改；零件材料改为推荐选用。

JB/T 7649.2—2008 标准规定的冲模弹簧芯柱如表 8-21 所示。

表 8-20　冲模始用挡料装置中的始用挡料块（摘自 JB/T 7649.1—2008）（单位：mm）

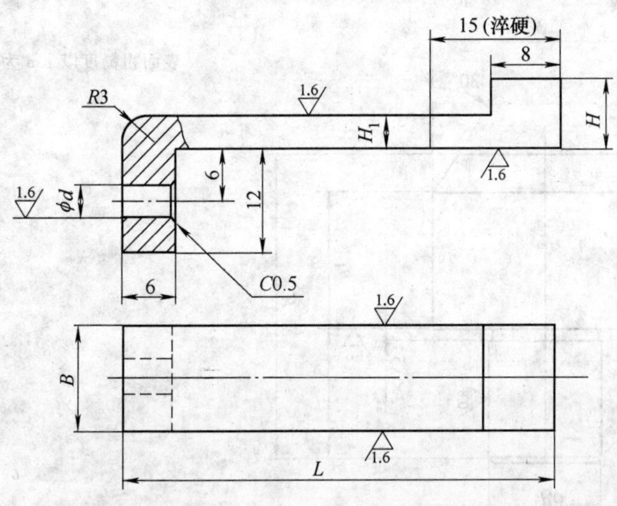

表面粗糙度以 μm 为单位

未注表面粗糙度 $Ra6.3\mu m$。

标记示例：$L=45$，$H=6mm$ 的始用挡料块标记如下：

始用挡料块　45×6　JB/T 7649.1—2008

L	B f9	H c12	H_1 f9	D H7
36				
40	6	4	2	3
45				
36				
40				
45				
50		6	3	
56				
63				
71				
45				
50				4
56	8	8	4	
63				
71				
50				
56				
63	10	10	5	
71				
80				
50				
56				
63	12	12	6	
71				6
80				
90				
80	16	16	8	
90				

注：1. 材料由制造者选定，推荐采用 45 钢。硬度 43～48HRC。

2. 应符合 JB/T 7653 的规定。

3. 标记应包括以下内容：1）始用挡料块；2）始用挡料块长度 L，单位为 mm；3）始用挡料块厚度 H，单位为 mm；4） 本部分代号，即 JB/T 7649.1—2008。

表 8-21 冲模弹簧芯柱（摘自 JB/T 7649.2—2008） （单位：mm）

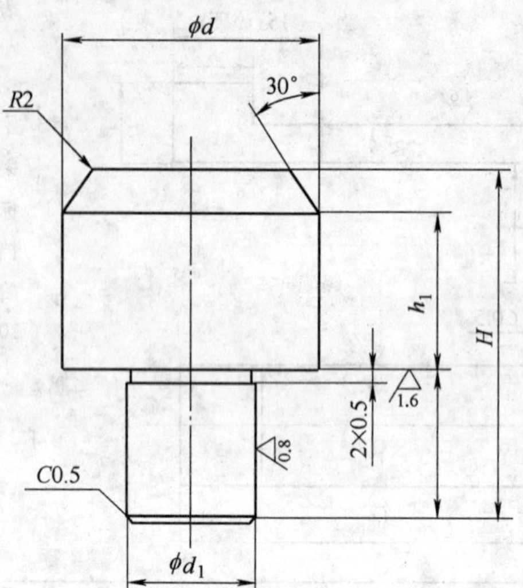

未注表面粗糙度 $Ra6.3\mu m$

标记示例：$d=20mm$ 的弹簧芯柱标记如下：

弹簧芯柱 20 JB/T 7649.2—2008

<table>
<tr><th>d</th><th>d₁
r6</th><th>H</th><th>h</th><th>h₁</th></tr>
<tr><td>4</td><td>3</td><td rowspan="2">16</td><td rowspan="3">6</td><td rowspan="2">6</td></tr>
<tr><td>6</td><td>4</td></tr>
<tr><td>8</td><td rowspan="2">6</td><td>18</td><td rowspan="2">8</td></tr>
<tr><td>10</td><td>20</td><td>8</td></tr>
<tr><td>12</td><td>8</td><td>25</td><td>10</td><td>10</td></tr>
<tr><td>16</td><td rowspan="2">10</td><td rowspan="2">30</td><td rowspan="2">12</td><td rowspan="2">12</td></tr>
<tr><td>20</td></tr>
<tr><td>25</td><td>12</td><td>40</td><td>16</td><td>16</td></tr>
<tr><td>32</td><td rowspan="2">12</td><td rowspan="2">45</td><td rowspan="2">20</td><td rowspan="2">20</td></tr>
<tr><td>40</td></tr>
</table>

注：1. 材料由制造者选定，推荐采用 Q235 钢。

2. 应符合 JB/T 7653 的规定。

3. 标记应包括以下内容：1）弹簧芯柱；2）弹簧芯柱直径 d，单位为 mm；3）本部分代号，即 JB/T 7649.2—2008。

3. 弹簧侧压装置标准

JB/T 7649.3—2008 标准规定了冲模弹簧侧压装置的尺寸规格和标记，适用于冲模弹簧侧压装置，同时还给出了装置中侧压板的尺寸规格、材料指南、技术要求和标记。与旧标准相比，主要变化如下：将标准名称改为《冲模挡料和弹顶装置 第 3 部分：弹簧侧压装置》；增加了“前言”；对“范围”的表述作了修改；对“规范性引用文件”作了修改；零件材料改为推荐选用。

JB/T 7649.3—2008 标准规定的冲模弹簧侧压装置如表 8-22 所示。

表 8-22　冲模弹簧侧压装置（摘自 JB/T 7649.3—2008）　（单位：mm）

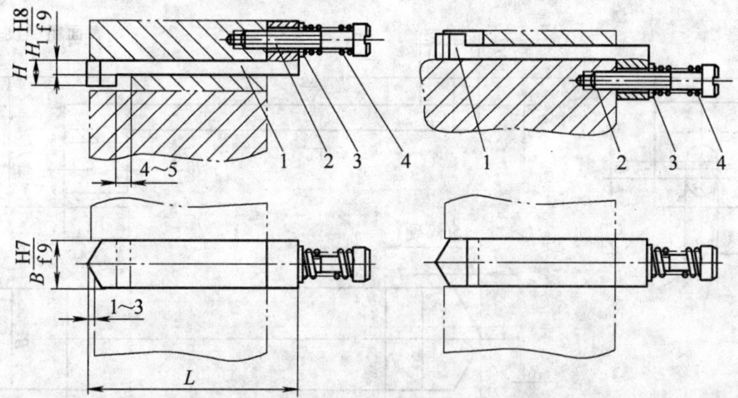

1—侧压板　2—螺钉　3—垫圈　4—弹簧

标记示例：$L=38$mm，$H=6$mm 的弹簧侧压装置标记如下：

弹簧侧压装置　38×6　JB/T 7649.3—2008

基本尺寸		侧压板	螺钉	垫圈 GB/T 97.1	弹簧 GB/T 2089
L	H				
27	4	27×4	M5×35	5	0.8×8×20
34		34×4			
38		38×4			
27	6	27×6			
34		34×6			
38		38×6			
42		42×6			
47		47×6			
52		52×6			
58		58×6			
65		65×6			
38	8	38×8			
42		42×8			
47		47×8			
52		52×8			
58		58×8			
65		65×8			
42	10	42×10	M6×45	6	0.8×8×20
47		47×10			
52		52×10			
58		58×10			
65		65×10			
73		73×10			
42	12	42×12			
47		47×12			
52		52×12			
58		58×12			
65		65×12			
73		73×12			
65	16	65×16			
73		73×16			

注：标记应包括以下内容：1）弹簧侧压装置；2）侧压板长度 L，单位为 mm；3）侧压板厚度 H，单位为 mm；4）本部分代号，即 JB/T 7649.3—2008。

本标准规定的弹簧侧压装置中，侧压板的结构与尺寸如表 8-23 所示。

表 8-23　弹簧侧压装置中的侧压板（摘自 JB/T 7649.3—2008）　　（单位：mm）

表面粗糙度以 μm 为单位

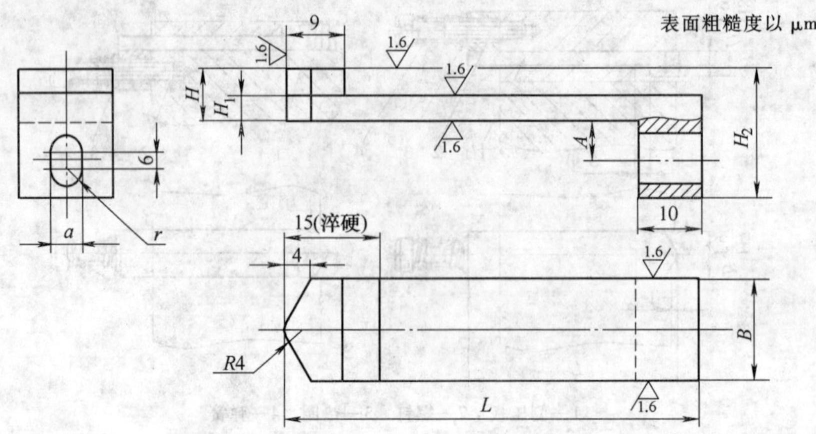

未注表面粗糙度 Ra6.3μm

标记示例：L = 38mm，H = 6mm 的侧压板标记如下：

侧压板　38 × 6　JB/T 7649.3—2008

L	B f9	H c12	H_1 f9	H_2	A	a	r
27	12	4	2	18	6	5.5	2.75
34							
38							
27	14	6	3	20			
34							
38							
42							
47							
2							
58							
65							
38	16	8	4	22			
42							
47							
52							
58							
65							
42	18	10	5	27	8	6.5	3.25
47							
52							
58							
65							
73							
42	20	12	6	32			
47							
52							
58							
65							
73							
65		16	7				
73							

注：1. 材料由制造者选定，推荐采用 45 钢。硬度 43 ~ 48HRC。

2. 应符合 JB/T 7653 的规定。

3. 标记应包括以下内容：1）侧压板；2）侧压板长度 L，单位为 mm；3）侧压板厚度 H，单位为 mm；4）本部分代号，即 JB/T 7649.3—2008。

4. 侧压簧片标准

JB/T 7649.4—2008 标准规定了冲模侧压簧片的尺寸规格和标记，适用于冲模侧压簧片，同时还给出了材料指南和技术要求。与旧标准相比，主要变化如下：将标准名称改为《冲模挡料和弹顶装置 第 4 部分：侧压簧片》；增加了“前言”；对“范围”的表述作了修改；对“规范性引用文件”作了修改；零件材料改为推荐选用。

JB/T 7649.4—2008 标准规定的冲模侧压簧片如表 8-24 所示。

表 8-24　冲模侧压簧片（摘自 JB/T 7649.4—2008）　（单位：mm）

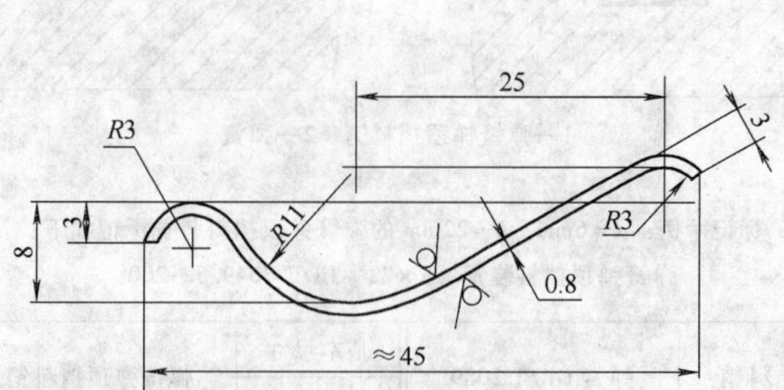

未注表面粗糙度 $Ra12.5\mu m$

标记示例：$B=5.8mm$ 的侧压簧片标记如下：

侧压簧片　5.8　JB/T 7649.4—2008

B	3.8	5.8	7.8	9.8

注：1. 材料由制造者选定，推荐采用 65Mn。硬度 42～46HRC。

2. 应符合 JB/T 7653 的规定。

3. 标记应包括以下内容：1）侧压簧片；2）侧压簧片宽度 B，单位为 mm；3）本部分代号，即 JB/T 7649.4—2008。

侧压簧片的应用示例如图 8-8 所示。

5. 弹簧弹顶挡料装置标准

JB/T 7649.5—2008 标准规定了冲模弹簧弹顶挡料装置的尺寸规格和标记，适用于冲模弹簧弹顶挡料装置，同时还给出了装置中弹簧弹顶挡料销的尺寸规格、材料指南、技术要求和标记。与旧标准相比，主要变化如下：将标准名称改为《冲模挡料和弹顶装置 第 5 部分：弹簧弹顶挡料装置》；增加了“前言”；对“范围”的表述作了修改；对“规范性引用文件”作了修改；零件材料改为推荐选用。

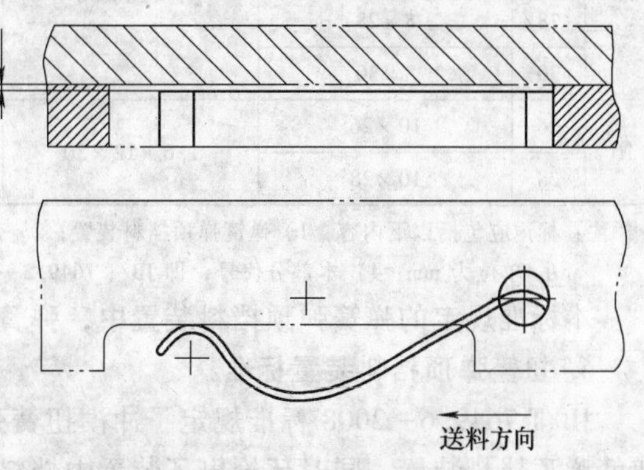

图 8-8　侧压簧片的应用示例

JB/T 7649.5—2008 标准规定的冲模弹簧弹顶挡料装置如表 8-25 所示。

表 8-25　冲模弹簧弹顶挡料装置（摘自 JB/T 7649.5—2008）　（单位：mm）

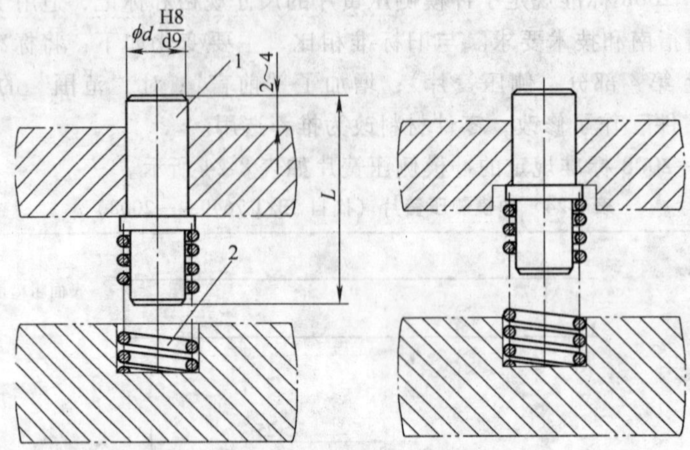

1—弹簧弹顶挡料销　2—弹簧

标记示例：$d=6$mm，$L=22$mm 的弹簧弹顶挡料装置标记如下：

弹簧弹顶挡料装置　6×22　JB/T 7649.5—2008

基本尺寸		弹簧弹顶挡料销	弹簧 GB/T 2089	基本尺寸		弹簧弹顶挡料销	弹簧 GB/T 2089
d	L			d	L		
4	18	4×18	0.5×6×20	10	30	10×30	1.6×12×30
	20	4×20			32	10×32	
6	20	6×20	0.8×8×30	12	34	12×34	1.6×16×40
	22	6×22			36	12×36	
	24	6×24	0.8×8×30		40	12×40	
	26	6×26		16	36	16×36	2×20×40
8	24	8×24	1×10×30		40	16×40	
	26	8×26			50	16×50	
	28	8×28		20	50	20×50	2×20×50
	30	8×30			55	20×55	
10	26	10×26	1.6×12×30		60	20×60	
	28	10×28					

注：标记应包括以下内容：1）弹簧弹顶挡料装置；2）弹簧弹顶挡料销直径 d，单位为 mm；3）弹簧弹顶挡料销长度 L，单位为 mm；4）本部分代号，即 JB/T 7649.5—2008。

本标准规定的弹簧弹顶挡料装置中，弹簧弹顶挡料销的结构与尺寸如表 8-26 所示。

6. 扭簧弹顶挡料装置标准

JB/T 7649.6—2008 标准规定了冲模扭簧弹顶挡料装置的尺寸规格和标记，适用于冲模扭簧弹顶挡料装置，同时还给出了装置中挡料销和扭簧的尺寸规格、材料指南、技术要求和标记。与旧标准相比，主要变化如下：将标准名称改为《冲模挡料和弹顶装置 第 6 部分：扭簧弹顶挡料装置》；增加了“前言”；对“范围”的表述作了修改；对“规范性引用文件”作了修改；零件材料改为推荐选用。

表 8-26　弹簧弹顶挡料装置中的弹簧弹顶挡料销（摘自 JB/T 7649.5—2008）

（单位：mm）

表面粗糙度以 μm 为单位

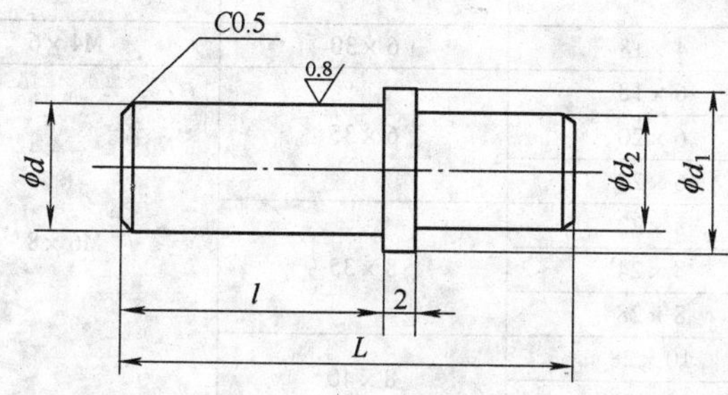

未注表面粗糙度 $Ra6.3\mu m$

标记示例：$d=6mm$、$L=22mm$ 的弹簧弹顶挡料销标记如下：

弹簧弹顶挡料销　6×22　JB/T 7649.5—2008

d d9	d_1	d_2	l	L
4	6	3.5	10	18
			12	20
6	8	5.5	10	20
			12	22
			14	24
			16	26
8	10	7	12	24
			14	26
			16	28
			18	30
10	12	8	14	26
			16	28

d d9	d_1	d_2	l	L
10	12	8	18	30
			20	30
12	14	10	22	34
			24	36
			28	40
16	18	14	24	36
			28	40
			35	50
20	23	15	35	50
			40	55
			45	60

注：1. 材料由制造者选定，推荐采用 45 钢。硬度 43~48HRC。

2. 应符合 JB/T 7653 的规定。

3. 标记应包括以下内容：1）弹簧弹顶挡料销；2）弹簧弹顶挡料销直径 d，单位为 mm；3）弹簧弹顶挡料销长度 L，单位为 mm；4）木部分代号，即 JB/T 7649.5—2008。

JB/T 7649.6—2008 标准规定的冲模扭簧弹顶挡料装置如表 8-27 所示。

表 8-27　冲模扭簧弹顶挡料装置（摘自 JB/T 7649.6—2008）　（单位：mm）

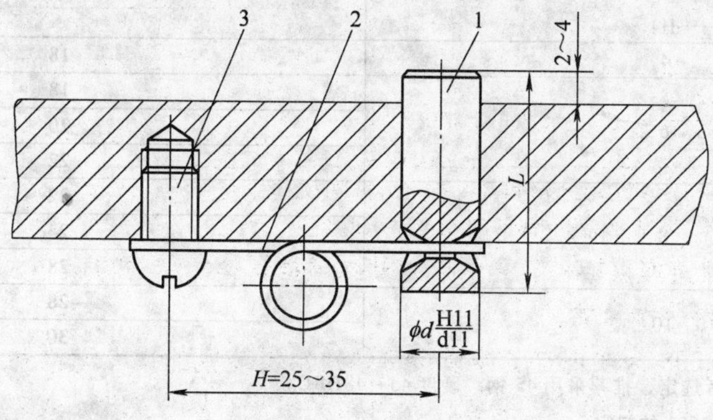

1—挡料销　2—扭簧　3—螺钉

标记示例：$d=8mm$、$L=24mm$ 的扭簧弹顶挡料装置标记如下：

扭簧弹顶挡料装置 8×24　JB/T 7649.6—2008

（续）

基本尺寸		挡料销	扭簧	螺钉
d	L			
4	18	4×18	6×30	M4×6
6	18	6×18	6×35	M6×8
	20	6×20		
	22	6×22		
8	22	8×22	8×35	
	24	8×24		
	28	8×28		
10	28	10×28	8×40	
	30	10×30		

注：标记应包括以下内容：1）扭簧弹顶挡料装置；2）扭簧弹顶挡料销直径 d，单位为 mm；3）扭簧弹顶挡料销长度 L，单位为 mm；4）本部分代号，即 JB/T 7649.6—2008。

本标准规定的扭簧弹顶挡料装置中，挡料销的结构与尺寸如表 8-28 所示。

表 8-28　扭簧弹顶挡料装置中的挡料销（摘自 JB/T 7649.6—2008）　（单位：mm）

表面粗糙度以 μm 为单位

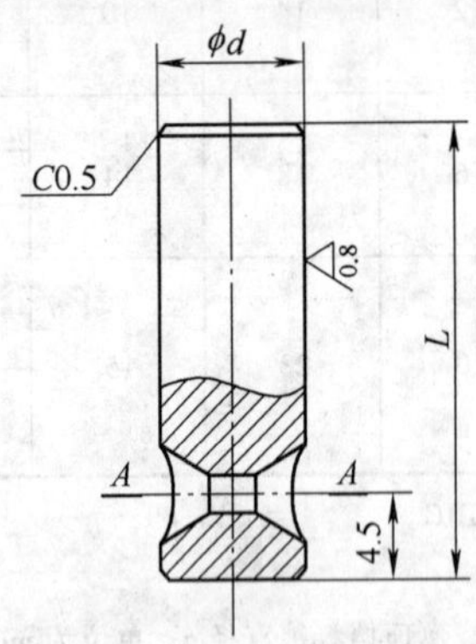

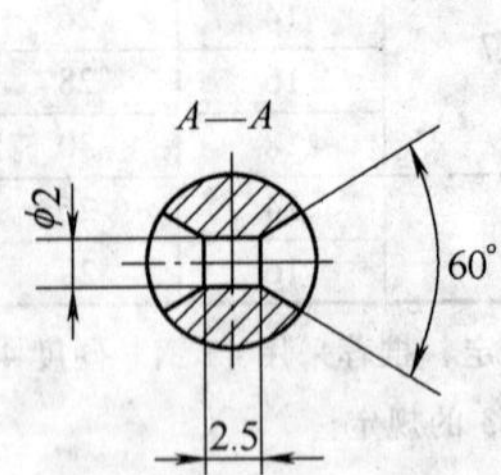

未注表面粗糙度 $Ra6.3\mu m$

标记示例：$d=8$mm，$L=24$mm 的挡料销标记如下：

挡料销　8×24　JB/T 7649.6—2008

d d11	L
4	18
6	18
	20
	22
8	22
	24
	28
10	28
	30

注：1. 材料由制造者选定，推荐采用 45 钢。硬度 43～48HRC。

2. 应符合 JB/T 7653 的规定。

3. 标记应包括以下内容：1）挡料销；2）挡料销直径 d，单位为 mm；3）挡料销长度 L，单位为 mm；4）本部分代号，即 JB/T 7649.6—2008。

本标准规定的扭簧弹顶挡料装置中，扭簧的结构与尺寸如表 8-29 所示。

表 8-29　扭簧弹顶挡料装置中的扭簧（摘自 JB/T 7649.6—2008）　（单位：mm）

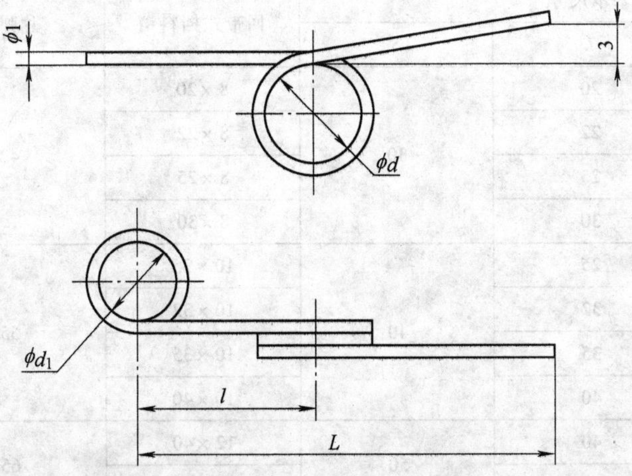

标记示例：$d=8$mm，$L=35$mm 的扭簧标记如下：

扭簧　8×35　JB/T 7649.6—2008

d	d_1	L	l
6	4.5	30	10
		35	
8	6.5	35	15
		40	20

注：1. 材料由制造者选定，推荐采用 65Mn。硬度 44～50HRC。

2. 应符合 JB/T 7653 的规定。

3. 标记应包括以下内容：1）扭簧；2）扭簧直径 d，单位为 mm；3）扭簧长度 L，单位为 mm；4）本部分代号，即 JB/T 7649.6—2008。

7. 回带式挡料装置标准

JB/T 7649.7—2008 标准规定了冲模回带式挡料装置的尺寸规格和标记，适用于冲模回带式挡料装置，同时还给出了装置中回带式挡料销和片弹簧的尺寸规格、材料指南、技术要

表 8-30　冲模回带式挡料装置（摘自 JB/T 7649.7—2008）　（单位：mm）

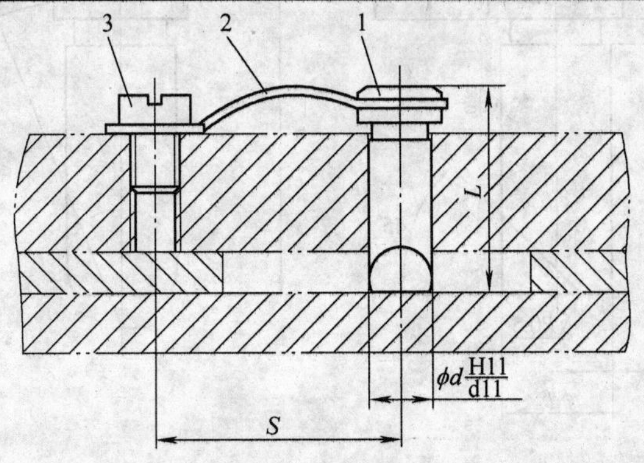

1—回带式挡料销　2—片弹簧　3—螺钉

标记示例：$d=8$mm，$L=25$mm 的回带式挡料装置标记如下：

回带式挡料装置　8×25　JB/T 7649.7—2008

（续）

基本尺寸			回带式挡料销	片弹簧	螺钉
d	L	S			
8	20	30	8×20	42	M6×8
	22		8×22		
	25		8×25		
	30		8×30		
10	25	40	10×25	55	
	32		10×32		
	35		10×35		
	40		10×40		
12	40	50	12×40	65	
	45		12×45		

注：标记应包括以下内容：1）回带式挡料装置；2）挡料销直径 d，单位为 mm；3）挡料销长度 L，单位为 mm；4）本部分代号，即 JB/T 7649.7—2008。

求和标记。与旧标准相比，主要变化如下：将标准名称改为《冲模挡料和弹顶装置 第 7 部分：回带式挡料装置》；增加了“前言”；对“范围”的表述作了修改；对“规范性引用文件”作了修改；零件材料改为推荐选用。

JB/T 7649.7—2008 标准规定的冲模回带式挡料装置如表 8-30 所示。

本标准规定的冲模回带式挡料装置中，回带式挡料销的结构与尺寸如表 8-31 所示。

表 8-31　冲模回带式挡料装置中的回带式挡料销（摘自 JB/T 7649.7—2008）

（单位：mm）

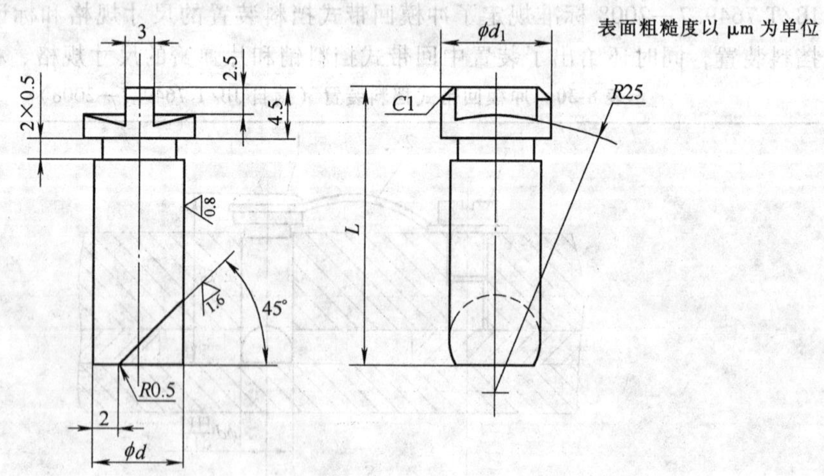

未注表面粗糙度 $Ra6.3\mu m$

标记示例：d = 8mm，L = 25mm 的回带式挡料销标记如下：

回带式挡料销　8×25　JB/T 7649.7—2008

（续）

d d11	L	d_2
8	20	10
	22	
	25	
	30	
10	25	12
	32	
	35	
	40	
12	40	14
	45	

注：1. 材料由制造者选定，推荐采用 45 钢。硬度 43～48HRC。

2. 应符合 JB/T 7653 的规定。

3. 标记应包括以下内容：1）回带式挡料销；2）回带式挡料销直径 d，单位为 mm；3）回带式挡料销长度 L，单位为 mm；4）本部分代号，即 JB/T 7649.7—2008。

本标准规定的冲模回带式挡料装置中，片弹簧的结构与尺寸如表 8-32 所示。

表 8-32　冲模回带式挡料装置中的片弹簧（摘自 JB/T 7649.7—2008）（单位：mm）

表面粗糙度以 μm 为单位

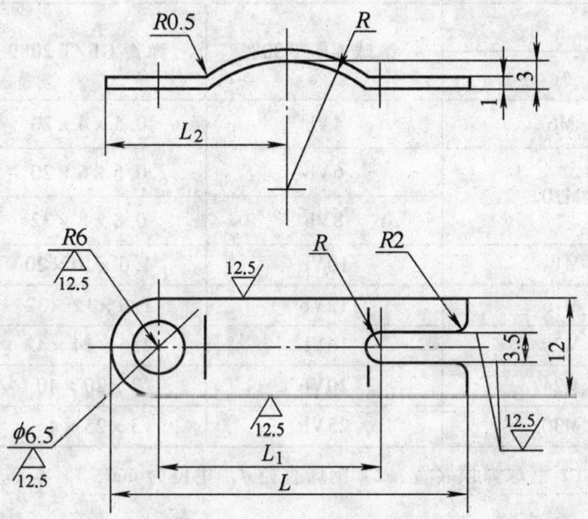

标记示例：L = 42mm 的片弹簧标记如下：

片弹簧　42　JB/T 7649.7—2008

L	L_1	L_2	R
42	26	21	15
55	35	26	20
65	44	31	30

注：1. 材料由制造者选定，推荐采用 65Mn。硬度 44～50HRC。

2. 应符合 JB/T 7653 的规定。

3. 标记应包括以下内容：1）片弹簧；2）片弹簧长度 L，单位为 mm；3）本部分代号，即 JB/T 7649.7—2008。

8. 钢球弹顶装置标准

JB/T 7649.8—2008 标准规定了冲模钢球弹顶装置的尺寸规格和标记，适用于冲模钢球弹顶挡料装置。与旧标准相比，主要变化如下：将标准名称改为《冲模挡料和弹顶装置 第

8 部分：钢球弹顶装置》；增加了“前言”；对“范围”的表述作了修改；对“规范性引用文件”作了修改；零件材料改为推荐选用。

JB/T 7649.8—2008 标准规定的冲模钢球弹顶装置如表 8-33 所示。

表 8-33 冲模钢球弹顶装置（摘自 JB/T 7649.8—2008） （单位：mm）

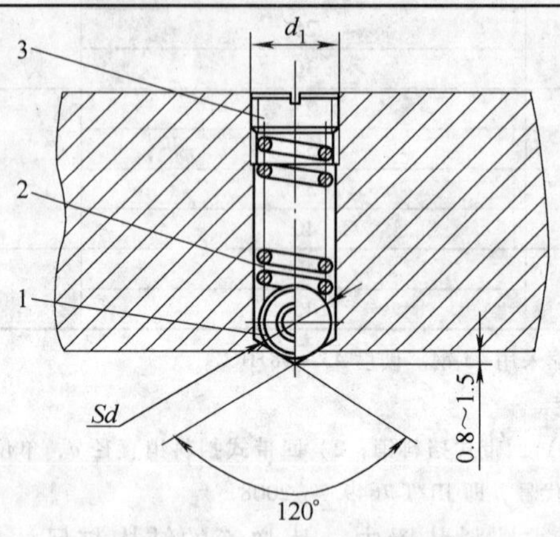

1—钢球 2—弹簧 3—紧定螺钉

标记示例：d = 6mm 的钢球弹顶装置标记如下：

钢球弹顶装置 6 JB/T 7649.8—2008

基本尺寸		钢球 GB/T 308	弹簧 GB/T 2089	螺钉 GB/T 2250
d	d_1			
4	M6	4Vb	0.5×4×20	AM6×0.5
6	M10	6Vb	0.6×6×20	AM10×1.0
8		8Vb	0.8×8×32	
10	M14	10Vb	1.0×10×20	AM14×1.5
12	M16	12Vb	1.0×12×32	AM16×1.5
16	M20	16Vb	1.6×14×42	AM20×1.5
20	M24	20Vb	2×20×40	AM24×1.5
25	M30	25Vb	3×25×45	AM30×1.5

注：标记应包括以下内容：1）钢球弹顶装置；2）钢球直径 d，单位为 mm；3）本部分代号，即 JB/T 7649.8—2008。

9. 活动挡料销标准

JB/T 7649.9—2008 标准规定了冲模活动挡料销的尺寸规格和标记，适用于冲模活动挡料销，同时还给出了材料指南和技术要求。与旧标准相比，主要变化如下：将标准名称改为《冲模挡料和弹顶装置 第 9 部分：活动挡料销》；增加了“前言”；对“范围”的表述作了修改；对“规范性引用文件”作了修改；零件材料改为推荐选用。

JB/T 7649.9—2008 标准规定的冲模活动挡料销如表 8-34 所示。

活动挡料销应用示例如图 8-9 和图 8-10 所示。

10. 固定挡料销标准

JB/T 7649.10—2008 标准规定了冲模固定挡料销的尺寸规格和标记，适用于冲模固定挡料销，同时还给出了材料指南和技术要求。与旧标准相比，主要变化如下：将标准名称改为《冲模挡料和弹顶装置 第 10 部分：固定挡料销》；增加了“前言”；对“范围”的表述作了修改；对“规范性引用文件”作了修改；零件材料改为推荐选用。

表 8-34　冲模活动挡料销（摘自 JB/T 7649.9—2008）　（单位：mm）

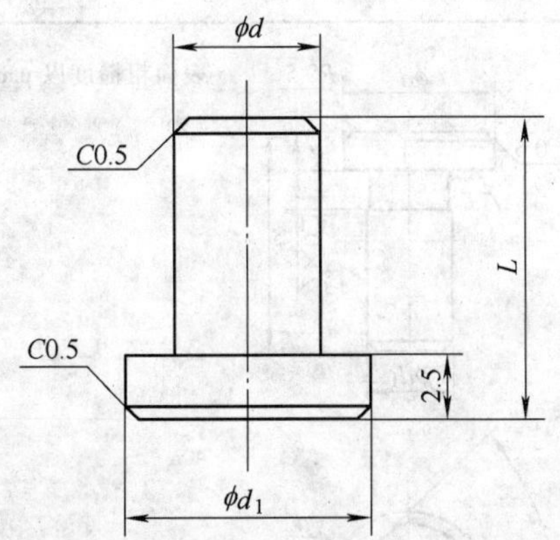

表面粗糙度以 μm 为单位

未注表面粗糙度 $Ra6.3\mu m$

标记示例：$d=6$mm，$L=14$mm 的活动挡料销标记如下：

活动挡料销　6 ×14　JB/T 7649.9—2008

d 9	d_1	L	d d9	d_1	L
3	6	8	6	10	14
		10			16
		12			18
		14			20
		16	8	14	10
4	8	8			16
		10			18
		12			20
		14			22
		16			24
		18	10	16	16
6	10	8			20
		12			

注：1. 材料由制造者选定，推荐采用 45 钢。硬度 43 ~48HRC。

2. 应符合 JB/T 7653 的规定。

3. 标记应包括以下内容：1）活动挡料销；2）活动挡料销直径 d，单位为 mm；3）活动挡料销长度 L，单位为 mm；4）本部分代号，即 JB/T 7649.9—2008。

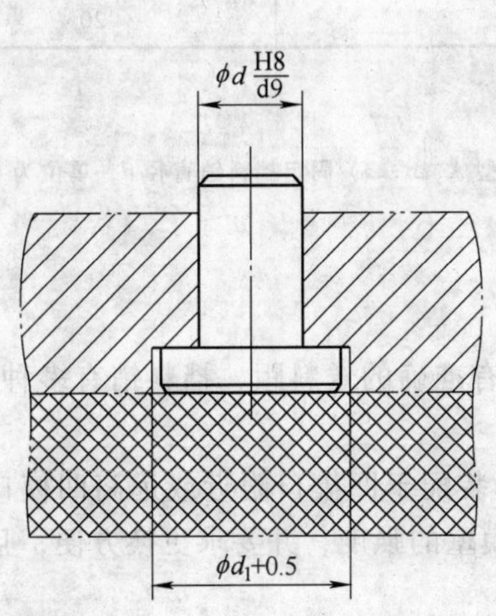

图 8-9　活动挡料销应用示例之一

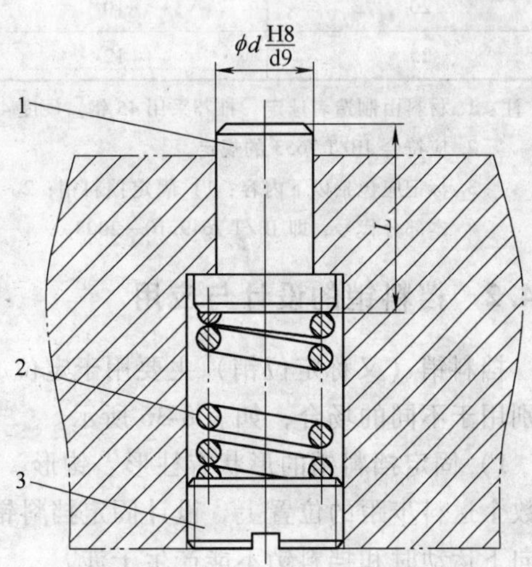

图 8-10　活动挡料销应用示例之二

1—螺柱　2—弹簧　3—挡料销

JB/T 7649.9—2008 标准规定的冲模固定挡料销如表 8-35 所示。

表 8-35 冲模固定挡料销（摘自 JB/T 7649.10—2008） （单位：mm）

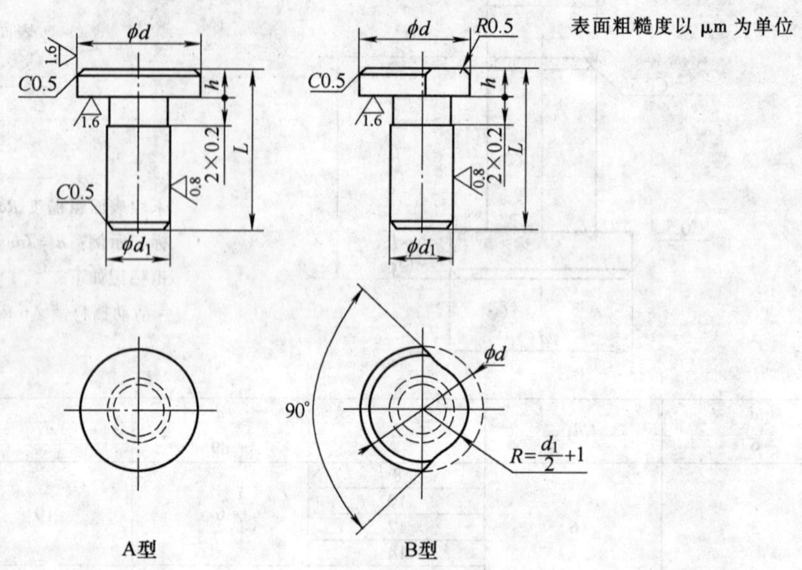

未注表面粗糙度 $Ra6.3\mu m$

标记示例：$d=10mm$ 的 A 型固定挡料销标记如下：

固定挡料销 A 10 JB/T 7649.10—2008

d h11	d_1 m6	h	L
6	3	3	8
8	4	2	10
10		3	13
16	8	3	13
20	10	4	16
25	12		20

注：1. 材料由制造者选定，推荐采用 45 钢。硬度 43～48HRC。

2. 应符合 JB/T 7653 的规定。

3. 标记应包括以下内容：1）固定挡料销；2）固定挡料销类型 A、B；3）固定挡料销直径 d，单位为 mm；4）本部分代号，即 JB/T 7649.10—2008。

8.4.2 挡料销的设计与应用

挡料销（又称定位销）主要用于定位，保证条料有准确的送料距，挡料销有多种形式，分别用于不同的场合，如表 8-36 所示。

1）固定挡料销的形状有柱形、钩形、斜台形等，装配于凹模口附近或远离凹模口一个或数个送料步距的位置上，设计固定挡料销要注意凹模壁的强度，并要求更换方便，且压料板向下运动时和挡料销不能产生干涉。

可调挡料销用于不同送料步距要求的定位。

活动挡料销借助弹簧可在定位面上自由伸缩，以避免运动件的干涉，常与弹性卸料板、压料板配合使用。

初始挡料销主要用于连续模的初始定位，或当挡料位置与凹模刃口太近会影响凹模强度时使用。

表 8-36　挡料销的类型、特点与应用

类型	图　示	特点与应用
圆柱头式挡料销	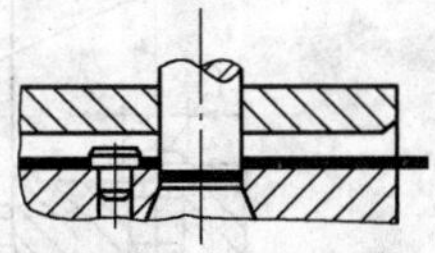	一般装在凹模上。由于这种挡料销的固定部分和工作部分的直径相差较大，因此不致削弱凹模的强度。这种挡料销制造简单，一般用在带固定及弹压卸料板的模具中
钩形挡料销	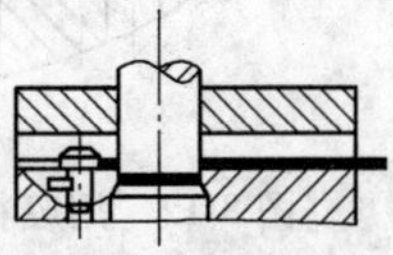	其安装位置可离凹模刃口更远些，因而就位置来说比台肩式挡料销更好，但钩形挡料销由于形状不对称，需要钻孔并加定向装置，一般用于冲制较大和材料较厚的工件
回缩式挡料销	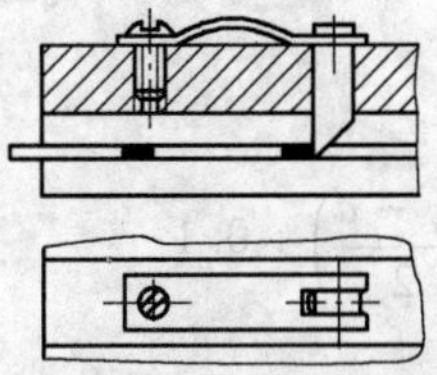	一般装在固定卸料板上。当向前送料时，条料对挡料销的斜面施加压力，克服弹簧力使挡料销缩回，采用这种挡料销的优点是不必将条料在挡料销上套进套出。缺点是定位时需要将条料前后移动，因此不能保证高的生产率，一般用于冲裁窄形工件。使用这种挡料销时侧面导板可适当减薄
活动挡料销	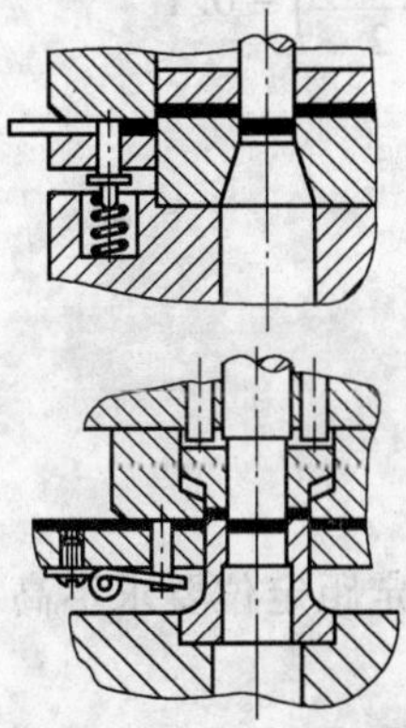	常用于倒装复合模中，在冲裁时随凹模下行而压入孔中
初始挡料销	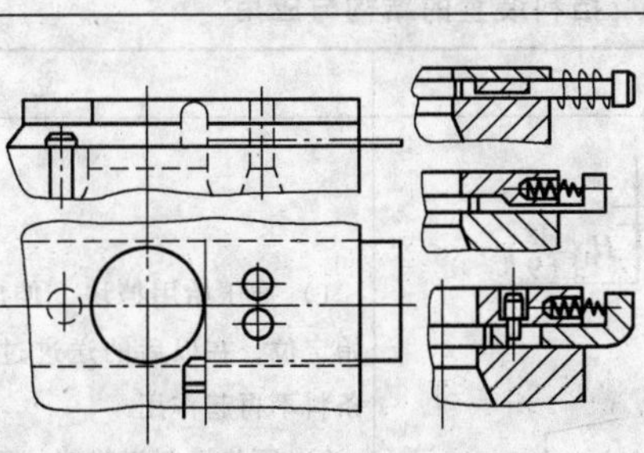	用于连续模上，在每一条料第一次冲压时定位用。用时应向里压紧

2）挡料销一般用 45 钢制造；热处理硬度 44～48HRC。当料厚 3mm 以下时，挡料销的高度可高于料厚 1mm 左右，而当料厚 5mm 以上时，挡料销的高度可低于料厚 1～2mm。

3）挡料块（定位块）是用于单工序或复合工序的坯件定位。挡料板接触面积大，大件定位可靠。

4）挡料销位置的确定。在带有导正销定位的跳步模中，步距与挡料销的相互关系，如图 8-11 和图 8-12 所示。

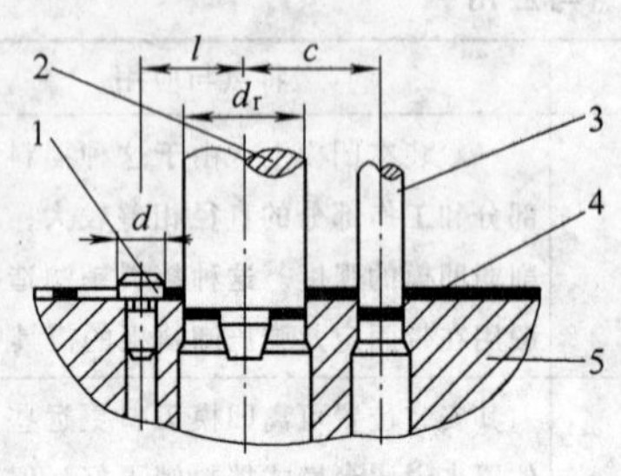

图 8-11　用废料孔前端定位时挡料销位置

1—挡料销　2—凸模　3—小凸模　4—坯料　5—凹模

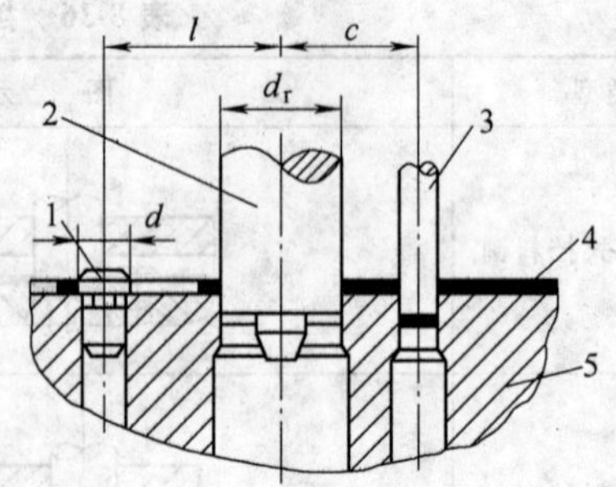

图 8-12　用废料孔后端定位时挡料销位置

1—挡料销　2—凸模　3—小凸模　4—坯料　5—凹模

如图 8-11 所示挡料销位置：

$$l = C - \left(\frac{d_r - d}{2}\right) + 0.1$$

如图 8-12 所示挡料销位置：

$$l = C + \left(\frac{d_r - d}{2}\right) - 0.1$$

式中　l——挡料销与导正销的间距（mm）；

C——连续模的步距（mm）；

d_r——导正销的直径（mm）；

d——挡料销头部直径（mm）。

8.4.3　挡料装置的结构与应用

使用条料的单工序模或复合模，对送进的定距定位要求不高，最常用的方法是采用挡料销。挡料装置的结构与应用如表 8-37 所示。

表 8-37　挡料装置的结构与应用

挡料方式	简　图	说　明
初始挡料	1　$H_1(\frac{H8}{f9})$　2～4　2　0.5～1　$B(\frac{H8}{f9})$ 1—挡块　2—条料	1）推压始用挡块 1 伸出，条料 2 在图示位置初始定位，在以后的送进过程中弹簧使用挡块复位，条料不再起作用 2）更换条料送进时，重复以上动作 3）始用挡块应和其他挡料装置配合使用

（续）

挡料方式	简 图	说 明
固定挡料		1）固定挡料销压装在凹模刃口平面上，与刃口有适当距离，否则会影响刃口强度 2）材料抬起后方可送料，操作不够方便
回带挡料	1—挡料销 2—固定卸料板	1）回带式挡料销 1 固定在固定卸料板 2 上，不影响凹模刃口附近强度。条料送进时，挡料销向上浮动，并在弹簧片的作用下复位插入预定的孔中，定位时将条料回带 2）送料时材料紧贴凹模工作面，操作较方便 3）弹簧片弹性不足时，挡料销易失灵
弹性挡料	a) b) 1—挡料销 2—弹压卸料板	1）弹顶挡料销 1 固定在弹压卸料板 2 上（图 a） 2）弹性体可以采用弹簧、扭簧和橡胶（图 b） 3）广泛用于倒装式复合模

级进模对材料送进时的定距定位要求较高，最常用的方法是固定挡料销与导正销组合使用，但操作不便。用侧刃操作方便，但定距定位精度不够高。侧刃与导正销组合使用，不仅操作方便，而且定距定位精度也高。冲模定距定位形式如表 8-38 所示。

表 8-38 冲模定距定位形式

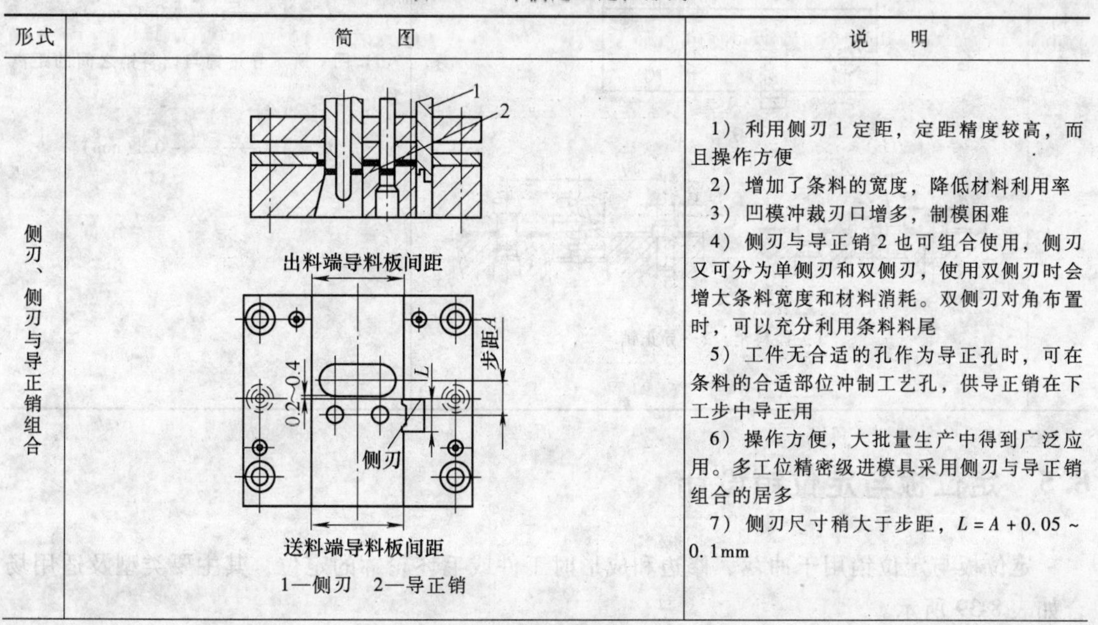

形式	简 图	说 明
侧刃、侧刃与导正销组合	出料端导料板间距 送料端导料板间距 1—侧刃 2—导正销	1）利用侧刃 1 定距，定距精度较高，而且操作方便 2）增加了条料的宽度，降低材料利用率 3）凹模冲裁刃口增多，制模困难 4）侧刃与导正销 2 也可组合使用，侧刃又可分为单侧刃和双侧刃，使用双侧刃时会增大条料宽度和材料消耗。双侧刃对角布置时，可以充分利用条料料尾 5）工件无合适的孔作为导正孔时，可在条料的合适部位冲制工艺孔，供导正销在下工步中导正用 6）操作方便，大批量生产中得到广泛应用。多工位精密级进模具采用侧刃与导正销组合的居多 7）侧刃尺寸稍大于步距，$L = A + 0.05 \sim 0.1$mm

（续）

形式	简图	说明
定位钉定距	步距 步距	1）借助冲件上的孔或条料上的工艺孔采用定位钉定距 2）每冲一次须把材料从定位钉上脱出后送至预定位置，操作不便 3）适用于小批量生产
固定挡料销与导正销组合	1 2 步距 步距 +0.1–0.1 a) b) c) 1—挡料销 2—导正销	1）利用固定挡料销1（粗定位）和导正销2（精定位）定距（图a） 2）操作不够方便 3）冲裁材料厚度一般不小于0.3mm 4）固定挡料销靠近凹模刃口时会减弱凹模强度 5）图b所示导正销与挡料销之间的距离为 $L=A-\frac{D_{凸}-d}{2}+0.1(\mathrm{mm})$ 6）图c所示导正销与挡料销之间的距离为 $L=A+\frac{D_{凸}-d}{2}-0.1(\mathrm{mm})$

8.5 定位板与定位销设计

定位板与定位销用于冲裁、修边和成形时工件或毛坯轮廓的定位，其主要类型及适用场合如表8-39所示。

表 8-39　定位板与定位销主要类型及适用场合

<table>
<tr><th colspan="2">类型</th><th colspan="5">图　示</th><th>应　用</th></tr>
<tr><td rowspan="2">矩形件定位</td><td>定位板</td><td colspan="5">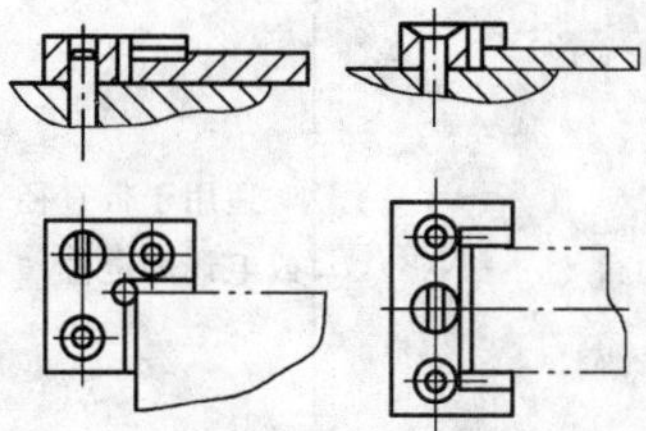</td><td rowspan="2">适用于大型矩形冲压件或毛坯外形的定位</td></tr>
<tr><td>定位销</td><td colspan="5">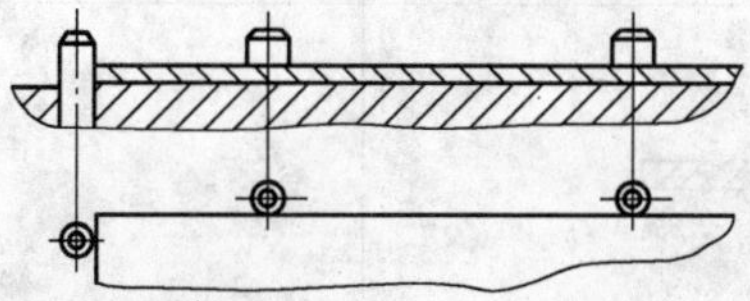</td></tr>
<tr><td rowspan="9">孔形件定位</td><td>非圆孔用定位板</td><td colspan="5">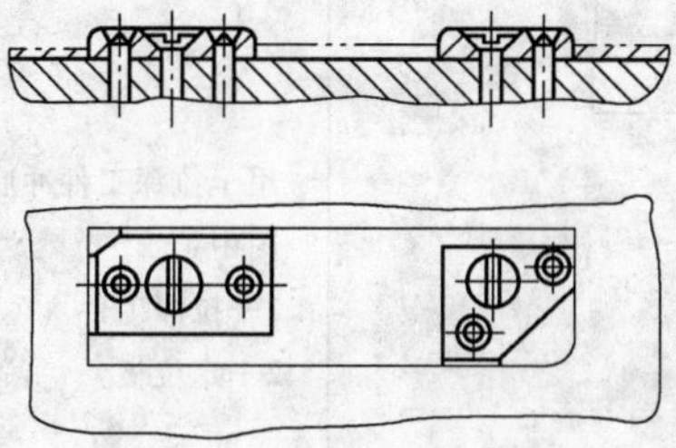</td><td>适用于带非圆形孔的大型冲压件或毛坯的定位</td></tr>
<tr><td rowspan="4">小型孔用定位板</td><td colspan="5">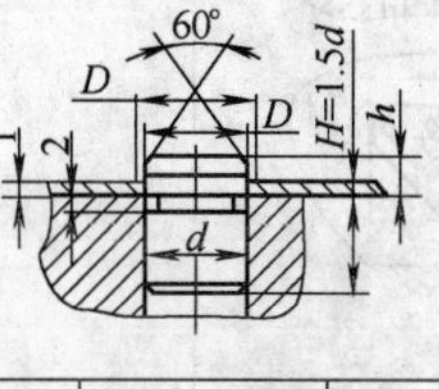</td><td rowspan="4">适用于带直径 D 为 15 ~ 30mm 孔的冲压件或毛坯的定位
图中：
D—定位销头部的直径，mm
D1—冲压件或毛坯上孔的直径，mm
t—料厚，mm
d—定位销下部的直径，mm
h—定位销头部的高度，mm
H—定位销下部的高度，mm</td></tr>
<tr><td>t/mm</td><td><1</td><td>1 ~ 2</td><td>2 ~ 3</td><td>3 ~ 5</td></tr>
<tr><td>h/mm</td><td>t + 2</td><td>t + 1</td><td>t + 1</td><td>t</td></tr>
<tr><td>(D1 - D)/mm</td><td>0.1</td><td>0.15</td><td>0.2</td><td>0.25</td></tr>
<tr><td rowspan="4">中型孔用定位板</td><td colspan="5">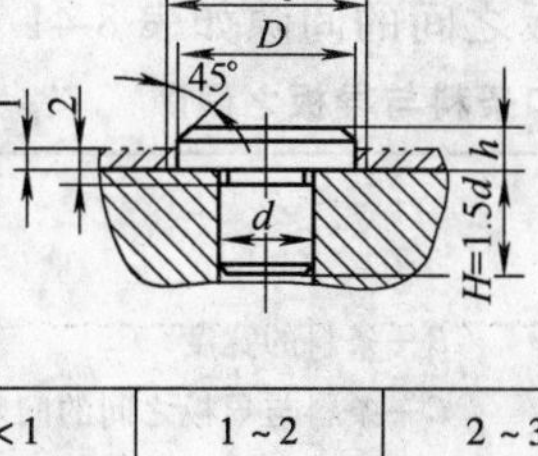</td><td rowspan="4">适用于带直径 D 小于 15mm 孔的冲压件或毛坯的定位
图中：
D—定位销头部的直径，mm
D1—冲压件或毛坯上孔的直径，mm
t—料厚，mm
d—定位销下部的直径，mm
h—定位销头部的高度，mm
H—定位销下部的高度，mm</td></tr>
<tr><td>t/mm</td><td><1</td><td>1 ~ 2</td><td>2 ~ 3</td><td>3 ~ 5</td></tr>
<tr><td>h/mm</td><td>t + 2</td><td>t + 1</td><td>t + 1</td><td>t</td></tr>
<tr><td>(D - D1)/mm</td><td>0.1</td><td>0.15</td><td>0.2</td><td>0.25</td></tr>
</table>

（续）

类型		图示	应用
孔形件定位	大型孔用定位板	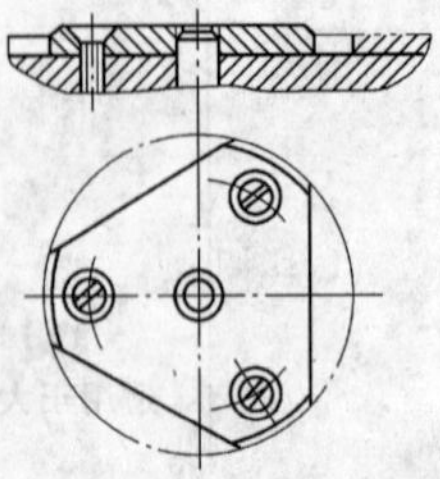	适用于带直径 D 大于 30mm 孔的冲压件或毛坯的定位
	拉深工件冲底孔用定位板	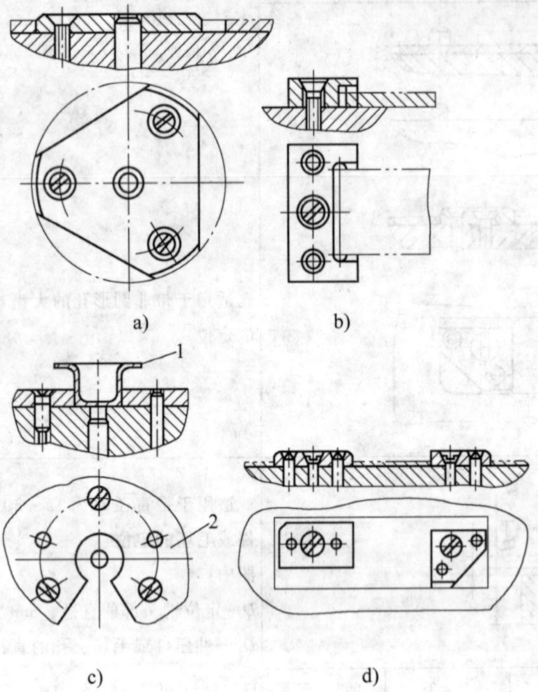 a)　b)　1　2　c)　d)	用于拉深工件冲底孔时定位 图中： 1—拉深工件 2—定位板

8.6　剪切条料的公差和侧面导板的间隙确定

不用定距侧刃时，剪切条料的宽度公差和条料与侧面导板之间的间隙如表 8-40 所示，采用定距侧刃时，侧刃余料和冲切后条料与导板之间的间隙如表 8-41 所示。

表 8-40　条料的公差和条料与导板之间隙　　（单位：mm）

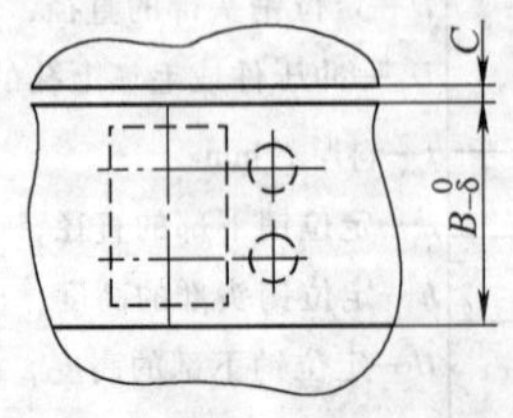

B—条料的宽度

C—条料与导板之间的间隙

t—板料厚度

δ—条料 B 的极限偏差

（续）

条料宽度 B	板料厚度 t							
	≤1		>1~2		>2~3		>3~5	
	δ	C	δ	C	δ	C	δ	C
≤50	0.4	0.1	0.5	0.2	0.7	0.4	0.9	0.6
>50~100	0.5	0.1	0.6	0.2	0.8	0.4	1.0	0.6
>100~150	0.6	0.2	0.7	0.3	0.9	0.5	1.1	0.7
>150~200	0.7	0.2	0.8	0.3	1.0	0.5	1.2	0.7
>200~300	0.8	0.3	0.9	0.4	1.1	0.6	1.3	0.8

表 8-41　侧刃余料和冲切后条料与导板之间隙　（单位：mm）

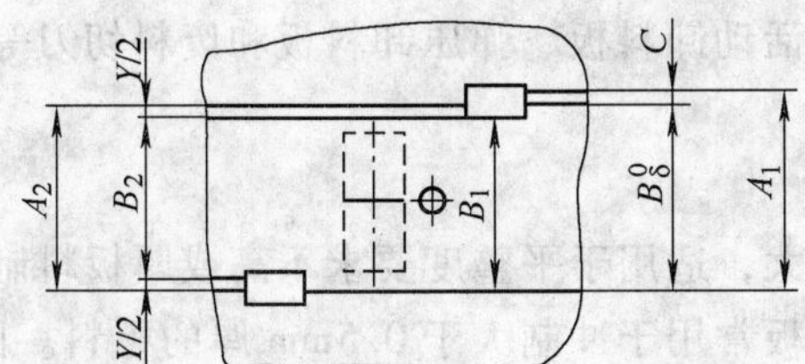

B—条料的宽度

b—侧刃余料

Y—刃冲切后条料与导板之间的间隙

C—条料与导板之间的间隙

δ—条料 B 的剪切极限偏差

$B = (B_2 + 2b)$　$A_2 = B_2 + Y$　$A_1 = B_2 + 2b + C$

板料厚度 t	b		Y
	金属材料	非金属材料	
≤1.2	1.0~1.5	1.5~2	0.10
>1.2~2.5	1.5~2.0	2~3	0.15
>2.5~3.0	2.0~2.5	3~4	0.20

第9章　冲模卸料与压料装置标准与应用

卸料装置主要用来在冲压工作完成后从凸模上卸下条料或废料，有时也起压料或凸模导向的作用，此外还兼有保护凸模强度、防止冲裁时材料的变形等作用。而把冲件或废料从凹模中卸下则称为推件（装在上模）或顶件（装在下模）。

9.1　冲模卸料与压料装置的型式

卸料装置的型式较多。它包括固定卸料板、活动卸料板、弹压卸料板和废料切刀等。

9.1.1　固定卸料板

固定卸料板结构简单、工作可靠，卸料力较大，适用于平整度要求不高或厚板料制件的卸料。由于冲裁时容易产生翘曲，所以固定卸料板常用于冲制大于0.5mm厚的板料。图9-1所示为固定卸料板的结构型式。其中图a是卸料板和侧面导板做成整体，这种型式应用较少；图b所示卸料板与导板是分开的，它在连续模中被广泛采用；图c为单悬臂卸料板，主要为长的工件在边上冲孔和弯曲件在边上冲孔时卸料之用；图d则为钩形卸料板，常用于拉深件底部冲孔时的卸料。

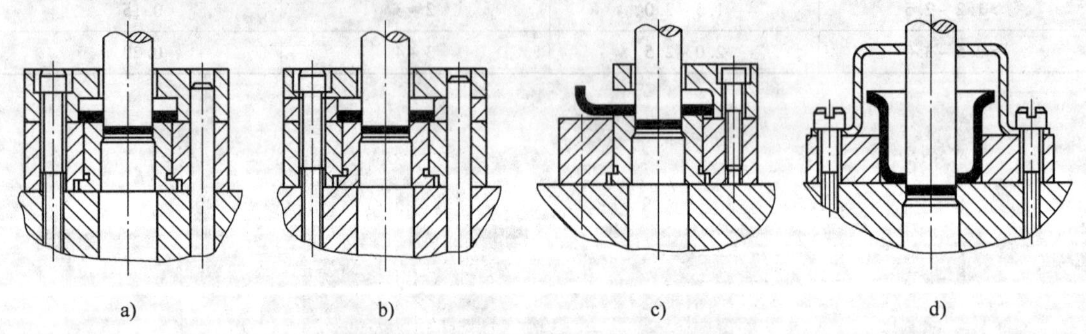

a)　b)　c)　d)

图9-1　固定卸料板的结构型式

当卸料板仅起卸料作用时，凸模与卸料板的间隙取决于板料厚度。其双面间隙一般为0.2～0.5mm。板料薄时取小值，板料厚时则取大值。当固定卸料板兼起导板作用时，一般按H7/h6制造，但还应保证导板与凸模之间的间隙要小于凸、凹模之间的间隙，以确保凸、凹模的正确配合。

在选用卸料板的材料时，应使其具有一定的刚性和耐磨性。因而，在大批量生产的模具上，需要对零件进行淬火与磨削加工。

图9-2所示为半固定卸料板。它和固定卸料板一样，使卸料具有冲击性质。但卸料板本身仍能在一定的范围内活动。这种结构型式的卸料板常用于不便安装固定卸料板的地方。此时，一般在凹模与卸料板之间需有一定的距离，如在弯曲工件、拉深工件上冲孔等的卸料装

置常用半固定卸料板。

9.1.2 弹压式卸料板

弹压卸料装置是由卸料板、弹性元件（弹簧或橡胶）、卸料螺钉等零件组成。

弹压式卸料板是活动卸料板的一种。它既起卸料作用，又起压料作用。由于在工作前对板料有预压作用，所以冲裁零件的质量较好，平直度较高。因此，质量要求较高的冲裁件或薄板冲裁宜采用弹压式卸料装置。

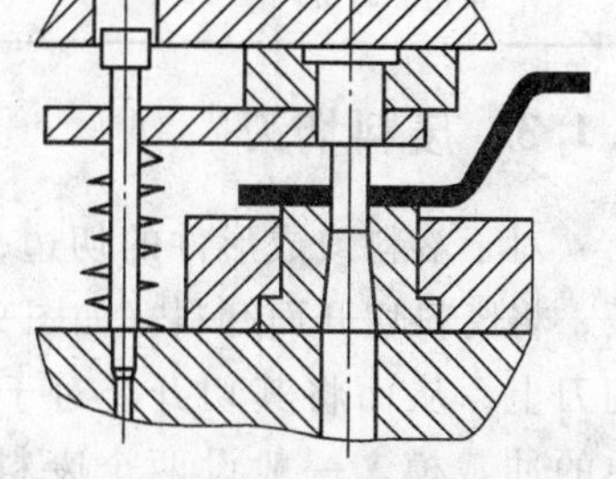

图9-2 半固定卸料板

常用的弹压卸料装置如图9-3所示。其中图a为弹压卸料方法，用于简单冲裁模；图b是以导料板为送进导向的冲模中使用的弹压卸料装置。卸料板凸台部分的高度为

$$h = H - (0.1 \sim 0.3)t$$

式中 h——卸料板凸台高度；

H——导料板高度；

t——板料厚度。

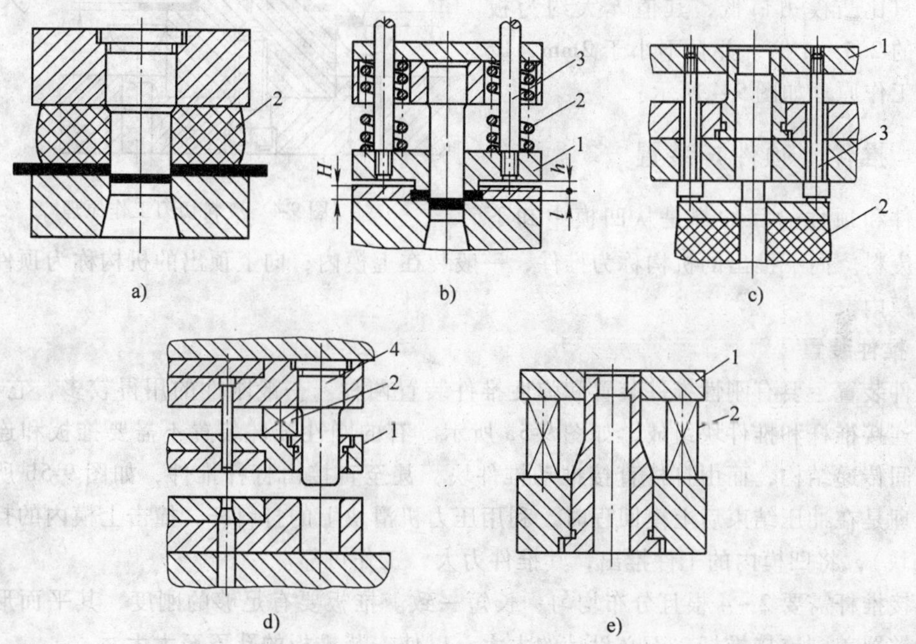

图9-3 弹压卸料装置

1—卸料板 2—弹性元件 3—卸料螺钉 4—小导柱

图9-3c、e属于倒装式模具的弹压卸料装置，但后者的弹性元件装在下模座之下，卸料力大小容易调节。图9-3d是以弹压卸料板作为细长小凸模的导向，卸料板本身又以两个以上的小导柱导向，以免弹压卸料板产生水平摆动，从而保护小凸模不被折断。

弹压卸料板与凸模的单边间隙可根据冲裁板料厚度按表9-1选用。在级进模中，特别小的冲孔凸模与卸料板的单边间隙可将表列数值适当加大。当卸料板起导向作用时，卸料板与凸模按H7/h6配合制造，但其间隙应比凸、凹模间隙小。此时。凸模与固定板以H7/h6或

H8/h7 配合。此外，在模具开启状态，卸料板应高出模具工作零件刃口 0.3～0.5mm，以便顺利卸料。

表 9-1　弹压卸料板与凸模间隙值　（单位：mm）

材料厚度 t	<0.5	0.5～1	>1
单边间隙 Z	0.05	0.1	0.15

9.1.3　废料切刀

对于落料或成形件的切边，如果冲件尺寸大，卸料力大，往往采用废料切刀代替卸料板，将废料切开而卸料。如图 9-4 所示，当凹模向下切边时，同时把已切下的废料压向废料切刀上，从而将其切开。对于冲裁形状简单的冲裁模，一般设两个废料切刀；冲件形状复杂的冲裁模，可以用弹压卸料加废料切刀进行卸料。

废料切刀的刃口长度应比废料宽度大些，刃口比凸模刃口低，其值 h 大约为板料厚度的 2.5～4 倍，并且不小于 2mm，废料切刀工作原理如图 9-4 所示。

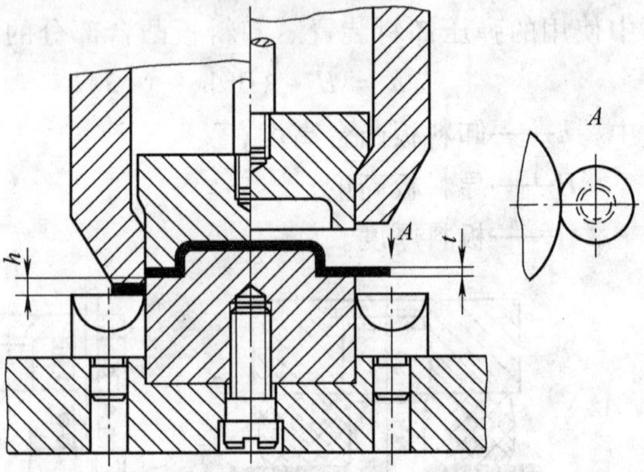

图 9-4　废料切刀工作原理

9.1.4　推件（顶件）装置

推件和顶件的目的都是从凹模中卸下冲件或废料。向下推出的机构称为推件，一般装在上模内；向上顶出的机构称为顶件，一般装在下模内。

1. 推件装置

推件装置主要有刚性推件装置和弹性推件装置两种。一般刚性的用得较多，它由打杆、推板、连接推杆和推件块组成，如图 9-5a 所示。有的刚性推件装置不需要推板和连接推杆组成中间传递结构，而由打杆直接推动推件块，甚至直接由打杆推件，如图 9-5b 所示。其工作原理是在冲压结束后上模回程时，利用压力机滑块上的打料杆，撞击上模内的打杆与推件板（块），将凹模内的工件推出，其推件力大，工作可靠。

连接推杆需要 2～4 根且分布均匀、长短一致。推板要有足够的刚度，其平面形状尺寸只要能够覆盖到连接推杆，不必设计的太大，以使安装推板的孔不至太大。

弹性推件装置的弹力来源于弹性元件，它同时兼起压料和卸料作用，如图 9-6 所示。尽管出件力不大，但出件平稳无撞击，冲件质量较高，多用于冲压大型薄板以及工件精度要求较高的模具。

2. 顶件装置

顶件装置一般是弹性的。其基本组成有顶杆、顶件块和装在下模底下的弹顶器，弹顶器可以做成通用的，其弹性元件是弹簧或橡胶，如图 9-7 所示。这种结构的顶件力容易调节，工作可靠，冲件平直度较高。

推件块或顶件块在冲裁过程中是在凹模中运动的零件，对它有如下要求：模具处于闭合

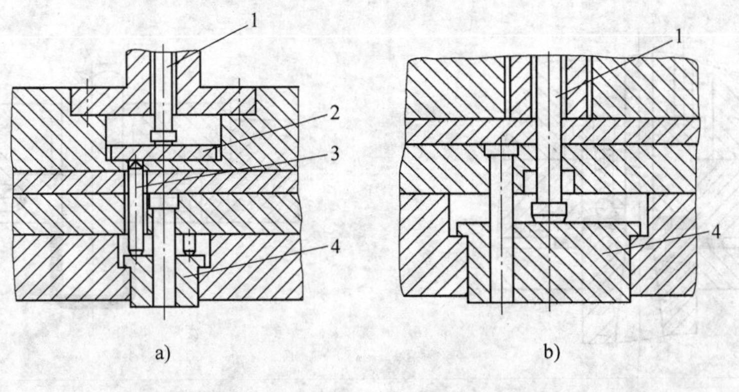

图 9-5　刚性推件装置

1—打杆　2—推板　3—连接推杆　4—推件块

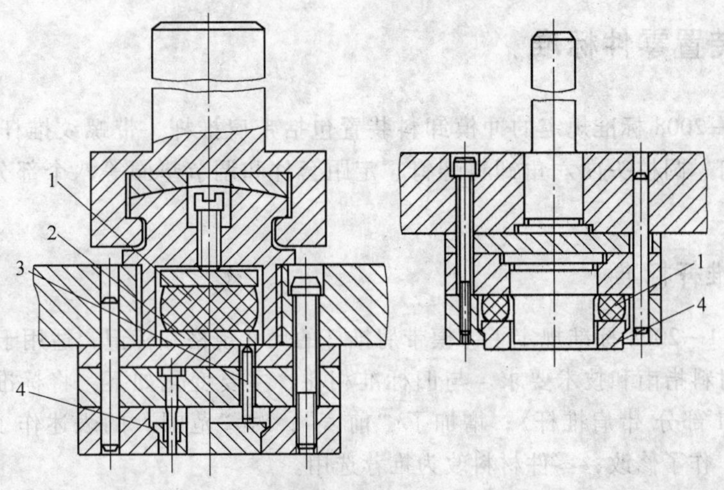

图 9-6　弹性推件装置

1—橡胶　2—推板　3—连接推杆　4—推件块

状态时，其背后有一定的空间，以备修磨和调整的需要；模具处于开启状态时，必须顺利复位，工作面高出凹模平面，以便继续冲裁；它与凹模和凸模的配合应保证顺利滑动，不发生干涉。为此，推件块和顶件块与凹模为间隙配合，其外形尺寸一般按公差与配合国家标准 h8 制造，也可以根据板料厚度取适当间隙。推件块和顶件块与凸模的配合一般呈较松的间隙配合，也可以根据板料厚度取适当间隙。

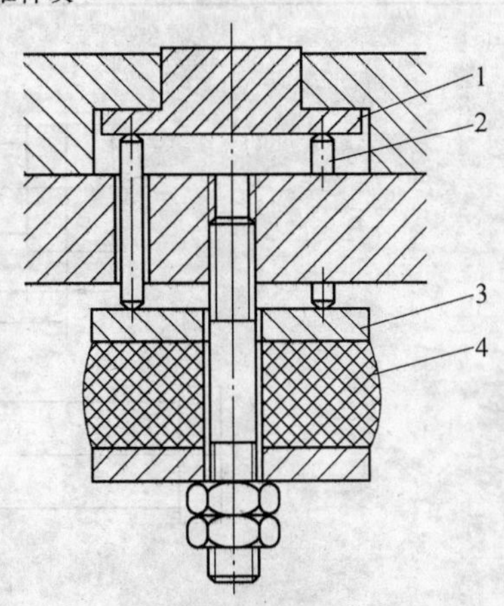

图 9-7　弹性顶件装置

1—顶件块　2—顶杆

3—托板　4—橡胶

弹压式卸料板、推板、顶板以及顶杆大量用于复合模中。对于薄板料或需涂油冲裁工件，往往容易粘在推板上，这时，常采用附加顶出器以避免冲件粘在推板上，如图 9-8 所示。

包在凸模上的拉深件，其卸料可以采用由三瓣组合的弹性卸料环来完成，如图 9-9 所示。

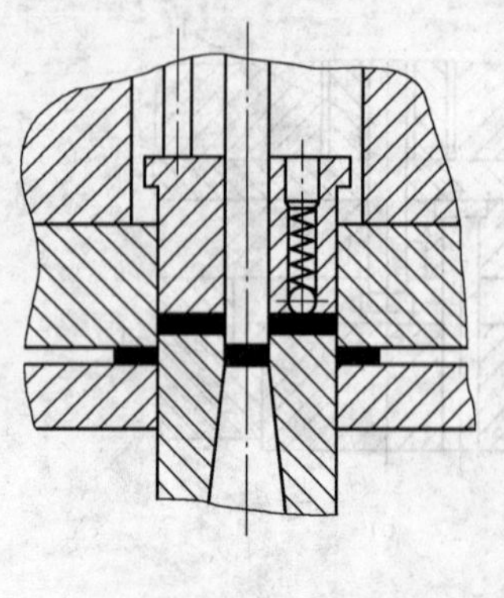

图 9-8　附加顶出器

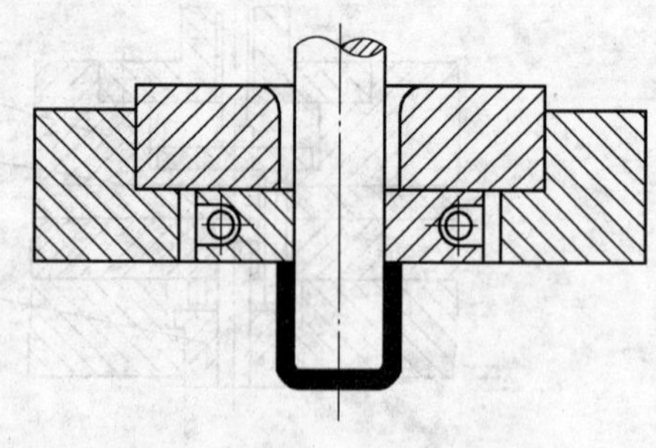

图 9-9　弹性卸料环

9.2　卸料装置零件标准

JB/T 7650—2008 标准规定的冲模卸料装置包括带肩推杆、带螺纹推杆、顶杆、顶板、圆柱头卸料螺钉、圆柱头内六角卸料螺钉、定距套件和调节垫圈等八个部分，分别介绍如下。

9.2.1　带肩推杆标准

JB/T 7650. 1—2008 标准规定了冲模带肩推杆的尺寸规格和标记，适用于冲模带肩推杆，同时还给出了材料指南和技术要求。与旧标准相比，主要变化如下：将标准名称改为《冲模卸料装置 第 1 部分 带肩推杆》；增加了“前言”；对“范围”的表述作了修改；对“规范性引用文件”作了修改；零件材料改为推荐选用。

JB/T 7650. 1—2008 标准规定的冲模带肩推杆如表 9-2 所示。

表 9-2　冲模带肩推杆（摘自 JB/T 7650. 1—2008）　　（单位：mm）

表面粗糙度以 μm 为单位

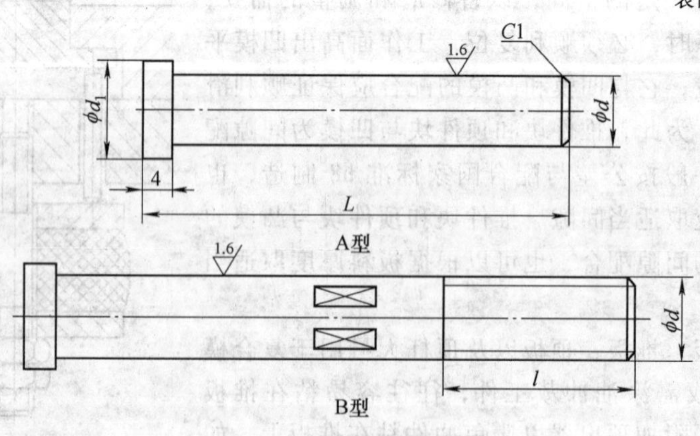

未注表面粗糙度 $Ra6.3\mu m$。

标记示例：$d=8mm$，$L=90mm$ 的 A 型带肩推杆标记如下：

带肩推杆 A 8 × 90 JB/T 7650. 1—2008

（续）

d		L	d_1	l
A型	B型			
6	M6	40	8	—
		45		
		50		
		55		
		60		
		70		
		80		20
		90		
		100		
		110		
		120		
		130		
8	M8	50	10	—
		55		
		60		
		65		
		70		
8	M8	80	10	—
		90		25
		100		
		110		
		120		
		130		
		140		
		150		
10	M10	60	13	—
		65		
		70		
		75		
		80		
		90		

d		L	d_1	l
A型	B型			
10	M10	100	13	30
		110		
		120		
		130		
		140		
		150		
		160		
		170		
12	M12	70	15	—
		75		
		80		
		85		
		90		
		100		
		110		
		120		
		130		35
12	M12	140	15	
		150		
		160		
		170		
		180		
		190		—
16	M16	80	20	
		90		
		100		
		110		24
		120		
		130		
		140		
		150		

d		L	d_1	l
A型	B型			
16	M16	160	20	40
		180		
		200		
		220		
20	M20	90	24	—
		100		
		110		
		120		
		130		45
		140		
		150		
		160		
		180		
		200		
		220		
		240		
		260		
25	M25	100	30	—
		110		
		120		
		130		
		140		50
		150		
		160		
		180		
		200		
		220		
		240		
		260		
		280		

注：1. 材料由制造者选定，推荐采用 45 钢。硬度 43 ~48HRC。

2. 应符合 JB/T7653 的规定。

3. 标记应包括以下内容：1）带肩推杆；2）带肩推杆类型 A、B；3）带肩推杆直径 d，单位为 mm；4）带肩推杆长度 L，单位为 mm；5）本标准代号，即 JB/T 7650. 1—2008。

9. 2. 2　带螺纹推杆标准

JB/T 7650. 2—2008 标准规定了冲模带螺纹推杆的尺寸规格和标记，适用于冲模带螺纹推杆，同时还给出了材料指南和技术要求。本部分为 JB/T 7650—2008 标准的第二部分。

JB/T 7650. 2—2008 标准规定的冲模带螺纹推杆如表 9-3 所示。

9. 2. 3　顶杆标准

JB/T 7650. 3—2008 标准规定了冲模顶杆的尺寸规格和标记，适用于冲模顶杆，同时还给出了材料指南和技术要求。与旧标准相比，主要变化如下：将标准名称改为《冲模卸料装置 第 3 部分 顶杆》；增加了“前言”；对“范围”的表述作了修改；对“规范性引用文件”作了修改；零件材料改为推荐选用。

表 9-3 冲模带螺纹推杆（摘自 JB/T 7650.2—2008） （单位：mm）

表面粗糙度以 μm 为单位

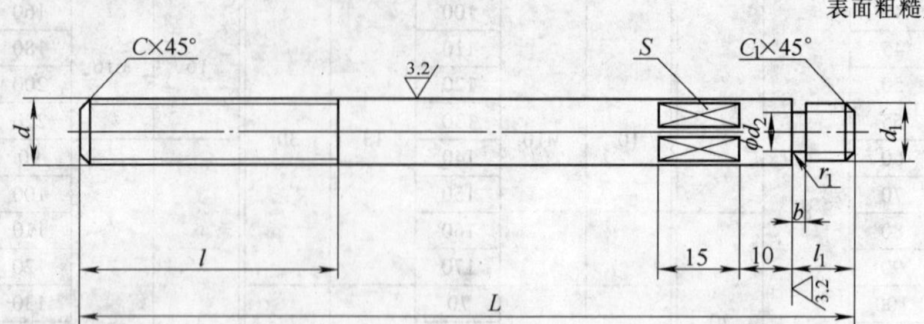

未注表面粗糙度 $Ra6.3\mu m$。

标记示例：d = M10mm，L = 130mm 的带螺纹推杆标记如下：

带螺纹推杆 M10 × 130 JB/T 7650.2—2008

<table>
<tr><th>d</th><th>d₁</th><th>L</th><th>l</th><th>l₁</th><th>d₂</th><th>b</th><th>S</th><th>C</th><th>C</th><th>r₁≤</th></tr>
<tr><td rowspan="5">M8</td><td rowspan="5">M6</td><td>110</td><td rowspan="5">30</td><td rowspan="5">8</td><td rowspan="5">4.5</td><td rowspan="10">2.0</td><td rowspan="5">6</td><td rowspan="5">1.2</td><td rowspan="5">1</td><td rowspan="10">0.5</td></tr>
<tr><td>120</td></tr>
<tr><td>130</td></tr>
<tr><td>140</td></tr>
<tr><td>150</td></tr>
<tr><td rowspan="5">M10</td><td rowspan="5">M8</td><td>130</td><td rowspan="5">40</td><td rowspan="5">10</td><td rowspan="5">6.2</td><td rowspan="5">8</td><td rowspan="5">1.5</td><td rowspan="5">1.2</td></tr>
<tr><td>140</td></tr>
<tr><td>150</td></tr>
<tr><td>160</td></tr>
<tr><td>180</td></tr>
<tr><td rowspan="5">M12</td><td rowspan="5">M10</td><td>130</td><td rowspan="5">50</td><td rowspan="5">12</td><td rowspan="5">7.8</td><td rowspan="15">2.5</td><td rowspan="5">10</td><td rowspan="11">2</td><td rowspan="11">1.5</td><td rowspan="11">1</td></tr>
<tr><td>140</td></tr>
<tr><td>150</td></tr>
<tr><td>160</td></tr>
<tr><td>180</td></tr>
<tr><td rowspan="6">M14</td><td rowspan="6">M12</td><td>140</td><td rowspan="6">60</td><td rowspan="6">14</td><td rowspan="6">9.5</td><td rowspan="6">12</td></tr>
<tr><td>150</td></tr>
<tr><td>160</td></tr>
<tr><td>180</td></tr>
<tr><td>200</td></tr>
<tr><td>220</td></tr>
<tr><td rowspan="4">M16</td><td rowspan="4">M14</td><td>160</td><td rowspan="4">70</td><td rowspan="4">16</td><td rowspan="4">11.5</td><td rowspan="4">14</td><td rowspan="4">2</td><td rowspan="4">1.5</td><td rowspan="9">1.2</td></tr>
<tr><td>180</td></tr>
<tr><td>200</td></tr>
<tr><td>220</td></tr>
<tr><td rowspan="5">M20</td><td rowspan="5">M16</td><td>180</td><td rowspan="5">80</td><td rowspan="5">18</td><td rowspan="5">13</td><td rowspan="5">3</td><td rowspan="5">16</td><td rowspan="5">2.5</td><td rowspan="5">2</td></tr>
<tr><td>200</td></tr>
<tr><td>220</td></tr>
<tr><td>240</td></tr>
<tr><td>260</td></tr>
</table>

注：1. 材料由制造者选定，推荐采用 45 钢。硬度 43 ~ 48HRC。

2. 应符合 JB/T7653 的规定。

3. 标记应包括以下内容：1）带螺纹推杆；2）带螺纹推杆直径 d，单位为 mm；3）带螺纹推杆长度 L，单位为 mm；4）本标准代号，即 JB/T 7650.2—2008。

JB/T 7650.3—2008 标准规定的冲模顶杆如表 9-4 所示。

表 9-4　冲模顶杆（摘自 JB/T 7650.3—2008）　　（单位：mm）

表面粗糙度以 μm 为单位

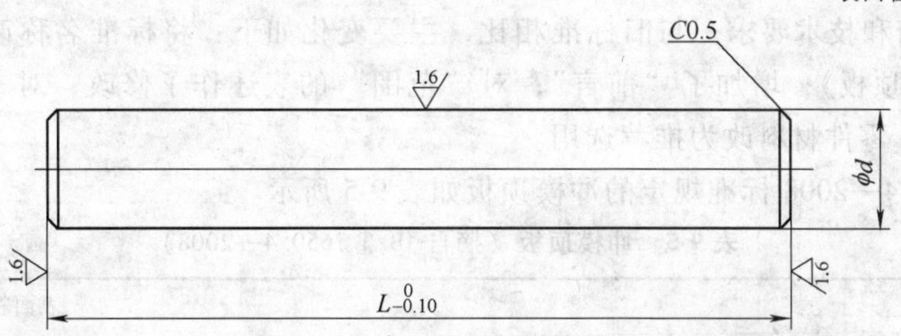

未注表面粗糙度 $Ra6.3\mu m$。

标记示例：$d=8mm$，$L=40mm$ 的顶杆标记如下：

顶杆 8 ×40 JB/T 7650.3—2008

d	基本尺寸	4	6	8	10	12	16	20
	极限偏差	−0.070 −0.145		−0.080 −0.170		−0.150 −0.260		−0.160 −0.290
L	15	×						
	20	×	×					
	25	×	×	×				
	30	×	×	×	×			
	35		×	×	×	×		
	40		×	×	×	×		
	45		×	×	×	×		
	50			×	×	×	×	
	55			×	×	×	×	
	60			×	×	×	×	×
	65				×	×	×	×
	70				×	×	×	×
	75				×	×	×	×
	80					×	×	×
	85					×	×	×
	90					×	×	×
	95					×	×	×
	100					×	×	×
	105						×	×
	110						×	×
	115						×	×
	120						×	×
	125						×	×
	130						×	×
	140							×
	150							×
	160							×

注：1. 材料由制造者选定，推荐采用 45 钢。硬度 43～48HRC。

2. 应符合 JB/T7653 的规定。

3. 当 $d \leqslant 10mm$ 时，极限偏差为 c11；当 $d>10mm$ 时，极限偏差为 b11。

4. 标记应包括以下内容：1）顶杆；2）顶杆直径 d，单位为 mm；3）顶杆长度 L，单位为 mm；4）本标准代号，即 JB/T7650.3—2008。

9.2.4 顶板标准

JB/T 7650.4—2008 标准规定了冲模顶板的尺寸规格和标记，适用于冲模顶板，同时还给出了材料指南和技术要求。与旧标准相比，主要变化如下：将标准名称改为《冲模卸料装置 第4部分 顶板》；增加了“前言”；对“范围”的表述作了修改；对“规范性引用文件”作了修改；零件材料改为推荐选用。

JB/T 7650.4—2008 标准规定的冲模顶板如表 9-5 所示。

表 9-5 冲模顶板（摘自 JB/T 7650.4—2008） （单位：mm）

表面粗糙度以 μm 为单位

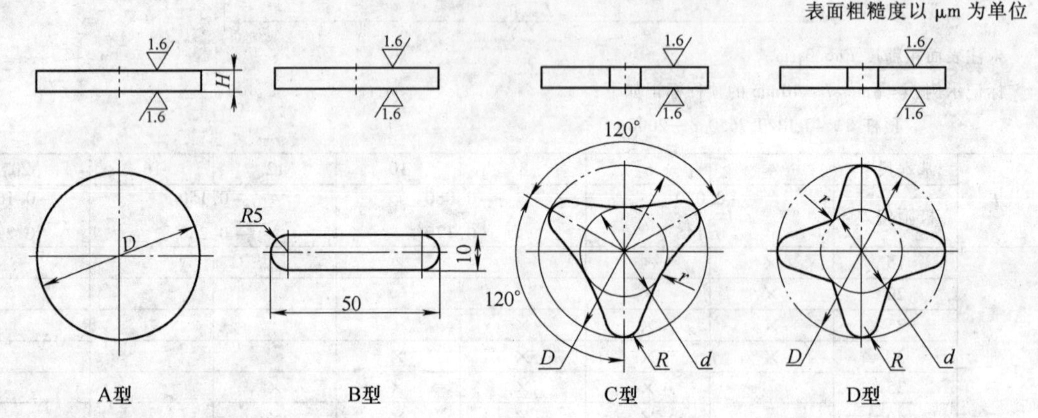

未注表面粗糙度 $Ra6.3\mu m$。

标记示例：$D=40$mm 的 A 型顶板标记如下：

顶板 A 40 JB/T 7650.4—2008

D	d	R	r	H	b
20	—	—	—	4	8
25	15	4	3		
32	16			5	
35	18				
40	20	5	4	6	10
50	25				
63		6	5	7	12
71	30				
80				9	
90	32	8	6		16
100	35			12	
125	42	9	7		18
160	55	11	8	16	22
200	70	12	9	18	24

注：1. 材料由制造者选定，推荐采用 45 钢。硬度 43 ~48HRC。

2. 应符合 JB/T7653 的规定。

3. 标记应包括以下内容：1）顶板；2）顶板类型 A、B、C、D；3）顶板直径 D，单位为 mm；4）本标准代号，即 JB/T 7650.4—2008。

9.2.5 圆柱头卸料螺钉标准

JB/T 7650.5—2008 标准规定了冲模圆柱头卸料螺钉的尺寸规格和标记，适用于冲模圆柱头卸料螺钉，同时还给出了材料指南和技术要求。与旧标准相比，主要变化如下：将标准名称改为《冲模卸料装置 第 5 部分 圆柱头卸料螺钉》；增加了“前言”；对“范围”的表述作了修改；对“规范性引用文件”作了修改；零件材料改为推荐选用。

JB/T 7650.5—2008 标准规定的冲模圆柱头卸料螺钉如表 9-6 所示。

表 9-6　冲模圆柱头卸料螺钉（摘自 JB/T 7650.5—2008）　（单位：mm）

表面粗糙度以 μm 为单位

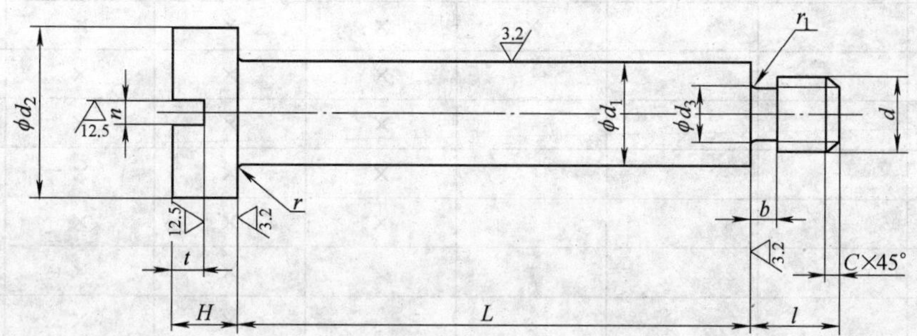

未注表面粗糙度 $Ra6.3\mu m$。

标记示例：d = M10mm，L = 50mm 的圆柱头卸料螺钉标记如下：

圆柱头卸料螺钉 M10×50 JB/T 7650.5—2008

d		M3	M4	M5	M6	M8	M10	M12
d_1		4	5	6	8	10	12	16
l		5	5.5	6	7	8	10	14
d_2		7	8.5	10	12.5	15	18	24
H		3	3.5	4	5	6	7	9
t		1.4	1.7	2	2.5	3	3.5	3.5
n		1	1.2	1.5	2	2.5	3	3
$r\leqslant$		0.2	0.4	0.4	0.4	0.5	0.8	1.0
$r_1\leqslant$		0.3	0.5	0.5	0.5	0.5	1	1
d_3		2.2	3	4	4.5	6.2	7.8	9.5
C		0.6	0.8	1	1.2	1.5	2	2
b		1	1.5	1.5	2	2	2	3
L	20	×	×					
	22	×	×					
	25	×	×	×	×			
	28	×	×	×	×			
	30	×	×	×	×	×		
	32	×	×	×	×	×		
	35	×	×	×	×	×	×	
	38		×	×	×	×	×	

（续）

d		M3	M4	M5	M6	M8	M10	M12
L	40		×	×	×	×	×	×
	42			×	×	×	×	×
	45			×	×	×	×	×
	48			×	×	×	×	×
	50			×	×	×	×	×
	55				×	×	×	×
	60				×	×	×	×
	65				×	×	×	×
	70				×	×	×	×
	75					×	×	×
	80					×	×	×
	90							×
	100							×

注：1. 材料由制造者选定，推荐采用45钢。硬度35～40HRC。

2. 应符合JB/T7653的规定。

3. 标记应包括以下内容：1）圆柱头卸料螺钉；2）圆柱头卸料螺钉直径 d，单位为mm；3）圆柱头卸料螺钉长度 L，单位为mm；4）本标准代号，即JB/T 7650.5—2008。

9.2.6　圆柱头内六角卸料螺钉标准

JB/T 7650.6—2008 标准规定了冲模圆柱头内六角卸料螺钉的尺寸规格和标记，适用于冲模圆柱头内六角卸料螺钉，同时还给出了材料指南和技术要求。与旧标准相比，主要变化如下：将标准名称改为《冲模卸料装置 第6部分 圆柱头内六角卸料螺钉》；增加了“前言”；对“范围”的表述作了修改；对“规范性引用文件”作了修改；零件材料改为推荐选用。

JB/T 7650.6—2008 标准规定的冲模圆柱头内六角卸料螺钉如表9-7所示。

表9-7　冲模圆柱头内六角卸料螺钉（摘自JB/T 7650.6—2008）　（单位：mm）

表面粗糙度以μm为单位

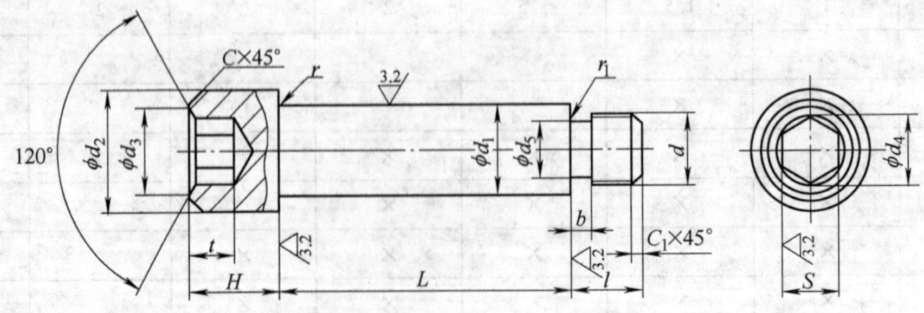

未注表面粗糙度 $Ra6.3\mu m$。

标记示例：d = M10mm，L = 50mm 的圆柱头内六角卸料螺钉标记如下：

圆柱头内六角卸料螺钉 M10×50 JB/T 7650.6—2008

（续）

d		M6	M8	M10	M12	M16	M20
d_1		8	10	12	16	20	24
l		7	8	10	14	20	26
d_2		12.5	15	18	24	30	36
H		8	10	12	16	20	24
t		4	5	6	8	10	12
S		5	6	8	10	14	17
d_3		7.5	9.8	12	14.5	17	20.5
d_4		5.7	6.9	9.2	11.4	16	19.5
$r\leqslant$		0.4	0.4	0.6	0.6	0.8	1
$r_1\leqslant$		0.5	0.5	1	1	1.2	1.5
d_5		4.5	6.2	7.8	9.5	13	16.5
C		1	1.2	1.5	1.8	2	2.5
C_1		0.3	0.5	0.5	0.5	1	1
b		2	2	3	4	4	4
L	35	×					
	40	×	×				
	45	×	×	×			
	50	×	×	×			
	55	×	×	×			
	60	×	×	×			
	65	×	×	×	×		
	70	×	×	×	×		
	80		×	×	×		×
	90			×	×	×	×
	100			×	×	×	×
	110					×	×
	120					×	×
	130					×	×
	140					×	×
	150					×	×
	160						×
	180						×
	200						×

注：1. 材料由制造者选定，推荐采用 45 钢。硬度 35 ~40HRC。

2. 应符合 JB/T 7653 的规定。

3. 标记应包括以下内容：1）圆柱头内六角卸料螺钉；2）圆柱头内六角卸料螺钉直径 d，单位为 mm；3）圆柱头内六角卸料螺钉长度 L，单位为 mm；4）本标准代号，即 JB/T 7650.6—2008。

9.2.7　定距套件标准

JB/T 7650.7—2008 标准规定了冲模定距套件的尺寸规格和标记，适用于冲模定距套件，同时还给出了该套件中套管的尺寸规格、材料指南、技术要求和标记。与旧标准相比，主要变化如下：将标准名称改为《冲模卸料装置 第7部分 定距套件》；增加了“前言”；对“范围”的表述作了修改；对“规范性引用文件”作了修改；零件材料改为推荐选用。

JB/T 7650.7—2008 标准规定的冲模定距套件如表 9-8 所示。

表 9-8　冲模定距套件（摘自 JB/T 7650.7—2008）　　（单位：mm）

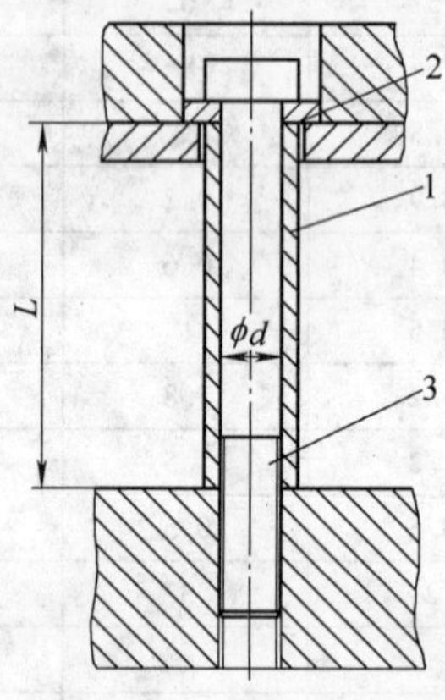

1—套管　2—垫圈　3—螺钉

标记示例：$d=12$mm，$L=63$mm 的定距套件标记如下：

定距套件　12×63　JB/T 7650.7—2008

d	L	套管	垫圈	螺钉
8	50	8×50	8	M8×70
	63	8×63		M8×80
	71	8×71		M8×90
10	50	10×50	10	M10×70
	63	10×63		M10×80
	71	10×71		M10×90
	80	10×80		M10×100
12	63	12×63	12	M12×90
	71	12×71		M12×100
	80	12×80		M12×100
16	63	16×63	16	M16×90
	71	16×71		M16×100
	80	16×80		M16×110
	90	16×90		M16×120
20	71	20×71	20	M20×110
	80	20×80		M20×120
	90	20×90		M20×130

注：标记应包括以下内容：1）定距套件；2）卸料螺钉直径 d，单位为 mm；3）套管长度 L，单位为 mm；4）本标准代号，即 JB/T 7650.7—2008。

本标准规定的定距套件中，套管的结构与尺寸如表 9-9 所示。

表 9-9　冲模定距套件中的套管结构与尺寸

（摘自 JB/T 7650.7—2008）　　（单位：mm）

表面粗糙度以 μm 为单位

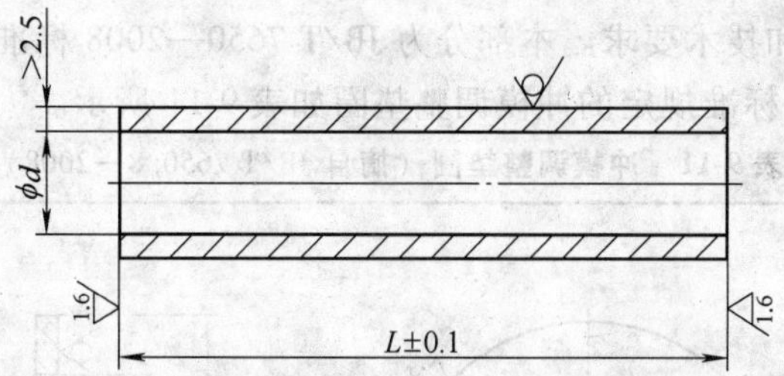

未注表面粗糙度 $Ra6.3\mu m$。

标记示例：$d = 10mm$，$L = 71mm$ 的套管标记如下：

套管　10×71　JB/T 7650.7—2008

d H10		8	10	12	16	20
L	50	×	×			
	63	×	×	×	×	
	71	×	×	×	×	×
	80		×	×	×	×
	90				×	×

注：1. 材料：冷拔无缝钢管。

2. 应符合 JB/T7653 的规定。

3. 标记应包括以下内容：1）套管；2）套管直径 d，单位为 mm；3）套管长度 L，单位为 mm；4）本标准代号，即 JB/T 7650.7—2008。

本标准规定的定距套件中，垫圈的结构与尺寸如表 9-10 所示。

表 9-10　冲模定距套件中的垫圈（摘自 JB/T 7650.7—2008）　　（单位：mm）

表面粗糙度以 μm 为单位

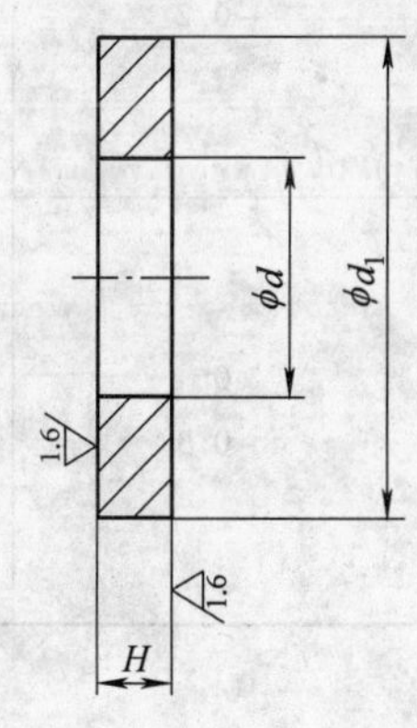

未注表面粗糙度 $Ra6.3\mu m$。

标记示例：$d = 10mm$，$L = 71mm$ 的垫圈标记如下：

垫圈　10×71　JB/T 7650.7—2008

d H10	8	10	12	16	20
d_1	18	22	24	28	36
H	4				5

注：1. 材料由制造者选定，推荐采用 T10A 钢。硬度 58～62HRC。

2. 应符合 JB/T7653 的规定。

3. 标记应包括以下内容：1）垫圈；2）垫圈直径 d，单位为 mm；3）本标准代号，即 JB/T 7650.7—2008。

9.2.8 调节垫圈标准

JB/T 7650.8—2008 标准规定了冲模调整垫圈的尺寸规格和标记，适用于冲模调整垫圈，同时还给出了材料指南和技术要求。本部分为 JB/T 7650—2008 标准的第八部分

JB/T 7650.8—2008 标准规定的冲模调整垫圈如表 9-11 所示。

表 9-11 冲模调整垫圈（摘自 JB/T 7650.8—2008） （单位：mm）

表面粗糙度以 μm 为单位

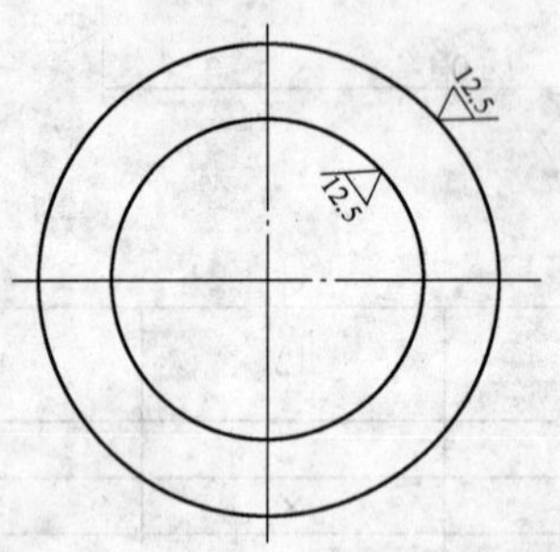

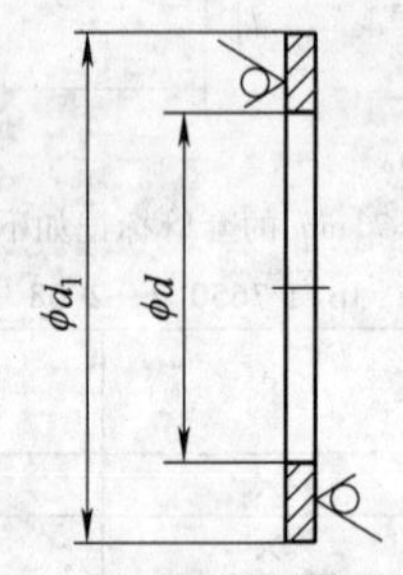

未注表面粗糙度 $Ra6.3\mu m$。

标记示例：$d = 16.4$mm 的调节垫圈标记如下：

调节垫圈 16.4 JB/T 7650.8—2008

d		d_1		S
基本尺寸	极限偏差	基本尺寸	极限偏差	
4.2	+0.1 0	7	0 −0.2	0.5
5.2		8.5		
6.2		10		
8.2		12.5		
10.2		15		
12.4	+0.2 0	18	0 −0.3	1
14.4		21		
16.4		24		
20.4		30		
24.4		36		

注：1. 材料由制造者选定，推荐采用 45 钢。

2. 应符合 JB/T7653 的规定。

3. 标记应包括以下内容：1）调节垫圈；2）调节垫圈直径 d，单位为 mm；3）本标准代号，即 JB/T 7650.8—2008。

9.3 废料切刀标准

JB/T 7651—2008 标准规定的冲模废料切刀包括圆废料切刀和方废料切刀两个部分，分别介绍如下。

9.3.1　圆废料切刀标准

JB/T 7651.1—2008 标准规定了冲模圆废料切刀的尺寸规格和标记，适用于冲模圆废料切刀，同时还给出了材料指南和技术要求。与旧标准相比，主要变化如下：将标准名称改为《冲模废料切刀 第 1 部分：圆废料切刀》；增加了“前言”；对“范围”的表述作了修改；对“规范性引用文件”作了修改；零件材料改为推荐选用。

JB/T 7651.1—2008 标准规定的冲模圆废料切刀如表 9-12 所示。

表 9-12　冲模圆废料切刀（摘自 JB/T 7651.1—2008）　（单位：mm）

表面粗糙度以 μm 为单位

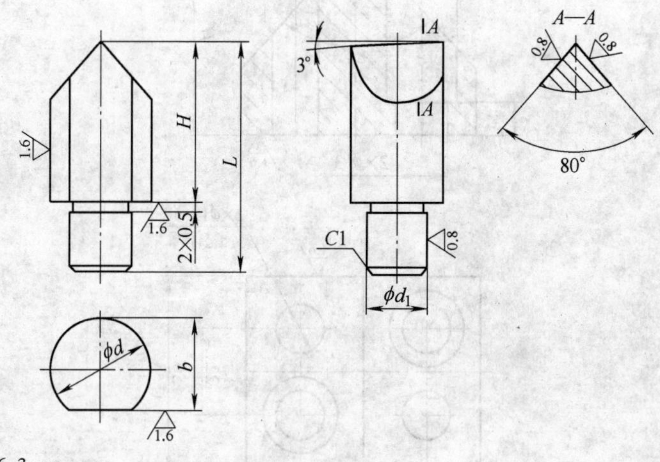

未注表面粗糙度 Ra6.3μm。

标记示例：$d = 14$mm，$H = 18$mm 的圆废料切刀标记如下：

圆废料切刀　14×18　JB/T7651.1—2008

d	d_1 r6	H	L	b	d	d_1 r6	H	L	b
14	8	18	30	12	24	16	28	46	22
		20	32				30	48	
		22	34				32	50	
		26	38				36	54	
20	12	24	38	18	30	20	28	53	27
		26	40				32	57	
		28	42				36	61	
		32	46				40	65	

注：1. 材料由制造者选定，推荐采用 T10A。硬度 56～60HRC。

2. 应符合 JB/T 7653 的规定。

3. 标记应包括以下内容：1）圆废料切刀；2）圆废料切刀直径 d，单位为 mm；3）圆废料切刀高度 L，单位为 mm；4）本标准代号，即 JB/T 7651.1—2008。

9.3.2　方废料切刀标准

JB/T 7651.2—2008 标准规定了冲模方废料切刀的尺寸规格和标记，适用于冲模方废料切刀，同时还给出了材料指南和技术要求。与旧标准相比，主要变化如下：将标准名称改为《冲模废料切刀 第2部分：方废料切刀》；增加了“前言”；对“范围”的表述作了修改；对“规范性引用文件”作了修改；零件材料改为推荐选用。

JB/T 7651.2—2008 标准规定的冲模方废料切刀如表9-13所示。

表9-13 冲模方废料切刀（摘自 JB/T 7651.2—2008） （单位：mm）

表面粗糙度以 μm 为单位

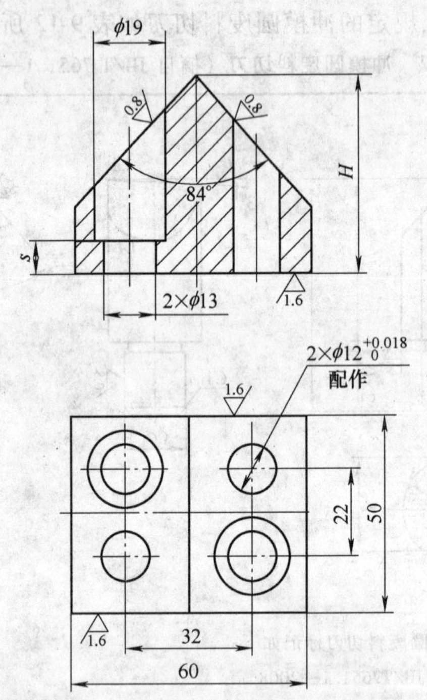

未注表面粗糙度 Ra6.3μm。

标记示例：H=60mm 的方废料切刀标记如下：

方废料切刀 60 JB/T 7651.2—2008

H	45	50	55	60	65

注：1. 材料由制造者选定，推荐采用T10A。硬度56～60HRC。

2. 应符合 JB/T7653 的规定。

3. 标记应包括以下内容：1）方废料切刀；2）方废料切刀高度 H，单位为 mm；3）本标准代号，即 JB/T 7651.2—2008。

9.4 卸料板的设计

9.4.1 卸料板的作用与设计要求

卸料板的主要作用是把材料从凸模上卸下，有时也可作压料板用以防止材料变形，其设计要求如下：

1）卸料力一般取5%～20%冲裁力。

2）卸料板应有足够的刚度，其厚度 H 可按下式计算：

$$H = (0.8 \sim 1.0)H_d$$

式中　H——卸料板厚度（mm）；

H_d——凹板厚度（mm）。

3）卸料板要求耐磨，材料一般选 45 钢，淬火，磨削，表面粗糙度 $Ra0.4 \sim 0.8\mu m$。

4）卸料板安装尺寸，计算中要考虑凸模有 4 ~ 6mm 的刃磨量。

5）卸料板可根据工件形状制作成圆形或矩形，型孔与凸模的配合为 H7/h6 或 H8/f7。

9.4.2　卸料板的设计计算

1. 固定卸料板的设计

固定卸料板又称刚性卸料板，用于厚料或硬材。其特点是卸料力大，使用安全，但送料操作受约束，常用于料厚大于 0.5mm，平面度要求不高的工件，特别适用于卸料力较大的简单冲模。使用条料时固定卸料板可兼作送料导向，在连续模中也可用作凸模导向。

固定卸料板孔形尺寸如表 9-14 中图 a 所示，卸料板孔和凸模的单边间隙 $Z/2 = (0.1 \sim 0.5)t$ [t 为材料厚度（mm）]，硬材料的单边间隙取大值，软材料取小值。固定卸料厚度 h_0 从表 9-14 中选取。

固定卸料板的有关尺寸如图 9-10 所示，其也可参照表 9-15 ~ 表 9-17 选取。其中：固定卸料板的厚度见表 9-15，紧固螺钉及导料板宽度见表 9-16（缺口尺寸 $m = 3 \sim 9$mm）；料厚和卸料板孔与凸模的单边间隙 $Z/2$ 见表 9-17。

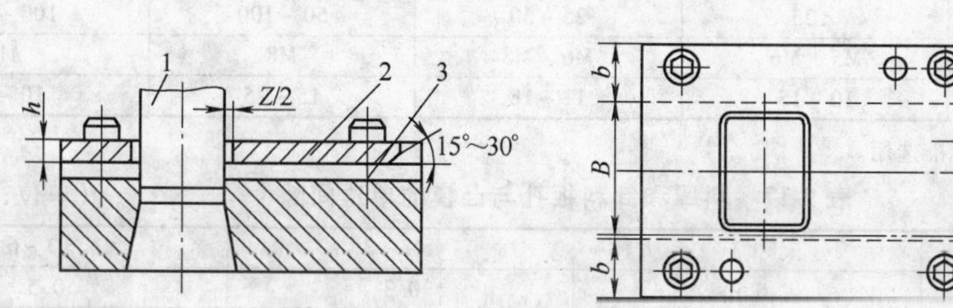

图 9-10　固定卸料板的有关尺寸

1—凸模　2—卸料板　3—导板　4—螺钉

表 9-14　卸料板厚度　（单位：mm）

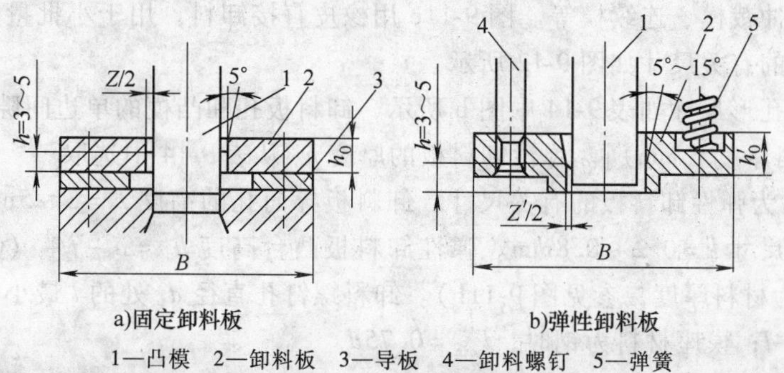

a)固定卸料板　　b)弹性卸料板

1—凸模　2—卸料板　3—导板　4—卸料螺钉　5—弹簧

（续）

冲件料厚 t/mm	卸料板宽度 B/mm									
	≤50		>50～80		>80～125		>125～200		>200	
	h_0	h_0'	h_0	h_0'	h_0	h_0'	h_0	h_0'	h_0	h_0'
<0.8	6	8	6	10	8	12	10	14	12	16
>0.8～1.5	6	10	8	12	10	14	12	16	14	18
>1.5～3	8	—	10	—	12	—	14	—	16	—
>3～4.5	10	—	12	—	14	—	16	—	18	—
>4.5	12	—	14	—	16	—	18	—	20	—

注：h_0—固定卸料板厚度（mm）；h_0'—弹性卸料板厚度（mm）。

表 9-15　固定卸料板的厚度　（单位：mm）

料厚 t	条料宽度 B									
	<25		25～50		50～100		100～150		150～200	
	整体式卸料板				分离式卸料板					
	h	H	h	H	h	H	h	H	h	H
≤0.6	3	6	3	6	4	7	6.5	9.5	8	11
0.6～1.0	3	7	4	8	5.5	9	7	10.5	9	12.5
1.0～1.6	4	8	5	9	6.5	10.5	8	12	10	14
1.6～2.3	6	11	7	12	8	13	10	15	12	17
2.3～3.5	8	14	9	15	10	15	12	18	14	20
3.5～4.5	10	17	11	18	12	19	14	21	16	23
>4.5	11	19	13	21	15	23	16	24	18	26

表 9-16　紧固螺钉及导料板宽度　（单位：mm）

条料宽度 B	<25	25～50	50～100	100～200
螺钉直径 d	M5、M6	M6、M8	M8	M10
导料板宽度 b	10～15	12～18	15～25	10～30

注：导料板尺寸应按标准选用。

表 9-17　料厚和卸料板孔与凸模的单边间隙　（单位：mm）

料厚 t	<1	>1～3	>3～6
单边间隙 Z/2	0.2	0.3	0.5

注：固定卸料板作凸模导向时，凸模与卸料板孔的配合为 H7/H6，工作时，凸模与卸料板不得脱离。

2. 弹性卸料板

弹性卸料板具有卸料和压料的双重作用，多用于冲制薄料，使工件的平面度提高。借助弹簧、橡胶或气垫等弹性装置卸料，常兼作压边、压料装置或凸模导向。图 9-11a 为常用的结构。图 9-11b 为带小导柱的弹性卸料板，这种卸料板兼作凸模导向，用于要求运动精度高的卸料，如小孔冲裁模、连续模等。图 9-11c 用橡皮直接卸料，用于小批量生产薄料冲裁卸料。弹性卸料板的有关尺寸如图 9-12 所示。

弹性卸料板孔形尺寸如表 9-14 中图 b 所示，卸料板孔和凸模的单边间隙 $Z'/2=(0.1\sim0.2)t$［t 为材料厚度（mm）］。弹性卸料板的厚度 h_0' 从表 9-14 中选取。

图 9-12 所示为弹性卸料板的有关尺寸，卸料板导向孔的高度 $h=3\sim5$mm。卸料板底面高出凸模底面的尺寸 $k=0.2\sim0.8$mm。弹性卸料板凸台高度 $h_1=a-t+(0.1\sim0.3)t$（a 为导板厚度，t 为材料厚度，参见图 9-11b）。卸料螺钉孔直径 d_1 处的 l 最小值为：模座材料为铸铁时，$l_{min}=d$；模座材料为钢时，$l_{min}=0.75d$。

弹性卸料板的厚度见表 9-18，卸料板孔与凸模的单边间隙 $Z'/2$ 见表 9-19。

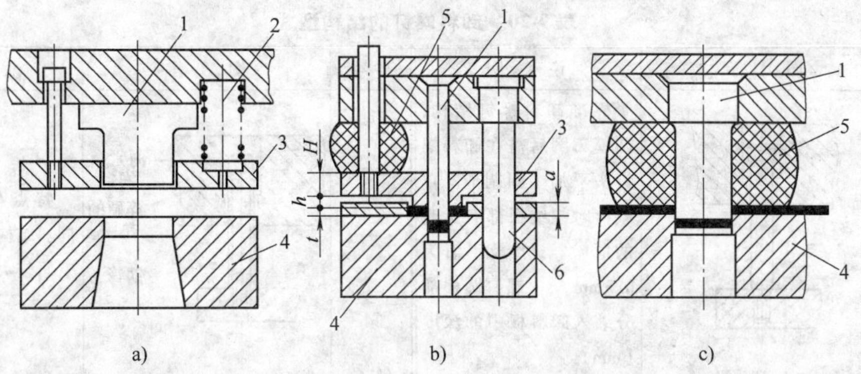

图 9-11　弹性卸料板

a）常用的结构　b）带小导柱的弹性卸料板　c）用橡皮直接卸料

1—凸模　2—弹簧　3—弹性卸料板　4—凹模　5—橡胶　6—小导柱

表 9-18　弹性卸料板的厚度 *H*　　（单位：mm）

冲件料厚 t	卸料板宽度 B				
	≤5	>50~80	>80~125	>125~200	>200
≤0.8	8	10	12	14	16
>0.8~1.5	10	12	14	16	18

表 9-19　卸料板孔与凸模的单边间隙 $Z'/2$　　（单位：mm）

材料厚度 t	<0.5	>0.5~1	>1
单边间隙 $Z'/2$	0.05	0.10	0.15

注：1. 当用弹性卸料板作凸模导向时，卸料板孔与凸模配合按 H7/h6。

2. 级进模中特别小的冲孔凸模与卸料板孔的单面间隙值应比表中的值适当加大。

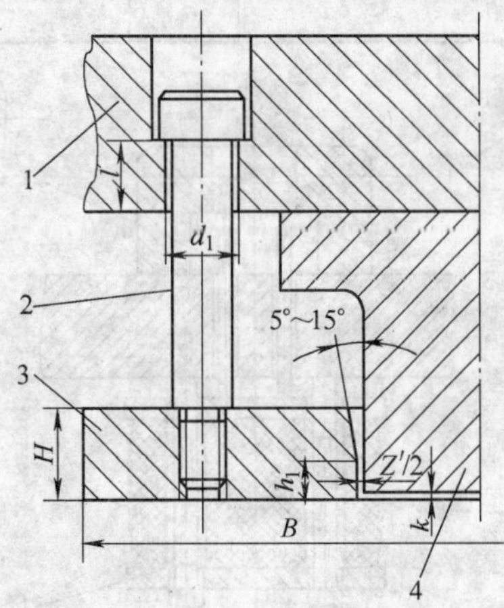

图 9-12　弹性卸料板的有关尺寸

1—上模座　2—卸料螺钉　3—卸料板　4—凸模

9.5　卸料弹簧的设计计算

卸料螺钉的结构型式如表 9-20 所示。卸料弹簧安装结构如表 9-21 和表 9-22 所示。对于卸料行程较大的模具，弹簧或橡胶可以安装在工作台下，如图 9-13 所示。

表 9-20　卸料螺钉的结构型式

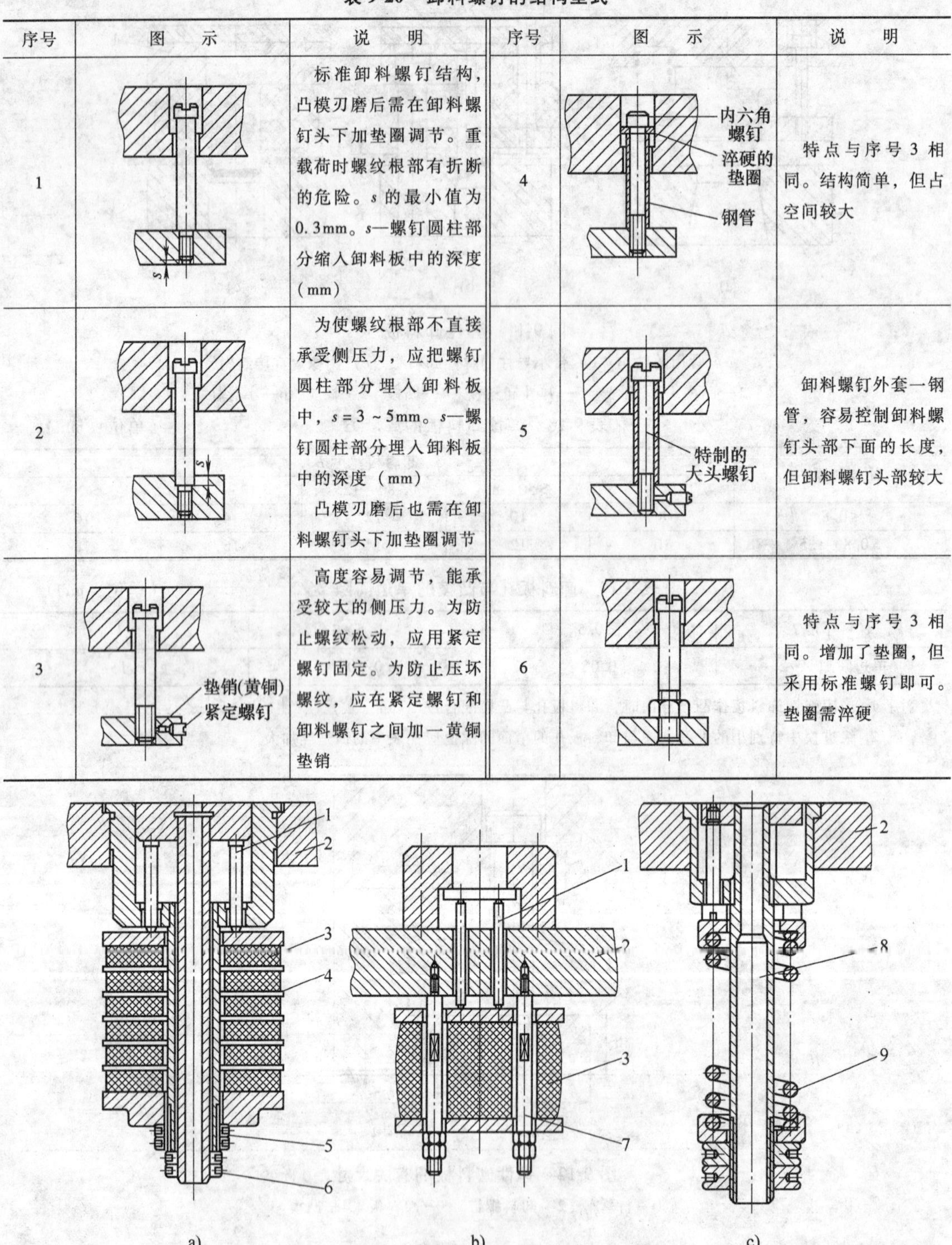

序号	图　示	说　明	序号	图　示	说　明
1	s	标准卸料螺钉结构，凸模刃磨后需在卸料螺钉头下加垫圈调节。重载荷时螺纹根部有折断的危险。s 的最小值为 0.3mm。s—螺钉圆柱部分缩入卸料板中的深度（mm）	4	内六角螺钉 淬硬的垫圈 钢管	特点与序号 3 相同。结构简单，但占空间较大
2	s	为使螺纹根部不直接承受侧压力，应把螺钉圆柱部分埋入卸料板中，$s=3\sim5$mm。s—螺钉圆柱部分埋入卸料板中的深度（mm） 凸模刃磨后也需在卸料螺钉头下加垫圈调节	5	特制的大头螺钉	卸料螺钉外套一钢管，容易控制卸料螺钉头部下面的长度，但卸料螺钉头部较大
3	垫销(黄铜) 紧定螺钉	高度容易调节，能承受较大的侧压力。为防止螺纹松动，应用紧定螺钉固定。为防止压坏螺纹，应在紧定螺钉和卸料螺钉之间加一黄铜垫销	6		特点与序号 3 相同。增加了垫圈，但采用标准螺钉即可。垫圈需淬硬

图 9-13　弹簧或橡胶的安装

a）多层橡胶弹性元件的安装　b）整块橡胶弹性元件的安装　c）弹簧的安装

1—顶杆　2—压力机工作台　3—橡胶　4—钢垫　5、6—锁紧螺母

7—压紧螺杆　8—空心杆　9—弹簧

表 9-21 卸料弹簧安装结构

序号	图示	说明	序号	图示	说明
1		单面加工弹簧座孔，适用于 $s<D$ 的情况 s—弹簧压缩量（mm） D—弹簧外径（mm）	4		用内六角螺钉代替弹簧芯柱，适用情况与序号 3 相同
2		双面加工弹簧座孔，适用于 $s>D$ 的情况	5		弹簧与卸料螺钉安装在一起 $D_1=d+(2\sim3)\text{mm}$ D_1—弹簧内径（mm） d—弹簧芯柱直径（mm）
3		使用弹簧芯柱。当面板厚度较薄，不宜加工弹簧座孔时采用 $D_1=d+(1\sim2)\text{mm}$ D_1—弹簧内径（mm） d—弹簧芯柱直径（mm）			

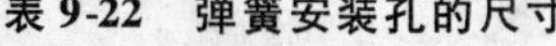

表 9-22 弹簧安装孔的尺寸 （单位：mm）

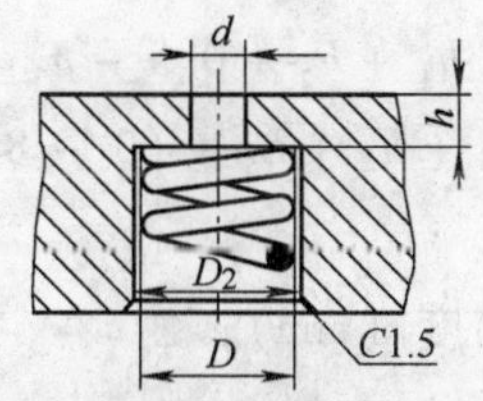

弹簧外径 D	6~10	>10~15	>15~20	>20~25	>25~30	>30
安装孔内径 D_2	$D+1$	$D+1.5$	$D+2$	$D+2.5$	$D+3$	$D+3.5$

弹簧外径 D	6~10	>10~20	>20~35	>35~50	>50~65
孔底厚度	3	5	7	10	15

9.6 卸料装置中关系尺寸的计算

9.6.1 卸料弹簧窝座的深度计算

如图 9-14 所示，弹簧窝座的深度 H，应使冲模在闭合状态时，弹簧压缩到最大的允许压缩量。其计算公式为

$$H = L - F + h_1 + t + l - h_2 + h_3$$

式中　L——弹簧自由状态的长度（mm）；

F——弹簧允许的最大压缩量（mm）；

h_1——卸料板的厚度（mm）；

t——板料厚度（mm）；

h_2——凸模高度（mm）；

h_3——刃口修磨量，一般为 4 ~ 6mm；

l——入模量（mm）。

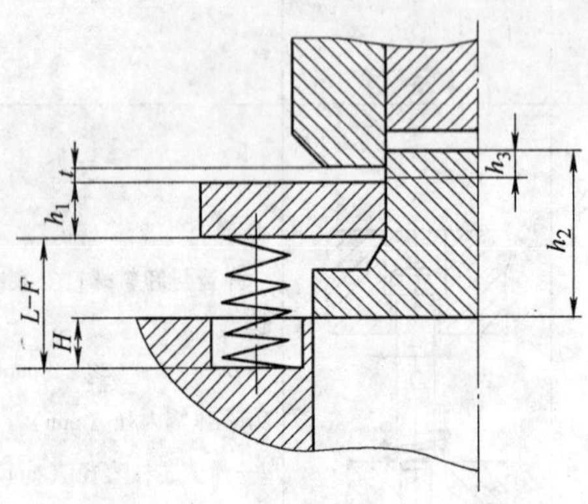

图 9-14　卸料弹簧窝座的深度

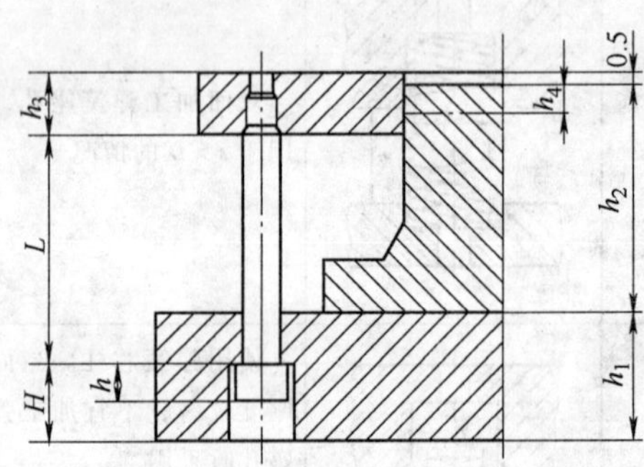

图 9-15　卸料板螺钉的沉孔深度

9.6.2　卸料板螺钉的沉孔深度计算

如图 9-15 所示，沉孔螺钉的深度为

$$H = h_1 + h_2 + 0.5 - h_3 - L$$

$$H > h + h_4 + h_5 + (3 \sim 8)\text{mm}$$

式中　h_1——模座厚度（mm）；

h_2——凸模（或凸凹模）的高度（mm）；

h_3——卸料板的厚度（mm）；

h——卸料螺钉头部高度（mm）；

h_4——刃口修磨量（mm）；

h_5——入模量（mm）；

L——卸料螺钉的长度（mm）。

9.6.3　打杆的长度计算

如图 9-16 所示，打杆的长度为

$$H = h_1 + h_2 + C$$

式中　h_1——顶出状态时，打杆在上模座平面以下的长度（mm）；

h_2——压力机的结构尺寸（mm）；

C——考虑各种误差而加的常数，一般取 $C = 10 \sim 15$mm。

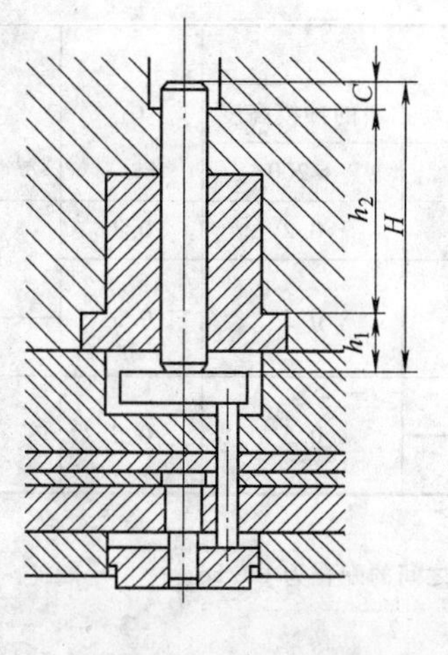

图 9-16　打杆的长度

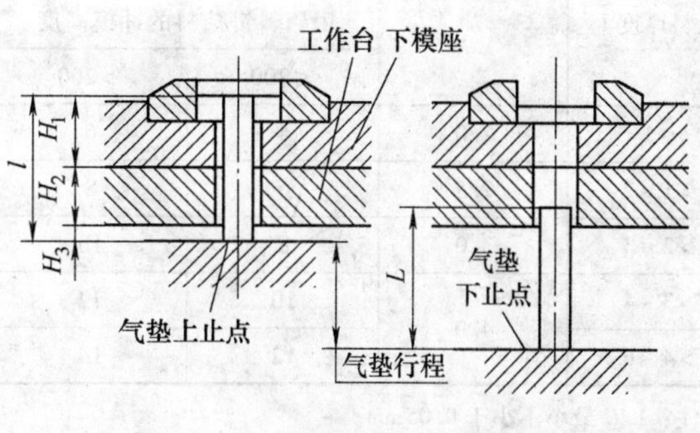

图 9-17　顶杆的长度

9.6.4　顶杆的长度计算

如图 9-17 所示，顶杆的长度为

$$L = H_1 + H_2 + H_3$$

式中　H_1——气垫在压力机上止点时，顶杆在冲模内的长度（mm）；

H_2——压力机工作台的厚度（mm）；

H_3——气垫上平面与工作台下平面之间的间隙（mm）。

为了安全使用，气垫处于下止点位置时，要求顶杆不能脱离工作台。这时，应满足

$$L > l + H_3$$

式中　l——气垫行程长度（mm）。

9.7　卸料板与凸模之间的间隙确定

卸料板与凸模之间的间隙大小以不使冲件或废料被拉进间隙为准。固定卸料板与凸模之间的间隙值如表 9-23 所示。

表 9-23　固定卸料板与凸模之间的间隙　（单位：mm）

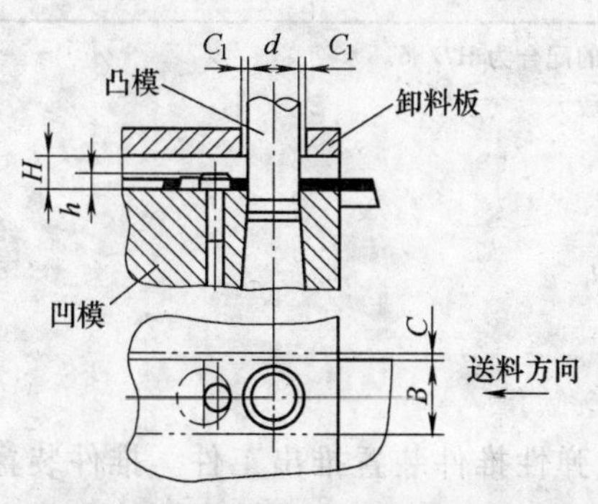

t—板料厚度

H—卸料板与凹模间的距离

h—挡料钉头部的高度

C—侧面导板与条料宽度之间的间隙

C_1—在有导柱的冲模中凸模与卸料板的单面间隙

（续）

板料厚度 t	h	H				C_1	C
		用挡料钉挡料的冲模高度		用侧刃或自动挡料的冲模高度			
		≤200	>200	≤200	>200		
≤1	2.0	4	6	4	0.2	0.2	0.5
>1～2	2.5	6	8	6	0.3	0.3	
>2～3	3.0	8	10				1
>3～4	4.0	10	12	8	0.5	0.5	2
>4～6		12	14	10			

注：1. C 最小不小于 0.05mm。

2. 在无导柱冲模中，用卸料板的孔来作凸模导向时，凸模和卸料板之间的配合为 H7/h6。

3. 当 $t\geqslant1$mm 时应采用侧压板。

弹压卸料板不仅起卸料的作用，同时还起压料的作用。所以除考虑凸模和弹压卸料板之间的间隙以外，还要考虑卸料板压料台肩的高度。其值为

$$h = H - t + (0.1 \sim 0.3)t$$

式中 h——弹压卸料板压料台肩的高度（mm）；

H——侧面导板的厚度（mm）；

t——板料厚度（mm）；

系数——当板料厚度小于 1mm 时，式中的系数取 $0.3t$；当板料厚度大于 1mm 时，系数取 $0.1t$。

弹压卸料板与凸模之间的间隙值如表 9-24 所示。

表 9-24 弹压卸料板与凸模之间的间隙 （单位：mm）

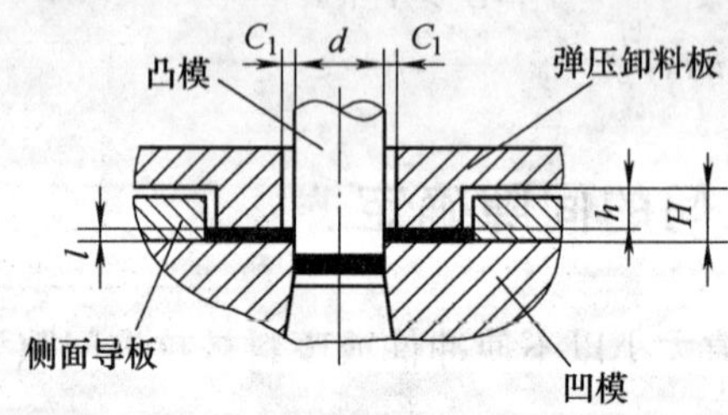

板料厚度 t	≤0.5	>0.5～1	>1
单面间隙 C	0.05	0.10	0.15

注：1. 弹压卸料板的孔用来作凸模导向时，凸模和卸料板之间的配合为 H7/h6。

2. 对于连续模中小孔凸模与卸料板之间的单面间隙可适当放大。

9.8 推件、顶件装置设计

9.8.1 推件装置的结构

凹模装在上模座上（倒装）时，要利用刚性或弹性推件装置推出工件。推件装置装在上模内，通过压力机滑块内的打料机构完成推件工作。刚性推件装置的典型结构如表 9-25

所示，弹性推件装置的典型结构如图 9-18 所示。推板的形状要根据被推下的工件形状，并应考虑推力均衡分布和尽可能减少对模柄和模座强度削弱的原则从相关标准中选择。

表 9-25　推件装置的典型结构

序号	图　示	说　明	序号	图　示	说　明
1	1、3—推杆　2—推板 4—推件块	1）用于倒装复合模中的推件，上模向上时，推杆 1 通过推板 2、经推杆 3 推出推件块 4，从而推出工件 2）推板设在上模座内，结构紧凑，但削弱了上模座的强度 3）适用于推杆与凸模轴线重合的场合	3		推板设在厚垫板内，不削弱上模座的强度
2		1）推杆直接推动推块，从而推出工件 2）适用于推杆与凸模轴线不重合的场合	4	弹顶器	推块上设有弹顶器，可避免薄料或涂了油的冲裁件粘在推块上

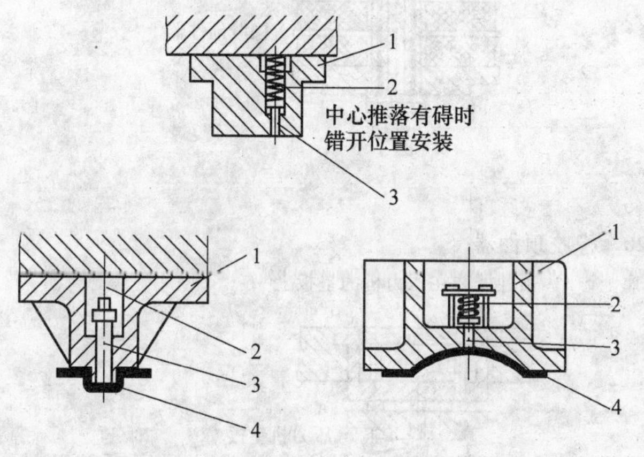

图 9-18　弹性推件装置的典型结构

1—凸模　2—弹簧　3—顶杆　4—工件

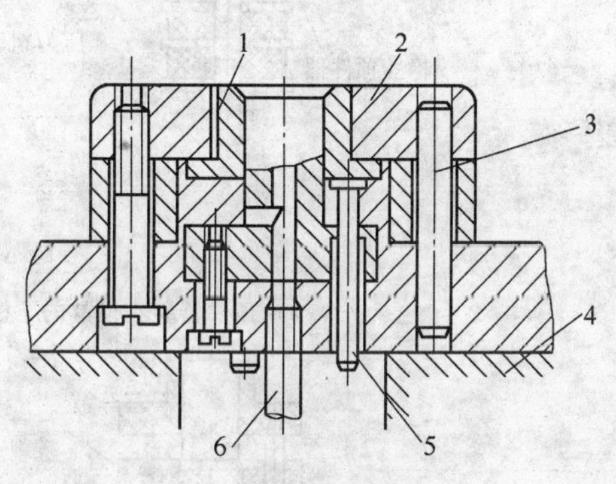

图 9-19　顶件装置

1—顶件套　2—凹模　3—销钉　4—压力机工作台　5—顶杆　6—顶件螺杆

9.8.2　顶件装置的结构

顶件装置的作用是将工件从凹模中顶出。凹模装在下模座上时，如果工件不能通过模具的底部漏出，则需要借助于装在压力机工作台下的顶件装置，利用弹簧和气垫驱动推板顶出工件。顶件装置如图 9-19 所示。

9.8.3　推件块或顶件块与凸、凹模的配合

1）冲裁件的内形尺寸较小，外形尺寸较简单时，推件块（顶件块）外形与凹模为间隙

配合 H8/f8，推件块（顶件块）内孔与凸模为非配合关系（外导向）。

2）冲裁件的内形尺寸较大，外形相对复杂时，推件块（顶件块）内形与凸模为间隙配合 H8/f8，外形与凹模为非配合关系（内导向）。

9.9　顶件器设计

在模具中，顶件器的作用是压紧坯料及在冲压过程结束后顶出工件，同时还可以防止毛坯在弯曲过程中的移动及拉深过程中的起皱。

顶件器有橡胶、弹簧和压缩空气等三种。它们的压力特性是各不相同的。橡胶顶件器随着压缩行程的增加，其压力呈曲线形增加，并且增加得很快；弹簧顶件器随着压缩行程的增加，压力呈线形关系增大；而压缩空气的顶件器在整个行程中，压力基本不变。

图 9-20 所示为橡胶顶件器的结构型式。其中图 9-20a 所示为顶件器装在模具的下模座上，而图 9-20b 所示则将顶件器装在压力机或液压机的垫板上。

图 9-21 所示为弹簧顶件器，它可以装在模具的下模板上，如图 9-21a 所示；也可以直接安装在压力机的垫板上，如图 9-21b 所示。

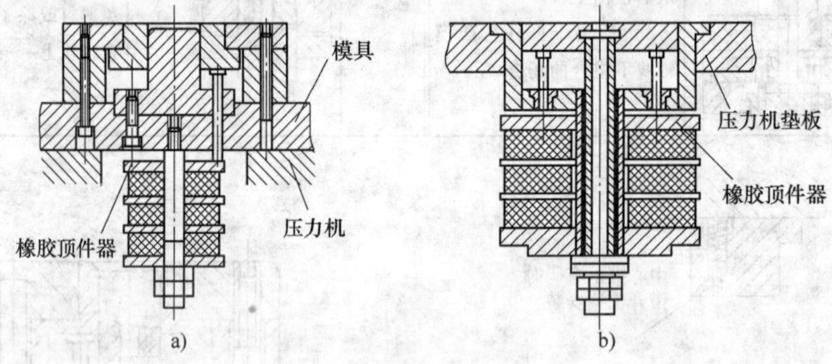

图 9-20　橡胶顶件器

a）顶件器装在模具的下模座上　b）顶件器装在压力机的垫板上

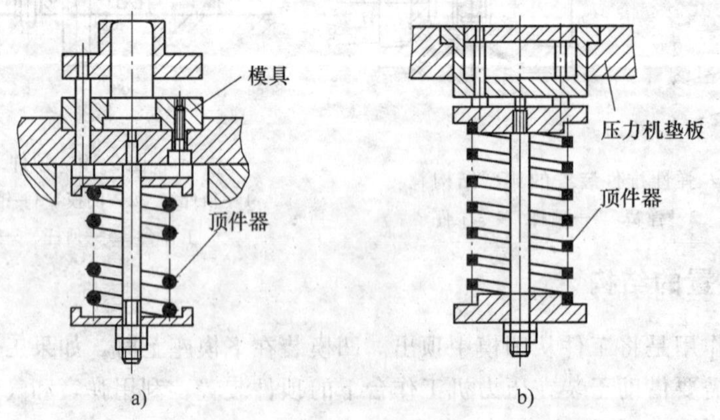

图 9-21　弹簧顶件器

a）顶件器装在模具的下模板上　b）顶件器装在压力机的垫板上

第 10 章　冲模模架标准与应用

模架指的是上、下模座、导柱、导套和模柄等的组合体，冲压模具的全部零件都安装在模架上。其主要作用是把模具的结构及工作零件连接起来，以保证模具工作部分在工作时有一个确定的相对位置。为了缩短模具制造周期，降低成本，我国已制定出模架标准，并有商品模架出售。根据模架导向用的导柱和导套间的配合性质分为滑动导向模架和滚动导向模架两大类。每类模架中，由于导柱安装位置和数量不同，又各具有多种类型。

模架中的导柱和导套已经在第 4 章中进行了详细的介绍，因此本章主要介绍滑动导向模架、滚动导向模架、上模座、下模座和模柄，其标准及代号为：

GB/T 2851—2008　冲模滑动导向模架

GB/T 2852—2008　冲模滚动导向模架

GB/T 2855. 1—2008　冲模滑动导向模座　第 1 部分　上模座

GB/T 2855. 2—2008　冲模滑动导向模座　第 2 部分　下模座

GB/T 2856. 1—2008　冲模滚动导向模座　第 1 部分　上模座

GB/T 2856. 2—2008　冲模滚动导向模座　第 2 部分　下模座

JB/T7646. 1—2008　冲模模柄　第 1 部分　压入式模柄

JB/T7646. 2—2008　冲模模柄　第 2 部分　旋入式模柄

JB/T7646. 3—2008　冲模模柄　第 3 部分　凸缘模柄

JB/T7646. 4—2008　冲模模柄　第 4 部分　槽形模柄

JB/T7646. 5—2008　冲模模柄　第 5 部分　浮动模柄

JB/T7646. 6—2008　冲模模柄　第 6 部分　推入式活动模柄

JB/T8050—2008　冲模模架技术条件

JB/T8070—2008　冲模模架零件技术条件

JB/T8071—2008　冲模模架精度检查

10. 1　冲模滑动导向模架标准

GB/T 2851—2008《冲模滑动导向模架》标准是对 GB/T 2851. 1—1990《冲模滑动导向模架　对角导柱模架》、GB/T 2851. 3—1990《冲模滑动导向模架　后侧导柱模架》、GB/T 2851. 4—1990《冲模滑动导向模架　后侧导柱窄形模架》、GB/T 2851. 5—1990《冲模滑动导向模架　中间导柱模架》、GB/T 2851. 6—1990《冲模滑动导向模架　中间导柱圆形模架》和 GB/T 2851. 7—1990《冲模滑动导向模架　四导柱模架》的合并修订。

GB/T 2851—2008《冲模滑动导向模架》标准规定了冲模滑动导向模架的结构、尺寸规格与标记，适用于冲模滑动导向铸铁模架。与旧标准相比，主要变化如下：将标准名称改为“冲模滑动导向模架”；增加了“前言”和“规范性引用文件”；删除了后侧导柱窄形模架的内容；对中间导柱模架的结构和尺寸规格作了较大的修改。

冲模滑动导向模架包括对角导柱模架、后侧导柱模架、中间导柱模架、中间导柱圆形模架和四导柱模架，分别介绍如下。

10.1.1　对角导柱模架标准

对角导柱模架的导柱、导套对角布置，安装在模座对称中心两侧，导向平稳，适用于横向和纵向送料的模具。GB/T 2851—2008《冲模滑动导向模架》标准规定的对角导柱模架如表 10-1 所示。

表 10-1　冲模滑动导向对角导柱模架（摘自 GB/T 2851—2008）　（单位：mm）

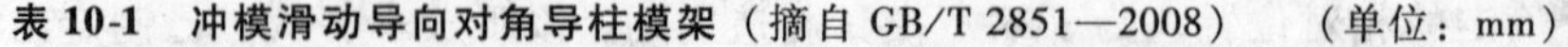

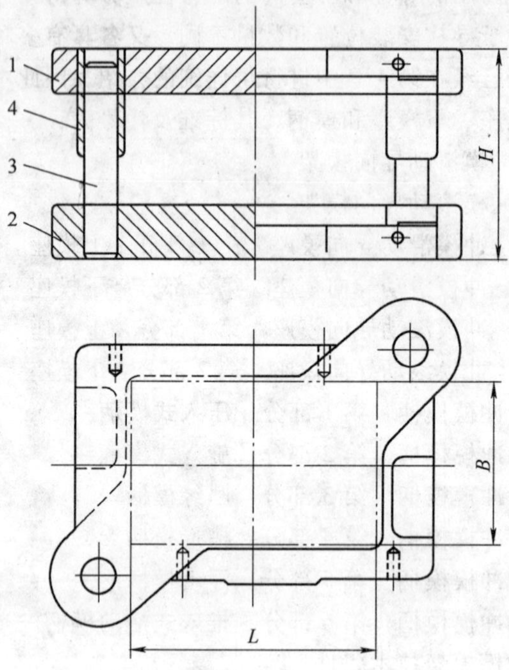

1—上模座　2—下模座　3—导柱　4—导套

标记示例：$L=200\text{mm}$，$B=125\text{mm}$，$H=170\sim205\text{mm}$，Ⅰ级精度的冲模滑动导向对角导柱模架

标记表示为：滑动导向模架　对角导柱　200×125×170～205　Ⅰ　GB/T 2851—2008

凹模周界		闭合高度（参考）H		零件件号、名称及标准编号					
				1	2	3		4	
				上模座 GB/T 2855.1	下模座 GB/T 2855.2	导柱 GB/T 2861.1		导套 GB/T 2861.3	
				数量					
L	B	最小	最大	1	1	1	1	1	1
				规格					
63	50	100	115	63×50×20	63×50×25	16×90	18×90	16×60×18	18×60×18
		110	125			16×100	18×100		
		110	130	63×50×25	63×50×30	16×100	18×100	16×65×23	18×65×23
		120	140			16×110	18×110		

（续）

凹模周界		闭合高度（参考）H		零件件号、名称及标准编号					
				1	2	3		4	
				上模座 GB/T 2855.1	下模座 GB/T 2855.2	导　柱 GB/T 2861.1		导　套 GB/T 2861.3	
				数　量					
L	B	最小	最大	1	1	1	1	1	1
				规　格					
63	63	100	115	63×63×20	63×63×25	16×90	18×90	16×60×18	18×60×18
		110	125			16×100	18×100		
		110	130	63×63×25	63×63×30	16×100	18×100	16×65×23	18×65×23
		120	140			16×110	18×110		
80		110	130	80×63×25	80×63×30	18×100	20×100	18×65×23	20×65×23
		130	150			18×120	20×120		
		120	145	80×63×30	80×63×40	18×110	20×110	18×70×28	20×70×28
		140	165			18×130	20×130		
100		110	130	100×63×25	100×63×30	18×100	20×100	18×65×23	20×65×23
		130	150			18×120	20×120		
		120	145	100×63×30	100×63×40	18×110	20×110	18×70×28	20×70×28
		140	165			18×130	20×130		
80	80	110	130	80×80×25	80×80×30	20×100	22×100	20×65×23	22×65×23
		130	150			20×120	22×120		
		120	145	80×80×30	80×80×40	20×110	22×110	20×70×28	22×70×28
		140	165			20×130	22×130		
100		110	130	100×80×25	100×80×30	20×100	22×100	20×65×23	22×65×23
		130	150			20×120	22×120		
		120	145	100×80×30	100×80×40	20×110	22×110	20×70×28	22×70×28
		140	165			20×130	22×130		
125		110	130	125×80×25	125×80×30	20×100	22×100	20×65×23	22×65×23
		130	150			20×120	22×120		
		120	145	125×80×30	125×80×40	20×110	22×110	20×70×28	22×70×28
		140	165			20×130	22×130		
100	100	110	130	100×100×25	100×100×30	20×100	22×100	20×65×23	22×65×23
		130	150			20×120	22×120		
		120	145	100×100×30	100×100×40	20×110	22×110	20×70×28	22×70×28
		140	165			20×130	22×130		
125		120	150	125×100×30	125×100×35	22×110	25×110	22×80×28	25×80×28
		140	165			22×130	25×130		
		140	170	125×100×35	125×100×45	22×130	25×130	22×80×33	25×80×33
		160	190			22×150	25×150		

（续）

凹模周界		闭合高度（参考）*H*		零件件号、名称及标准编号					
				1	2	3		4	
				上模座 GB/T 2855.1	下模座 GB/T 2855.2	导　柱 GB/T 2861.1		导　套 GB/T 2861.3	
				数　量					
L	*B*	最小	最大	1	1	1	1	1	1
				规　格					
160	100	140	170	160×100×35	160×100×40	25×130	28×130	25×85×33	28×85×33
		160	190			25×150	28×150		
		160	195	160×100×40	160×100×50	25×150	28×150	25×90×38	28×90×38
		190	225			25×180	28×180		
200		140	170	200×100×35	200×100×40	25×130	28×130	25×85×33	28×85×33
		160	190			25×150	28×150		
		160	195	200×100×40	200×100×50	25×150	28×150	25×90×38	28×90×38
		190	225			25×180	28×180		
125	125	120	150	125×125×30	125×125×35	22×110	25×110	22×80×28	25×80×28
		140	165			22×130	25×130		
		140	170	125×125×35	125×125×45	22×130	25×130	22×85×33	25×85×33
		160	190			22×150	25×150		
160		140	170	160×125×35	160×125×40	25×130	28×130	25×85×33	28×85×33
		160	190			25×150	28×150		
		170	205	160×125×40	160×125×50	25×160	28×160	25×95×38	28×95×38
		190	225			25×180	28×180		
200		140	170	200×125×35	200×125×40	25×130	28×130	25×85×33	28×85×33
		160	190			25×150	28×150		
		170	205	200×125×40	200×125×50	25×160	28×160	25×95×38	28×95×38
		190	225			25×180	28×180		
250		160	200	250×125×40	250×125×45	28×150	32×150	28×100×38	32×100×38
		180	220			28×170	32×170		
		190	235	250×125×45	250×125×55	28×180	32×180	28×110×43	32×110×43
		210	255			28×200	32×200		
160	160	160	200	160×160×40	160×160×45	28×150	32×150	28×100×38	32×100×38
		180	220			28×170	32×170		
		190	235	160×160×45	160×160×55	28×180	32×180	28×110×43	32×110×43
		210	255			28×200	32×200		
200		160	200	200×160×40	200×160×45	28×150	32×150	28×100×38	32×100×38
		180	220			28×170	32×170		
		190	235	200×160×45	200×160×55	28×180	32×180	28×110×43	32×110×43
		210	255			28×200	32×200		

（续）

凹模周界		闭合高度（参考）H		零件件号、名称及标准编号					
				1	2	3		4	
				上模座 GB/T 2855.1	下模座 GB/T 2855.2	导柱 GB/T 2861.1		导套 GB/T 2861.3	
				数量					
L	B	最小	最大	1	1	1	1	1	1
				规格					
250	160	170	210	250×160×45	250×160×50	32×160	35×160	32×105×43	35×105×43
		200	240			32×190	35×190		
		200	245	250×160×50	250×160×60	32×190	35×190	32×115×48	35×115×48
		220	265			32×210	35×210		
200	200	170	210	200×200×45	200×200×50	32×160	35×160	32×105×43	35×105×43
		200	240			32×190	35×190		
		200	245	200×200×50	200×200×60	32×190	35×190	32×115×48	35×115×48
		220	265			32×210	35×210		
250		170	210	250×200×45	250×200×50	32×160	35×160	32×105×43	35×105×43
		200	240			32×190	35×190		
		200	245	250×200×50	250×200×60	32×190	35×190	32×115×48	35×115×48
		220	265			32×210	35×210		
315		190	230	315×200×45	315×200×55	35×180	40×180	35×115×43	40×115×43
		220	260			35×210	40×210		
		210	255	315×200×50	315×200×65	35×200	40×200	35×125×48	40×125×48
		240	285			35×230	40×230		
250	250	190	233	250×250×45	250×250×55	35×180	40×180	35×115×43	40×115×43
		220	260			35×210	40×210		
		210	255	250×250×50	250×250×65	35×200	40×200	35×125×48	40×125×48
		240	285			35×230	40×230		
315		215	250	315×250×50	315×250×60	40×200	45×200	40×125×48	45×125×48
		245	280			40×230	45×230		
		245	290	315×250×55	315×250×70	40×230	45×230	40×140×53	45×140×53
		275	320			40×260	45×260		
400		215	250	400×250×50	400×250×60	40×200	45×200	40×125×48	45×125×48
		245	280			40×230	45×230		
		245	280	400×250×55	400×250×70	40×230	45×230	40×140×53	45×140×53
		275	320			40×260	45×260		
315	315	215	250	315×315×50	315×315×60	45×200	50×200	45×125×48	50×125×48
		245	280			45×230	50×230		
		245	290	315×315×55	315×315×70	45×230	50×230	45×140×53	50×140×53
		275	320			45×260	50×260		

（续）

凹模周界		闭合高度（参考）H		零件件号、名称及标准编号					
				1	2	3		4	
				上模座 GB/T 2855.1	下模座 GB/T 2855.2	导柱 GB/T 2861.1		导套 GB/T 2861.3	
				数量					
L	B	最小	最大	1	1	1	1	1	1
				规格					
400	315	245	290	400×315×55	400×315×65	45×230	50×230	45×140×53	50×140×53
		275	315			45×260	50×260		
		275	320	400×315×60	400×315×75	45×260	50×260	45×150×58	50×150×58
		305	350			45×290	50×290		
500		245	290	500×315×55	500×315×65	45×230	50×230	45×140×53	50×140×53
		275	315			45×260	50×260		
		275	320	500×315×60	500×315×75	45×260	50×260	45×150×58	50×150×58
		305	350			45×290	50×290		
400	400	245	290	400×400×55	400×400×65	45×230	50×230	45×140×53	50×140×53
		275	315			45×260	50×260		
		275	320	400×400×60	400×400×75	45×260	50×260	45×150×58	50×150×58
		305	350			45×290	50×290		
630		240	280	630×400×55	630×400×65	50×220	55×220	50×150×53	55×150×53
		270	305			50×250	55×250		
		270	310	630×400×65	630×400×80	50×250	55×250	50×160×63	55×160×63
		300	340			50×280	55×280		
500	500	260	300	500×500×55	500×500×65	50×240	55×240	50×150×53	55×150×53
		290	325			50×270	55×270		
		290	330	500×500×65	500×500×80	50×270	55×270	50×160×63	55×160×63
		320	360			50×300	55×300		

注：1. 应符合 JB/T 8050 的规定。

2. 标记应包括以下内容：1）滑动导向模架；2）结构型式：对角导柱；3）凹模周界尺寸 L、B，以 mm 为单位；4）模架闭合高度 H，以 mm 为单位；5）模架精度等级：Ⅰ级、Ⅱ级；6）本标准代号，即 GB/T 2851—2008。

10.1.2 后侧导柱模架标准

导柱、导套安装在模座的后侧，模座承受偏心载荷会影响模架导向的平稳性和精度。由于导柱在后侧，送料和操作方便，适用于一般精度要求的小型模具。GB/T 2851—2008《冲模滑动导向模架》标准规定的后侧导柱模架如表 10-2 所示。

表 10-2　冲模滑动导向后侧导柱模架（摘自 GB/T 2851—2008）　（单位：mm）

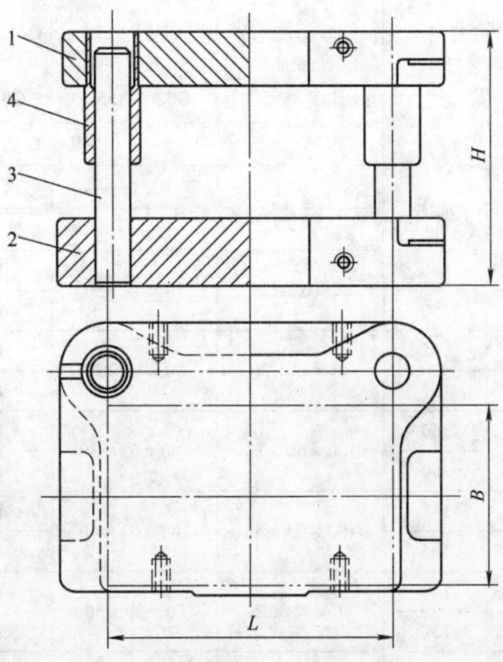

1—上模座　2—下模座　3—导柱　4—导套

标记示例：$L=200$mm，$B=125$mm，$H=170\sim205$mm，Ⅰ级精度的冲模滑动导向后侧导柱模架

标记表示为：滑动导向模架　后侧导柱　200×125×170～205　Ⅰ　GB/T 2851—2008

凹模周界		闭合高度（参考）H		零件件号、名称及标准编号			
				1	2	3	4
				上模座 GB/T 2855.1	下模座 GB/T 2855.2	导柱 GB/T 2861.1	导套 GB/T 2861.3
				数量			
L	B	最小	最大	1	1	2	2
				规格			
63	50	100	115	63×50×20	63×50×25	16×90	16×60×18
		110	125			16×100	
		110	130	63×50×25	63×50×30	16×100	16×65×23
		120	140			16×110	
63	63	100	115	63×63×20	63×63×25	16×90	16×60×18
		110	125			16×100	
		110	130	63×63×25	63×63×30	16×100	16×65×23
		120	140			16×110	

（续）

凹模周界		闭合高度（参考）*H*		零件件号、名称及标准编号			
				1	2	3	4
				上模座 GB/T 2855.1	下模座 GB/T 2855.2	导　柱 GB/T 2861.1	导　套 GB/T 2861.3
				数　量			
L	*B*	最小	最大	1	1	2	2
				规　格			
80	63	110	130	80×63×25	80×63×30	18×100	18×65×23
		130	150			18×120	
		120	145	80×63×30	80×63×40	18×110	18×70×28
		140	165			18×130	
100		110	130	100×63×25	100×63×30	18×100	18×65×23
		130	150			18×120	
		120	145	100×63×30	100×63×40	18×110	18×70×28
		140	165			18×130	
80	80	110	130	80×80×25	80×80×30	20×100	20×65×23
		130	150			20×120	
		120	145	80×80×30	80×80×40	20×110	20×70×28
		140	165			20×130	
100		110	130	100×80×25	100×80×30	20×100	20×65×23
		130	150			20×120	
		120	145	100×80×30	100×80×40	20×110	20×70×28
		140	165			20×130	
125		110	130	125×80×25	125×80×30	20×100	20×65×23
		130	150			20×120	
		120	145	125×80×30	125×80×40	20×110	20×70×28
		140	165			20×130	
100	100	110	130	100×100×25	100×100×30	20×100	20×65×23
		130	150			20×120	
		120	145	100×100×30	100×100×40	20×110	20×70×28
		140	165			20×130	
125		120	150	125×100×30	125×100×35	22×110	22×80×28
		140	165			22×130	
		140	170	125×100×35	125×100×45	22×130	22×80×33
		160	190			22×150	
160		140	170	160×100×35	160×100×40	25×130	25×85×33
		160	190			25×150	
		160	195	160×100×40	160×100×50	25×150	25×90×38
		190	225			25×180	

（续）

凹模周界		闭合高度（参考）H		零件件号、名称及标准编号			
				1	2	3	4
				上模座 GB/T 2855.1	下模座 GB/T 2855.2	导柱 GB/T 2861.1	导套 GB/T 2861.3
				数量			
				1	1	2	2
L	B	最小	最大	规格			
200	100	140	170	200×100×35	200×100×40	25×130	25×85×33
		160	190			25×150	
		160	195	200×100×40	200×100×50	25×150	25×90×38
		190	225			25×180	
125	125	120	150	125×125×30	125×125×35	22×110	22×80×28
		140	165			22×130	
		140	170	125×125×35	125×125×45	22×130	22×85×33
		160	190			22×150	
160		140	170	160×125×35	160×125×40	25×130	25×85×33
		160	190			25×150	
		170	205	160×125×40	160×125×50	25×160	25×95×38
		190	225			25×180	
200		140	170	200×125×35	200×125×40	25×130	25×85×33
		160	190			25×150	
		170	205	200×125×40	200×125×50	25×160	25×95×38
		190	225			25×180	
250		160	200	250×125×40	250×125×45	28×150	28×100×38
		180	220			28×170	
		190	235	250×125×45	250×125×55	28×180	28×110×43
		210	255			28×200	
160	160	160	200	160×160×40	160×160×45	28×150	28×100×38
		180	220			28×170	
		190	235	160×160×45	160×160×55	28×180	28×110×43
		210	255			28×200	
200		160	200	200×160×40	200×160×45	28×150	28×100×38
		180	220			28×170	
		190	235	200×160×45	200×160×55	28×180	28×110×43
		210	255			28×200	
250		170	210	250×160×45	250×160×50	32×160	32×105×43
		200	240			32×190	
		200	245	250×160×50	250×160×60	32×190	32×115×48
		220	265			32×210	

（续）

凹模周界		闭合高度（参考）H		1 上模座 GB/T 2855.1	2 下模座 GB/T 2855.2	3 导柱 GB/T 2861.1	4 导套 GB/T 2861.3
				数量			
				1	1	2	2
L	B	最小	最大	规格			
200	200	170	210	200×200×45	200×200×50	32×160	32×105×43
		200	240			32×190	
		200	245	200×200×50	200×200×60	32×190	32×115×48
		220	265			32×210	
250		170	210	250×200×45	250×200×50	32×160	32×105×43
		200	240			32×190	
		200	245	250×200×50	250×200×60	32×190	32×115×48
		220	265			32×210	
315		190	230	315×200×45	315×200×55	35×180	35×115×43
		220	260			35×210	
		210	255	315×200×50	315×200×65	35×200	35×125×48
		240	285			35×230	
250	250	190	230	250×250×45	250×250×55	35×180	35×115×43
		220	260			35×210	
		210	255	250×250×50	250×250×65	35×200	35×125×48
		240	285			35×230	
315		215	250	315×250×50	315×250×60	40×200	40×125×48
		245	280			40×230	
		245	290	315×250×55	315×250×70	40×230	40×140×53
		275	320			40×260	
400		215	250	400×250×50	400×250×60	40×200	40×125×48
		245	280			40×230	
		245	280	400×250×55	400×250×70	40×230	40×140×53
		275	320			40×260	

注：1. 应符合 JB/T 8050 的规定。

2. 标记应包括以下内容：1）滑动导向模架；2）结构型式：后侧导柱；3）凹模周界尺寸 L、B，以 mm 为单位；4）模架闭合高度 H，以 mm 为单位；5）模架精度等级：Ⅰ级、Ⅱ级；6）本标准代号，即 GB/T 2851—2008。

10.1.3 中间导柱模架标准

导柱、导套安装在中心线上，左右对称布置，适用于纵向送料的单工序模、复合模及工步较少的级进模。GB/T 2851—2008《冲模滑动导向模架》标准规定的中间导柱模架如表

10-3 所示。

表 10-3　冲模滑动导向中间导柱模架（摘自 GB/T 2851—2008）　　（单位：mm）

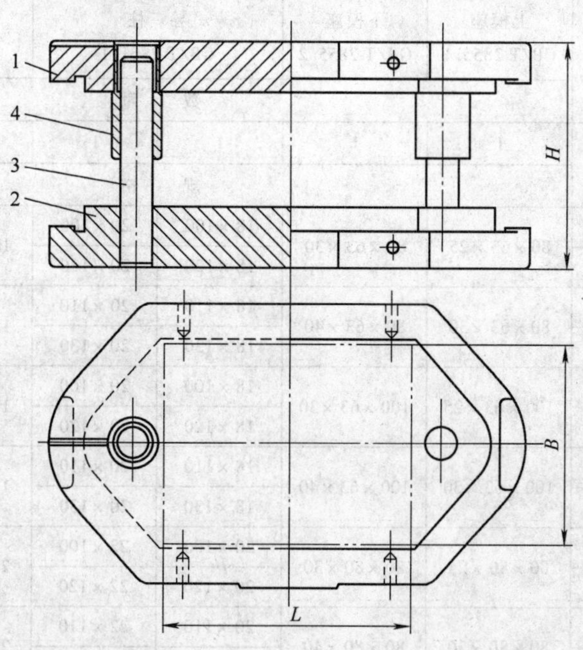

1—上模座　2—下模座　3—导柱　4—导套

标记示例：L = 200mm，B = 125mm，H = 170 ~ 205mm，Ⅰ级精度的冲模滑动导向中间导柱模架

标记表示为：滑动导向模架　中间导柱　200 × 125 × 170 ~ 205　Ⅰ　GB/T 2851—2008

凹模周界		闭合高度（参考）H		零件件号、名称及标准编号					
				1	2	3		4	
				上模座 GB/T 2855.1	下模座 GB/T 2855.2	导　柱 GB/T 2861.1		导　套 GB/T 2861.3	
				数　量					
L	B	最小	最大	1	1	1	1	1	1
				规　格					
63	50	100	115	63 × 50 × 20	63 × 50 × 25	16 × 90	18 × 90	16 × 60 × 18	18 × 60 × 18
		110	125			16 × 100	18 × 100		
		110	130	63 × 50 × 25	63 × 50 × 30	16 × 100	18 × 100	16 × 65 × 23	18 × 65 × 23
		120	140			16 × 110	18 × 110		
63	63	100	115	63 × 63 × 20	63 × 63 × 25	16 × 90	18 × 90	16 × 60 × 18	18 × 60 × 18
		110	125			16 × 100	18 × 100		
		110	130	63 × 63 × 25	63 × 63 × 30	16 × 100	18 × 100	16 × 65 × 23	18 × 65 × 23
		120	140			16 × 110	18 × 110		

（续）

凹模周界		闭合高度（参考）H		零件件号、名称及标准编号					
				1	2	3		4	
				上模座 GB/T 2855.1	下模座 GB/T 2855.2	导柱 GB/T 2861.1		导套 GB/T 2861.3	
				数量					
				1	1	1	1	1	1
L	B	最小	最大	规格					
80	63	110	130	80×63×25	80×63×30	18×100	20×100	18×65×23	20×65×23
		130	150			18×120	20×120		
		120	145	80×63×30	80×63×40	18×110	20×110	18×70×28	20×70×28
		140	165			18×130	20×130		
100		110	130	100×63×25	100×63×30	18×100	20×100	18×65×23	20×65×23
		130	150			18×120	20×120		
		120	145	100×63×30	100×63×40	18×110	20×110	18×70×28	20×70×28
		140	165			18×130	20×130		
80	80	110	130	80×80×25	80×80×30	20×100	22×100	20×65×23	22×65×23
		130	150			20×120	22×120		
		120	145	80×80×30	80×80×40	20×110	22×110	20×70×28	22×70×28
		140	165			20×130	22×130		
100		110	130	100×80×25	100×80×30	20×100	22×100	20×65×23	22×65×23
		130	150			20×120	22×120		
		120	145	100×80×30	100×80×40	20×110	22×110	20×70×28	22×70×28
		140	165			20×130	22×130		
125		110	130	125×80×25	125×80×30	20×100	22×100	20×65×23	22×65×23
		130	150			20×120	22×120		
		120	145	125×80×30	125×80×40	20×110	22×110	20×70×28	22×70×28
		140	165			20×130	22×130		
140		120	150	140×80×30	140×80×35	22×110	25×110	22×80×28	25×80×28
		140	165			22×130	25×130		
		140	170	140×80×35	140×80×45	22×130	25×130	22×80×33	25×80×33
		160	190			22×150	25×150		
100	100	110	130	100×100×25	100×100×30	20×100	22×100	20×65×23	22×65×23
		130	150			20×120	22×120		
		120	145	100×100×30	100×100×40	20×110	22×110	20×70×28	22×70×28
		140	165			20×130	22×130		
125		120	150	125×100×30	125×100×35	22×110	25×110	22×80×28	25×80×28
		140	165			22×130	25×130		
		140	170	125×100×35	125×100×45	22×130	25×130	22×80×33	25×80×33
		160	190			22×150	25×150		

（续）

凹模周界		闭合高度（参考）H		零件件号、名称及标准编号					
				1	2	3		4	
				上模座 GB/T 2855.1	下模座 GB/T 2855.2	导　柱 GB/T 2861.1		导　套 GB/T 2861.3	
				数　量					
				1	1	1	1	1	1
L	B	最小	最大	规　格					
140	100	120	150	140×100×30	140×100×35	22×110	25×110	22×80×28	25×80×28
		140	165			22×130	25×130		
		140	170	140×100×35	140×100×45	22×130	25×130	22×80×33	25×80×33
		160	190			22×150	25×150		
160		140	170	160×100×35	160×100×40	25×130	28×130	25×85×33	28×85×33
		160	190			25×150	28×150		
		160	195	160×100×40	160×100×50	25×150	28×150	25×90×38	28×90×38
		190	225			25×180	28×180		
200		140	170	200×100×35	200×100×40	25×130	28×130	25×85×33	28×85×33
		160	190			25×150	28×150		
		160	195	200×100×40	200×100×50	25×150	28×150	25×90×38	28×90×38
		190	225			25×180	28×180		
125	125	120	150	125×125×30	125×125×35	22×110	25×110	22×80×28	25×80×28
		140	165			22×130	25×130		
		140	170	125×125×35	125×125×45	22×130	25×130	22×85×33	25×85×33
		160	190			22×150	25×150		
140		140	170	140×125×35	140×125×40	25×130	28×130	25×85×33	28×85×33
		160	190			25×150	28×150		
		160	195	140×125×40	140×125×50	25×150	28×150	25×90×38	28×90×38
		190	225			25×180	28×180		
160		140	170	160×125×35	160×125×40	25×130	28×130	25×85×33	28×85×33
		160	190			25×150	28×150		
		170	205	160×125×40	160×125×50	25×160	28×160	25×95×38	28×95×38
		190	225			25×180	28×180		
200		140	170	200×125×35	200×125×40	25×130	28×130	25×85×33	28×85×33
		160	190			25×150	28×150		
		170	205	200×125×40	200×125×50	25×160	28×160	25×95×38	28×95×38
		190	225			25×180	28×180		
250		160	200	250×125×40	250×125×45	28×150	32×150	28×100×38	32×100×38
		180	220			28×170	32×170		
		190	235	250×125×45	250×125×55	28×180	32×180	28×110×43	32×110×43
		210	255			28×200	32×200		

（续）

凹模周界		闭合高度（参考）H		零件件号、名称及标准编号					
				1	2	3		4	
				上模座 GB/T 2855.1	下模座 GB/T 2855.2	导柱 GB/T 2861.1		导套 GB/T 2861.3	
				数量					
L	B	最小	最大	1	1	1	1	1	1
				规格					
250	200	170	210	250×200×45	250×200×50	32×160	35×160	32×105×43	35×105×43
		200	240			32×190	35×190		
		200	245	250×200×50	250×200×60	32×190	35×190	32×115×48	35×115×48
		220	265			32×210	35×210		
280		190	230	280×200×45	280×200×55	35×180	40×180	35×115×43	40×115×43
		220	260			35×210	40×210		
		210	255	280×200×50	280×200×65	35×200	40×200	35×125×48	40×125×48
		240	285			35×230	40×230		
315		190	230	315×200×45	315×200×55	35×180	40×180	35×115×43	40×115×43
		220	260			35×210	40×210		
		210	255	315×200×50	315×200×65	35×200	40×200	35×125×48	40×125×48
		240	285			35×230	40×230		
250	250	190	233	250×250×45	250×250×55	35×180	40×180	35×115×43	40×115×43
		220	260			35×210	40×210		
		210	255	250×250×50	250×250×65	35×200	40×200	35×125×48	40×125×48
		240	285			35×230	40×230		
280		190	233	280×250×45	280×250×55	35×180	40×180	35×115×43	40×115×43
		220	260			35×210	40×210		
		210	255	280×250×50	280×250×65	35×200	40×200	35×125×48	40×125×48
		240	285			35×230	40×230		
315		215	250	315×250×50	315×250×60	40×200	45×200	40×125×48	45×125×48
		245	280			40×230	45×230		
		245	290	315×250×55	315×250×70	40×230	45×230	40×140×53	45×140×53
		275	320			40×260	45×260		
400		215	250	400×250×50	400×250×60	40×200	45×200	40×125×48	45×125×48
		245	280			40×230	45×230		
		245	280	400×250×55	400×250×70	40×230	45×230	40×140×53	45×140×53
		275	320			40×260	45×260		
280	280	215	250	280×280×50	280×280×60	45×200	50×200	45×125×48	50×125×48
		245	280			45×230	50×230		
		245	290	280×280×55	280×280×60	45×230	50×230	45×140×53	50×140×53
		275	320			45×260	50×260		

（续）

凹模周界		闭合高度（参考）H		零件件号、名称及标准编号					
				1	2	3		4	
				上模座 GB/T 2855.1	下模座 GB/T 2855.2	导 柱 GB/T 2861.1		导 套 GB/T 2861.3	
				数 量					
L	B	最小	最大	1	1	1	1	1	1
				规 格					
315	280	215	250	315×280×50	315×280×60	40×200	45×200	40×125×48	45×125×48
		245	280			40×230	45×230		
		245	290	315×280×55	315×280×70	40×230	45×230	40×140×53	45×140×53
		275	320			40×260	45×260		
400		215	250	400×280×50	400×280×60	40×200	45×200	40×125×48	45×125×48
		245	280			40×230	45×230		
		245	290	400×280×55	400×280×70	40×230	45×230	40×140×53	45×140×53
		275	320			40×260	45×260		
315	315	215	250	315×315×50	315×315×60	45×200	50×200	45×125×48	50×125×48
		245	280			45×230	50×230		
		245	290	315×315×55	315×315×70	45×230	50×230	45×140×53	50×140×53
		275	320			45×260	50×260		
400		240	280	400×315×55	400×315×65	45×230	50×230	45×140×53	50×140×53
		270	305			45×260	50×260		
		270	310	400×315×60	400×315×75	45×260	50×260	45×150×58	50×150×58
		305	350			45×290	50×290		
500		240	280	500×315×55	500×315×65	45×230	50×230	45×140×53	50×140×53
		270	305			45×260	50×260		
		270	310	500×315×60	500×315×75	45×260	50×260	45×150×58	50×150×58
		305	350			45×290	50×290		
400	400	240	280	400×400×55	400×400×65	45×230	50×230	45×140×53	50×140×53
		270	305			45×260	50×260		
		270	310	400×400×60	400×400×75	45×260	50×260	45×150×58	50×150×58
		305	350			45×290	50×290		
630		240	280	630×400×55	630×400×65	50×220	55×220	50×150×53	55×150×53
		270	305			50×250	55×250		
		270	310	630×400×65	630×400×80	50×250	55×250	50×160×63	55×160×63
		305	350			50×280	55×280		
500	500	260	300	500×500×55	500×500×65	50×240	55×240	50×150×53	55×150×53
		290	325			50×270	55×270		
		290	330	500×500×65	500×500×80	50×270	55×270	50×160×63	55×160×63
		320	360			50×300	55×300		

注：1. 应符合 JB/T 8050 的规定。

2. 标记应包括以下内容：1）滑动导向模架；2）结构型式：中间导柱；3）凹模周界尺寸 L、B，以 mm 为单位；4）模架闭合高度 H，以 mm 为单位；5）模架精度等级：Ⅰ级、Ⅱ级；6）本标准代号，即 GB/T 2851—2008。

10.1.4　中间导柱圆形模架标准

导柱、导套安装在中心线上，左右对称布置，适用于纵向送料的单工序模、复合模及工步较少的级进模。GB/T 2851—2008《冲模滑动导向模架》标准规定的中间导柱圆形模架如表 10-4 所示。

表 10-4　冲模滑动导向中间导柱圆形模架（摘自 GB/T 2851—2008）　（单位：mm）

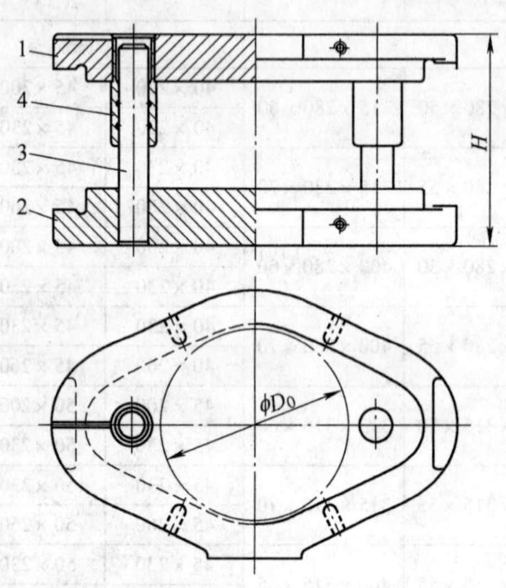

1—上模座　2—下模座　3—导柱　4—导套

标记示例：D_0 = 200mm，H = 170 ~ 210mm，Ⅰ级精度的冲模滑动导向中间导柱圆形模架

标记表示为：滑动导向模架　中间导柱圆形　200 × 170 ~ 210　Ⅰ　GB/T 2851—2008

凹模周界	闭合高度（参考）H		零件件号、名称及标准编号					
			1	2	3		4	
			上模座 GB/T 2855.1	下模座 GB/T 2855.2	导　柱 GB/T 2861.1		导　套 GB/T 2861.3	
			数　量					
			1	1	1	1	1	1
D_0	最小	最大	规　格					
63	100	115	63 × 20	63 × 25	16 × 90	18 × 90	16 × 60 × 18	18 × 60 × 18
	110	125			16 × 100	18 × 100		
	110	130	63 × 25	63 × 30	16 × 100	18 × 100	16 × 65 × 23	18 × 65 × 23
	120	140			16 × 110	18 × 110		
80	110	130	80 × 25	80 × 30	20 × 100	22 × 100	20 × 65 × 23	22 × 65 × 23
	130	150			20 × 120	22 × 120		
	120	145	80 × 30	80 × 40	20 × 110	22 × 110	20 × 70 × 28	22 × 70 × 28
	140	165			20 × 130	22 × 130		

（续）

凹模周界	闭合高度（参考）H		零件件号、名称及标准编号					
			1	2	3		4	
			上模座 GB/T 2855.1	下模座 GB/T 2855.2	导　柱 GB/T 2861.1		导　套 GB/T 2861.3	
			数　量					
D_0	最小	最大	1	1	1	1	1	1
			规　格					
100	110	130	100×25	100×30	20×100	22×100	20×65×23	22×65×23
	130	150			20×120	22×120		
	120	145	100×30	100×40	20×110	22×110	20×70×28	22×70×28
	140	165			20×130	22×130		
125	120	150	125×30	125×35	22×110	25×110	22×80×28	25×80×28
	140	165			22×130	25×130		
	140	170	125×35	125×45	22×130	25×130	22×85×33	25×85×33
	160	190			22×150	25×150		
160	160	200	160×40	160×45	28×150	32×150	28×110×38	32×110×38
	180	220			28×170	32×170		
	190	235	160×45	160×55	28×180	32×180	28×110×43	32×110×43
	210	255			28×200	32×200		
200	170	210	200×45	200×50	32×160	35×160	32×105×43	35×105×43
	200	240			32×190	35×190		
	200	245	200×50	200×60	32×190	35×190	32×115×48	35×115×48
	220	265			32×210	35×210		
250	190	230	250×45	250×55	35×180	40×180	35×115×43	40×115×43
	220	260			35×210	40×210		
	210	255	250×50	250×65	35×200	40×200	35×125×48	40×125×48
	240	285			35×230	40×230		
315	215	250	315×50	315×60	45×200	50×200	45×125×48	50×125×48
	245	280			45×230	50×230		
	245	290	315×55	315×70	45×230	50×230	45×140×53	50×140×53
	275	320			45×260	50×260		
400	245	290	400×55	400×65	45×230	50×230	45×140×53	50×140×53
	275	315			45×260	50×260		
	275	320	400×60	400×75	45×260	50×260	45×150×58	50×150×58
	305	350			45×290	50×290		
500	260	300	500×55	500×65	50×240	55×240	50×150×53	55×150×53
	290	325			50×270	55×270		
	290	330	500×65	500×80	50×270	55×270	50×160×63	55×160×63
	320	360			50×300	55×300		

（续）

凹模周界	闭合高度（参考）H		零件件号、名称及标准编号					
			1	2	3		4	
			上模座 GB/T 2855.1	下模座 GB/T 2855.2	导　柱 GB/T 2861.1		导　套 GB/T 2861.3	
			数　量					
D_0	最小	最大	1	1	1	1	1	1
			规　格					
630	270	310	630×60	630×70	55×250	60×250	55×160×58	60×160×58
	300	340			55×280	60×280		
	310	350	630×75	630×90	55×290	60×290	55×170×73	60×170×73
	340	380			55×320	60×320		

注：1. 应符合 JB/T 8050 的规定。

2. 标记应包括以下内容：1）滑动导向模架；2）结构型式：中间导柱圆形；3）凹模周界尺寸 D_0，以 mm 为单位；4）模架闭合高度 H，以 mm 为单位；5）模架精度等级：Ⅰ级、Ⅱ级；6）本标准代号，即 GB/T 2851—2008。

10.1.5 四导柱模架标准

导柱、导套安装在模具的四角，冲压时模架受力比较平衡，稳定性和导向精度较高，适用于尺寸较大及精度较高的模具。GB/T 2851—2008《冲模滑动导向模架》标准规定的四导柱模架如表 10-5 所示。

表 10-5　冲模滑动导向四导柱模架（摘自 GB/T 2851—2008）　（单位：mm）

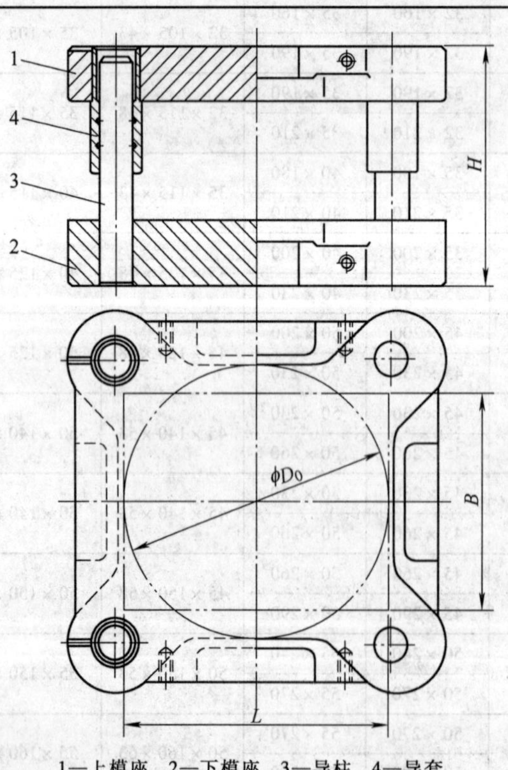

1—上模座　2—下模座　3—导柱　4—导套

标记示例：L = 200mm，B = 160mm，H = 170 ~210mm，Ⅰ级精度的冲模滑动导向四导柱模架

标记表示为：滑动导向模架　中间导柱圆形

200 × 170 ~ 210　Ⅰ　GB/T 2851—2008

（续）

凹模周界			闭合高度（参考）H		零件件号、名称及标准编号			
					1	2	3	4
					上模座 GB/T 2855.1	下模座 GB/T 2855.2	导柱 GB/T 2861.1	导套 GB/T 2861.3
					数量			
L	B	D_0	最小	最大	1	1	4	4
					规格			
160	125	160	140	170	160×125×35	160×125×40	25×130	25×85×33
			160	190			25×150	
			170	205	160×125×40	160×125×50	25×160	25×95×38
			190	225			25×180	
200	160	200	160	200	200×160×40	200×160×45	28×150	28×100×38
			180	220			28×170	
			190	235	200×160×45	200×160×55	28×180	28×110×43
			210	255			28×200	
250			170	210	250×160×45	250×160×50	32×160	32×105×43
			200	240			32×190	
			200	245	250×160×50	250×160×60	32×190	32×115×48
			220	265			32×210	
250	200	250	170	210	250×200×45	250×200×50	32×160	32×105×43
			200	240			32×190	
			200	245	250×200×50	250×200×60	32×190	32×115×48
			220	265			32×210	
315			190	233	315×200×45	315×200×55	35×180	35×115×43
			220	260			35×210	
			210	255	315×200×50	315×200×65	35×200	35×125×48
			240	285			35×230	
315	250		215	250	315×250×50	315×250×60	40×200	40×125×48
			245	280			40×230	
			245	290	315×250×55	315×250×70	40×230	40×140×53
			275	320			40×260	
400			215	250	400×250×50	400×250×60	40×200	40×125×48
			245	280			40×230	
			245	290	400×250×55	400×250×70	40×230	40×140×53
			275	320			40×260	
400	315		245	290	400×315×55	400×315×65	45×230	45×140×53
			275	315			45×260	
			275	320	400×315×60	400×315×75	45×260	45×150×58
			305	350			45×290	

（续）

凹模周界			闭合高度（参考）H		零件件号、名称及标准编号			
					1	2	3	4
					上模座 GB/T 2855.1	下模座 GB/T 2855.2	导 柱 GB/T 2861.1	导 套 GB/T 2861.3
					数 量			
L	B	D_0	最小	最大	1	1	4	4
					规 格			
500	315	250	245	290	500×315×55	500×315×65	45×230	45×140×53
			275	315			45×260	
			275	320	500×315×60	500×315×75	45×260	45×150×58
			305	350			45×290	
630			260	300	630×315×55	630×315×65	50×240	50×150×53
			290	325			50×270	
			290	330	630×315×65	630×315×80	50×270	50×160×63
			320	360			50×300	
500	400		260	300	500×400×55	500×400×65	50×240	50×150×53
			290	325			50×270	
			290	330	500×400×65	500×400×80	50×270	50×160×63
			320	360			50×300	
630			260	300	630×400×55	630×400×65	50×240	50×150×53
			290	325			50×270	
			290	330	630×400×65	630×400×80	50×270	50×160×63
			320	360			50×300	

注：1. 应符合 JB/T 8050 的规定。

2. 标记应包括以下内容：1）滑动导向模架；2）结构型式：四导柱；3）凹模周界尺寸 L、B 或 D_0，以 mm 为单位；4）模架闭合高度 H，以 mm 为单位；5）模架精度等级：Ⅰ级、Ⅱ级；6）本标准代号，即 GB/T 2851—2008。

10.2 冲模滑动导向模座标准

10.2.1 上模座标准

GB/T 2855.1—2008《冲模滑动导向模座 第 1 部分：上模座》是对 GB/T 2855.1—1990《冲模滑动导向模座 对角导柱上模座》、GB/T 2855.5—1990《冲模滑动导向模座 后侧导柱上模座》、GB/T 2855.7—1990《冲模滑动导向模座 后侧导柱窄形上模座》、GB/T 2855.9—1990《冲模滑动导向模座 中间导柱上模座》、GB/T 2855.11—1990《冲模滑动导向模座 中间导柱圆形上模座》、GB/T 2855.13—1990《冲模滑动导向模座 四导柱上模座》的合并修订。

GB/T 2855.1—2008《冲模滑动导向模座 第 1 部分：上模座》标准规定了冲模滑动导

向上模座的结构、尺寸规格和标记，适用于冲模滑动导向用上模座，同时还给出了材料指南和技术要求。与旧标准相比，主要变化如下：将标准名称改为《冲模滑动导向模座 第 1 部分：上模座》；增加了“前言”和“规范性引用文件”；删除了后侧导柱窄形上模座的内容；对中间导柱上模座的结构和尺寸规格作了较大修改；材料改为推荐采用。

GB/T 2855.1—2008 标准规定的冲模滑动导向上模座包括对角导柱上模座、后侧导柱上模座、中间导柱上模座、中间导柱圆形上模座和四导柱上模座。其标记内容包括：①滑动导向上模座；②结构型式：对角导柱、后侧导柱、中间导柱、中间导柱圆形、四导柱；③凹模周界尺寸 L、B 或 D_0，以 mm 为单位；④模架闭合高度 H，以 mm 为单位；⑤本标准代号，即 GB/T 2855.1—2008。例如 $L=200$mm，$B=160$mm，$H=45$mm 的滑动导向对角导柱上模座的标记为：滑动导向上模座　对角导柱　200×160×45　GB/T 2855.1—2008。

下面将冲模滑动导向上模座分别介绍如下。

1. 对角导柱上模座标准

GB/T 2855.1—2008 标准规定的冲模滑动导向对角导柱上模座的结构如图 10-1 所示，尺寸如表 10-6 所示。

表 10-6　冲模滑动导向对角导柱上模座尺寸

（摘自 GB/T 2855.1—2008）　　（单位：mm）

凹模周界		H	h	L_1	B_1	L_2	B_2	S	S_1	R	l_2	D	D_1	d_1	t	S_2
L	B											H7	H7			
63	50	20	—	70	60	—	—	100	85	28	40	25	28	—	—	—
		25														
63	63	20		70	70				95							
		25														
80		25		90				120	105	32		28	32			
		30														
100		25		110				140								
		30														
80	80	25		90	90			125	125	35	60	32	35			
		30														
100		25		110				145								
		30														
125		25		130				170								
		30														
100	100	25		110	110			145	145							
		30														
125		30		130				170		38		35	38			
		35														
160		35		170				210	150	42	80	38	42			
		40														
200		35		210				250								
		40														

（续）

凹模周界		H	h	L_1	B_1	L_2	B_2	S	S_1	R	l_2	D H7	D_1 H7	d_1	t	S_2
L	B															
125		30		130				170		38	60	35	38			
		35														
160		35		170				210	175							
	125	40			130					42	80	38	42			
200		35		210				250						—	—	—
		40	—			—	—									
250		40		260				305	180		100					
		45								45			45			
160		40		170				215	215		80	42				
		45														
200	160	40		210	170			255	215	45	80		45	—	—	—
		45														
250		45		260		360	230	310	220		10					210
		50	30							50		45	50	M14-6H	28	
200	200	45		210	210	320	270	260	260		80					180
		50														
250		45		260		370		310	260	50		45	50			220
	200	50			210		270							M14-6H	28	
315		45	30	325		435		380	265							280
		50								55		50	55			
250		45		260		380		315	315							210
		50														
315	250	50		325	260	445	330	385						M16-6H	32	290
		55							320	60		55	60			
400		50	35	410		540		470								350
		55														
315		50		325		460		390			100					280
		55														
400	315	55		410	325	550	400	475	390							340
		60								65		60	65			
500		55		510		655		575								460
		60												M20-6H	40	
400		55	40	410		560		475	475							370
	40	60			410		490									
630		55		640		780		710	480							580
		65								70		65	70			
500	500	55		510	510	650	590	580	580							460
		65														

注：1. 材料由制造者选定，推荐采用 HT200。

2. 压板台的形状、位置尺寸和标记面的位置尺寸由制造者确定。

3. t_2 应符合 JB/T 8070 的规定。

4. 标记应包括以下内容：1）滑动导向上模座；2）结构型式：对角导柱；3）凹模周界尺寸 L、B，以 mm 为单位；4）模架闭合高度 H，以 mm 为单位；5）本标准代号，即 GB/T 2855.1—2008。

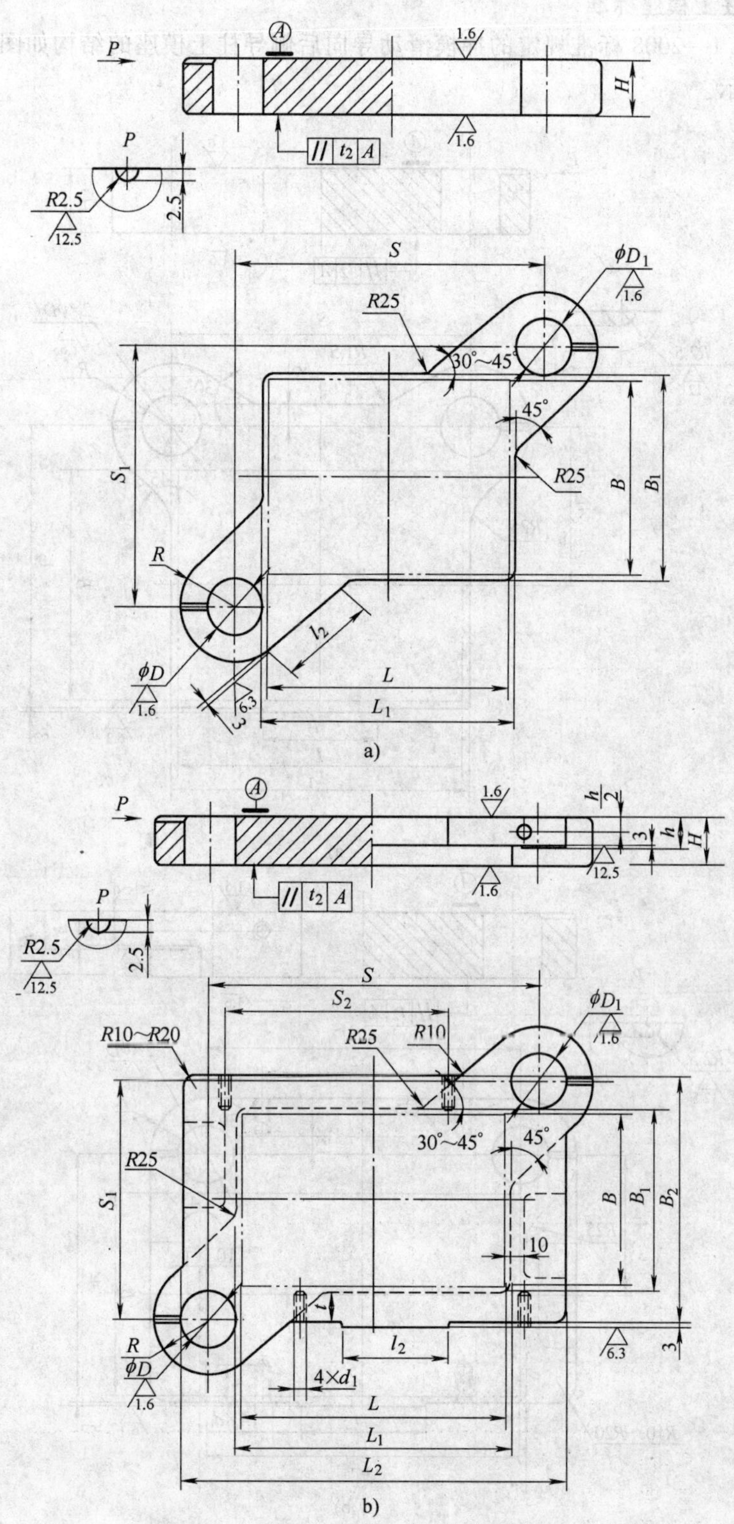

图 10-1 冲模滑动导向对角导柱上模座

a）对角导柱上模座（$L \times B \leqslant 200 \times 160$） b）对角导柱上模座（$L \times B > 200 \times 160$）

2. 后侧导柱上模座标准

GB/T 2855.1—2008 标准规定的冲模滑动导向后侧导柱上模座的结构如图 10-2 所示，尺寸如表 10-7 所示。

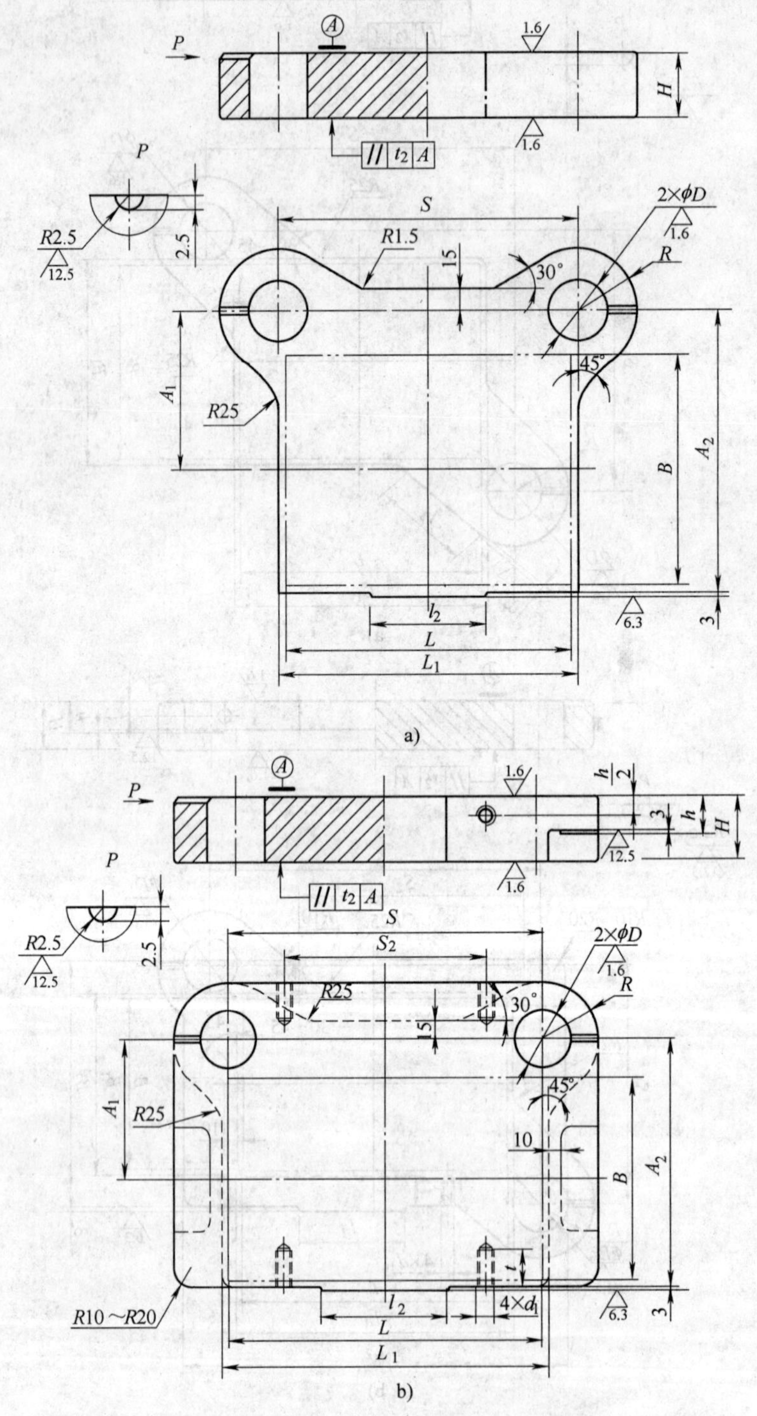

图 10-2 冲模滑动导向后侧导柱上模座

a）后侧导柱上模座（$L \times B \leqslant 200 \times 160$） b）后侧导柱上模座（$L \times B > 200 \times 160$）

表 10-7　冲模滑动导向后侧导柱上模座尺寸（摘自 GB/T 2855.1—2008）（单位：mm）

凹模周界 L	凹模周界 B	H	h	L_1	S	A_1	A_2	R	l_2	D H7	d_2	t	S_2
63	50	20, 25	—	70	70	45	75	25	40	25	—	—	—
63	63	20, 25	—	70	70	50	85	25	40	25	—	—	—
80	63	25, 30	—	90	94	50	85	28	60	28	—	—	—
100	63	25, 30	—	110	116	50	85	28	60	28	—	—	—
80	80	25, 30	—	90	94	65	110	32	60	32	—	—	—
100	80	25, 30	—	110	116	65	110	32	60	32	—	—	—
125	80	25, 30	—	130	130	65	110	32	60	32	—	—	—
100	100	25, 30	—	110	116	75	130	32	60	32	—	—	—
125	100	30, 35	—	130	130	75	130	35	60	35	—	—	—
160	100	35, 40	—	170	170	75	130	38	80	38	—	—	—
200	100	35, 40	—	210	210	75	130	38	80	38	—	—	—
125	125	30, 35	—	130	130	85	150	35	60	35	—	—	—
160	125	35, 40	—	170	170	85	150	38	80	38	—	—	—
200	125	35, 40	—	210	210	85	150	38	80	38	—	—	—
250	125	40, 45	—	260	250	85	150	42	100	42	—	—	—
160	160	40, 45	—	170	170	110	195	42	80	42	M14-6H	28	—
200	160	40, 45	—	210	210	110	195	42	80	42	M14-6H	28	—
250	160	45, 50	30	260	250	110	195	45	100	45	M14-6H	28	150
200	200	45, 50	30	210	210	130	235	45	80	45	M14-6H	28	120
250	200	45, 50	30	260	250	130	235	45	100	45	M14-6H	28	150
315	200	45, 50	30	325	305	130	235	50	100	50	M14-6H	28	200
250	250	45, 50	30	260	250	160	290	50	100	50	M16-6H	32	140
315	250	50, 55	35	325	305	160	290	55	100	55	M16-6H	32	200
400	250	50, 55	35	410	390	160	290	55	100	55	M16-6H	32	280

注：1. 压板台的形状尺寸由制造者确定。

2. 材料由制造者选定，推荐采用 HT200。

3. t_2 应符合 JB/T 8070 中表 2 的规定。应符合 JB/T 8070 的规定。

4. 标记应包括以下内容：1）滑动导向上模座；2）结构型式：后侧导柱；3）凹模周界尺寸 L、B，以 mm 为单位；4）模架闭合高度 H，以 mm 为单位；5）本标准代号，即 GB/T 2855.1—2008。

3. 中间导柱上模座标准

GB/T 2855. 1—2008 标准规定的冲模滑动导向中间导柱上模座的结构如图 10-3 所示，尺寸如表 10-8 所示。

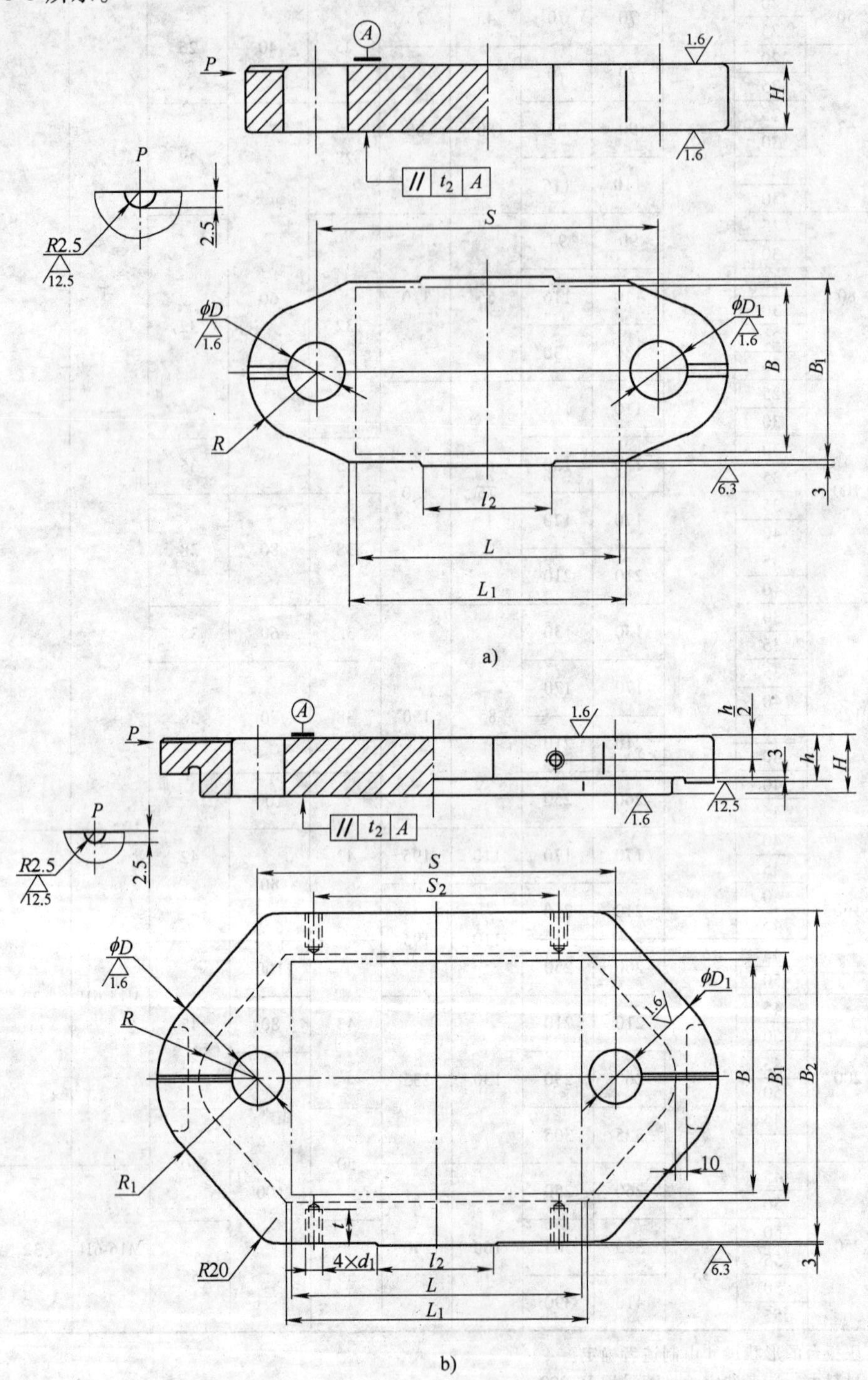

图 10-3　冲模滑动导向中间导柱上模座

a）中间导柱上模座（$L \times B \leqslant 200 \times 160$）　b）中间导柱上模座（$L \times B > 200 \times 160$）

表10-8　冲模滑动导向中间导柱上模座尺寸(摘自GB/T 2855.1—2008)　(单位:mm)

凹模周界		H	h	L_1	B_1	B_2	S	R	R_1	l_2	D H7	D_1 H7	d_1	t	S_2
L	B														
63	50	20		70	60										
		25					100	28		40	25	28			
63		20		70											
		25													
80	63	25		90	70		120								
		30						32			28	32			
100		25		110			140								
		30													
80		25		90			125								
		30								60					
100		25		110			145	35			32	35			
	80	30			90										
125		25		130			170								
		30													
140		30		150			185	38		80	35	38			
		35													
100		25		110			145	35			32	35			
		30								60					
125		30		130			170								
		35	—			—		38	—		35	38	—	—	—
140	100	30		150	110		185								
		35													
160		35		170			210	42		80	38	42			
		40													
200		35		210			250								
		40													
125		30		130			170	38		60	35	38			
		35													
140		35		150			190								
		40													
160	125	35		170	130		210	42		80	38	42			
		40													
200		40		210			250								
		45													
250		40		260			305	45		100	42	45			
		45													
140		35		150			190								
		40						42			38	42			
160		35		170			210			80					
	140	40			150										
200		40		210			255								
		45						45			42	45			
250		40		260			305			100					
		45													

（续）

凹模周界		H	h	L_1	B_1	B_2	S	R	R_1	l_2	D H7	D_1 H7	d_1	t	S_2
L	B														
160	160	40	—	170	170	—	215	45	—	80	42	45	—	—	—
		45													
200		40		210			255								
		45													
250		45	40	260		240	310	50	85	100	45	50	M14-6H	28	210
		50													
280		45		290			340								250
		50													
200	200	45		210	210	280	260			80					170
		50													
250		45		260			310			100					210
		50													
280		45		290		290	345	55	95		50	55			250
		50													
315		45		325			380								290
		50													
250	250	45		260	260	340	315						M16-6H	32	210
		50													
280		45		290			345								250
		50													
315		50	45	325		350	385	60	105		55	60			260
		55													
400		50		410			470			120					340
		55													
280	280	50		290	290	380	350			100			M20-6H	40	250
		55													
315		50		325			385								260
		55													
400		50		410			470			120					340
		55													
315	315	50		325	325	425	390	65	115	100	60	65			260
		55													
400		55		410			475			120					340
		60													
500		55		510			575			140					440
		60													
400	400	55		410	410	510	475			120					360
		60													
630		55		640		520	710	70	125	160	65	70			570
		65													
500	500	55		510	510	6200	580			140					440
		65													

注：1. 压板台的形状尺寸由制造者确定。

2. 材料由制造者选定，推荐采用 HT200。

3. t_2 应符合 JB/T 8070 中表 2 的规定。应符合 JB/T 8070 的规定。

4. 标记应包括以下内容：1）滑动导向上模座；2）结构型式：中间导柱；3）凹模周界尺寸 L、B，以 mm 为单位；4）模架闭合高度 H，以 mm 为单位；5）本标准代号，即 GB/T 2855.1—2008。

4. 中间导柱圆形上模座标准

GB/T 2855.1—2008 标准规定的冲模滑动导向中间导柱圆形上模座的结构如图 10-4 所示，尺寸如表 10-9 所示。

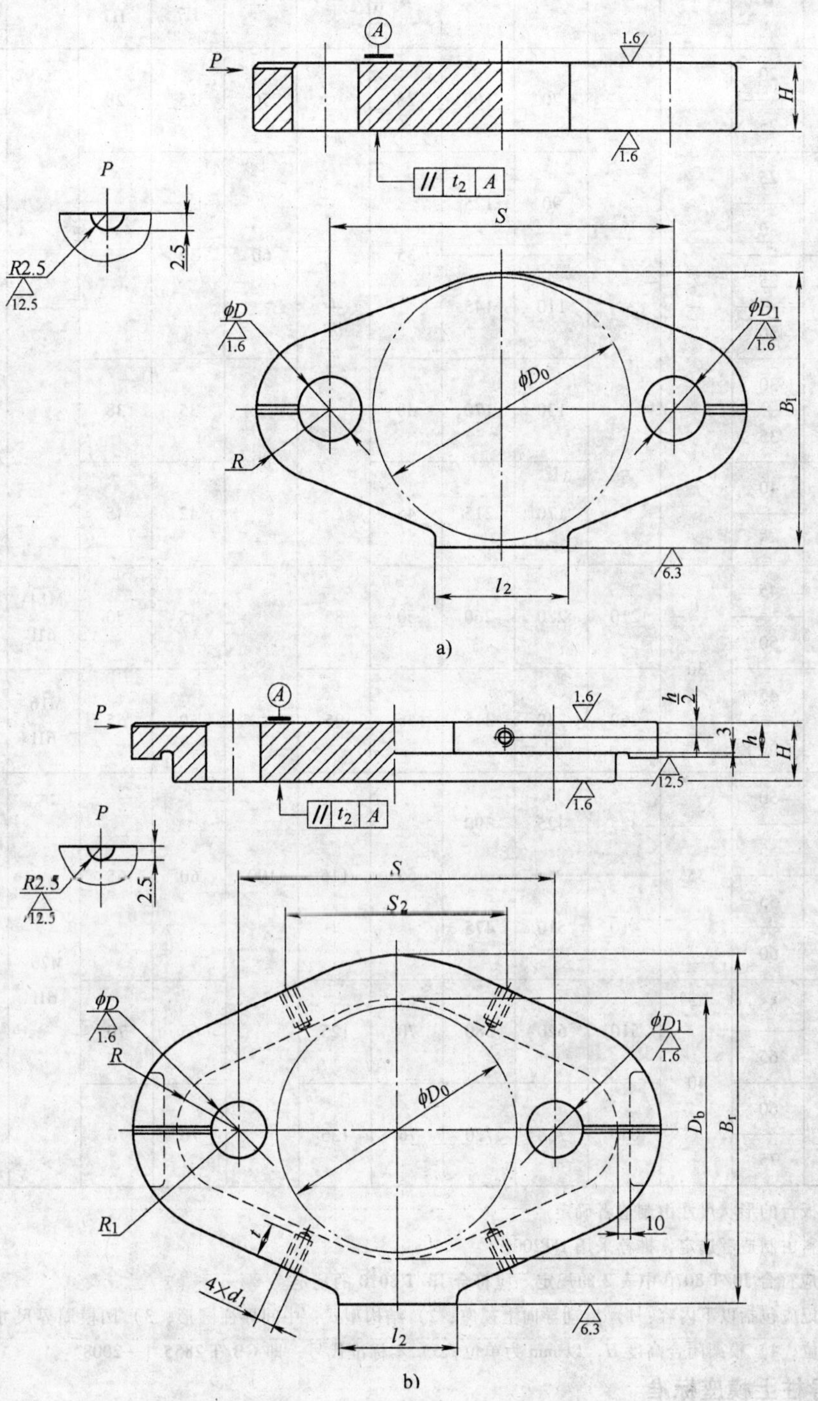

图 10-4　冲模滑动导向中间导柱圆形上模座

a）中间导柱圆形上模座（$D_0 \leqslant 160$）　b）中间导柱圆形上模座（$D_0 > 160$）

表 10-9　冲模滑动导向中间导柱圆形上模座尺寸（摘自 GB/T 2855.1—2008）

（单位：mm）

<table>
<tr><th>凹模周界
D_0</th><th>H</th><th>h</th><th>D_b</th><th>B_1</th><th>S</th><th>R</th><th>R_1</th><th>l_2</th><th>D
H7</th><th>D_1
H7</th><th>d_1</th><th>t</th><th>S_2</th></tr>
<tr><td rowspan="2">63</td><td>20</td><td rowspan="10">—</td><td rowspan="10">—</td><td rowspan="2">70</td><td rowspan="2">100</td><td rowspan="2">28</td><td rowspan="10">—</td><td rowspan="2">50</td><td rowspan="2">25</td><td rowspan="2">28</td><td rowspan="10">—</td><td rowspan="10">—</td><td rowspan="10">—</td></tr>
<tr><td>25</td></tr>
<tr><td rowspan="2">80</td><td>25</td><td rowspan="2">90</td><td rowspan="2">125</td><td rowspan="4">35</td><td rowspan="4">60</td><td rowspan="4">32</td><td rowspan="4">35</td></tr>
<tr><td>30</td></tr>
<tr><td rowspan="2">100</td><td>25</td><td rowspan="2">110</td><td rowspan="2">145</td></tr>
<tr><td>30</td></tr>
<tr><td rowspan="2">125</td><td>30</td><td rowspan="2">130</td><td rowspan="2">170</td><td rowspan="2">38</td><td rowspan="8">80</td><td rowspan="2">35</td><td rowspan="2">38</td></tr>
<tr><td>35</td></tr>
<tr><td rowspan="2">160</td><td>40</td><td rowspan="2">170</td><td rowspan="2">215</td><td rowspan="2">45</td><td rowspan="2">42</td><td rowspan="2">45</td></tr>
<tr><td>45</td></tr>
<tr><td rowspan="2">200</td><td>45</td><td rowspan="4">30</td><td rowspan="2">210</td><td rowspan="2">280</td><td rowspan="2">260</td><td rowspan="2">50</td><td rowspan="2">85</td><td rowspan="2">45</td><td rowspan="2">50</td><td rowspan="2">M14-6H</td><td rowspan="2">28</td><td rowspan="2">180</td></tr>
<tr><td>50</td></tr>
<tr><td rowspan="2">250</td><td>45</td><td rowspan="2">260</td><td rowspan="2">340</td><td rowspan="2">315</td><td rowspan="2">55</td><td rowspan="2">95</td><td rowspan="2">50</td><td rowspan="2">55</td><td rowspan="2">M16-6H</td><td rowspan="2">32</td><td rowspan="2">220</td></tr>
<tr><td>50</td></tr>
<tr><td rowspan="2">315</td><td>50</td><td rowspan="4">35</td><td rowspan="2">325</td><td rowspan="2">425</td><td rowspan="2">390</td><td rowspan="4">65</td><td rowspan="4">115</td><td rowspan="8">100</td><td rowspan="4">60</td><td rowspan="4">65</td><td rowspan="8">M20-6H</td><td rowspan="8">40</td><td rowspan="2">280</td></tr>
<tr><td>55</td></tr>
<tr><td rowspan="2">400</td><td>55</td><td rowspan="2">410</td><td rowspan="2">510</td><td rowspan="2">475</td><td rowspan="2">380</td></tr>
<tr><td>60</td></tr>
<tr><td rowspan="2">500</td><td>55</td><td rowspan="4">40</td><td rowspan="2">510</td><td rowspan="2">620</td><td rowspan="2">580</td><td rowspan="2">70</td><td rowspan="2">125</td><td rowspan="2">65</td><td rowspan="2">70</td><td rowspan="2">480</td></tr>
<tr><td>65</td></tr>
<tr><td rowspan="2">630</td><td>60</td><td rowspan="2">640</td><td rowspan="2">758</td><td rowspan="2">720</td><td rowspan="2">76</td><td rowspan="2">135</td><td rowspan="2">70</td><td rowspan="2">76</td><td rowspan="2">600</td></tr>
<tr><td>75</td></tr>
</table>

注：1. 压板台的形状尺寸由制造者确定。

2. 材料由制造者选定，推荐采用 HT200。

3. t_2 应符合 JB/T 8070 中表 2 的规定。应符合 JB/T 8070 的规定。

4. 标记应包括以下内容：1）滑动导向上模座；2）结构型式：中间导柱圆形；3）凹模周界尺寸 D_0，以 mm 为单位；4）模架闭合高度 H，以 mm 为单位；5）本标准代号，即 GB/T 2855.1—2008。

5. 四导柱上模座标准

GB/T 2855.1—2008 标准规定的冲模滑动导向四导柱上模座的结构如图 10-5 所示，尺寸如表 10-10 所示。

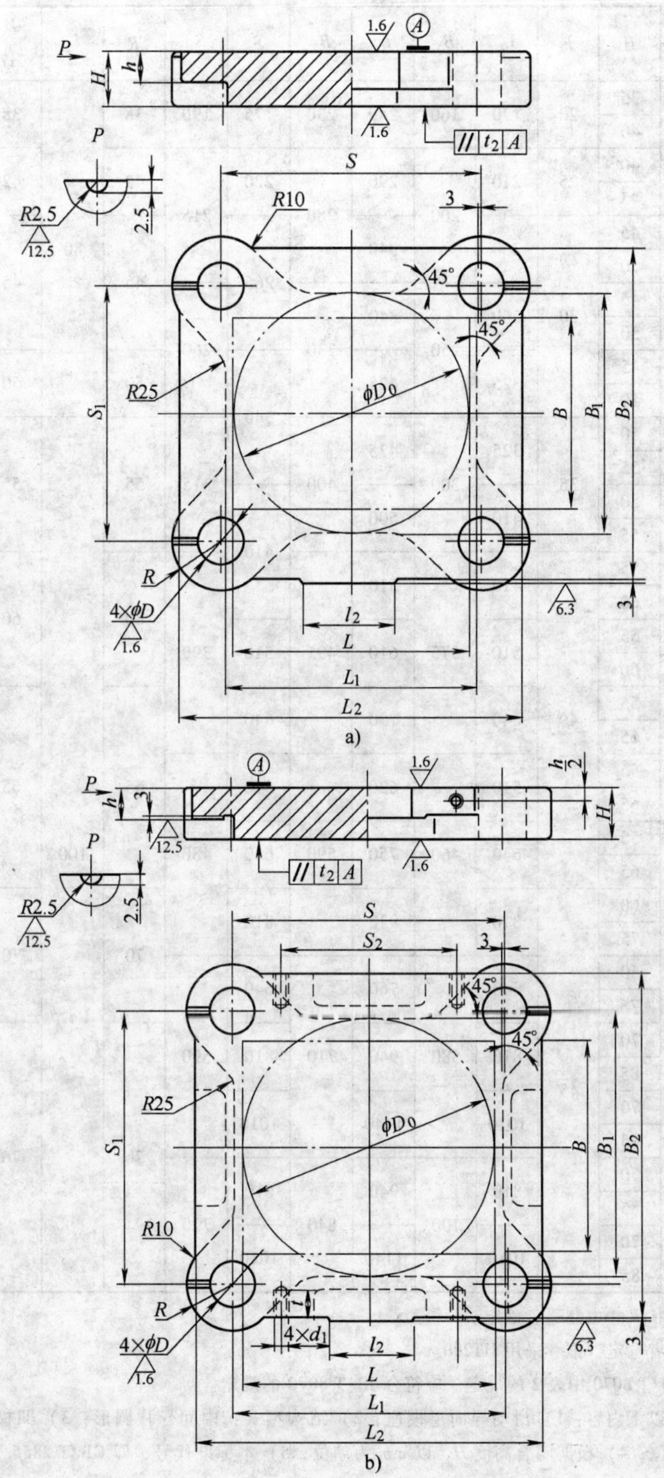

图 10-5　冲模滑动导向四导柱上模座

a）四导柱上模座（$L\times B\leqslant 200\times 160$）　b）四导柱上模座（$L\times B>200\times 160$）

表 10-10 冲模滑动导向四导柱上模座尺寸（摘自 GB/T 2855.1—2008）（单位：mm）

凹模周界			H	h	L_1	B_1	L_2	B_2	S	S_1	R	l_2	D H7	d_1	t	S_2
L	B	D_0														
160	125	160	35 40	20	170	160	240	230	175	190	38	80	38	—	—	—
200	160	200	40 45	25	210	200	290	280	220	215	42		42			
250		—	45 50	30	260		340		265		45		45	M14-6H	28	170
250	200	250	45 50		260	250	340	330		260						
315		—	45 50		325		425		340		50		50	M16-6H	32	200
315	250	—	50 55	35	325	300	425	400		315	55	100	55			230
400			50 55		410		500		410							290
400	315		55 60	40	410	375	510	495		390	60		60	M20-6H	40	300
500			55 60		510		610		510							380
630			55 65		640		750		640		65		65			500
500	400		55 65		510	460	620	590	510	480						380
630			55 65		640		750		640							500
800			60 75	45	810		930		810		70		70	M24-6H	46	650
630	500		60 75		640	580	760	710	640	590						500
800			70 85		810		940		810		76		76			650
1000			70 85		1010		1140		1010							800
800	630		70 85		810	700	940	840	810	720						650
1000			70 85		1010		1140		1010							800

注：1. 压板台的形状尺寸由制造者确定。

2. 材料由制造者选定，推荐采用 HT200。

3. t_2 应符合 JB/T 8070 中表 2 的规定。应符合 JB/T 8070 的规定。

4. 标记应包括以下内容：1）滑动导向上模座；2）结构型式：中间导柱圆形；3）凹模周界尺寸 L、B 或 D_0，以 mm 为单位；4）模架闭合高度 H，以 mm 为单位；5）本标准代号，即 GB/T 2855.1—2008。

10.2.2 下模座标准

GB/T 2855.2—2008《冲模滑动导向模座 第 2 部分：下模座》是对 GB/T 2855.2—1990

《冲模滑动导向模座 对角导柱下模座》、GB/T 2855.6—1990《冲模滑动导向模座 后侧导柱下模座》、GB/T 2855.8—1990《冲模滑动导向模座 后侧导柱窄形下模座》、GB/T 2855.10—1990《冲模滑动导向模座 中间导柱下模座》、GB/T 2855.12—1990《冲模滑动导向模座 中间导柱圆形下模座》和 GB/T 2855.14—1990《冲模滑动导向模座 四导柱下模座》的合并修订。

GB/T 2855.2—2008《冲模滑动导向模座 第 2 部分：下模座》标准规定了冲模滑动导向下模座的结构、尺寸规格和标记，适用于冲模滑动导向用下模座，同时还给出了材料指南和技术要求。与旧标准相比，主要变化如下：将标准名称改为《冲模滑动导向模座 第 2 部分：下模座》；增加了“前言”和“规范性引用文件”；删除了后侧导柱窄形下模座的内容；对中间导柱下模座的结构和尺寸规格作了较大修改；材料改为推荐采用。

GB/T 2855.2—2008 标准规定的冲模滑动导向下模座包括对角导柱下模座、后侧导柱下模座、中间导柱下模座、中间导柱圆形下模座和四导柱下模座。其标记内容包括：①滑动导向下模座；②结构型式：对角导柱、后侧导柱、中间导柱、中间导柱圆形、四导柱；③凹模周界尺寸 L、B 或 D_0，以 mm 为单位；④模架闭合高度 H，以 mm 为单位；⑤本标准代号，即 GB/T 2855.2—2008。例如 $L=250\text{mm}$、$B=200\text{mm}$、$H=60\text{mm}$ 的滑动导向对角导柱下模座的标记为：滑动导向下模座　250×200×60　GB/T 2855.2—2008。

下面将冲模滑动导向下模座分别介绍如下。

1. 对角导柱下模座标准

GB/T 2855.2—2008 标准规定的冲模滑动导向对角导柱下模座的结构如图 10-6 所示，尺寸如表 10-11 所示。

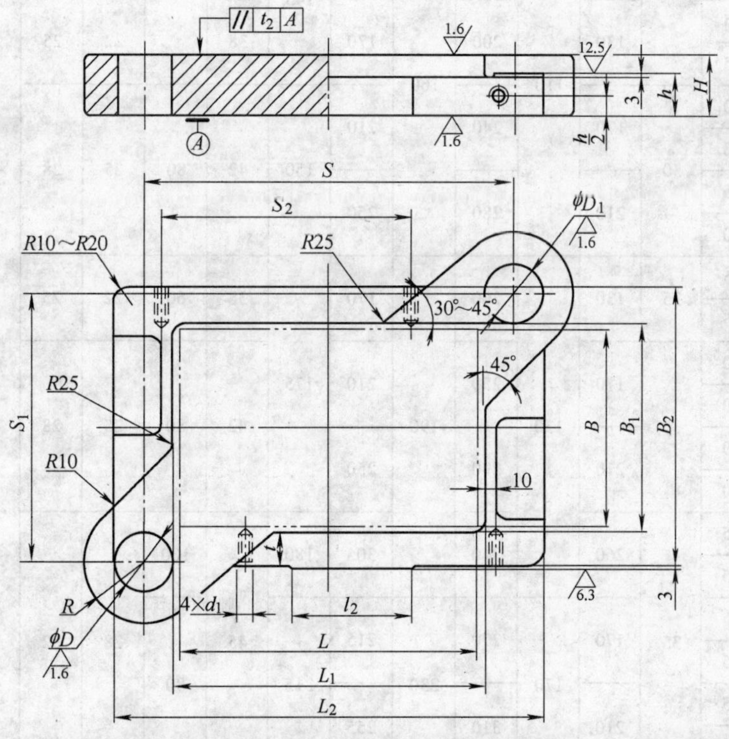

图 10-6　冲模滑动导向对角导柱下模座

表 10-11　冲模滑动导向对角导柱下模座尺寸（摘自 GB/T 2855.2—2008）

（单位：mm）

凹模周界		H	h	L_1	B_1	L_2	B_2	S	S_1	R	l_2	D R7	D_1 R7	d_1	t	S_2
L	B															
63	50	25 30	20	70	60	125	100	100	85	28	40	16	18	—	—	—
63	63	25 30		70	70	130	110		95							
80		30 40		90		150	120	120	105	32	60	18	20			
100		30 40		110		170		140								
80	80	30 40		90	90	150	140	125	125	35		20	22			
100		30 40		110		120		145								
125		30 40	25	130		200		170								
100	100	30 40		110	110	180	160	145	145							
125		35 45		130		200		170		38		22	25			
160		40 50	30	170		240		210	150	42	80	25	28			
200		45 50		210		280		250								
125	125	35 45	25	130	130	200	190	170	175	38	60	22	25			
160		40 50	30	170		250		210		42	80	25	28			
200		40 50		210		290		250								
250		45 55	35	260		340		305	180	45	100	28	32			
160	160	45 55		170	170	270	230	215	215		80					
200		45 50		210		310		255								

（续）

凹模周界		H	h	L_1	B_1	L_2	B_2	S	S_1	R	l_2	D R7	D_1 R7	d_1	t	S_2
L	B															
250	160	50	40	260	170	360	230	310	220	50	100	32	35	M14-6H	28	210
		60														
200	200	50		210	210	320	270	260	260		80					180
		60														
250		50		260		370		310			100					220
		60														
315		55		325		435		380	265	55		35	40			280
		65														
250	250	55		260	260	380	330	315	315					M16-6H	32	210
		65														
315		60	45	325		445		385	320	60		40	45			290
		70														
400		60		410		540		470								350
		70														
315	315	60		325	325	460	400	390	390	65		45	50	M20-6H	40	280
		70														
400		65		410		550		475								340
		75														
500		65		510		655		575								460
		75														
400	400	65		410	410	560	490	475	475							370
		75														
630		65		640		780		710	480	70		50	55			580
		80														
500	500	65		510	510	650	590	580	580							460
		80														

注：1. 压板台的形状、位置尺寸和标记面的位置尺寸由制造者确定。

2. 安装 B 型导柱时，D R7、D_1 R7 改为 D H7、D_1 H7。

3. 材料由制造者选定，推荐采用 HT200。

4. t_2 应符合 JB/T 8070 中表 2 的规定。应符合 JB/T 8070 的规定。

5. 标记应包括以下内容：1）滑动导向下模座；2）结构型式：对角导柱；3）凹模周界尺寸 L、B，以 mm 为单位；4）模架闭合高度 H，以 mm 为单位；5）本标准代号，即 GB/T 2855.2—2008。

2. 后侧导柱下模座标准

GB/T 2855.2—2008 标准规定的冲模滑动导向后侧导柱下模座的结构如图 10-7 所示，尺寸如表 10-12 所示。

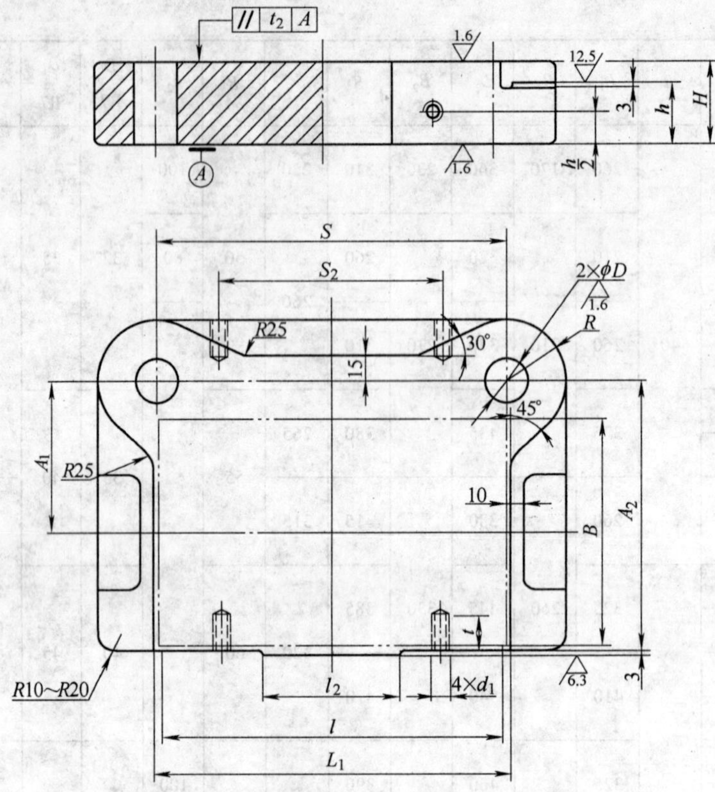

图 10-7　冲模滑动导向后侧导柱下模座

表 10-12　冲模滑动导向后侧导柱下模座尺寸（摘自 GB/T 2855. 2—2008）

（单位：mm）

凹模周界		H	h	L_1	S	A_1	A_2	R	l_2	D H7	d_1	t	S_2
L	B												
63	50	25	20	70	70	45	75	25	40	16	—	—	—
		30											
63	63	25		70	70								
		30											
80		30		90	94	50	85	28	60	18			
		40											
100		30		110	116								
		40											
80	80	30		90	94	65	110	32		20			
		40											
100		30		110	116								
		40											
125		30	25	130	130								
		40											

（续）

凹模周界		H	h	L_1	S	A_1	A_2	R	l_2	D H7	d_1	t	S_2
L	B												
100	100	30 40	25	110	116	75	130	32	60	20	—	—	—
125		35 40		130	130			35		22			
160		40 50	30	170	170			38	80	25			
200		40 50		210	210								
125	125	35 45	25	130	130	85	150	35	60	22			
160		40 50	30	170	170			38	80	25			
200		40 50		210	210								
250		45 55	35	260	250			42	100	28			
160	160	45 55		170	170	110	195		80		M14-6H	28	
200		45 55		210	210								
250		50 60	40	260	250			45	100	32			150
200	200	50 60		210	210	130	235		80				120
250	200	50 60	40	260	250	130	235	45	100	32	M14-6H	28	150
315		55 65		325	305			50		35			200
250	250	55 65		260	250	160	290				M16-6H	32	140
315		60 70	45	325	305			55		40			200
400		60 70		410	390								280

注：1. 压板台的形状尺寸由制造者决定。

2. 安装 B 型导柱时，D R7 改为 D H7。

3. 材料由制造者选定，推荐采用 HT200。

4. t_2 应符合 JB/T 8070 中表 2 的规定。应符合 JB/T 8070 的规定。

5. 标记应包括以下内容：1）滑动导向下模座；2）结构型式：后侧导柱；3）凹模周界尺寸 L、B，以 mm 为单位；4）模架闭合高度 H，以 mm 为单位；5）本标准代号，即 GB/T 2855.2—2008。

3. 中间导柱下模座标准

GB/T 2855. 2—2008 标准规定的冲模滑动导向中间导柱下模座的结构如图 10-8 所示，尺寸如表 10-13 所示。

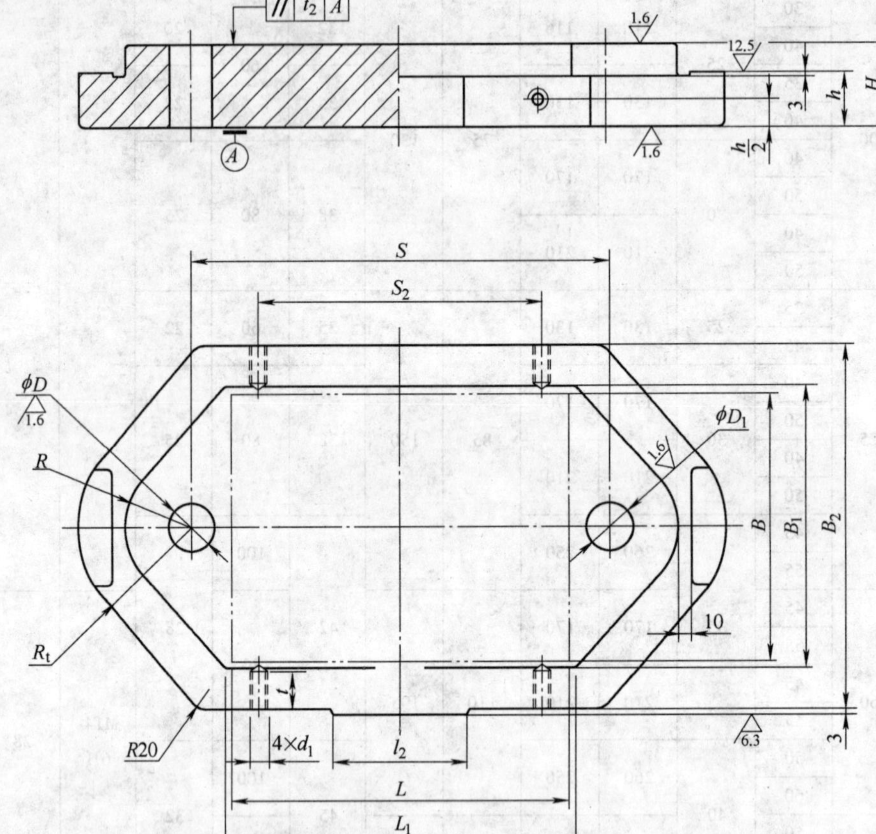

图 10-8 冲模滑动导向中间导柱下模座

表 10-13 冲模滑动导向中间导柱下模座尺寸（摘自 GB/T 2855. 2—2008）

（单位：mm）

<table>
<tr><th colspan="2">凹模周界</th><th rowspan="2">H</th><th rowspan="2">h</th><th rowspan="2">L_1</th><th rowspan="2">B_1</th><th rowspan="2">B_2</th><th rowspan="2">S</th><th rowspan="2">R</th><th rowspan="2">R_1</th><th rowspan="2">l_2</th><th rowspan="2">D
H7</th><th rowspan="2">D_1
H7</th><th rowspan="2">d_1</th><th rowspan="2">t</th><th rowspan="2">S_2</th></tr>
<tr><th>L</th><th>B</th></tr>
<tr><td rowspan="2">63</td><td rowspan="2">50</td><td>25</td><td rowspan="8">20</td><td rowspan="2">70</td><td rowspan="2">60</td><td rowspan="2">92</td><td rowspan="4">100</td><td rowspan="4">28</td><td rowspan="4">44</td><td rowspan="4">40</td><td rowspan="4">16</td><td rowspan="4">18</td><td rowspan="12">—</td><td rowspan="12">—</td><td rowspan="12">—</td></tr>
<tr><td>30</td></tr>
<tr><td rowspan="2">63</td><td rowspan="6">63</td><td>25</td><td rowspan="2">70</td><td rowspan="6">70</td><td rowspan="2">102</td></tr>
<tr><td>30</td></tr>
<tr><td rowspan="2">80</td><td>30</td><td rowspan="2">90</td><td rowspan="4">116</td><td rowspan="2">120</td><td rowspan="4">32</td><td rowspan="4">55</td><td rowspan="8">60</td><td rowspan="4">18</td><td rowspan="4">20</td></tr>
<tr><td>40</td></tr>
<tr><td rowspan="2">100</td><td>30</td><td rowspan="2">110</td><td rowspan="2">140</td></tr>
<tr><td>40</td></tr>
<tr><td rowspan="2">80</td><td rowspan="4">80</td><td>30</td><td rowspan="4">25</td><td rowspan="2">90</td><td rowspan="4">90</td><td rowspan="4">140</td><td rowspan="2">125</td><td rowspan="4">35</td><td rowspan="4">60</td><td rowspan="4">20</td><td rowspan="4">22</td></tr>
<tr><td>40</td></tr>
<tr><td rowspan="2">100</td><td>30</td><td rowspan="2">110</td><td rowspan="2">145</td></tr>
<tr><td>40</td></tr>
</table>

（续）

凹模周界		H	h	L_1	B_1	B_2	S	R	R_1	l_2	D	D_1	d_1	t	S_2
L	B										H7	H7			
125	80	30 40	25	130	90	140	170	35	60	60	20	22	—	—	—
140		35 45	30	150		150	185	38	68	80	22	25			
100	100	30 40	25	110	110	160	145	35	60	60	20	22			
125		35 45	30	130		170	170	38	68		22	25			
140		35 45		150			185			80					
160		40 50	35	170		176	210	42	75		25	28			
200		40 50		210			250								
125	125	35 45	30	130	130	190	170	38	68	60	22	25			
140		40 50	35	150		196	190	42	75	80	25	28			
160		40 50		170			210								
200		40 50		210			250								
250		45 55		260		200	305	45	80	100	28	32			
140	140	40 50		150	150	216	190	42	75	80	25	28			
160		40 50		170			210								
200		45 55		210		220	255	45	80		28	32			
250		45 55		260			305			100					
160	160	45 55		170	170	240	215			80		2			
200		45 55		210			255								
250		50 60	40	260			310	50	85	100	32	35	M14-6H	28	210
280		50 60		290			340								250

（续）

凹模周界		H	h	L_1	B_1	B_2	S	R	R_1	l_2	D H7	D_1 H7	d_1	t	S_2
L	B														
200	200	50 60	40	210	210	280	260	50	85	80	32	35	M14-6H	28	170
250		50 60		260			310			100					210
280		55 65		290		290	345	55	95		35	40			250
315		55 65		325			380								290
250	250	55 65		260	260	340	315						M16-6H	32	210
280		55 65		290			345								250
315		60 70	45	325		350	385	60	105		40	45			260
400		60 70		410			470			120					340
280	280	60 70		290	290	380	350			100			M20-6H	40	250
315		60 70		325			385								260
400		60 70		410			470			120					340
315	315	60 70		325	325	425	390	65	115	100	60	65			260
400		65 75		410			475			120					340
500		65 75		510			575			140					440
400	400	65 75		410	410	510	475			120					360
630		65 80		640		520	710	70	125	160	50	55			570
500	500	65 80		510	510	6200	580			140					440

注：1. 压板台的形状尺寸由制造者决定。

2. 安装 B 型导柱时，D R7，D_1 R7 改为 D H7、D_1 H7。

3. 材料由制造者选定，推荐采用 HT200。

4. t_2 应符合 JB/T 8070 中表 2 的规定。应符合 JB/T 8070 的规定。

5. 标记应包括以下内容：1）滑动导向下模座；2）结构型式：中间导柱；3）凹模周界尺寸 L、B，以 mm 为单位；4）模架闭合高度 H，以 mm 为单位；5）本标准代号，即 GB/T 2855.2—2008。

4. 中间导柱圆形下模座标准

GB/T 2855.2—2008 标准规定的冲模滑动导向中间导柱圆形下模座的结构如图 10-9 所示，尺寸如表 10-14 所示。

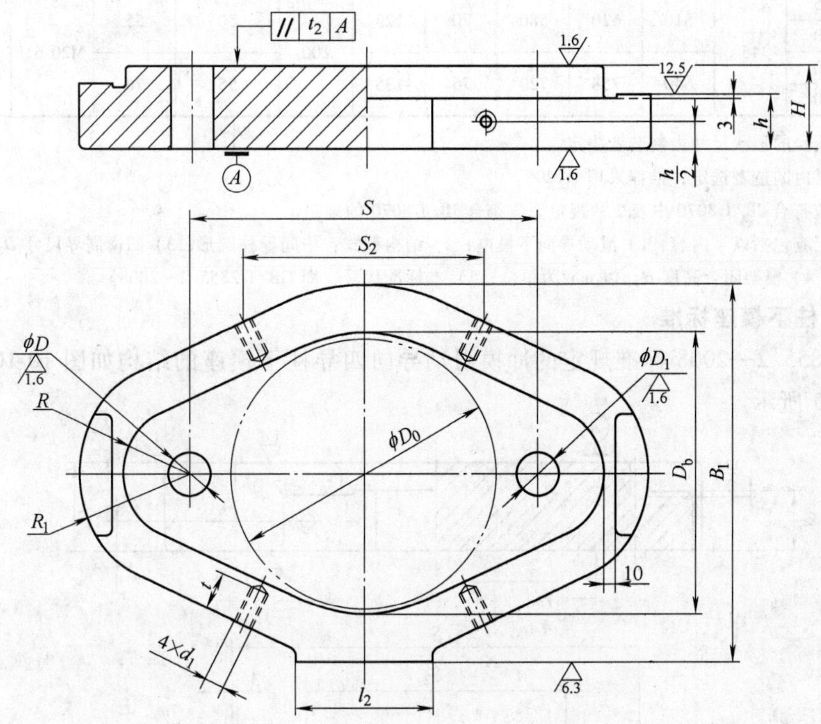

图 10-9　冲模滑动导向中间导柱下模座

表 10-14　冲模滑动导向中间导柱圆形下模座尺寸（摘自 GB/T 2855.2—2008）

（单位：mm）

凹模周界 D_0	H	h	D_b	B_1	S	R	R_1	l_2	D H7	D_1 H7	d_1	t	S_2
63	25	20	70	102	100	28	—	44	25	16	—	—	—
	30												
80	30		90	136	125	35		58	60	22			
	40												
100	30		110	160	145			60					
	40												
125	35	25	130	190	170	38	80	68	22	25			
	45												
160	45	35	170	240	215	45		80	28	32			
	55												
200	50	40	210	280	260	50	85	100	32	35	M14-6H	28	180
	60												
250	55		260	340	315	55	95		35	40	M16-6H	32	220
	65												
315	60	45	325	425	390	65	115		45	50	M20-6H	40	280
	70												
400	65		410	510	475								380
	75												

（续）

凹模周界 D_0	H	h	D_b	B_1	S	R	R_1	l_2	D H7	D_1 H7	d_1	t	S_2
500	65	45	510	620	580	70	125	100	50	55	M20-6H	40	480
	80												
630	70		640	758	720	76	135		55	76			600
	90												

注：1. 压板台的形状尺寸由制造者决定。

2. 材料由制造者选定，推荐采用 HT200。

3. t_2 应符合 JB/T 8070 中表 2 的规定。应符合 JB/T 8070 的规定。

4. 标记应包括以下内容：1）滑动导向下模座；2）结构型式：中间导柱圆形；3）凹模周界尺寸 D_0，以 mm 为单位；4）模架闭合高度 H，以 mm 为单位；5）本标准代号，即 GB/T 2855.2—2008。

5. 四导柱下模座标准

GB/T 2855.2—2008 标准规定的冲模滑动导向四导柱下模座的结构如图 10-10 所示，尺寸如表 10-15 所示。

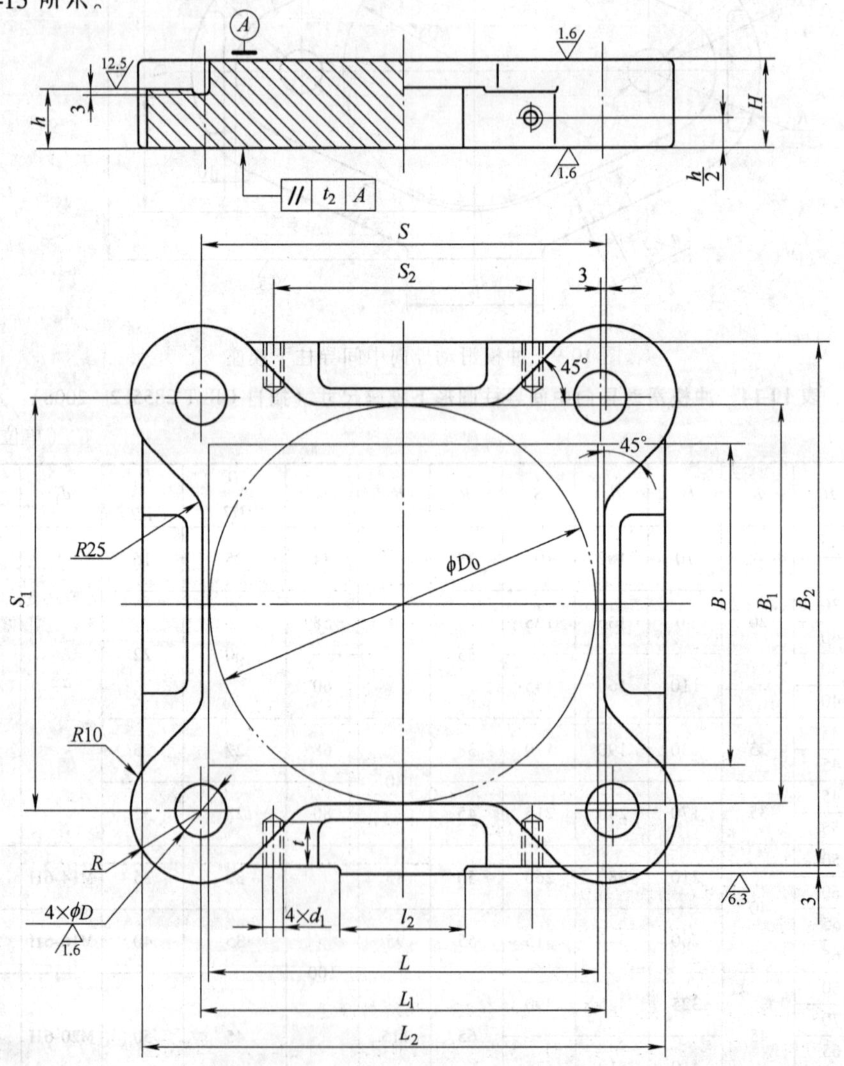

图 10-10 冲模滑动导向中间导柱下模座

表 10-15　冲模滑动导向四导柱下模座尺寸（摘自 GB/T 2855.2—2008）（单位：mm）

<table>
<tr><th colspan="3">凹模周界</th><th rowspan="2">H</th><th rowspan="2">h</th><th rowspan="2">L_1</th><th rowspan="2">B_1</th><th rowspan="2">L_2</th><th rowspan="2">B_2</th><th rowspan="2">S</th><th rowspan="2">S_1</th><th rowspan="2">R</th><th rowspan="2">L_2</th><th rowspan="2">D
H7</th><th rowspan="2">d_1</th><th rowspan="2">t</th><th rowspan="2">S_2</th></tr>
<tr><th>L</th><th>B</th><th>D_3</th></tr>
<tr><td>160</td><td>125</td><td>160</td><td>40
50</td><td>30</td><td>170</td><td>160</td><td>240</td><td>230</td><td>175</td><td>190</td><td>38</td><td rowspan="5">80</td><td>25</td><td rowspan="2">—</td><td rowspan="2">—</td><td rowspan="2">—</td></tr>
<tr><td>200</td><td rowspan="2">160</td><td>200</td><td>45
55</td><td>35</td><td>210</td><td rowspan="2">200</td><td>290</td><td rowspan="2">280</td><td>220</td><td rowspan="2">215</td><td>42</td><td>28</td></tr>
<tr><td>250</td><td>—</td><td>50
60</td><td rowspan="3">40</td><td>260</td><td>340</td><td>265</td><td rowspan="2">45</td><td rowspan="2">32</td><td rowspan="3">M14-6H</td><td rowspan="3">28</td><td rowspan="2">170</td></tr>
<tr><td>250</td><td rowspan="2">200</td><td>250</td><td>50
60</td><td>260</td><td rowspan="2">250</td><td>340</td><td rowspan="2">330</td><td>265</td><td rowspan="2">260</td></tr>
<tr><td>315</td><td>—</td><td>55
65</td><td>325</td><td>425</td><td>340</td><td>50</td><td>35</td><td>200</td></tr>
<tr><td>315</td><td rowspan="2">250</td><td rowspan="13">—</td><td>60
70</td><td rowspan="2">35</td><td>325</td><td rowspan="2">300</td><td>425</td><td rowspan="2">400</td><td>340</td><td rowspan="2">315</td><td rowspan="2">55</td><td rowspan="13">100</td><td rowspan="2">40</td><td rowspan="2">M16-6H</td><td rowspan="2">32</td><td>230</td></tr>
<tr><td>400</td><td>60
70</td><td>410</td><td>500</td><td>410</td><td>290</td></tr>
<tr><td>400</td><td rowspan="3">315</td><td>65
75</td><td rowspan="5">45</td><td>410</td><td rowspan="3">375</td><td>510</td><td rowspan="3">495</td><td>410</td><td rowspan="3">390</td><td rowspan="2">60</td><td rowspan="2">45</td><td rowspan="5">M20-6H</td><td rowspan="5">40</td><td>300</td></tr>
<tr><td>500</td><td>65
75</td><td>510</td><td>610</td><td>510</td><td>380</td></tr>
<tr><td>630</td><td>65
80</td><td>640</td><td>750</td><td>640</td><td rowspan="3">65</td><td rowspan="3">50</td><td>500</td></tr>
<tr><td>500</td><td rowspan="3">400</td><td>65
80</td><td>510</td><td rowspan="3">460</td><td>620</td><td rowspan="3">590</td><td>510</td><td rowspan="3">480</td><td>380</td></tr>
<tr><td>630</td><td>65
80</td><td>640</td><td>750</td><td>640</td><td>500</td></tr>
<tr><td>800</td><td>70
90</td><td rowspan="6">50</td><td>810</td><td>930</td><td>810</td><td rowspan="2">70</td><td rowspan="2">55</td><td rowspan="6">M24-6H</td><td rowspan="6">46</td><td>650</td></tr>
<tr><td>630</td><td rowspan="3">500</td><td>70
90</td><td>640</td><td rowspan="3">580</td><td>760</td><td rowspan="3">710</td><td>640</td><td rowspan="3">590</td><td>500</td></tr>
<tr><td>800</td><td>80
100</td><td>810</td><td>940</td><td>810</td><td rowspan="4">76</td><td rowspan="4">60</td><td>650</td></tr>
<tr><td>1000</td><td>80
100</td><td>1010</td><td>1140</td><td>1010</td><td>800</td></tr>
<tr><td>800</td><td rowspan="2">630</td><td>80
100</td><td>810</td><td rowspan="2">700</td><td>940</td><td rowspan="2">840</td><td>810</td><td rowspan="2">720</td><td>650</td></tr>
<tr><td>1000</td><td>80
100</td><td>1010</td><td>1140</td><td>1010</td><td>800</td></tr>
</table>

注：1. 压板台的形状尺寸由制造者确定。

2. 安装 B 型导柱时，DR7 改为 DH7。

3. 材料由制造者选定，推荐采用 HT200。

4. t_2 应符合 JB/T 8070 中表 2 的规定。应符合 JB/T 8070 的规定。

5. 标记应包括以下内容：1）滑动导向下模座；2）结构型式：四导柱；3）凹模周界尺寸 L、B 或 D_0，以 mm 为单位；4）模架闭合高度 H，以 mm 为单位；5）本标准代号，即 GB/T 2855.2—2008。

10.3　冲模滚动导向模架标准

GB/T 2852—2008《冲模滚动导向模架》标准是对 GB/T 2852.1—1990《冲模滚动导向模架 对角导柱模架》、GB/T 2852.2—1990《冲模滚动导向模架 中间导柱模架》、GB/T 2852.3—1990《冲模滚动导向模架 四柱导向模架》和 GB/T 2852.4—1990《冲模滚动导向模架 后侧导柱模架》的合并修订。

GB/T 2852—2008《冲模滚动导向模架》标准规定了冲模滚动导向模架的结构、尺寸规格和标记，适用于冲模滚动导向模架。与旧标准相比，主要变化如下：将标准名称改为“冲模滚动导向模架”；增加了“前言”和“规范性引用文件”；对中间导柱模架的结构和尺寸规格做了较大的修改；所有模架结构图中增加了限程器。

冲模滚动导向模架包括对角导柱模架、中间导柱模架、四导柱模架和后侧导柱模架，其标记内容包括：①滚动导向模架；②结构型式：对角导柱、中间导柱、四导柱、后侧导柱；③凹模周界尺寸 L、B 或 D_0，以 mm 为单位；④模架闭合高度 H，以 mm 为单位；⑤模架精度等级：0Ⅰ、0Ⅱ级；⑥本标准代号，即 GB/T 2852—2008。例如：$L=200$mm，$B=160$mm，$H=220$mm，0Ⅰ级精度的冲模滚动导向对角导柱模架标记表示为：滚动导向模架 对角导柱 200×160×220　0Ⅰ GB/T 2852—2008。

下面对冲模滚动导向模架分别介绍如下。

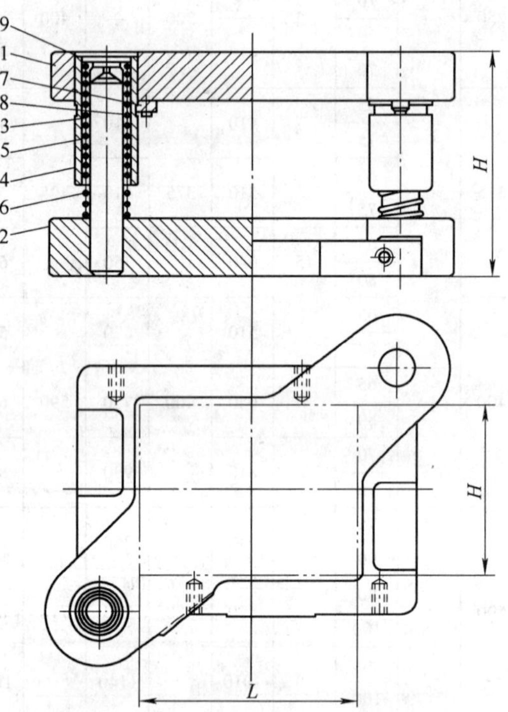

图 10-11　冲模滚动导向对角导柱模架

1—上模座　2—下模座　3—导柱　4—导套　5—钢球保持圈　6—弹簧　7—压板　8—螺钉　9—限程器

10.3.1　对角导柱模架标准

对角导柱模架的导柱、导套对角布置，安装在模座对称中心两侧，导向平稳，适用于横向和纵向送料的高精度、高速冲压模具。GB/T 2852—2008《冲模滚动导向模架》标准规定的对角导柱模架结构如图 10-11 所示，尺寸如表 10-16 所示。

10.3.2　中间导柱模架标准

中间导柱模架的导柱、导套安装在中心线上，左右对称布置，导向精度高，适用于高精度、高速冲压的模具。与浮动模柄配合使用时，可以减小压力机精度对模架精度的影响。

表 10-16　冲模滚动导向对角导柱模架（摘自 GB/T 2852—2008）　（单位：mm）

凹模周界		最大行程	设计闭合高度	零件件号、名称和标准编号					
				1	2	3		4	
				上模座 GB/T 2856.1	下模座 GB/T 2856.2	导柱 GB/T 2861.2		导套 GB/T 2861.4	
				数量					
				1	1	1	1	1	1
L	*B*	*S*	*H*	规格					
80	63	80	165	80×63×35	80×63×40	18×155	20×155	18×100×33	20×100×33
100	80			100×80×35	100×80×40	20×155	22×155	20×100×33	22×100×33
125	100			125×100×35	125×100×45	22×155	25×155	22×100×33	25×100×33
160	125	100	200	160×125×40	160×125×45	25×190	28×190	25×120×38	32×125×43
200	160			200×160×45	200×160×55	28×190	32×190	28×125×43	32×125×43
		120	220			28×210	32×210	28×145×43	32×145×43
250	200	100	200	250×200×50	250×200×60	32×190	35×190	32×120×48	35×120×48
		120	230			32×210	35×210	32×150×48	35×150×48

凹模周界		最大行程	设计闭合高度	零件件号、名称和标准编号					
				5		6		7	8
				钢球保持圈 GB/T 2861.5		弹簧 GB/T 2861.6		压板 GB/T 2861.11	螺钉 GB/T 70.1
				数量					
				1	1	1	1	4 或 6	4 或 6
L	*B*	*S*	*H*	规格					
80	63	80	165	18×23.5×64	20×25.5×64	1.6×22×72	1.6×24×72	14×15	M5×14
100	80			20×25.5×64	22×27.5×64	1.6×24×72	1.6×26×72		
125	100			22×27.5×64	25×30.5×64	1.6×26×72	1.6×30×79	16×20	M6×16
160	125	100	200	25×32.5×76	28×35.5×76	1.6×30×87	1.6×32×86		
200	160	120	220	28×35.5×76	32×39.5×76	1.6×32×77	2×37×79		
		120	220	28×35.5×84	32×39.5×84				
250	200	100	200	32×39.5×76	35×42.5×76	2×37×79	2×40×78		
		120	230	32×39.5×84	35×42.5×84	2×37×87	2×40×88		

注：1. 限程器结构和尺寸由制造者确定。

2. 最大行程指该模架许可的最大冲压行程。

3. 件号 7、件号 8 的数量：$L\leqslant160$mm 为 4 件；$L>160$mm 为 6 件。

4. 应符合 JB/T 8050 的规定。

5. 标记应包括以下内容：1）滚动导向模架；2）结构型式：对角导柱；3）凹模周界尺寸 *L*、*B*，以 mm 为单位；4）模架闭合高度 *H*，以 mm 为单位；5）模架精度等级：0I 级、0II 级；6）本标准代号，即 GB/T 2852—2008。

GB/T 2852—2008《冲模滚动导向模架》标准规定的中间导柱模架结构如图 10-12 所示，尺寸如表 10-17 所示。

表 10-17 冲模滚动导向中间导柱模架尺寸（摘自 GB/T 2852—2008）（单位：mm）

凹模周界		最大行程	设计最小闭合高度	零件件号、名称及标准编号					
				1	2	3		4	
				上模座 GB/T 2856.1	下模座 GB/T 2856.2	导柱 GB/T 2861.2		导套 GB/T 2861.4	
				数量					
L	B	S	H	1	1	1	1	1	1
				规格					
80	63	80	165	80×63×35	80×63×40	18×155	20×155	18×100×33	20×100×33
100	80			100×80×35	100×80×40	20×155	22×155	20×100×33	22×100×33
125	100			125×100×35	125×100×45	22×155	25×155	22×100×33	25×100×33
140	125			140×125×40	140×125×45	23×155	28×155	25×100×38	28×100×38
		100	200			25×190	28×190	25×120×38	28×120×38
160	140	80	165	160×140×40	160×140×40	25×155	28×155	25×105×38	28×105×38
		100	200		160×140×50	25×190	28×190	25×125×38	28×125×38
200	160			200×160×45	200×160×55	28×190	32×190	28×125×43	32×125×43
		120	220			28×210	32×210	28×145×43	32×145×43
250	200	100	200	250×200×50	250×200×60	32×190	35×190	35×120×48	35×120×48
		120	230			32×215	35×215	32×150×48	35×150×48

凹模周界		最大行程	设计最小闭合高度	零件件号、名称及标准编号					
				5		6		7	8
				钢球保持圈 GB/T 2861.5		弹簧 GB/T 2861.6		压板 GB/T 2861.11	螺钉 GB/T 70.1
				数量					
L	B	S	H	1	1	1	1	4 或 6	4 或 6
				规格					
80	63	80	165	18×23.5×64	20×25.5×64	1.6×22×72	1.6×24×72	14×15	M5×14
100	80			20×25.5×64	22×27.5×64	1.6×24×72	1.6×26×72		
125	100			22×27.5×64	25×30.5×64	1.6×26×72	1.6×30×79		
140	125			25×32.5×64	28×35.5×64	1.6×30×79	1.6×32×77		
		100	200	25×32.5×76	28×35.5×76	1.6×30×87	1.6×32×86		
160	140	80	165	25×32.5×64	28×35.5×64	1.6×30×79	1.6×32×77	16×20	M6×16
		100	200	25×32.5×76	28×35.5×76	1.6×30×79	1.6×32×77		
200	160			28×35.5×76	32×39.5×76	1.6×32×77	2×37×79		
		120	220	28×35.5×84	32×39.5×84				
250	200	100	200	32×39.5×76	35×42.5×76	2×37×79	2×40×78		
		120	230	32×39.5×84	35×42.5×84	2×37×87	2×40×88		

注：1. 限程器结构和尺寸由制造者确定。

2. 最大行程指该模架许可的最大冲压行程。

3. 件号 7、件号 8 的数量：L 小于等于 160mm 为 4 件；L 大于 160mm 为 6 件。

4. 应符合 JB/T 8050 的规定。

5. 标记应包括以下内容：1）滚动导向模架；2）结构型式：中间导柱；3）凹模周界尺寸 L、B，以 mm 为单位；4）模架闭合高度 H，以 mm 为单位；5）模架精度等级：0Ⅰ级、0Ⅱ级；6）本标准代号，即 GB/T 2852—2008。

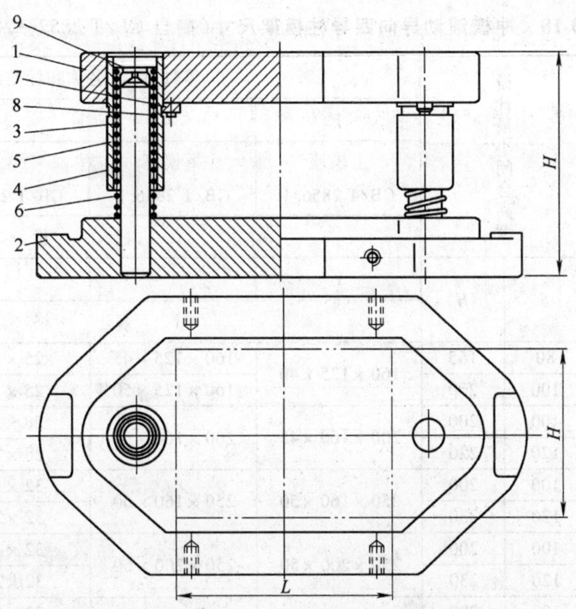

图 10-12　冲模滚动导向中间导柱模架结构

1—上模座　2—下模座　3—导柱　4—导套　5—钢球保持圈　6—弹簧　7—压板　8—螺钉　9—限程器

10.3.3　四导柱模架标准

四导柱模架的导柱、导套安装在模具的四角，模架的稳定性和导向精度高，适用于尺寸较大的高精度、高速冲压的模具。GB/T 2852—2008《冲模滚动导向模架》标准规定的四导柱模架结构如图 10-13 所示，尺寸如表 10-18 所示。

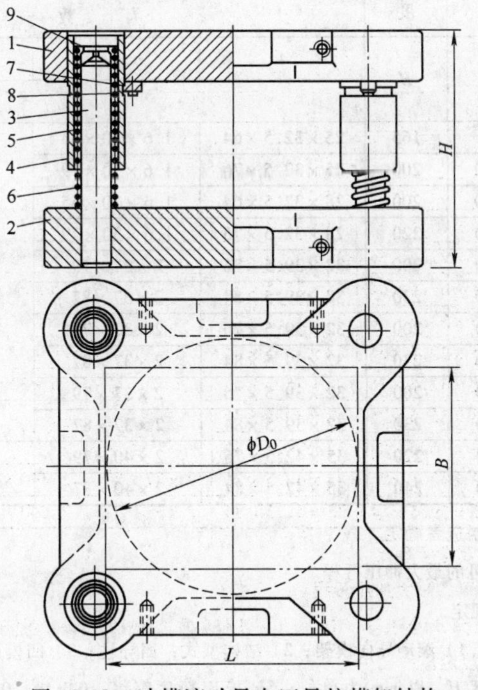

图 10-13　冲模滚动导向四导柱模架结构

1—上模座　2—下模座　3—导柱　4—导套　5—钢球保持圈　6—弹簧　7—压板　8—螺钉　9—限程器

表 10-18　冲模滚动导向四导柱模架尺寸（摘自 GB/T 2852—2008）　（单位：mm）

凹模周界			最大行程	设计最小闭合高度	零件件号、名称和标准编号			
					1	2	3	4
					上模座 GB/T 2856.1	下模座 GB/T 2856.2	导柱 GB/T 2861.2	导套 GB/T 2861.4
					数量			
L	B	D_0	S	H	1	1	4	4
					规格			
160	125	160	80	165	160×125×40	160×125×45	25×155	25×100×38
			100	200		160×125×50	25×190	25×125×38
200	160	200	100	200	200×160×45	200×160×55	28×190	28×100×38
			120	220			28×210	28×125×38
250		—	100	200	250×160×50	250×160×60	32×190	32×120×48
			120	230			32×215	32×150×48
250	200	250	100	200	250×200×50	250×200×60	32×190	32×120×48
			120	230			32×215	32×150×48
315		—	100	200	315×200×50	315×200×65	32×190	32×120×48
			120	230			32×215	32×150×48
400	250	—	100	220	400×250×60	400×250×70	35×210	35×120×48
			120	240			35×225	35×150×48

凹模周界			最大行程	设计最小闭合高度	零件件号、名称和标准编号			
					5	6	7	8
					钢球保持圈 GB/T 2861.5	弹簧 GB/T 2861.6	压板 GB/T 2861.11	螺钉 GB/T 70.1
					数量			
L	B	D_0	S	H	4	4	12	12
					规格			
160	125	160	80	165	25×32.5×64	1.6×30×65	16×20	M16×16
			100	200	25×32.5×76	1.6×30×79		
200	160	200	100	200	28×32.5×64	1.6×30×65		
			120	220	28×32.5×76	1.6×30×79		
250		—	100	200	32×39.5×76	2×37×79		
			120	230	32×39.5×84	2×37×87		
250	200	250	100	200	32×39.5×76	2×37×79		
			120	230	32×39.5×84	2×37×87		
315		—	100	200	32×39.5×76	2×37×79		
			120	230	32×39.5×84	2×37×87		
400	250	—	100	220	35×42.5×76	2×40×79	20×20	M8×20
			120	240	35×42.5×84	2×40×87		

注：1. 限程器结构和尺寸由制造者确定。

2. 最大行程指该模架许可的最大冲压行程。

3. 应符合 JB/T 8050 的规定。

4. 标记应包括以下内容：1）滚动导向模架；2）结构型式：四导柱；3）凹模周界尺寸 L、B 或 D_0，以 mm 为单位；4）模架闭合高度 H，以 mm 为单位；5）模架精度等级：0Ⅰ级、0Ⅱ级；6）本标准代号，即 GB/T 2852—2008。

10.3.4　后侧导柱模架标准

后侧导柱模架的导柱、导套安装在模具的后侧，适用于尺寸较小的高精度、高速冲压的模具。GB/T 2852—2008《冲模滚动导向模架》标准规定的后侧导柱模架结构如图 10-14 所示，尺寸如表 10-19 所示。

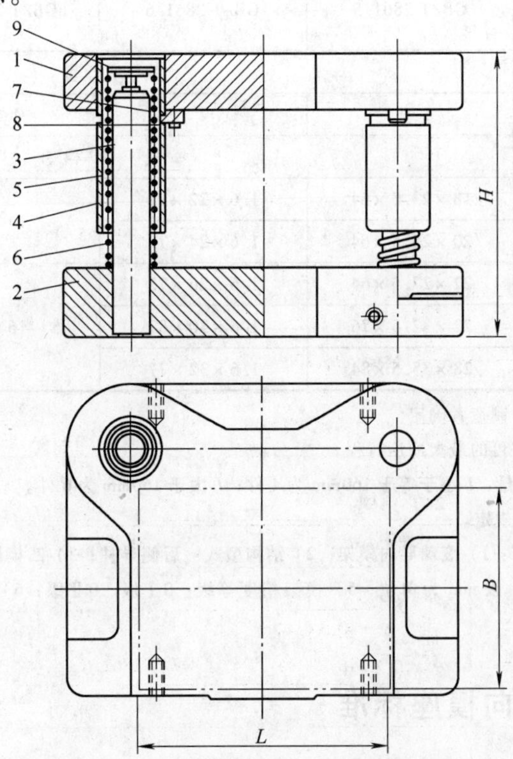

图 10-14　冲模滚动导向后侧导柱模架结构

1—上模座　2—下模座　3—导柱　4—导套　5—钢球保持圈　6—弹簧　7—压板　8　螺钉　9—限程器

表 10-19　冲模滚动导向后侧导柱模架尺寸（摘自 GB/T 2852—2008）（单位：mm）

凹模周界		最大行程	设计最小闭合高度	零件件号、名称和标准编号			
				1	2	3	4
				上模座 GB/T 2856.1	下模座 GB/T 2856.2	导柱 GB/T 2861.2	导套 GB/T 2861.4
				数量			
				1	1	2	2
L	B	S	H	规格			
80	63	80	165	80×63×35	80×63×40	18×155	18×100×33
100	80			100×80×35	100×80×40	20×155	20×100×33
125	100			125×100×35	125×100×45	22×155	22×100×33
160	125	100	200	160×125×40	160×125×45	25×190	25×120×38
200	160	120	220	200×160×45	200×160×55	28×210	28×145×43

（续）

<table>
<tr><td colspan="2" rowspan="3">凹模周界</td><td rowspan="3">最大行程</td><td rowspan="3">设计最小闭合高度</td><td colspan="4">零件件号、名称和标准编号</td></tr>
<tr><td>5</td><td>6</td><td>7</td><td>8</td></tr>
<tr><td>钢球保持圈
GB/T 2861.5</td><td>弹　簧
GB/T 2861.6</td><td>压　板
GB/T 2861.11</td><td>螺　钉
GB/T 70.1</td></tr>
<tr><td rowspan="3">L</td><td rowspan="3">B</td><td rowspan="3">S</td><td rowspan="3">H</td><td colspan="4">数　量</td></tr>
<tr><td>2</td><td>2</td><td>4 或 6</td><td>4 或 6</td></tr>
<tr><td colspan="4">规　格</td></tr>
<tr><td>80</td><td>63</td><td rowspan="3">80</td><td rowspan="3">165</td><td>18×23.5×64</td><td>1.6×22×72</td><td rowspan="2">14×15</td><td rowspan="2">M5×14</td></tr>
<tr><td>100</td><td>80</td><td>20×25.5×64</td><td>1.6×24×72</td></tr>
<tr><td>125</td><td>100</td><td>22×27.5×64</td><td>1.6×26×72</td><td rowspan="3">16×20</td><td rowspan="3">M6×16</td></tr>
<tr><td>160</td><td>125</td><td>100</td><td>200</td><td>22×32.5×76</td><td>1.6×30×87</td></tr>
<tr><td>200</td><td>160</td><td>120</td><td>220</td><td>28×35.5×84</td><td>1.6×32×77</td></tr>
</table>

注：1. 限程器结构和尺寸由制造者确定。

2. 最大行程指该模架许可的最大冲压行程。

3. 件号 7、件号 8 的数量：L 小于等于 160mm 为 4 件；L 大于 160mm 为 6 件。

4. 应符合 JB/T 8050 的规定。

5. 标记应包括以下内容：1）滚动导向模架；2）结构型式：后侧导柱；3）凹模周界尺寸 L、B，以 mm 为单位；4）模架闭合高度 H，以 mm 为单位；5）模架精度等级：0Ⅰ级、0Ⅱ级；6）本标准代号，即 GB/T 2852—2008。

10.4 冲模滚动导向模座标准

10.4.1 上模座标准

GB/T 2856.1—2008《冲模滚动导向模座 第 1 部分：上模座》标准是对 GB/T 2856.1—1990《冲模滚动导向模座 对角导柱上模座》、GB/T 2856.3—1990《冲模滚动导向模座 中间导柱上模座》、GB/T 2856.5—1990《冲模滚动导向模座 四导柱上模座》和 GB/T 2856.7—1990《冲模滚动导向模座 后侧导柱上模座》合并修订。

GB/T 2856.1—2008《冲模滚动导向模座 第 1 部分：上模座》标准规定了冲模滚动导向上模座的结构、尺寸规格与标记，适用于冲模滚动导向用上模座，同时还给出了材料指南和技术要求。与旧标准相比，主要变化如下：将标准名称改为《冲模滚动导向模座 第 1 部分：上模座》；增加了“前言”和“规范性引用文件”；对中间导柱上模座的结构和尺寸规格作了较大的修改；材料改为推荐采用。

GB/T 2856.1—2008 标准规定的冲模滚动导向上模座包括对角导柱上模座、中间导柱上模座、四导柱上模座和后侧导柱上模座。其标记内容包括：①滚动导向上模座；②结构型式：对角导柱、中间导柱、四导柱、后侧导柱；③凹模周界尺寸 L、B 或 D_0，以 mm 为单位；④模架闭合高度 H，以 mm 为单位；⑤本标准代号，即 GB/T 2856.1—2008。例如 $L=200$mm，$B=160$mm，$H=45$mm 的滚动导向对角导柱上模座的标记为：滚动导向上模座 对角导柱 200×160×45　GB/T 2856.1—2008。

下面将冲模滚动导向上模座分别介绍如下。

1. 对角导柱上模座标准

GB/T 2856.1—2008 标准规定的冲模滚动导向对角导柱上模座如表 10-20 所示。

表 10-20　冲模滚动导向对角导柱上模座（摘自 GB/T 2856.1—2008）

（单位：mm）

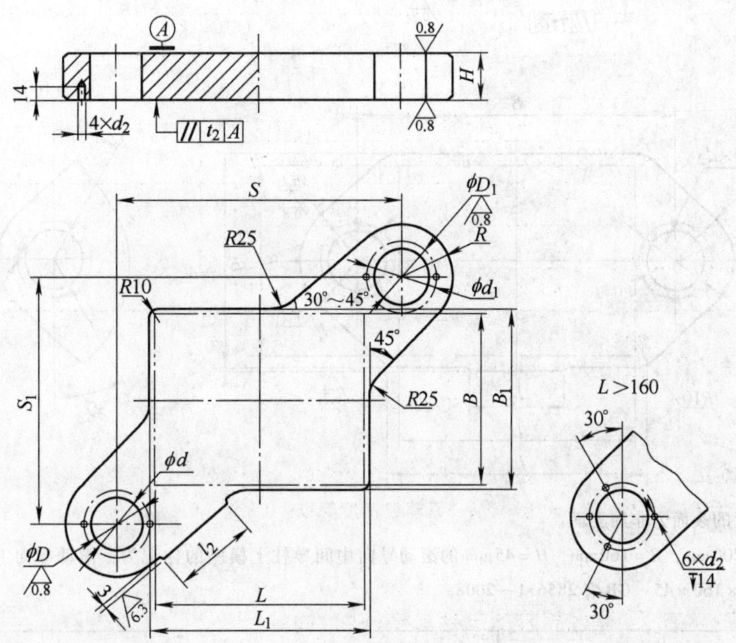

未注表面粗糙度的表面为非加工面。

标记示例：L=200mm，B=160mm，H=45mm 的滚动导向对角导柱上模座的标记为：滚动导向上模座 对角导柱 200×160×45　GB/T 2856.1—2008。

凹模周界		H	L_1	B_1	S	S_1	R	l_2	D H6	D_1 H6	d	d_1	d_2
L	B												
80	63		90	70	125	110	36	40	38	40	51	53	M5-6H
100	80	35	110	90	155	135	38	60	40	42	53	55	
125	100		130	110	180	160	40		42	45	55	59	
160	125	40	170	130	225	180	45	80	48	50	62	64	M6-H6
200	160	45	210	170	270	230	50		50	55	64	69	
250	200	50	260	210	320	270	55	100	55	58	69	72	

注：1. 材料由制造者选定，推荐采用 HT200，时效处理。

2. t_2 应符合 JB/T 8070 中表 2 的规定。应符合 JB/T 8070 的规定。

3. 标记应包括以下内容：1）滚动导向上模座；2）结构型式：对角导柱；3）凹模周界尺寸 L、B，以 mm 为单位；4）模架闭合高度 H，以 mm 为单位；5）本标准代号，即 GB/T 2856.1—2008。

2. 中间导柱上模座标准

GB/T 2856.1—2008 标准规定的冲模滚动导向中间导柱上模座如表 10-21 所示。

表 10-21　冲模滚动导向中间导柱上模座（摘自 GB/T 2856.1—2008）（单位：mm）

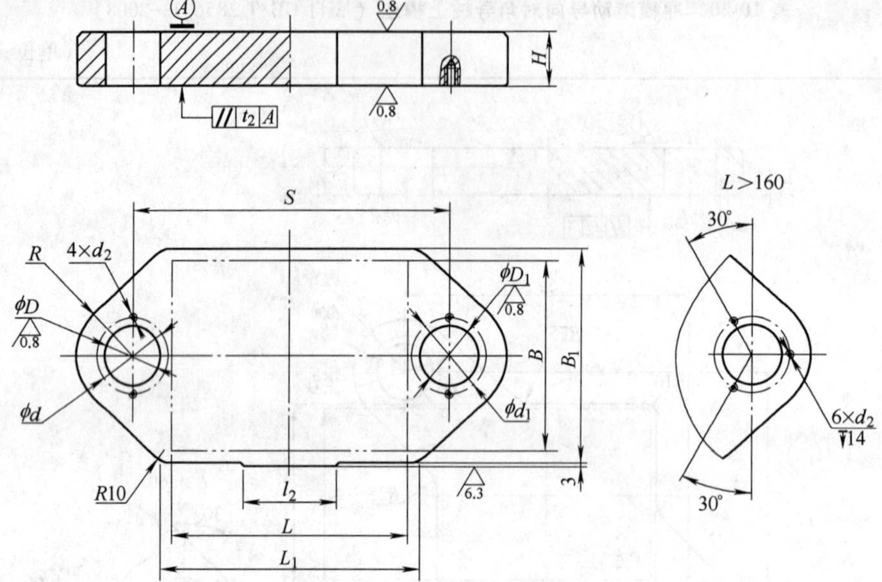

未注表面粗糙度的表面为非加工面。

标记示例：L = 200mm，B = 160mm，H = 45mm 的滚动导向中间导柱上模座的标记为：滚动导向上模座 中间导柱 200 × 160 × 45　GB/T 2856.1—2008。

凹模周界		H	L_1	B_1	S	R	L_2	D H6	D_1 H6	d	d_1	d_2
L	B											
80	63	35	100	80	130	36	60	38	40	51	53	M5-6H
100	80		120	100	155	38		40	42	53	55	
125	100		140	120	180	40		42	45	55	59	M6-H6
140	125	40	160	140	200	45	80	48	50	62	64	
160	140		180	160	225							
200	160	45	220	180	270	50		50	55	64	69	
250	200	50	270	220	320	55		55	58	69	72	

注：1. 材料由制造者选定，推荐采用 HT200，时效处理。

2. t_2 应符合 JB/T 8070 中表 2 的规定。应符合 JB/T 8070 的规定。

3. 标记应包括以下内容：1）滚动导向上模座；2）结构型式：中间导柱；3）凹模周界尺寸 L、B，以 mm 为单位；4）模架闭合高度 H，以 mm 为单位；5）本标准代号，即 GB/T 2856.1—2008。

3. 四导柱上模座标准

GB/T 2856.1—2008 标准规定的冲模滚动导向四导柱上模座如表 10-22 所示。

表 10-22　冲模滚动导向四导柱上模座（摘自 GB/T 2856.1—2008）　（单位：mm）

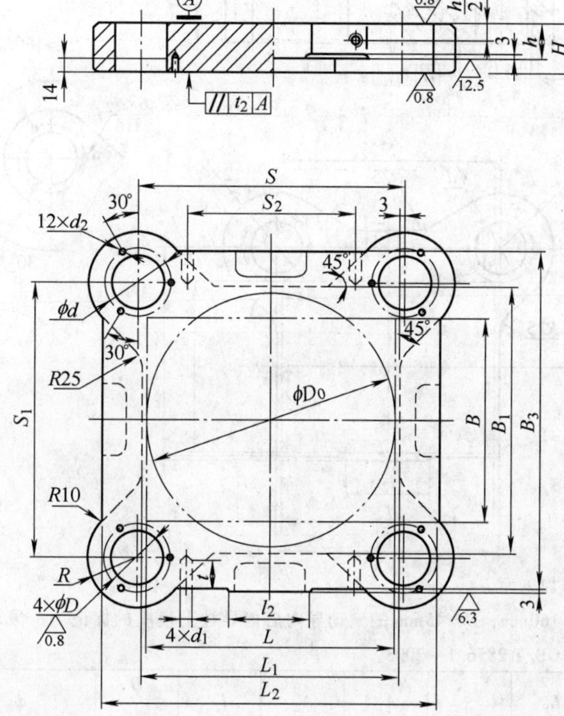

未注表面粗糙度的表面为非加工面。

标记示例：$L=200$mm，$B=160$mm，$H=45$mm 的滚动导向四导柱上模座的标记为：滚动导向上模座 四导柱　200×160×45　GB/T 2856.1—2008。

凹模周界			H	h	L_1	B_1	L_2	B_2	S	S_1	R	l_2	D H6	d_1	t	S_2	d	d_2
L	B	D_0																
160	125	160	40	30	170	170	240	230	180	175	40		48	—	—	—	62	M6-6H
200	160	200	45		210	210	290	280	220	220	45	80	50			130	64	
250		—			260		340		270									
250	200	250	50	35		260		330		270	50		55	M14-6H	28	170	69	
315		—			325		425		330			100						
400	250	—	60		410	320	515	390	425	320	60		58	M16-6H	32	300	82	M8-6H

注：压板台的形状尺寸由制造者确定。

1. 材料由制造者选定，推荐采用 HT200，时效处理。
2. t_2 应符合 JB/T 8070 中表 2 的规定。应符合 JB/T 8070 的规定。
3. 标记应包括以下内容：1）滚动导向上模座；2）结构型式：四导柱；3）凹模周界尺寸 L、B 或 D_0，以 mm 为单位；4）模架闭合高度 H，以 mm 为单位；5）本标准代号，即 GB/T 2856.1—2008。

4. 四导柱上模座标准

GB/T 2856.1—2008 标准规定的冲模滚动导向后侧导柱上模座如表 10-23 所示。

表 10-23　冲模滚动导向后侧导柱上模座（摘自 GB/T 2856.1—2008）（单位：mm）

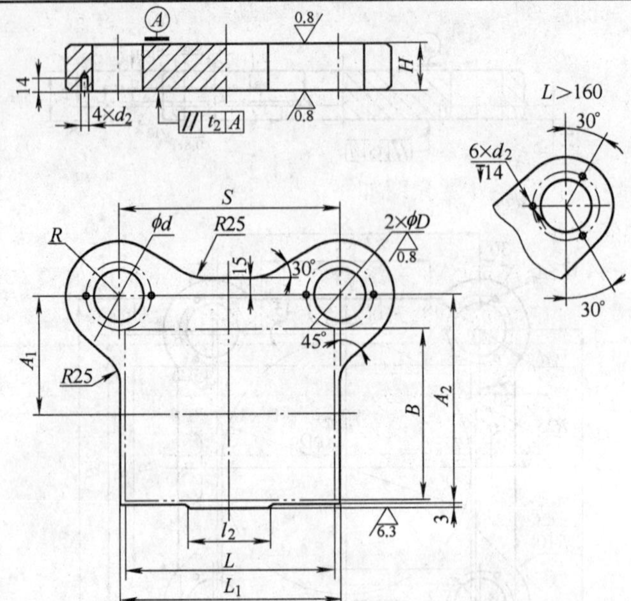

未注表面粗糙度的表面为非加工面。

标记示例：$L=200$mm，$B=160$mm，$H=45$mm 的滚动导向后侧导柱上模座的标记为：滚动导向上模座 后侧导柱 200×160×45　GB/T 2856.1—2008。

<table>
<tr><th colspan="2">凹模周界</th><th rowspan="2">H</th><th rowspan="2">L1</th><th rowspan="2">S</th><th rowspan="2">A1</th><th rowspan="2">A2</th><th rowspan="2">l2</th><th>D</th><th rowspan="2">d</th><th rowspan="2">d2</th></tr>
<tr><th>L</th><th>B</th><th>H6</th></tr>
<tr><td>80</td><td>63</td><td rowspan="3">35</td><td>90</td><td>94</td><td>55</td><td>90</td><td>40</td><td>38</td><td>51</td><td rowspan="2">M5-6H</td></tr>
<tr><td>100</td><td>80</td><td>110</td><td>116</td><td>65</td><td>110</td><td rowspan="2">60</td><td>40</td><td>53</td></tr>
<tr><td>125</td><td>100</td><td>130</td><td>130</td><td>75</td><td>130</td><td>42</td><td>55</td><td rowspan="3">M6-H6</td></tr>
<tr><td>160</td><td>125</td><td>40</td><td>170</td><td>170</td><td>90</td><td>155</td><td rowspan="2">80</td><td>48</td><td>62</td></tr>
<tr><td>200</td><td>160</td><td>45</td><td>210</td><td>210</td><td>110</td><td>195</td><td>50</td><td>64</td></tr>
</table>

注：1. 材料由制造者选定，推荐采用 HT200，时效处理。

2. t_2 应符合 JB/T 8070 中表 2 的规定。应符合 JB/T 8070 的规定。

3. 标记应包括以下内容：1）滚动导向上模座；2）结构型式：后侧导柱；3）凹模周界尺寸 L、B，以 mm 为单位；4）模架闭合高度 H，以 mm 为单位；5）本标准代号，即 GB/T 2856.1—2008。

10.4.2　下模座标准

GB/T 2856.2—2008《冲模滚动导向模座 第 2 部分：下模座》标准是对 GB/T 2856.2—1990《冲模滚动导向模座 对角导柱下模座》、GB/T 2856.4—1990《冲模滚动导向模座 中间导柱下模座》、GB/T 2856.6—1990《冲模滚动导向模座 四导柱下模座》和 GB/T 2856.8—1990《冲模滚动导向模座 后侧导柱下模座》合并修订。

GB/T 2856.2—2008《冲模滚动导向模座 第 2 部分：下模座》标准规定了冲模滚动导向下模座的结构、尺寸规格与标记，适用于冲模滚动导向用下模座，同时还给出了材料指南和技术要求。与旧标准相比，主要变化如下：将标准名称改为《冲模滚动导向模座 第 2 部分：下模座》；增加了“前言”和“规范性引用文件”；对中间导柱下模座的结构和尺寸规格作了较大的修改；材料改为推荐采用。

GB/T 2856.2—2008 标准规定的冲模滚动导向下模座包括对角导柱下模座、中间导柱下模座、四导柱下模座和后侧导柱下模座。其标记内容包括①滚动导向下模座；②结构型式：对角导柱、中间导柱、四导柱、后侧导柱；③凹模周界尺寸 L、B 或 D_0，以 mm 为单位；④模架闭合高度 H，以 mm 为单位；⑤本标准代号，即 GB/T 2856.2—2008。例如 $L=200$mm，$B=160$mm，$H=55$mm 的滚动导向对角导柱下模座的标记为：滚动导向下模座 对角导柱 200×160×55　GB/T 2856.1—2008。

下面将冲模滚动导向下模座分别介绍如下。

1. 对角导柱下模座标准

GB/T 2856.2—2008 标准规定的冲模滚动导向对角导柱下模座如表 10-24 所示。

表 10-24　冲模滚动导向对角导柱下模座（摘自 GB/T 2856.2—2008）（单位：mm）

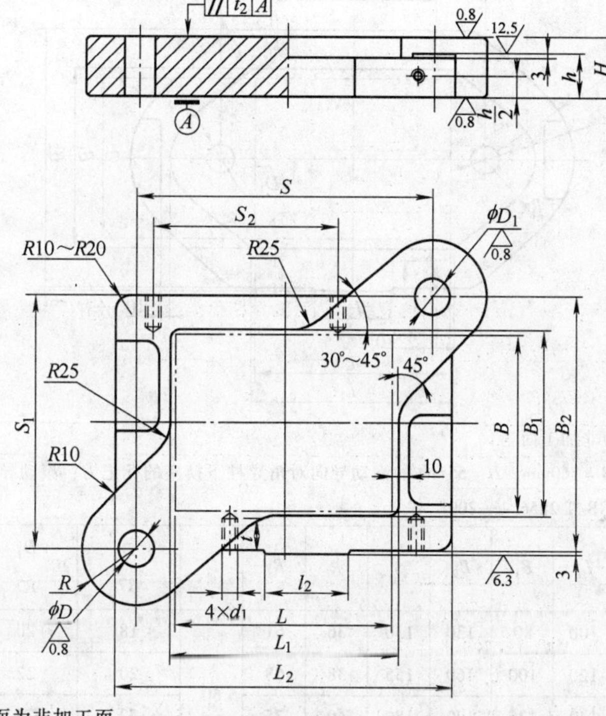

未注表面粗糙度的表面为非加工面。

标记示例：$L=200$mm，$B=160$mm，$H=55$mm 的滚动导向对角导柱下模座的标记为：滚动导向下模座 对角导柱 200×160×55　GB/T 2856.1—2008

凹模周界		H	h	L_1	B_1	L_2	B_2	S	S_1	R	l_2	D R7	D_1 R7	d_1	t	S_2
L	B															
80	63	40	30	90	70	150	120	125	110	36	40	18	20	—	—	—
100	80			110	90	170	140	155	135	38	60	20	22			
125	100	45	35	130	110	200	160	180	160	40		22	25			
160	125			170	130	250	190	225	180	45	80	25	28			
200	160	55	40	210	170	310	230	270	230	50		28	32	M14-6H	28	170
250	200	60		260	210	360	270	320	270	55	100	32	35	M16-6H	32	190

注：1. 压板台的形状、位置尺寸和标记面的位置尺寸由制造者确定。

2. 材料由制造者选定，推荐采用 HT200，时效处理。

3. t_2 应符合 JB/T 8070 中表 2 的规定。其余应符合 JB/T 8070 的规定。

4. 标记应包括以下内容：1）滚动导向下模座；2）结构型式：对角导柱；3）凹模周界尺寸 L、B，以 mm 为单位；4）模架闭合高度 H，以 mm 为单位；5）本标准代号，即 GB/T 2856.2—2008。

2. 中间导柱下模座标准

GB/T 2856.2—2008 标准规定的冲模滚动导向中间导柱下模座如表 10-25 所示。

表 10-25　冲模滚动导向中间导柱下模座（摘自 GB/T 2856.2—2008）

（单位：mm）

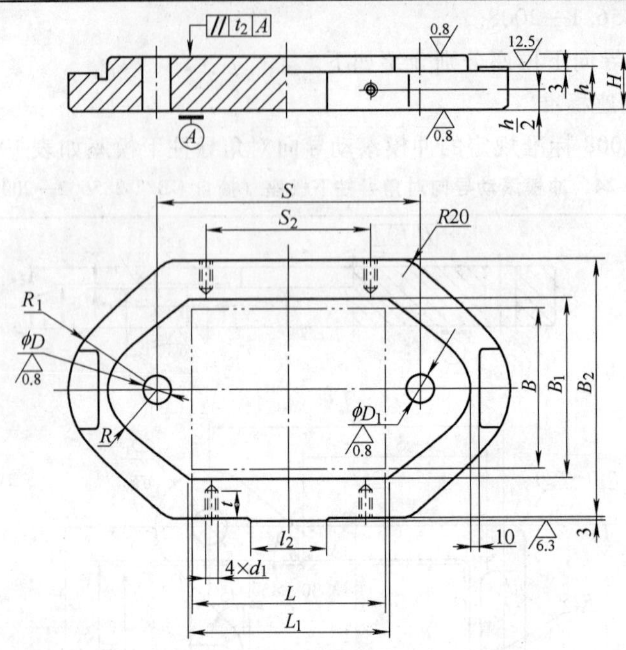

未注表面粗糙度的表面为非加工面。

标记示例：$L=200$mm，$B=160$mm，$H=55$mm 的滚动导向对角导柱下模座的标记为：滚动导向下模座 对角导柱 200 ×160 ×55　GB/T 2856.1—2008

凹模周界		H	h	L_1	B_1	B_2	S	R	R_1	l_2	D R7	D_1 R7	d_1	t	S_2
L	B														
80	63	40	30	100	80	130	130	36	61	60	18	20	—	—	—
100	80			120	100	160	155	38	68		20	22			
125	100	45	35	140	120	190	180	40	75		22	25			
140	125			160	140	220	200	45	85		25	28			
160	140	40 50		180	160	240	225			80					
200	160	55	40	210	180	260	270	50	90		28	32	M14-6H	28	170
250	200	60		260	220	300	320	55	95		32	35	M16-6H	32	190

注：1. 压板台的形状尺寸由制造者确定。

2. 材料由制造者选定，推荐采用 HT200，时效处理。

3. t_2 应符合 JB/T 8070 中表 2 的规定。其余应符合 JB/T 8070 的规定。

4. 标记应包括以下内容：1）滚动导向下模座；2）结构型式：中间导柱；3）凹模周界尺寸 L、B，以 mm 为单位；4）模架闭合高度 H，以 mm 为单位；5）本标准代号，即 GB/T 2856.2—2008。

3. 四导柱下模座标准

GB/T 2856.2—2008 标准规定的冲模滚动导向四导柱下模座如表 10-26 所示。

表 10-26　冲模滚动导向四导柱下模座（摘自 GB/T 2856.2—2008）　（单位：mm）

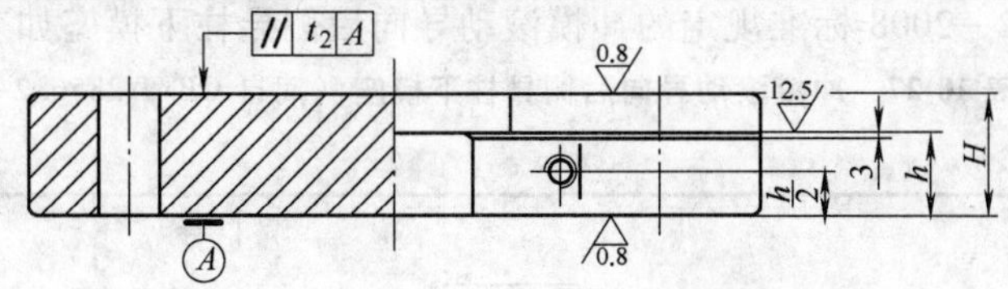

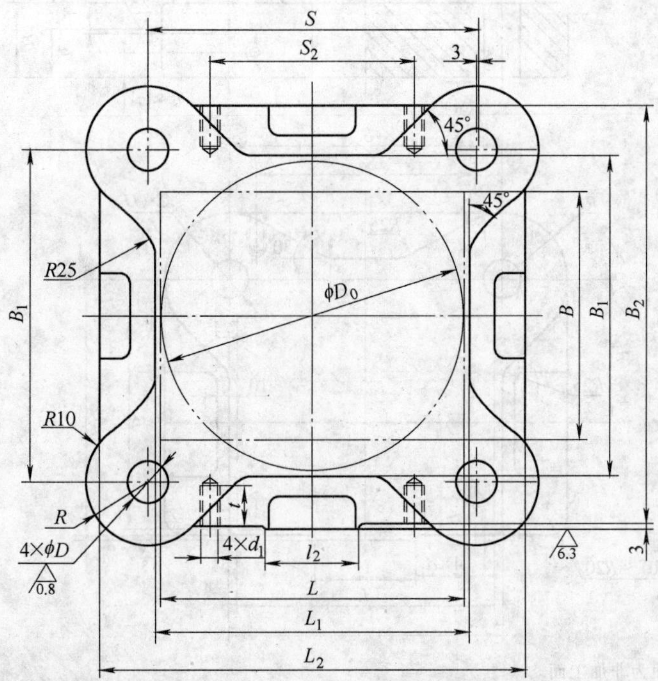

未注表面粗糙度的表面为非加工面。

标记示例：$L=200$mm，$B=160$mm，$H=55$mm 的滚动导向四导柱下模座的标记为：滚动导向下模座 四导柱 200 × 160 × 55　GB/T 2856.1—2008

凹模周界			H	h	L_1	B_1	L_2	B_2	S	S_1	R	l_2	D R7	d_1	t	S_2
L	B	D_0														
160	125	160	40 50	35	170	170	240	240	180	175	40		25	—	—	—
200	160	200	55	40	210	210	290	290	220	220	45	80	28	M14-6H	28	130
250		—	60		260		340		270				32			170
250	200	250	60		260	260		340	270	270	50		32	M16-6H	32	170
315		—	65		325		425		330			100	32			250
400	250	—	70	45	410	320	415	390	425	320	60		35			300

注：1. 压板台的形状尺寸由制造者确定。

2. 材料由制造者选定，推荐采用 HT200，时效处理。

3. t_2 应符合 JB/T 8070 中表 2 的规定。其余应符合 JB/T 8070 的规定。

4. 标记应包括以下内容：1）滚动导向下模座；2）结构型式：四导柱；3）凹模周界尺寸 L、B 或 D_0，以 mm 为单位；4）模架闭合高度 H，以 mm 为单位；5）本标准代号，即 GB/T 2856.2—2008。

4. 后侧导柱下模座标准

GB/T 2856.2—2008 标准规定的冲模滚动导向后侧导柱下模座如表 10-27 所示。

表 10-27 冲模滚动导向后侧导柱下模座（摘自 GB/T 2856.2—2008）

（单位：mm）

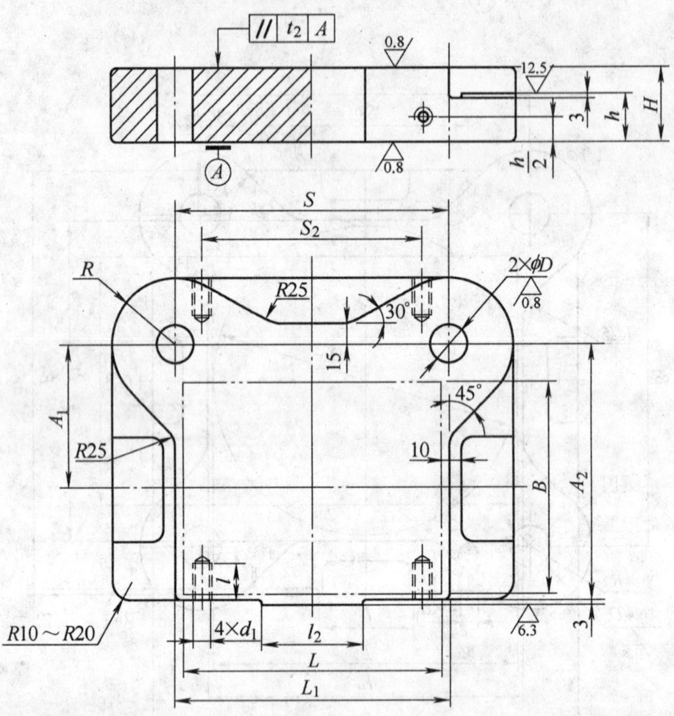

未注表面粗糙度的表面为非加工面。

标记示例：$L=200$mm，$B=160$mm，$H=55$mm 的滚动导向后侧导柱下模座的标记为：滚动导向下模座 后侧导柱 200 ×160 ×55 GB/T 2856.1—2008

凹模周界		H	h	L_1	S	A_1	A_2	R	l_2	D R7	d_1	t	S_2
L	B												
80	63	35	20	90	94	55	90	36	40	18	—	—	—
100	80			110	116	65	110	38	60	20			
125	100	45	25	130	130	75	130	40		22			
160	125			170	170	90	155	45	80	25			
200	160	55	35	210	210	110	195	50		28	M14-6H	28	170

注：1. 压板台的形状尺寸由制造者确定。

2. 材料由制造者选定，推荐采用 HT200，时效处理。

3. t_2 应符合 JB/T 8070 中表 2 的规定。其余应符合 JB/T 8070 的规定。

4. 标记应包括以下内容：1）滚动导向下模座；2）结构型式：后侧导柱；3）凹模周界尺寸 L、B，以 mm 为单位；4）模架闭合高度 H，以 mm 为单位；5）本标准代号，即 GB/T 2856.2—2008。

10.5　模柄标准

中、小型模具一般是通过模柄将上模固定在压力机滑块上。模柄是作为上模与压力机滑块连接的零件。对它的基本要求是：①要与压力机滑块上的模柄孔正确配合，安装可靠；②要与上模正确而可靠连接。

JB/T 7646—2008《冲模模柄》标准规定的冲模模柄有压入式模柄、旋入式模柄、凸缘模柄、槽型模柄、浮动模柄和推入式活动模柄，分别介绍如下。

10.5.1　压入式模柄标准

压入式模柄与模座孔采用过渡配合 H7/m6，并加销钉以防转动。这种模柄可较好地保证轴线与上模座的垂直度，适用于各种中、小型冲模，生产中最常见。

JB/T 7646.1—2008 标准规定了冲模压入式模柄的尺寸规格和标记，适用于冲模压入式模柄，同时还给出了材料指南和技术要求。与旧标准相比，主要变化如下：将标准名称改为《冲模模柄 第 1 部分：压入式模柄》；增加了“前言”；对“范围”的表述作了修改；对“规范性引用文件”作了修改；零件材料改为推荐选用。

JB/T 7646.1—2008 标准规定的冲模压入式模柄如表 10-28 所示。

表 10-28　冲模压入式模柄（摘自 JB/T 7646.1—2008）　　（单位：mm）

表面粗糙度以 μm 为单位

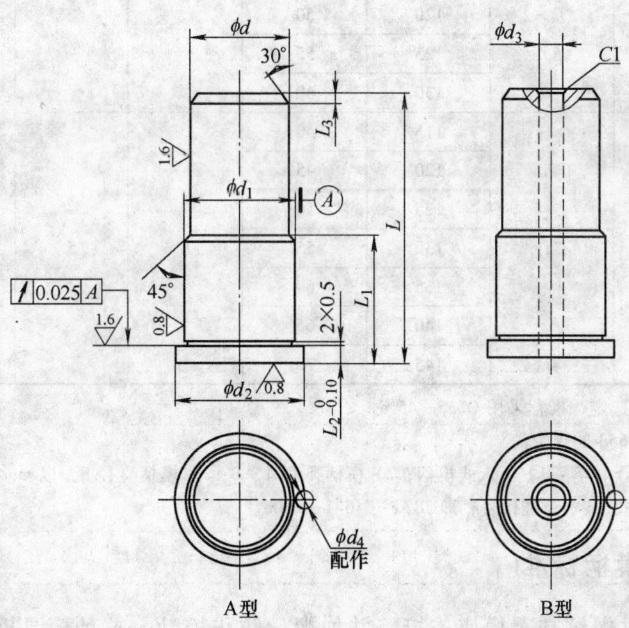

未注表面粗糙度 Ra6.3μm。

标记示例：d = 32mm，L = 80mm 的 A 型压入式模柄标记如下：压入式模柄　A 32 × 80 JB/T 7646.1—2008

（续）

d Js10	d_1 m6	d_2	L	L_1	L_2	L_3	d_3	d_4 H7
20	22	9	60	20	4	2	7	6
			65	25				
			70	30				
25	26	33	65	20		2.5		
			70	25				
			75	30				
			80	35				
32	34	42	80	25	5	3	11	
			85	30				
			90	35				
			95	40				
40	42	50	100	30	6	4	11	6
			105	35				
			110	40				
			115	45				
			120	50				
50	52	61	105	35	8	5	15	8
			110	40				
			115	45				
			120	50				
			125	55				
			130	60				
60	62	71	115	40	8	5	15	8
			120	45				
			125	50				
			130	55				
			135	60				
			140	65				
			145	70				

注：1. 材料由制造者选定，推荐采用 Q235、45 钢。

2. 应符合 JB/T 7653 的规定。

3. 标记应包括以下内容：1）压入式模柄；2）模柄类型 A、B；3）模柄直径 d，以 mm 为单位；4）模柄长度 L，以 mm 为单位；5）本标准代号，即 JB/T 7646.1—2008。

10.5.2 旋入式模柄标准

旋入式模柄通过螺纹与上模座连接，并加螺丝防止松动。这种模具拆装方便，但模柄轴线与上模座的垂直度较差，多用于有导柱的中、小型冲模。

JB/T 7646.2—2008 标准规定了冲模旋入式模柄的尺寸规格和标记，适用于冲模旋入式模柄，同时还给出了材料指南和技术要求。与旧标准相比，主要变化如下：将标准名称改为

《冲模模柄 第 2 部分：旋入式模柄》；增加了“前言”；对“范围”的表述作了修改；对“规范性引用文件”作了修改；零件材料改为推荐选用。

JB/T 7646.2—2008 标准规定的冲模旋入式模柄如表 10-29 所示。

表 10-29 冲模旋入式模柄（摘自 JB/T 7646.2—2008） （单位：mm）

表面粗糙度以 μm 为单位

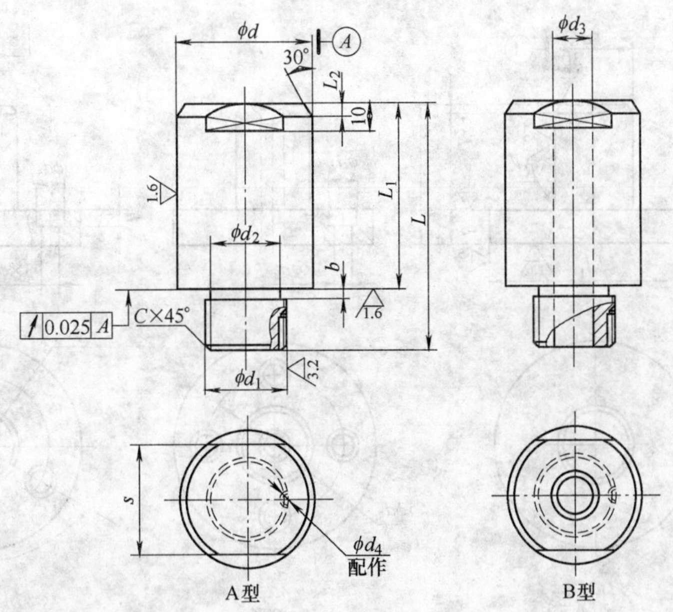

未注表面粗糙度 Ra6.3μm。

标记示例：d = 32mm 的 A 型旋入式模柄标记如下：

旋入式模柄 A 32 JB/T 7646.2—2008

d Js10	d_1	L	L_1	L_2	S	d_2	d_3	d_4	b	C
20	M16×1.5	58	40	2	17	14.5	11	M6	2.5	1
25	M16×1.5	68	45	2.5	21	14.5				
32	M20×1.5	79	56	3	27	18.0			3.5	1.5
40	M24×1.5	91	68	4	36	21.5				
50	M30×1.5			5	41	27.5	15	M8	4.5	2
60	M36×1.5	100	73		50	33.5				

注：1. 材料由制造者选定，推荐采用 Q235、45 钢。

2. 应符合 JB/T 7653 的规定。

3. 标记应包括以下内容：1）旋入式模柄；2）模柄类型 A、B；3）模柄直径 d，以 mm 为单位；4）本标准代号，即 JB/T 7646.2—2008。

10.5.3 凸缘模柄标准

凸缘模柄用 3～4 个螺钉紧固于上模座，模柄的凸缘与上模座的窝孔采用 H7/js6 过渡配合，多用于较大型的模具。

JB/T 7646.3—2008 标准规定了冲模凸缘模柄的尺寸规格和标记，适用于冲模凸缘模柄，同时还给出了材料指南和技术要求。与旧标准相比，主要变化如下：将标准名称改为《冲

模模柄 第 3 部分：凸缘模柄》；增加了“前言”；对“范围”的表述作了修改；对“规范性引用文件”作了修改；零件材料改为推荐选用。

JB/T 7646.3—2008 标准规定的冲模凸缘模柄如表 10-30 所示。

表 10-30　冲模凸缘模柄（摘自 JB/T 7646.3—2008）　　　　（单位：mm）

表面粗糙度以 μm 为单位

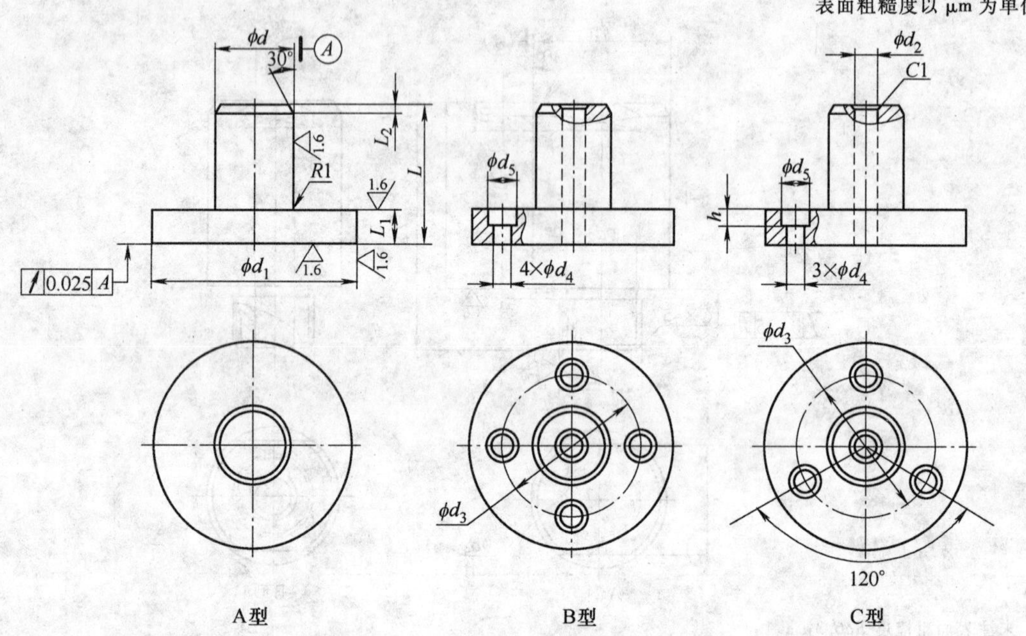

未注表面粗糙度 $Ra6.3\mu m$。

标记示例：$d=40mm$ 的 A 型凸缘模柄标记如下：凸缘模柄　A 40 JB/T 7646.3—2008

<table>
<tr><th>d
Js10</th><th>dd_1</th><th>L</th><th>L_1</th><th>L_2</th><th>d_2</th><th>d_3</th><th>d_4</th><th>d_5</th><th>h</th></tr>
<tr><td>20</td><td>67</td><td>58</td><td rowspan="2">18</td><td>2</td><td rowspan="4">11</td><td>44</td><td rowspan="4">9</td><td rowspan="4">14</td><td rowspan="4">9</td></tr>
<tr><td>25</td><td>82</td><td>63</td><td>2.5</td><td>54</td></tr>
<tr><td>32</td><td>97</td><td>79</td><td rowspan="5">23</td><td>3</td><td>65</td></tr>
<tr><td>40</td><td>122</td><td rowspan="2">91</td><td>4</td><td>81</td></tr>
<tr><td>50</td><td>132</td><td rowspan="3">5</td><td rowspan="3">15</td><td>91</td><td>11</td><td>17</td><td>11</td></tr>
<tr><td>60</td><td>142</td><td>96</td><td>101</td><td rowspan="2">13</td><td rowspan="2">20</td><td rowspan="2">13</td></tr>
<tr><td>70</td><td>152</td><td>100</td><td>110</td></tr>
</table>

注：1. 材料由制造者选定，推荐采用 Q235、45 钢。

2. 应符合 JB/T 7653 的规定。

3. 标记应包括以下内容：1）凸缘模柄；2）模柄类型 A、B、C；3）模柄直径 d，以 mm 为单位；4）本标准代号，即 JB/T 7646.3—2008。

10.5.4　槽形模柄标准

槽形模柄用于直接固定凸模，也可称为带模座的模柄，主要用于简单模中，更换凸模方便。

JB/T 7646.4—2008 标准规定了冲模槽形模柄的尺寸规格和标记，适用于冲模槽形模柄，同时还给出了材料指南和技术要求。JB/T 7646. 3—2008 标准规定的冲模槽形模柄如表 10-31 所示。

表 10-31　冲模槽形模柄（摘自 JB/T 7646. 4—2008）　　（单位：mm）

表面粗糙度以 μm 为单位

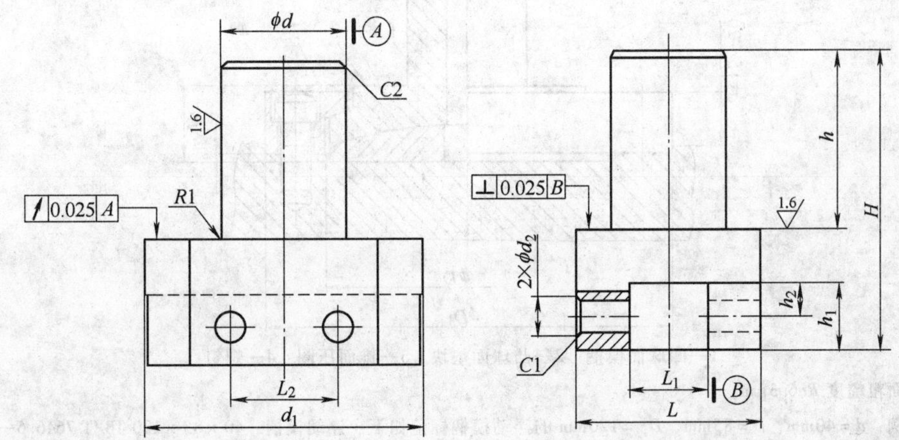

未注表面粗糙度 Ra6. 3μm。

标记示例：d = 25mm 的槽形模柄标记如下：槽形模柄　25 JB/T 7646. 4—2008

d Js10	d_1	d_2 H7	H	h	h_1	h_2	L	L_1 H7	L_2
20	45	6	70		14	7	30	10	20
25	55		75	48	16	8	40	15	25
32	70	8	85		20	10	50	20	30
40	90		100	60	22	11	60	25	35
50	110	10	115		25	12	70	30	45
60	120		130	70	30	15	80	35	50

注：1. 材料由制造者选定，推荐采用 Q235、45 钢。

2. 应符合 JB/T 7653 的规定。

3. 标记应包括以下内容：1）槽形模柄；2）模柄直径 d，以 mm 为单位；3）本标准代号，即 JB/T 7646. 4—2008。

10. 5. 5　浮动模柄标准

浮动模柄的主要特点是压力机的压力通过凹球面模柄和凸球面垫块传递到上模，以消除压力机导向误差对模具导向精度的影响，主要用于硬质合金模等精密导柱模。

JB/T 7646. 5—2008 标准规定了冲模浮动模柄的尺寸规格和标记，适用于冲模浮动模柄。与旧标准相比，主要变化如下：将标准名称改为《冲模模柄 第 5 部分：浮动模柄》；增加了"前言"；对"范围"的表述作了修改；对"规范性引用文件"作了修改；零件材料改为推荐选用。

JB/T 7646. 5—2008 标准规定的冲模浮动模柄如表 10-32 所示。

表 10-32 冲模浮动模柄（摘自 JB/T 7646.5—2008） （单位：mm）

表面粗糙度以 μm 为单位

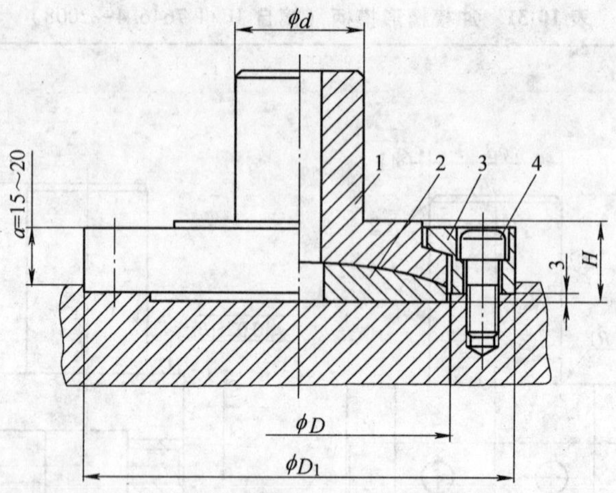

1—凹球面模柄 2—凸球面垫块 3—锥面压圈 4—螺钉

未注表面粗糙度 $Ra6.3\mu m$。

标记示例：$d=40mm$，$D=85mm$，$D_1=120mm$ 的浮动模柄标记如下：浮动模柄 40×85×120 JB/T 7646.5—2008

基本尺寸				锥面压圈	凹球面模柄	凸球面垫块	螺钉
d	D	D_1	H				
25	46	74	21.5	74	25×24	46	M6×20
	50	80		80	25×48	50	
32	55	90	25	90	30×53	55	M8×25
	65	100		100	30×63	65	
	75	110	25.5	110	30×73	75	
	85	120	27	120	30×83	85	
40	65	100	25	100	40×63	65	
	75	110	25.5	110	40×73	75	
	85	120	27	120	40×83	85	
		130		130			M10×30
	95	140		140	40×93	95	
	105	150	29	150	40×103	105	
50	85	130	27	130	50×83	85	
	95	140		140	50×93	95	
	105	150	29	150	50×103	105	
	115	160		160	50×113	115	
	120	170	31.5	170	50×118	120	M12×30
	130	180		180	50×128	130	

注：1. 螺钉数量：当 $D_1 \leqslant 100$，为四件；当 $D_1>100mm$，为六件。

2. 标记应包括以下内容：1）浮动模柄；2）模柄直径 d，以 mm 为单位；3）球面垫块直径 D，单位为 mm；4）锥面压圈外径 D_1，单位为 mm；5）本标准代号，即 JB/T 7646.5—2008。

JB/T 7646.5—2008 标准规定的冲模浮动模柄锥面压圈如表 10-33 所示。

JB/T 7646.5—2008 标准规定的冲模浮动模柄凹球面模柄如表 10-34 所示。

JB/T 7646.5—2008 标准规定的冲模浮动模柄凸球面垫块如表 10-35 所示。

表 10-33　冲模浮动模柄锥面压圈（摘自 JB/T 7646.5—2008）　（单位：mm）

表面粗糙度以 μm 为单位

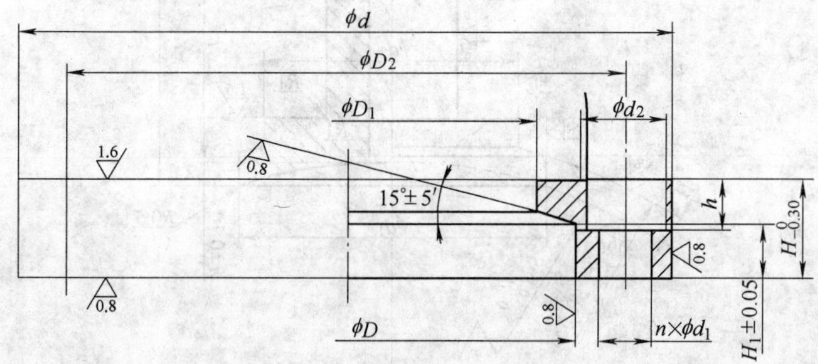

未注表面粗糙度 $Ra6.3\mu m$。

标记示例：$d=120mm$ 的锥面压圈标记如下：锥面压圈　120 JB/T 7646.5—2008

d Js10	H	D H7	H_1	D_1	D_2	d_1	d_2	h	n
74	16	46	8.5	36	60	7	11	7	4
80		50	8.6	38	65				
90	20	55	10.9	43	72	9	14	9	
100		65	10.7	53	82				
110		75	10.6	63	92				6
120	22	85	12.8	69	102	11	17	11	
130					107				
140		95		79	117				
150	24	105		89	127				
160		115	12.7	99	137				
170	26	120	15.2	100	145	13.5	20	13	
180		130		110	155				

注：1. 材料由制造者选定，推荐采用 45 钢。硬度 43～48HRC。

2. 技术条件应符合 JB/T 7653 的规定。

3. 标记应包括以下内容：1）锥面压圈；2）锥面压圈直径 d，以 mm 为单位；3）本标准代号，即 JB/T 7646.5—2008。

表 10-34　冲模浮动模柄凹球面模柄（摘自 JB/T 7646.5—2008）　（单位：mm）

表面粗糙度以 μm 为单位

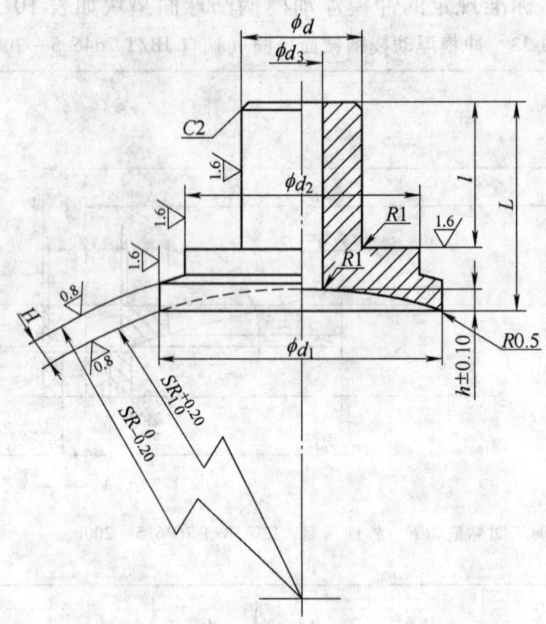

未注表面粗糙度 Ra6.3μm。

标记示例：d = 40mm，d_1 = 83mm 的凹球面模柄标记如下：凹球面模柄 40×83 JB/T 7646.5—2008

d js10	d_1	d_2	L	l	h	SR_1	SR	H	d_3
25	44	34	64	48	3.5	69	75	6	7
25	48	36	64	48	4	74	80	6	7
32	53	41	67	48	4.5	82	90	8	11
32	63	51	67	48	5.5	102	110	8	11
32	73	61	68	48	6	122	130	8	11
32	83	67	69	48	4.5	135	145	10	11
40	63	51	79	60	5.5	102	110	8	13
40	73	61	80	60	6	122	130	8	13
40	83	67	81	60	6.5	135	145	10	13
40	93	77	81	60	7.5	155	165	10	13
40	103	87	83	60	6	170	180	10	13
50	83	67	81	60	6.5	135	145	10	17
50	93	77	81	60	7.5	155	165	10	17
50	103	87	83	60	8	170	180	10	17
50	113	97	83	60	8.5	190	200	10	17
50	118	98	85	60	9	193	205	12	17
50	128	108	85	60	9	213	225	12	17

注：1. SR1 与凸球面垫块在摇摆旋转时吻合接触面不小于 80%。

2. 材料由制造者选定，推荐采用 45 钢。硬度 43～48HRC。

3. 技术条件应符合 JB/T 7653 的规定。

4. 标记应包括以下内容：1）浮动模柄；2）凹球面模柄直径 d，以 mm 为单位；3）直径 d_1，以 mm 为单位；4）本标准代号，即 JB/T 7646.5—2008。

表 10-35　冲模浮动模柄凸球面垫块（摘自 JB/T 7646.5—2008）　（单位：mm）

表面粗糙度以 μm 为单位

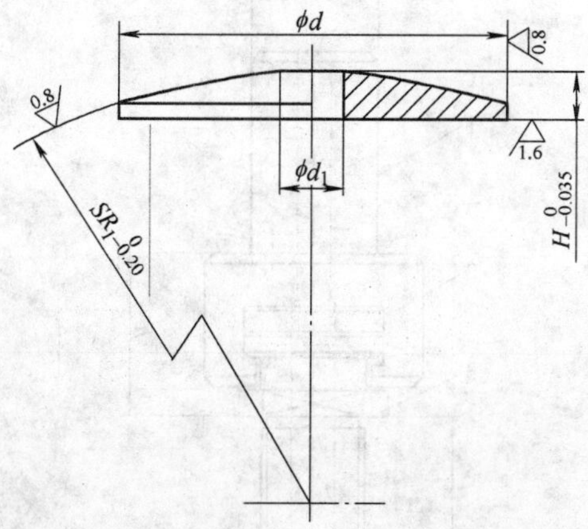

未注表面粗糙度 Ra6.3μm。

标记示例：$d=85$mm 的凸球面垫块标记如下：凸球面垫块 85 JB/T 7646.5—2008

D g6	H	SR_1	d_1
46	9	69	10
50	9.5	74	
55	10	82	14
65	10.5	102	
75	11	122	
85	12	135	
95	12.5	155	16
105	13.5	170	
115	14	190	20
120	15	193	
130	15.5	213	

注：1. SR_1 与凹球面模柄在摇摆旋转时吻合接触面不小于 80%。

2. 材料由制造者选定，推荐采用 45 钢。硬度 43～48HRC。

3. 技术条件应符合 JB/T 7653 的规定。

4. 标记应包括以下内容：1）凸球面垫块；2）凸球面垫块直径 d，以 mm 为单位；3）本标准代号，即 JB/T 7646.5—2008。

10.5.6　推入式活动模柄标准

对于推入式活动模柄，压力机压力通过模柄接头、凹球面垫块和活动模柄传递到上模，它也是一种浮动模柄。因模柄单面开通（呈 U 形），所以使用时，导柱导套不宜脱离。它主要用于精密模具。

JB/T 7646.6—2008 标准规定了冲模推入式活动模柄的尺寸规格和标记，适用于冲模推入式活动模柄。与旧标准相比，主要变化如下：将标准名称改为《冲模模柄 第 6 部分：推入式活动模柄》；增加了“前言”；对“范围”的表述作了修改；对“规范性引用文件”作了修改；零件材料改为推荐选用。

JB/T 7646.6—2008 标准规定的冲模推入式活动模柄如表 10-36 所示。

表 10-36 冲模推入式活动模柄（摘自 JB/T 7646.6—2008） （单位：mm）

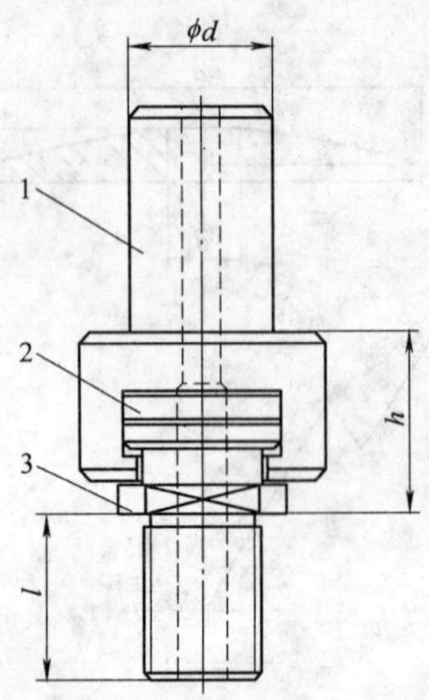

1—模柄接头 2—凹球面垫块 3—活动模柄

标记示例：$d=25$mm，$l=30$mm 的推入式活动模柄标记如下：推入式活动模柄 25×30 JB/T 7646.6—2008

基本尺寸			模柄接头	凹球面垫块	活动模柄
d	l	h			
20	20	28.5	20	30×6	20×37
	25				20×42
	30				20×47
25	20	33.5	25	30×8	20×38
	25				20×43
	30				20×48
32	20	36.5	32	35×8	25×41
	25				25×46
	30				25×51
	35				25×56
	40				25×61
40	25	48.5	40	42×8.5	32×52
	30				32×57
	35				32×62
	40				32×67
	45				32×72
	50				32×77

注：标记应包括以下内容：1）推入式活动模柄；2）模柄直径 d，以 mm 为单位；3）长度 l，单位为 mm；4）本标准代号，即 JB/T 7646.6—2008。

JB/T 7646.6—2008 标准规定的冲模推入式活动模柄的模柄接头如表 10-37 所示。

JB/T 7646.6—2008 标准规定的冲模推入式活动模柄的凹球面垫块如表 10-38 所示。

表 10-37　冲模推入式活动模柄的模柄接头（摘自 JB/T 7646.6—2008）（单位：mm）

表面粗糙度以 μm 为单位

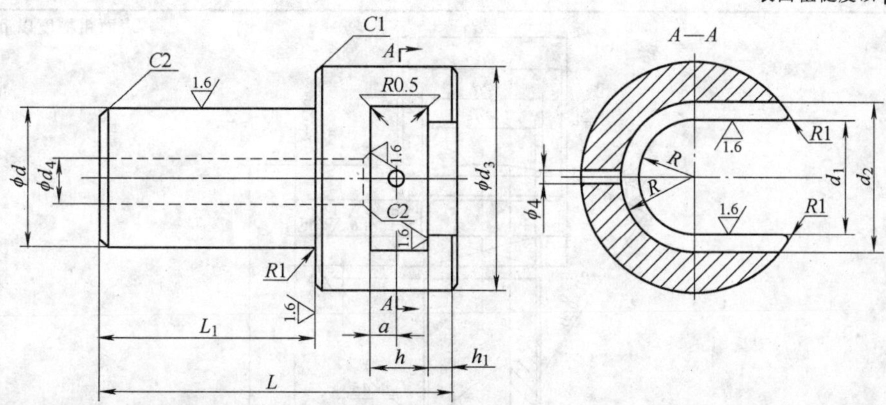

未注表面粗糙度 $Ra6.3\mu m$。

标记示例：$d=25mm$ 的模柄接头标记如下：模柄接头 25 JB/T 7646.6—2008

d js10	L	L_1	d_1 H12	d_2 js10	d_3	h_1	h H13	a	d_4
20	68				45	5	10.5		6.5
25	73				50	6	12.5		8.5
32	78	48	25	35	55		14.5	5.5	10.5
40	100	60	32	42	65	8	16.5	7.5	12.5

注：1. 材料由制造者选定，推荐采用 Q235。

2. 技术条件应符合 JB/T 7653 的规定。

3. 标记应包括以下内容：1）模柄接头；2）模柄接头直径 d，以 mm 为单位；3）本标准代号，即 JB/T 7646.6—2008。

表 10-38　冲模推入式活动模柄凹球面垫块（摘自 JB/T 7646.6—2008）（单位：mm）

表面粗糙度以 μm 为单位

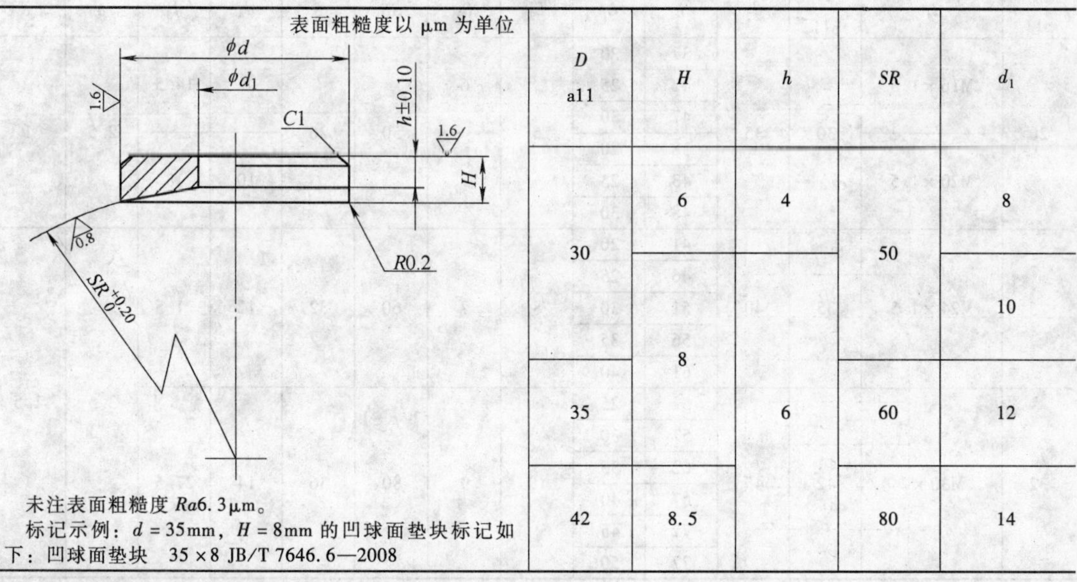

D a11	H	h	SR	d_1
30	6	4	50	8
	8	6		10
35			60	12
42	8.5		80	14

未注表面粗糙度 $Ra6.3\mu m$。

标记示例：$d=35mm$，$H=8mm$ 的凹球面垫块标记如下：凹球面垫块　35×8 JB/T 7646.6—2008

注：1. SR 与活动模柄在摇摆旋转时吻合接触面不小于 80%。

2. 材料由制造者选定，推荐采用 45 钢。硬度 43～48HRC。

3. 技术条件应符合 JB/T 7653 的规定。

4. 标记应包括以下内容：1）凹球面垫块；2）凹球面垫块直径 d，以 mm 为单位；3）凹球面垫块高度 H，以 mm 为单位；4）本标准代号，即 JB/T 7646.6—2008。

JB/T 7646.6—2008 标准规定的冲模推入式活动模柄的活动模柄如表 10-39 所示。

表 10-39 冲模推入式活动模柄的活动模柄（摘自 JB/T 7646.6—2008）（单位：mm）

表面粗糙度以 μm 为单位

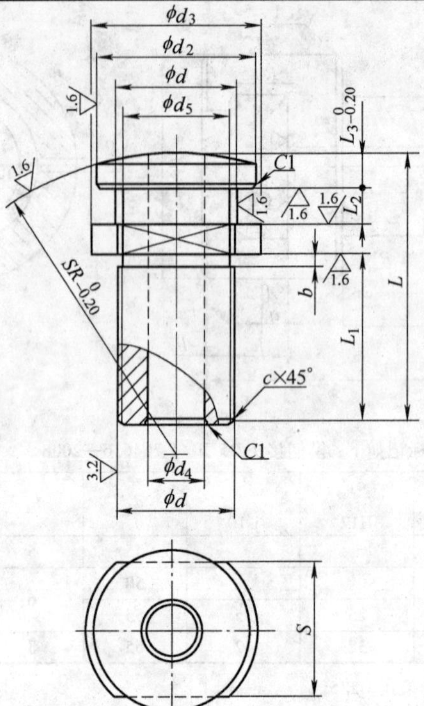

未注表面粗糙度 $Ra6.3\mu m$。

标记示例：$d=25mm$，$L=51mm$ 的活动模柄标记如下：活动模柄 25×51 JB/T 7646.6—2008

d a11	d_1	d_2 a11	d_3	L	L_1	L_2	L_3	SR	S	d_4	d_5	b	c
20	M16×1.5	30	35	37	20	6	6	50	26	8	14.5	2.5	1
				42	25								
				47	30								
	M20×1.5			38	20		7			10	18		
				43	25								
				48	30								
25	M24×1.5	35	40	41	20	8	7	60	32	12	21.5	3.5	1.5
				46	25								
				51	30								
				56	35								
				61	40								
32	M30×2	42	45	52	25	10	9	80	36	14	27.5		
				57	30								
				62	35								
				67	40								
				72	45								
				77	50								

注：1. SR 与凹球面垫块在摇摆旋转时吻合接触面不小于 80%。

2. 材料由制造者选定，推荐采用 45 钢。硬度 43～48HRC。

3. 技术条件应符合 JB/T 7653 的规定。

4. 标记应包括以下内容：1）活动模柄；2）活动模柄直径 d，以 mm 为单位；3）长度 L，以 mm 为单位；4）本标准代号，即 JB/T 7646.6—2008。

10.6 冲模模架技术条件标准

JB/T 8050—2008《冲模模架技术条件》标准代替 JB/T 8050—1999《冲模模架 技术条件》和 JB/T 7183—1995《冲模钢板模架 技术条件》，与旧版标准相比主要变化有：在标准的编排上作了修改，并增加了“前言”；标准技术内容作了综合；对“范围”的表述作了修改；对“规范性引用文件”的表述作了调整修改；对“标记、标志、包装、运输、贮存、”表述作了简化。

10.6.1 范围

JB/T 8050—2008 标准规定了冲模模架的要求、检验、标志、包装、运输和贮存，适用于冲模冲模铸铁模架和钢板模架。

10.6.2 要求

JB/T 8050—2008 标准规定的冲模模架要求如表 10-40 所示。

表 10-40 冲模模架要求（摘自 JB/T 8050—2008）

标准条目编号	内 容
3.1	组成模架的零件，应符合相应的标准要求和技术条件规定
3.2	滑动导向模架的精度分为Ⅰ级和Ⅱ级；滚动导向模架的精度分为0Ⅰ级和0Ⅱ级。各精度的模架应符合表 10-41 所规定的各项技术指标
3.3	组装后的钢板模架上、下模座两个对应的基准面在同一平面内，误差应小于等于 0.05∶300
3.4	装入模架的每对导柱和导套（包括可卸导柱和导套）的配合间隙值（或过盈量）应符合表 10-42 的规定
3.4.1	Ⅰ级精度模架导套、导柱配合精度为 H6/h5 时应符合表 10-42 的配合间隙值
3.4.2	Ⅱ级精度模架导套、导柱配合精度为 H7/h6 时应符合表 10-42 的配合间隙值
3.5	装配后的模架，其上模座沿导柱上、下移动应平稳和无阻滞现象
3.6	装配后的导柱，其固定端面与下模座下平面应保留 1～2mm 距离，选用 B 型导套时，装配后其固定端面应低于上模座上平面 1～2mm
3.7	模架的各零件工作表面不允许有裂纹和影响使用的砂眼、缩孔、机械损伤等缺陷
3.8	在保证本标准规定质量的情况下，允许用其他工艺方法（如环氧树脂、厌氧脂、低熔点合金浇注等）固定导柱、导套，其零件结构尺寸允许作相应改动
3.9	成套模架一般不装配模柄

表 10-41 模架分级技术指标

项	检查项目	被测尺寸/mm	模架精度等级	
			0Ⅰ、Ⅰ级	0Ⅱ、Ⅱ级
			公差等级	
A	上模座上平面对下模座下平面的平行度	≤400	5	6
		>400	6	7

（续）

项	检查项目	被测尺寸/mm	模架精度等级	
			0Ⅰ、Ⅰ级	0Ⅱ、Ⅱ级
			公差等级	
B	导柱轴心线对下模座下平面的垂直度	≤160	4	5
		>160	5	6

注：公差等级按 GB/T 1184。

表 10-42 导柱导套配合间隙（或过盈量） （单位：mm）

配合形式	导柱直径	模架精度等级		配合后的过盈量
		Ⅰ级	Ⅱ级	
		配合后的间隙量		
滑动配合	≤18	≤0.010	≤0.015	—
	>18～30	≤0.011	≤0.017	
	>30～50	≤0.014	≤0.021	
	>50～80	≤0.016	≤0.025	
滚动配合	>18～30	—	—	0.01～0.02
	>30～50	—	—	0.015～0.025

10.6.3 检验

JB/T 8050—2008 标准规定的冲模模架检验内容如表 10-43 所示。

表 10-43 冲模模架检验内容（摘自 JB/T 8050—2008）

标准条目编号	内 容
4.1	组合后的模架应按表 10-40 的要求进行检验
4.2	模架的精度检查应符合 JB/T 8071 的规定
4.3	检验合格的模架应作出合格标志，标志应包含以下内容：检验部门、检验员、检验日期

10.6.4 标志、包装、运输和贮存

JB/T 8050—2008 标准规定的冲模模架标志、包装、运输和贮存内容如表 10-44 所示。

表 10-44 冲模模架的标志、包装、运输和贮存内容（摘自 JB/T 8050—2008）

标准条目编号	内 容
5.1	模架应挂、贴标志，标志应包含以下内容：模架品种、规格、生产日期、供方名称
5.2	检验合格的模架应清理干净，经防锈处理后入库贮存
5.3	模架应根据运输条件进行包装，应防潮、防止磕碰，保证在正常运输中完好无损

10.7 冲模模架零件技术条件标准

JB/T 8070—2008《冲模模架零件技术条件》标准代替 JB/T 8050—1995《冲模模架 技术条件》和 JB/T 7183—1995《冲模钢板模架 技术条件》，与旧版标准相比主要变化有：在

标准的编排上作了修改，并增加了“前言”；标准技术内容作了综合；对“范围”的表述作了修改；对“规范性引用文件”的表述作了调整修改；模架零件的垂直度和平行度值分别用 t_1、t_2 表示；对“标记、标志、包装、运输、贮存、”表述作了简化。

10.7.1　范围

JB/T 8070—2008 标准规定了冲模模架零件的要求、检验、标志、包装、运输和贮存，适用于冲模铸铁模架零件和钢板模架零件。

10.7.2　零件技术要求

JB/T 8070—2008 标准规定的冲模模架零件技术要求如表 10-45 所示。

表 10-45　冲模模架要求（摘自 JB/T 8070—2008）

标准条目编号	内　容
3.1	零件的尺寸、精度、表面粗糙度和热处理等应符合有关零件标准的技术要求和本技术条件的规定
3.2	零件的材料除按有关零件标准的规定使用材料外，允许代料，但代用的材料的力学性能不得低于原定材料
3.3	零件图上未注公差尺寸的极限偏差应符合 GB/T 1804 中的 m 的规定
3.4	零件所有的锐边均应倒角或倒圆，视零件大小未注倒角尺寸为 C0.5 ~ C3mm，倒圆尺寸为 R0.5 ~ R3mm
3.5	零件图上未注明的铸造圆角半径为 R3 ~ R5mm
3.6	铸件的非加工表面应光滑平整，无明显凸凹缺陷，清理后涂漆
3.7	铸造模座加工前应进行时效处理，要求高的铸造模座在粗加工后再进行一次消除内应力的时效处理
3.8	加工后的零件表面，不允许有裂纹和影响使用的砂眼、缩孔、机械损伤等缺陷
3.9	经热处理后的零件不允许有裂纹和影响使用的弱点与脱碳
3.10	表面渗碳淬火的零件，要求的渗碳层厚度应为加工后的渗碳层厚度
3.11	钢板模架模座的两基准垂直面应加标识，其垂直的公差 t_1 应符合表 10-46 的规定
3.12	模座平行度公差 t_2 应符合表 10-47 的规定
3.13	质量超过 10kg 的模座应设起吊螺孔，其基本尺寸应符合 GB/T 196 的规定，选用的公差与配合应符合 GB/T 197 中 7 级的规定
3.14	可卸导柱与衬套的锥度配合面，其吻合面积应在 70% 以上
3.15	铆合在钢球保持圈上的钢球应在孔内自由转动而不脱落

表 10-46　模座的垂直度　（单位：mm）

基本尺寸	垂直度公差 t_1
>63 ~ 100	0.03
>100 ~ 160	0.04
>160 ~ 250	0.05
>250 ~ 400	0.06
>400 ~ 630	0.08
>630 ~ 1000	0.10

表 10-47 模座的平行度 （单位：mm）

基本尺寸	模架精度等级	
	0Ⅰ、Ⅰ级	0Ⅱ、Ⅱ级
	平行度公差 t_2	
>40~63	0.008	0.012
>63~100	0.010	0.015
>100~160	0.012	0.020
>160~250	0.015	0.025
>250~400	0.020	0.030
>400~630	0.025	0.040
>630~1000	0.030	0.050
>1000~1600	0.040	0.060

10.7.3 检验

JB/T 8070—2008 标准规定的冲模模架零件检验内容如表 10-48 所示。

表 10-48 冲模模架检验内容（摘自 JB/T 8070—2008）

标准条目编号	内　容
4.1	模架零件应按表 10-45 的要求进行检验
4.2	模架零件的精度检查应符合的规定
4.3	检验合格的模架零件应作合格标志，标志应包括以下内容：检验部门、检验员、检验日期

10.7.4 标志、包装、运输和贮存

JB/T 8050—2008 标准规定的冲模模架零件的标志、包装、运输和贮存内容如表 10-49 所示。

表 10-49 冲模模架的标志、包装、运输和贮存内容

标准条目编号	内　容
5.1	模架零件应挂、贴标志，标志应包含以下内容：模架零件品种、规格、生产日期、供方名称
5.2	检验合格的模架零件应清理干净，经防锈处理后入库贮存
5.3	模架零件应根据运输条件进行包装、应防潮、防止磕碰、保证在正常运输中完好无损

10.8 冲模模架的精度检查

JB/T 8071—2008《冲模模架精度检查》标准代替 JB/T 8071—1995《冲模模架精度检查》，与旧版标准相比主要变化有：在标准的编排上作了修改，并增加了“前言”；对“范围”的表述作了修改；对“规范性引用文件”的表述作了调整修改。

10.8.1 范围

JB/T 8071—2008 标准规定了冲模滑动导向模架和冲模滚动导向模架及其零件的精度和精度检查，适用于冲模滑动导向模架和冲模滚动导向模架。

10.8.2　模架精度和精度检查

JB/T 8071—2008 标准规定的冲模模架精度和精度检查内容如表 10-50 所示。

表 10-50　冲模模架精度和精度检查内容（摘自 JB/T 8071—2008）

<table>
<tr><th rowspan="2">序号</th><th rowspan="2">检查项目</th><th colspan="2">检查方法</th><th rowspan="2">指标值</th></tr>
<tr><th>方法</th><th>简图</th></tr>
<tr><td>3.1</td><td>上模座下平面对上平面的平行度</td><td>将上模座放在测量平板上，用测量仪器触及被测平面，沿凹模周界的对角线测量被测表面，取各条测量线指示器的最大与最小读数差作为平行度的误差值</td><td> 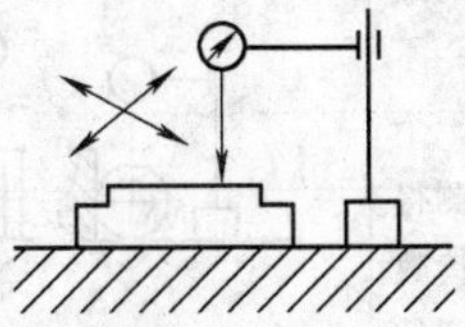</td><td rowspan="2">
<table>
<tr><th rowspan="2">被测尺寸/mm</th><th colspan="2">模架精度等级</th></tr>
<tr><th>0Ⅰ,Ⅰ级</th><th>0Ⅱ,Ⅱ级</th></tr>
<tr><th></th><th colspan="2">平行度/mm</th></tr>
<tr><td>>40～63</td><td>0.008</td><td>0.012</td></tr>
<tr><td>>63～100</td><td>0.010</td><td>0.015</td></tr>
<tr><td>>100～160</td><td>0.012</td><td>0.020</td></tr>
<tr><td>>160～250</td><td>0.015</td><td>0.025</td></tr>
<tr><td>>250～400</td><td>0.020</td><td>0.030</td></tr>
<tr><td>>400～630</td><td>0.025</td><td>0.040</td></tr>
<tr><td>>630～1000</td><td>0.030</td><td>0.050</td></tr>
<tr><td>>1000～1600</td><td>0.040</td><td>0.060</td></tr>
</table>
</td></tr>
<tr><td>3.2</td><td>下模座上平面对下平面的平行度</td><td>将下模座放在测量平板上，用测量仪器触及被测平面，沿凹模周界的对角线测量被测表面，取各条测量线指示器的最大与最小读数差作为平行度的误差值</td><td> 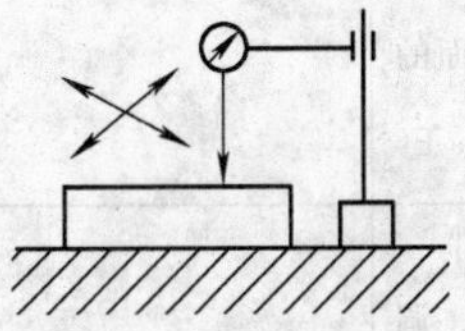</td></tr>
<tr><td rowspan="2">3.3</td><td rowspan="2">导柱滑动部分的圆柱度</td><td>方法一：用圆度仪测量
将被测零件的轴线调整到与测量仪器的轴线同轴
1）记录被测零件回转一周过程测量截面上各点的半径差
2）在测头没有径向偏移的情况下按上述方法测量若干个横截面
由计算机按最小条件确定圆柱度误差，也可用极坐标图近似求出圆柱度误差</td><td> 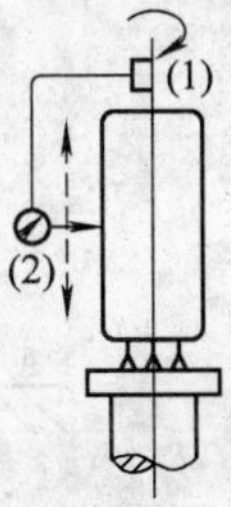(1)
(2)</td><td rowspan="2">
<table>
<tr><th rowspan="2">导柱直径/mm</th><th colspan="2">模架精度等级</th></tr>
<tr><th>0Ⅰ,Ⅰ级</th><th>0Ⅱ,Ⅱ级</th></tr>
<tr><th></th><th colspan="2">圆柱度/mm</th></tr>
<tr><td>≤30</td><td>0.003</td><td>0.004</td></tr>
<tr><td>>30～45</td><td>0.004</td><td>0.005</td></tr>
<tr><td>>45</td><td>0.005</td><td>0.006</td></tr>
</table>
</td></tr>
<tr><td>方法二：将被测零件放在测量平板上的 V 形块内（V 形块的长度应大于被测零件的长度）
1）在被测零件回转一周过程中，测量一个横截面上的最大与最小读数
2）按上述方法连续测量若干个横截面，然后取各截面内所有读数中最大与最小读数的差值之半，作为该零件的圆柱度误差
此方法适用于测量外表面的奇数棱形状误差
为测量准确，通常应使用夹角 $\alpha=90°$ 和 $\alpha=120°$ 的两个 V 形块分别测量</td><td> 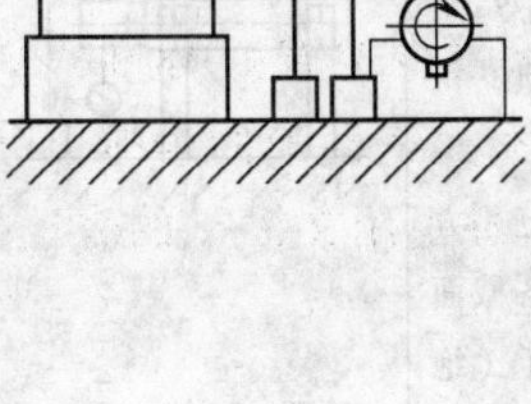</td></tr>
</table>

（续）

<table>
<tr><th rowspan="2">序号</th><th rowspan="2">检查项目</th><th colspan="2">检查方法</th><th rowspan="2">指 标 值</th></tr>
<tr><th>方法</th><th>简图</th></tr>
<tr><td>3.3</td><td>导柱滑动部分的圆柱度</td><td>方法三：将被测零件放在测量平板上，并紧靠直角座
1）在被测零件回转一周过程中，测量一个横截面上的最大与最小读数
2）按上述方法测量若干个横截面，然后取各截面内测得的所有读数中最大与最小读数的差值之半作为该零件的圆柱度误差
此方法适用于测量外表面的偶数形状误差</td><td>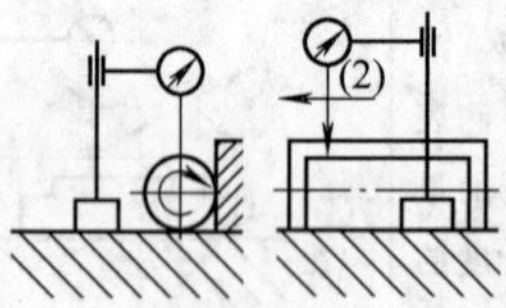
</td><td><table><tr><th rowspan="2">导柱直径
/mm</th><th colspan="2">模架精度等级</th></tr><tr><th>0Ⅰ，Ⅰ级</th><th>0Ⅱ，Ⅱ级</th></tr><tr><th></th><th colspan="2">圆柱度/mm</th></tr><tr><td>≤30</td><td>0.003</td><td>0.004</td></tr><tr><td>>30～45</td><td>0.004</td><td>0.005</td></tr><tr><td>>45</td><td>0.005</td><td>0.006</td></tr></table></td></tr>
<tr><td rowspan="2">3.4</td><td rowspan="2">导柱滑动部分轴心线对固定部分轴线的同轴度</td><td>方法一：用圆度仪测量，调整被测零件，使其基准轴线与量仪的轴线同轴
在被测零件的基准要素和被测要素上测量若干个截面并记录轮廓圆形
根据图形按定义求出该零件的同轴度误差
按照零件的功能要求也可对轴类零件用最小外接圆柱体的轴线求出圆柱度误差</td><td>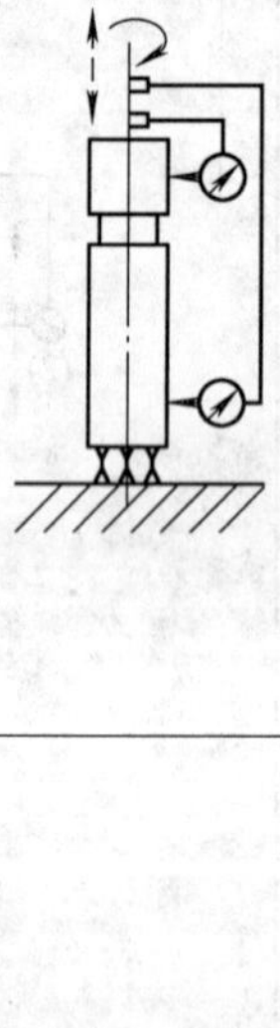</td><td>（单位：mm）<table><tr><th>滑动部分的极限偏差</th><th>同轴度</th></tr><tr><td>h5</td><td>$\phi0.006$</td></tr><tr><td>h6</td><td>$\phi0.008$</td></tr></table></td></tr>
<tr><td>方法二：将被测零件的基准轮廓要素放置在两个等高的刃口状V形架上，将两指示器分别在铅垂面轴线截面调零
1）在轴向测量，取指示器在垂直基准轴线的正截面上测得各对应点的读数差值 M_a-M_b 作为该截面上的同轴度误差
2）转动被测零件按上述方法测量若干个截面，取各截面测得读数差中的最大值（绝对值）作为该零件的同轴度误差</td><td>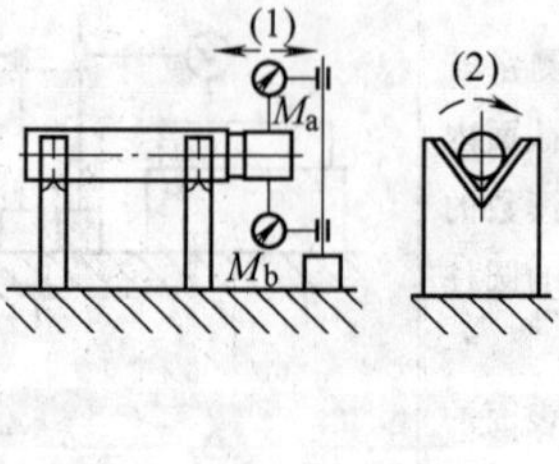
</td><td><table><tr><th>滑动部分的极限偏差</th><th>同轴度/mm</th></tr><tr><td>h5</td><td>$\phi0.006$</td></tr><tr><td>h6</td><td>$\phi0.008$</td></tr></table></td></tr>
</table>

（续）
（续）

<table>
<tr><th rowspan="2">序号</th><th rowspan="2">检查项目</th><th colspan="2">检查方法</th><th rowspan="2">指 标 值</th></tr>
<tr><th>方法</th><th>简图</th></tr>
<tr><td rowspan="2">3.5</td><td rowspan="2">导套滑动部分的圆柱度</td><td>方法一：用圆度仪测量，将被测零件的轴线调整到与量仪的轴线同轴
1）记录被测零件回转一周过程中测量截面上各点的半径差
2）在测头没有径向偏移的情况下按上述方法测量若干个横截面
由计算机按最小条件确定圆柱度各截面内所测得的所有读数中最大与最小读数的差值之半，作为该零件的圆柱度误差，也可用极坐标图近似求出圆柱度误差</td><td>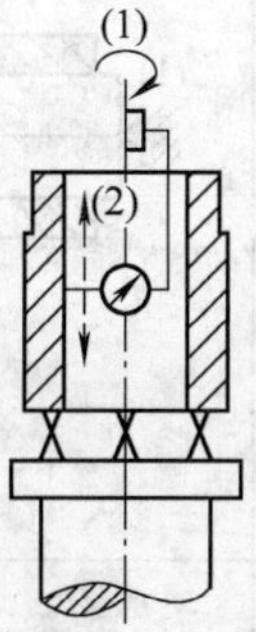
</td><td rowspan="2"><table>
<tr><th rowspan="3">导套内径</th><th colspan="2">模架精度</th></tr>
<tr><th>0Ⅰ，Ⅰ级</th><th>0Ⅱ，Ⅱ级</th></tr>
<tr><th colspan="2">圆柱度/mm</th></tr>
<tr><td>≤30</td><td>0.004</td><td>0.006</td></tr>
<tr><td>>30～45</td><td>0.005</td><td>0.007</td></tr>
<tr><td>>45</td><td>0.006</td><td>0.008</td></tr>
</table></td></tr>
<tr><td>方法二：用气动量仪（或内径千分表）测量
1）在被测零件回转一周过程中，测量一个截面上的最大与最小读数
2）按上述方法测量若干个横截面，然后取各截面内所测得的所有读数中最大与最小读数的差值之半作为该零件的圆柱度误差</td><td>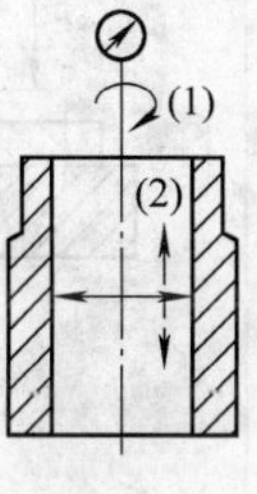
</td></tr>
<tr><td>3.6</td><td>导套固定部分轴心线对滑动部分轴线的同轴度</td><td>用圆度仪测量，调整被测零件，使其基准轴线与量仪的轴线同轴
在被测零件的基准要素和被测要素上测量若干个截面并记录轮廓图形
根据图形，按定义求出该零件的同轴度误差
根据图形，按照零件的功能要求也可用最大内接圆柱体的轴线求出同轴度误差</td><td>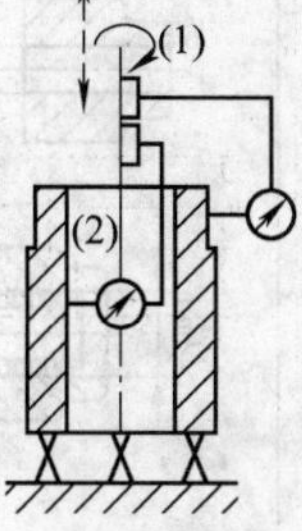
</td><td><table>
<tr><th>滑动部分的极限偏差</th><th>同轴度/mm</th></tr>
<tr><td>H6</td><td>0.006</td></tr>
<tr><td>H7</td><td>0.008</td></tr>
</table></td></tr>
</table>

（续）

<table>
<tr><th rowspan="2">序号</th><th rowspan="2">检查项目</th><th colspan="2">检查方法</th><th rowspan="2">指 标 值</th></tr>
<tr><th>方法</th><th>简图</th></tr>
<tr><td>3.7</td><td>导套台肩对滑动部分轴线的端面跳动</td><td>将被测零件固定在导向心轴上（与导套无间隙配合）并安装在顶尖上
1）在被测零件回转一周过程中，指示器读数最大差值即为单个测量圆柱面上的端面圆跳动
2）按上述方法测量若干个圆柱面，取各测量圆柱面上测得的最大差值作为该零件的端面圆跳动</td><td> 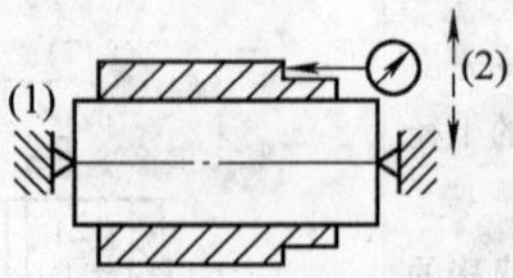(1) (2)</td><td>0.005</td></tr>
<tr><td>3.8</td><td>导柱轴线对下模座下平面的垂直度</td><td>将装有导柱的下模座放在测量平板上，为了简化测量，可仅在相互垂直的两个方向（X，Y）上测量
将已用圆柱角度尺校正的专用指示器在 X、Y 两个方向上测量，得出的读数即为该两个方向的垂直度误差 ΔX、ΔY，将两个方向的垂直度误差合成即为导柱轴线的垂直度误差，即
$$\Delta=\sqrt{\Delta X^2+\Delta Y^2}$$</td><td> 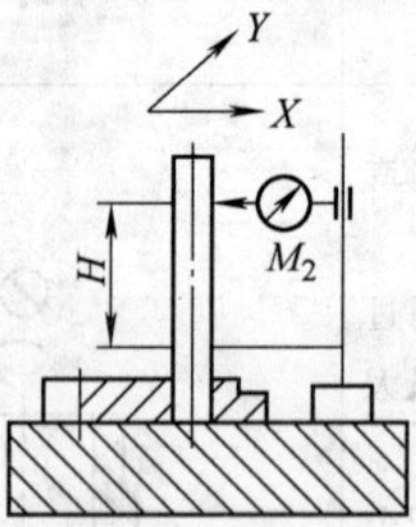Y X H M_2</td><td><table><tr><td rowspan="3">被测尺寸/mm</td><td colspan="2">模架精度等级</td></tr><tr><td>0Ⅰ，Ⅰ级</td><td>0Ⅱ，Ⅱ级</td></tr><tr><td colspan="2">垂直度/mm</td></tr><tr><td>>40～63</td><td>0.008</td><td>0.012</td></tr><tr><td>>63～100</td><td>0.010</td><td>0.015</td></tr><tr><td>>100～160</td><td>0.012</td><td>0.020</td></tr><tr><td>>160～250</td><td>0.025</td><td>0.040</td></tr></table></td></tr>
<tr><td>3.9</td><td>导柱导套配合间隙值或过盈量</td><td>将组装后的模架的上模取下，分别用通用的测量手段（气动量仪、外径千分尺、内径千分表等）测量导柱、导套和滚珠的尺寸偏差值，即可求出配合后的间隙值或过盈量。滑动导柱的间隙值为：$X=D_{\min}-d_{\max}$
滚动导柱的过盈量为：
$$Y=d_{\max}+2d'-D_{\min}$$</td><td>$D_{\min}$ $d_{\max}$ d' $D_{\min}$ $d_{\max}$</td><td>滑动导柱配合间隙值<table><tr><td rowspan="3">导柱直径/mm</td><td colspan="2">模架精度等级</td></tr><tr><td>Ⅰ级</td><td>Ⅱ级</td></tr><tr><td colspan="2">配合后的间隙值/mm</td></tr><tr><td>≤18</td><td>≤0.010</td><td>≤0.015</td></tr><tr><td>>18～30</td><td>≤0.011</td><td>≤0.017</td></tr><tr><td>>30～50</td><td>≤0.014</td><td>≤0.021</td></tr><tr><td>>50～80</td><td>≤0.016</td><td>≤0.025</td></tr><tr><td rowspan="2">滚动导柱配合过盈量</td><td>>18～30</td><td>0.01～0.02</td></tr><tr><td>>30～50</td><td>0.015～0.025</td></tr></table></td></tr>
</table>

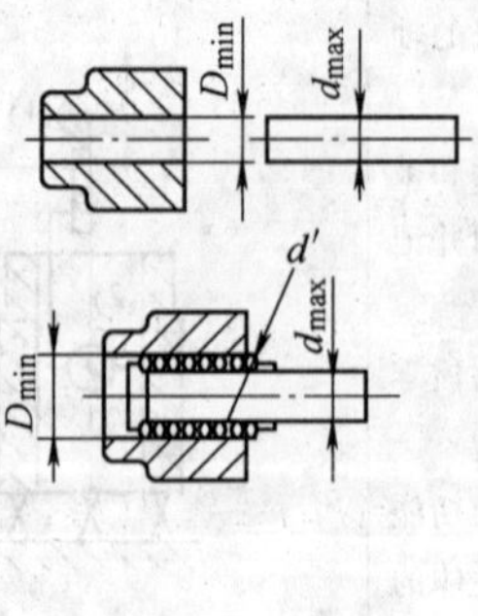

（续）

序号	检查项目	检查方法：方法	检查方法：简图	指标值：被测尺寸/mm	模架精度等级 0Ⅰ，Ⅰ级 平行度/mm	模架精度等级 0Ⅱ，Ⅱ级 平行度/mm
3.10	模架上模座上平面对下模座下平面的平行度	将模架放在测量平板上，在上、下模座之间用两块等高垫块支撑上模座，等高垫块的高度必须控制在被测模架闭合高度范围内，然后用指标器沿凹模周界对角线测量被测表面，根据被测表面大小可移动模架或指示器测量架，在被测表面内，取各条测量线上指示器的最大与最小读数差作为被测模架的平行度误差		>40~63	0.012	0.020
				>63~100	0.015	0.025
				>100~160	0.020	0.030
				>160~250	0.025	0.040
				>250~400	0.030	0.050
				>400~630	0.060	0.100
				>630~1000	0.080	0.120
				>1000~1600	0.100	0.150

JB/T 8071—2008 标准规定的冲模模架精度检查时使用的测量器具如表 10-51 所示。

表 10-51　冲模模架精度检查时使用的测量器具（摘自 JB/T 8071—2008）

模具名称	刻度值	精度等级
百分表	0.01mm	—
千分表	0.001mm	—
外径千分表	0.001mm	—
内径千分表	0.001mm	—
铸铁平板	—	Ⅰ级
浮标式气动量仪	0.0005 mm~0.002mm	—
圆柱角尺	—	0级
圆度仪	—	—
V 形架	—	—

注：可使用同等性能以上的测量器具。

10.9　冲模模架的选用

选择模架结构时要根据工件的受力变形特点，坯件定位、出件方式，材料送进方向，导柱受力状态，操作是否方便等方面进行综合考虑。

10.9.1　选择模架的依据和程序

根据冲压零件材料的力学性能、形状、尺寸、尺寸精度等级、生产批量、模具结构形式和压力机，选择标准模架的步骤为：

1）确定以冲压工序、工步为内容的工艺过程，并在此基础上按照标准模架的用途，确定冲模的类型和结构设计方案。

2）参照表 10-52，选择、确定压力机的类型，并进行模具结构设计。

3）计算冲压力，包括冲裁、弯曲、拉深成形冲压力，以及卸料、顶料、推料力，以确定公称压力（$P_{公称}$）和行程（H），并选定相应压力机的型号和规格。

为使压力技能安全的工作，其最大压力应满足

$$P_{max} \geqslant P_{公称} k$$

式中 k——安全系数；

P_{max}——最大拉深力。

深拉深时：$P_{max} = (0.5 \sim 0.6) P_{公称}$

浅拉深时：$P_{max} = (0.7 \sim 0.8) P_{公称}$

高速冲压时：$P_{max} = (0.1 \sim 0.15) P_{公称}$

4）按照 GB/T 2851—2008、GB/T 2852—2008 标准，确定模架的规格及其相配合的标准零件。

压力机的类型和用途如表 10-52 所示。

表 10-52 压力机的类型和用途

压力机名称	功能及用途
曲轴（偏心）压力机	适用于落料模、冲孔模、弯曲和浅拉深模。C 形床身的开式曲轴压力机的操作方便，便于安装辅助装置，适用于中小型冲压模具；闭式机身曲轴压力机的刚度较好，加工精度较高，适用于大型或精度要求高的冲压模具
液压压力机	适用于小批量生产，加工大型厚板的弯曲模、拉深模、成形模和校平模。在冲压具有较大行程的工件时，有显著的优点，承受超载能力大
摩擦压力机	适用于加工中小型工件的校正模、压印模和成形模，超载能力好，生产率较低
双动压力机	适用于大批量生产及加工大型、较复杂拉深工件的拉深模，简化了模具结构，压料可靠，容易调节
三动压力机	和双动压力机的原理和功能相近。其区别为：三动压力机底座上设计了一个与上滑块运动方向相反的下滑块，增加了使用的灵活性
多工位压力机	适用于同时安装落料、冲孔、压花、弯曲、拉深、切边等多副冲模，但不宜采用级进模来进行大批量生产
弯曲机	适用于小型复杂的弯曲件的大批量生产，具有自动送料装量和滑块，可以对带料、丝料进行切边、冲裁、弯曲等加工
高速压力机	适用于级进模，配有卷料架、校平和送料装置，以及废料切刀等，是高效力、高精度的自动化冲压机床
精冲压力机	适用于精冲模，也可进行冲裁-弯曲、冲裁-成形等连续冲压。其特点是床身精度高、刚性好、冲速较低，除主滑块外，还设有压边和反压装，压力可分别调整

一般上讲，在选用圆形的模座时，应使模座的直径比凹模的直径大 30～70mm；在选用矩形模座时，模座的长度尺寸应比凹模的长度大 40～70mm，其宽度可以与凹模相同。模板厚度一般等于凹模厚度的 1～1.5 倍。选择模架时，还要注意到模架与压力机的安装关系，例如模架与压力机工作台孔的关系，模座的宽度应比压力机工作台孔的孔径每边约大 40～50mm。冲压模具的闭合高度应大于压力机的最小装模高度，小于压力机的最大装模高度等。

通常中、小型冲模常采用后侧式、对角式或对称式的导柱型模架。四角导柱式模架主要用于精度要求高的冲压件和大型冲压件。

对于模座的安装，上模座通过模柄安装在冲床的滑块上，下模座则用压板和螺栓固定在

冲床的工作台面上。上、下模座的导柱、导套安装孔的轴心线应与基准面相垂直，其垂直度的误差为：

1）安装滑动导柱或导套的模座为 100∶0.01。

2）安装滚动导柱或导套的模座为 100∶0.005。

10.9.2　校核模架安装尺寸

通过计算来校核确定的标准模架与压力机性能、技术参数和安装尺寸的配合。图 10-15 所示为模架与压力机的安装尺寸。

（1）校核平面安装尺寸

1）模架上模座的平面尺寸小于等于 $a \times b$；其受力“中心”不得超过滑块下平面尺寸（$a \times b$）以外。模柄与模柄孔间不用衬套。

2）模架下模座的平面尺寸小于等于 $a_1 \times b_1$（压力机工作台上垫板的平面尺寸），每边应留 50 ~ 70mm 用来固定。

（2）校核高度尺寸

1）闭合高度：是指压力机滑块在下死点时，滑块底面到工作台上平面的距离 H。

2）装模高度：是指压力机滑块在下死点时，其底面至工作台垫板上平面的距离（H_1）。

3）垫板厚度 $h = H - H_1$。

通常，压力机上采用连杆螺栓，可使闭合高度 H 与装模高度 H_1 在一定范围内进行调节。即当滑块在下死点时：

1）向上调高滑块位置，此点的 H 和 H_1 为 H_{max} 和 H_{1max}。

2）向下调低滑块位置，此点的 H 和 H_1 为 H_{min} 和 H_{1min}。

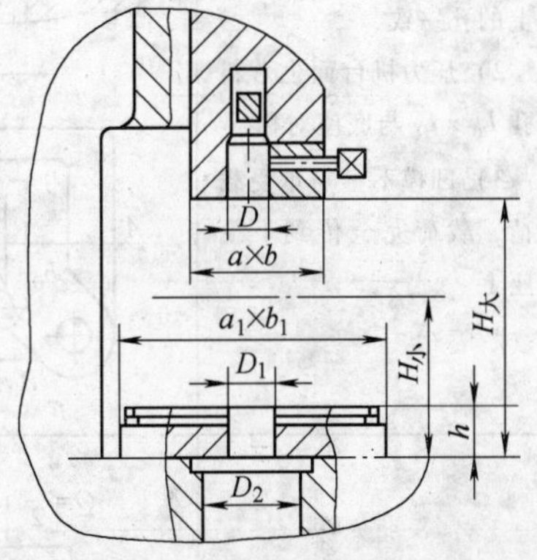

图 10-15　模架与压力机的安装尺寸

最大与最小（闭合或装模）高度间的差，称为调节量。

压力机上的装模高度 H_1，必须大于标准模架规定的最大闭合高度（$H_模$）。同时，最大模架闭合高度应在 H_{1max} 和 H_{1min} 之间，即

$$H_{1max} - 5\text{mm} \geqslant H_模 \geqslant H_{1min} - 10\text{mm}$$

所以，当 $H_模 < H_{min}$ 时，必须在压力机的工作台垫板上，再加一定厚度的垫板。

（3）校核行程　在冲压过程中，压力机滑块带动上模作全行程的往复运动，冲模滑动导向模架的闭合高度应满足以下条件：

$$H_{min} = L_柱 - 10 \sim 20\text{mm}$$

$$H_{max} = L_柱 + L_套 - (1.5 \sim 1.8)d$$

式中　$L_柱$——导柱长度（mm）；

$L_套$——导套长度（mm）；

d——导柱直径（mm）。

尽量使导柱在全行程往复运动中不脱离导套，以保证精确导向和模具安全。

10.10　下模座的强度计算

模座分为上模座和下模座两部分。整个模具的各个零件都直接或间接地固定在上、下模座上，因此，它是整个模具的基础。此外，模座还要承受和传递压力，所以模座不仅要有足够的强度，而且还要有足够的刚度。如果模座的刚度不足，则既影响到冲件的精度，又会降低模具的寿命。

下模座比上模座的受力要大得多，因此，这里仅介绍下模座的强度计算。下模座的强度计算方法如表 10-53 所示。

表 10-53　冲模模架的下模座强度计算

计算的部分和方法	简　图	计算方法
1）下模座的孔与凹模上的孔一致 2）压力机台面上落料孔 $L_0 \times L_1$ 与底座对称 3）凹模不参与承受载荷，载荷完全传到下模座上	C H L_0 E C C_0 A B c_0 b L_1 b_0 B_0 D F	
沿 A-B 剖面计算（如同二支点的简单支梁）	$Q=\frac{P}{2}$ $\frac{P}{2}$ $\frac{P}{2}$ $Q=\frac{P}{2}$ b L L_1	$M_{max}=W\sigma_N=\frac{1}{2}PL$
沿 C-D 剖面计算（如同二支点半固定的梁）	$Q=\frac{P}{2}$ P $Q=\frac{P}{2}$ C L_0	$M_{max}=W\sigma_N=\frac{3}{16}PL$
沿 E-F 剖面计算	$Q=\frac{P}{2}$ $\frac{P}{2}$ $\frac{P}{2}$ $Q=\frac{P}{2}$ $\frac{m}{2}$ $\frac{n}{2}$	对于长方形 $M_{max}=\frac{P}{2}\times\frac{n}{2}-\frac{P}{2}\times\frac{m}{2}=\frac{P}{4}(n-m)=W\sigma_N$ 对于圆形 $M_{max}=\frac{0.64(R-r)P}{2}=W\sigma_N$

注：P—冲压力（N）；M_{max}—最大弯矩（N·mm）；W—已知断面的剖面模数（mm^2）；σ_N—弯曲应力（MPa）；$[\sigma_N]$—许用弯曲应力（MPa）；L—合力到压力机台面孔的距离（mm）；L_0—压力机台面孔沿 A-B 的尺寸的距离（mm）；m—下模座矩形孔为 $b \times c$ 沿 E-F 截面的对角距离（mm）；n—压力机台面矩形孔为 $L_1 \times L_0$ 沿 E-F 截面的对角距离（mm）；R—压力机台面孔的半径（mm）；r—下模座孔的半径（mm）。

10.11　下模座漏料孔的结构尺寸

图 10-16 所示为冲裁工件或废料直接通过压力机台面的孔漏下，其下模座的漏料孔尺寸为

$$B = A + (0.5 \sim 2)\text{mm}$$

图 10-17 所示为压力机台面无漏料孔时或模具上的漏料孔比压力机上的孔大时的情况。在这种情况下，压力机台面与模具下模座之间就需有连通的排出槽，以便将冲件或废料从排出槽中推出。

排出槽的尺寸为

$$C = B + (2 \sim 5)\text{mm}$$

$$h > 5t, \text{且 } h < H/3$$

式中　C——排出槽的宽度（mm）；

h——排出槽的深度（mm）；

t——板料厚度（mm）；

H——模具下模座的厚度（mm）。

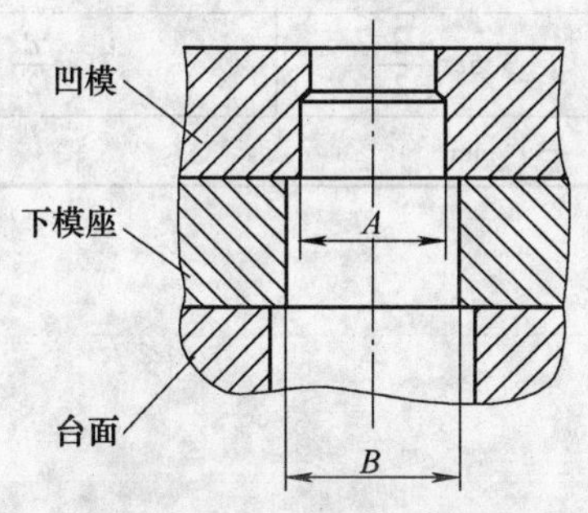

图 10-16　直接漏料孔的设计

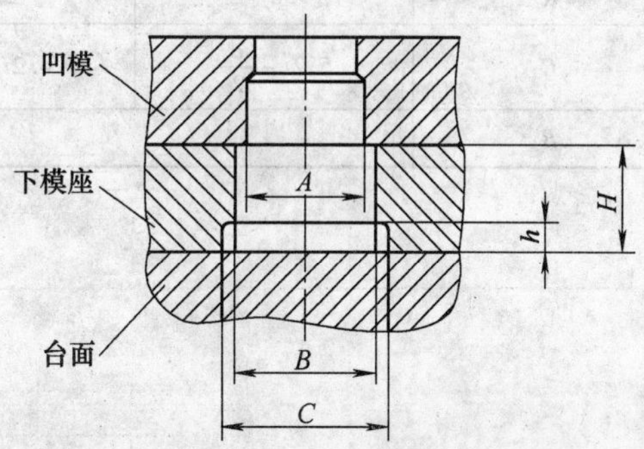

图 10-17　排出槽的设计

为了使压力机工作台上的孔和槽不致被废料所堵塞，也有在模具的下模座排出槽的上面装有 3～5mm 厚的盖板，如图 10-18 所示，这种盖板不能高出下模座的下平面。

图 10-19 所示为模具上有较多的孔公用排出槽。

图 10-20 所示表示从上模内排出废料的排出槽。

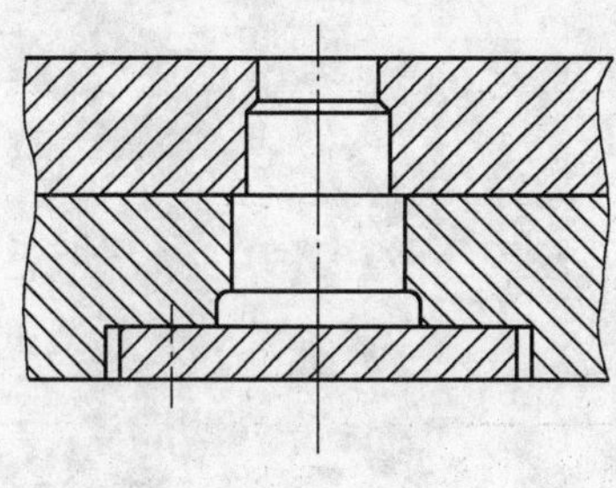

图 10-18　排出槽盖板的设计

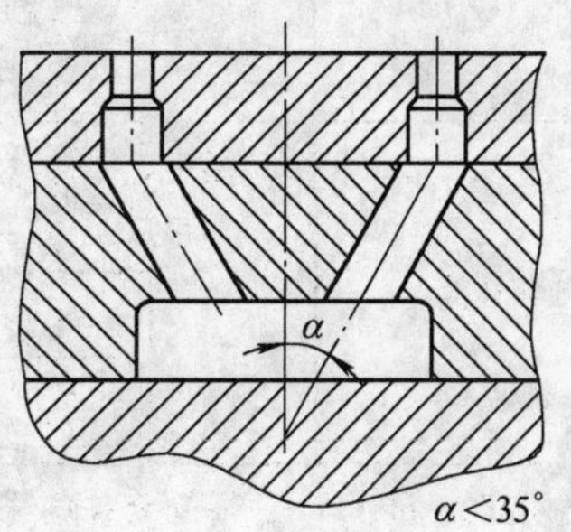

图 10-19　公用排出槽的设计

图 10-21 所示为落料工件或废料的凹模孔紧靠着凹模的边缘，则可在下模座的相应位置处开一倾斜的排出槽漏料。排出槽的主要尺寸如表 10-54 所示。

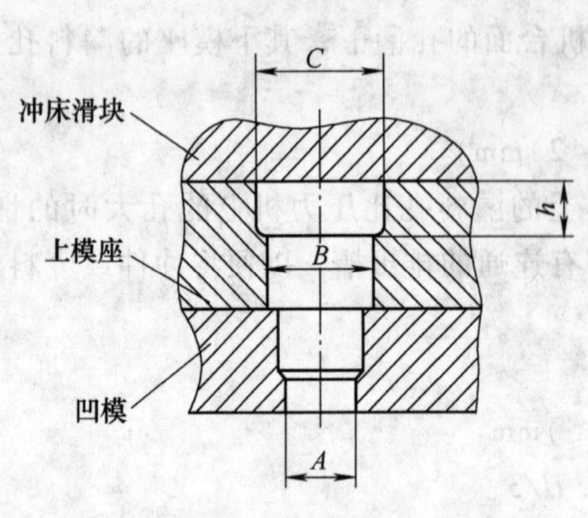

图 10-20 上模内排出废料的排出槽

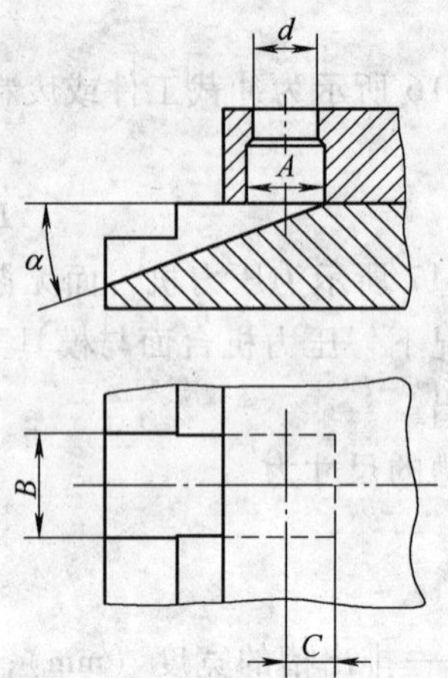

图 10-21 倾斜排出槽

表 10-54 排出槽的主要尺寸

α	30°	35°	40°	45°
C	$5.2t+\frac{d}{2}$	$4.2t+\frac{d}{2}$	$3.5t+\frac{d}{2}$	$3t+\frac{d}{2}$
B	A+（2~3）mm			

第 11 章　冲模其他零部件结构与设计

11.1　限位支承装置标准

JB/T 7652—2008《冲模限位支承装置》分为两个部分，即支承套件和限位柱，其中，限位柱的作用主要是在调整上模时，以其作为限定冲压行程的极限标志，有时也为在模具存放时，免得将上模重量压在下模的弹簧上。

11.1.1　支承套件标准

JB/T 7652.1—2008 标准规定了冲模支承套件的尺寸规格和标记，适用于冲模支承套件，同时还规定了支承套件中支承器和支承座的尺寸规格、材料指南、技术要求和标记。与旧标准相比，主要变化如下：将标准名称改为《冲模限位支承装置　第 1 部分：支承套件》；增加了“前言”；对“范围”的表述作了修改；对“规范性引用文件”作了修改；零件材料改为推荐选用。

JB/T 7652.1—2008 标准规定的冲模支承套件如表 11-1 所示。

表 11-1　冲模支承套件（摘自 JB/T 7652.1—2008）　　（单位：mm）

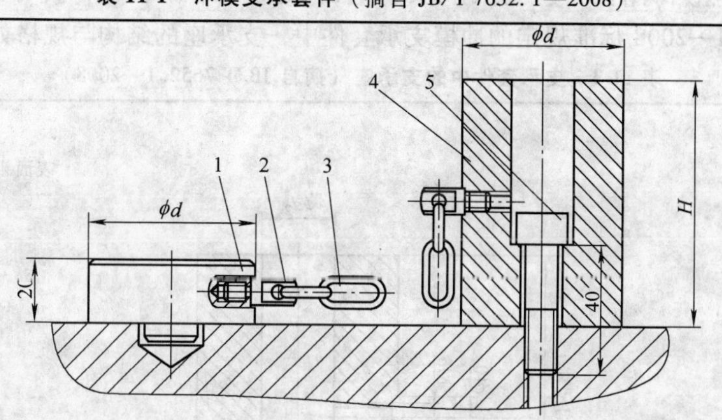

1—支承器　2—活节螺栓　3—链条　4—支承座　5—螺钉

标记示例：d = 40mm，L = 70mm 的支承套件标记如下：

支承套件 40×70　JB/T 7652.1—2008

基本尺寸		支承器	活节螺栓 GB/T 798	链条	支承座	螺钉
d	*L*					
32	20 + *H*	32×20	M6	2×12×300	32×*H*	M10×40
40		40×20			40×*H*	
50		60×20			50×*H*	
63		63×20			63×*H*	

注：标记应包括以下内容：1）支承套件；2）支承套件直径 d，单位为 mm；3）支承套件高度 L，单位为 mm；4）本标准代号，即 JB/T 7652.1—2008。

JB/T 7652.1—2008 标准规定的冲模支承套件中，支承器的结构与规格如表 11-2 所示。

表 11-2 支承套件中的支承器（摘自 JB/T 7652.1—2008） （单位：mm）

表面粗糙度以 μm 为单位

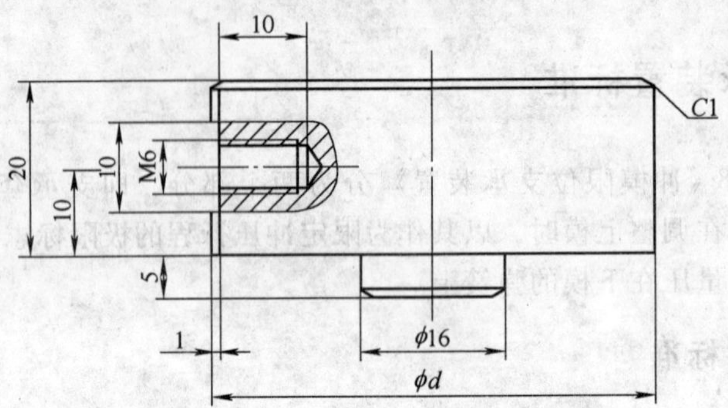

未注表面粗糙度 Ra12.5μm。

标记示例：d = 40mm 的支承器标记如下：支承器 40 JB/T 7652.1—2008

d	32	40	50	63

注：1. 材料由制造者选定，推荐采用 45 钢。表面发黑处理。

2. 应符合 JB/T 7653 的规定。

3. 标记应包括以下内容：1）支承器；2）支承器直径 d，单位为 mm；3）本标准代号，即 JB/T 7652.1—2008。

JB/T 7652.1—2008 标准规定的冲模支承套件中，支承座的结构与规格如表 11-3 所示。

表 11-3 支承套件中的支承座（摘自 JB/T 7652.1—2008） （单位：mm）

表面粗糙度以 μm 为单位

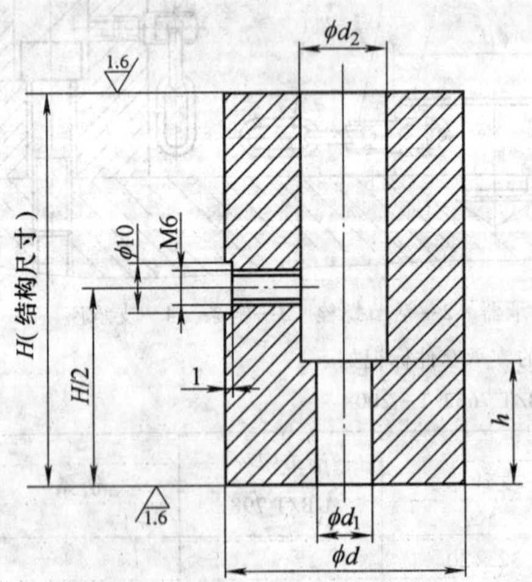

未注表面粗糙度 Ra12.5μm。

标记示例：d = 40mm、H = 50 mm 的支承座标记如下：

支承座 40 × 50 JB/T 7652.1—2008

（续）

d	d_1	d_2	h	H
32	11	18	25	按闭合高度确定
40				
50				
63				

注：1. 材料由制造者选定，推荐采用 45 钢。表面发黑处理。

2. 应符合 JB/T 7653 的规定。

3. 标记应包括以下内容：1）支承座；2）支承座直径 d，单位为 mm；3）支承座高度 H，单位为 mm；4）本标准代号，即 JB/T 7652.1—2008。

11.1.2　限位柱标准

JB/T 7652.2—2008 标准规定了冲模限位柱的尺寸规格和标记，适用于冲模限位柱，同时还给出了材料指南和技术要求。与旧标准相比，主要变化如下：将标准名称改为《冲模限位支承装置　第 2 部分：限位柱》；增加了“前言”；对“范围”的表述作了修改；对“规范性引用文件”作了修改；零件材料改为推荐选用。

JB/T 7652.2—2008 标准规定的冲模限位柱如表 11-4 所示。

表 11-4　冲模限位柱（摘自 JB/T 7652.2—2008）　（单位：mm）

表面粗糙度以 μm 为单位

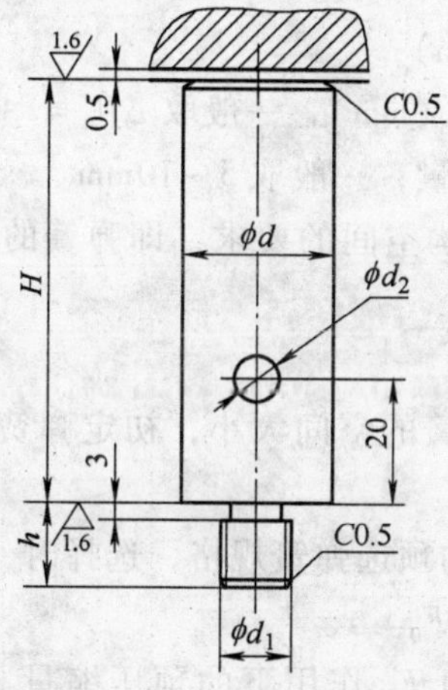

未注表面粗糙度 Ra6.3μm。

标记示例：d = 16mm，H = 45mm 的限位柱标记如下：限位柱 16×45 JB/T 7652.2—2008

d	12	16	20	25	32	40
d_1	M6	M8	M10	M12	M14	M18
h	8	10	12	14	16	22
d_2	5	8				
H	按闭合高度确定					

注：1. 材料由制造者选定，推荐采用 45 钢。硬度 43～48HRC。

2. 应符合 JB/T 7653 的规定。

3. 标记应包括以下内容：1）限位柱；2）限位柱直径 d，单位为 mm；3）限位柱高度 H，单位为 mm；4）本标准代号，即 JB/T 7652.2—2008。

11.2 冲模弹性元件的设计

弹簧和橡皮是模具中广泛应用的弹性元件，主要为弹性卸料、压料及顶件装置提供作用力和行程。

11.2.1 弹簧的选用

弹簧属标准件，在模具中应用最多的是圆柱螺旋压缩弹簧和碟形弹簧。

1. 弹簧选择原则

1）所选弹簧必须满足预压力的要求

$$F_0 \geqslant F_x / n \tag{11-1}$$

式中 F_0——弹簧预压状态的压力（N）；

F_x——卸料力（N）；

n——弹簧数量。

2）所选弹簧必须满足最大许可压缩量的要求

$$\Delta H_2 \geqslant \Delta H \tag{11-2}$$

$$\Delta H = \Delta H_0 + \Delta H' + \Delta H'' \tag{11-3}$$

式中 ΔH_2——弹簧最大许可压缩量（mm）；

ΔH——弹簧实际总压缩量（mm）；

ΔH_0——弹簧预压缩量（mm）；

$\Delta H'$——卸料板的工作行程（mm），一般取 $\Delta H' = t + 1$，t 为板料厚度；

$\Delta H''$——凸模刃磨量和调整量，一般取 5～10mm。

3）所选弹簧必须满足模具结构空间的要求，即弹簧的尺寸及数量，应能在模具上安装得下。

2. 弹簧选择步骤

1）根据卸料力和模具安装弹簧的空间大小，初定弹簧数量 n，计算出每个弹簧应有的预压力 F_0 并满足公式（11-1）。

2）根据预压力 F_0 和模具结构预选弹簧规格，选择时应使弹簧的最大工作负荷 F_2 大于 F_0。

3）计算预选的弹簧在预压力 F_0 作用下的预压缩量 ΔH_0。

$$\Delta H_0 = \frac{F_0}{F_2} \Delta H_2 \tag{11-4}$$

也可以直接在弹簧压缩特性曲线上根据 F_0 查出 ΔH_0，如图 11-1 所示。

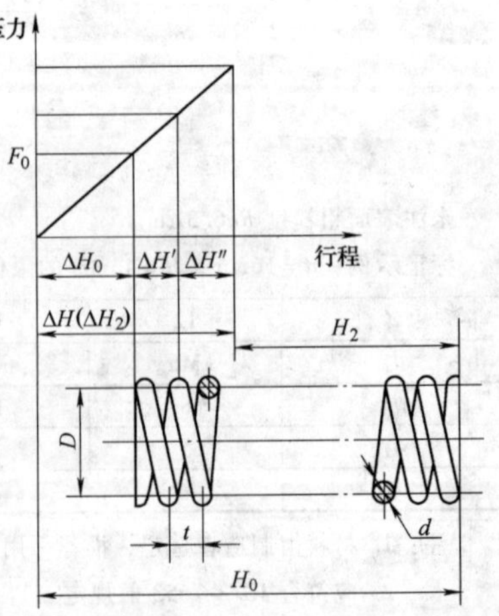

图 11-1 弹簧特性曲线

4）校核弹簧最大允许压缩量是否大于实际工作总压缩量，即 $\Delta H_2 > \Delta H_0 + \Delta H' + \Delta H''$。如果不满足上述关系，则必须重新选择弹簧规格，直到满足为止。

［例］ 如果采用图 11-2 所示的卸料装置，冲裁板厚

为 1 mm 的低碳钢垫圈，设冲裁卸料力为 1000N，试选用所需要的卸料弹簧。

解：1）根据模具安装位置拟选 4 个弹簧，每个弹簧的预压力为

$$F_0 \geqslant F_x/n = 1000/4\text{N} = 250\text{N}$$

2）查有关弹簧规格，初选弹簧规格为：25mm × 4mm × 55mm。其具体参数是：$D=25\text{mm}$，$d=4\text{mm}$，$t=6.4\text{mm}$，$F_2=533\ \text{N}$，$\Delta H_2=14.7\ \text{mm}$，$H_0=55\ \text{mm}$，$n=7.7$，$f=1.92\text{mm}$。

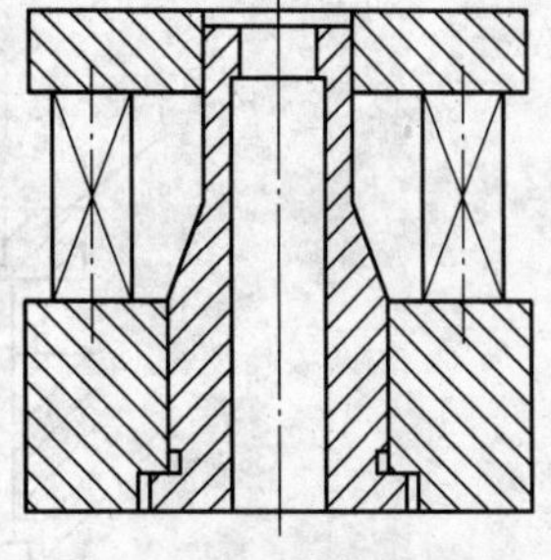

图 11-2　弹簧卸料装置

3）计算 ΔH_0

$$\Delta H_0 = \frac{F_0}{F_2}\Delta H_2 = (250/533) \times 14.7\ (\text{mm}) = 6.9\text{mm}$$

4）校核：设 $\Delta H' = 2\text{mm}$，$\Delta H'' = 5\text{mm}$

$$\Delta H = \Delta H_0 + \Delta H' + \Delta H'' = (6.9 + 2 + 5)\ \text{mm} = 13.9\text{mm}$$

由于 14.7 > 13.9，即 $\Delta H_2 > \Delta H$。

所以，所选弹簧是合适的。其特性曲线如图 11-3 所示。

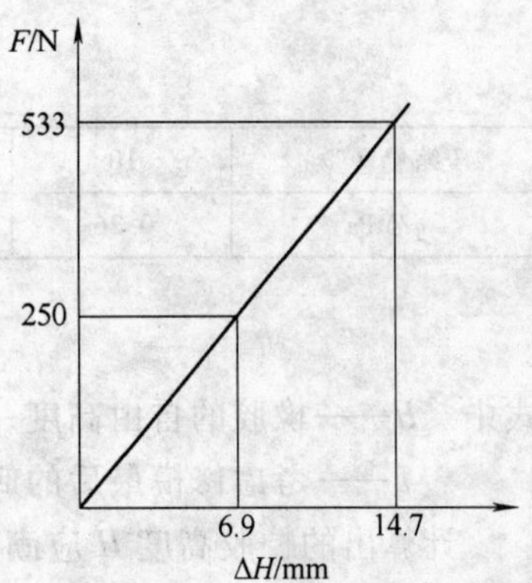

图 11-3　弹簧特性曲线

11.2.2　碟形弹簧、组合弹簧的选用

当安装空间不大，而需要的弹簧负荷较大时，可选用组合弹簧或碟形弹簧。选用组合弹簧应注意下列问题：

1）组合弹簧的总压力等于内、外圈弹簧之和。

2）内、外圈弹簧许用压缩量应接近。

3）内、外圈弹簧旋向要相反。

4）内、外弹簧单面间隙 $z=(0.5\sim1)\ d$（d 为内圈弹簧钢丝直径，mm）。

碟形弹簧具有变形小、大负荷、结构紧凑等优点，在冷冲模中得到日益广泛的应用。碟形弹簧在模具中可采用直列式安装或复合式安装。图 11-4a 所示为卸料装置中按直列式安装的碟形弹簧。图 11-4b 所示为顶件装置中按复合式安装的碟形弹簧，其弹簧压力将按每叠复合弹簧的个数增加而成倍上升，图 11-4b 所示的结构为两个弹簧复合，故其弹簧压力为直列式的两倍。

11.2.3　橡胶元件的选择

橡胶是冲模中常用的弹性元件，其许用负荷比弹簧大，安装调整也很方便。卸料、顶件常选用硬橡胶，拉压边多选用软橡胶。

1. 橡胶压力 *P*

$$P = Aq \tag{11-5}$$

式中　P——橡胶压力，N；

A——橡胶横截面积，mm^2；

q——橡胶压缩的单位压力，MPa，q 值与橡胶的压缩量有关，其值见表 11-5。

2. 橡胶的自由高度 *H*

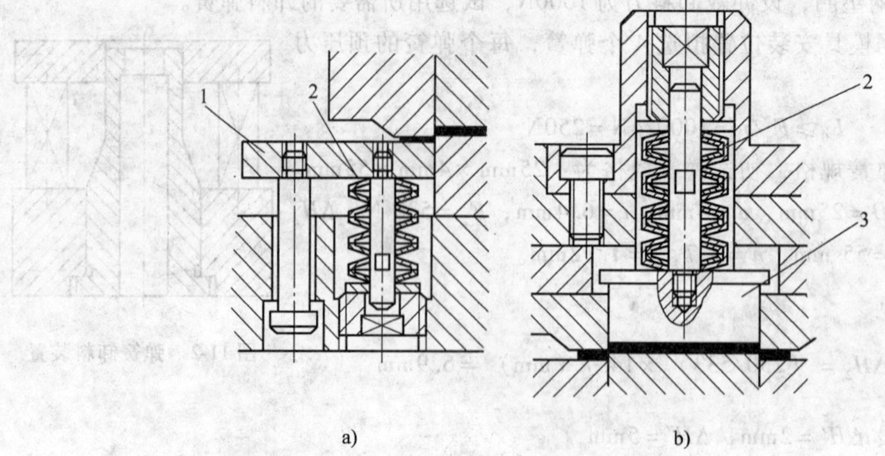

图 11-4　碟形弹簧的安装

a）直列式安装　b）复合式安装

1—卸料板　2—碟簧　3—推件板

表 11-5　橡胶压缩量与单位压力值 q

压缩量（%）	10	15	20	25	30	35
q/MPa	0.26	0.50	0.74	1.06	1.52	2.10

$$H=\frac{L}{0.25-0.30} \tag{11-6}$$

式中　H——橡胶的自由高度，mm；

　　L——考虑修模最后的卸料或压边的工作行程，mm。

计算出的橡胶高度 H 应满足式（11-7），即

$$0.5\leqslant H/D\leqslant 1.5 \tag{11-7}$$

式中　H——橡胶的自由高度，mm；

　　D——橡胶自由状态时的直径，mm。

若 $H/D\geqslant 1.5$，则可将橡胶分层，且两层橡胶之间需加钢质垫片；

若 $H/D\leqslant 0.5$，则增加橡胶层的高度，至 $H/D\geqslant 0.5$。

3. 橡胶养护

选用普通橡胶时要注意防油，橡胶周围应有适当的空间使橡胶受力后能自由变形。

常用橡胶的几何尺寸计算公式见表 11-6。聚氨酯弹性体见表 11-7。

表 11-6　常用橡胶几何尺寸计算公式

橡胶的形式

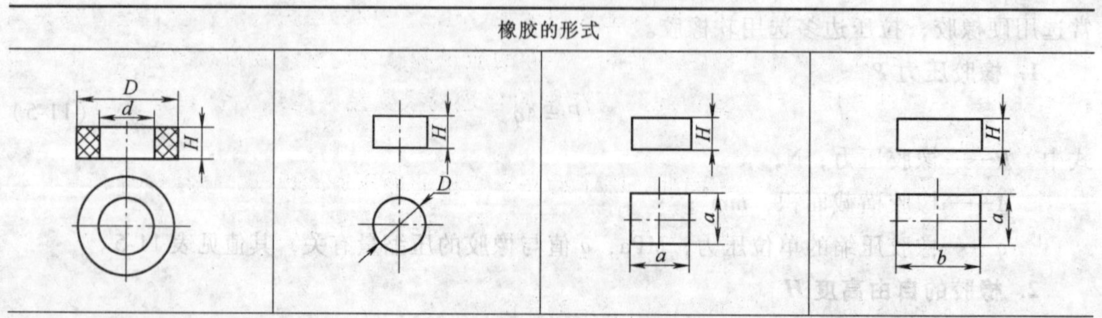

（续）

<table>
<tr><th colspan="5">橡胶外径 D 的计算公式</th></tr>
<tr><td>$\sqrt{d^2+1.27\frac{P}{q}}$</td><td>$\sqrt{1.27\frac{P}{q}}$</td><td>$\sqrt{1.27\frac{P}{q}}$</td><td>$\frac{P}{bq}$</td><td>$\frac{P}{aq}$</td></tr>
</table>

注：P—橡胶压力，N；q—压缩 10% ~35% 时，橡胶的单位压力，MPa。

表 11-7　聚氨酯弹性体　（单位：mm）

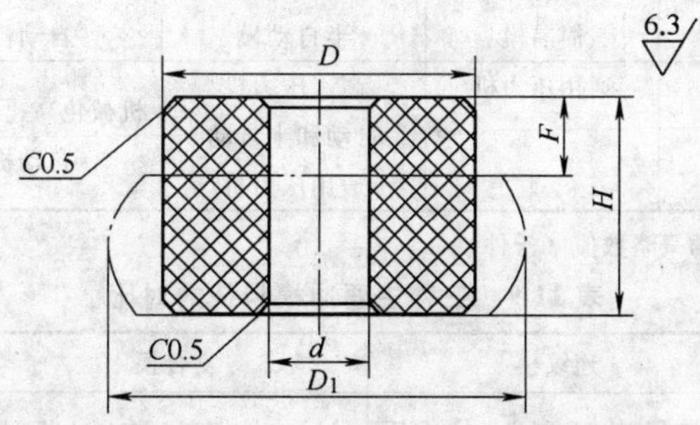

<table>
<tr><th>D</th><th>d</th><th>H</th><th>D_1</th><th>D</th><th>d</th><th>H</th><th>D_1</th></tr>
<tr><td>16</td><td>6.5</td><td rowspan="3">12</td><td>21</td><td rowspan="3">45</td><td rowspan="3">12.5</td><td>25</td><td rowspan="3">68</td></tr>
<tr><td>20</td><td rowspan="4">8.5</td><td rowspan="2">26</td><td>32</td></tr>
<tr><td rowspan="3">25</td><td>40</td></tr>
<tr><td>16</td><td rowspan="2">33</td><td rowspan="6">60</td><td rowspan="6">16.5</td><td>20</td><td rowspan="6">78</td></tr>
<tr><td>20</td><td>25</td></tr>
<tr><td rowspan="3">32</td><td rowspan="3">10.5</td><td>16</td><td rowspan="3">42</td><td>32</td></tr>
<tr><td>20</td><td>40</td></tr>
<tr><td>25</td><td rowspan="2">50</td></tr>
<tr><td>45</td><td>12.5</td><td>20</td><td>58</td></tr>
</table>

注：1. 参考尺寸（$F=0.3H$ 时的直径）。

2. 材料：浇注型聚氨酯橡胶硬度（邵氏 A）80 ±5。

3. 聚氨酯弹性体的工作温度应控制在 70℃ 以下。

11.3　冲模结构型式的选用

在冲压工艺方案确定后，模具结构型式的选定，也是一项相当关键的内容。它直接关系到冲压过程的生产效率、冲件的生产成本、冲件的质量和尺寸精度以及模具的寿命高低。表 11-8 表明了不同的冲压生产批量情况时应选用的合理的模具结构型式，表 11-9 为三种主要冲模特征的对比。

为降低冲压成本、缩短生产周期，除了提高压力机的冲压速度以外，选用简易模具、通用模具及组合模具则是简便、有效的途径。尤其是对于样品试制及产量小、品种多、要求快出制件的部门更是如此。

各种简易冲模及其在冲压工艺中的应用列于表 11-10。

表 11-8 冲压生产批量与合理模具结构型式 （单位：千件）

项目 \ 批量	单件	小批	中批	大批	大量
大件 中件 小件	<1 <1 <1	1~2 1~5 1~10	2~20 5~50 10~100	20~300 50~1000 100~5000	>300 >1000 >5000
模具形式	简易模 组合模 简单模	简单模 组合模 简易模	连续模、复合模 简单模 半自动模	连续模、复合模 简单模 自动模	连续模、复合模
设备形式	通用压力机	通用压力机	高速压力机 自动和半自动 通用压力机	机械化高速压力机 自动机	专用压力机 与 自动机

注：表内数字为每年班产量的概略数值（千件）。

表 11-9 三种主要冲模特征的对比

比较项目	连续模	复合模	多工位模
送料方式与完成工序方式	随带料、卷料送进。在压力机的一次行程内能完成多个工序	一次性切离。在压力机的一次行程内可同时完成二个以上的主要工序	切离后夹持送料。在多工位压力机上分部完成各工序
采用高速、自动压力机	可在行程次数为每分钟600次或更高的高速压力机上工作	高速时出件困难，可能损坏弹簧缓冲机构。只能在单机上实现部分机械操作 不推荐采用	冲压自动化程度高，可以实现无人操作 采用高速压力机则很困难
冲件的形状、尺寸及最大的尺寸范围	形状不受限制，允许料厚0.2~6mm，进料×料宽=250×250mm，最小凸模宽度为0.2mm	形状受模具结构与强度的限制允许料厚为0.05~4mm，最大直径可达ϕ3000mm	受两个工位间中心距大小的限制，落料直径（或长度）为1/2机床中心距尺寸
冲件侧面和反面加工的可能性	困难 冲件毛刺在不同方向	不能 冲件毛刺在同一方向	可能
增加工位数	可能	有限度	可能
冲件质量	中、小件不平整（有穹弯）。高质量件需校平	由于压料冲裁同时得到校平，制件平整（不穹弯），且有较好的剪切断面	冲裁件不平整（有穹弯）
冲件精度	中级和低级精度（IT10~14级）。由模具结构、送料精度、材料情况等决定。可以提高精度和形位公差	高级和中级精度（IT6~9级）。冲件的形位公差可以达到很高的要求	中级和低级精度（IT10~14级）。由模具结构、送料精度、材料情况等决定。可以提高精度，但形位公差稍差
冲压工作的稳定性和模具工作的安全状态	工序分得愈合理，冲压工作的稳定性愈高 一般较稳定、安全	冲压的稳定性差，模具工作的安全性也稍差	冲压工作的稳定性好，模具很安全
适用性	适合于中、小零件大批量的生产	适合于冲件材料特别贵重、需要提高材料利用率、冲件产量很大的生产	适合于品种少、大批量、系列化复杂制件的生产

（续）

比较项目	连续模	复合模	多工位模
最佳工序种类	冲裁	冲裁、冲裁拉深	深拉深
复杂的弯曲工作	有限度的增加	不能	可能
翻转和变更冲压方向	不能	不能	可能
材料利用率	需较大的搭边	较高	一般较高
对材料宽度的要求	较严格	不严格	不严格
生产效率	工序间自动送料，可以自动排除冲件，生产效率高	冲件被顶到模具工作面上，必须用手工或机械排除，生产效率低	工序间具有自动送料，机械手传递坯料、自动排除冲件、废料吸除等，并有模具自动润滑。生产效率高
模具制造成本	与工位、工序数成正比例上升 冲裁简单形状零件比复合模低	中等 冲裁复杂形状零件比连续模低	较低
模具制造难易	制造困难，维修中等	制造和维修都较难	较容易 各工位模具可分别调整，也便于模具的维修和更换
模具材料	可用硬质合金	较难用硬质合金	可用硬质合金
模具寿命	较高	较低	最高

表 11-10　简易冲模及其应用

模具名称	适用冲压工艺	大致应用范围	技术、经济效果
薄板模	冲裁	$t \leqslant 3$mm，形状一般的中小型有色金属板件	用于电子、仪器、仪表等小批量板状零件，模具寿命小于 1 万件
厚板模	冲裁	与一般冲裁模应用范围相同	结构简单、成本低、模具寿命较长，大于 1 万件
钢带模	冲裁	$t \leqslant 6$mm 的大中型非金属或软金属板	用于汽车、拖拉机所用的板件，模具寿命小于 1 万件
钢皮模（凹模厚度 0.5 ~1mm）	冲裁	$t \leqslant 3$mm 的黑色、有色金属及非金属板料	用于试制性或批量小的冲件，模具寿命小于 1 万件
夹板模	冲裁	$t \leqslant 3$mm 的黑色、有色金属板料	用于汽车、飞机等大中型冲件，模具寿命小于 1 万件
组合冲模	冲裁、修边、弯曲、拉深	与常规模具应用范围相同。但冲件形状简单	用于试制性强的工厂及多品种、小批量生产的简单零件
聚氨脂橡胶模	冲裁、弯曲、成形、胀形、翻边、拉深	$t \leqslant 1.5$mm 的小型冲件	用于电子、仪器、仪表等小批量的零件，模具寿命小于 1 万件

（续）

模具名称	适用冲压工艺	大致应用范围	技术、经济效果
锌基、铋基低熔点合金模	冲裁、弯曲、成形、翻边、拉深	$t \leq 1$mm 的大、中、小型的各种零件	模具寿命低于 2 千件，模具损坏后可溶解低熔点合金重复再用
喷焊刃口模	落料、冲孔	$t \leq 1$mm 的大型零件	各行业均可适用，模具寿命小于 1 万件
超塑性材料冲模	冲裁	$t \leq 0.8$mm 的大中型零件	模具寿命数千件，再使用时其模具性能下降

第 12 章　冲模典型组合标准

冲模典型组合是指在标准模架的上模座和下模座上，分别安装凸、凹模的标准固定板、垫板以及定位、导料、压料和卸料元件而构成的典型结构。机械行业标准规定的冲模典型组合（以下标准均被废止，但无替代标准，大多数企业中仍在使用，故在此进行介绍。编者注）有：

JB/T 8065.1—1995　冷冲模固定卸料典型组合　无导柱纵向送料典型组合

JB/T 8065.2—1995　冷冲模固定卸料典型组合　无导柱横向送料典型组合

JB/T 8065.3—1995　冷冲模固定卸料典型组合　纵向送料典型组合

JB/T 8065.4—1995　冷冲模固定卸料典型组合　横向送料典型组合

JB/T 8066.1—1995　冷冲模弹压卸料典型组合　纵向送料典型组合

JB/T 8066.2—1995　冷冲模弹压卸料典型组合　横向送料典型组合

JB/T 8067.1—1995　冷冲模复合模典型组合　矩形厚凹模典型组合

JB/T 8067.2—1995　冷冲模复合模典型组合　矩形薄凹模典型组合

JB/T 8067.3—1995　冷冲模复合模典型组合　圆形厚凹模典型组合

JB/T 8067.4—1995　冷冲模复合模典型组合　圆形薄凹模典型组合

JB/T 8068.1—1995　冷冲模导板模典型组合　纵向送料典型组合

JB/T 8068.2—1995　冷冲模导板模典型组合　横向送料典型组合

JB/T 8068.3—1995　冷冲模导板模典型组合　弹压纵向送料典型组合

JB/T 8068.4—1995　冷冲模导板模典型组合　弹压横向送料典型组合

JB/T 8069—1995　冷冲模典型组合技术条件

本章将对以上标准进行详细介绍。

12.1　固定卸料无导柱纵向送料典型组合标准

JB/T 8065.1—1995 标准规定了《冷冲模固定卸料典型组合 无导柱纵向送料典型组合》的结构参数，包括凹模周界尺寸系列、模具闭合高度、凸模长度以及相应板件的板面尺寸，同时还规定了该典型组合的标记方法，如表 12-1 所示。

12.2　固定卸料无导柱横向送料典型组合标准

JB/T 8065.2—1995 标准规定了《冷冲模固定卸料典型组合　无导柱横向送料典型组合》的结构参数，包括凹模周界尺寸系列、模具闭合高度、凸模长度以及相应板件的板面尺寸，同时还规定了该典型组合的标记方法，如表 12-2 所示。

表 12-1　固定卸料无导柱纵向送料典型组合的结构参数　　（单位：mm）

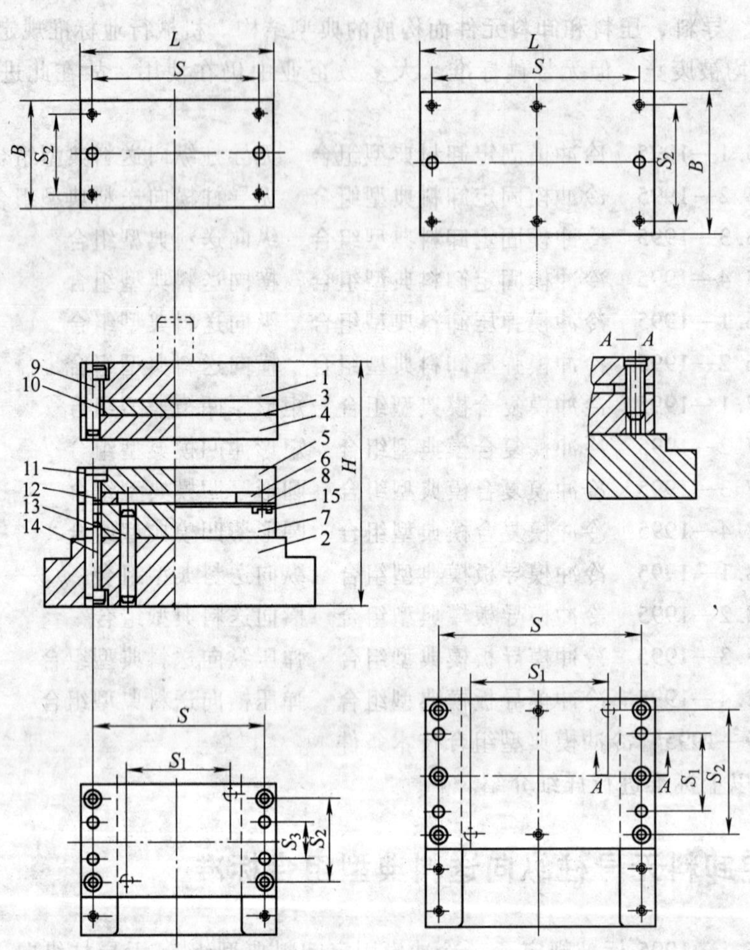

1—上模座　2—下模座　3—垫板　4—固定板　5—卸料板
6—导料板　7—凹模　8—承料板　9、12、13—圆柱销
10、11、14—螺钉　15—螺钉

标记示例：凹模周界 $L=100$mm，$B=63$mm，闭合高度 H 为 134mm 的无导柱纵向送料典型组合：典型组合　100 × 63 × 134 JB/T 8065.1—1995

（续）

凹模周界				L	63		80	100	80	100
				B	50	63			80	
凸模长度					45		50			
闭合高度 H					113	117	124	134		
孔距尺寸				S	47		62	82	56	76
				S_1	23		36	50	28	40
				S_2	34	47	45		56	
				S_3	14	23	21		28	
零件名称	1	上模座	数量	规格	63×50×16	63×63×20	80×63×20	100×63×20	80×80×20	100×80×20
	2	下模座			80×63×30			100×80×40		
	3	垫板	1		63×50×4	63×63×4	80×63×4	100×63×4	80×80×4	100×80×4
	4	固定板			63×50×14	63×63×14	80×63×16	100×63×16	80×80×16	100×80×16
	5	卸料板			63×50×10	63×63×10	80×63×12	100×63×12	80×80×12	100×80×12
	6	导料板	2		70×b×6	83×b×6		100×b×8		
	7	凹模	1		63×50×18	63×63×18	80×63×20	100×63×20	80×80×20	100×80×20
	8	承料板			63×20×2		80×20×2	100×20×2	80×20×2	100×20×2
	9	圆柱销 1	2		5×25	5×30	6×35		8×35	
	10	螺钉 1	4		M5×25	M5×30	M6×30		M8×30	
			6		—					
	11	螺钉 2	4		M5×16		M6×20		M8×20	
			6		—					
	12	圆柱销 2	4		4×25		5×30		6×30	
	13	圆柱销 3	2		5×35		6×40	6×45	8×50	
	14	螺钉 3	4		M5×30		M6×30	M6×40	M8×40	
			6		—					
	15	螺钉 4	2		M5×8					
			4		—					

（续）

凹模周界				L	125	（140）	100	125	（140）	160
				B	80		100			
凸模长度					50	55	50	55		60
闭合高度 H					139	153	144	153	158	166
孔距尺寸				S	101	116	76	101	116	136
				S_1	65	70	40	65	70	70
				S_2	56		76			
				S_3	28		40			
零件名称	1	上模座	数量 1	规格	125×80×20	（140）×80×25	100×100×25	125×100×25	（140）×100×25	160×100×25
	2	下模座	1		125×100×45	（140）×80×45	125×100×45		（140）×125×50	160×100×50
	3	垫板	1		125×80×4	（140）×80×6	100×100×4	125×100×6	（140）×100×6	160×100×6
	4	固定板	1		125×80×16	（140）×80×18	100×100×16	125×100×18	（140）×100×18	160×100×20
	5	卸料板	1		125×80×12	（140）×80×14	100×100×12	125×100×14	（140）×100×14	160×100×16
	6	导料板	2		100×*b*×8			140×*b*×8		
	7	凹模	1		125×80×20	（140）×80×22	100×100×20	125×100×22	（140）×100×22	160×100×25
	8	承料板	1		125×20×2	140×20×2	100×40×2	125×40×2	140×40×3	160×40×3
	9	圆柱销 1	2		8×35			8×40		
	10	螺钉 1	4		M8×30	M8×35				—
			6		—					M8×40
	11	螺钉 2	4		M8×20					—
			6		—					M8×25
	12	圆柱销 2	4		6×35					
	13	圆柱销 3	2		8×45				8×50	
	14	螺钉 3	4		M8×45				M8×50	—
			6		—					M8×50
	15	螺钉 4	2		M5×8		M6×10			
			4		—					

（续）

凹模周界		*L*	200	125	（140）	160	200	250
		B	100	125				
凸模长度			60	55	60			
闭合高度 *H*			166	158	166	171		181
孔距尺寸		*S*	176	95	110	130	170	220
		S_1	100	55	60	70	100	130
		S_2	76	95				
		S_3	40	55				
零件名称	1 上模座	1	200×100×25	125×125×25	（140）×125×25	160×125×30	200×125×30	250×125×30
	2 下模座		200×125×50	（140）×125×50		160×（140）×50	200×125×50	150×（140）×55
	3 垫板		200×100×6	125×125×6	（140）×125×6	160×125×6	200×125×6	250×125×8
	4 固定板		200×100×20	125×125×18	（140）×125×20	160×125×20	200×125×20	250×125×22
	5 卸料板		200×100×16	125×125×14	（140）×125×16	160×125×16	200×125×16	250×125×18
	6 导料板	2	140×*b*×8	165×*b*×10				
	7 凹模	1	200×100×25	125×125×22	（140）×125×25	160×125×25	200×125×25	250×125×28
	8 承料板		200×40×3	125×40×2	140×40×3	160×40×3	200×40×3	250×40×3
	9 圆柱销 1	2	8×40	10×40		10×45		
	10 螺钉 1	4	—	M10×35		M10×40	—	
		6	M8×40	—			M10×40	
	11 螺钉 2	4	—	M10×25			—	
		6	M8×25	—			M10×25	
	12 圆柱销 2	4	6×40	8×40			8×45	
	13 圆柱销 3	2	8×50	10×60				
	14 螺钉 3	4	—	M10×50			—	
		6	M8×50	—			M10×55	
	15 螺钉 4	2	M6×10					
		4	—					

注：表中“数量”“规格”为列标题，零件名称 1～8 数量为 1（6 导料板为 2）。

（续）

零件名称		数量	规格						
凹模周界			*L*	(140)	160	200	250	160	200
			B	(140)				160	
凸模长度				60		65			
闭合高度 *H*				166		186			
孔距尺寸			S	110	130	170	220	124	164
			S_1	60	70	90	130	60	90
			S_2	110				124	
			S_3	60				60	
1	上模座			(140)×(140)×25	160×(140)×25	200×(140)×30	250×(140)×30	160×160×30	200×160×30
2	下模座			160×(140)×50		250×(140)×55		200×160×55	
3	垫板	1		(140)×(140)×6	160×(140)×6	200×(140)×8	250×(140)×8	160×160×8	200×160×8
4	固定板			(140)×(140)×20	160×(140)×20	200×(140)×22	250×(140)×22	160×160×22	200×160×22
5	卸料板			(140)×(140)×16	160×(140)×16	200×(140)×18	250×(140)×18	160×160×18	200×160×18
6	导料板	2		200×*b*×10				220×*b*×10	
7	凹模	1		(140)×(140)×25	160×(140)×25	200×(140)×28	250×(140)×28	160×160×28	200×160×28
8	承料板			140×60×3	160×60×3	200×60×3	250×60×4	160×60×3	200×60×3
9	圆柱销 1	2		10×40		10×50		12×50	
10	螺钉 1	4		M10×35		—		M12×45	
		6		—		M10×45		—	
11	螺钉 2	4		M10×25		—		M12×30	
		6		—		M10×25		—	
12	圆柱销 2	4		8×45				10×50	
13	圆柱销 3	2		10×60				12×70	
14	螺钉 3	4		M10×50		—		M12×55	
		6		—		M10×55		—	
15	螺钉 4	2		—					
		4		M6×12					

（续）

				1	2	3	4	5	6
凹模周界			L	250	(280)	200	250	(280)	315
			B	160		200			
凸模长度				70				75	
闭合高度 H				200			205	220	
孔距尺寸			S	214	244	164	214	214	279
			S_1	130	150	90	130	150	175
			S_2	124		164			
			S_3	60		90			
零件名称	1	上模座	数量 1 / 规格	250×160×30	(280)×160×30	200×200×30	250×200×35	(280)×200×35	315×200×35
	2	下模座	1	250×160×60	(280)×160×60	250×200×60		(280)×200×65	315×200×65
	3	垫板	1	250×160×8	(280)×160×8	200×200×8	250×200×8	(280)×200×10	315×200×10
	4	固定板	1	250×160×18	(280)×160×25	200×200×25	250×200×25	(280)×200×28	315×200×28
	5	卸料板	1	250×160×20	(280)×160×20	200×200×20	250×200×20	(280)×200×22	315×200×22
	6	导料板	2	220×b×10		260×b×12			
	7	凹模	1	250×160×32	(280)×160×32	200×200×32	250×200×32	(280)×200×35	315×200×35
	8	承料板	1	250×60×1	280×60×1	200×60×3	250×60×4	280×60×4	315×60×4
	9	圆柱销 1	2	12×50			12×55		
	10	螺钉 1	4	—					
			6	M12×45			M12×50		
	11	螺钉 2	4	—					
			6	M12×35					
	12	圆柱销 2	4	10×50					
	13	圆柱销 3	2	12×70					
	14	螺钉 3	4	—					
			6	M12×65				M12×70	
	15	螺钉 4	2	—					
			4	M6×12					

（续）

凹模周界		*L*	250	（280）	315
		B	250		
凸模长度			75		80
闭合高度 *H*			225	230	240
孔距尺寸		S	214	241	279
		S_1	130	150	175
		S_2	214		
		S_3	130		
零件名称		**数量**	**规格**		
1	上模座	1	250×250×35	（280）×250×40	315×250×40
2	下模座	1	315×250×70		
3	垫板	1	250×250×10	（280）×250×10	315×250×10
4	固定板	1	250×250×28	（280）×250×28	315×250×32
5	卸料板	1	250×250×22	（280）×250×22	315×250×25
6	导料板	2	310×*b*×12		
7	凹模	1	250×250×35	（280）×250×35	315×250×40
8	承料板	1	250×60×4	280×60×4	315×60×4
9	圆柱销 1	2	12×60		
10	螺钉 1	4	—		
		6	M12×55	M12×65	
11	螺钉 2	4	—		
		6	M12×35		
12	圆柱销 2	4	10×50		
13	圆柱销 3	2	12×80		
14	螺钉 3	4	—		
		6	M12×75		
15	螺钉 4	2	—		
		4	M6×12		

注：1. *b* 值设计时选定，导料板厚度仅供参考。

2. 括号内的尺寸尽可能不采用。

3. 技术条件按 JB/T 8069—1995 之规定。

4. 标记内容包括凹模周界尺寸 *L* 和 *B*（单位：mm）、模具闭合高度（单位：mm）和本标准的代号。

表 12-2　固定卸料无导柱横向送料典型组合的结构参数　（单位：mm）

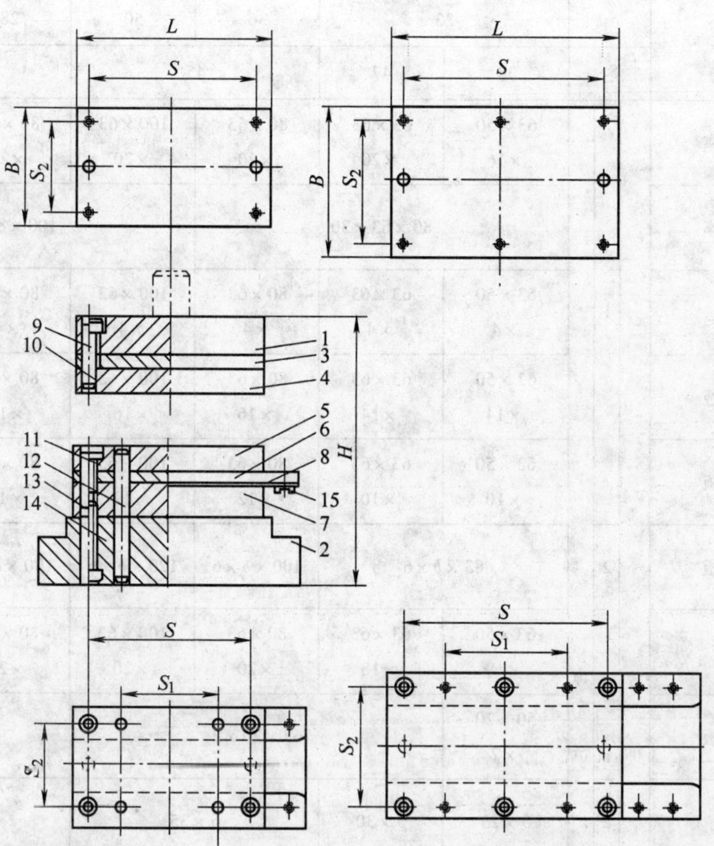

1—上模座　2—下模座　3—垫板　4—固定板　5—卸料板
6—导料板　7—凹模　8—承料板　9—圆柱销
10、11—螺钉　12、13—圆柱销　14、15—螺钉

标记示例：凹模周界 $D=100$mm，$B=63$mm、闭合高度 H 为 134 mm 的无导柱横向送料典型组合：典型组合 100×63×131 JB/T 8065.2—1995

（续）

项目		数量						
凹模周界	L		63		80	100	80	100
	B		50	63			80	
凸模长度			45		50			
闭合高度 H			113	117	124	134		
孔距尺寸	S		47		62	82	56	76
	S_1		23		36	50	28	40
	S_2		34	47	45		56	
零件名称	序号及名称	数量	规格					
	1 上模座	1	63×50×16	63×63×20	80×63×20	100×63×20	80×80×20	100×80×20
	2 下模座	1	80×63×30			100×80×40		
	3 垫板	1	63×50×4	63×63×4	80×63×4	100×63×4	80×80×4	100×80×4
	4 固定板	1	63×50×14	63×63×14	80×63×16	100×63×16	80×80×16	100×80×16
	5 卸料板	1	63×50×10	63×63×10	80×63×12	100×63×12	80×80×12	100×80×12
	6 导料板	2	83×b×6		100×b×6	120×b×6	100×b×6	120×b×6
	7 凹模	1	63×50×18	63×63×18	80×63×20	100×63×20	80×80×20	100×80×20
	8 承料板	1	50×20×2	63×20×2			80×20×2	
	9 圆柱销 1	2	5×25	5×30	6×35		8×35	
	10 螺钉 1	4	M5×25	M5×30	M6×30		M8×30	
		6	—					
	11 螺钉 2	4	M5×16		M6×20		M8×20	
		6	—					
	12 圆柱销 2	4	4×25		5×30		6×30	
	13 圆柱销 3	2	5×35		6×40	6×45	8×50	
	14 螺钉 3	4	M5×30		M6×30	M6×40	M8×40	
		6	—					
	15 螺钉 4	2	M5×8					
		4	—					

（续）

项目								
凹模周界		L		125	（140）	100	125	（140）	160
		B		80		100			
凸模长度				50	55	50	55		60
闭合高度 H				139	153	114	153	158	166
孔距尺寸		S		101	116	76	101	116	136
		S_1		65	70	40	65	70	70
		S_2		56		76			
零件名称	1	上模座	数量 1	规格 125×80×20	（140）×80×25	100×100×25	125×100×25	（140）×100×25	160×100×25
	2	下模座	1	125×100×45	（140）×80×45	125×100×15		（140）×125×50	160×100×50
	3	垫板	1	125×80×4	（140）×80×6	100×100×4	125×100×6	（140）×100×6	160×100×6
	4	固定板	1	125×80×16	（110）×80×10	100×100×10	125×100×18	（140）×100×18	160×100×20
	5	卸料板	1	125×80×18	（140）×80×10	100×100×12	125×100×14	（140）×100×14	160×100×16
	6	导料板	2	145×b×10	140×b×8	140×b×10	165×b×8	180×b×8	200×b×8
	7	凹模	1	125×80×10	140×80×11	160×100×20	125×100×22	（140）×100×22	160×100×25
	8	承料板	1	80×20×2		100×10×2			
	9	圆柱销 1	2	8×35			8×10		
	10	螺钉 1	4	M8×30	M8×35				—
			6	—					M8×40
	11	螺钉 2	4	M8×20					
			6	—					M8×25
	12	圆柱销 2	4	6×35					
	13	圆柱销 3	2	8×45				8×50	
	14	螺钉 3	4	M8×45				M8×50	—
			6	—					M8×50
	15	螺钉 4	2	M5×8		M6×10			
			4	—					

（续）

凹模周界			L		200	125	（140）	160	200	250
			B		100	125				
凸模长度					60	55	60			
闭合高度 H					166	158	166	171		181
孔距尺寸			S		176	95	110	130	170	220
			S_1		100	55	60	70	100	130
			S_2		76	95				
零件名称	1	上模座	数量	规格	200×100×25	125×125×25	（140）×125×25	160×125×30	200×125×30	250×125×30
	2	下模座			200×125×50	（140）×125×50		160×（140）×50	200×125×50	150×（140）×55
	3	垫板	1		200×100×6	125×125×6	（140）×125×6	160×125×6	200×125×6	250×125×8
	4	固定板			200×100×20	125×125×18	（140）×125×20	160×125×20	200×125×20	250×125×22
	5	卸料板			200×100×16	125×125×24	（140）×125×16	160×125×16	200×125×16	250×125×18
	6	导料板	2		240×b×8	165×b×8	180×b×8	200×b×8	240×b×8	290×b×8
	7	凹模	1		200×100×25	125×125×22	（140）×125×25	160×125×25	200×125×25	250×125×28
	8	承料板			100×40×2	125×40×2				
	9	圆柱销 1	2		8×40	10×40		10×45		
	10	螺钉 1	4		—	M10×35		M10×40	—	
			6		M8×40	—			M10×10	
	11	螺钉 2	4		—	M10×25			—	
			6		M8×25	—			M10×25	
	12	圆柱销 2	4		6×40	8×40			8×45	
	13	圆柱销 3	2		8×50	10×60				
	14	螺钉 3	4		—	M10×50			—	
			6		M8×50	—			M10×55	
	15	螺钉 4	2		M6×10					
			4		—					

（续）

项目									
凹模周界		L		(140)	160	200	250	160	200
		B		(140)				160	
凸模长度				60		65			
闭合高度 H				166		186			
孔距尺寸		S		110	130	170	220	124	164
		S_1		60	70	90	130	60	90
		S_2		110				124	
零件名称	1	上模座	数量 1	(140)×(140)×25	160×(140)×25	200×(140)×30	250×(140)×30	160×160×30	200×160×30
	2	下模座		160×(140)×50		250×(140)×55		200×160×55	
	3	垫板		(140)×(140)×6	160×(140)×6	200×(140)×8	250×(140)×8	160×160×8	200×160×8
	4	固定板		(140)×(140)×20	160×(140)×20	200×(140)×22	250×(140)×22	160×160×22	200×160×22
	5	卸料板		(140)×(140)×16	160×(140)×16	200×(140)×18	250×(140)×18	160×160×18	200×160×18
	6	导料板	2	200×b×8	220×b×8	260×b×8	310×b×10	220×b×10	260×b×10
	7	凹模	1	(140)×(140)×25	160×(140)×25	200×(140)×28	250×(140)×28	160×160×28	200×160×28
	8	承料板		140×60×3				160×60×3	
	9	圆柱销 1	2	10×40		10×50		12×50	
	10	螺钉 1	4	M10×35		—		M12×45	
			6	—		M10×45		—	
	11	螺钉 2	4	M10×25		—		M12×30	
			6	—		M10×25		—	
	12	圆柱销 2	4	8×45				10×50	
	13	圆柱销 3	2	10×60				12×70	
	14	螺钉 3	4	M10×50		—		M12×65	
			6	—		M10×55		—	
	15	螺钉 4	2	—					
			4	M6×12					

注：表中规格列位于数量列之后（"规格"）。

（续）

凹模周界		L	250	（280）	200	250	（280）	315
		B	160		200			
凸模长度			70				75	
闭合高度 H			200			205	220	
孔距尺寸		S	214	244	164	214	244	279
		S_1	130	150	90	130	150	175
		S_2	124		164			
零件名称		数量	规格					
1	上模座		250×160×30	（280）×160×30	200×200×30	250×200×35	（280）×200×35	315×200×35
2	下模座		250×160×60	（280）×160×60	250×200×60		（280）×200×65	315×200×65
3	垫板	1	250×160×8	（280）×160×8	200×200×8	250×200×8	（280）×200×10	315×200×10
4	固定板		250×160×25	（280）×160×25	200×200×25	250×200×25	（280）×200×28	315×200×28
5	卸料板		250×160×20	（280）×160×20	200×200×20	250×200×20	（280）×200×22	315×200×22
6	导料板	2	310×b×10	310×b×10	260×b×10	310×b×10	340×b×10	375×b×10
7	凹模		250×160×32	（280）×160×32	200×200×32	250×200×32	（280）×200×35	315×200×35
8	承料板	1	160×60×3		200×60×3			
9	圆柱销 1	2	12×50			12×55		
10	螺钉 1	4	—					
		6	M12×45			M12×50		
11	螺钉 2	4	—					
		6	M12×35					
12	圆柱销 2	4	10×50					
13	圆柱销 3	2	12×70					
14	螺钉 3	4	—					
		6	M12×65			M12×70		
15	螺钉 4	2	—					
		4	M6×12					

（续）

<table>
<tr><td colspan="3" rowspan="2">凹模周界</td><td colspan="2">L</td><td>250</td><td>（280）</td><td>200</td><td>250</td><td>（280）</td><td>315</td></tr>
<tr><td colspan="2">B</td><td colspan="2">160</td><td colspan="4">200</td></tr>
<tr><td colspan="5">凸模长度</td><td colspan="4">70</td><td colspan="2">75</td></tr>
<tr><td colspan="5">闭合高度 H</td><td colspan="3">200</td><td>205</td><td colspan="2">220</td></tr>
<tr><td colspan="3" rowspan="3">孔距尺寸</td><td colspan="2">S</td><td>214</td><td>244</td><td>164</td><td>214</td><td>244</td><td>279</td></tr>
<tr><td colspan="2">S_1</td><td>130</td><td>150</td><td>90</td><td>130</td><td>150</td><td>175</td></tr>
<tr><td colspan="2">S_2</td><td colspan="2">124</td><td colspan="4">164</td></tr>
<tr><td rowspan="19">零件名称</td><td>1</td><td>上模座</td><td rowspan="5">数量 1</td><td rowspan="19">规格</td><td>250×160×30</td><td>（280）×160×30</td><td>200×200×30</td><td>250×200×35</td><td>（280）×200×35</td><td>315×200×35</td></tr>
<tr><td>2</td><td>下模座</td><td>250×160×60</td><td>（280）×160×60</td><td colspan="2">250×200×60</td><td>（280）×200×65</td><td>315×200×65</td></tr>
<tr><td>3</td><td>垫板</td><td>250×160×8</td><td>（280）×160×8</td><td>200×200×8</td><td>250×200×8</td><td>（280）×200×10</td><td>315×200×10</td></tr>
<tr><td>4</td><td>固定板</td><td>250×160×25</td><td>（280）×160×25</td><td>200×200×25</td><td>250×200×25</td><td>（280）×200×28</td><td>315×200×28</td></tr>
<tr><td>5</td><td>卸料板</td><td>250×160×20</td><td>（280）×160×20</td><td>200×200×20</td><td>250×200×20</td><td>（280）×200×22</td><td>315×200×22</td></tr>
<tr><td>6</td><td>导料板</td><td>2</td><td>310×b×10</td><td>340×b×10</td><td>260×b×10</td><td>310×b×10</td><td>340×b×10</td><td>375×b×10</td></tr>
<tr><td>7</td><td>凹模</td><td rowspan="2">1</td><td>250×160×32</td><td>（280）×160×32</td><td>200×200×32</td><td>250×200×32</td><td>（280）×200×35</td><td>315×200×35</td></tr>
<tr><td>8</td><td>承料板</td><td colspan="2">160×60×3</td><td colspan="4">200×60×3</td></tr>
<tr><td>9</td><td>圆柱销 1</td><td>2</td><td colspan="3">12×50</td><td colspan="3">12×55</td></tr>
<tr><td rowspan="2">10</td><td rowspan="2">螺钉 1</td><td>4</td><td colspan="6">—</td></tr>
<tr><td>6</td><td colspan="3">M12×45</td><td colspan="3">M12×50</td></tr>
<tr><td rowspan="2">11</td><td rowspan="2">螺钉 2</td><td>4</td><td colspan="6">—</td></tr>
<tr><td>6</td><td colspan="6">M12×35</td></tr>
<tr><td>12</td><td>圆柱销 2</td><td>4</td><td colspan="6">10×50</td></tr>
<tr><td>13</td><td>圆柱销 3</td><td>2</td><td colspan="6">12×70</td></tr>
<tr><td rowspan="2">14</td><td rowspan="2">螺钉 3</td><td>4</td><td colspan="6">—</td></tr>
<tr><td>6</td><td colspan="3">M12×65</td><td colspan="3">M12×70</td></tr>
<tr><td rowspan="2">15</td><td rowspan="2">螺钉 4</td><td>2</td><td colspan="6">—</td></tr>
<tr><td>4</td><td colspan="6">M6×12</td></tr>
</table>

注：1. b 值设计时选定，导料板厚度仅供参考。

2. 括号内的尺寸尽可能不采用。

3. 技术条件按 JB/T 8069—1995 之规定。

4. 标记内容包括凹模周界尺寸 L 和 B（单位：mm）、模具闭合高度（单位：mm）和本标准的代号。

12.3 固定卸料纵向送料典型组合标准

JB/T 8065.3—1995 标准规定了《冷冲模固定卸料典型组合　纵向送料典型组合》的结构参数，包括凹模周界尺寸系列、模具闭合高度、凸模长度以及相应板件的板面尺寸，同时还规定了该典型组合的标记方法，如表 12-3 所示。

表 12-3　固定卸料纵向送料典型组合的结构参数　　（单位：mm）

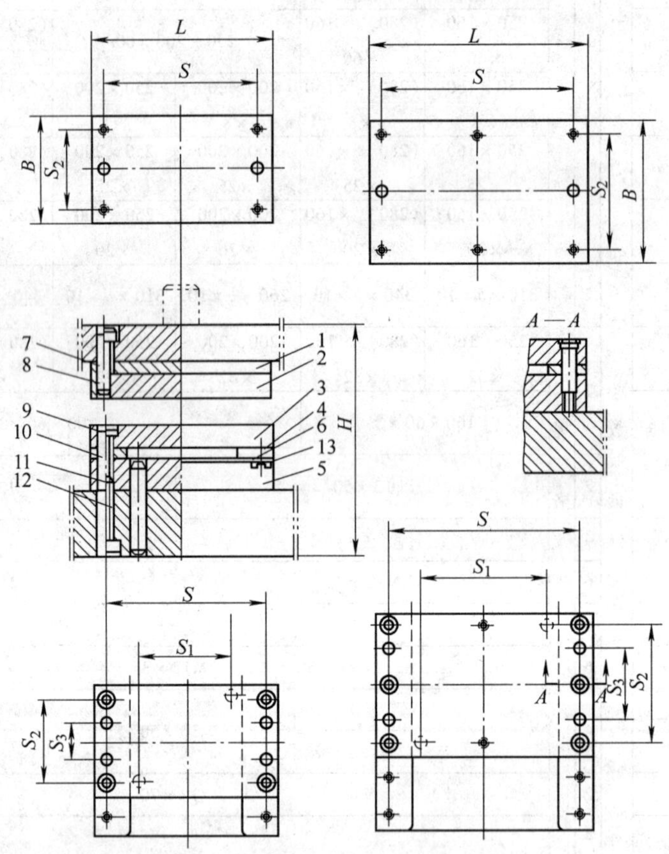

1—垫板　2—固定板　3—卸料板　4—导料板　5—凹模　6—承料板
7、9、12、13—螺钉　8、10、11—圆柱销

标记示列：凹模周界 $L=125$mm、$B=100$mm、配用模架闭合高度 H 为 140 ~ 170mm 的纵向送料典型组合：典型组合 125 × 100 × 140 ~ 170 JB/T 8065.3—1995

（续）

凹模周界	L			63	63	80	100	80	100
	B			50	63			80	
凸模长度				45		50			
配用模架闭合高度 H	最小			110		120			
	最大			130		145			
孔距尺寸	S			47		62	82	56	76
	S_1			23		36	50	28	46
	S_2			34	47	45		56	
	S_3			14	23	21		28	
零件名称			数量	规格					
	1	垫板	1	63×50×4	63×63×4	80×63×4	100×63×4	80×60×4	100×80×4
	2	固定板		63×50×12	63×63×12	80×63×14	100×63×14	80×80×14	100×80×14
	3	卸料板		63×50×8	63×63×8	80×63×10	100×63×10	80×80×10	100×80×10
	4	导料板	2	80×b×6	80×b×6			100×b×6	
	5	凹模	1	63×50×18	63×63×18	80×63×20	100×63×20	80×80×20	100×80×20
	6	承料板		63×20×8		80×20×8	100×20×8	80×20×8	100×20×8
	7	螺钉 1	4	M5×30		M6×35		M8×35	
			6	—					
	8	圆柱销 1	2	5×35		6×35		8×35	
	9	螺钉 2	4	M5×16		M6×20		M8×20	
			6	—					
	10	圆柱销 2	4	4×25		5×30		5×30	
	11	圆柱销 3	2	5×35		6×45		8×45	
	12	螺钉 3	4	M5×30		M6×40		M8×40	
			6	—					
	13	螺钉 4	2	M5×8					
			4	—					

（续）

凹模周界			L	125	（140）	100	125	（140）	160
			B	80		100			
凸模长度				50	55	50	55		60
配用模架闭合高度 H			最小	120	140	120	140		160
			最大	115	170	146	170		195
孔距尺寸			S	101	116	76	101	116	136
			S_1	65	70	40	65	70	70
			S_2	56		76			
			S_3	28		40			
零件名称	1	垫板	数量	规格 125×80×4	（140）×80×6	100×100×4	125×100×6	（140）×100×6	160×100×6
	2	固定板	1	125×80×14	（140）×80×16	100×100×14	125×100×16	（140）×100×16	160×100×18
	3	卸料板		125×80×10	（140）×80×12	100×100×10	125×100×12	（140）×100×12	160×100×14
	4	导料板	2	100×b×6		140×b×6			140×b×8
	5	凹模	1	125×80×20	（140）×80×22	100×100×20	125×100×22	（140）×100×22	160×100×25
	6	承料板		125×20×2	140×20×2	100×40×2	125×40×2	140×40×3	160×40×3
	7	螺钉 1	4	M8×35	M8×40	M8×85	M8×45		—
			6	—					M8×50
	8	圆柱销 1	2	8×40	8×45	8×40	8×45		8×50
	9	螺钉 2	4	M8×20					—
			6	—					M8×25
	10	圆柱销 2	4	6×35					
	11	圆柱销 3	2	8×50	8×55	8×50	8×55		8×60
	12	螺钉 3	4	M8×45	M8×50	M8×45	M8×50		—
			6	—					M8×55
	13	螺钉 4	2	M5×8		M6×10			
			4	—					

（续）

凹模周界		L	200	125	（140）	160	200	250
		B	100	125				
凸模长度			60	55	60			
配用模架闭合高度 H		最小	160	140	160	170		190
		最大	195	170	195	205		235
孔距尺寸		S	176	95	110	130	170	220
		S_1	100	55	60	70	100	130
		S_2	76	95				
		S_3	40	55				
零件名称		数量	规格					
1	垫板	1	200×100×6	125×125×6	（140）×125×6	160×125×6	200×125×6	250×125×8
2	固定板	1	200×100×18	125×125×16	（140）×125×18	160×125×18	200×125×18	250×125×20
3	卸料板	1	200×100×14	125×125×12	（140）×125×14	160×125×14	200×125×14	250×125×16
4	导料板	2	140×b×8	165×b×8				
5	凹模	1	200×100×25	125×125×22	（140）×125×25	160×125×25	200×125×25	250×125×28
6	承料板	1	200×40×3	125×40×2	140×40×3	160×40×3	200×40×3	250×40×3
7	螺钉 1	4	—	M10×45	M10×50		—	
		6	M8×50	—			M10×50	M10×60
8	圆柱销 1	2	8×55	10×45	10×55			
9	螺钉 2	4	—	M10×25			—	
		6	M8×25	—			M10×25	
10	圆柱销 2	4	6×40	8×40				
11	圆柱销 3	2	8×50	10×50	10×60			
12	螺钉 3	4	—	M10×45	M10×50		—	
		6	M8×55	—			M10×55	
13	螺钉 4	2	M6×10					
		4	—					

（续）

<table>
<tr><td colspan="3" rowspan="2">凹模周界</td><td colspan="3">L</td><td>（140）</td><td>160</td><td>200</td><td>250</td><td>160</td><td>200</td></tr>
<tr><td colspan="3">B</td><td colspan="4">（140）</td><td colspan="2">160</td></tr>
<tr><td colspan="6">凸模长度</td><td colspan="2">60</td><td colspan="4">65</td></tr>
<tr><td colspan="3" rowspan="2">配用模架闭合高度 H</td><td colspan="3">最小</td><td colspan="2">170</td><td colspan="4">190</td></tr>
<tr><td colspan="3">最大</td><td colspan="2">205</td><td colspan="4">235</td></tr>
<tr><td colspan="3" rowspan="4">孔距尺寸</td><td colspan="3">S</td><td>110</td><td>130</td><td>170</td><td>220</td><td>124</td><td>164</td></tr>
<tr><td colspan="3">S_1</td><td>60</td><td>70</td><td>90</td><td>130</td><td>60</td><td>90</td></tr>
<tr><td colspan="3">S_2</td><td colspan="4">110</td><td colspan="2">124</td></tr>
<tr><td colspan="3">S_3</td><td colspan="4">60</td><td colspan="2">60</td></tr>
<tr><td rowspan="17">零件名称</td><td>1</td><td>垫板</td><td rowspan="17">数量</td><td rowspan="3">1</td><td rowspan="17">规格</td><td>（140）×
（140）×6</td><td>160×
（140）×6</td><td>200×
（140）×8</td><td>250×
（140）×8</td><td>160×160
×8</td><td>200×160
×8</td></tr>
<tr><td>2</td><td>固定板</td><td>（140）×
（140）×18</td><td>160×
（140）×18</td><td>200×
（140）×20</td><td>250×
（140）×20</td><td>160×160
×20</td><td>200×160
×20</td></tr>
<tr><td>3</td><td>卸料板</td><td>（140）×
（140）×14</td><td>160×
（140）×14</td><td>200×
（140）×16</td><td>250×
（140）×16</td><td>160×160
×16</td><td>200×160
×16</td></tr>
<tr><td>4</td><td>导料板</td><td>2</td><td colspan="4">200×b×10</td><td colspan="2">220×b×10</td></tr>
<tr><td>5</td><td>凹模</td><td rowspan="2">1</td><td>（140）×
（140）×25</td><td>160×
（140）×25</td><td>200×
（140）×28</td><td>250×
（140）×28</td><td>160×160
×28</td><td>200×160
×28</td></tr>
<tr><td>6</td><td>承料板</td><td>140×60
×3</td><td>160×60
×3</td><td>200×60
×3</td><td>250×60
×4</td><td>160×60
×3</td><td>200×60
×3</td></tr>
<tr><td rowspan="2">7</td><td rowspan="2">螺钉 1</td><td>4</td><td colspan="2">M10×55</td><td colspan="2">—</td><td colspan="2">M12×60</td></tr>
<tr><td>6</td><td colspan="2">—</td><td colspan="2">M10×60</td><td colspan="2">—</td></tr>
<tr><td>8</td><td>圆柱销 1</td><td>2</td><td colspan="2">10×50</td><td colspan="2">10×60</td><td colspan="2">12×55</td></tr>
<tr><td rowspan="2">9</td><td rowspan="2">螺钉 2</td><td>4</td><td colspan="2">M10×30</td><td colspan="2">—</td><td colspan="2">M12×30</td></tr>
<tr><td>6</td><td colspan="2">—</td><td colspan="2">M10×30</td><td colspan="2">—</td></tr>
<tr><td>10</td><td>圆柱销 2</td><td>4</td><td colspan="4">8×40</td><td colspan="2">10×45</td></tr>
<tr><td>11</td><td>圆柱销 3</td><td>2</td><td colspan="4">10×60</td><td colspan="2">12×60</td></tr>
<tr><td rowspan="2">12</td><td rowspan="2">螺钉 3</td><td>4</td><td colspan="2">M10×50</td><td colspan="2">—</td><td colspan="2">M12×55</td></tr>
<tr><td>6</td><td colspan="2">—</td><td colspan="2">M10×55</td><td colspan="2">—</td></tr>
<tr><td rowspan="2">13</td><td rowspan="2">螺钉 4</td><td>2</td><td colspan="6">—</td></tr>
<tr><td>4</td><td colspan="6">M6×12</td></tr>
</table>

（续）

凹模周界	L			250	（280）	200	250	（280）	315
	B			160		200			
凸模长度				70				75	
配用模架闭合高度 H	最小			200				210	
	最大			245				255	
孔距尺寸	S			214	244	164	214	244	279
	S_1			130	150	90	130	150	175
	S_2			124		164			
	S_3			60		90			
零件名称			数量	规格					
	1	垫板	1	250×160×8	（280）×160×8	200×200×8	250×200×8	（280）×200×10	315×200×10
	2	固定板	1	250×160×22	（280）×160×22	200×200×22	250×200×22	（280）×200×25	315×200×25
	3	卸料板	1	250×160×18	（280）×160×18	200×200×18	250×200×18	（280）×200×20	315×200×20
	4	导料板	2	200×*b*×10		260×*b*×10			
	5	凹模	1	250×160×32	（280）×160×32	200×200×32	250×200×32	（280）×200×35	315×200×35
	6	承料板	1	250×60×4	280×60×4	200×60×3	250×60×4	280×60×4	315×60×4
	7	螺钉 1	4	—					
			6	M12×65					
	8	圆柱销 1	2	12×70					
	9	螺钉 2	4	—					
			6	M12×30					
	10	圆柱销 2	4	10×50					
	11	圆柱销 3	2	12×70					
	12	螺钉 3	4	—					
			6	M12×65				M12×70	
	13	螺钉 4	2	—					
			4	M6×12					

（续）

<table>
<tr><td colspan="3" rowspan="2">凹模周界</td><td colspan="3">L</td><td>250</td><td>（280）</td><td>315</td></tr>
<tr><td colspan="3">B</td><td colspan="3">250</td></tr>
<tr><td colspan="6">凸模长度</td><td colspan="2">75</td><td>80</td></tr>
<tr><td colspan="3" rowspan="2">配用模架闭合高度 H</td><td colspan="3">最小</td><td colspan="2">210</td><td>245</td></tr>
<tr><td colspan="3">最大</td><td colspan="2">255</td><td>290</td></tr>
<tr><td colspan="3" rowspan="4">孔距尺寸</td><td colspan="3">S</td><td>214</td><td>244</td><td>279</td></tr>
<tr><td colspan="3">S_1</td><td>130</td><td>150</td><td>175</td></tr>
<tr><td colspan="3">S_2</td><td colspan="3">214</td></tr>
<tr><td colspan="3">S_3</td><td colspan="3">130</td></tr>
<tr><td rowspan="17">零件名称</td><td>1</td><td>垫板</td><td rowspan="17">数量</td><td rowspan="3">1</td><td rowspan="17">规格</td><td>250×250×10</td><td>（280）×250×10</td><td>315×250×10</td></tr>
<tr><td>2</td><td>固定板</td><td>250×250×25</td><td>（280）×250×25</td><td>315×250×28</td></tr>
<tr><td>3</td><td>卸料板</td><td>250×250×20</td><td>（280）×250×20</td><td>315×250×22</td></tr>
<tr><td>4</td><td>导料板</td><td>2</td><td colspan="3">310×b×12</td></tr>
<tr><td>5</td><td>凹模</td><td rowspan="2">1</td><td>250×250×35</td><td>（280）×250×35</td><td>315×250×40</td></tr>
<tr><td>6</td><td>承料板</td><td>250×60×4</td><td>280×60×4</td><td>315×60×4</td></tr>
<tr><td rowspan="2">7</td><td rowspan="2">螺钉 1</td><td>4</td><td colspan="3">—</td></tr>
<tr><td>6</td><td colspan="2">M12×65</td><td>M12×75</td></tr>
<tr><td>8</td><td>圆柱销 1</td><td>2</td><td colspan="3">12×70</td></tr>
<tr><td rowspan="2">9</td><td rowspan="2">螺钉 2</td><td>4</td><td colspan="3">—</td></tr>
<tr><td>6</td><td>M12×35</td><td colspan="2">M12×40</td></tr>
<tr><td>10</td><td>圆柱销 2</td><td>4</td><td colspan="3">10×50</td></tr>
<tr><td>11</td><td>圆柱销 3</td><td>2</td><td colspan="3">12×80</td></tr>
<tr><td rowspan="2">12</td><td rowspan="2">螺钉 3</td><td>4</td><td colspan="3">—</td></tr>
<tr><td>6</td><td colspan="3">M12×70</td></tr>
<tr><td rowspan="2">13</td><td rowspan="2">螺钉 4</td><td>2</td><td colspan="3">—</td></tr>
<tr><td>4</td><td colspan="3">M6×12</td></tr>
</table>

注：1. b 值设计时选定，导料板厚度仅供参考。

2. 括号内的尺寸尽可能不采用。

3. 技术条件按 JB/T 8069—1995 之规定。

4. 标记内容包括凹模周界尺寸 L 和 B（单位：mm）、模具闭合高度（单位：mm）和本标准的代号。

12.4 固定卸料横向送料典型组合标准

JB/T 8065.4—1995 标准规定了《冷冲模固定卸料典型组合 横向送料典型组合》的结构参数，包括凹模周界尺寸系列、模具闭合高度、凸模长度以及相应板件的板面尺寸，同时还规定了该典型组合的标记方法，如表 12-4 所示。

表 12-4 固定卸料横向送料典型组合的结构参数 （单位：mm）

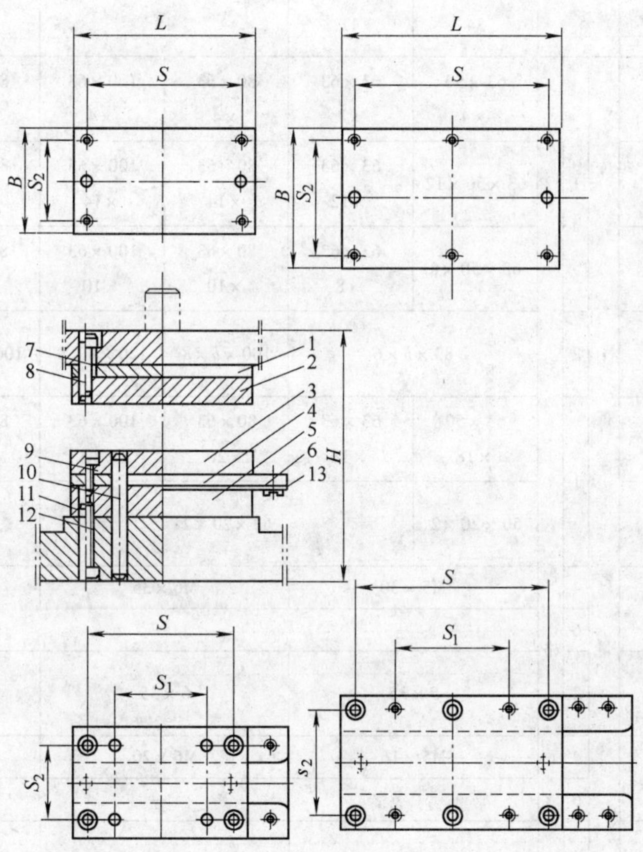

1—垫板 2—固定板 3—卸料板 4—导料板 5—凹模
6—承料板 7、9、12、13—螺钉 8、10、11—圆柱销

标记示例：凹模周界 $L=125$mm、$B=100$mm、配用模架闭合高度 H 为 140 ~ 170mm 的横向送料 典型组合：125 × 100 × 140 ~ 170 JB/T 8065.4—1995

（续）

<table>
<tr><td colspan="3" rowspan="2">凹模周界</td><td colspan="3">L</td><td>63</td><td>63</td><td>80</td><td>100</td><td>80</td><td>100</td></tr>
<tr><td colspan="3">B</td><td>50</td><td colspan="3">63</td><td colspan="2">80</td></tr>
<tr><td colspan="6">凸模长度</td><td colspan="2">45</td><td colspan="4">50</td></tr>
<tr><td colspan="3" rowspan="2">配用模架闭合高度 H</td><td colspan="3">最小</td><td colspan="2">110</td><td colspan="4">120</td></tr>
<tr><td colspan="3">最大</td><td colspan="2">130</td><td colspan="4">145</td></tr>
<tr><td colspan="3" rowspan="3">孔距尺寸</td><td colspan="3">S</td><td colspan="2">47</td><td>62</td><td>82</td><td>56</td><td>76</td></tr>
<tr><td colspan="3">S_1</td><td colspan="2">23</td><td>36</td><td>50</td><td>28</td><td>40</td></tr>
<tr><td colspan="3">S_2</td><td>34</td><td>47</td><td colspan="2">45</td><td colspan="2">56</td></tr>
<tr><td rowspan="17">零件名称</td><td>1</td><td>垫板</td><td rowspan="17">数量</td><td rowspan="3">1</td><td rowspan="17">规格</td><td>63×50×4</td><td>63×63×4</td><td>80×63×4</td><td>100×63×4</td><td>80×80×4</td><td>100×80×4</td></tr>
<tr><td>2</td><td>固定板</td><td>63×50×12</td><td>63×63×12</td><td>80×63×14</td><td>100×63×14</td><td>80×80×14</td><td>100×80×14</td></tr>
<tr><td>3</td><td>卸料板</td><td>63×50×8</td><td>63×63×8</td><td>80×63×10</td><td>100×63×10</td><td>80×80×10</td><td>100×80×10</td></tr>
<tr><td>4</td><td>导料板</td><td>2</td><td colspan="2">83×b×6</td><td>100×b×8</td><td>120×b×8</td><td>100×b×8</td><td>120×b×8</td></tr>
<tr><td>5</td><td>凹模</td><td rowspan="2">1</td><td>63×50×18</td><td>63×63×18</td><td>80×63×20</td><td>100×63×20</td><td>80×80×20</td><td>100×80×20</td></tr>
<tr><td>6</td><td>承料板</td><td colspan="2">50×20×2</td><td colspan="2">63×20×2</td><td colspan="2">80×20×2</td></tr>
<tr><td rowspan="2">7</td><td rowspan="2">螺钉 1</td><td>4</td><td colspan="2">M5×30</td><td colspan="2">M6×35</td><td colspan="2">M8×35</td></tr>
<tr><td>6</td><td colspan="6">—</td></tr>
<tr><td>8</td><td>圆柱销 1</td><td>2</td><td colspan="2">5×35</td><td colspan="2">6×35</td><td colspan="2">8×35</td></tr>
<tr><td rowspan="2">9</td><td rowspan="2">螺钉 2</td><td>4</td><td colspan="2">M5×16</td><td colspan="2">M6×20</td><td colspan="2">M8×20</td></tr>
<tr><td>6</td><td colspan="6">—</td></tr>
<tr><td>10</td><td>圆柱销 2</td><td>4</td><td colspan="2">4×25</td><td colspan="2">5×30</td><td colspan="2">6×30</td></tr>
<tr><td>11</td><td>圆柱销 3</td><td>2</td><td colspan="2">5×35</td><td colspan="2">6×45</td><td colspan="2">8×45</td></tr>
<tr><td rowspan="2">12</td><td rowspan="2">螺钉 3</td><td>4</td><td colspan="2">M5×30</td><td colspan="2">M6×40</td><td colspan="2">M8×40</td></tr>
<tr><td>6</td><td colspan="6">—</td></tr>
<tr><td rowspan="2">13</td><td rowspan="2">螺钉 4</td><td>2</td><td colspan="6">M5×8</td></tr>
<tr><td>4</td><td colspan="6">—</td></tr>
</table>

（续）

凹模周界			L	125	（140）	100	125	（140）	160
			B	80		100			
凸模长度				50	55	50	55		60
配用模架闭合高度 H			最小	120	140	120	140		160
			最大	145	170	145	170		195
孔距尺寸			S	101	116	76	101	116	136
			S_1	65	70	40	65	70	70
			S_2	56		76			
零件名称	序号	名称	数量	规格					
	1	垫板	1	125×80×4	（140）×80×6	100×100×4	125×100×6	（140）×100×6	160×100×6
	2	固定板	1	125×80×14	（140）×80×16	100×100×14	125×100×16	（140）×100×16	160×100×18
	3	卸料板	1	125×80×10	（140）×80×12	100×100×10	125×100×12	（140）×100×12	160×100×14
	4	导料板	2	145×b×8	160×b×8	140×b×4	165×b×8	180×b×8	200×b×8
	5	凹模	1	125×80×20	（140）×80×22	100×100×20	125×100×22	（140）×100×22	160×100×25
	6	承料板	1	80×20×2		100×40×2			
	7	螺钉 1	4	M8×35	M8×10	M8×35	M8×45		—
			6						M8×50
	8	圆柱销 1	2	8×40	8×45	8×40	8×45		8×50
	9	螺钉 2	4	M8×20					—
			6	—					M8×25
	10	圆柱销 2	4	6×35					
	11	圆柱销 3	2	8×50	8×55	8×50	8×55		8×60
	12	螺钉 3	4	M8×45	M8×50	M8×45	M8×50		—
			6	—					M8×55
	13	螺钉 4	2	M5×8		M6×10			
			4	—		—			

（续）

凹模周界	L	200	125	（140）	160	200	250
	B	100	125				
凸模长度		60	55	60			
配用模架闭合高度 H	最小	160	140	160	170		190
	最大	195	170	196	205		235
孔距尺寸	S	176	95	110	130	170	220
	S_1	100	55	60	70	100	130
	S_2	76	95				
零件名称 1 垫板	数量 1	规格 200×100×6	125×125×6	（140）×125×6	160×125×6	200×125×6	250×125×8
2 固定板	1	200×100×18	125×125×16	（140）×125×18	160×125×18	200×125×18	250×125×20
3 卸料板	1	200×100×14	125×125×12	（140）×125×14	160×125×14	200×125×14	250×125×16
4 导料板	2	240×b×8	165×b×8	180×b×8	200×b×8	240×b×8	290×b×8
5 凹模	1	200×100×25	125×125×22	（140）×125×25	160×125×25	200×125×25	250×125×28
6 承料板	1	100×40×2	125×40×2				
7 螺钉 1	4	—	M10×45	M10×55		—	
	6	M8×50	—			M10×50	M10×60
8 圆柱销 1	2	8×55	10×45	10×55			
9 螺钉 2	4	—	M10×25			—	
	6	M8×25	—			M10×25	
10 圆柱销 2	4	6×40	8×40				
11 圆柱销 3	2	8×50	10×50	10×60			
12 螺钉 3	4	—	M10×45	M10×50		—	
	6	M8×55	—			M10×55	
13 螺钉 4	2	M6×10					
	4	—					

（续）

凹模周界		L		（140）	160	200	250	160	200
		B		（140）				160	
凸模长度				60		65			
配用模架闭合高度 H		最小		170		190			
		最大		205		235			
孔距尺寸		S		110	130	170	220	124	164
		S_1		60	70	90	130	60	90
		S_2		110				124	
零件名称			数量	规格					
1	垫板			（140）×（140）×6	160×（140）×6	200×（140）×8	250×（140）×8	160×160×8	200×160×8
2	固定板		1	（140）×（140）×18	160×（140）×18	200×（140）×20	250×（140）×20	160×160×20	200×160×20
3	卸料板			（140）×（140）×14	160×（140）×14	200×（140）×16	250×（140）×16	160×160×16	200×160×16
4	导料板		2	200×b×10	220×b×10	260×b×10	310×b×10	220×b×10	260×b×10
5	凹模		1	（140）×（140）×25	160×（140）×25	200×（140）×28	250×（140）×28	160×160×28	200×160×28
6	承料板			140×60×3				160×60×3	
7	螺钉 1		4	M10×50		—		M12×55	
			6	—		M10×55		—	
8	圆柱销 1		2	10×50		10×60		12×60	
9	螺钉 2		4	M10×30		—		M12×30	
			6	—		M10×30		—	
10	圆柱销 2		4	8×40				10×45	
11	圆柱销 3		2	10×60				12×60	
12	螺钉 3		4	M10×50		—		M12×55	
			6	—		M10×55		—	
13	螺钉 4		2	—					
			4	M6×12					

（续）

项目			1	2	3	4	5	6
凹模周界		*L*	250	（280）	200	250	（280）	315
		B	160		200			
凸模长度			70				75	
配用模架闭合高度 *H*		最小	200				210	
		最大	245				255	
孔距尺寸		*S*	214	244	164	214	244	279
		S_1	130	150	90	130	150	175
		S_2	124		164			
零件名称		数量	规格					
1	垫板	1	250×160×8	（280）×160×8	200×200×8	250×200×8	（280）×200×10	315×200×10
2	固定板		250×160×22	（280）×160×22	200×200×22	250×200×22	（280）×200×25	315×200×25
3	卸料板		250×160×18	（280）×160×18	200×200×18	250×200×18	（280）×200×20	315×200×20
4	导料板	2	310×*b*×10	340×*b*×10	260×*b*×10	310×*b*×10	340×*b*×10	375×*b*×10
5	凹模	1	250×160×32	（280）×160×32	200×200×32	250×200×32	（280）×200×35	315×200×35
6	承料板		160×60×3		200×60×3			
7	螺钉 1	4	—					
		6	M12×65					
8	圆柱销 1	2	12×70					
9	螺钉 2	4	—					
		6	M12×30					
10	圆柱销 2	4	10×50					
11	圆柱销 3	2	12×70					
12	螺钉 3	4	—					
		6	M12×65				M12×70	
13	螺钉 4	2	—					
		4	M6×12					

（续）

<table>
<tr><td colspan="3" rowspan="2">凹模周界</td><td colspan="3">L</td><td>250</td><td>(280)</td><td>315</td></tr>
<tr><td colspan="3">B</td><td colspan="3">250</td></tr>
<tr><td colspan="6">凸模长度</td><td colspan="2">75</td><td>80</td></tr>
<tr><td colspan="3" rowspan="2">配用模架闭合高度 H</td><td colspan="3">最小</td><td colspan="2">210</td><td>245</td></tr>
<tr><td colspan="3">最大</td><td colspan="2">255</td><td>290</td></tr>
<tr><td colspan="3" rowspan="3">孔距尺寸</td><td colspan="3">S</td><td>214</td><td>244</td><td>279</td></tr>
<tr><td colspan="3">S_1</td><td>130</td><td>150</td><td>175</td></tr>
<tr><td colspan="3">S_2</td><td colspan="3">214</td></tr>
<tr><td rowspan="17">零件名称</td><td>1</td><td>垫板</td><td rowspan="17">数量</td><td rowspan="3">1</td><td rowspan="17">规格</td><td>250×250×10</td><td>(280) ×250×10</td><td>315×250×10</td></tr>
<tr><td>2</td><td>固定板</td><td>250×250×25</td><td>(280) ×250×25</td><td>315×250×28</td></tr>
<tr><td>3</td><td>卸料板</td><td>250×250×20</td><td>(280) ×250×20</td><td>315×250×22</td></tr>
<tr><td>4</td><td>导料板</td><td>2</td><td>310×b×12</td><td>340×b×12</td><td>375×b×12</td></tr>
<tr><td>5</td><td>凹模</td><td rowspan="2">1</td><td>250×250×35</td><td>(280) ×250×35</td><td>315×250×40</td></tr>
<tr><td>6</td><td>承料板</td><td colspan="3">250×60×4</td></tr>
<tr><td rowspan="2">7</td><td rowspan="2">螺钉 1</td><td>4</td><td colspan="3">—</td></tr>
<tr><td>6</td><td colspan="2">M12×65</td><td>M12×75</td></tr>
<tr><td>8</td><td>圆柱销 1</td><td>2</td><td colspan="3">12×70</td></tr>
<tr><td rowspan="2">9</td><td rowspan="2">螺钉 2</td><td>4</td><td colspan="3">—</td></tr>
<tr><td>6</td><td>M12×35</td><td colspan="2">M12×40</td></tr>
<tr><td>10</td><td>圆柱销 2</td><td>4</td><td colspan="3">10×50</td></tr>
<tr><td>11</td><td>圆柱销 3</td><td>2</td><td colspan="3">12×80</td></tr>
<tr><td rowspan="2">12</td><td rowspan="2">螺钉 3</td><td>4</td><td colspan="3">—</td></tr>
<tr><td>6</td><td colspan="3">M12×70</td></tr>
<tr><td rowspan="2">13</td><td rowspan="2">螺钉 4</td><td>2</td><td colspan="3">—</td></tr>
<tr><td>4</td><td colspan="3">M6×12</td></tr>
</table>

注：1. b 值设计时选定，导料板厚度仅供参考。

2. 括号内的尺寸尽可能不采用。

3. 技术条件按 JB/T 8069—1995 之规定。

4. 标记内容包括凹模周界尺寸 L 和 B（单位：mm）、模具闭合高度（单位：mm）和本标准的代号。

12.5　弹压卸料纵向送料典型组合标准

JB/T 8066.1—1995 标准规定了《冷冲模弹压卸料典型组合　纵向送料典型组合》的结构参数，包括凹模周界尺寸系列、模具闭合高度、凸模长度以及相应板件的板面尺寸，同时还规定了该典型组合的标记方法，如表 12-5 所示。

表 12-5　弹压卸料纵向送料典型组合的结构参数　　（单位：mm）

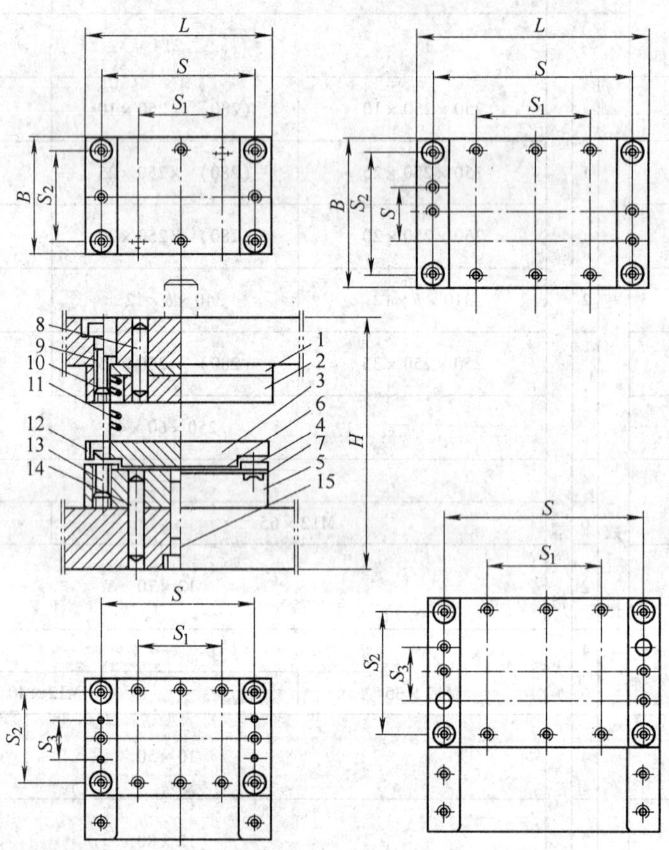

1—垫板　2—固定板　3—卸料板　4—导料板　5—凹模
6—承料板　7、9、12、15—螺钉　8、13、14—圆柱销
10—卸料螺钉　11—弹簧

标记示例：凹模周界 $L=12$mm、$B=100$mm、配用模架闭合高度 H 为 120 ~ 150mm 的横向送料

典型组合：典型组合 125 × 100 × 120 ~ 150 JB/T 8066.1—1995

（续）

凹模周界		L		63		80	100	80	100
		B		50	63			80	
凸模长度				42					
配用模架闭合高度 H		最小		100		110			
		最大		115		130			
孔距尺寸		S		47		62	82	56	76
		S_1		23		36	50	28	40
		S_2		34	47	45		56	
		S_3		14	23	21		28	
零件名称	1	垫板	数量 1	63×50×4	63×63×4	80×63×4	100×63×4	80×80×4	100×80×4
	2	固定板		63×50×12	63×63×12	80×63×14	100×63×14	80×80×14	100×80×14
	3	卸料板		63×50×10	63×63×10	80×63×12	100×63×12	80×80×12	100×80×12
	4	导料板	2	70×b×4	83×b×6			100×b×6	
	5	凹模	1	63×50×12	63×63×12	80×63×14	100×63×14	80×80×14	100×80×14
	6	承料板		63×20×2		80×20×2	100×20×2	80×20×2	100×20×2
	7	螺钉 1	2	规格 M5×8					
			4	—					
	8	圆柱销 1	2	5×35		6×40		8×40	
	9	螺钉 2	4	M5×30		M6×35		M8×35	
			6	—					
	10	卸料螺钉	4	5×38		6×35		8×35	
			6	—					
	11	弹簧	4	设计选用，亦可以用橡皮、聚氨酯、碟形弹簧					
			6						
	12	螺钉 3	4	M5×10		M6×16		M8×16	
	13	圆柱销 2		4×16		5×16		6×16	
	14	圆柱销 3	2	5×25		6×30		8×35	
	15	螺钉 4	4	M5×25		M6×30		M8×35	
			6	—					

（续）

凹模周界		L		125	（140）	100	125	（140）	160
		B		80		100			
凸模长度				42	48	42	48		56
配用模架闭合高度 H		最小		110	120	110	120		110
		最大		130	150	130	150		170
孔距尺寸		S		101	116	76	101	116	136
		S_1		65	70	40	65	70	70
		S_2		56		76			
		S_3		28		40			
零件名称	1	垫板	数量 1	规格 125×80×4	（140）×80×6	100×100×4	125×100×6	（140）×100×6	160×100×6
	2	固定板		125×80×14	（140）×80×16	100×100×14	125×100×16	（140）×100×16	160×100×18
	3	卸料板		125×80×12	（140）×80×14	100×100×12	125×100×14	（140）×100×14	160×100×16
	4	导料板	2	100×b×6		140×b×6			
	5	凹模	1	125×80×14	（140）×80×16	100×100×14	125×100×16	（140）×100×16	160×100×18
	6	承料板		125×20×2	140×20×2	100×40×2	125×40×2	140×40×3	160×40×3
	7	螺钉 1	2	M5×8		M6×10			
			4	—					
	8	圆柱销 1	2	8×35	8×40	8×35	8×40		8×45
	9	螺钉 2	4	M8×35	M8×40	M8×35	M8×40		—
			6	—					M8×45
	10	卸料螺钉	4	8×35	8×42	8×35	8×42		—
			6	—					8×48
	11	弹簧	4	设计选用，亦可以用橡皮、聚氨酯、碟形弹簧					
			6						
	12	螺钉 3	4	M8×20					
	13	圆柱销 2		6×20					
	14	圆柱销 3	2	8×35	8×40	8×35	8×40		8×45
	15	螺钉 4	4	M8×35	M8×40	M8×35	M8×40		—
			6	—					M8×45

（续）

凹模周界		L	200	125	(140)	160	200	250
		B	100	125				
凸模长度			56	48	56			58
配用模架闭合高度 H		最小	140	120	140			160
		最大	170	150	170			200
孔距尺寸		S	176	95	110	130	170	220
		S_1	100	55	60	70	100	130
		S_2	76	95				
		S_3	40	55				
零件名称		数量	规格					
1	垫板	1	200×100×6	125×125×6	(140)×125×6	160×125×6	200×125×6	250×125×8
2	固定板	1	200×100×18	125×125×16	(140)×125×18	160×125×18	200×125×18	250×125×20
3	卸料板	1	200×100×16	125×125×14	(140)×125×16	160×125×16	200×125×16	250×125×18
4	导料板	2	140×b×6	165×b×6				
5	凹模	1	200×100×18	125×125×16	(140)×125×18	160×125×18	200×125×18	250×125×20
6	承料板	1	200×40×3	125×40×2	140×40×3	160×40×3	200×40×3	250×40×3
7	螺钉 1	2	M6×10					
		4	—					
8	圆柱销 1	2	8×45	10×40	10×45			10×55
9	螺钉 2	4	—	M10×40	M10×45		—	
		6	M8×45	—			M10×45	M10×55
10	卸料螺钉	4	—	10×42	40×48		—	
		6	8×48	—			10×48	10×50
11	弹簧	4	设计选用，亦可以用橡皮、聚氨酯、碟形弹簧					
		6						
12	螺钉 3	4	M8×20	M10×20				
13	圆柱销 2	4	6×20	8×20				
14	圆柱销 3	2	8×45	10×40	10×45			10×50
15	螺钉 4	4	—	M10×40	M10×45		—	
		6	M8×45	—			M10×45	M10×55

（续）

<table>
<tr><td colspan="4" rowspan="2">凹模周界</td><td colspan="2">L</td><td>（140）</td><td>160</td><td>200</td><td>250</td><td>160</td><td>200</td></tr>
<tr><td colspan="2">B</td><td colspan="4">（140）</td><td colspan="2">160</td></tr>
<tr><td colspan="6">凸模长度</td><td colspan="4">56</td><td colspan="2">58</td></tr>
<tr><td colspan="4" rowspan="2">配用模架闭合高度 H</td><td colspan="2">最小</td><td colspan="2">140</td><td colspan="4">160</td></tr>
<tr><td colspan="2">最大</td><td colspan="2">170</td><td colspan="4">200</td></tr>
<tr><td colspan="4" rowspan="4">孔距尺寸</td><td colspan="2">S</td><td>110</td><td>130</td><td>170</td><td>220</td><td>124</td><td>164</td></tr>
<tr><td colspan="2">S_1</td><td>60</td><td>70</td><td>90</td><td>130</td><td>60</td><td>90</td></tr>
<tr><td colspan="2">S_2</td><td colspan="4">110</td><td colspan="2">124</td></tr>
<tr><td colspan="2">S_3</td><td colspan="4">60</td><td colspan="2">60</td></tr>
<tr><td rowspan="19">零件名称</td><td>1</td><td>垫板</td><td rowspan="19">数量</td><td rowspan="3">1</td><td rowspan="19">规格</td><td>（140）×（140）×6</td><td>160×（140）×6</td><td>200×（140）×8</td><td>250×（140）×8</td><td>160×160×8</td><td>200×160×8</td></tr>
<tr><td>2</td><td>固定板</td><td>（140）×（140）×18</td><td>160×（140）×18</td><td>200×（140）×20</td><td>250×（140）×20</td><td>160×160×20</td><td>200×160×20</td></tr>
<tr><td>3</td><td>卸料板</td><td>（140）×（140）×16</td><td>160×（140）×16</td><td>200×（140）×18</td><td>250×（140）×18</td><td>160×160×18</td><td>200×160×18</td></tr>
<tr><td>4</td><td>导料板</td><td>2</td><td colspan="4">200×b×8</td><td colspan="2">220×b×8</td></tr>
<tr><td>5</td><td>凹模</td><td rowspan="2">1</td><td>（140）×（140）×18</td><td>160×（140）×18</td><td>200×（140）×20</td><td>250×（140）×20</td><td>160×160×20</td><td>200×160×20</td></tr>
<tr><td>6</td><td>承料板</td><td>140×60×3</td><td>160×60×3</td><td>200×60×3</td><td>250×60×4</td><td>160×60×3</td><td>200×60×3</td></tr>
<tr><td rowspan="2">7</td><td rowspan="2">螺钉 1</td><td>2</td><td colspan="6">—</td></tr>
<tr><td>4</td><td colspan="6">M10×12</td></tr>
<tr><td>8</td><td>圆柱销 1</td><td>2</td><td colspan="4">10×45</td><td colspan="2">12×50</td></tr>
<tr><td rowspan="2">9</td><td rowspan="2">螺钉 2</td><td>4</td><td colspan="2">M10×45</td><td colspan="2">—</td><td colspan="2">M12×50</td></tr>
<tr><td>6</td><td colspan="2">—</td><td colspan="2">M10×45</td><td colspan="2">—</td></tr>
<tr><td rowspan="2">10</td><td rowspan="2">卸料螺钉</td><td>4</td><td colspan="2">10×48</td><td colspan="4">—</td></tr>
<tr><td>6</td><td colspan="2">—</td><td colspan="2">10×48</td><td colspan="2">12×50</td></tr>
<tr><td>11</td><td>弹簧</td><td>4
6</td><td colspan="6">设计选用，亦可以用橡皮、聚氨酯、碟形弹簧</td></tr>
<tr><td>12</td><td>螺钉 3</td><td rowspan="2">4</td><td colspan="4">M10×20</td><td colspan="2">M12×20</td></tr>
<tr><td>13</td><td>圆柱销 2</td><td colspan="4">8×20</td><td colspan="2">10×20</td></tr>
<tr><td>14</td><td>圆柱销 3</td><td>2</td><td colspan="4">10×45</td><td colspan="2">12×50</td></tr>
<tr><td rowspan="2">15</td><td rowspan="2">螺钉 4</td><td>4</td><td colspan="2">M10×45</td><td colspan="2">—</td><td colspan="2">M12×55</td></tr>
<tr><td>6</td><td colspan="2">—</td><td colspan="2">M10×45</td><td colspan="2">—</td></tr>
</table>

（续）

<table>
<tr><td colspan="3" rowspan="2">凹模周界</td><td colspan="3">L</td><td>250</td><td>（280）</td><td>200</td><td>250</td><td>（280）</td><td>315</td></tr>
<tr><td colspan="3">B</td><td colspan="2">160</td><td colspan="4">200</td></tr>
<tr><td colspan="6">凸模长度</td><td colspan="4">65</td><td colspan="2">70</td></tr>
<tr><td colspan="3" rowspan="2">配用模架闭合高度 H</td><td colspan="3">最小</td><td colspan="4">170</td><td colspan="2">190</td></tr>
<tr><td colspan="3">最大</td><td colspan="4">210</td><td colspan="2">230</td></tr>
<tr><td colspan="3" rowspan="4">孔距尺寸</td><td colspan="3">S</td><td>214</td><td>244</td><td>164</td><td>214</td><td>244</td><td>279</td></tr>
<tr><td colspan="3">S_1</td><td>130</td><td>150</td><td>90</td><td>130</td><td>150</td><td>175</td></tr>
<tr><td colspan="3">S_2</td><td colspan="2">124</td><td colspan="4">164</td></tr>
<tr><td colspan="3">S_3</td><td colspan="2">60</td><td colspan="4">90</td></tr>
<tr><td rowspan="19">零件名称</td><td>1</td><td>垫板</td><td rowspan="19">数量</td><td rowspan="3">1</td><td rowspan="19">规格</td><td>250×160×8</td><td>（280）×160×8</td><td>200×200×8</td><td>250×200×8</td><td>（280）×200×10</td><td>315×200×10</td></tr>
<tr><td>2</td><td>固定板</td><td>250×160×22</td><td>（280）×160×22</td><td>200×200×22</td><td>250×200×22</td><td>（280）×200×25</td><td>315×200×25</td></tr>
<tr><td>3</td><td>卸料板</td><td>250×160×20</td><td>（280）×160×20</td><td>200×200×20</td><td>250×200×20</td><td>（280）×200×22</td><td>315×200×22</td></tr>
<tr><td>4</td><td>导料板</td><td>2</td><td colspan="2">220×b×8</td><td colspan="4">260×b×8</td></tr>
<tr><td>5</td><td>凹模</td><td rowspan="2">1</td><td>250×160×22</td><td>（280）×160×22</td><td>200×200×22</td><td>250×200×22</td><td>（280）×200×25</td><td>315×200×25</td></tr>
<tr><td>6</td><td>承料板</td><td>250×60×4</td><td>280×60×4</td><td>200×60×3</td><td>250×60×4</td><td>280×60×4</td><td>315×60×4</td></tr>
<tr><td rowspan="2">7</td><td rowspan="2">螺钉 1</td><td>2</td><td colspan="6">—</td></tr>
<tr><td>4</td><td colspan="6">M6×12</td></tr>
<tr><td>8</td><td>圆柱销 1</td><td>2</td><td colspan="6">12×60</td></tr>
<tr><td rowspan="2">9</td><td rowspan="2">螺钉 2</td><td>4</td><td colspan="6">—</td></tr>
<tr><td>6</td><td colspan="4">M12×55</td><td colspan="2">M12×60</td></tr>
<tr><td rowspan="2">10</td><td rowspan="2">卸料螺钉</td><td>4</td><td colspan="6">—</td></tr>
<tr><td>6</td><td colspan="4">12×55</td><td colspan="2">12×60</td></tr>
<tr><td rowspan="2">11</td><td rowspan="2">弹簧</td><td>4</td><td colspan="6" rowspan="2">设计选用，亦可以用橡皮，聚氨酯、碟形弹簧</td></tr>
<tr><td>6</td></tr>
<tr><td>12</td><td>螺钉 3</td><td rowspan="2">4</td><td colspan="6">M12×25</td></tr>
<tr><td>13</td><td>圆柱销 2</td><td colspan="6">10×25</td></tr>
<tr><td>14</td><td>圆柱销 3</td><td>2</td><td colspan="6">12×60</td></tr>
<tr><td rowspan="2">15</td><td rowspan="2">螺钉 4</td><td>4</td><td colspan="6">—</td></tr>
<tr><td></td><td></td><td></td><td>6</td><td></td><td colspan="4">M12×60</td><td colspan="2">M12×65</td></tr>
</table>

（续）

凹模周界			L	250	（280）	315
			B	250		
凸模长度				70		78
配用模架闭合高度 H			最小	190		215
			最大	230		250
孔距尺寸			S	214	244	279
			S_1	130	150	175
			S_2	214		
			S_3	130		
零件名称	序号	名称	数量	规格		
	1	垫板	1	250×250×10	（280）×250×10	315×250×10
	2	固定板	1	250×250×25	（280）×250×25	315×250×28
	3	卸料板	1	250×250×22	（280）×250×22	315×250×25
	4	导料板	2	310×b×10		
	5	凹模	1	250×250×25	（280）×250×25	315×250×28
	6	承料板	1	250×60×4	280×60×4	315×60×4
	7	螺钉1	2	—		
			4	M6×12		
	8	圆柱销1	2	12×60		12×70
	9	螺钉2	4	—		
			6	M12×60		M12×65
	10	卸料螺钉	4	—		
			6	12×60		12×65
	11	弹簧	4	设计选用，亦可以用橡皮、聚氨酯、碟形弹簧		
			6			
	12	螺钉3	4	M12×25		
	13	圆柱销2	4	10×30		
	14	圆柱销3	2	12×60		12×70
	15	螺钉4	4	—		
			6	M12×65		M12×70

注：1. b 值设计时选定，导料板厚度仅供参考。

2. 括号内的尺寸尽可能不采用。

3. 技术条件按 JB/T 8069—1995 之规定。

4. 标记内容包括凹模周界尺寸 L 和 B（单位：mm）、模具闭合高度（单位：mm）和本标准的代号。

12.6　弹压卸料横向送料典型组合标准

JB/T 8066.2—1995 标准规定了《冷冲模弹压卸料典型组合　横向送料典型组合》的结构参数，包括凹模周界尺寸系列、模具闭合高度、凸模长度以及相应板件的板面尺寸，同时还规定了该典型组合的标记方法，如表 12-6 所示。

表 12-6　弹压卸料横向送料典型组合的结构参数　（单位：mm）

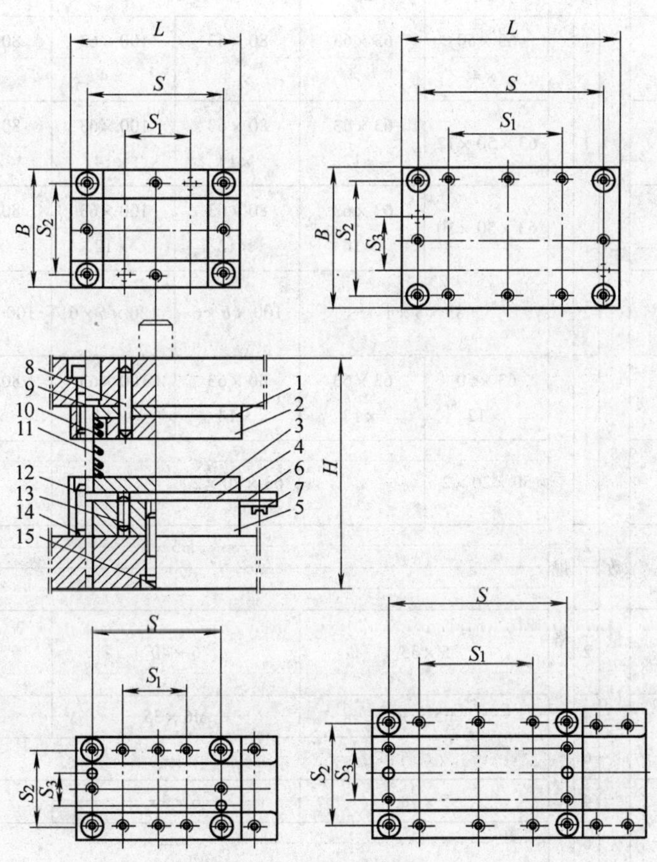

1—垫板　2—固定板　3—卸料板　4—导料板　5—凹模
6—承料板　7、9、12、15—螺钉　8、13、14—圆柱销
10—卸料螺钉　11—弹簧

标记示例：凹模周界　L = 125mm，B = 100mm，配用模架闭合高度 H 为 120 ~ 150mm 的横向送料典型组合：典型组合　125 × 100 × 120 ~ 150 JB/T 8066.2—1995

（续）

凹模周界			L	63		80	100	80	100
			B	50	63			80	
凸模长度				42					
配用模架闭合高度 H			最小	100		110			
			最大	115		130			
孔距尺寸			S	47		62	82	56	76
			S_1	23		36	50	28	40
			S_2	34	47	45		56	
			S_3	14	23	21		28	
零件名称	1	垫板	数量 1	规格 63×50×4	63×63×4	80×63×4	100×63×4	80×80×4	100×80×4
	2	固定板	1	63×50×12	63×63×12	80×63×14	100×63×14	80×80×14	100×80×14
	3	卸料板	1	63×50×10	63×63×10	80×63×12	100×63×12	80×80×12	100×80×12
	4	导料板	2	83×b×4		100×b×6	120×b×6	100×b×6	120×b×6
	5	凹模	1	63×50×12	63×63×12	80×63×14	100×63×14	80×80×14	100×80×14
	6	承料板	1	50×20×2	63×20×2			80×20×2	
	7	螺钉 1	2	M5×8					
			4	—					
	8	圆柱销 1	2	5×35		6×40		8×40	
	9	螺钉 2	4	M5×30		M6×35		M8×35	
			6	—					
	10	卸料螺钉	4	5×38		6×35		8×35	
			6	—					
	11	弹簧	4	设计选用，亦可以用橡皮、聚氨酯、碟形弹簧					
			6						
	12	螺钉 3	4	M5×10		M6×16		M8×16	
	13	圆柱销 2	4	4×16		5×16		6×16	
	14	圆柱销 3	2	5×25		6×30		8×35	
	15	螺钉 4	4	M5×25		M6×30		M8×35	
			6	—					

（续）

凹模周界		L	125	（140）	100	125	（140）	160
		B	80		100			
凸模长度			42	48	42	48		56
配用模架闭合高度 H		最小	110	120	110	120		140
		最大	130	150	130	150		170
孔距尺寸		S	101	116	76	101	116	136
		S_1	65	70	40	65	70	70
		S_2	56		76			
		S_3	28		40			

零件名称		数量	规格					
1	垫板	1	125×80×4	（140）×80×6	100×100×4	125×100×6	（140）×100×6	160×100×6
2	固定板	1	125×80×14	（140）×80×16	100×100×14	125×100×16	（140）×100×16	160×100×18
3	卸料板	1	125×80×12	（140）×80×14	100×100×12	125×100×14	（140）×100×14	160×100×16
4	导料板	2	145×b×6	160×b×6	140×b×6	165×b×6	180×b×6	200×b×6
5	凹模	1	125×80×14	（140）×80×16	100×100×14	125×100×16	（140）×100×16	160×100×18
6	承料板	1	80×20×2		100×40×2			
7	螺钉 1	2	M5×8		M6×10			
		4	—					
8	圆柱销 1	2	8×35	8×40	8×35	8×40		8×45
9	螺钉 2	4	M8×35	M8×40	M8×35	M8×40		—
		6	—					M8×45
10	卸料螺钉	4	8×35	8×42	8×35	8×42		—
		6	—					8×48
11	弹簧	4 6	设计选用，亦可以用橡皮、聚氨酯、碟形弹簧					
12	螺钉 3	4	M8×20					
13	圆柱销 2	4	6×20					
14	圆柱销 3	2	8×35	8×40	8×35	8×40		8×45
15	螺钉 4	4	M8×35	M8×40	M8×35	M8×40		—
		6	—					M8×45

（续）

凹模周界			L	200	125	(140)	160	200	250
			B	100	125				
凸模长度				56	48	56			58
配用模架闭合高度 H			最小	140	120	140			160
			最大	170	150	170			200
孔距尺寸			S	176	95	110	130	170	220
			S_1	100	55	60	70	100	130
			S_2	76	95				
			S_3	40	55				
零件名称	序号	名称	数量	规格					
	1	垫板	1	200×100×6	125×125×6	(140)×125×6	160×125×6	200×125×6	250×125×8
	2	固定板		200×100×18	125×125×16	(140)×125×18	160×125×18	200×125×18	250×125×20
	3	卸料板		200×100×16	125×125×14	(140)×125×16	160×125×16	200×125×16	250×125×18
	4	导料板	2	240×b×6	165×b×6	180×b×6	200×b×6	240×b×6	290×b×6
	5	凹模	1	200×100×18	125×125×16	(140)×125×18	160×125×18	200×125×18	250×125×20
	6	承料板		100×40×2	125×40×2				
	7	螺钉 1	2	M6×10					
			4	—					
	8	圆柱销 1	2	8×45	10×40	10×45			10×55
	9	螺钉 2	4	—	M10×40	M10×45		—	
			6	M8×45	—			M10×45	M10×55
	10	卸料螺钉	4	—	10×42	10×48		—	
			6	8×48	—			10×48	10×50
	11	弹簧	4	设计选用，亦可以用橡皮、聚氨酯、碟形弹簧					
			6						
	12	螺钉 3	4	M8×20	M10×20				
	13	圆柱销 2		6×20	8×20				
	14	圆柱销 3	2	8×45	10×40	10×45			10×50
	15	螺钉 4	4	—	M10×40	M10×45		—	
			6	M8×45	—			M10×45	M10×55

（续）

凹模周界		*L*	（140）	160	200	（250）	160	200
		B	（140）				160	
凸模长度			56				58	
配用模架闭合高度 *H*		最小	140		160			
		最大	170		200			
孔距尺寸		*S*	110	130	170	220	124	164
		S_1	60	70	90	130	60	90
		S_2	110				124	
		S_3	60				60	
零件名称		数量	规格					
1	垫板		（140）×（140）×6	160×（140）×6	200×（140）×8	250×（140）×8	160×160×8	200×160×8
2	固定板	1	（140）×（140）×18	160×（140）×18	200×（140）×20	250×（140）×20	160×160×20	200×160×20
3	卸料板		（140）×（140）×16	160×（140）×16	200×（140）×18	250×（140）×18	160×160×18	200×160×18
4	导料板	2	200×*b*×8	220×*b*×8	280×*b*×8	310×*b*×8	220×*b*×8	260×*b*×8
5	凹模	1	（140）×（140）×18	160×（140）×18	200×（140）×20	250×（140）×20	160×160×20	200×160×20
6	承料板		140×60×3				160×60×3	
7	螺钉 1	2	—					
		4	M6×12					
8	圆柱销 1	2	10×45				12×50	
9	螺钉 2	4	M10×45		—		M12×50	
		6	—		M10×45		—	
10	卸料螺钉	4	10×48		—		—	
		6	—		10×48		12×50	
11	弹簧	4	设计选用，亦可以用橡皮，聚氨酯、碟形弹簧					
		6						
12	螺钉 3	4	M10×20				M12×20	
13	圆柱销 2	4	8×20				10×20	
14	圆柱销 3	2	10×45				12×50	
15	螺钉 4	4	M10×45		—		M12×55	
		6	—		M10×45		—	

（续）

项目				1	2	3	4	5	6
凹模周界			L	250	（280）	200	（250）	（280）	315
			B	160		200			
凸模长度				65				70	
配用模架闭合高度 H			最小	170				190	
			最大	210				230	
孔距尺寸			S	214	244	164	214	244	279
			S_1	130	150	90	130	150	175
			S_2	124		164			
			S_3	60		90			
零件名称	**序号**	**名称**	**数量**	**规格**					
零件名称	1	垫板	1	250×160×8	（280）×160×8	200×200×8	250×200×8	（280）×200×10	315×200×10
	2	固定板	1	250×160×22	（280）×160×22	200×200×22	250×200×22	（280）×200×25	315×200×25
	3	卸料板	1	250×160×20	（280）×160×20	200×200×20	250×200×20	（280）×200×22	315×200×22
	4	导料板	2	310×b×8	340×b×8	260×b×8	310×b×8	340×b×8	375×b×8
	5	凹模	1	250×160×22	（280）×160×22	200×200×22	250×200×22	（280）×200×25	315×200×25
	6	承料板	1	160×60×3		200×60×3			
	7	螺钉 1	2	—					
			4	M6×12					
	8	圆柱销 1	2	12×60					
	9	螺钉 2	4	—					
			6	M12×55				M12×60	
	10	卸料螺钉	4	—					
			6	12×55				12×60	
	11	弹簧	4 6	设计选用，亦可以用橡皮、聚氨酯、碟形弹簧					
	12	螺钉 3	4	M12×25					
	13	圆柱销 2	4	10×25					
	14	圆柱销 3	2	12×60					
	15	螺钉 4	4	—					
			6	M12×60				M12×65	

（续）

项目						
凹模周界			L	250	（280）	315
凹模周界			B	250		
凸模长度				70		78
配用模架闭合高度 H			最小	190		215
配用模架闭合高度 H			最大	230		250
孔距尺寸			S	214	244	279
孔距尺寸			S_1	130	150	175
孔距尺寸			S_2	214		
孔距尺寸			S_3	130		
零件名称	1	垫板	数量 1	规格 250×250×10	（280）×250×10	315×250×10
零件名称	2	固定板	1	250×250×25	（280）×250×25	315×250×28
零件名称	3	卸料板	1	250×250×22	（280）×250×22	315×250×25
零件名称	4	导料板	2	310×b×10	340×b×10	375×b×10
零件名称	5	凹模	1	250×250×25	（280）×250×25	315×250×28
零件名称	6	承料板	1	250×60×4		
零件名称	7	螺钉 1	2	—		
零件名称	7	螺钉 1	4	M6×12		
零件名称	8	圆柱销 1	2	12×60	12×70	
零件名称	9	螺钉 2	4	—		
零件名称	9	螺钉 2	6	M12×60	M12×65	
零件名称	10	卸料螺钉	4	—		
零件名称	10	卸料螺钉	6	12×60	12×65	
零件名称	11	弹簧	4 6	设计选用，亦可以用橡皮，聚氨酯、碟形弹簧		
零件名称	12	螺钉 3	4	M12×25		
零件名称	13	圆柱销 2	4	10×30		
零件名称	14	圆柱销 3	2	12×60	12×70	
零件名称	15	螺钉 4	4	—		
零件名称	15	螺钉 4	6	M12×65	M12×70	

注：1. b 值设计时选定，导料板厚度仅供参考。

2. 括号内的尺寸尽可能不采用。

3. 技术条件按 JB/T 8069—1995 之规定。

4. 标记内容包括凹模周界尺寸 L 和 B（单位：mm）、模具闭合高度（单位：mm）和本标准的代号。

12.7　复合模矩形厚凹模典型组合标准

JB/T 8067.1—1995 标准规定了《冷冲模复合模典型组合　矩形厚凹模典型组合》的结构参数，包括凹模周界尺寸系列、模具闭合高度、凸模长度以及相应板件的板面尺寸，同时还规定了该典型组合的标记方法，如表 12-7 所示。

表 12-7　复合模矩形厚凹模典型组合的结构参数　　（单位：mm）

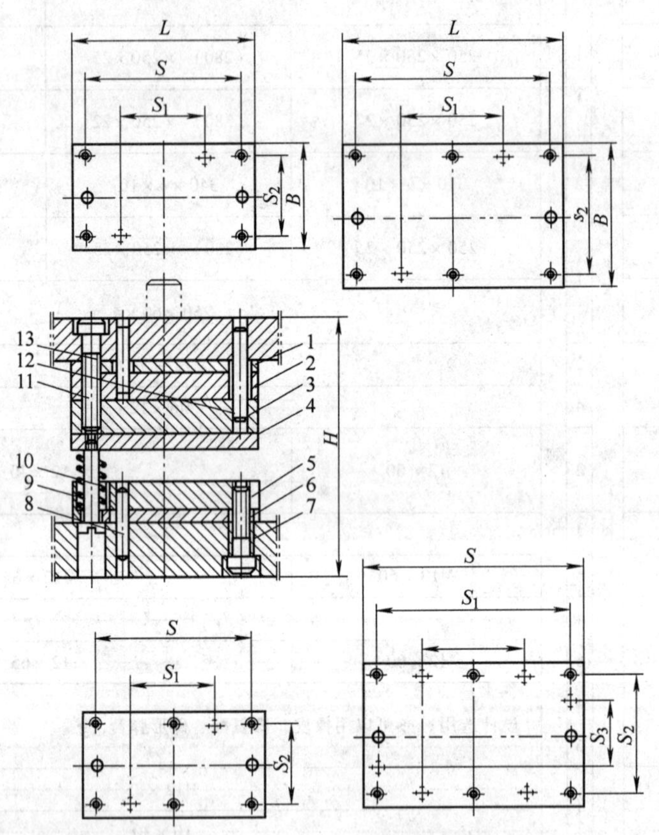

1、6—垫板　2、5—固定板　3—凹模　4—卸料板　7、11—螺钉
8、12、13—圆柱销　9—卸料螺钉　10—弹簧

标记示例：凹模周界　$L=125\text{mm}$，$B=100\text{mm}$、配用模架闭合高度 H 为 160 ~ 190mm 的矩形厚凹模典型组合：典型组合 125×100×160 ~ 190 JB/T 8067.1—1995

（续）

项目							
凹模周界	L	63		80	100	80	100
	B	50	63			80	
凸凹模长度		34		42			
配用模架闭合高度 H	最小	120		140			
	最大	140		165			
孔距尺寸	S	47		62	82	56	76
	S_1	23		36	50	28	40
	S_2	34	47	45		56	
	S_3	14	23	21		28	

零件名称		数量	规格					
1	垫板 1	1	63×50×4	63×63×4	80×63×4	100×63×4	80×80×4	100×80×4
2	固定板 1	1	63×50×10	63×63×10	80×63×12	100×63×12	80×80×12	100×80×12
3	凹模	1	63×50×20	63×63×20	80×63×22	100×63×22	80×80×22	100×80×22
4	卸料板	1	63×50×8	63×63×8	80×63×10	100×63×10	80×80×10	100×80×10
5	固定板 2	1	63×50×12	63×63×12	80×63×14	100×63×14	80×80×14	100×80×14
6	垫板 2	1	63×50×4	63×63×4	80×63×4	100×63×4	80×80×4	100×80×4
7	螺钉 1	4	M5×35		M6×45		M8×45	
		6	—					
8	圆柱销 1	2	5×35		6×45		8×45	
9	卸料螺钉	4	5×32		6×38		8×38	
		6	—					
10	弹簧	4	设计选用，亦可以用橡胶，聚氨酯、碟形弹簧					
		6						
11	螺钉 2	4	M5×45		M6×55		M8×55	
		6	—					
12	圆柱销 2	2	5×45		6×50		8×50	
13	圆柱销 3	2	5×35		6×40		8×40	

（续）

凹模周界		L	125	（140）	100	125	（140）	160
		B	80		100			
凸凹模长度			42	46	44	46		54
配用模架闭合高度 H		最小	140	160	140	160		190
		最大	165	190	165	190		225
孔距尺寸		S	101	116	76	101	116	6
		S_1	65	70	40	65	70	70
		S_2	56		76			
		S_3	28		40			
零件名称		数量	规格					
1	垫板 1	1	125×80×4	（140）×80×6	100×100×4	125×100×6	（140）×100×6	160×100×6
2	固定板 1		125×80×12	（140）×80×14	100×100×12	125×100×14	（140）×100×14	160×100×16
3	凹模		125×80×22	（140）×80×25	100×100×22	125×100×25	（140）×100×25	160×100×28
4	卸料板		125×80×10	（140）×80×12	100×100×10	125×100×12	（140）×100×12	160×100×14
5	固定板 2		125×80×14	（140）×80×16	100×100×14	125×100×16	（140）×100×16	160×100×18
6	垫板 2		125×80×4	（140）×80×6	100×100×4	125×100×6	（140）×100×6	160×100×6
7	螺钉 1	4	M8×45	M8×55	M8×45	M8×55		—
		6	—					M8×60
8	圆柱销 1	2	8×45	8×55	8×45	8×55		8×60
9	卸料螺钉	4	8×38	8×42	8×40	8×42		—
		6	—					8×48
10	弹簧	4	设计选用，亦可以用橡胶、聚氨酯、碟形弹簧					
		6						
11	螺钉 2	4	M8×55	M8×60	M8×55	M8×65		—
		6	—					M8×75
12	圆柱销 2	2	8×55	8×70	8×55	8×70		
13	圆柱销 3	2	8×30	8×40	8×30	8×40		8×45

（续）

项目								
凹模周界	L		200	125	（140）	160	200	250
	B		100	125				
凸凹模长度			54	46	56			60
配用模架闭合高度 H	最小		190	160	190			210
	最大		225	190	225			255
孔距尺寸	S		176	95	110	130	170	220
	S_1		100	55	60	70	100	130
	S_2		76	95				
	S_3		40	55				
零件名称		数量	规格					
1	垫板 1	1	200×100×8	125×125×6	（140）×125×6	160×125×6	200×125×6	250×125×8
2	固定板 1		200×100×16	125×125×14	（140）×125×16	160×125×16	200×125×16	250×125×18
3	凹模		200×100×28	125×125×25	（140）×125×28	160×125×28	200×125×28	250×125×32
4	卸料板		200×100×14	125×125×12	（140）×125×14	160×125×14	200×125×14	250×125×16
5	固定板 2		200×100×18	125×125×16	（140）×125×18	160×125×18	200×125×18	250×125×20
6	垫板 2		200×100×6	125×125×6	（140）×125×6	160×125×6	200×125×6	250×125×8
7	螺钉 1	4	—	M10×55	M10×60		—	
		6	M8×60	—	—		M10×60	M10×70
8	圆柱销 1	2	8×60	10×55	10×60			10×70
9	卸料螺钉	4	—	10×42	10×50		—	
		6	8×48	—			10×50	10×55
10	弹簧	4 6	设计选用，亦可以用橡胶、聚氨酯、碟形弹簧					
11	螺钉 2	4	—	M10×65	M10×75		—	
		6	M8×75	—			M10×75	M10×90
12	圆柱销 2	2	8×70	10×70	10×80			10×90
13	圆柱销 3		8×45	10×40	10×45			10×60

（续）

凹模周界	*L*			（140）	160	200	250	160	200
	B			（140）				160	
凸凹模长度				54		56			
配用模架闭合高度 *H*	最小			190		210			
	最大			225		255			
孔距尺寸	*S*			110	130	170	220	124	164
	S_1			60	70	90	130	60	90
	S_2			110				124	
	S_3			60				60	
零件名称	1	垫板 1	数量 1	规格（140）×（140）×6	160×（140）×6	200×（140）×8	250×（140）×8	160×160×8	200×160×8
	2	固定板 1	1	（140）×（140）×16	160×（140）×16	200×（140）×18	250×（140）×18	160×160×18	200×160×18
	3	凹模	1	（140）×（140）×28	160×（140）×28	200×（140）×32	250×（140）×32	160×160×32	200×160×32
	4	卸料板	1	（140）×（140）×14	160×（140）×14	200×（140）×16	250×（140）×16	160×160×16	200×160×16
	5	固定板 2	1	（140）×（140）×18	160×（140）×18	200×（140）×20	250×（140）×20	160×160×20	200×160×20
	6	垫板 2	1	（140）×（140）×6	160×（140）×6	200×（140）×8	250×（140）×8	160×160×8	200×160×8
	7	螺钉 1	4	M10×60		—		M12×70	
			6	—		M10×60		—	
	8	圆柱销 1	2	10×60		10×70		12×70	
	9	卸料螺钉	4	10×48		—		12×50	
			6	—		10×50		—	
	10	弹簧	4	设计选用，亦可以用橡胶、聚氨酯、碟形弹簧					
			6						
	11	螺钉 2	4	M10×75		—		M12×85	
			6	—		M10×85		—	
	12	圆柱销 2	2	10×80		10×90		12×90	
	13	圆柱销 3	2	10×45		10×60		12×60	

（续）

凹模周界	L		250	（280）	200	250	（280）	315
	B		160		200			
凸凹模长度			63				68	
配用模架闭合高度 H	最小		220				240	
	最大		265				285	
孔距尺寸	S		214	244	164	214	244	279
	S_1		130	150	90	130	150	175
	S_2		124		164			
	S_3		60		90			
零件名称		数量	规格					
1	垫板 1	1	250×160×8	（280）×160×8	200×200×8	250×200×8	（280）×200×10	315×200×10
2	固定板 1	1	250×160×20	（280）×160×20	200×200×20	250×200×20	（280）×200×22	315×200×22
3	凹模	1	250×160×35	（280）×160×35	200×200×35	250×200×35	（280）×200×40	315×200×40
4	卸料板	1	250×160×18	（280）×160×18	200×200×18	250×200×18	（280）×200×20	315×200×20
5	固定板 2	1	250×160×22	（280）×160×22	200×200×22	250×200×22	（280）×200×25	315×200×25
6	垫板 2	1	250×160×8	（280）×160×8	200×200×8	250×200×8	（280）×200×10	315×200×10
7	螺钉 1	4	—					
		6	M12×75				M12×85	
8	圆柱销 1	2	12×70				12×80	
9	卸料螺钉	4	—					
		6	12×55				12×60	
10	弹簧	4	设计选用，亦可以用橡胶、聚氨酯、碟形弹簧					
		6						
11	螺钉 2	4	—					
		6	M12×95				M12×100	
12	圆柱销 2	2	12×90				12×100	
13	圆柱销 3	2	12×60				12×70	

（续）

凹模周界		L	250	（280）	315
		B	250		
凸凹模长度			72		75
配用模架闭合高度 H		最小	240		275
		最大	285		320
孔距尺寸		S	214	244	279
		S_1	130	150	175
		S_2	214		
		S_3	130		

零件名称		数量	规格		
1	垫板 1	1	250×250×10	（280）×250×10	315×250×10
2	固定板 1	1	250×250×22	（280）×250×22	315×250×25
3	凹模	1	250×250×40	（280）×250×40	315×250×45
4	卸料板	1	250×250×20	（280）×250×20	315×250×22
5	固定板 2	1	250×250×25	（280）×250×25	315×250×28
6	垫板 2	1	250×250×10	（280）×250×10	315×250×10
7	螺钉 1	4	—		
		6	M12×85		M12×90
8	圆柱销 1	2	12×80		12×90
9	卸料螺钉	4	—		
		6	12×65		
10	弹簧	4	设计选用，亦可以用橡胶、聚氨酯、碟形弹簧		
		6			
11	螺钉 2	4	—		
		6	M12×100		M12×110
12	圆柱销 2	2	12×100		
13	圆柱销 3	2	12×70		

注：1. 括号内的尺寸尽可能不采用。

2. 技术条件按 JB/T 8069—1995 之规定。

3. 标记内容包括凹模周界尺寸 L 和 B（单位：mm）、模具闭合高度（单位：mm）和本标准的代号。

12.8 复合模矩形薄凹模典型组合标准

JB/T 8067.2—1995 标准规定了《冷冲模复合模典型组合　矩形薄凹模典型组合》的结构参数，包括凹模周界尺寸系列、模具闭合高度、凸模长度以及相应板件的板面尺寸，同时还规定了该典型组合的标记方法，如表 12-8 所示。

表 12-8　复合模矩形薄凹模典型组合的结构参数　　（单位：mm）

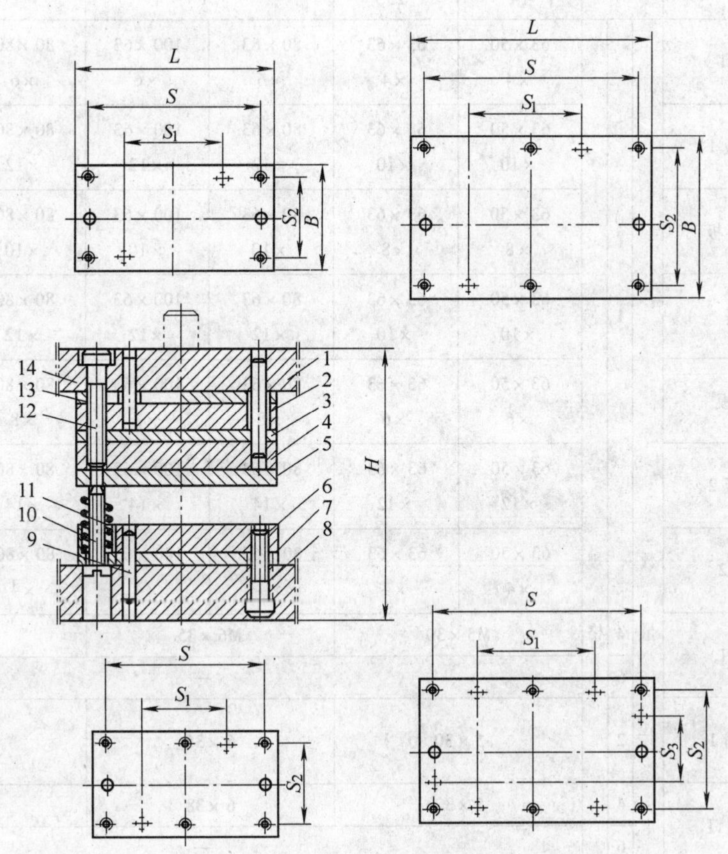

1、7—垫板　2—固定板　3—空心垫板　4—凹模　5—卸料板　6—固定板

8、12—螺钉　9、13、14—圆柱销　10—卸料螺钉　11—弹簧

标记示例：凹模周界　$L=125$mm，$B=100$mm，配用模架闭合高度 H 为 140～170mm 的矩形薄凹模典型组合：典型组合　125×100×140～170 JB/T 8067.2—1995

（续）

项目									
凹模周界				*L*	63		80	100	80	100
				B	50	63			80	
凸凹模长度					32			40		
配用模架闭合高度 *H*				最小	110			130		
				最大	125			150		
孔距尺寸				S	47		62	82	56	76
				S_1	23		36	50	28	40
				S_2	34	47	45		56	
				S_3	14	23	21		28	
零件名称	1	垫板 1	数量 1	规格	63×50×4	63×63×4	80×63×6	100×63×6	80×80×6	100×80×6
	2	固定板 1	1		63×50×10	63×63×10	80×63×12	100×63×12	80×80×12	100×80×12
	3	空心垫板	1		63×50×8	63×63×8	80×63×10	100×63×10	80×80×10	100×80×10
	4	凹模	1		63×50×10	63×63×10	80×63×12	100×63×12	80×80×12	100×80×12
	5	卸料板	1		63×50×6	63×63×6	80×63×8	100×63×8	80×80×8	100×80×8
	6	固定板 2	1		63×50×12	63×63×12	80×63×14	100×63×14	80×80×14	100×80×14
	7	垫板 2	1		63×50×4	63×63×4	80×63×4	100×63×4	80×80×4	100×80×4
	8	螺钉 1	4		M5×30		M6×35		M8×35	
			6		—					
	9	圆柱销 1	2		5×30		6×35		8×35	
	10	卸料螺钉	4		5×32		6×38		8×38	
			6		—					
	11	弹簧	4		设计选用，亦可以用橡皮、聚氨酯、碟形弹簧					
			6							
	12	螺钉 2	4		M5×40		M6×50		M8×50	
			6		—					
	13	圆柱销 2	2		5×40		6×45		8×45	
	14	圆柱销 3	2		5×30		6×35		8×35	

（续）

凹模周界		L	125	（140）	100	125	（140）	160
		B	80		100			
凸凹模长度			40	44	40	44		52
配用模架闭合高度 H		最小	130	140	130	140		160
		最大	150	165	150	165		190
孔距尺寸		S	101	116	70	101	116	136
		S_1	65	70	40	65	70	70
		S_2	56		76			
		S_3	28		40			
零件名称		数量	规格					
1	垫板 1	1	125×80×4	（140）×80×6	100×100×4	125×100×6	（140）×100×6	160×100×6
2	固定板 1		125×80×12	（140）×80×14	100×100×12	125×100×14	（140）×100×14	160×100×16
3	空心垫板		125×80×10	（140）×80×12	100×100×10	125×100×12	（140）×100×12	160×100×14
4	凹模		125×80×12	（140）×80×14	100×100×12	125×100×14	（140）×100×14	160×100×16
5	卸料板		125×80×8	（140）×80×10	100×100×8	125×100×10	（140）×100×10	160×100×12
6	固定板 2		125×80×14	（140）×80×16	100×100×14	125×100×16	（140）×100×16	160×100×18
7	垫板 2		125×80×4	（140）×80×6	100×100×4	125×100×6	（140）×100×6	160×100×6
8	螺钉 1	4	M8×35	M8×45	M8×35	M8×45		—
		6	—					M8×50
9	圆柱销 1	2	8×35	8×45	8×35	8×45		8×50
10	卸料螺钉	4	8×38	8×42	8×38	8×42		—
		6	—					8×48
11	弹簧	4	设计选用，亦可以用橡胶、聚氨酯、碟形弹簧					
		6						
12	螺钉 2	4	M8×50	M8×65	M8×50	M8×65		—
		6	—					M8×70
13	圆柱销 2	2	8×50	8×60	8×50	8×60		8×70
14	圆柱销 3		8×25	8×35	8×25	8×35		8×40

（续）

项目									
凹模周界		L		200	125	（140）	160	200	250
		B		100			125		
凸凹模长度				52	44		52		58
配用模架闭合高度 H		最小		160	140		160		180
		最大		190	165		190		220
孔距尺寸		S		176	95	110	130	170	220
		S_1		100	55	60	70	100	130
		S_2		76			95		
		S_3		40			55		
零件名称	1	垫板 1	数量	规格 200×100×6	125×125×6	（140）×125×6	160×125×6	200×125×6	250×125×8
	2	固定板 1		200×100×16	125×125×14	（140）×125×16	160×125×16	200×125×16	250×125×18
	3	空心垫板		200×100×14	125×125×12	（140）×125×14	160×125×14	200×125×14	250×125×16
	4	凹模	1	200×100×16	125×125×14	（140）×125×14	160×125×14	200×125×14	250×125×16
	5	卸料板		200×100×12	125×125×10	（140）×125×12	160×125×12	200×125×12	250×125×14
	6	固定板 2		200×100×18	125×125×16	（140）×125×18	160×125×18	200×125×18	250×125×20
	7	垫板 2		200×100×6	125×125×6	（140）×125×6	160×125×6	200×125×6	250×125×8
	8	螺钉 1	4	—	M10×45	M10×50		—	
			6	M8×50		—		M10×50	M10×60
	9	圆柱销 1	2	8×50	10×45		10×50		10×60
	10	卸料螺钉	4	—	10×42	10×48		—	
			6	8×48		—		10×48	10×55
	11	弹簧	4	设计选用，亦可以用橡胶、聚氨酯、碟形弹簧					
			6						
	12	螺钉 2	4	—	M10×65	M10×75		—	
			6	M8×70		—		M10×70	M10×80
	13	圆柱销 2	2	8×70	10×60		10×70		10×90
	14	圆柱销 3		8×40	10×35		10×40		10×55

（续）

项目							
凹模周界	L	（140）	160	200	250	160	200
	B	（140）				160	
凸凹模长度		52	58				
配用模架闭合高度 H	最小	160		180			
	最大	190		220			
孔距尺寸	S	110	130	170	220	124	164
	S_1	60	70	90	130	60	90
	S_2	110				124	
	S_3	60				60	
零件名称	数量	规格					
1 垫板 1	1	（140）×（140）×6	160×（140）×6	200×（140）×8	250×（140）×8	160×160×8	200×160×8
2 固定板 1		（140）×（140）×16	160×（140）×16	200×（140）×18	250×（140）×18	160×160×18	200×160×18
3 空心垫板		（140）×（140）×14	160×（140）×14	200×（140）×16	250×（140）×16	160×160×16	200×160×16
4 凹模		（140）×（140）×14	160×（140）×14	200×（140）×16	250×（140）×16	160×160×16	200×160×16
5 卸料板		（140）×（140）×12	160×（140）×12	200×（140）×14	250×（140）×14	160×160×14	200×160×14
6 固定板 2		（140）×（140）×18	160×（140）×18	200×（140）×20	250×（140）×20	160×160×20	200×160×20
7 垫板 2		（140）×（140）×6	160×（140）×6	200×（140）×8	250×（140）×8	160×160×8	200×160×8
8 螺钉 1	4	M10×50		—		M12×60	
	6	—		M10×60		—	
9 圆柱销 1	2	10×50		10×60		12×60	
10 卸料螺钉	4	10×48		—		12×55	
	6	—		10×55		—	
11 弹簧	4 6	设计选用，亦可以用橡胶、聚氨酯、碟形弹簧					
12 螺钉 2	4	M10×70		—		M12×80	
	6	—		M10×80		—	
13 圆柱销 2	2	10×70		10×80		12×80	
14 圆柱销 3		10×40		10×50		12×50	

（续）

凹模周界	L	250	（280）	200	250	（280）	315
凹模周界	B	160		200			
凸凹模长度		61				66	
配用模架闭合高度 H	最小	200				220	
	最大	240				260	
孔距尺寸	S	214	244	164	214	244	279
	S_1	130	150	90	130	150	175
	S_2	124		164			
	S_3	60		90			
零件名称	数量	规格					
1 垫板 1	1	250×160×8	（280）×160×8	200×200×8	250×200×8	（280）×200×10	315×200×10
2 固定板 1	1	250×160×20	（280）×160×20	200×200×20	250×200×20	（280）×200×22	315×200×22
3 空心垫板	1	250×160×18	（280）×160×18	200×200×18	250×200×18	（280）×200×20	315×200×20
4 凹模	1	250×160×18	（280）×160×18	200×200×18	250×200×18	（280）×200×20	315×200×20
5 卸料板	1	250×160×16	（280）×100×16	200×200×16	250×200×16	（280）×200×18	315×200×18
6 固定板 2	1	250×160×22	（280）×100×22	200×200×22	250×200×22	（280）×200×25	315×200×25
7 垫板 2	1	250×160×8	（280）×160×8	200×200×8	250×200×8	（280）×200×10	315×200×10
8 螺钉 1	4	—					
	6	M12×65				M12×75	
9 圆柱销 1	2	12×70					
10 卸料螺钉	4	—					
	6	12×55				12×60	
11 弹簧	4	设计选用，亦可以用橡胶、聚氨酯、碟形弹簧					
	6						
12 螺钉 2	4	—					
	6	M12×90				M12×95	
13 圆柱销 2	2	12×90				12×100	
14 圆柱销 3	2	12×60				12×70	

（续）

凹模周界		L		250	（280）	315
		B		250		
凸凹模长度				66		72
配用模架闭合高度 H		最小		220		245
		最大		260		280
孔距尺寸		S		214	244	279
		S_1		130	150	175
		S_2		214		
		S_3		130		
零件名称	序号	名称	数量	规格		
	1	垫板1	1	250×250×10	（280）×250×10	315×250×10
	2	固定板1	1	250×250×22	（280）×250×22	315×250×25
	3	空心垫板	1	250×250×20	（280）×250×20	315×250×22
	4	凹模	1	250×250×20	（280）×250×20	315×250×20
	5	卸料板	1	250×250×18	（280）×250×18	315×250×20
	6	固定板2	1	250×250×25	（280）×250×25	315×250×28
	7	垫板2	1	250×250×10	（280）×250×10	315×250×10
	8	螺钉1	4	—		
			6	M12×75		
	9	圆柱销1	2	12×80		12×90
	10	卸料螺钉	4	—		
			6	12×60		12×65
	11	弹簧	4	设计选用，亦可以用橡胶、聚氨酯、碟形弹簧		
			6			
	12	螺钉2	4	—		
			6	M12×95		
	13	圆柱销2	2	12×90		
	14	圆柱销3	2	12×80		

注：1. 括号内的尺寸尽可能不采用。

2. 技术条件按 JB/T 8069—1995 之规定。

3. 标记内容包括凹模周界尺寸 L 和 B（单位：mm）、模具闭合高度（单位：mm）和本标准的代号。

12.9　复合模圆形厚凹模典型组合标准

JB/T 8067.3—1995 标准规定了《冷冲模复合模典型组合　圆形厚凹模典型组合》的结构参数，包括凹模周界尺寸系列、模具闭合高度、凸模长度以及相应板件的板面尺寸，同时还规定了该典型组合的标记方法，如表 12-9 所示。

表 12-9　复合模圆形厚凹模典型组合的结构参数　　（单位：mm）

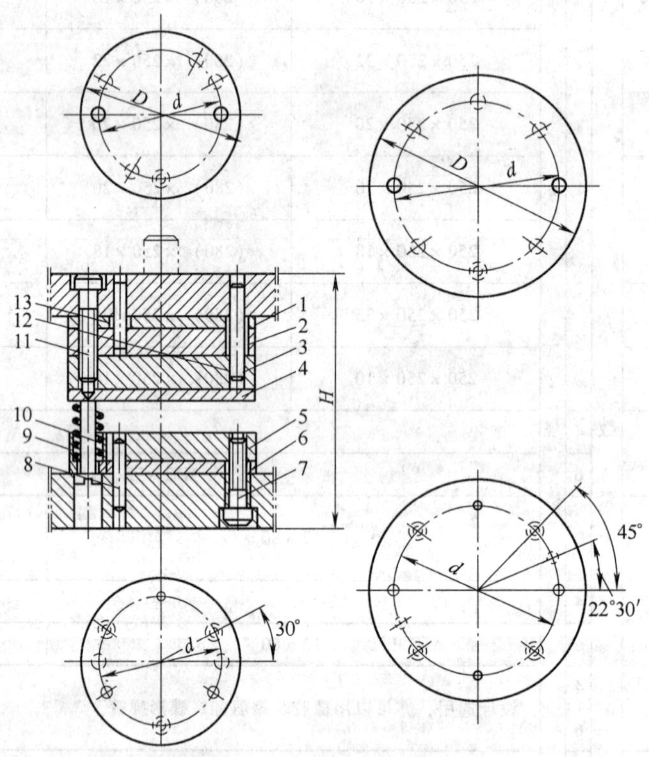

1、6—垫板　2、5—固定板　3—凹模　4—卸料板　7、11—螺钉
8、12、13—圆柱销　9—卸料螺钉　10—弹簧

标记示例：凹模周界　D = 125mm，配用模架闭合高度 H 为 160 ~ 190 mm 的圆形厚凹模典型组合：典型组合 125 × 160 ~ 190 JB/T 8067.3—1995

（续）

凹模周界			D	63	80	100	125	(140)	160	200	250	(280)	315
凸凹模长度				34	42		46	54	56	62	68	70	
配用模架闭合高度 H			最小	120	140		160	190	210	220	240	275	
			最大	140	165		190	225	255	265	285	320	
孔距尺寸			d	47	56	76	95	110	124	164	214	241	279
零件名称	1	垫板 1	数量 1 规格	63×4	80×4	100×4	125×6	(140)×6	160×8	200×8	250×10	(280)×10	315×10
	2	固定板 1	1	63×10	80×12	100×12	125×14	(140)×16	160×18	200×20	250×22	(280)×25	315×25
	3	凹模	1	63×20	80×22	100×22	125×25	(140)×28	160×32	200×35	250×40	(280)×45	315×45
	4	卸料板	1	63×8	80×10	100×10	125×12	(140)×14	160×16	200×18	250×20	(280)×22	315×22
	5	固定板 2	1	63×12	80×14	100×14	125×16	(140)×18	160×20	200×22	250×22	(280)×28	315×28
	6	垫板 2	1	63×4	80×4	100×4	125×6	(140)×6	160×8	200×8	250×10	(280)×10	315×10
	7	螺钉 1	3	M5×35	M8×40		M10×50	M10×55	—				
			4	—					M12×65	M12×70	M12×80	M12×85	
	8	圆柱销 1	2	5×35	8×40		10×50	10×55	12×60	12×70	12×80	12×90	
	9	卸料螺钉	3	5×32	8×38		10×42	10×48	—				
			4	—					12×50	12×55	12×60	12×60	
	10	弹簧	3	设计选用，亦可用橡胶、聚氨酯、碟形弹簧									
			4										
	11	螺钉 2	3	M5×50	M8×55		M10×65	M10×75	—				
			4	—					M12×85	M12×90	M12×100		
	12	圆柱销 2	2	5×40	8×40		10×45	10×50	12×60		12×70		
	13	圆柱销 3	2	5×55	8×60		10×70	10×80	12×90		12×100		

注：1. 括号内的尺寸尽可能不采用。

2. 技术条件按 JB/T 8069—1995 之规定。

3. 标记内容包括凹模周界尺寸 L 和 B（单位：mm）、模具闭合高度（单位：mm）和本标准的代号。

12.10　复合模圆形薄凹模典型组合标准

JB/T 8067.4—1995 标准规定了《冷冲模复合模典型组合 圆形薄凹模典型组合》的结构参数，包括凹模周界尺寸系列、模具闭合高度、凸模长度以及相应板件的板面尺寸，同时还规定了该典型组合的标记方法，如表 12-10 所示。

表 12-10　复合模圆形薄凹模典型组合的结构参数　　（单位：mm）

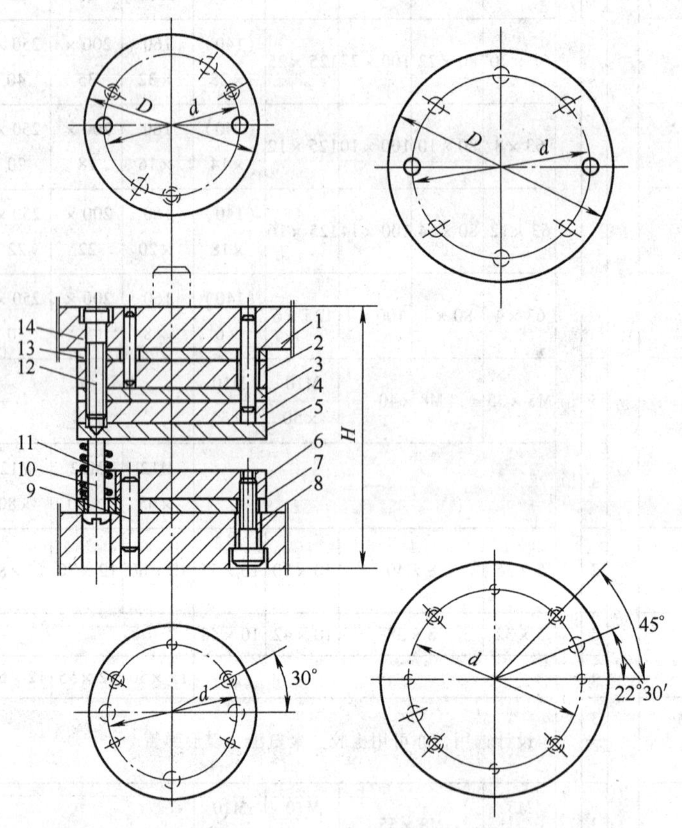

1、7—垫板　2、6—固定板　3—空心垫板　4—凹模　5—卸料板　8、12—螺钉　9、13、14—圆柱销　10—卸料螺钉　11—弹簧

标记示例：凹模周界　$D=125$ mm，配用模架闭合高度 H 为 140 ~ 170 mm 的圆形薄凹模典型组合：典型组合 125 × 140 ~ 170 JB/T 8067.4—1995

（续）

				凹模周界 D	63	80	100	125	(140)	160	200	250	(280)	315
				凸凹模长度	32	40		44	52	54	61	66	68	
配用模架闭合高度 H				最小	110	130		140	160	180	200	220	245	
				最大	125	150		170	190	220	240	260	280	
				孔距尺寸 d	47	56	76	95	110	124	164	214	244	279
零件名称	1	垫板 1	1	规格	63×4	80×4	100×4	125×6	(140)×6	160×8	200×8	250×10	(280)×10	315×10
	2	固定板 1	1		63×10	80×12	100×12	125×14	(140)×16	160×18	200×20	250×22	(280)×25	315×25
	3	空心垫板	1		63×8	80×10	100×10	125×12	(140)×14	160×16	200×18	250×20	(280)×20	315×20
	4	凹模	1		63×10	80×12	100×12	125×14	(140)×14	160×16	200×18	250×20	(280)×22	315×20
	5	卸料板	1		63×6	80×8	100×8	125×10	(140)×12	160×14	200×16	250×18	(280)×20	315×20
	6	固定板 2	1		63×12	80×14	100×14	125×16	(140)×18	160×20	200×22	250×25	(280)×28	315×28
	7	垫板 2	1		63×4	80×4	100×4	125×6	(140)×6	160×8	200×8	250×10	(280)×10	315×10
	8	螺钉 1	3		M5×30	M8×35		M10×45	M10×50	—				
			4		—					M12×60	M12×65	M12×75	M12×80	
	9	圆柱销 1	2		5×30	8×30		10×45	10×50	12×60		12×75	12×80	
	10	卸料螺钉	3		5×32	8×38		10×42	10×48	—				
			4		—					12×50	12×55	12×60		
	11	弹簧	3 4		设计选用，亦可用橡胶、聚氨酯、碟形弹簧									
	12	螺钉 2	3		M5×45	M8×50		M10×60	M10×70	—				
			4		—					M12×80	M12×90	M12×95	M12×100	
	13	圆柱销 2	2		5×30	8×30		10×35	10×40	12×50	12×60			
	14	圆柱销 3	2		5×45	8×50		10×60	10×70	12×80	12×90			

注：1. 括号内的尺寸尽可能不采用。

2. 技术条件按 JB/T 8069—1995 之规定。

3. 标记内容包括凹模周界尺寸 L 和 B（单位：mm）、模具闭合高度（单位：mm）和本标准的代号。

12.11 纵向送料导板模典型组合标准

JB/T 8068.1—1995 标准规定了《冷冲模导板模典型组合　纵向送料典型组合》的结构参数，包括凹模周界尺寸系列、模具闭合高度、凸模长度以及相应板件的板面尺寸，同时还规定了该典型组合的标记方法，如表 12-11 所示。

表 12-11　纵向送料导板模典型组合的结构参数　（单位：mm）

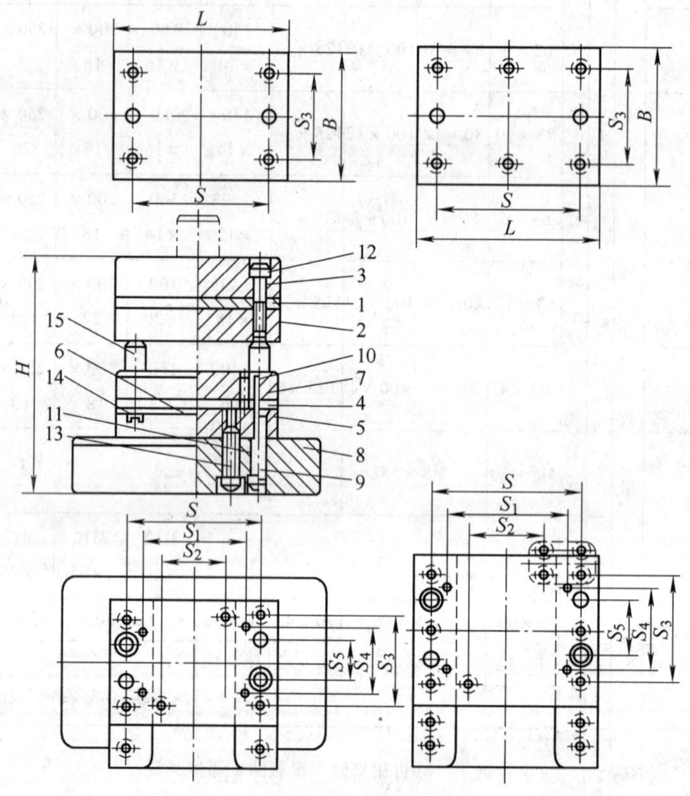

1—垫板　2—固定板　3—上模座　4—导料板　5—凹模
6—承料板　7—导板　8—下模座　9、10—圆柱销
11、12、13、14—螺钉　15—限位柱

标记示例：凹模周界 $D=100$ mm，$B=80$mm、闭合高度 H 为 123 ~ 127 mm 的纵向送料典型组合：典型组合 100 ×80 ×123 ~127 JB/T 8068.1—1995

（续）

凹模周界		*L*	80	100	100	125	（140）	125
		B	63		80			100
凸模长度			50		55		60	
闭合高度 *H*		最小	111		123		132	
		最大	115		127		136	
孔距尺寸		S	60	80	78	101	116	101
		S_1	47	65	60	83	98	83
		S_2	32	50	42	65	80	65
		S_3	45		58			76
		S_4	29		42			58
		S_5	21		26			40
零件名称		数量	规格					
1	垫板	1	80×63×6	100×63×6	100×80×6	125×80×6	（140）×80×6	125×100×6
2	固定板	1	80×63×16	100×63×16	100×80×16	125×80×16	（140）×80×18	125×100×18
3	上模座	1	80×63×18	100×63×18	100×80×20	125×80×20	（140）×80×20	125×100×20
4	导料板	2	83×*b*×8		100×*b*×8			140×*b*×8
5	凹模	1	80×63×$\frac{12}{16}$	100×63×$\frac{12}{16}$	100×80×$\frac{12}{16}$	125×80×$\frac{12}{16}$	（140）×80×$\frac{16}{20}$	125×100×$\frac{16}{20}$
6	承料板	1	80×20×2	100×20×2	100×20×2	125×20×2	（140）×20×2	125×40×2
7	导板	1	80×63×16	100×63×16	100×80×16	125×80×16	（140）×80×18	125×100×18
8	下模座	1	125×80×25	（140）×80×25	（140）×100×30	160×100×30	200×100×30	160×125×30
9	圆柱销1	6	6×30		8×30		8×35	
10	圆柱销2	4	3×12				4×20	
11	螺钉1	4	M6×50		M8×50		M8×60	
		6	—					
12	螺钉2	4	M6×30		M8×30			
		6	—					
13	螺钉3	2	M6×30		M8×30		M8×35	
14	螺钉4	2	M5×8					M6×10
		4	—					
15	限位柱	2	12×15	12×20			16×20	

（续）

凹模周界	L		（140）	160	（140）	160	200	160
	B		100		125			（140）
凸模长度			60	65			70	
闭合高度 H	最小		132	147	149		158	
	最大		136	156	156		164	
孔距尺寸	S		116	134	112	132	170	130
	S_1		98	102	90	106	140	105
	S_2		80	90	70	80	110	80
	S_3		76		97			112
	S_4		58		77			112
	S_5		40		55			66
零件名称		数量	规格					
1	垫板	1	（140）×100×6	160×100×6	（140）×125×6	160×125×6	200×125×6	160×（140）×6
2	固定板	1	（140）×100×18	160×100×18	（140）×125×18	160×125×18	200×125×22	160×（140）×22
3	上模座	1	（140）×100×20	160×100×25	（140）×125×25	160×125×25	200×125×25	160×（140）×25
4	导料板	2	140×b×8		165×b×8			200×b×10
5	凹模	1	（140）×100×$\frac{16}{20}$	160×100×$\frac{16}{25}$	（140）×125×$\frac{18}{25}$	160×125×$\frac{18}{25}$	200×125×$\frac{22}{28}$	160×（140）×$\frac{22}{28}$
6	承料板	1	140×40×3	160×40×3	140×40×3	160×40×3	200×40×3	160×60×3
7	导板	1	（140）×100×18	160×100×18	（140）×125×18	160×125×18	200×125×22	160×（140）×22
8	下模座	1	200×125×30	250×125×35	200×160×35	250×160×35	250×160×35	250×200×35
9	圆柱销 1	6	8×35		10×35		10×45	
10	圆柱销 2	4	4×20				4×25	
11	螺钉 1	4	M8×60		M10×60		—	
		6	—				M10×75	
12	螺钉 2	4	M8×30	M10×35			—	
		6	—				M10×40	
13	螺钉 3	2	M8×35		M10×35		M10×45	
14	螺钉 4	2	M6×10					—
		4	—					M6×10
15	限位柱	2	16×20		20×25		25×20	

（续）

凹模周界		*L*	200	250	200	250	（280）
		B	（140）		160		
凸模长度			70	75			80
闭合高度 *H*		最小	158	170			175
		最大	164	176			181
孔距尺寸		S	170	220	162	220	240
		S_1	140	175	134	175	200
		S_2	110	130	106	140	160
		S_3	112		124		
		S_4	112		100		
		S_5	66		70		
零件名称		数量	规格				
1	垫板	1	200×（140）×6	200×（140）×8	200×160×8	250×160×8	（280）×160×8
2	固定板	1	200×（140）×22	200×（140）×22	200×160×22	250×160×22	（280）×160×22
3	上模座	1	200×（140）×25	200×（140）×25	200×160×25	250×160×25	（280）×160×25
4	导料板	2	200×*b*×10		220×*b*×10		
5	凹模	1	200×（140）×$\begin{matrix}22\\28\end{matrix}$	250×（140）×$\begin{matrix}22\\28\end{matrix}$	200×160×$\begin{matrix}22\\28\end{matrix}$	250×160×$\begin{matrix}22\\28\end{matrix}$	（280）×160×$\begin{matrix}22\\28\end{matrix}$
6	承料板	1	200×60×3	250×60×4	200×60×3	250×60×4	280×60×4
7	导板	1	200×（140）×22	250×（140）×22	200×160×25	250×160×25	（280）×160×25
8	下模座	1	250×200×35	（280）×200×40	（280）×200×40	315×200×40	400×200×40
9	圆柱销 1	6	10×45		12×45		
10	圆柱销 2	4	4×25				
11	螺钉 1	4	—				
		6	M10×75		M12×80		
12	螺钉 2	4	—				
		6	M10×40		M12×35		
13	螺钉 3	2	M10×45		M12×45		
14	螺钉 4	2	—				
		4	M6×10				
15	限位柱	2	25×20	25×25			25×30

注：1. *b* 值设计时选定，导料板厚度仅供参考。

2. 括号内的尺寸尽可能不采用。

3. 技术条件按 JB/T 8069—1995 之规定。

4. 标记内容包括凹模周界尺寸 *L* 和 *B*（单位：mm）、模具闭合高度（单位：mm）和本标准的代号。

12.12　横向送料导板模典型组合标准

JB/T 8068.2—1995 标准规定了《冷冲模导板模典型组合 横向送料典型组合》的结构参数，包括凹模周界尺寸系列、模具闭合高度、凸模长度以及相应板件的板面尺寸，同时还规定了该典型组合的标记方法，如表 12-12 所示。

表 12-12　横向送料导板模典型组合的结构参数　　　　（单位：mm）

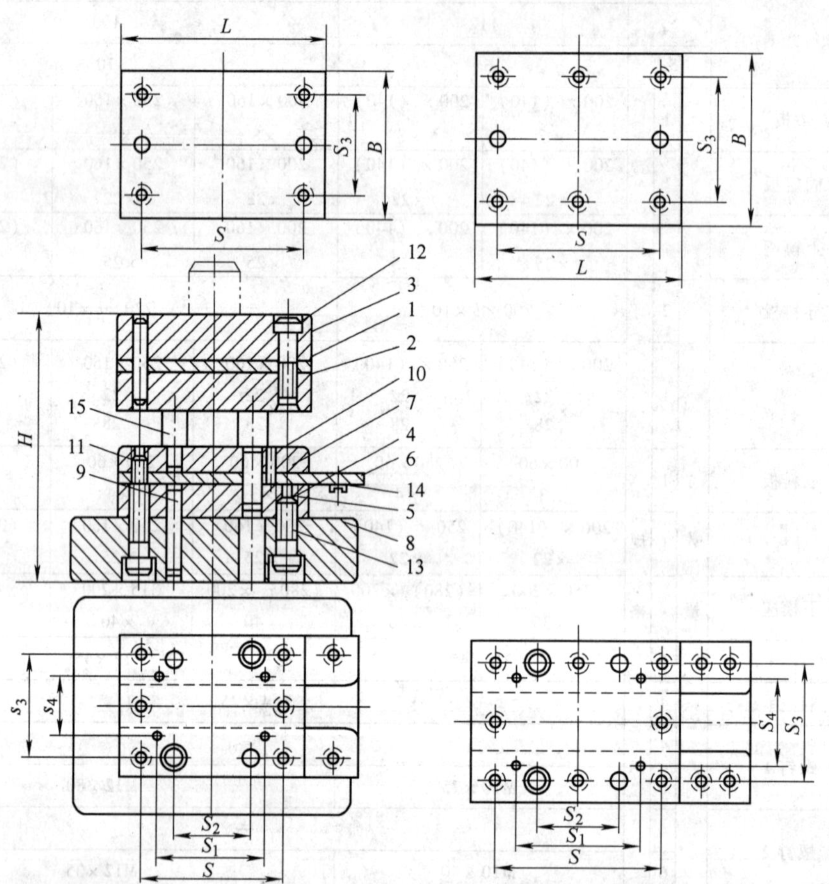

1—垫板　2—固定板　3—上模座　4—导料板　5—凹模

6—承料板　7—导板　8—下模座　9、10—圆柱销

11、12、13、14—螺钉　15—限位柱

标记示例：凹模周界　$L=100$mm、$B=80$mm，配用模架闭合高度 H 为 123 ~ 127mm 的横向送料典型组合：典型组合 100 × 80 × 123 ~ 127 JB/T 8068.2—1995

（续）

凹模周界	L		80	100	100	125	（140）	125
	B		63		80			100
凸模长度			50		55		60	
闭合高度 H	最小		111		123		132	
	最大		115		127		136	
孔距尺寸	S		60	80	78	101	116	101
	S_1		47	65	60	83	98	83
	S_2		32	50	42	65	80	65
	S_3		45		58			76
	S_4		29		42			58
零件名称		数量	规格					
1	垫板	1	80×63×6	100×63×6	100×80×6	125×80×6	（140）×80×6	125×100×6
2	固定板	1	80×63×16	100×63×16	100×80×16	125×80×16	（140）×80×18	125×100×18
3	上模座	1	80×63×18	100×63×18	100×80×20	125×80×20	（140）×80×20	125×100×20
4	导料板	2	100×*b*×8	120×*b*×8	120×*b*×8	145×*b*×8	160×*b*×8	165×*b*×8
5	凹模板	1	80×63×12/16	100×63×12/16	100×80×12/16	125×80×12/16	（140）×80×16/20	125×100×16/20
6	承料板	1	63×20×2		80×20×2			100×40×2
7	导板	1	80×63×16	100×63×16	100×80×16	125×80×16	（140）×80×18	125×100×18
8	下模座	1	125×80×25	（140）×80×25	（140）×100×30	160×100×30	200×100×30	160×125×30
9	圆柱销1	6	6×30		8×30		8×35	
10	圆柱销2	4	3×12				4×20	
11	螺钉1	4	M6×50		M8×50		M8×60	
		6	—					
12	螺钉2	4	M6×30		M8×30			
		6	—					
13	螺钉3	2	M6×30		M8×30		M8×35	
14	螺钉4	2	M5×8					M6×10
		4	—					
15	限位柱	2	12×15	12×20			16×20	

（续）

<table>
<tr><td colspan="3" rowspan="2">凹模周界</td><td>L</td><td>（140）</td><td>160</td><td>（140）</td><td>160</td><td>200</td><td>160</td></tr>
<tr><td>B</td><td colspan="2">100</td><td colspan="3">125</td><td>（140）</td></tr>
<tr><td colspan="4">凸模长度</td><td>60</td><td colspan="3">65</td><td colspan="2">70</td></tr>
<tr><td colspan="3" rowspan="2">闭合高度 H</td><td>最小</td><td>132</td><td>147</td><td colspan="2">149</td><td colspan="2">158</td></tr>
<tr><td>最大</td><td>136</td><td>156</td><td colspan="2">156</td><td colspan="2">164</td></tr>
<tr><td colspan="3" rowspan="5">孔距尺寸</td><td>S</td><td>116</td><td>134</td><td>112</td><td>132</td><td>170</td><td>130</td></tr>
<tr><td>S_1</td><td>98</td><td>102</td><td>90</td><td>106</td><td>140</td><td>105</td></tr>
<tr><td>S_2</td><td>80</td><td>90</td><td>70</td><td>80</td><td>110</td><td>80</td></tr>
<tr><td>S_3</td><td colspan="2">76</td><td colspan="3">97</td><td>112</td></tr>
<tr><td>S_4</td><td colspan="2">58</td><td colspan="3">77</td><td>112</td></tr>
<tr><td>零件名称</td><td></td><td>数量</td><td>规格</td><td colspan="6"></td></tr>
<tr><td>1</td><td>垫板</td><td>1</td><td></td><td>（140）×100×6</td><td>160×100×6</td><td>（140）×125×6</td><td>160×125×6</td><td>200×125×6</td><td>160×（140）×6</td></tr>
<tr><td>2</td><td>固定板</td><td>1</td><td></td><td>（140）×100×18</td><td>160×100×18</td><td>（140）×125×18</td><td>160×125×18</td><td>200×125×22</td><td>160×（140）×22</td></tr>
<tr><td>3</td><td>上模座</td><td>1</td><td></td><td>（140）×100×20</td><td>160×100×25</td><td>（140）×125×25</td><td>160×125×25</td><td>200×125×25</td><td>160×（140）×25</td></tr>
<tr><td>4</td><td>导料板</td><td>2</td><td></td><td>180×b×8</td><td>200×b×8</td><td>180×b×8</td><td>200×b×8</td><td>240×b×8</td><td>220×b×10</td></tr>
<tr><td>5</td><td>凹模板</td><td>1</td><td></td><td>（140）×100 16 × 20</td><td>160×100 16 × 25</td><td>（140）×125 18 × 25</td><td>160×125 18 × 25</td><td>200×125 22 × 28</td><td>160×（140） 22 × 28</td></tr>
<tr><td>6</td><td>承料板</td><td>1</td><td></td><td colspan="2">100×40×2</td><td colspan="3">125×40×2</td><td>140×60×3</td></tr>
<tr><td>7</td><td>导板</td><td>1</td><td></td><td>（140）×100×18</td><td>160×100×18</td><td>（140）×125×18</td><td>160×125×18</td><td>200×125×22</td><td>160×（140）×22</td></tr>
<tr><td>8</td><td>下模座</td><td>1</td><td></td><td>200×125×30</td><td>250×125×35</td><td>200×160×35</td><td>250×160×35</td><td>250×160×35</td><td>250×200×35</td></tr>
<tr><td>9</td><td>圆柱销 1</td><td>6</td><td></td><td colspan="2">8×35</td><td colspan="2">10×35</td><td colspan="2">10×45</td></tr>
<tr><td>10</td><td>圆柱销 2</td><td>4</td><td></td><td colspan="4">4×20</td><td colspan="2">4×25</td></tr>
<tr><td rowspan="2">11</td><td rowspan="2">螺钉 1</td><td>4</td><td></td><td colspan="2">M8×60</td><td colspan="2">M10×60</td><td colspan="2">—</td></tr>
<tr><td>6</td><td></td><td colspan="4">—</td><td colspan="2">M10×75</td></tr>
<tr><td rowspan="2">12</td><td rowspan="2">螺钉 2</td><td>4</td><td></td><td>M8×30</td><td colspan="3">M10×35</td><td colspan="2">—</td></tr>
<tr><td>6</td><td></td><td colspan="4">—</td><td colspan="2">M10×40</td></tr>
<tr><td>13</td><td>螺钉 3</td><td>2</td><td></td><td colspan="2">M8×35</td><td colspan="2">M10×35</td><td colspan="2">M10×45</td></tr>
<tr><td rowspan="2">14</td><td rowspan="2">螺钉 4</td><td>2</td><td></td><td colspan="5">M6×10</td><td>—</td></tr>
<tr><td>4</td><td></td><td colspan="5">—</td><td>M6×10</td></tr>
<tr><td>15</td><td>限位柱</td><td>2</td><td></td><td colspan="2">16×20</td><td colspan="2">20×25</td><td colspan="2">25×20</td></tr>
</table>

（续）

凹模周界			L	200	250	200	250	（280）
			B	（140）		160		
凸模长度				70		75		80
闭合高度 H			最小	158		170		175
			最大	164		176		101
孔距尺寸			S	170	220	162	220	240
			S_1	140	175	134	175	200
			S_2	110	130	106	140	160
			S_3	112		124		
			S_4	112		100		
零件名称	序号	名称	数量	规格				
	1	垫板	1	200×（140）×6	250×（140）×8	200×100×8	250×160×8	（280）×160×8
	2	固定板	1	200×（140）×22	250×（140）×22	200×160×22	250×160×22	（280）×160×22
	3	上模座	1	200×（140）×25	250×（140）×25	200×160×25	250×160×25	（280）×160×25
	4	导料板	2	260×b×10	310×b×10	260×b×10	310×b×10	340×b×10
	5	凹模板	1	200×（140）×22/28	250×（140）×22/28	200×160×22/28	250×160×22/28	（280）×160×22/28
	6	承料板	1	140×60×3		160×60×3		
	7	导板	1	200×（140）×22	250×（140）×22	200×160×25	250×160×25	（280）×160×25
	8	下模座	1	250×200×35	（280）×200×40	（280）×200×40	315×200×40	400×200×40
	9	圆柱销 1	6	10×45		12×45		
	10	圆柱销 2	4	4×25				
	11	螺钉 1	4	—				
			6	M10×75		M12×80		
	12	螺钉 2	4	—				
			6	M10×40		M12×35		
	13	螺钉 3	2	M10×45		M12×45		
	14	螺钉 4	2	—				
			4	M6×10				
	15	限位柱	2	25×20	25×25			25×30

注：1. b 值设计时选定，导料板厚度仅供参考。

2. 括号内的尺寸尽可能不采用。

3. 技术条件按 JB/T 8069—1995 之规定。

4. 标记内容包括凹模周界尺寸 L 和 B（单位：mm）、模具闭合高度（单位：mm）和本标准的代号。

12.13　弹压纵向送料导板模典型组合标准

JB/T 8068.3—1995 标准规定了《冷冲模导板模典型组合 弹压纵向送料典型组合》的结构参数，包括凹模周界尺寸系列、模具闭合高度、凸模长度以及相应板件的板面尺寸，同时还规定了该典型组合的标记方法，如表 12-13 所示。

表 12-13　弹压纵向送料导板模典型组合的结构参数　　（单位：mm）

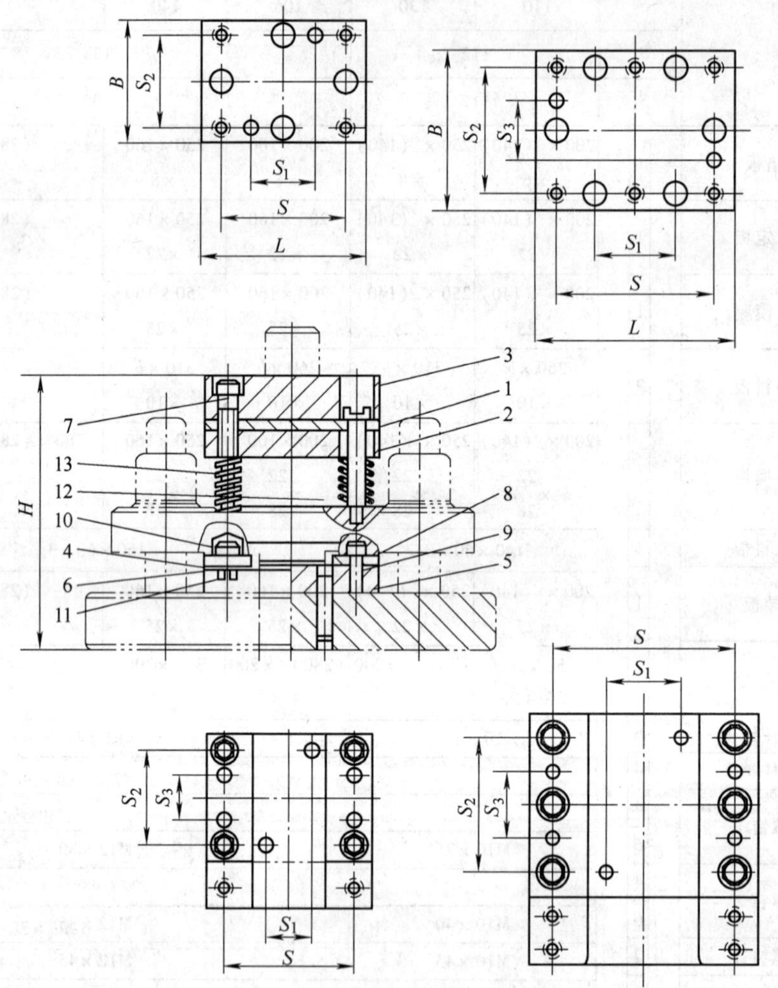

1—垫板　2—固定板　3—上模座　4—导料板　5—凹模
6—承料板　7、10、11—螺钉　8、9—圆柱销
12—卸料螺钉　13—弹簧

标记示例：凹模周界 $L=100\text{mm}$，$B=80\text{mm}$，闭合高度 H 为 134 ~ 138mm 的弹压纵向送料典型组合：典型组合 100 × 80 × 134 ~ 138 JB/T 8068.3—1995

（续）

凹模周界	L		63	80	100	100	125	(140)
	B		50	63		80		
凸模长度			52	59		61		65
配用模架	最小闭合高度 H		109	125		134		142
	最大闭合高度 H		111	129		138		146
孔距尺寸	S		47	62	82	76	101	116
	S_1		23	36	50	40	65	70
	S_2		34	45		56		
	S_3		14	21		28		
零件名称		数量	规格					
1	垫板	1	63×50×4	80×63×6	100×63×6	100×80×6	125×80×6	(140)×80×6
2	固定板	1	63×50×12	80×63×16	100×63×16	100×80×16	125×80×16	(140)×80×16
3	上模座	1	63×50×18	80×63×18	100×63×18	100×80×20	125×80×20	(140)×80×20
4	导料板	2	70×b×6	83×b×6		100×b×6		
5	凹模	1	63×50×10/12	80×63×12/16	100×53×12/16	100×80×12/16	125×80×12/16	(140)×80×16/20
6	承料板	1	63×20×2	80×20×2	100×20×2	100×20×2	125×20×2	140×20×2
7	螺钉 1	4	M5×25	M6×30		M8×30		
		6	—					
8	圆柱销 1	4	5×30	6×30		8×30		
9	圆柱销 2	4	5×16			5×25		
10	螺钉 2	4	M5×30	M6×30		M8×30		
		6	—					
11	螺钉 3	2	M5×8					
		4	—					
12	卸料螺钉	4	5×35	6×40		8×40		8×42
		6	—					
13	弹簧	4 6	设计选用，亦可用橡胶、聚氨酯、碟形弹簧					

（续）

<table>
<tr><td colspan="3" rowspan="2">凹模周界</td><td colspan="3">L</td><td>125</td><td>（140）</td><td>160</td><td>（140）</td><td>160</td><td>200</td></tr>
<tr><td colspan="3">B</td><td colspan="3">100</td><td colspan="3">125</td></tr>
<tr><td colspan="6">凸模长度</td><td colspan="2">65</td><td colspan="3">67</td><td>76</td></tr>
<tr><td colspan="3" rowspan="2">配用模架</td><td colspan="3">最小闭合高度 H</td><td colspan="2">142</td><td colspan="3">156</td><td>174</td></tr>
<tr><td colspan="3">最大闭合高度 H</td><td colspan="2">146</td><td colspan="3">163</td><td>180</td></tr>
<tr><td colspan="3" rowspan="4">孔距尺寸</td><td colspan="3">S</td><td>101</td><td>116</td><td>136</td><td>110</td><td>130</td><td>170</td></tr>
<tr><td colspan="3">S_1</td><td>65</td><td>70</td><td>70</td><td>60</td><td>70</td><td>100</td></tr>
<tr><td colspan="3">S_2</td><td colspan="3">76</td><td colspan="3">95</td></tr>
<tr><td colspan="3">S_3</td><td colspan="3">40</td><td colspan="3">55</td></tr>
<tr><td rowspan="18">零件名称</td><td>1</td><td>垫板</td><td rowspan="18">数量</td><td>1</td><td rowspan="18">规格</td><td>125×100×6</td><td>（140）×100×6</td><td>160×100×6</td><td>（140）×125×6</td><td>160×125×6</td><td>200×125×6</td></tr>
<tr><td>2</td><td>固定板</td><td>1</td><td>125×100×18</td><td>（140）×100×18</td><td>160×100×18</td><td>（140）×125×18</td><td>160×125×18</td><td>160×125×22</td></tr>
<tr><td>3</td><td>上模座</td><td>1</td><td>125×100×20</td><td>（140）×100×20</td><td>160×100×25</td><td>（140）×125×25</td><td>160×125×25</td><td>200×125×25</td></tr>
<tr><td>4</td><td>导料板</td><td>2</td><td colspan="3">140×b×6</td><td colspan="3">165×b×6</td></tr>
<tr><td>5</td><td>凹模</td><td>1</td><td>125×100×16/20</td><td>（140）×100×16/20</td><td>160×100×18/25</td><td>（140）×125×18/25</td><td>160×125×18/25</td><td>200×125×22/28</td></tr>
<tr><td>6</td><td>承料板</td><td>1</td><td>125×40×2</td><td>140×40×3</td><td>160×40×3</td><td>140×40×3</td><td>160×40×3</td><td>200×40×3</td></tr>
<tr><td rowspan="2">7</td><td rowspan="2">螺钉 1</td><td>4</td><td colspan="2">M8×30</td><td>—</td><td colspan="2">M10×30</td><td>—</td></tr>
<tr><td>6</td><td colspan="2">—</td><td>M8×30</td><td colspan="2">—</td><td>M10×30</td></tr>
<tr><td>8</td><td>圆柱销 1</td><td>4</td><td colspan="5">8×40</td><td>10×50</td></tr>
<tr><td>9</td><td>圆柱销 2</td><td>4</td><td colspan="3">6×25</td><td colspan="3">8×25</td></tr>
<tr><td rowspan="2">10</td><td rowspan="2">螺钉 2</td><td>4</td><td colspan="2">M8×30</td><td>—</td><td colspan="2">M10×40</td><td>—</td></tr>
<tr><td>6</td><td colspan="2">—</td><td>M8×35</td><td colspan="2">—</td><td>M10×50</td></tr>
<tr><td rowspan="2">11</td><td rowspan="2">螺钉 3</td><td>2</td><td colspan="6">M5×8</td></tr>
<tr><td>4</td><td colspan="6">—</td></tr>
<tr><td rowspan="2">12</td><td rowspan="2">卸料螺钉</td><td>4</td><td colspan="2">8×42</td><td>—</td><td colspan="2">10×42</td><td>—</td></tr>
<tr><td>6</td><td colspan="2">—</td><td>8×42</td><td colspan="2">—</td><td>10×42</td></tr>
<tr><td rowspan="2">13</td><td rowspan="2">弹簧</td><td>4</td><td colspan="6" rowspan="2">设计选用，亦可用橡胶、聚氨酯、碟形弹簧</td></tr>
<tr><td>6</td></tr>
</table>

（续）

凹模周界			L	160	200	250	200	250	(280)
			B	(140)			160		
凸模长度				74					
配用模架			最小闭合高度 H	174		183			
			最大闭合高度 H	180		189			
孔距尺寸			S	130	170	220	164	214	244
			S_1	70	90	130	90	130	150
			S_2	110			124		
			S_3	60			60		
零件名称	1	垫板	数量 1 / 规格	160×（140）×6	200×（140）×6	250×（140）×8	200×160×8	250×160×8	（280）×160×8
	2	固定板	1	160×（140）×22	200×（140）×22	250×（140）×22	200×160×22	250×160×22	（280）×160×22
	3	上模座	1	160×（140）×25	200×（140）×25	250×（140）×25	200×160×25	250×160×25	（280）×160×25
	4	导料板	2	200×b×8			220×b×8		
	5	凹模	1	160×（140）×$\begin{matrix}22\\28\end{matrix}$	200×（140）×$\begin{matrix}22\\28\end{matrix}$	250×（140）×$\begin{matrix}22\\28\end{matrix}$	200×160×$\begin{matrix}22\\28\end{matrix}$	250×160×$\begin{matrix}22\\28\end{matrix}$	（280）×160×$\begin{matrix}22\\28\end{matrix}$
	6	承料板	1	160×60×3	200×60×3	260×60×4	200×60×3	250×60×4	280×60×4
	7	螺钉 1	4	M10×35	—				
			6	—	M10×35		M12×35		
	8	圆柱销 1	4	10×50			12×55		
	9	圆柱销 2	4	8×25			10×25		
	10	螺钉 2	4	M10×50	—				
			6	—	M10×50		M12×55		
	11	螺钉 3	2	—					
			4	M6×10					
	12	卸料螺钉	4	10×45		—			
			6	—		10×45	12×45		
	13	弹簧	4 / 6	设计选用，亦可用橡胶、聚氨酯、碟形弹簧					

注：1. b 值设计时选定，导料板厚度仅供参考。

2. 括号内的尺寸尽可能不采用。

3. 技术条件按 JB/T 8069—1995 之规定。

4. 标记内容包括凹模周界尺寸 L 和 B（单位：mm）、模具闭合高度（单位：mm）和本标准的代号。

12.14　弹压横向送料导板模典型组合标准

JB/T 8068.4—1995 标准规定了《冷冲模导板模典型组合 弹压横向送料典型组合》的结构参数，包括凹模周界尺寸系列、模具闭合高度、凸模长度以及相应板件的板面尺寸，同时还规定了该典型组合的标记方法，如表 12-14 所示。

表 12-14　弹压横向送料导板模典型组合的结构参数　（单位：mm）

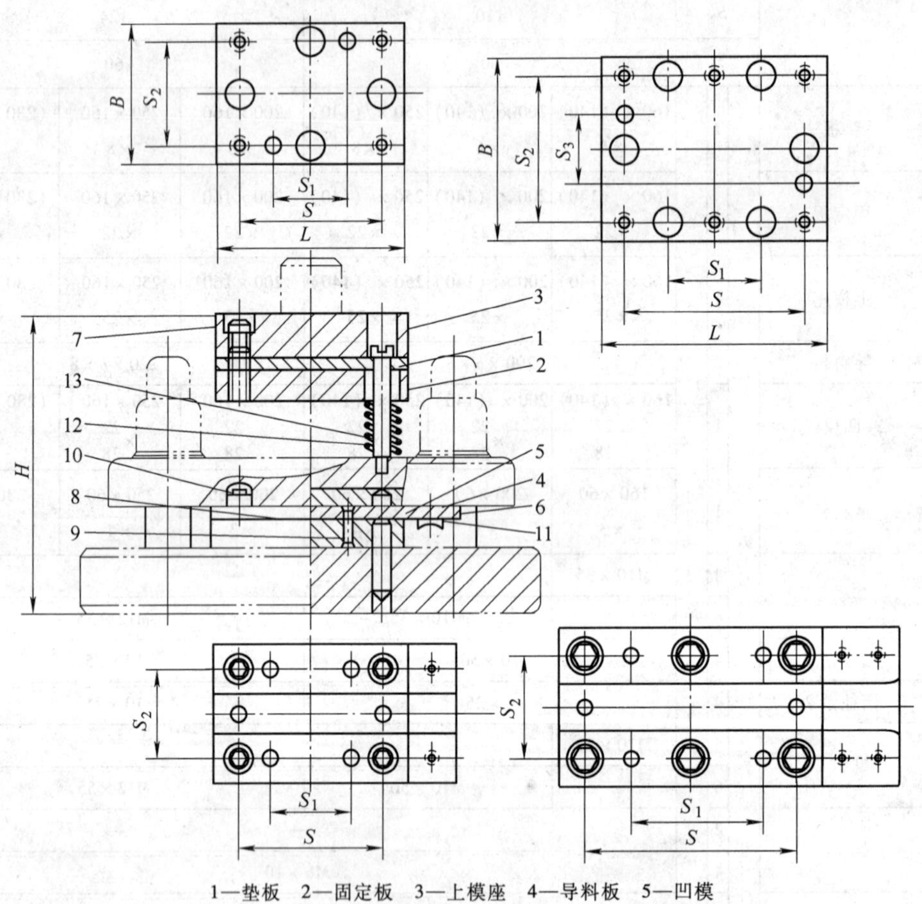

1—垫板　2—固定板　3—上模座　4—导料板　5—凹模

6—承料板　7、10、11—螺钉　8、9—圆柱销

12—卸料螺钉　13—弹簧

标记示例：凹模周界　$L=100$mm，$B=80$mm，闭合高度 H 为 134 ~ 138 mm 的弹压横向送料典型组合：典型组合 100 × 80 × 134 ~ 138 JB/T 8068.4—1995

（续）

凹模周界		L	63	80	100	100	125	(140)
		B	50	63		80		
凸模长度			52	59		61		65
配用模架		最小闭合高度 H	109	125		129		142
		最大闭合高度 H	111	129		133		146
孔距尺寸		S	47	62	82	76	101	116
		S_1	23	36	50	40	65	70
		S_2	34	45		56		
		S_3	14	21		28		
零件名称		数量	规格					
1	垫板	1	63×50×4	80×63×6	100×63×6	100×80×6	125×80×6	(140)×80×6
2	固定板	1	63×50×12	80×63×16	100×63×16	100×80×16	125×80×16	(140)×80×18
3	上模座	1	63×50×18	80×63×18	100×63×18	100×80×20	125×80×20	(140)×80×20
4	导料板	2	83×b×6	100×b×6	120×b×6	120×b×6	145×b×6	160×b×6
5	凹模	1	63×50×10 12	80×63×12 16	100×63×12 16	100×80×12 16	125×80×12 16	(140)×80×16 20
6	承料板	1	50×20×2	63×20×2		80×20×2		
7	螺钉1	4	M5×25	M6×30		M8×30		
		6	—					
8	圆柱销1	4	5×30	6×30		8×30		
9	圆柱销2	4	5×16			6×25		
10	螺钉2	4	M5×30	M6×30		M8×30		
		6	—					
11	螺钉3	2	M5×8					
		4	—					
12	卸料螺钉	4	5×35	6×40		8×40		8×42
		6	—					
13	弹簧	4 6	设计选用，亦可用橡胶、聚氨酯、碟形弹簧					

（续）

<table>
<tr><td colspan="3" rowspan="2">凹模周界</td><td colspan="3">L</td><td>125</td><td>（140）</td><td>160</td><td>（140）</td><td>160</td><td>200</td></tr>
<tr><td colspan="3">B</td><td colspan="3">100</td><td colspan="3">125</td></tr>
<tr><td colspan="6">凸模长度</td><td colspan="2">65</td><td colspan="3">67</td><td>76</td></tr>
<tr><td colspan="3" rowspan="2">配用模架</td><td colspan="3">最小闭合高度 H</td><td colspan="2">142</td><td colspan="3">156</td><td>174</td></tr>
<tr><td colspan="3">最大闭合高度 H</td><td colspan="2">146</td><td colspan="3">163</td><td>180</td></tr>
<tr><td colspan="3" rowspan="4">孔距尺寸</td><td colspan="3">S</td><td>101</td><td>116</td><td>136</td><td>110</td><td>130</td><td>170</td></tr>
<tr><td colspan="3">S_1</td><td>65</td><td>70</td><td>70</td><td>60</td><td>70</td><td>100</td></tr>
<tr><td colspan="3">S_2</td><td colspan="3">76</td><td colspan="3">95</td></tr>
<tr><td colspan="3">S_3</td><td colspan="3">40</td><td colspan="3">55</td></tr>
<tr><td rowspan="19">零件名称</td><td>1</td><td>垫板</td><td rowspan="19">数量</td><td>1</td><td rowspan="19">规格</td><td>125×100×6</td><td>（140）×100×6</td><td>160×100×6</td><td>（140）×125×6</td><td>160×125×6</td><td>200×125×6</td></tr>
<tr><td>2</td><td>固定板</td><td>1</td><td>125×100×18</td><td>（140）×100×18</td><td>160×100×18</td><td>（140）×125×18</td><td>160×125×18</td><td>200×125×22</td></tr>
<tr><td>3</td><td>上模座</td><td>1</td><td>125×100×20</td><td>（140）×100×20</td><td>160×100×25</td><td>（140）×125×25</td><td>160×125×25</td><td>200×125×25</td></tr>
<tr><td>4</td><td>导料板</td><td>2</td><td>165×b×6</td><td>180×b×6</td><td>200×b×6</td><td>180×b×6</td><td>200×b×6</td><td>240×b×8</td></tr>
<tr><td>5</td><td>凹模</td><td>1</td><td>125×100×$\begin{matrix}16\\20\end{matrix}$</td><td>（140）×100×$\begin{matrix}16\\20\end{matrix}$</td><td>160×100×$\begin{matrix}18\\25\end{matrix}$</td><td>（140）×125×$\begin{matrix}18\\25\end{matrix}$</td><td>160×125×$\begin{matrix}18\\25\end{matrix}$</td><td>200×125×$\begin{matrix}22\\28\end{matrix}$</td></tr>
<tr><td>6</td><td>承料板</td><td>1</td><td colspan="3">100×40×2</td><td colspan="3">125×40×2</td></tr>
<tr><td rowspan="2">7</td><td rowspan="2">螺钉 1</td><td>4</td><td colspan="2">M8×30</td><td>—</td><td colspan="2">M10×35</td><td>—</td></tr>
<tr><td>6</td><td colspan="2">—</td><td>M8×35</td><td colspan="2">—</td><td>M10×35</td></tr>
<tr><td>8</td><td>圆柱销 1</td><td>4</td><td colspan="5">8×40</td><td>10×50</td></tr>
<tr><td>9</td><td>圆柱销 2</td><td>4</td><td colspan="3">6×25</td><td colspan="3">8×25</td></tr>
<tr><td rowspan="2">10</td><td rowspan="2">螺钉 2</td><td>4</td><td colspan="2">M8×30</td><td>—</td><td colspan="2">M10×40</td><td>—</td></tr>
<tr><td>6</td><td colspan="2">—</td><td>M8×35</td><td colspan="2">—</td><td>M10×50</td></tr>
<tr><td rowspan="2">11</td><td rowspan="2">螺钉 3</td><td>2</td><td colspan="6">M5×8</td></tr>
<tr><td>4</td><td colspan="6">—</td></tr>
<tr><td rowspan="2">12</td><td rowspan="2">卸料螺钉</td><td>4</td><td colspan="2">8×42</td><td>—</td><td colspan="2">10×42</td><td>—</td></tr>
<tr><td>6</td><td colspan="2">—</td><td>8×42</td><td colspan="2">—</td><td>10×42</td></tr>
<tr><td rowspan="2">13</td><td rowspan="2">弹簧</td><td>4</td><td colspan="6" rowspan="2">设计选用，亦可用橡胶、聚氨酯、碟形弹簧</td></tr>
<tr><td>6</td></tr>
</table>

（续）

凹模周界	L		160	200	250	200	250	(280)
	B		(140)			160		
凸模长度			74					
配用模架	最小闭合高度 H		174		183			
	最大闭合高度 H		180		189			
孔距尺寸	S		130	170	220	164	214	244
	S_1		70	90	130	90	130	150
	S_2		110			124		
	S_3		60			60		
零件名称		数量	规格					
1	垫板	1	160×(140)×6	200×(140)×6	250×(140)×8	200×160×8	250×160×8	(280)×160×8
2	固定板	1	160×(140)×22	200×(140)×22	250×(140)×22	200×160×22	250×160×22	(280)×160×22
3	上模座	1	160×(140)×25	200×(140)×25	250×(140)×25	200×160×25	250×160×25	(280)×160×25
4	导料板	2	200×b×8	260×b×8	310×b×8	260×b×8	310×b×8	340×b×8
5	凹模	1	160×(140)×$\begin{smallmatrix}22\\28\end{smallmatrix}$	200×(140)×$\begin{smallmatrix}22\\28\end{smallmatrix}$	250×(140)×$\begin{smallmatrix}22\\28\end{smallmatrix}$	200×160×$\begin{smallmatrix}22\\28\end{smallmatrix}$	250×160×$\begin{smallmatrix}22\\28\end{smallmatrix}$	(280)×160×$\begin{smallmatrix}22\\28\end{smallmatrix}$
6	承料板	1	140×60×3			160×60×3		
7	螺钉 1	4	M10×35	—				
		6	—	M10×35		M12×35		
8	圆柱销 1	4	10×50			12×55		
9	圆柱销 2	4	8×25			10×25		
10	螺钉 2	4	M10×50	—				
		6	—	M10×50		M12×55		
11	螺钉 3	2	—					
		4	M6×10					
12	卸料螺钉	4	10×45		—			
		6	—		10×45	12×45		
13	弹簧	4	设计选用，亦可用橡胶、聚氨酯、碟形弹簧					
		6						

注：1. b 值设计时选定，导料板厚度仅供参考。

2. 括号内的尺寸尽可能不采用。

3. 技术条件按 JB/T 8069—1995 之规定。

4. 标记内容包括凹模周界尺寸 L 和 B（单位：mm）、模具闭合高度（单位：mm）和本标准的代号。

12.15　冷冲模典型组合技术条件标准

JB/T 8069—1995《冷冲模典型组合技术条件》标准规定了冷冲模典型组合的技术要求、验收规则、标记、包装、运输及保管，适用于冷冲模典型组合的设计、制造和验收。

12.15.1　技术要求

JB/T 8069—1995《冷冲模典型组合技术条件》标准规定的对冷冲模典型组合的技术要求如表 12-15 所示。

表 12-15　冷冲模典型组合的技术要求（摘自 JB/T 8069—1995）

标准条目编号	内　容
1.1	组成典型组合的零件，均须符合有关零件的标准要求和本技术条件的规定
1.2	装配成套的典型组合，在其零件的加工表面上不得有擦伤、划痕、裂纹等缺陷
1.3	上下模座上的螺钉沉孔，其深度不应超过上、下模座厚度的 1/2，并保证螺钉、圆柱销头端面不高出上、下模座基面
1.4	在典型则和中的卸料螺钉，采用在上下上打沉孔的结构形式时，卸料螺钉沉孔深度应保证同一副组合一致
1.5	典型组合中的导料板宽度尺寸 *B* 值，按实际需要进行修正
1.6	典型组合中的导料板厚度两块需修磨一致
1.7	典型组合中的上、下模座、固定板、卸料板、导料板、凹模等零件上圆柱销孔，组合时不加工，装配时进行钻和铰
1.8	典型组合中通孔、沉孔的表面粗糙度为 $Ra6.3\mu m$
1.9	典型组合中螺纹的基本尺寸按 GB 196—1981（最新标准为 GB/T196—2003）的规定，螺纹公差按 GB 197—1981（最新标准为 GB/T 197—2003）规定的三级精度，螺纹的表面粗糙度为 $Ra6.3\mu m$
1.10	弹压卸料结构的卸料螺钉长度，若不满足用户要求时可用 GB 2867.8—1981（最新标准为 JB/T 7650.8—2008）调节垫圈调整
1.11	若用户有特殊要求，经与制造厂协商，可按下述规定供应： 1）可不制出螺孔 2）可以改变相应的典型组合标准中所规定的螺孔、销孔位置 3）导料板可不接长于凹模外

12.15.2　验收规则

JB/T 8069—1995《冷冲模典型组合技术条件》标准规定的对冷冲模典型组合的验收规则如表 12-16 所示。

表 12-16　冷冲模典型组合验收规则（摘自 JB/T 8069—1995）

标准条目编号	内　容
2.1	典型组合时的验收，由制造厂的质量管理部门按本技术条件 1.1～1.11 条规定进行
2.2	验收时必须将所提交的全部典型组合零件作外观及尺寸精度检查

（续）

标准条目编号	内　容
2.3	用户与权抽验提交的典型组合件，抽验数量为同一名称同一型号尺寸的一批典型组合件 10%，若发现主要技术指标中有一个指标不符合本技术条件规定时，应进行第二次抽验，其抽验数量为同一批典型组合件，且是原本来抽验树的两倍，仍不合格时，用户有权拒收

12.15.3　标记、包装、运输及保管

JB/T 8069—1995《冷冲模典型组合技术条件》标准规定的对冷冲模典型组合的标记、包装、运输及保管如表 12-17 所示。

表 12-17　冷冲模典型组合的标记、包装、运输及保管（摘自 JB/T 8069—1995）

标准条目编号	内　容
3.1	经检验合格的典型组合，每副应附有检验合格证书，其内容为： 1）典型组合名称、规格 2）标准编号 3）模架精度等级、闭合高度、凹模材料 4）出厂日期 5）制造厂名称 标记方法：挂标签
3.2	包装前，典型组合应擦干净，并在所有加工白面上涂防锈油
3.3	包装前，典型组合或零件应用防潮纸包好，并装于干燥的包装箱内，同时应防止运输时移动
3.4	在运输过程中，应防止装有典型组合的包装箱受潮
3.5	装有典型组合的包装箱应存放于干燥库房内

附　录

附录 A　模具紧固零件设计

紧固零件是将两个或两个以上的零件（或构件）紧固连接成为一个整体时所采用的一类机械零件的总称，是组成机器设备和连接机件的通用性基础零部件，是机械和工程建设中最常用的互换性连接件。紧固零件以一定的连接形式，保持相互之间的位置和按一定规律的相对运动，其质量的好坏以及性能指标的高低直接影响到整机和机组的质量水平以及使用功能的要求，紧固零件品种规格繁多，性能用途各异，标准化、系列化、通用化程度高。

模具紧固零件的作用是使模具上其他各部分零件连接成整体，保证各零件间的相对位置，并使模具能够安装在成型设备上，从而保证成型工作的顺利进行。常用的模具紧固零件主要包括螺栓、螺钉、螺母和圆柱销等。下面对比较常用的紧固零件逐一进行简要的介绍。

1. 螺钉

螺钉是由头部和螺杆两部分构成的一类紧固零件，按用途可以分为机器螺钉、紧定螺钉和特殊用途螺钉三类。机器螺钉主要用于一个带有紧定螺纹孔的零件与一个带有通孔的零件之间的紧固连接，不需要螺母配合，这种联接形式称为螺钉联接，也属于可拆卸连接；或者也可以与螺母配合，用于两个带有通孔的零件之间的紧固连接。紧定螺钉主要用于固定两个零件之间的相对位置。特殊用途螺钉，例如有吊环螺钉等供吊装零件用。

2. 销钉

销钉是主要供零件定位用，有的也可供零件连接、固定零件、传递动力或锁定其他紧固零件之用。

3. 螺栓

螺栓是由头部和螺杆两部分组成的一类紧固零件，需要与螺母配合，用于紧固连接两个或多个带有通孔的零件。若把螺母从螺栓上旋下，就会使所连接的零件分开，故螺栓联接属于可拆卸连接。

4. 螺柱

螺柱是没有头部的，仅有两端均外带螺纹的一类紧固零件。连接时，它的一端必须旋入带有内螺纹孔的零件中，另一端穿过带有通孔的零件中，然后旋上螺母，使这两个零件紧固连接成一个整体。这种连接形式称为螺柱联接，也属于可拆卸连接。主要用于被连接零件之一厚度较大、要求结构紧凑或因拆卸频繁、不宜采用螺栓联接的场合。

5. 螺母

螺母是带有内螺纹孔，形状一般呈现为扁六角柱形，也有呈扁方柱形或扁圆柱形的，配合螺栓、螺柱或机器螺钉，用于紧固连接两个零件，使之成为一个整体。

6. 垫圈

垫圈是形状呈扁圆环形的一类紧固零件。置于螺栓、螺钉或螺母的支撑面与连接零件表面之间，起着增大被连接零件接触表面面积，降低单位面积压力和保护被连接零件表面不被损坏的作用；另一类弹性垫圈，还能起到阻止螺母回松的作用。

下面介绍冲模中常用的螺钉和销钉。

A.1　模具常用螺钉

模具中常用的螺钉都是标准件，设计模具时按标准选用即可，螺钉用于固定模具零件，模具中广泛应用的是内六角螺钉和圆柱销钉，其中 M6 ~ M12 的螺钉最为常用。内六角螺钉紧固牢靠，螺钉头部不外露，可以保证模具外形安全美观。

模具中应用较多的螺钉和螺栓主要包括内六角圆柱头螺钉、内六角平圆头螺钉、开槽圆柱头螺钉、内六角螺栓等。

1. 内六角圆柱头螺钉

内六角圆柱头螺钉如附图 A-1 所示，在塑料模中的应用非常广泛，可作为卸料螺钉，也可作为卸料螺钉，也可用于凹模、垫板和下模板的固定等。GB/T 70.1—2000 中对其规格进行了比较详细的分类，并对每一种规格的参数作出了明确的规定，如附表 A-1 所示。如螺纹规格 d = M5、公称长度 l = 20mm、性能等级为 8.8 级、表面氧化的 A 级内六角圆柱头螺钉可标记为“螺钉 GB/T 70.1 M5 ×20”。

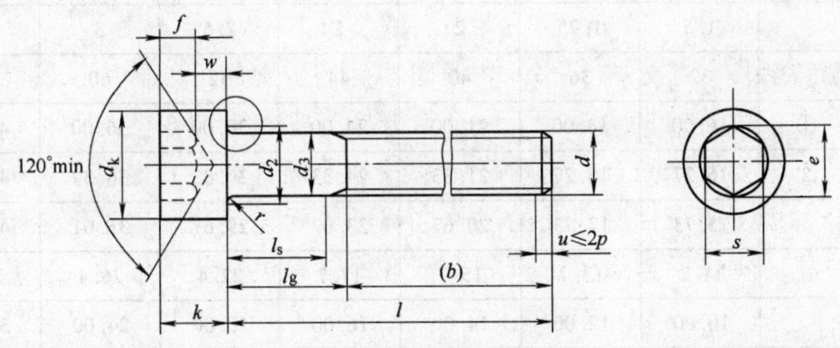

图 A-1　内六角圆柱头螺钉

附表 A-1　内六角圆柱头螺钉（摘自 GB/T 70.1—2000）　　（单位：mm）

螺纹规格 d			M1.6	M2	M2.5	M3	M4	M5	M6	M8
螺距 P			0.35	0.4	0.45	0.5	0.7	0.8	1	1.25
$b_{参考}$			15	16	17	18	20	22	24	28
d_k	max	①	3.00	3.80	4.50	5.50	7.00	8.50	10.00	13.00
		②	3.14	3.98	4.68	5.68	7.22	8.72	10.22	13.27
	min		2.86	3.62	4.32	5.32	6.78	8.28	9.78	12.73
d_a max			2	2.6	3.1	3.6	4.7	5.7	6.8	9.2
d_s	max		1.60	2.00	2.50	3.00	4.00	5.00	6.00	8.00
	min		1.46	1.86	2.36	2.86	3.82	4.82	5.82	7.78
e min③			1.73	1.73	2.3	2.87	3.44	4.58	5.72	6.86
l_1 max			0.34	0.51	0.51	0.51	0.6	0.6	0.68	1.02
k	max		1.60	2.00	2.50	3.00	4.00	5.00	6.00	8.00
	min		1.46	1.86	2.36	2.86	3.82	4.82	5.7	7.64
r min			0.1	0.1	0.1	0.1	0.2	0.2	0.25	0.4

（续）

螺纹规格 d			M1.6	M2	M2.5	M3	M4	M5	M6	M8
螺距 P			0.35	0.4	0.45	0.5	0.7	0.8	1	1.25
$b_{参考}$			15	16	17	18	20	22	24	28
s	公称		1.5	1.5	2	2.5	3	4	5	6
	max	④	1.545	1.545	2.045	2.56	3.071	4.084	5.084	6.095
		⑤	1.560	1.560	2.060	2.58	3.080	4.095	5.140	6.140
	min		1.520	1.520	2.020	2.52	3.020	4.020	5.020	6.020
t min			0.7	1	1.1	1.3	2	2.5	3	4
v max			0.16	0.2	0.25	0.3	0.4	0.5	0.6	0.8
d_w min			2.72	3.48	4.18	5.07	6.53	8.03	9.38	12.33
w min			0.55	0.55	0.85	1.15	1.4	1.9	2.3	3.3
$l_{公称}$			2.5～16	3～20	4～25	5～30	6～40	8～50	10～60	12～80
螺纹规格 d			M10	M12	(M14)	M16	M20	M24	M30	M36
螺距 P			1.5	1.75	2	2	2.5	3	3.5	4
$b_{参考}$			32	36	40	44	52	60	72	84
d_k	max	①	16.00	18.00	21.00	24.00	30.00	36.00	45.00	54.00
		②	16.27	18.27	21.33	24.33	30.33	36.39	45.39	54.46
	min		15.73	17.73	20.67	23.67	29.67	35.61	44.61	53.54
d_a max			11.2	13.7	15.7	17.7	22.4	26.4	33.4	39.4
d_s	max		10.00	12.00	14.00	16.00	20.00	24.00	30.00	36.00
	min		9.78	11.73	13.73	15.73	19.67	23.67	29.67	35.61
e min③			9.15	11.43	13.72	16	19.44	21.73	25.15	30.85
l_f max			1.02	1.45	1.45	1.45	2.04	2.04	2.89	2.89
k	max		10.00	12.00	14.00	16.00	20.00	24.00	30.00	36.00
	min		9.64	11.57	13.57	13.67	19.48	23.48	29.48	35.38
r min			0.4	0.5	0.6	0.6	0.8	0.8	1	1
s	公称		8	10	12	14	17	19	22	27
	max	④	8.115	10.115	12.142	14.142	17.23	19.275	22.275	27.275
		⑤	8.175	10.175	12.212	14.212				
	min		8.026	10.025	12.032	14.032	17.05	19.065	22.065	27.065
t min			5	6	7	8	10	12	15.5	19
v max			1	1.2	1.4	1.6	2	2.4	3	3.6
d_w min			15.33	17.23	20.17	23.17	28.87	34.81	43.61	52.54
w min			4	4.8	5.8	6.8	8.6	10.4	13.1	15.3
$l_{公称}$			16～100	20～120	25～140	25～160	30～200	40～200	45～200	55～200

（续）

螺纹规格 d			M42	M48	M56	M64
螺距 P			4.5	5	5.5	6
$b_{参考}$			96	106	124	140
d_k	max	①	63.00	72.00	84.00	96.00
		②	63.46	72.46	84.54	96.54
	min		62.54	71.54	83.46	95.46
d_a max			45.6	52.6	63	71
d_s	max		42.00	48.00	56.00	64.00
	min		41.61	47.61	55.54	63.54
e min③			36.57	41.13	46.83	52.53
l_f max			3.06	3.91	5.95	5.95
k	max		42.00	48.00	56.00	64.00
	min		41.38	47.38	55.26	63.26
r min			1.2	1.6	2	2
s	公称		32	36	41	46
	max⑤		32.33	36.33	41.33	46.33
	min		32.08	36.08	41.08	46.08
t min			24	28	34	38
v max			4.2	4.8	5.6	6.4
d_w min			61.34	70.34	82.26	94.26
w min			16.3	17.5	19	22
$l_{公称}$			60～300	70～300	80～300	90～300

注：1. $l_{公称}$ 为商品长度规格，其尺寸系列为：2.5mm、3mm、4mm、5mm、6mm、8mm、10mm、12mm、16mm、20mm、25mm、30mm、35mm、40mm、45mm、50mm、55mm、60mm、65mm、70mm、80mm、90mm、100mm、110mm、120mm、130mm、140mm、150mm、160mm、180mm、200mm、220mm、240mm、260mm、280mm、300mm。

2. 力学性能等级的选择：对于钢，$d<3$mm 时根据协议；3mm≤d≤39mm 时选 8.8、10.9、12.9；$d>39$mm 时根据协议。对于不锈钢（参考国标 GB/T 3098.6—2000），d≤24mm 时选 A2-70、A4-70；24<d≤39mm 时选 A2-50、A4-50；$d>39$ 时根据协议；有色金属 CU2、CU3（参考国标 GB/T 3098.10—1993）。

① 对光滑头部。

② 对滚花头部。

③ $e_{min}=1.14S_{min}$。

④ 用于 12.9 级。

⑤ 用于其他性能等级。

2. 内六角平圆头螺钉

内六角平圆头螺钉形状和尺寸如附图 A-2 所示，GB/T 70.2—2000 对其规格和尺寸进行了详细的规定，如附表 A-2 所示。如螺纹规格 d = M12、公称长度 l = 40mm、性能等级为 12.9 级，表面氧化的 A 级内六角平圆头螺钉可标记为“螺钉 GB/T 70.2　M12×40”。

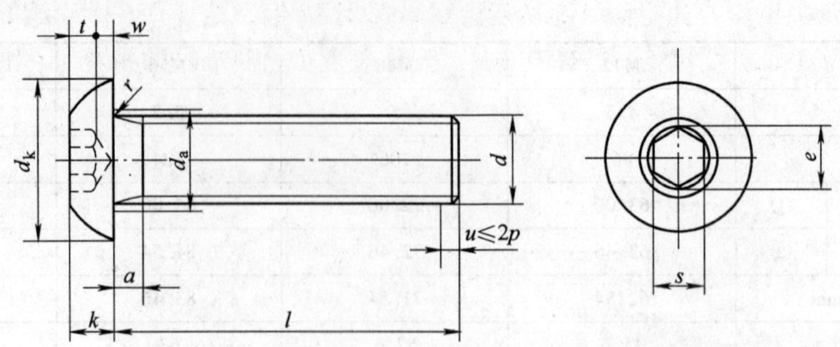

附图 A-2 内六角平圆头螺钉

附表 A-2 内六角平圆头螺钉（摘自 GB/T 70.2—2000） （单位：mm）

螺纹规格 d			M3	M4	M5	M6	M8	M10	M12	M16
螺距 P			0.5	0.7	0.8	1	1.25	1.5	1.75	2
a	max		1.0	1.4	1.6	2	2.50	3.0	3.50	4
	min		0.5	0.7	0.8	1	1.25	1.5	1.75	2
d_s	max		3.6	4.7	5.7	6.8	9.2	11.2	14.2	18.2
d_k	max		5.7	7.60	9.50	10.50	14.00	17.50	21.00	28.00
	min		5.4	7.24	9.14	10.07	13.57	17.07	20.48	27.48
e①	min		2.3	2.87	3.44	4.58	5.72	6.86	9.15	11.43
k	max		1.65	2.20	2.75	3.3	4.4	5.5	6.60	8.80
	min		1.40	1.95	2.50	3.0	4.1	5.2	6.24	8.44
r	min		0.1	0.2	0.2	0.25	0.4	0.4	0.6	0.6
s	公称		2	2.5	3	4	5	6	8	10
	max	②	2.045	2.56	3.071	4.084	5.084	6.095	8.115	10.115
		③	2.060	2.58	3.080	4.095	5.140	6.140	8.175	10.175
	min		2.020	2.52	3.020	4.020	5.020	6.020	8.025	10.025
t	min		1.04	1.3	1.56	2.08	2.6	3.12	4.16	5.2
w	min		0.2	0.3	0.38	0.74	1.05	1.45	1.63	2.25
$l_{公称}$			6～12	8～16	10～30	10～30	10～40	16～40	16～50	20～50
机械性能等级（钢）	8.8	最小拉力载荷/N	3220	5620	9080	12900	23400	37100	53900	100000
	10.9		4180	7300	11800	16700	30500	48200	70200	130000
	12.9		4910	8560	13800	19600	35700	56600	82400	154000

注：$l_{公称}$ 为商品长度规格，其尺寸系列为：6mm、8mm、10mm、12mm、16mm、20mm、25mm、30mm、35mm、40mm、45mm、50mm。

① $e_{min}=1.14S_{min}$；

② 用于12.9级。

③ 用于其他性能等级。

3. 六角头螺栓

GB/T 5782—2000 将螺栓按性能等级分为 A 级、B 级和 C 级三个等级。冲模中常用的 A

级和B级的六角头螺栓，如附图A-3所示。材料选用45钢，热处理33～40HRC，尺寸规格如附表A-3所示。如螺纹规格 d = M10 mm，公称长度 l = 100mm的螺栓可标记为：“螺栓 GB/T 5782—2000　M10×100”。

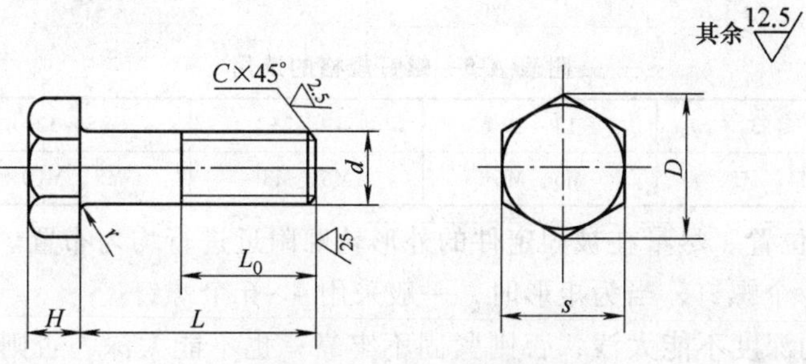

附图 A-3　六角头螺栓

附表 A-3　六角头螺栓尺寸表

d		5	6	8	10	12	16	20	24	30
T形槽宽		6	8	10	12	14	18	22	28	36
s		9	12	14	18	22	28	34	44	57
D		12	16	20	25	30	38	46	58	75
H		4	5	6	7	9	12	14	16	20
r≤			0.4			0.6			1	
h		2.8	3.4	4.1	4.8	6.5	9	10.4	11.8	14.5
L_0		14	16	20	25	30	40	50	60	70
L	最小	30	30	30	30	40	50	70	120	120
	最大	80	80	80	80	100	120	160	200	200

注：L 尺寸系列为30mm、35mm、40mm、45mm、50mm、60mm、70mm、80mm、90mm、100mm、120mm、140mm、160mm、180mm、200mm。

A.2　螺钉的许用载荷

螺钉的许用载荷如附表A-4所示。

附表 A-4　螺钉的许用载荷

规格	轴向许用载荷/N		扳手最大许用扭矩/（N·m）	规格	轴向许用载荷/N		扳手最大许用扭矩/（N·m）
	无预先锁紧	在载荷下锁紧			无预先锁紧	在载荷下锁紧	
M4				M16	33000	25000	80
M5				M20	52000	40000	160
M6	4000	3100	4	M24	75000	58000	280
M8	7400	5800	9.5	M30	92000	92000	550
M10	11800	9200	18	M36	175000	135000	970
M12	17200	13200	32				

注：表中螺钉材料为35号钢计算值。

A.3　螺钉的选用原则

在模具设计中，选用螺钉时应注意以下几个方面。

1）螺钉主要承受拉应力，其尺寸及数量一般根据模板厚度和其他的设计经验来确定，中、小型模具一般采用 M6、M8、M10 或 M12 等，大型模具可选 M12、M16 或更大规格，但是选用过大的螺钉也会给攻螺纹带来困难。根据模板厚度来确定螺钉规格时可以参考附表 A-5。

附表 A-5　螺钉规格的选用

凹模厚度 H/mm	≤13	13~19	19~25	25~32	>35
螺钉规格	M4、M5	M5、M6	M6、M8	M8、M10	M10、M12

螺钉要按具体位置、尽量在被固定件的外形轮廓附近进行均匀布置。当被固定件为圆形时，一般采用 3~4 个螺钉，当为矩形时，一般采用 4~6 个螺钉。

2）螺钉拧入的深度不能太浅，否则紧固不牢靠；也不能太深，否则拆装工作量大。对于较常用的规格，附表 A-6 列出了内六角螺钉通过孔的尺寸；附表 A-7 列出了卸料螺钉孔的尺寸。螺钉和销钉的装配尺寸、螺钉孔最小深度以及圆柱的配合长度见附图 A-4。螺钉之间、螺钉与销钉之间的距离，螺钉、销钉距离工作表面及外边缘的距离，均不应过小，以防降低强度，其最小距离见附表 A-8，可供设计时参考。

3）螺栓用来联接两个不太厚的，并能钻成通孔的零件，一般的联接方式是将螺杆穿国两个零件的通孔，再套上垫圈。

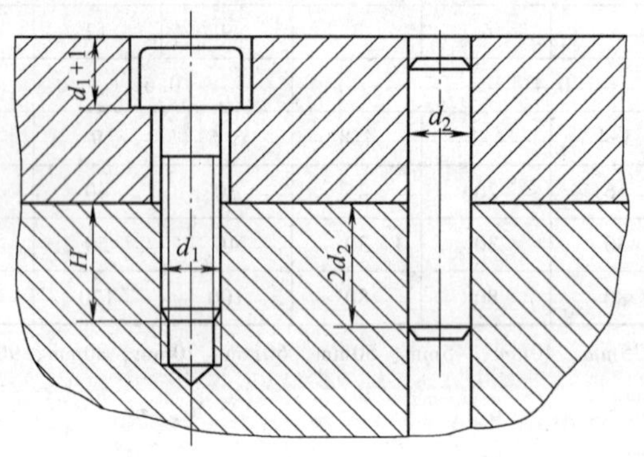

附图 A-4　塑料模螺钉、销钉的装配尺寸

（对于钢，$H=d_1$；对于铸铁，$H=1.5d_1$）

附表 A-6　内六角螺钉通过孔的尺寸　　（单位：mm）

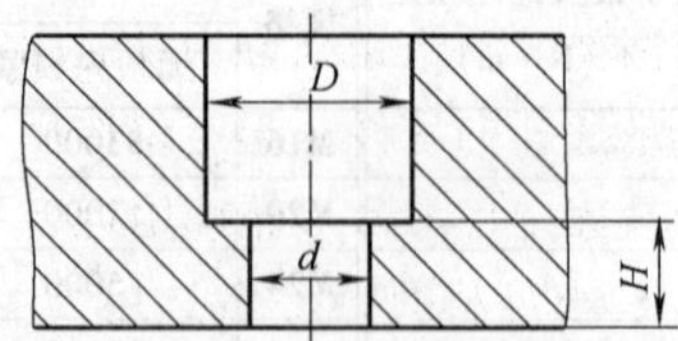

螺钉孔尺寸	螺钉直径						
	M6	M8	M10	M12	M16	M20	M24
d	7	9	11.5	13.5	17.5	21.5	25.5
D	11	13.5	16.5	19.5	25.5	31.5	37.5
H	3~25	4~35	5~45	6~55	8~75	10~85	12~95

附表 A-7　卸料螺钉孔的尺寸　（单位：mm）

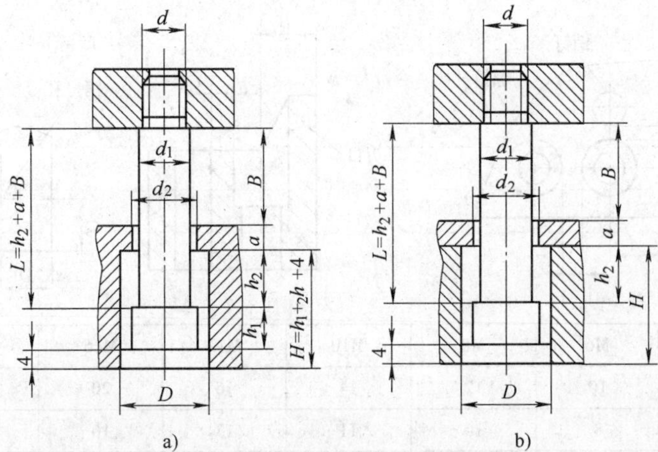

a)　b)

d	d_1	d_2	D	h_1	
				圆柱头卸料螺钉	内六角卸料螺钉
M4	6	6.5	12	3.5	6
M6	8	8.5	14	5	8
M8	10	10.5	16	6	10
M10	12	13	20	7	12
M12	14	15	26	8	14
M16	20	21	32	9	18
M20	24	25	38	10	24

注：$a_{min}=0.5d_1$，使用垫板时，a 为垫板厚度；在对模板进行扩孔的情况下（如图 a 所示），$H=h_1+h_2+4$；在使用垫板时（如图 b 所示），可将模板全部打通；h_2—卸料板行程；B—弹簧压缩后的高度；D 可以按螺钉头部外径配钻，放大的参考数值列于表中。

A.4　模具常用销钉及选用

模具常用销钉按类型来说，主要有圆柱销和圆锥销两类。圆柱销按照制作材料可分为不淬火硬钢和奥氏体不锈钢圆柱销以及淬硬钢和马氏体不锈钢圆柱销两类，按照有无内螺纹可分为普通圆柱销和内螺纹圆柱销两类。圆锥销则分为普通圆锥销和内螺纹圆锥销。

模具中的销钉用于连接两个带通孔的零件，起定位作用承受一般的错移力。同一个组合的圆柱销不少于两个，尽量置于被固定件的外形轮廓附近，一般离模具刃口较远且尽量错开布置，以保证定位可靠。对于中、小型模具，一般选用 d 为 6mm、8mm、10mm、12mm 等几种尺寸。错移力较大的情况可适当选大一些的尺寸。圆柱销的配合深度一般不小于其直径的两倍，也不宜太深。

螺钉和销钉的装配尺寸、螺钉旋进的最小深度、螺钉孔最小深度以及圆柱销的配合长度见附图 A-4。螺钉之间、螺钉与销钉之间的距离。螺钉、销钉距离工作表面及外边缘的距离，均不应过小，以防降低强度，其最小距离见附表 A-8，可供设计时参考。圆柱销钉孔的形式及其装配尺寸如附表 A-9 所示。

附表 A-8　螺钉孔、销钉孔的最小距离　　（单位：mm）

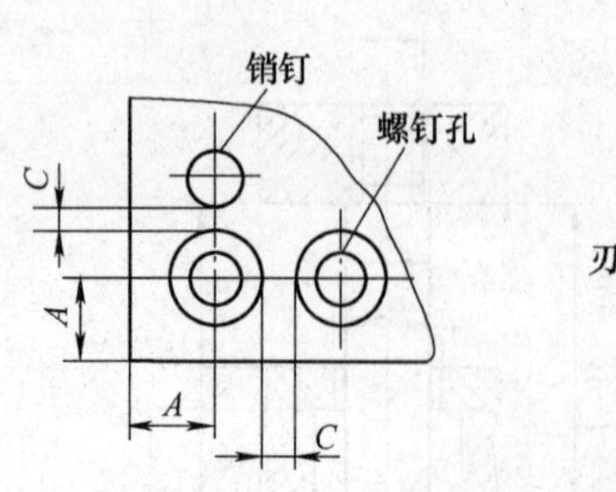

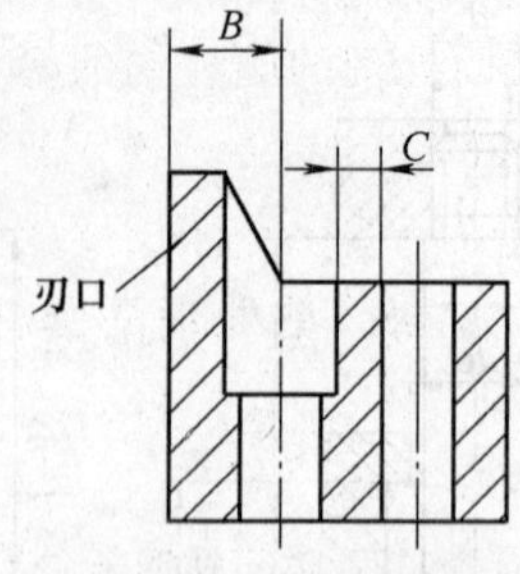

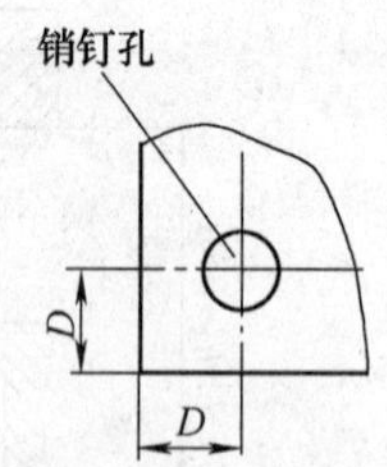

螺钉孔		M6	M8	M10	M12	M16	M20	M24
A	淬火	10	12	14	16	20	25	30
	不淬火	8	10	11	13	16	20	25
B	淬火	12	14	17	19	24	28	35
C	淬火	5						
	不淬火	3						
销钉孔		ϕ4	ϕ6	ϕ8	ϕ10	ϕ12	ϕ16	ϕ20
D	淬火	7	9	11	12	15	16	20
	不淬火	4	6	7	8	10	13	16

附表 A-9　圆柱销钉孔的形式及其装配尺寸

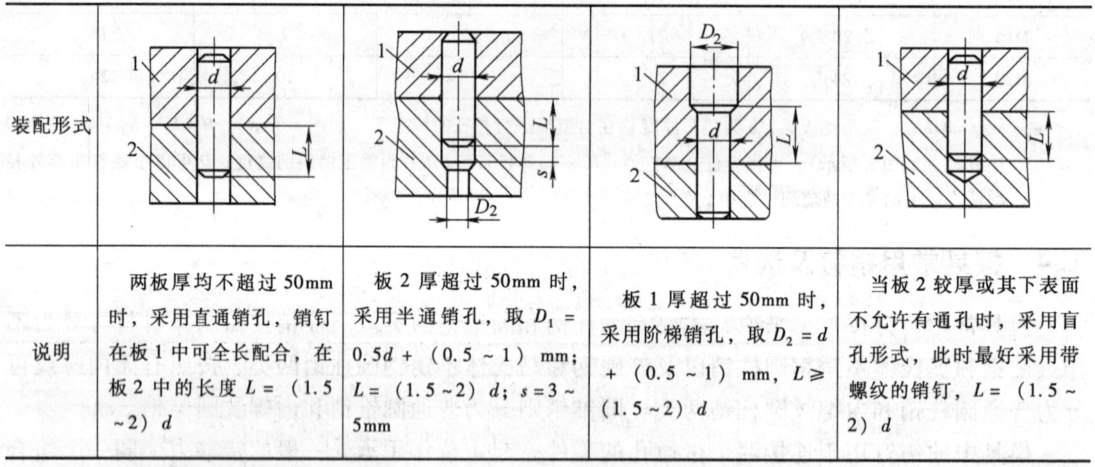

装配形式				
说明	两板厚均不超过 50mm 时，采用直通销孔，销钉在板 1 中可全长配合，在板 2 中的长度 $L=(1.5\sim2)\ d$	板 2 厚超过 50mm 时，采用半通销孔，取 $D_1=0.5d+(0.5\sim1)$ mm；$L=(1.5\sim2)\ d$；$s=3\sim5$mm	板 1 厚超过 50mm 时，采用阶梯销孔，取 $D_2=d+(0.5\sim1)$ mm，$L\geqslant(1.5\sim2)\ d$	当板 2 较厚或其下表面不允许有通孔时，采用盲孔形式，此时最好采用带螺纹的销钉，$L=(1.5\sim2)\ d$

螺孔攻螺纹之前的钻孔：

1）当螺距 $t\leqslant1$mm 时，$d_0=d_M-t$。

2）当螺距 $t>1$mm 时，$d_0=d_M-(1.04\sim1.06)\ t$。

式中　d_0——钻孔直径，mm；

d_M——螺纹标称直径，mm。

1. 普通圆柱销

普通圆柱销如附图 A-5 所示，其材料一般选用不淬硬钢和奥氏体不锈钢，规格由 GB/T 119.1—2000 做出规定，如附表 A-10 所示。

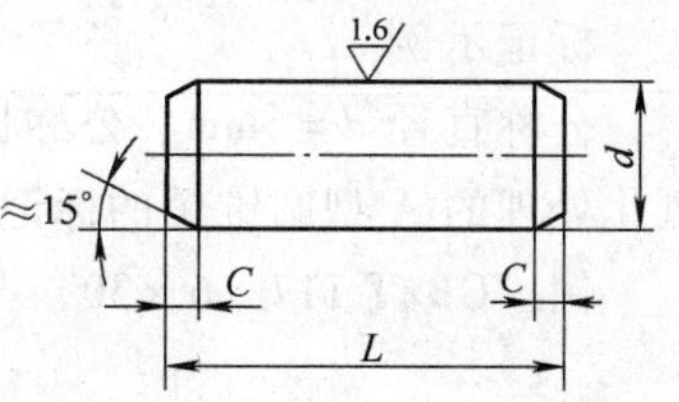

附图 A-5　不淬硬钢和奥氏体不锈钢普通圆柱销

标记示例

公称直径 $d=6$mm，公差为 m6，公称长度 $l=30$mm，材料为钢，不经淬火，不经表面处理的圆柱销的标记：

销　GB/T 119.1　6m6×30

公称直径 $d=6$mm，公差为 m6，公称长度 $l=30$mm，材料为 A1 组奥氏体不锈钢，表面简单处理的圆柱销的标记：

销　GB/T 119.1　6m6×30—A1

附表 A-10　不淬硬钢和奥氏体不锈钢普通圆柱销（摘自 GB/T 119.1—2000）

（单位：mm）

d（m6/h8）	0.6	0.8	1	1.2	1.5	2	2.5	3	4	5	6	8	10	12	16	20	25	30	40	50
c ≈	0.12	0.16	0.2	0.25	0.3	0.35	0.4	0.5	0.63	0.8	1.2	1.6	2	2.5	3	3.5	4	5	6.3	8
l（商品长度范围）	2~6	2~8	4~10	4~12	4~16	6~20	6~24	8~30	8~40	10~50	12~60	14~80	18~95	22~140	26~180	35~200	50~200	60~200	80~200	95~200

注：1. l 系列（公称尺寸）为 2、3、4、5、6、8、10、12、14、16、18、20、22、24、26、28、30、32、35、40、45、50、55、60、65、70、75、80、85、90、95、100、120、140、160、180、200mm。公称长度大于 200mm，按 20mm 递增。

2. 硬度钢为 125~245HV30：奥氏体不锈钢为 210~280HV30。

3. 表面粗糙度；公差 m6：$Ra\leqslant0.8\mu m$；公差 h8：$Ra\leqslant1.6\mu m$。

① 其他公差由供需双方协议。

2. 普通圆锥销

普通圆锥销如附图 A-6 所示，其尺寸规格由 GB/T 117—2000 做出规定，如附表 A-11 所示。

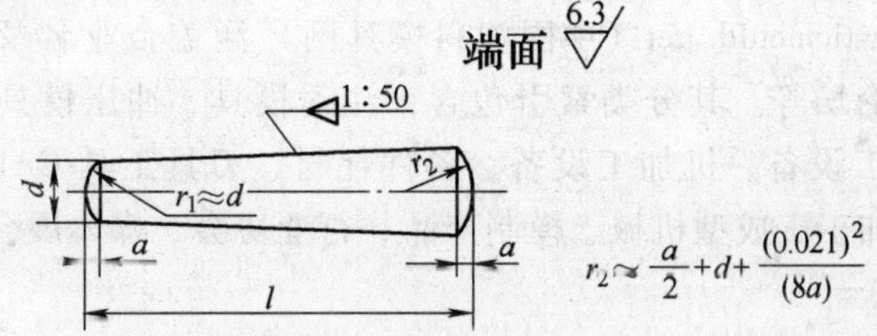

附图 A-6　普通圆锥销

附表 A-11　普通圆锥销（摘自 GB/T119.1—2000）　（单位：mm）

d（h10①）	0.6	0.8	1	1.2	1.5	2	2.5	3	4	5
a≈	0.08	0.1	0.12	0.16	0.2	0.25	0.3	0.4	0.5	0.63
l（商品长度范围）	4~8	5~12	6~16	6~20	8~24	10~35	10~35	12~45	14~55	18~60
d（h10①）	6	8	10	12	16	20	25	30	40	50
a≈	0.8	1	1.2	1.6	2	2.5	3	4	5	6.3
l（商品长度范围）	22~90	22~120	26~160	32~180	40~200	45~200	50~200	55~200	60~200	65~200

注：1. l 系列（公称尺寸）为 2、3、4、5、6、8、10、12、14、16、18、20、22、24、26、28、30、32、35、40、45、50、55、60、65、70、75、80、85、90、95、100、120、140、160、180、200mm，公称长度大于 200mm，按 20mm 递增。

2. 材料：Y12、Y15、35（28~38HRC）、45（38~46HRC）、30CrMnSiA（35~41HRC）、1Cr13、2Cr13、Cr17Ni2、0Cr18Ni9Ti。

3. A 型（磨削）：锥面表面粗糙度 $Ra=0.8\mu m$；B 型（切削或冷镦）：锥面表面粗糙度 $Ra=3.2\mu m$。

① 其他公差由供需双方协议。

标记示例

公称直径 $d=6\text{mm}$、公称长度 $l=30\text{mm}$、材料为 35 钢、热处理硬度 28 ~ 38HRC、表面氧化处理的 A 型圆锥销的标记：

销　GB/T 117　6 × 30

附录 B　模具专业常用网络站点

1）http：//plasticmould. net/index. htm（中国塑料模具网），专业模具行业信息网站，提供产品供求信息，企业名录，塑料收索，展会信息等。

2）http：//www. plasticmachine. com（中国塑料机械网）

3）http：//www. mould. net. cn（中国模具网）模具行业咨询、产品信息，模具设计等资料。

4）http：//nmcad. sjtu. edu. cn（模具 CAD 国家工程研究中心）合作领域包括：在模具 CAD/CAM 方面进行合作研究、开发和成果转让；在温、冷、挤压等塑性加工方法领域进行合作研究、开发和成果转让；模具特种加工技术。接受国内外来料加工，来样生产；同国内外企业、科研单位进行合作研究或合资经营。

5）http：//www. cdmia. com. cn（中国模具工业信息网），收录了模具行业涉及的有关标准文献信息。

6）http：//www. china. machine365. com（中华机械网）业内企业信息、产品信息、专业技术等。

7）http：//cn. plasticmould. net（中国塑料模具网）涵盖企业名录、行业动态、模具技术、供求信息、模具论坛等。其分类索引包含：注射模具、冲压模具、压铸模具、特种模具、其他模具、电加工设备、机加工设备、备件耗材、刀具工具 CAD/CAM 软件、模具材料、模具配件、专业加工、成型机械、模制产品、行业协会、媒体展会、科研培训、测绘设计、其他相关等。

8）http：//www. e-mold. com. cn/yianfa. htm（华塑软件研究中心）。注射模软件的发展可划分为三个阶段，第一个阶段是开发独立运行的注射过程模拟软件，第二阶段是二维模具设计软件与模拟软件的集成，第三阶段是三维模具设计和制造软件与软件模拟的集成。该站点主要介绍几个发展阶段的工作内容、特点及发展趋向。

9）http：//www. cimtshow. com（中国国际机械展览会-产品数据库）

10）http：//www. china-machine. com. cn/default. asp（中国机械网）。

11）http：//www. china-mold. net（中国模塑网）提供模具信息、设备信息、原料信息、软件信息、其他信息、模塑引擎、模塑精品等内容。

12）http：//www. ichnovo. com. cn（智造网）。

13）http：//www. e-works. net. cn（中国制造业信息化门户）。

14）http：//www. chinaforge. org. cn（中国锻压协会）。

附录C　模具专业常用大型网络数据库

1)《中国模具设计大典数据库》由模具材料工程数据库，模具设计基础标准数据库，塑料设计数据库、模设计数据库、设计数据库、制造工艺装备与压铸模设计数据库等内容构成。模具材料工程数据库主要汇总了中国、日本、韩国、美国、德国、英国、法国、俄罗斯、瑞典等国家（或组织）常用冷作模具钢、热作模具钢、塑料模具钢的钢号、特点与应用、化学成分、物理性能、热加工与热处理规范、力学性能、工艺性能、选择实例、采购渠道等数据；模具设计基础标准数据库主要包括知识制图、公差与配合、形位公差、表面粗糙度等最新标准内容；塑料模、冲模、锻模、锻造工艺装备与压铸模设计数据库汇总各类模具标准模架，模具标准件与技术条件的相关数据和图表。

2）超星数字图书馆，内容涵盖机械、计算机、电子、经济等50多类目，共包含电子图书30多万册。

3)《中文科技期刊全文数据库》，由重庆维普公司开发，内容涵盖了1989年以来的国内发行的期刊和杂志8000余种，其中包括国内公开发行的各种模具类期刊若干种。提供了关键词、刊名、作者、机构、文摘等8种检索入口，支持布尔逻辑检索，提供二次建设及高级检索，检索结果可分为题录、文摘及全文形式。它是目前国内文献信息检索最常用的工具。

4)《制造业资源数据库》包括机车资源数据库、刀具资源数据库、夹具资源数据库、量具资源数据库、模具标准件数据库、加工工步顺序策略知识库、工步资源数据库、冲压设计数据库、特征型面加工方法创成知识库、加工能力策略知识、标准模具部件数据库、数控机床标准件数据库、夹具标准件数据库、切削用量数据库、焊接数据等。

5)《中国科学技术成果数据库》收集个省市部委科技管理部门鉴定后报国家科委成果，以及火星计划成果。内容包括项目名称、研制人、通信方式、鉴定时间及应用范围、技术指标、转让条件等，每年3月更新一次，容量240118条。

6)《中国机械工程文摘数据库》收录了全国机电仪表行业各类期刊约750种以上的专业文献，各种专题文献、会议论文、专利。属于文摘数据库，半年更新一次。

7)《中国机械设计大典数据库》由基础标准零部件设计机械传动设计等三个数据库和机械设计大典等构成。数据库部分主要由技术制图、公差与配合、形位公差、表面结构、螺纹、设计要素、连接件、滑动轴承、滚动轴承、齿轮传动、带传动、链传动等近年来最新的国际标准国家标准行业标准技术规范和最新产品数据构成。

8)《中国科技信息机构数据库》收录了我国2000多家科技信息机构和高校图书情报单位的详尽信息，是科技信息界相互交流、促进合作的重要工具，共有2239条记录。

9)《全国科技成果交易信息数据库》是全国第一个大型的实用的事实型数据库，主要收集全国各地设计、研究单位、工矿企业事业单位研制的实用科技成果。其内容项目包括项目名称、研制人、通信方式、鉴定时间及应用范围、技术指标、转让条件等18项数据，总录数为121583。

10)《铸压数据库》(FS-Bsde)是目前锻压行业中涵盖面广、收录数据最多的工程数据库，主要包含锻件设计、工艺设计和模具设计过程中必要的设计参数、设计准则和参照标准，以及锻件材料、锻压设备、锻压生产过程中质量管理、锻压生产的准备和实施等基础信息。

附录D 模具专业常用专利文献

1）http：//www. sipo. gov. cn（中国国家知识产权局政府网站）是知识产权综合性服务网站，集各种专利服务于一体，内容涵盖1985年以来中国专利，可免费获取全文。

2）http：//www. patent. com. cn（中国专利信息网）可免费检索近期的相关专科、标题、摘要，甚至是每篇专利的首页。检索方式包括简单检索、专利号检索、布尔检索、高级检索等。

3）http：//www. cnipr. com（中国知识产权网）收录了1985年以来的中国专利，可免费检索文摘信息。

4）http：//www. 1st. com. cn（中国发明专利技术信息网）与《发明与革新》杂志社为合作伙伴，提供专利检索、专利快讯、好书及相关网站推荐、网上救助等服务。

5）http：//scitchinfo. wanfangdate. com. cn（万方数据库中的成果专利库）该成果专利库共有9个数据库，60多万条记录。主要内容为国内的科技成果、专利技术以及国家级科技项目。

6）世界知识产权组织数字图书馆（IPDL）提供世界各国专利数据库检索，包括PTC国际专利数据库、中国专利英文数据库、印度专利数据库、美国专利数据库、加拿大专利数据库、欧洲专利数据库、法国专利数据库、JOPAL科技期刊数据库，DOPALES专利数据库，MADRID设计数据库等。

7）http：//www. micropat. com（Micro patent）是世界上最大的网上专利信息地址，可免费获取1974年以来的所有美国专利文献，1992年以来的欧洲专利和1988年以来的世界专利。

8）http：//ep. espacenet. com（欧洲专利局专利信息网）基于WEB的网上免费专利信息数据库检索系统，可提供对世界上50多个国家专利信息的网上免费检索。

9）http：//www. delphion. com（IBM知识产权信息网）可检索美国专利数据库、日本专利数据库、欧洲专利数据库和PTC国际专利数据库。

10）http：//www. jpo. go. jp（日本专利数据库）收录了自1994年以来公开的日本专利的题录和摘要，提供日、英两种语言检索。

附录E 模具的价格估算与结算方式

E.1 模具价格的估算方法

1. 比例系数法

模具价格由下列各项组成：

模具价格 = 材料费 + 设计费 + 加工费与利润 + 试模费 + 包装运输费 + 增值税

其中：材料费（包括材料和标准件）约占模具总费用的30%；

设计费约占模具总费用的5%；

加工费（包括管理费）与利润约占模具总费用的40% ~50%；

试模费，大中型模具可控制在3%左右，小型精密模具可控制在5%左右；

包装运输费可按实际计算或按3%计算；

增值税占模具总价格的17%。

2. 材料系数法

根据模具尺寸和材料价格由下式估算：

模具价格＝（3～4）×材料费

系数大小根据模具精度和复杂程度确定，如塑料注射模中有侧向抽芯机构（包括斜推杆）的模具其价格至少要取材料费的4倍。

E.2 模具报价及模具价格

1. 模具报价单的填写

模具价格估算后，一般要以报价单的形式向外报价。报价单的主要内容有：模具报价、周期、要求达到的模次（寿命）、对模具的技术要求与条件、付款方式及结算方式以及保修期等。

2. 模具报价与模具估算价格的关系

模具的报价往往并非模具最后的价格。报价是讲究策略的，正确与否，直接影响模具的价格，影响到模具利润的高低，影响到所采用的模具生产技术管理等水平的发挥。

3. 模具价格与模具报价的关系

模具价格是经过双方认可且签订在合同上的价格。这时形成的模具价格，有可能高于估价或低于估价，通常都低于报价。当商讨的模具价格低于模具的保本价格时，需重新提出修改模具要求、条件、方案等，降低一些要求，以期可能降低模具成本，重新估算后，再签订模具价格合同。

应当指出，模具是属于科技含量较高的专用产品，不应当用低价，甚至是用亏本价去迎合客户，而是应该做到优质优价，把保证模具的质量、精度、寿命放在第一位，而不应把模具价格看得过重，否则，容易引起误导。追求低价模具，就较难保证模具的质量、精度和寿命。

E.3 模具的结算方式

模具的结算是模具设计制造的最终目的。模具的价格也以最终结算到的价格为准，即结价才是最终实际的模具价格。

按惯例，结算方式一般有以下几种：

（1）“六四”式结算 即模具合同签订生效之日起，即预付全款的60%，剩余的40%待模具试模合格后，再结清。

（2）“五五”式结算 模具合同签订开始之日，即预付模具价款50%，其余50%待模具试模验收合格后，再付清。

（3）“四三三”式结算 模具合同签订生效之日预付模具价格款的40%，第一次试模后，再付30%的模具价格款。剩下的30%于模具生产一段时间后，常常是产品出第一批货后结清。这种结算方式在珠江三角洲地区比较普遍。

（4）“三四三”式结算 模具合同签订生效之日预付模具价格款的30%，等参与设计会审、模具材料备料到位，开始加工时，再付 40% 的模具价格款。剩余的 30% 等模具合格交付使用后，一周内付清。

附录 F 模具常用英语词汇

F.1 报价单常用词汇

administrative expense，overhead 管理费用
after service，customer service 售后服务
assembling cost 装配费用
bill of Materials （BOM） 物料清单
cash in advance 预付现金
cheque 支票
coefficient，factor 系数
cost 成本
cost and freight（C&F） 含运费价格
cost of material 材料费
deferred payment 分期付款
deferred shipment 分期装运
delivery 交货
delivery on spot 当场交货
delivery order 交货单
delivery time，Due-date 交货期
EDM and W/C cost 电加工费用
Foreign exchange 外汇
invoice 发票，货物清单
L/C（Letter of Credit） 信用状况
machine cost 机加工费用
manufacturing cost 制造成本
manufacturing expense 制造费用
margin，Profit 利润
net sales 销售额
net weight 净重
offer 报价
order 订单
package 包装物
packing 包装
partial shipment 分批装船（分批装运）
payment method 付款方式

port of destination　目的地港
port of trans shipment　转口港
price　价格
product profit　产品利润
profit rate　利润率
prompt delivery　即时交货
purchase　购入，采购
quotation　报价
quotation sheet　报价单
raw materials　原材料
remittance　汇款
research and development cost　技术开发费
supplier，Vendor　供应商
sales　总价
sales expense　销售费用
shipping　运输
specification　规格
subcontract　外购，外协
T/T（Telegraphic Transfer）　电汇
tax　税收
tax rate　税率
testing cost　调试费用
tooling design　模具设计
total　总计
total cost　生产成本

F.2　冲压模具词汇

back plate　垫板
ball guide post sets　滚珠导向组件
bending　弯曲
bolt　螺栓
bottom block　下垫脚
compound die　复合模
cutting die，Blanking die　冲裁模
die　凹模，模具
die back plate　凹模垫板
die height　闭模高度
die insert　凹模镶块
die plate　凹模固定板

dome　凸圆
emboss　凸点
fine blanking　精密冲裁
forming　成形
guide Lift Sets　带导向抬料销组件
guide pin　导正销
inner guiding post　内导柱
insert　嵌入件，镶块
lifter guide pin　抬料导正销
lifter Pin　抬料销
lower die base，lower die shoe　下模座
non standard part　非标准件
outer guiding post　外导柱
pierce　冲孔
pin　销
progressive die，Follow（-on）die　连续模，级进模
punch　冲头，凸模
spare parts，Buffer　备品
spring　弹簧
standard part　标准件
stripper bolts　卸料螺栓
stripper guide bushing　卸料板导套
stripper guide Pin　卸料板导柱
stripper plate　卸料板
stripper back plate　卸料板垫板
trimming cut　切边
upper die base，upper die shoe　上模座

F.3　型腔模词汇

A plate　定模模板，A 板
accurate die casting　精密压铸
angle pin，Finger cam　斜销
B plate　动模模板，B 板
backing plate，support plate　支承板
bottom clamp plate，moving clamp plate　底板，动模座板
cavity，cavity block　型腔，凹模
cavity-retainer plate　凹模固定板
cavity splits　凹模拼块
clog-leg cam　弯销

cooling channel, cooling line　冷却通道
core　型芯
core-retainer plate　型芯固定板
core splits　型芯拼块
die casting　压铸
disk gate　盘形浇口
edge gate　侧浇口
ejector guide pillar, ejector guide pin　推板导柱
ejector pad　推块
ejector pin　推杆
ejector pin with cylindrical head　圆柱头推杆
ejector plate　推板
ejector retainer plate　推杆固定板
ejector sleeve　推管
ejector tie rod　连接推杆
fan gate　扇形浇口
finger guide plate　斜槽导板
fixed clamp plate, top clamping plate, Top plate　定模座板
fixed compression mould　固定式压缩模
fixed transfer mould　固定式压注模
flash mould　溢式压缩模
flat ejector pin　扁推杆
gating insert　浇口镶块
guide bush, guide bushing　导套
guide pillar, guide pin　导柱
heater　加热器
heating plate　加热板
heel block, wedge block　楔紧块
horizontal parting line　水平分型面（线）
hot-runner manifold　热流道板（柱）
injection moulding/molding　注射成形
injection mould for thermoplastics　热塑性塑料注射模
injection mould for thermosets　热固性塑料注射模
insert, mould insert　嵌件
insulated runner mould　绝热流道模
leaning gliding block　斜滑块
length bolt, puller bolt　定距拉杆
locating ring　定位圈，限位零件
lower clamping plate　下模座板

lower mould, lower half　下模
mould/mold base　模架
mould plate　模板
movable mould (moving half)　动模
pin-point gate　点浇口
2-plate mold/mould　二板模
3-plate mold/mould　三板模
return pin, push hack pin　复位杆，　回针（回销）
stationary mould (fixed half)　定模
shoulder guide bushing　托导套（带肩导套）
shut height　闭合高度
spacer plate, spacer parallel　方铁，垫块
straight bushing, straight guide bush　直导套
stripper plate　推板
top clamp plate, top plate, fixed clamp plate　面板，定模座板

F.4 模具加工词汇

assembly drawing　装配图
auxiliary service equipment　辅助加工设备
boring　镗孔
CAD　计算机辅助设计
CAE　计算机辅助工程
CAM　计算机辅助制造
CNC milling machine　CNC 铣床
conventional machining　常规机加工
copy grinding machine　仿形磨床
copy lathe　仿形车床
copy milling machine　仿形铣床
copy shaping machine　仿形刨床
cylindrical grinding machine　外圆磨床
3D coordinate measurement　三维坐标测量
3D modeling　三维建模
direct Numerical Control　(DNC)　直接数字控制
die spotting machine　合模机
drilling　钻削
EDM　放电机，电火花加工
engraving machine　雕刻机
finished product　成品
finishing　精加工

form grinding machine　成形磨床
graphite machine　石墨加工机
grinding　磨削
high speed machine　高速加工
horizontal boring machine　卧式镗孔机
horizontal roachine center　卧式加工制造中心
internal cylindrical machine　内圆磨床
lap machine　研磨机
lathe　车床
machining center　加工中心
milling　铣削
multi model miller　靠模铣床
NC drilling machine　数控钻床
NC grinding machine　数控磨床
NC lathe　数控车床
NC programming　数控程序编制
optical projection profile grinding machine 光学曲线磨床
plane　刨
polishing　抛光
profile grinding machine　投影磨床
rough machining　粗加工
semi-finished goods　半成品
surface grinder，Surface grinding machine　平面磨床
try machine　试模机
universal tool grinding machine　万能工具磨床
vertical machine center　立式加工中心
wire Cutting　线切割放电加工

F.5　模具材料词汇

alloy tool steel　合金工具钢
aluminium alloy　铝合金
bearing alloy　轴承合金
blister steel　浸碳钢
bonderized steel sheet　邦德防蚀钢板
carbon tool steel　碳素工具钢
cold work die steel　冷锻模用钢
forging die steel　锻模用钢
hard alloy steel　超硬合金钢
high speed tool steel　高速工具钢

hot work die steel　热锻模用钢
marging steel　马氏体高强度热处理钢
mild steel　低碳钢
silicon steel sheet　硅钢板
stainless steel　不锈钢

F. 6　热处理词汇

ageing　时效
age hardening　时效硬化
air hardening　空冷淬火
annealing　退火
barrel plating　滚镀
box annealing　箱型退火
box carburizing　封箱渗碳
carburizing　渗碳
chemical plating　化学电镀
chemical vapor deposition（CVD）　化学蒸镀
decarburization　脱碳处理
decarburizing　脱碳退火
diffusion annealing　扩散退火
electrolytic hardening　电解淬火
hardening　淬火
heat treatment　热处理
ion carburizing　离子渗碳处理
isothermal annealing　等温退火
low temperature annealing　低温退火
nitriding　氮化处理
physical vapor deposition（PVD）物理蒸镀
plasma nitriding　离子氮化
salt bath quenching　盐浴淬火
seasoning　时效处理
sintering　烧结
softening　软化处理
surface hardening　表面硬化处理
tempering　回火
thermal refining　调质处理
vacuum heat treatment　真空热处理
water quenching　水冷淬火

附录 G　常用计算公式

G.1　常用金属材料质量计算公式

常用金属材料质量计算公式

圆钢质量（kg）=0.00617×直径×直径×长度

方钢质量（kg）=0.00785×边宽×边宽×长度

六角钢质量（kg）=0.0068×对边宽×对边宽×长度

八角钢质量（kg）=0.0065×对边宽×对边宽×长度

螺纹钢质量（kg）=0.00617×计算直径×计算直径×长度

角钢质量（kg）=0.00785×（边宽+边宽-边厚）×边厚×长度

扁钢质量（kg）=0.00785×厚度×边宽×长度

钢管质量（kg）=0.02466×壁厚×（外径-壁厚）×长度

钢板质量（kg）=7.85×厚度×面积

圆纯铜棒质量（kg）=0.00698×直径×直径×长度

圆黄铜棒质量（kg）=0.00668×直径×直径×长度

圆铝棒质量（kg）=0.0022×直径×直径×长度

方纯铜棒质量（kg）=0.0089×边宽×边宽×长度

方黄铜棒质量（kg）=0.0085×边宽×边宽×长度

方铝棒质量（kg）=0.0028×边宽×边宽×长度

六角纯铜棒质量（kg）=0.0077×对边宽×对边宽×长度

六角黄铜棒质量（kg）=0.00736×边宽×对边宽×长度

六角铝棒质量（kg）=0.00242×对边宽×对边宽×长度

纯铜板质量（kg）=0.0089×厚×宽×长度

黄铜板质量（kg）=0.0085×厚×宽×长度

铝板质量（kg）=0.00171×厚×宽×长度

圆纯铜管质量（kg）=0.028×壁厚×（外径-壁厚）×长度

圆黄铜管质量（kg）=0.0267×壁厚×（外径-壁厚）×长度

圆铝管质量（kg）=0.00879×壁厚×（外径-壁厚）×长度

注：上述长度单位为 m，面积单位为 m^2，其余单位均为 mm

G.2　常用金属材料体积计算公式

1）圆球体：$V=\frac{4}{3}\pi\gamma^3=\frac{1}{6}\pi d^3$

2）正圆柱体：$V=\pi\gamma^2 h$

3）斜截圆柱体：$V=\frac{1}{2}\pi\gamma^2(h_2+h_1)$

4）平截正圆柱体：$V=\frac{1}{3}\pi h(R^2+R\gamma+\gamma^2)$

5）正圆锥体：$V=\frac{1}{3}\pi\gamma^2 h$

6）球面扇形体：$V=\frac{2}{3}\pi\gamma^2 h$

7）棱锥体：$V=\frac{1}{12}na^2 h\cos\frac{a}{2}$

8）平截长方棱锥体：$V=\frac{h}{3}\ (2ab+ab_1+a_1b+a_1b_1)$

9）空心圆柱体：$V=\frac{1}{4}\pi h\ (D^2-d^2)$

10）平截空心圆锥体：$V=\frac{1}{12}\pi h\ (D_2^2-D_1^2+D_2d_2-D_1d_1+d_2^2-d_1^2)$

11）球缺：$V=\frac{1}{6}\pi h^2\left(\gamma-\frac{h}{3}\right)$

12）球台：$V=\frac{1}{6}\pi h\ (3\gamma_2^2+3\gamma_1^2+h^2)$

13）楔形体：$V=\frac{1}{6}bh\ (2a+a_1)$

14）圆环：$V=2\pi^2 R\gamma^2$

15）桶体：$V=\frac{1}{12}\pi l\ (2D^2+d^2)$

16）椭圆球：$V=\frac{4}{3}abc\pi$

附录 H　冲模常用公差配合及表面粗糙度

附表 H-1 为冲模中各零件表面粗糙度特征及其使用范围，附表 H-2 为冲模中常用的公差配合。

附表 H-1　冲模零件表面粗糙度

表面粗糙度 Ra/μm	表面微观特征	加工方法	使用范围
0.1	暗光泽面	精磨、研磨、普通抛光	1）精冲模刃口部分 2）冷挤压模凸、凹模关键部分 3）滑动导柱工作表面
0.2	不可辨加工痕迹方向	精磨、研磨、珩磨	1）要求高的凸、凹模的成形面 2）导套工作表面
0.4	微辨加工痕迹方向	精铰、精镗、磨、刮	1）冲裁模刃口 2）拉深、成形、压弯的凸、凹模工作表面 3）滑动和精确导向表面
0.8	可辨加工痕迹方向	车 镗 磨 电加工	1）凸、凹模工作表面，镶块的合面 2）模板、垫板、固定板的上、下表面 3）静配合和过渡配合的表面 4）要求准确的工艺基准面

（续）

表面粗糙度 Ra/μm	表面微观特征	加工方法	使用范围
1.6	看不清加工痕迹	车、铣、镗、磨、电加工	1）模板平面 2）挡料销、顶板等零件主要工作表面 3）凸、凹模的次要表面 4）非热处理零件配合用内表面
3.2	微见加工痕迹	车、刨、铣、镗	1）不磨加工的支承面、定位面和紧固表面 2）卸料螺钉支承表面
6.3	可见加工痕迹	车、刨、铣、镗、锉、钻	不与制件或其他冲模零件接触的表面
12.5	有明显可见的刀痕	粗车、粗刨、粗铣、钻、锯锉	粗糙的不重要表面
不加工		铸、锻、焊	不需机械加工的表面

附表 H-2　冲模中常用的公差配合

配合性质		应用范围
间隙配合	H6/h5	Ⅰ级精度模架导柱与导套的配合
	H7/h6	Ⅱ级精度模架导柱与导套的配合，凸模与导板，导正销与孔的配合
	H8/d9	活动挡料销、弹顶装置（弹性力作用线与活动件轴线重合时）销与销孔的配合
	H8/f9	始用挡料销、弹性侧压装置与导料板（导尺）的配合
	H9/h8	卸料螺钉与螺孔的配合
	H11/d11	活动挡料销与销孔的配合（当弹性力作用线与销轴线不重合时）
	H9/d11	模柄与压力机的配合
过渡配合	H6/m5	导套或衬套与模座、小凸模、小凹模与固定板的配合
	H7/m6	凸模与固定板、模柄与模座孔的配合
过盈配合	H7/n6	模柄与模座的配合，销钉与销钉孔的配合，凸凹模与固定板的配合
	R6/h5	Ⅰ级精度模架导柱与模座的配合
	H7/s6	Ⅱ级精度模架导柱与模座的配合
	H6/r5	Ⅰ级精度模架导套与模座的配合
	H7/r6	Ⅱ级精度模架导套与模座、凹模与固定板的配合

附录 I　我国内地与香港、台湾地区模具术语对照表

我国内地与香港、台湾地区模具术语对照表如附表 I-1 所示。

附表 I-1　我国内地与香港、台湾地区模具术语对照表

我国内地	香港、台湾地区
注射机	啤机
二板模	大水口模

（续）

我国内地	香港、台湾地区
定模	前模（港）、母模（台）
定模板	A板（港）、母模板（台）
三板模流道板导柱	水口边（港）、长导柱（台）
凹模	前模镶件Cavity（港）或母模仁（台）
型芯	镶可（Core）（港）或入子（台）
推杆板导套	中托司（EGB）
直身导套	直司（GP）
推杆固定板	面针板（或顶针面板）
定位圈	定位器（Loc. Ring）
定模座板	面板（港）或上固定板（台）
分型面	分模面（P. L）
垫块	方铁
限位钉	垃圾钉（Stp.）
弹簧	弹弓（Sping）
复位杆	回（位）针R. P
锲紧块	铲基（或锁紧块）
侧抽芯	滑块入子（台）
斜滑块	弹块（港）、胶杯（台）
推杆	顶针（E. J. PIN）
定距分型机构	开闭器
挡销	垃圾钉（PAD）
侧浇口	大水口
潜伏式浇口	潜水（港）、隧道浇口（台）
冷却水	运水
分模隙	排气槽
抛光	省模
电极	铜公
飞边	披锋（flash）
熔接痕	夹水纹（weld line）
塑料注射模具	塑胶模
三板模	细水口模（简化细水口模）
动模	后模（港）、公模（台）
动模板	B板（港）、公模板（台）
三板模和二板模动、定模导柱	边钉（港）或导承销（台）
凸模	后模镶件（Core）（港）或公模仁（台）
圆型芯	镶针（港）或型芯（台）

（续）

我国内地	香港、台湾地区
推杆板导柱	中托边（EGP）
带法兰导套	托司（或杯司）
流道推板	水口推板（水口板）
支承板	活动靠板
动模座板	底板（港）或下固定板（台）
推板	后顶板
浇口套	唧嘴（港）或灌嘴（台）
支承柱	撑头（SP.）
螺栓	螺丝（SCROW）
销钉	管钉
侧向滑块	行位（Slider）
斜导柱	斜边
斜推杆	斜顶（港）、斜方（台）
推管（推管型芯）	司筒（司筒针）
加强肋	骨位
浇口	入水（或水口）
点浇口	细水口
热射嘴	热唧嘴
水管接头	水喉
脱模斜度	啤把
蚀纹	咬花
填充不足	啤不满（short shot）
收缩凹陷	缩水（sink mark）
银纹	水花（silver streak）

参考文献

[1] 杨占尧. 现代模具工手册［M］. 北京：化学工业出版社，2007.

[2] 杨占尧. 塑料注射模结构与设计［M］. 北京：高等教育出版社，2008.

[3] 杨占尧. 冲压模具图册［M］. 北京：高等教育出版社，2008.

[4] 杨占尧. 冲压工艺编制与模具设计制造［M］. 北京：人民邮电出版社，2010.

[5] 杨占尧. 模具设计与制造［M］. 北京：人民邮电出版社，2009.

[6] 杨占尧. 冲压模具典型结构图例［M］. 北京：化学工业出版社，2008.

[7] 杨占尧. 实用模具计算手册［M］. 上海：上海科学技术出版社，2008.

[8] 杨占尧. 塑料模具课程设计指导与范例［M］. 北京：化学工业出版社，2009.

[9] 冯炳尧. 模具设计与制造简明手册［M］. 2版. 上海：上海科学技术出版社，2001.

[10] 张景黎. 模具加工与装配［M］. 北京：化学工业出版社，2007.

[11] 高军，李熹平，等. 冲压模具标准件选用与设计指南［M］. 北京：化学工业出版社，2007.

[12] 许发樾. 模具标准化与原型结构设计［M］. 北京：机械工业出版社，2009.

[13] 刘建超. 冲压模具设计与制造［M］. 北京：高等教育出版社，2004.

[14] 《冲压模具手册》编写组. 冲压模具手册：第4卷［M］. 北京：机械工业出版社，1988.

[15] 模具实用技术丛书编委会. 塑料模具设计制造与应用实例［M］. 北京：机械工业出版社，2002.

[16] 《塑料模设计手册》编写组. 塑料模设计手册［M］. 北京：机械工业出版社，2002.

[17] 翁史振，廖宏谊. “十一五”模具标准化工作要点［J］. 模具工业，2006. 3：1-5.